# EXPLORATION

## SCIENTIFIQUE

# DE L'ALGÉRIE

PENDANT LES ANNÉES 1840, 1841, 1842

A LA LIBRAIRIE

# ARTHUS BERTRAND

RUE HAUTEFEUILLE, 23

## A PARIS

# EXPLORATION

## SCIENTIFIQUE

# DE L'ALGÉRIE

PENDANT LES ANNÉES 1840, 1841, 1842

PUBLIÉE

## PAR ORDRE DU GOUVERNEMENT

ET AVEC LE CONCOURS D'UNE COMMISSION ACADÉMIQUE

## SCIENCES PHYSIQUES

### ZOOLOGIE

II

## PARIS

### IMPRIMERIE NATIONALE

M DCCC XLIX

# HISTOIRE NATURELLE

## DES

# ANIMAUX ARTICULÉS

### PAR H. LUCAS

DU MUSÉUM D'HISTOIRE NATURELLE, MEMBRE DE LA COMMISSION SCIENTIFIQUE DE L'ALGÉRIE
DES SOCIÉTÉS ENTOMOLOGIQUE DE FRANCE ET PHILOMATIQUE DE PARIS
CHEVALIER DE LA LÉGION D'HONNEUR

## DEUXIÈME PARTIE

### INSECTES

# DEUXIÈME PARTIE

## INSECTES

# HISTOIRE NATURELLE

### DES

# ANIMAUX ARTICULÉS.

## CINQUIÈME CLASSE.
### INSECTES.

## PREMIER ORDRE.
### LES COLÉOPTÈRES.

## PREMIÈRE SECTION.
### LES PENTAMÈRES.

## PREMIÈRE FAMILLE.
### LES CARNASSIERS.

## PREMIÈRE TRIBU.
### LES CICINDÉLIENS.

### Genus *CICINDELA*, Linn.

#### 1. *Cicindela maura.*

Fabr. *Syst. Eleuth.* tom. I, p. 235, n° 16.
Dej. *Spéc. des coléopt.* tom. I, p. 57, n° 41.
Ejusd. *Iconogr. des coléopt. d'Europe,* tom. I, p. 14, n° 1, pl. 2, fig. 1.

Se tient ordinairement dans les lieux sablonneux, sur les bords desséchés des rivières. Je l'ai prise, dans les mois de juin et de juillet, aux environs d'Hippône. Près de l'oasis de

1.

Milah (province de Constantine), j'ai rencontré une variété de cette espèce, assez remarquable par les deux taches antérieures, qui, au lieu d'être d'un blanc légèrement jaunâtre, sont au contraire d'une belle couleur oranger. Cette Cicindèle se trouve aussi en Espagne.

### 2. *Cicindela maroccana.* (Pl. 1, fig. 1.)

FABR. *Syst. Eleuth.* tom. I, p. 234, n° 12.
*Cicindela campestris,* DEJ. *Spéc. des coléopt.* tom. I, p. 59.

Cette espèce, qui n'est pas très-rare, se trouve ordinairement sur les parties sablonneuses des bords du Rummel, du Boumersoug, du Safsaf et des ruisseaux aux environs de Lacalle; elle m'a été rapportée d'Oran et de Miliâna par feu Bové. Cette espèce habite le Portugal et le Midi de l'Espagne; M. Brullé l'a prise aussi en Morée.

Pl. 1, fig. 1. *Cicindela maroccana,* grossie, 1ᵃ la grandeur naturelle.

### 3. *Cicindela Ritchii.* (Pl. 1, fig. 4.)

VIGORS, *Descript. of some rare, etc. etc. Zool. journ.* tom. I, p. 414, pl. 15, fig. 2 (1825).

Cette espèce, qui n'a encore été trouvée que dans l'Ouest de nos possessions du Nord de l'Afrique, m'a été donnée par M. Levaillant, colonel au 17ᵉ léger, et M. le docteur Warnier.

C'est à tort, selon moi, que M. Erichson considère, dans le *Reisen in der Regentschaft Algier,* tom. III, p. 145, comme synonyme de la *C. Ritchii,* Vigors, la *C. Audouinii,* Barth. *Ann. de la Soc. ent. de France,* tom. IV, p. 597, pl. 17, fig. 1. M. Erichson n'a probablement pas connu cette espèce, qui est bien distincte de la *C. Ritchii* de Vigors, par la forme remarquable de ses antennes, la longueur excessive de ses mandibules, et surtout la disposition et la forme des bandes et des taches que présentent les élytres. Cette Cicindèle a été prise aux environs de Tripoli, et n'a jamais été rencontrée dans nos possessions du Nord de l'Afrique.

Pl. 1, fig. 4. *Cicindela Ritchii,* grossie, 4ᵃ la grandeur naturelle, 4ᵇ portion antérieure de la tête, 4ᶜ une mâchoire, 4ᵈ une mandibule, 4ᵉ lèvre inférieure, 4ᶠ une antenne.

### 4. *Cicindela hybrida.*

LINN. *Syst. nat.* p. 657, n° 2.
FABR. *Ent. syst.* tom. I, p. 171, n° 10.
DEJ. *Spéc. des coléopt.* tom. I, p. 64, n° 47.
Ejusd. *Iconogr. des coléopt. d'Europe,* tom. I, p. 19, n° 6, pl. 2, fig. 6.

Je n'ai rencontré qu'une seule fois cette espèce; c'est vers le milieu de juin, sur les plages sablonneuses des bords de la Seybouse (environs de Bône). Cette Cicindèle habite une grande partie de l'Europe.

### 5. *Cicindela gallica.*

Brull. *Revue entom. de Silbermann*, tom. II, p. 97.
Ejusd. *Hist. nat. des ins.* tom. IV, p. 71, n° 15, pl. 2, fig. 3.
*Cicindela chloris,* Dej. *Spéc. des coléopt.* tom. V, p. 227, n° 157.

Cette Cicindèle, qui a été trouvée dans les environs d'Alger par M. Gérard, m'a été communiquée par M. L. Buquet.

### 6. *Cicindela trisignata.*

Dej. *Spéc. des coléopt.* tom. I, p. 77, n° 60.
Ejusd. *Iconogr. des coléopt. d'Europe,* tom. I, p. 32, n° 18, pl. 4, fig. 2.

J'ai rencontré peu communément cette espèce, et les individus que j'ai pris ont été trouvés, vers la fin du mois de mai, aux environs de Bougie; M. Levaillant me l'a donnée comme ayant été prise aux environs de Constantine et d'Oran; M. Rambur l'a rencontrée en Espagne; elle habite aussi le Midi de la France et de l'Italie.

### 7. *Cicindela littorea*[1].

Forsk. *Descript. des anim.* p. 77, n° 3.
Klug et Ehrenb. *Symb. phys.* n° 2, pl. 21, fig. 2.
*Cicindela Goudotii,* Dej. *Spéc. des coléopt.* tom. V, *Suppl.* p. 236, n° 165.
Ejusd. *Iconogr. des coléopt. d'Europe,* tom. I, p. 40, n° 26, pl. 5, fig. 2.

Très-commune en juin et juillet sur la plage de sable qui est située sous la mosquée aux environs d'Oran; elle se trouve aussi dans les parties méridionales de l'Espagne et en Sardaigne.

### 8. *Cicindela circumdata.*

Dej. *Spéc. des coléopt.* tom. I, p. 82, n° 67.
Ejusd. *Iconogr. des coléopt. d'Europe,* tom. I, p. 39, n° 25, pl. 5, fig. 1.

M. Erichson, *Reisen in der Regentschaft Algier,* tom. III, p. 146, cite cette espèce comme ayant été prise en Algérie par M. Moritz Wagner. Quant à moi, je n'y ai pas rencontré cette *Cicindela,* qui jusqu'à présent n'avait encore été trouvée qu'en Europe.

[1] C'est encore à tort que M. Erichson, dans le *Reisen in der Regentschaft Algier,* par M. Moritz Wagner, tom. III, p. 146, rapporte la *Cicindela Lyonii,* Vigors, à la *C. littorea* de Forskal; l'espèce décrite par l'entomologiste anglais est bien distincte de cette dernière. Voy. Vigors, *Zool. journ.* tom. I, p. 414, pl. 15, fig. 3 (1825). *C. Latreillœi,* Dej. *Spéc. des coléopt.* tom. V, p. 261 (1831).

### 9. *Cicindela ægyptiaca.*

Dej. *Spéc. des coléopt.* tom. I, p. 96, n° 79, et tom. V, p. 213.
Klug et Ehrenb. *Symb. phys.* pl. 21, fig. 7.

Cette espèce, que je dois à l'obligeance de M. le colonel Levaillant, habite les environs d'Oran, où on la rencontre, pendant les mois de juillet et d'août, dans les lieux sablonneux, sur les bords des ruisseaux. Elle se trouve aussi au Sénégal et aux environs de Tanger. Elle habite la Sicile, et M. Rambur l'a prise en quantité en Espagne, aux environs de Malaga et de Grenade.

### 10. *Cicindela littoralis.* (Pl. 1, fig. 3.)

Fabr. *Ent. syst.* tom. I, p. 172, n° 13.
Ejusd. *Syst. Eleuth.* tom. I, p. 235, n° 17.
*Cicindela barbara* (Var.), de Casteln. *Hist. nat. des ins. coléopt.* tom. II, p. 18, n° 29.

C'est vers la fin du mois de mai, aux environs de Bougie, sur les bords sablonneux d'un ruisseau, que j'ai rencontré cette espèce. La Cicindèle décrite, sous le nom de *C. barbara,* par M. le comte de Castelnau, ne me semble être qu'une variété locale de la *C. littoralis,* Auct. Cette variété, au reste, est remarquable par sa taille plus grande et surtout sa couleur plus noirâtre; il est aussi à noter que les lunules sont plus fortement accusées, et que les deux premières, étant réunies, forment une bande transversale assez large, qui n'atteint cependant pas tout à fait la suture. Tout le corps en dessous est fortement teinté de noir; les pattes sont très-velues et sans reflets bleus.

Pl. 1, fig. 3. *Cicindela littoralis* (var. *barbara,* de Casteln.), grossie, 3ᵃ la grandeur naturelle.

### 11. *Cicindela nemoralis.*

Oliv. *Ent.* tom. II, n° 33, p. 13, pl. 3, fig. 36.
*Cicindela littoralis,* Dej. *Spéc. des coléopt.* tom. I, p. 104.
Ejusd. *Iconogr. des coléopt. d'Europe,* tom. I, p. 28, n° 42, pl. 5, fig. 4.
Brull. *Hist. nat. des ins.* tom. IV, p. 75, n° 17.

Cette espèce, pendant l'hiver, le printemps et une grande partie de l'été, est très-répandue sur les rives sablonneuses des ruisseaux dans l'Est et l'Ouest de nos possessions du Nord de l'Afrique.

### 12. *Cicindela sardoa.* (Pl. 1, fig. 2.)

Dej. *Spéc. des coléopt.* tom. I, p. 120, n°ˢ 102 et 180.

Assez commune, vers le commencement de mars, sur les parties sablonneuses des bords des ruisseaux et des lacs Houbeira et Tonga (environs du cercle de Lacalle); elle se trouve aussi en Sardaigne.

Pl. 1, fig. 2. *Cicindela sardoa,* grossie, 2ᵃ la grandeur naturelle.

### 13. *Cicindela fléxuosa.*

Fabr. *Syst. Eleuth.* tom. I, p. 237, n° 26.
Dej. *Spéc. des coléopt.* tom. I, p. 11, n° 93.
Ejusd. *Iconogr. des coléopt. d'Europe,* tom. I, p. 44, n° 29, pl. 5, fig. 5.

Très-commune, dans les commencements de mai, sur les plages sablonneuses des bords du Boumersoug et du Rummel (environs de Constantine). Cette espèce est très-répandue en France et dans le Midi de l'Espagne; on la rencontre aussi dans la Russie méridionale.

### 14. *Cicindela nitidula.* (Pl. 1, fig. 5.)

Dej. *Spéc. des coléopt.* tom. I, p. 120, n° 102.

C'est à la fin de mai, aux environs de Bougie, sur les bords de la Nassave, que j'ai pris cette espèce, qui n'avait encore été trouvée qu'au Sénégal; je n'en ai rencontré qu'un seul individu.

Pl. 1, fig. 5. *Cicindela nitidula,* grossie, 5ª la grandeur naturelle.

## DEUXIÈME TRIBU.

### LES CARABIENS.

## Genus *Drypta,* Fabr. *Cicindela,* ejusd. *Carabus,* Rossi.

### 15. *Drypta emarginata.*

Fabr. *Syst. Eleuth.* tom. I, p. 230, n° 1.
Dej. *Spéc. des coléopt.* tom. I, p. 183, n° 1.
Ejusd. *Iconogr. des coléopt. d'Europe,* tom. I, p. 66, n° 1, pl. 7, fig. 4.
Brull. *Hist. nat. des ins.* tom. IV, p. 164, n° 1, pl. 5, fig. 3.
Blanch. *Atl. du règne anim. de Cuv. Ins.* pl. 19, fig. 1.

J'ai rencontré assez communément cette espèce, pendant les mois de février et de mars, dans les lieux humides, sous des pierres, aux environs d'Alger, et principalement sous des détritus de végétaux, sur les bords de l'Ouad-Safsaf, aux environs de Philippeville. Cette espèce est très-répandue dans l'Europe méridionale.

Pl. 2, fig. 2, une mâchoire, 2ª une mandibule, 2ᵇ lèvre inférieure, 2ᶜ une antenne du *Drypta emar-ginata.*

### 16. *Drypta distincta.*

Rossi, *Mant. ins.* p. 83, n° 190, pl. 1, fig. c.
Brull. *Hist. nat. des ins.* tom. IV, p. 165, n° 2.
*Cicindela cylindricollis,* Fabr. *Entom. syst. Suppl.* p. 63, n° 37.
*Drypta cylindricollis,* Dej. *Spéc. des coléopt.* tom. II, p. 331.
Ejusd. *Iconogr. des coléopt. d'Europe,* tom. I, p. 66, n° 2, pl. 7, fig. 5.

Je n'ai pas trouvé cette espèce; elle m'a été communiquée par M. Doué, qui l'a reçue de M. le colonel Levaillant; celui-ci l'avait rencontrée dans les environs d'Oran.

————

### Genus *Zuphium,* Latr. *Galerita,* Fabr.

### 17. *Zuphium numidicum,* Luc. (Pl. 3, fig. 4.)

Long. 6 millim. larg. 2 millim. $\frac{1}{2}$.

Z. capite, antennis thoraceque ferrugineis; elytris testaceis, subtomentosis; corpore pedibusque testaceis.

Les antennes sont ferrugineuses et ne présentent pas la grande tache obscure que l'on voit sur le premier article de ces mêmes organes dans le *Z. olens*. La tête, peu trianguli-forme, aplatie, arrondie sur les côtés et postérieurement, est lisse, ferrugineuse et revêtue en dessus de poils très-courts, peu serrés, d'une couleur roussâtre. Les organes de la man-ducation sont ferrugineux. Les yeux sont noirs et très-peu saillants. Le corselet, aplati, de même couleur que la tête, également revêtu, comme cette dernière, de poils très-courts, peu serrés, est lisse, allongé et cordiforme; il n'est guère plus large que la tête, et ses côtés sont très-légèrement rebordés; il va en se rétrécissant vers sa base; les angles postérieurs sont très-relevés, et, dans sa partie médiane, il présente une impression longi-tudinale assez profondément marquée. Les élytres, plus larges que le corselet, peu allon-gées, presque parallèles, arrondies antérieurement et postérieurement, sont lisses et légè-rement pubescentes; elles sont testacées, et ne présentent pas près de leur base une tache ferrugineuse, arrondie, comme cela se voit dans le *Z. olens*, espèce à laquelle la nôtre ressemble un peu. Le corps en dessous est testacé, ainsi que les organes de la locomotion.

Ce *Zuphium*, comme il est facile de le voir, vient se placer tout près du *Z. olens*, avec lequel il ne pourra être confondu à cause de ses antennes, qui sont entièrement ferrugi-neuses, et des élytres, qui ne présentent pas, près de leur base, une tache ferrugineuse, comme cela se voit sur ces mêmes organes chez le *Z. olens*.

Je n'ai pas rencontré cette espèce; elle a été donnée au muséum de Paris par M. Louzeau, qui l'a prise dans les environs d'Oran.

Pl. 3, fig. 4. *Zuphium numidicum,* grossi, 4ᵃ la grandeur naturelle, 4ᵇ tête vue en dessous, 4ᶜ une antenne.

## Genus *POLISTICHUS*, Bonel. *Galerita*, Fabr. *Carabus*, Oliv.

### 18. *Polistichus vittatus.*

BRULL. *Rev. entom. de Silbermann*, tom. II, p. 102.
Ejusd. *Hist. nat. des ins.* tom. I, p. 178, n° 1.
*Carabus fasciolatus*, OLIV. *Ent.* tom. III, n° 35, p. 95, pl. 3, fig. 155.
*Polistichus fasciolatus*, DEJ. *Spéc. des coléopt.* tom. I, p. 195, n° 1.
Ejusd. *Iconogr. des coléopt. d'Europe*, tom. I, p. 72, n° 1, pl. 7, fig. 7.
BLANCH. *Atl. du règne anim. de Cuv. Ins.* pl. 18, fig. 9.

Cette espèce est assez rare en Afrique, et les deux individus que j'ai pris ont été rencontrés, à la fin de mars, au pied des arbres qui se trouvent sur les bords de l'Ouad-Seracmah et de l'Ouad-Safsaf, aux environs de Philippeville; on le trouve aussi dans le Midi et le Nord de la France, en Espagne, en Italie et dans les provinces méridionales de la Russie.

Pl. I, fig. 6, une mâchoire, 6ᵃ une mandibule, 6ᵇ lèvre inférieure, 6ᶜ une antenne du *Polistichus vittatus.*

---

## Genus *CYMINDIS*, Latr. *Galerita*, Fabr.

### 19. *Cymindis sitifensis.* (Pl. 1, fig. 8.)

Long. 10 millim. larg. 4 millim. ½.

LUC. *Ann. des sc. nat.* 2ᵉ série, tom. XVIII, p. 61, n° 1.

C. capite fuscoferrugineo, vix punctato; mandibulis rubrofuscis palpisque rubroferrugineis; antennis flavoferrugineis; elytris latis, striatis, striis interstitiisque lævigatis, in medio fusconigrescentibus, marginibus flavoferrugineis, vittâ fusconigrescente ornatis; corpore infrà fusco; pedibus flavoferrugineis.

Il est plus grand que le *C. lineata*, près duquel il vient se placer. La tête, d'un brun rougeâtre, assez convexe, est à peine ponctuée, et présente quelques stries près des yeux; les mandibules sont d'un rouge brun avec les palpes d'un rouge ferrugineux. Les antennes sont d'un jaune ferrugineux. Le corselet, d'un brun ferrugineux dans sa partie médiane, d'un ferrugineux clair sur les côtés, est large et assez fortement rebordé; il est très-finement ponctué, et cette ponctuation devient plus sensible sur les côtés. Les élytres, assez larges, à stries non ponctuées, avec les intervalles saillants, lisses, sont d'un brun noirâtre dans leur partie médiane, avec la suture d'un brun ferrugineux; les côtés sont d'un fauve ferrugineux, avec une bande d'un brun noirâtre partant presque de la base et s'arrêtant un peu au delà du milieu des élytres. Le corps est d'un rouge brun en dessous. Les pattes sont d'un jaune légèrement ferrugineux.

Je n'ai rencontré qu'une seule fois cette espèce : c'est sous les pierres, dans les premiers jours de juillet, aux environs de Sétif.

Pl. 1, fig. 8. *Cymindis sitifensis*, grossi, 8ᵃ la grandeur naturelle, 8ᵇ une élytre grossie.

### 20. *Cymindis leucophthalma*. (Pl. 1, fig. 9.)

Long. 9 millim. $\frac{1}{2}$, larg. 3 millim. $\frac{1}{2}$.

Luc. *Ann. des sc. nat.* 2ᵉ série, tom. XVIII, p. 62, n° 2.

C. capite fuscoferrugineo, vix punctato; oculis albis; thorace lato, in medio fuscoferrugineo marginibusque subferrugineis; elytris profundè punctatostriatis, lateribus flavoferrugineis, vittâ longitudinali fuscâ ornatis, in medio fuscis; corpore fuscoferrugineo.

La tête est d'un brun ferrugineux, peu ponctuée et légèrement striée entre les yeux; il y a des individus chez lesquels les stries sont à peine apparentes. Les antennes sont d'un brun ferrugineux. Les yeux sont blancs. Le corselet est large, d'un brun ferrugineux dans sa partie médiane, avec ses bords latéraux saillants et d'un ferrugineux clair; en dessus, on aperçoit un sillon longitudinal assez bien marqué, et les côtés, ainsi que le bord postérieur, sont finement ponctués. Les élytres, moins larges que dans l'espèce précédente, sont profondément striées, et ces stries présentent une ponctuation fine et serrée; les côtes sont assez saillantes, lisses; elles sont d'un jaune ferrugineux sur les côtés, d'un brun noirâtre dans leur partie médiane, et présentent une bande longitudinale de cette couleur, qui part de la partie postérieure et s'arrête un peu au delà de leur milieu. Le corps en dessous est d'un brun ferrugineux. Les pattes sont d'un jaune légèrement ferrugineux.

Cette espèce diffère du *C. lineata* (*Carabus*), *Quens. in Sch. syn. ins.* tom. I, p. 179, n° 61, pl. 3, fig. 5ᵃ, avec lequel elle a beaucoup d'analogie, par son corselet, qui est beaucoup plus dilaté, par ses élytres, qui sont beaucoup plus larges, plus profondément striées, et par les intervalles, qui ne présentent aucune ponctuation.

Elle n'est pas très-rare aux environs d'Oran pendant les mois de janvier, février, mars et avril; je l'ai rencontrée particulièrement sous les pierres qui se trouvent près du petit Lac.

Pl. 1, fig. 9. *Cymindis leucophthalma,* grossi, 9ᵃ la grandeur naturelle, 9ᵇ une mâchoire, 9ᶜ une mandibule, 9ᵈ lèvre inférieure, 9ᵉ une antenne, 9ᶠ une élytre grossie.

### 21. *Cymindis levistriata*, Luc. (Pl. 3, fig 1.)

Long. 9 millim. $\frac{1}{2}$, larg. 3 millim.

C. angustata; capite levigato, posticè ferrugineo, anticè fuscoferrugineo; thorace cordiformi, convexo, ferrugineo, marginibus subtilissimè granariis; elytris ferrugineis, vittis fuscis longitudinaliter ornatis, striatis, striis levigatis; corpore ferrugineo, ultimis segmentis abdominis fuscescentibus; pedibus ferrugineis.

Il ressemble beaucoup au *C. leucophthalma,* mais il est plus petit; son corselet est moins dilaté, et l'abdomen est plus étroit. La tête est lisse, d'un ferrugineux clair à sa base, avec son extrémité d'un brun ferrugineux foncé. Les antennes sont ferrugineuses. Les mandibules sont d'un brun ferrugineux foncé, avec les palpes labiaux et maxillaires d'un ferrugineux clair. Le corselet est étroit, convexe, d'un brun ferrugineux; en dessus, la ligne longitudinale du milieu est très-profondément marquée, avec les côtés et le bord pos-

térieur très-finement chagrinés. Les élytres, étroites, ferrugineuses, à stries non ponctuées, peu profondément marquées, présentent de chaque côté, dans leur partie médiane,
près de la suture, une bande noire, longitudinale, interrompue antérieurement par une
tache oblongue, ferrugineuse; de plus, on remarque, près du bord externe, une autre
bande également noire, étroite, qui part presque de la base et atteint à peine le milieu
des élytres. Le corps en dessous est ferrugineux, avec les derniers segments abdominaux
teintés de brun. Les pattes sont ferrugineuses.

Je n'ai pas trouvé cette espèce; elle m'a été communiquée par M. Aug. Chevrolat, qui
l'a reçue des environs d'Alger.

Pl. 3, fig. 1. *Cymindis levistriata*, grossi, 1ᵃ la grandeur naturelle.

### 22. *Cymindis marginata*, Luc. (Pl. 3, fig. 2.)

Long. 9 millim. larg. 3 millim.

C. capite fuscoferrugineo, punctato; thorace in medio fuscoferrugineo, punctato, marginibus sub-
fuscoferrugineis; elytris in medio fuscis, suturâ ferrugineâ marginibusque testaceis, striatopunctatis,
interstitiis subtilissimè punctatis; pedibus testaceis.

Il est de la même forme que le *C. leucophthalma,* près duquel il vient se placer; il est un
peu plus court, et son corselet est moins dilaté. La tête est d'un brun ferrugineux et couverte d'une ponctuation fortement prononcée. Les organes de la manducation et les palpes
sont d'un testacé ferrugineux. Le corselet est d'un brun ferrugineux dans sa partie médiane, avec les côtés d'un ferrugineux beaucoup plus clair; la ligne longitudinale du milieu
est très-prononcée, et les côtés, ainsi que la partie médiane, sont assez fortement ponctués.
Les élytres sont d'un brun foncé dans leur partie médiane, testacées sur les côtés, avec la
suture ferrugineuse; elles sont profondément striées, et ces stries présentent une ponctuation fine et bien marquée; les intervalles sont larges, plans, et offrent, vus à la loupe, une
ponctuation très-fine et très-peu serrée. En dessous, le corps est brun sur les côtés, avec
sa partie médiane ferrugineuse. Les pattes sont testacées.

Cette espèce, que je n'ai pas rencontrée, m'a été communiquée par M. Reiche; elle a
été prise dans les environs d'Alger.

Pl. 3, fig. 2. *Cymindis marginata,* grossi, 2ᵃ la grandeur naturelle, 2ᵇ une élytre grossie.

### 23. *Cymindis homagrica* (*Lebia*).

Duft. *Faun. Austr.* tom. II, p. 240, n° 4.
Dej. *Spéc. des coléopt.* tom. I, p. 208, n° 7.
Ejusd. *Iconogr. des coléopt. d'Europe,* tom. I, p. 83, n° 7, pl. 9, fig. 2.
Brull. *Hist. nat. des ins.* tom. IV, p. 202, n° 2.

Cette espèce m'a été donnée par M. Warnier, qui l'a rencontrée, dans le mois de mai,
aux environs de Tlemsén.

### 24. *Cymindis axillaris.*

F<sub>ABR.</sub> *Syst. Eleuth.* tom. I, p. 182, n° 66.
D<sub>EJ.</sub> *Spéc. des coléopt.* tom. I, p. 211, n° 11.
Ejusd. *Iconogr. des coléopt. d'Europe,* tom. I, p. 88, n° 1, pl. 9, fig. 6.
B<sub>RULL.</sub> *Hist. nat. des ins.* tom. IV, p. 204, n° 6.

Cette espèce m'a été donnée par M. le colonel Levaillant, comme ayant été prise, dans le mois de mars, aux environs d'Alger. Ce *Cymindis* n'est pas rare dans l'Europe méridionale.

### 25. *Cymindis mauritanica.* (Pl. 2, fig. 1.)

D<sub>EJ.</sub> *Spéc. des coléopt.* tom. V, *Suppl.* p. 312, n° 33.
R<sub>AMB.</sub> *Faun. ent. de l'Andal.* livr. I<sup>re</sup>, p. 18, n° 7, pl. 1, fig. 8ʰ.

Je n'ai rencontré qu'une seule fois cette espèce; c'est à la fin d'avril, sous les pierres, près le marabout de Sidi-Mabrouck, aux environs de Constantine. M. le colonel Levaillant m'a donné quelques individus de cette espèce, pris par lui aux environs d'Oran. Ce *Cymindis*[1] habite aussi le Midi de l'Espagne, car M. Rambur, dans sa Faune entomologique de l'Andalousie, le cite comme ayant été pris sous les pierres, dans les environs de Malaga.

Pl. 2, fig. 1. *Cymindis mauritanica,* grossi, 1ᵃ la grandeur naturelle, 1ᵇ une élytre.

### 26. *Cymindis dilaticollis,* Luc. (Pl. 1, fig. 7.)

Long. 8 millim. ½, larg. 3 millim.

C. fuscoferruginea, villosa; capite punctatissimo; thorace profundè punctato, posticè fortiter coarctato, marginibus dilatatissimis, elevatis; elytris profundè striatis, inæqualiter punctatis.

D'un brun ferrugineux; la tête est très-ponctuée. Les antennes, les mandibules, les palpes labiaux et maxillaires sont d'un brun ferrugineux clair. Le corselet est fortement ponctué, et dans sa partie médiane il présente un sillon longitudinal assez profondément marqué; les bords latéro-antérieurs sont très-dilatés, relevés et d'un brun ferrugineux clair; postérieurement il est très-étroit; en dessous et sur les côtés il est couvert de points enfoncés, très-gros et peu serrés. Les élytres, profondément striées, à côtes saillantes, sont remarquables en ce que, dans leur partie médiane, elles présentent des stries irrégulières, qui antérieurement sont irrégulièrement ponctuées. Le dessous du corps est d'un brun ferrugineux, avec le bord postérieur des segments abdominaux d'un brun ferrugineux clair. Les pattes sont d'un brun ferrugineux clair. Des poils assez allongés, peu serrés,

---

[1] Ne faudrait-il pas plutôt rapporter cette espèce, qui habite le Nord de l'Afrique, à la *Galerita bufo* de Fabricius? Cet auteur, dans le tome I de son *Syst. Eleuth.* p. 216, n° 8, dit : « Caput magnum, planum, nigrum, ore sub-« rufescente; antennæ apice rufescentes; thorax posticè rotundatus, strigis latis impressis, rugosus, parùm mar-« ginatus; elytra plana, striata, nigra; pedes rufi. Habitat in Tangier. » Cette description conviendrait assez à ce *Cymindis.*

roussâtres, hérissent le corps, les antennes et les organes de la locomotion de cette espèce remarquable, que je n'ai rencontrée qu'une seule fois sous les pierres, à la fin de février, dans les ravins du Djebel-Santon (environs d'Oran). M. Dégenès, capitaine de corvette, qui, en 1842, commandait la station de Mers-el-Kebir, l'a trouvée aussi aux environs d'Arzew.

M. Rambur, dans sa Faune entomologique de l'Andalousie, première livraison, a décrit et figuré deux espèces très-voisines de celle que je viens de faire connaître : la première, à laquelle il donne le nom de *C. truncata* (Ramb. *op. cit.* p. 17, n° 6 ; pl. 1, fig. 5e), s'en distingue par son corselet, qui est bien moins dilaté ; et la seconde, qu'il désigne sous le nom de *C. cordata* (Ramb. *op. cit.* p. 16, n° 5, pl. 1, fig. 6f) ne pourra être confondue avec notre *C. dilaticollis,* à cause de sa taille, qui est beaucoup plus petite, et surtout des points que présentent les stries de ses élytres.

Pl. 1, fig. 7. *Cymindis dilaticollis,* grossi, 7a la grandeur naturelle.

### 27. *Cymindis Gaubilii,* Luc. (Pl. 3, fig. 3.)

Long. 11 millim. larg. 3 millim. ½.

C. atra ; capite thoraceque punctatis, ultimo cordiformi, angulis posticis prominentibus ; elytris elonga-tis, latis, profundè striatis ; striis punctatis, interstitiis prominentibus subtiliterque punctatis ; corpore nigro ; antennis pedibusque ferrugineis.

Il ressemble un peu au *C. dilaticollis,* mais il est plus grand, et les côtés de son corse-let sont peu dilatés et à peine relevés. Il est noir ; la tête, assez allongée, est lisse dans son milieu, avec la base, l'extrémité et les parties qui sont situées près des yeux assez profondément ponctuées. Le corselet, cordiforme, est assez fortement ponctué, mais cette ponctuation est très-peu serrée ; la ligne longitudinale du milieu est assez fortement pro-noncée ; ses bords latéraux sont peu dilatés, très-légèrement relevés, avec les angles pos-térieurs saillants et assez aigus. Les élytres sont allongées, larges et sinueuses postérieu-rement ; elles sont profondément striées, et ces stries sont ponctuées ; les intervalles sont larges, saillants, et présentent une ponctuation fine et serrée. Le dessous du corps est lisse et entièrement noir. Les organes de la manducation (les mandibules exceptées), les antennes et les pattes sont ferrugineux.

Je n'ai pas rencontré cette espèce, qui m'a été communiquée par M. Aug. Chevrolat ; elle a été trouvée dans les environs de Constantine par M. Gaubil, lieutenant au 17e léger.

M. Doué possède aussi cette espèce ; elle lui a été donnée par M. le colonel Levaillant, qui l'a prise dans les environs d'Oran.

Pl. 3, fig. 3. *Cymindis Gaubilii,* grossi, 3a la grandeur naturelle, 3b une élytre grossie.

## Genus *DEMETRIAS*, Bonnel. *Dromius*, Germ.

### 28. *Demetrias imperialis* (*Dromius*).

GERM. *Coleopt. spec. nov.* p. 1, n° 1.
DEJ. *Spéc. des coléopt.* tom. I, p. 229, n° 1.
Ejusd. *Iconogr. des coléopt. d'Europe*, tom. I, p. 101, n° 1, pl. 14, fig. 1.

Trouvé, vers la fin de novembre, sous les roseaux en décomposition, dans les marais du lac Tonga, aux environs du cercle de Lacalle. Cette espèce est assez répandue dans les contrées septentrionales de l'Europe.

### 29. *Demetrias atricapillus* (*Lebia*).

GYLLENII. *Ins. suec.* tom. II, p. 288, n° 9.
DEJ. *Spéc. des coléopt.* tom. I, p. 231, n° 3.
Ejusd. *Iconogr. des coléopt. d'Europe*, tom. I, p. 103, n° 3, pl. 14, fig. 3.
*Lebia elongatula*, DUFT. *Faun. austr.* tom. II, p. 157.
STURM, *Deuts. Faun.* tom. II, n° 7, p. 62, tab. 172.

J'ai rencontré cette espèce sous les pierres humides, aux environs d'Alger, dans le mois de février; je l'ai prise ensuite en mars, aux environs de Philippeville, sous les écorces des arbres et sous les détritus de végétaux, sur les bords de l'Ouad-Safsaf et de l'Ouad-Seracmah.

---

## Genus *DROMIUS*, Bonnel. *Carabus*, Fabr.

### 30. *Dromius linearis* (*Carabus*).

OLIV. *Ent.* tom. III, n° 35, p. 111, n° 156, pl. 14, fig. 167 à D.
DEJ. *Spéc. des coléopt.* tom. I, p. 233, n° 1.
Ejusd. *Iconogr. des coléopt. d'Europe*, tom. I, p. 107, n° 4, pl. 11, fig. 4.
*Lebia punctatostriata*, DUFT. *Faun. austr.* tom. II, p. 258.

C'est à la fin d'avril, à la base des grandes herbes, dans des lieux assez humides, à Kouba (environs d'Alger), que j'ai pris cette espèce; je l'ai rencontrée ensuite sous les pierres, dans les environs du château neuf, à Oran, dans le courant de janvier. Ce *Dromius* habite la France et l'Allemagne, où il est assez commun.

Pl. 2, fig. 9, une mâchoire, 9ª une mandibule, 9ᵇ lèvre inférieure, 9ᶜ une antenne, 9ᵈ et une patte de la première paire du *Dromius linearis*.

### 31. *Dromius insignis*, Luc. (Pl. 2, fig. 3.)

Long. 4 millim. ½, larg. 1 millim. ½.

D. parùm elongatus; capite nigro; thorace testaceorubescente, duabus maculis fuscescentibus ornato; elytris striatis, anticè testaceorubescentibus, posticè fuscis; antennis pedibusque pallidis; corpore testaceo, posticè fusco.

La tête est d'un brun foncé. Le corselet est d'un testacé rougeâtre, aussi long que large, à angles latéro-antérieurs et postérieurs arrondis, et présentant dans sa partie médiane un sillon longitudinal profondément marqué, de chaque côté duquel on aperçoit antérieurement une petite tache d'un brun obscur. Les élytres sont striées, à côtes assez saillantes; antérieurement elles sont d'un testacé rougeâtre, légèrement teintées de brun obscur du côté de la suture, de même couleur postérieurement, avec l'extrémité d'un testacé légèrement teinté de brun obscur. Le dessous du corps est d'un testacé pâle, avec les quatre derniers segments abdominaux d'un brun obscur. Les pattes et les antennes sont d'un jaune testacé pâle.

C'est près du *D. linearis* que doit venir se placer cette espèce, que je n'ai rencontrée qu'une seule fois à Oran, sous les pierres, aux environs du château neuf, dans les premiers jours de janvier; elle est très-agile.

Pl. 2, fig. 3. *Dromius insignis*, grossi, 3ª la grandeur naturelle.

### 32. *Dromius quadrinotatus (Lebia)*.

Duft. *Faun. austr.* tom. II, p. 253, n° 23.
Dej. *Spéc. des coléopt.* tom. I, p. 238, n° 7.
Ejusd. *Iconogr. des coléopt. d'Europe*, tom. I, p. 114, n° 8, pl. 12, fig. 2.

Cette espèce m'a été communiquée par M. le colonel Levaillant, qui m'a dit l'avoir prise aux environs d'Alger, sous les pierres, près les bords de l'Ouad, dans les premiers jours d'avril.

### 33. *Dromius cruciferus*, Luc. (Pl. 2, fig. 4.)

Long. 3 millim. $\frac{1}{2}$, larg. 1 millim.

D. subelongatus; capite thoraceque nigris, ultimo marginibus testaceoferrugineis; elytris striatis, testaceis, anticè ferrugineo maculatis in medio vittâ transversim ornatis; antennis pedibusque pallidis; corpore nitidè piceo.

La tête est d'un brun foncé. Le corselet est de même couleur que la tête, avec les bords latéraux et postérieurs d'un testacé ferrugineux. Les élytres sont striées, d'un jaune testacé pâle; antérieurement et du côté de la suture, elles présentent une tache d'un brun obscur qui longe cette dernière et va se joindre à une bande transversale également d'un brun obscur, très-rétrécie dans sa partie médiane. En dessous, le corps est d'un brun foncé brillant. Les pattes et les antennes sont d'un jaune testacé pâle.

Ce *Dromius* ressemble beaucoup au *D. fasciatus*; mais il se distingue de ce dernier par les taches d'un brun obscur qui ornent la partie antérieure des élytres, et surtout par la bande transversale que présente la partie médiane de ces mêmes organes.

Cette espèce est assez rare; je n'en ai rencontré que deux individus, que j'ai pris, à la fin d'avril et dans le commencement de mai, sous les galets des bords du Rummel et du Boumersoug (environs de Constantine).

Pl. 2, fig. 4. *Dromius cruciferus*, grossi, 4ª la grandeur naturelle.

### 34. *Dromius glabratus* (*Lebia*).

Duft. *Faun. austr.* tom. II, p. 248, n° 16.
Dej. *Spéc. des coléopt.* tom. I, p. 244, n° 13.
Ejusd. *Iconogr. des coléopt. d'Europe*, tom. I, p. 121, n° 15, pl. 13, fig. 1.

Cette espèce est assez commune en mars et en avril; on la rencontre ordinairement sous les pierres, dans les lieux humides; elle se tient surtout sous les végétaux en décomposition qui se trouvent sur le bord des rivières, telles que le Safsaf, l'Arouch et le Smendou; je l'ai prise aussi sous les feuilles humides, dans les marais du lac Tonga, aux environs du cercle de Lacalle.

### 35. *Dromius mauritanicus*, Luc. (Pl. 2, fig. 6.)

Long. 1 millim. $\frac{1}{2}$, larg. $\frac{1}{2}$ millim.

D. ater; thorace cordiformi; elytris striatis; antennis elongatis, pilosis, nigris ultimo articulo pallido; pedibus nigris, tarsis testaceis.

Noir; la tête est entièrement lisse et légèrement convexe en dessus. Le corselet est plus large que long, cordiforme, à bords latéraux relevés, entièrement lisse et légèrement convexe; dans sa partie médiane, il présente une ligne longitudinale profondément marquée; les angles latéro-postérieurs sont coupés carrément, relevés et assez saillants. Les élytres, d'un noir mat, sont courtes, légèrement tronquées à l'extrémité, avec les angles antérieurs et postérieurs très-arrondis; elles sont striées, et postérieurement, près de la suture, on aperçoit une petite saillie arrondie assez bien marquée. Le dessus du corps et les pattes sont d'un noir brillant, avec les articles des tarses légèrement testacés. Les antennes, noires, poilues, ont leur dernier article d'une couleur testacé pâle; ces organes dépassent en longueur la tête et le corselet.

Ce *Dromius* ressemble beaucoup au *D. glabratus*, près duquel il doit venir se placer; il en diffère par sa taille, qui est beaucoup plus petite, par la forme de son corselet, par la longueur de ses antennes, et enfin par les élytres, qui sont d'un noir mat.

Cette espèce n'est pas très-rare; je l'ai prise en assez grand nombre, pendant les mois de janvier, février et mars, sous les détritus de végétaux qui se trouvent sur les bords de l'Ouad-Safsaf (environs de Philippeville), et sous les pierres que l'on rencontre çà et là près les marais du lac Tonga (environs du cercle de Lacalle).

Pl. 2, fig. 6. *Dromius mauritanicus*, grossi, 6ª la grandeur naturelle.

### 36. *Dromius obscuroguttatus*.

Duft. *Faun. austr.* tom. II, p. 249, n° 17.
*Dromius spilotus*, Dej. *Spéc. des coléopt.* tom. I, p. 246, n° 16.
Ejusd. *Iconogr. des coléopt. d'Europe*, tom. I, p. 124, n° 18, pl. 13, fig. 4.

Ce *Dromius* est très-commun dans l'Est et l'Ouest des possessions françaises du Nord de l'Afrique; on le rencontre ordinairement sous les pierres humides, sous les détritus de végétaux peu éloignés des bords des lacs, des rivières et des ruisseaux ; je l'ai rencontré surtout en assez grand nombre, pendant les mois de janvier, février et mars, dans les marais du lac Tonga (environs du cercle de Lacalle).

### 37. *Dromius foveola* (*Lebia*).

Gyllenh. *Ins. succ.* tom. II, p. 183, n° 5.
*Dromius punctatellus*, Dej. *Spéc. des coléopt.* tom. I, p. 247, n° 17.
Ejusd. *Iconogr. des coléopt. d'Europe*, tom. I, p. 126, n° 19, pl. 13, fig. 5.

Cette espèce, dont je n'ai rencontré que trois individus, habite les environs de Philippeville, et se tient particulièrement sous les pierres humides situées dans le voisinage des ruisseaux ; fin de mars et commencement d'avril.

### 38. *Dromius striatipennis*, Luc. (Pl. 2, fig. 5.)

Long. 4 millim. larg. 1 millim. ½.

D. omninò ater ; elytris profundè striatis.

Entièrement noir ; la tête est assez avancée, lisse et légèrement convexe en dessus. Le corselet est moins long que la tête, presque aussi long que large, rétréci postérieurement, avec les angles latéro-postérieurs assez saillants ; sa base est coupée droit ; la ligne médiane qu'il présente en dessus est très-profondément marquée, et ses bords latéraux sont à peine relevés. Les élytres, assez allongées, très-distinctement striées, ont leur extrémité tronquée et coupée obliquement. Les antennes, le dessous du corps et les pattes sont entièrement noirs.

Cette espèce est très-voisine du *D. foveola* de Gyllenhal (*D. punctatellus*, Dej.) ; mais elle s'en distingue par les angles latéro-postérieurs de son corselet, qui sont saillants, et surtout par les élytres, qui sont bien distinctement striées et qui ne présentent pas les points enfoncés que l'on remarque dans le *D. foveola*.

Cette espèce, dont je n'ai rencontré que quelques individus, a été prise à la fin d'avril, sous les galets des bords du Rummel (environs de Constantine).

Pl. 2, fig. 5. *Dromius striatipennis*, grossi, 5ᵃ la grandeur naturelle, 5ᵇ une élytre.

### 39. *Dromius truncatellus* (*Carabus*).

Fabr. *Syst. Eleuth.* tom. I, p. 210, n° 222.
Gyllenh. *Ins. succ.* tom. II, p. 182, n° 4.
Dej. *Spéc. des coléopt.* tom. I, p. 248, n° 19.
Ejusd. *Iconogr. des coléopt. d'Europe*, tom. I, p. 127, n° 20, pl. 13, fig. 6.

J'ai trouvé assez communément cette espèce, aux environs d'Alger, pendant les mois de février et de mars ; elle se tient ordinairement sous les pierres humides : je l'ai prise aux environs du cercle de Lacalle dans les mêmes conditions.

### 40. *Dromius levipennis*, Luc. (Pl. 2, fig. 7.)

Long. 3 millim. larg. 1 millim.

D. suprà nigrosubæneus; elytris omninò levigatis.

Il ressemble beaucoup au *D. truncatellus*, mais il est un peu plus petit. Sa couleur en dessus est d'un noir légèrement bronzé. Le corselet est plus convexe, avec les bords latéraux un peu plus dilatés et les angles postérieurs plus prononcés. Les élytres sont un peu plus planes et plus larges, et ne présentent ni stries, ni ponctuation.

J'ai trouvé cette espèce, sous les pierres humides, pendant les mois de février et de mars, dans les marais du lac Tonga, aux environs du cercle de Lacalle.

Pl. 2, fig. 7. *Dromius levipennis*, grossi, 7ª la grandeur naturelle.

### 41. *Dromius albomaculatus*, Luc. (Pl. 2, fig. 8.)

Long. 3 millim. ½, larg. 1 millim.

D. atronitidus; elytris striatis, utrinque albobimaculatis; antennis pedibusque nigris.

D'un noir brillant. La tête est entièrement lisse, légèrement convexe en dessus. Le corselet est allongé, un peu plus large que la tête, très-rétréci postérieurement; à sa partie antérieure, il est coupé droit, légèrement arrondi à sa base, avec les bords latéraux très-peu relevés; la ligne médiane qu'il présente en dessus est assez bien marquée. Les élytres sont assez larges, légèrement convexes, coupées obliquement à leur extrémité, avec les angles antérieurs et postérieurs arrondis; elles sont très-distinctement striées, surtout près de la suture, et ces stries sont entièrement lisses; de chaque côté, ces organes présentent deux taches assez grandes, plus longues que larges, d'une belle couleur blanche : la première tache est située sur l'angle huméral, et son côté externe est arrondi; la seconde, placée beaucoup plus postérieurement, occupe presque la partie médiane de l'élytre, et son côté interne est arrondi. Les antennes, les pattes et le dessous du corps sont entièrement noirs.

Cette espèce ressemble un peu aux *D. quadrillum* et *albonotatus*, mais les taches qui ornent ses élytres la rendent bien distincte de ces deux espèces; ainsi elle ne pourra être confondue avec la première à cause des stries, qui ne sont pas ponctuées, et diffère de la seconde par les taches blanches, qui ne forment jamais une bande continue, comme cela a lieu pour le *D. albonotatus*.

Cette espèce n'est pas très-commune; je l'ai rencontrée aux environs de Philippeville, à la fin de mars et au commencement d'avril; elle est très-agile, et se tient ordinairement sous les pierres humides; je l'ai trouvée aussi sous des détritus de végétaux, sur les bords de l'Ouad-Safsaf et de l'Ouad-Seracmah.

Pl. 2, fig. 8. *Dromius albomaculatus*, grossi, 8ª la grandeur naturelle.

## Genus *SINGILIS*, Ramb.

### 42. *Singilis mauritanica*, Luc. (Pl. 2, fig. 10.)

Long. 6 millim. $\frac{1}{7}$, larg. 2 millim. $\frac{1}{2}$.

S. capite ferrugineo, subtilissimè punctato; thorace ferrugineo, subgranario; elytris striatopunctatis, anticè ferrugineis, posticè nigris; antennis pedibusque ferrugineis; sterno ferrugineo, segmentis abdominis nigris, marginibus ferrugineo tinctis.

La tête est ferrugineuse, légèrement convexe et très-finement ponctuée. Le corselet, plus large que la tête, de même couleur que cette dernière, est très-faiblement chagriné; en dessus, il présente un sillon longitudinal assez bien marqué; ses bords latéraux sont dilatés, arrondis, avec les angles postérieurs très-saillants et coupés carrément. Les élytres, ferrugineuses antérieurement, noires postérieurement, sont profondément striées, et ces stries présentent une ponctuation fine et serrée; les côtes sont assez saillantes, lisses, et sur la première, ou celle qui est située près du bord externe, on aperçoit une ligne longitudinale de points arrondis, très-profondément marqués. Les pattes et les antennes sont ferrugineuses. Le dessous du corps est ferrugineux, avec les segments abdominaux noirs et tachés de ferrugineux sur les côtés.

Cette espèce se distingue des S.[1] *soror* et *bicolor* par sa taille, qui est deux fois plus grande, par son corselet, qui n'est point ponctué, et par les côtes de ses élytres, qui sont assez saillantes, lisses et dont la première seulement est ponctuée.

Je n'ai rencontré qu'une seule fois cette curieuse espèce, qui est très-agile; c'est à la fin de janvier, sous les pierres humides, dans les ravins du Djebel-Santon (environs d'Oran).

Pl. 2, fig. 10. *Singilis mauritanica*, grossi, 10ᵃ la grandeur naturelle, 10ᵇ lèvre inférieure, 10ᶜ une élytre.

### 43. *Singilis soror*.

RAMB. *Faun. entom. de l'Andal.* Iʳᵉ livr. p. 27, pl. 2, fig. 1 A.

Cette espèce, qui a été prise dans les environs d'Oran par M. Louzeau, fait partie de la collection du Muséum d'histoire naturelle de Paris. Elle se trouve aussi en Espagne, car M. Rambur, dans sa Faune entomologique de l'Andalousie, cite cette espèce comme ayant été prise par lui aux environs de San-Roque, près de la baie d'Algésiras.

Pl. 2, fig. 11, une mandibule, 11ᵃ une patte de la première paire du *Singilis soror*.

[1] Je ferai observer que les espèces composant le genre des *Singilis* n'avaient encore été signalées que comme habitant le Midi de l'Europe (Espagne méridionale).

## Genus *LEBIA*, Latr. *CARABUS*, Fabr.

### 44. *Lebia fulvicollis*. (Pl. 3, fig. 5.)

FABR. *Entom. syst.* tom. I, p. 152, n° 121.
Ejusd. *Syst. Eleuth.* tom. I, p. 193, n° 127.
*Lebia africana,* SOL. *Ann. de la soc. entom. de France,* tom. IV, 1<sup>re</sup> série, p. 114, n° 4.
*Lebia Gerardii,* BUQ. *Ann. de la soc. entom. de France,* tom. IX, 1<sup>re</sup> série, p. 393.

Je n'ai rencontré que très-rarement cette Lébie; c'est à la fin de janvier, sous les pierres, sur le versant Est de la colline sur laquelle est placé le camp de Kouba (environs d'Alger). M. le colonel Levaillant l'a rencontrée aussi aux environs d'Oran.

Pl. 3, fig. 5. *Lebia fulvicollis,* grossie, 5ᵃ la grandeur naturelle, 5ᵇ une mâchoire, 5ᶜ une mandibule, 5ᵈ lèvre inférieure, 5ᵉ une antenne, 5ᶠ une élytre, 5ᵍ extrémité du tibia avec les tarses d'une patte de la première paire.

### 45. *Lebia numidica,* Luc. (Pl. 3, fig. 6.)

Long. 6 millim. larg. 2 millim. ½.

L. viridi cyanea, thorace pedibusque rufis, femoribus apice nigris; elytris profundè striatis, striis subtilissimè punctatis interstitiisque valdè punctatis; abdomine sternoque rufis.

Elle est un peu plus petite que la *L. annulata* (Brull.). La tête est noire, quelquefois d'un noir verdâtre, un peu plus allongée, plus rétrécie postérieurement, avec la ponctuation beaucoup plus fine et plus serrée. Les palpes maxillaires et labiaux sont bruns, à l'exception cependant de leur second article, qui est ferrugineux. Les antennes ont les deux premiers articles d'un rouge ferrugineux; les suivants sont bruns, avec la base et l'extrémité ferrugineuses. Le corselet est d'un rouge ferrugineux; il est court, plus large que long, à peine rebordé; les angles antérieurs sont arrondis; les postérieurs sont coupés carrément et très-peu relevés; il est légèrement convexe, très-finement ponctué, avec la ligne longitudinale du milieu assez profondément marquée. Les élytres sont plus larges que le corselet, avec les angles antérieurs arrondis et leur extrémité coupée un peu obliquement; elles sont d'un vert bleuâtre brillant, avec leurs stries profondément enfoncées, très-finement ponctuées et les intervalles larges, couverts d'une ponctuation assez forte et peu serrée. Le sternum et l'abdomen sont bruns en dessous. Les pattes sont d'un rouge ferrugineux, avec l'extrémité des cuisses noirâtre.

Je n'ai rencontré qu'une seule fois cette espèce; c'est à la fin de janvier, sous les pierres humides, près des marais du lac Tonga, aux environs du cercle de Lacalle.

Pl. 3, fig. 6. *Lebia numidica,* grossie, 6ᵃ la grandeur naturelle.

## Genus *BRACHYNUS*, Web.

### 46. *Brachynus humeralis.*

Ahrens, *Faun. ins. Europ. fasc.* I, n° 9.
*Brachynus causticus*, Dej. *Spéc. des coléopt.* tom. I, p. 313, n° 21.
Ejusd. *Iconogr. des coléopt. d'Europe*, tom. I, p. 159, n° 2, pl. 17, fig. 2.

Cette espèce, que je dois à l'obligeance de M. le lieutenant-colonel Lepelletier de Saint-Fargeau, a été prise par cet officier supérieur aux environs d'Oran. Ce *Brachynus* habite aussi le Midi de la France.

Pl. 3, fig. 9. Une mâchoire, 9ª une mandibule, 9ᵇ lèvre inférieure, 9ᶜ une antenne, 9ᵈ extrémité du tibia avec les tarses d'une patte de la première paire du *Brachynus humeralis.*

### 47. *Brachynus barbarus*, Luc. (Pl. 3, fig. 7.)
Long. 8 millim. ½, larg. 3 millim.

B. capite thoraceque granariis, obscurè rubescentibus; elytris vix costatis, nigrescentibus, subtilissimè punctatis, suturâ marginibus posticèque rufescentibus, sterno abdomineque nigrescentibus; pedibus fuscoferrugineis.

Ce Brachyne ressemble beaucoup au *B. immaculicornis* et vient se placer tout près de cette espèce. La tête, d'un brun rougeâtre, légèrement chagrinée, présente, entre les yeux, deux enfoncements longitudinaux et quelques points assez fortement marqués. Les organes de la manducation, ainsi que les antennes, sont de la même couleur que la tête. Le corselet, d'un brun rougeâtre, légèrement chagriné et strié, est assez allongé; il est rétréci postérieurement, avec les côtés très-relevés et la ligne longitudinale du milieu assez fortement prononcée. Les élytres, d'un brun noirâtre, avec la suture, les côtés et la partie postérieure d'un brun roussâtre, sont larges et légèrement sinueuses à leur extrémité; elles ont chacune huit côtes, très-peu sensibles et très-finement ponctuées. Le sternum et l'abdomen sont d'un brun noirâtre, très-finement ponctués. Les pattes sont d'un brun ferrugineux.

Je n'ai pas trouvé cette espèce; elle m'a été communiquée par MM. L. Buquet et Reiche, qui l'ont reçue des environs de Djîdjel.

Pl. 3, fig. 7. *Brachynus barbarus*, grossi, 7ª la grandeur naturelle.

### 48. *Brachynus immaculicornis.*

Dej. *Spéc. des coléopt.* tom. II, p. 466, n° 47.
Ejusd. *Iconogr. des coléopt. d'Europe*, tom. I, p. 162, n° 5, pl. 17, fig. 5.
Brull. *Hist. nat. des ins.* tom. I, p. 246, n° 8.
*Brachynus crepitans*, Var. A. Dej. *Spéc. des coléopt.* tom. I, p. 317, n° 30.

Cette espèce n'est pas très-rare aux environs d'Alger; je l'ai rencontrée, en hiver, à Mustapha et sur le versant Est des collines du Boujarea; je l'ai prise aussi aux environs de Bougie et de Philippeville; M. le colonel Levaillant l'a trouvée assez communément aux environs d'Oran. Cette espèce habite le Midi de la France. M. Rambur, dans sa Faune entomologique de l'Andalousie, cite ce Brachyne comme ayant été pris à Malaga, à San-Roque et à Grenade.

### 49. *Brachynus psophia.*

DEJ. *Spéc. des coléopt.* tom. I, p. 321, n° 34.
Ejusd. *Iconogr. des coléopt. d'Europe*, tom. I, p. 166, n° 9, pl. 18, fig. 1.
BRULL. *Hist. nat. des ins.* tom. I, p. 248, n° 11.

Ce Brachyne vit en famille sous les pierres humides; je l'ai pris aux environs d'Alger; il habite aussi les environs de Philippeville, où je l'ai rencontré assez communément, pendant les mois de mars et d'avril, sous des détritus de végétaux, sur les bords de l'Ouad-Safsaf et de l'Ouad-Seracmah. Cette espèce habite aussi le Midi de la France et l'Italie, ainsi que la Russie méridionale.

### 50. *Brachynus sclopeta.*

FABR. *Ent. syst.* tom. I, p. 136, n° 53.
DEJ. *Spéc. des coléopt.* tom. I, p. 322, n° 36.
Ejusd. *Iconogr. des coléopt. d'Europe*, tom. I, p. 167, n° 11, pl. 18, fig. 3.
BRULL. *Hist. nat. des ins.* tom. I, p. 249, n° 13.

Vit en famille comme l'espèce précédente et habite les mêmes localités. Cette espèce n'est pas rare dans le Nord de la France; on la rencontre aussi en Espagne, en Italie et en Dalmatie.

### 51. *Brachynus fimbriolatus,* Luc. (Pl. 3, fig. 8.)

Long. 6 millim. larg. 2 millim.

B. ferrugineus; elytris cyaneis, subtilissimè granariis, posticè flavo-limbatis.

Il est un peu plus petit et plus étroit que le *B. sclopeta.* La tête, d'un rouge ferrugineux, est lisse postérieurement et légèrement rugueuse près des yeux. Les antennes sont de même couleur que la tête, très-légèrement pubescentes. Les mandibules, d'un rouge ferrugineux à leur base, sont noires à leur extrémité. Les palpes labiaux et maxillaires sont de même couleur que les antennes. Le corselet, d'un rouge ferrugineux, légèrement cordiforme, est très-finement strié, avec la ligne longitudinale du milieu très-profondément marquée; les bords latéraux sont assez saillants, relevés, avec les angles postérieurs terminés en pointe. Les élytres, à côtes peu saillantes, d'un bleu clair, très-finement chagrinées, revêtues d'une pubescence jaunâtre, sont remarquables par le bord postérieur, qui est jaune, couleur qui se continue jusque sur la suture. Le sternum est d'un rouge ferrugineux. L'abdomen, sur les côtés, est bordé de brun foncé; les trois premiers segments sont d'un ferrugineux foncé; les suivants sont bruns, bordés de rouge ferrugineux.

Je n'ai pas pris cette espèce; elle m'a été communiquée par M. Aug. Chevrolat, qui l'a reçue des environs d'Alger.

Pl. 3. fig. 8. *Brachynus fimbriolatus*, grossi, 8ᵃ la grandeur naturelle.

### 52. *Brachynus exhalans.*

Rossi, *Mantin. ins.* p. 84, n° 192, pl. 1, fig. B.
Dej. *Spéc. des coléopt.* tom. I, p. 324, n° 38.
Ejusd. *Iconogr. des coléopt. d'Europe,* tom. I, p. 169, n° 13, pl. 18, fig. 5.
Brull. *Hist. nat. des ins.* tom. I, p. 249, n° 14.

Cette espèce est assez rare, et les deux individus que j'ai pris ont été rencontrés en mars au pied des arbres qui se trouvent sur les bords de l'Ouad-Safsaf et de l'Ouad-Seracmah, dans les environs de Philippeville.

### 53. *Brachynus etslans.*

Dej. *Spéc. des coléopt.* tom. V, *Suppl.* p. 743, n° 71.
Ejusd. *Iconogr. des coléopt. d'Europe,* tom. I, p. 163, n° 6, pl. 17, fig. 6.

Cette espèce a été trouvée, aux environs d'Alger, par M. Gérard, et m'a été communiquée par M. L. Buquet.

### 54. *Brachynus bellicosus.*

Duf. *Ann. génér. des sc. phys.* tom. VI, p. 320, n° 5.
*Aptinus jaculans,* Dej. *Spéc. des coléopt.* tom. I, p. 295, n° 6.
Ejusd. *Iconogr. des coléopt. d'Europe,* tom. I, p. 156, n° 6, pl. 16, fig. 8.

Je n'ai pas rencontré cette espèce; elle m'a été communiquée par M. Reiche, qui l'a reçue des environs de Djîdjel.

---

## Genus *GRAPHIPTERUS*, Latr. *Anthia,* Fabr. *CARABUS*, Oliv.

### 55. *Graphipterus exclamationis (Anthia).* (Pl. 4, fig. 1.)

Fabr. *Syst. Eleuth.* tom. I, p. 223, n° 14.
Latr. *Gener. crust. et ins.* tom. I, p. 187, n° 3.
De Casteln. *Hist. nat. des ins.* tom. I, p. 58, n° 9.

Cette espèce n'est pas rare dans l'Est et l'Ouest des possessions françaises du Nord de l'Afrique, particulièrement dans les environs d'Oran, de Mostaganem et de Sétif; je l'ai rencontrée ordinairement, en juin, sous les pierres.

Pl. 4, fig. 1. *Graphipterus exclamationis*, grossi, 1° la grandeur naturelle.

### 56. *Graphipterus multiguttatus* (*Carabus*).

LATR. *Gener. crust. et ins.* tom. I, p. 186, n° 1, pl. 6, fig. 11.
KLUG, *Symb. phys.* n° 1, pl. 22, fig. 7.
BRULL. *Observ. crit. sur la syn. des carab. Rev. ent. de Silberm.* tom. II, p. 112.

Je n'ai pas rencontré cette espèce; elle m'a été communiquée par M. Doué, qui en a reçu plusieurs individus des environs de Biskra.

### 57. *Graphipterus luctuosus* [1]. (Pl. 4, fig. 2.)

DEJ. *Spéc. des coléopt.* tom. I, p. 335, n° 3.
BLANCH. *Atl. du règne anim. de Cuv. Ins.* pl. 18, fig. 2.
*Graphipterus Peletieri,* DE CASTELN. *Hist. nat. des ins.* tom. I, p. 58, n° 4.
*Carabus multiguttatus,* OLIV. *Ent.* tom. III, n° 35, p. 51, pl. 6, fig. 56.

J'ai toujours trouvé ce Graphiptère dans l'Ouest des possessions françaises du Nord de l'Afrique, c'est-à-dire dans la province d'Oran, où on le rencontre ordinairement, pendant les mois de mai et de juin, dans les lieux secs et arides. Je crois que le *G. Peletieri* de M. de Castelnau ne doit être considéré que comme une variété de cette espèce.

Pl. 4, fig. 2. *Graphipterus luctuosus,* grossi, 2ᵃ la grandeur naturelle, 2ᵇ une mâchoire, 2ᶜ une mandibule, 2ᵈ lèvre inférieure, 2ᵉ une antenne, 2ᶠ portion antérieure d'une patte de la première paire.

---

## Genus *SIAGONA*, Latr. *CUCUJUS*, Fabr.

### 58. *Siagona rufipes* (*Cucujus*).

FABR. *Syst. Eleuth.* tom. II, p. 93, n° 7.
LATR. *Gener. crust. et ins.* tom. I, p. 209, n° 1, pl. 7, fig. 9.
DEJ. *Spéc. des coléopt.* tom. I, p. 358, n° 1.
BRULL. *Hist. nat. des ins.* tom. V, p. 49, n° 1, pl. 2, fig. 4.
BLANCH. *Atl. du règne anim. de Cuv. Ins.* pl. 20, fig. 4.

Se tient sous les pierres humides, dans des sillons que cette espèce se creuse en terre. C'est pendant les mois de janvier, de février et de mars, aux environs de Philippeville, des camps d'El-Smendouh, d'El-Arouch et de Constantine, que j'ai rencontré cette Siagone, ordinairement au nombre de trois ou quatre individus sous la même pierre; je l'ai prise aussi, dans les mêmes conditions, aux environs du cercle de Lacalle.

---

[1] M. Erichson, *Reis. in der Regents. Algier,* tom. III, p. 148, semble considérer cette espèce comme étant le *Graphipterus serrator,* Forsk. *Descript. anim.* etc. etc. p. 77, n° 4; est-ce bien réellement à cette espèce que le *G. luctuosus,* de nos possessions du Nord de l'Afrique, doit être rapporté?

### 59. *Siagona Gerardii*. (Pl. 4. fig. 3.)

Buq. *Rev. zool.* ann. 1840, p. 240.

Elle est plus petite que la *S. rufipes.* La tête est presque carrée, couverte de points enfoncés, assez gros, assez rapprochés, mais devenant rares dans sa partie médiane; sur les côtés, on aperçoit une ligne longitudinale élevée, et le sillon transversal qui se trouve à la partie postérieure est fortement marqué et lisse. Le corselet est plus large que la tête, moins long que large, cordiforme, à peine échancré antérieurement, très-rétréci en arrière, et couvert de points enfoncés placés irrégulièrement; la ligne longitudinale du milieu n'atteint ni la base ni l'extrémité, et le sillon longitudinal qui se trouve de chaque côté est bien marqué. L'écusson est petit, triangulaire et plus large que long. Les élytres, en ovale très-allongé, étroites à la base, presque planes, sont entièrement ponctuées. Les palpes, les pattes et les segments abdominaux sont d'un rouge testacé. La couleur générale en dessus est un rouge ferrugineux, à l'exception cependant des mandibules, qui sont d'un brun plus ou moins foncé.

Cette espèce, qui a été prise aux environs de Constantine par M. Gérard, m'a été communiquée par M. L. Buquet.

Pl. 4, fig. 3. *Siagona Gerardii,* grossie, 3ᵃ la grandeur naturelle, 3ᵇ une mâchoire, 3ᶜ une mandibule, 3ᵈ lèvre inférieure, 3ᵉ une antenne, 3ᶠ extrémité antérieure d'une patte de la première paire.

### 60. *Siagona europæa.*

Dej. *Spéc. des coléopt.* tom. II, p. 468, n° 9 (*Suppl.*).
Ejusd. *Iconogr. des coléopt. d'Europe,* tom. I, p. 191, n° 1, pl. 20, fig. 2.
Brull. *Hist. nat. des ins.* tom. V, p. 50, n° 2.

Cette espèce habite l'Est et l'Ouest des possessions françaises du Nord de l'Afrique, et je l'ai rencontrée dans les mêmes conditions que la précédente. Elle se trouve aussi en Espagne et en Sicile.

---

## Genus *SCARITES*, Fabr.

### 61. *Scarites gigas.*

Fabr. *Ent. syst.* tom. I, p. 94, n° 3.
Oliv. *Entom.* tom. III, n° 36, p. 6, pl. 1, fig. 1.
Brull. *Hist. nat. des ins.* tom. V, p. 56, n° 1, pl. 2, fig. 5.
*Scarites pyracmon,* Bon. *Obs. ent.* IIᵉ part. p. 33, n° 2.
Dej. *Spéc. des coléopt.* tom. I, p. 367, n° 1.
Ejusd. *Iconogr. des coléopt. d'Europe,* tom. I, p. 194, n° 1, pl. 20, fig. 4.

Très-commun en Algérie, pendant les mois de mai, de juin et de juillet, sur les dunes de sable qui sont situées près des bords de la mer. Cette espèce habite le Midi de la France, la Sicile et l'Espagne.

### 62. *Scarites polyphemus.*

Bonell. *Obs. ent.* II° part. p. 33, n° 3.
Dej. *Spéc. des coléopt.* tom. I, p. 370, n° 3.
Ejusd. *Iconogr. des coléopt. d'Europe,* tom. I, p. 196, n° 3, pl. 21, fig. 1.

Cette espèce, que je dois à l'obligeance de M. Levaillant, colonel au 17° léger, a été rencontrée en mai, par cet officier supérieur, à Staouëli, aux environs d'Alger.

### 63. *Scarites collinus.*

Ramb. *Faun. entom. de l'And.* tom. I, p. 13, n° 4.
*Scarites Levaillantii,* Luc. *Ann. des sc. nat.* 2° série, tom. XVIII, p. 62, n° 3.

Ce Scarite est assez rare; je ne l'ai rencontré qu'une seule fois, dans le mois de janvier; il était enfoncé en terre, sous des pierres, près le fort Mers-el-Kebir; les autres individus que je possède m'ont été donnés par M. le colonel Levaillant, qui a rencontré assez fréquemment cette espèce dans les environs d'Oran.

Ayant eu en ma possession un plus grand nombre d'individus de ce Scarite, je suis porté à croire maintenant que l'espèce désignée par moi sous le nom de *S. Levaillantii* n'est qu'une variété locale du *S. collinus* de M. le docteur Rambur.

Pl. 4, fig. 4. *Scarites collinus,* de grandeur naturelle.

### 64. *Scarites arenarius.*

Bonell. *Obs. ent.* II° part. p. 40, n° 15.
Dej. *Spéc. des coléopt.* tom. I, p. 396, n° 31.
Ejusd. *Iconogr. des coléopt. d'Europe,* tom. I, p. 199, n° 6, pl. 21, fig. 4.
Brull. *Hist. nat. des ins.* tom. V, p. 57, n° 2.

Commun sur les plages de l'Algérie. Les premiers individus que j'ai pris ont été rencontrés sous des troncs d'arbres, à l'embouchure de l'Ouad-Safsaf, près le bord de la mer, à la fin d'avril; j'ai retrouvé ensuite cette espèce dans le mois de mai, sur les plages qui sont aux environs de Bougie et de Djîdjel.

### 65. *Scarites terricola.*

Bonell. *Obs. ent.* II° part. p. 39, n° 14.
Dej. *Spéc. des coléopt.* tom. I, p. 398, n° 32.
Ejusd. *Iconogr. des coléopt. d'Europe,* tom. I, p. 200, n° 7, pl. 21, fig. 5.

Se plaît avec l'espèce précédente, a les mêmes habitudes et se trouve dans les mêmes lieux. Cette espèce habite aussi les provinces méridionales de la France.

### 66. *Scarites lævigatus.*

Fabr. *Ent. syst.* tom. I, p. 95, n° 5.
Dej. *Spéc. des coléopt.* tom. I, p. 398, n° 33.
Ejusd. *Iconogr. des coléopt. d'Europe,* tom. I, p. 201, pl. 21, fig. 6.
Brull. *Hist. nat. des coléopt.* tom. V, p. 58, n° 3.

Cette espèce est encore plus commune que la précédente ; elle se plaît tout à fait sur les bords de la mer et aime à parcourir les lieux mouillés, que laisse la lame lorsqu'elle se retire. Mai et juin, sur les plages de sable des environs du cercle de Lacalle. Elle habite aussi les provinces méridionales de la France ; M. Savigny l'a rapportée d'Égypte.

Pl. 4, fig. 5. Une mâchoire, 5ª une mandibule, 5ᵇ lèvre inférieure, 5ᶜ une antenne, 5ᵈ extrémité antérieure d'une patte de la première paire du *Scarites lævigatus.*

---

### Genus *CLIVINA,* Latr. *Scarites,* Fabr.

### 67. *Clivina scripta,* Putz.

Long. 5 millim. larg. 1 millim. $\frac{1}{3}$.

C. rufo-testacea; vertice latè foveato; pronoto subquadrato, anticè latiore, utrinque impressione litteram y referente notato; elytris cylindricis, punctato-striatis, interstitio tertio quadripunctato; tibiis anticis extùs longè bidigitatis denteque supernè armatis; intermediis calcare spiniformi ante apicem munitis.

D'un brun testacé, plus clair sur les élytres, avec les mandibules noires. Le milieu du labre est plus avancé que les angles, qui sont arrondis. Les antennes sont plus longues que dans la *C. fossor.* L'épistome est largement échancré ; ses parties latérales sont avancées, échancrées, et les angles externes sont proéminents. L'élévation antérieure est en demi-cercle, peu marquée, bornée en arrière par un sillon large, mais peu profond. Le vertex porte au milieu une fossette large, arrondie, beaucoup moins profonde que la fossette autrement configurée qui se remarque chez les *C. fossor* et *ypsilon.* L'occiput porte quelques points qui deviennent plus serrés près des yeux. Le corselet est un peu plus long que large; ses bords latéraux sont sinués et se dilatent sensiblement près des angles antérieurs qui sont saillants; le bord antérieur est sinué; le sillon longitudinal et l'impression antérieure sont profonds; on remarque, de chaque côté, une impression en *y* semblable à celle de la *C. fossor.* Les élytres sont allongées, cylindriques, tronquées à la base, avec les épaules arrondies, un peu rétrécies à l'extrémité, striées, ponctuées; le troisième intervalle porte quatre gros points près de la troisième strie; les tibias antérieurs portent extérieurement deux longues digitations et en dessus une dent large et obtuse. Les tibias intermédiaires ont, avant leur extrémité, un éperon long, pointu, légèrement échancré en dessous; l'épine terminale est très-petite, de moitié plus courte que les crochets.

Cet insecte diffère de la *C. ypsilon* par sa taille, par la forme de l'épistome, les impressions de la tête, les antennes plus allongées, la forme particulière du corselet, qui est d'ailleurs proportionnellement plus large, et par les tibias antérieurs, dont les digitations sont plus allongées [1].

---

### Genus *DISCHIRIUS*, Bonell. *Clivina*, Latr. *Scarites*, Fabr.

#### 68. *Dischirius numidicus*, Putz.

Long. 4 millim. ⅕, larg. 1 millim. ½ à 1 millim. ⅓.

D. nigroæneus, nitidus; clypeo tridentato; pronoto rotundato, profundè sulcato; elytris oblongis, profundè punctato-striatis, interstitio tertio tripunctato; stria marginali per basin continuata; tibiis anticis extùs acutè bidentatis.

Cet insecte, qui ressemble beaucoup au *D. thoracicus*, en diffère par les caractères suivants : les angles latéraux de l'épistome et la corne du milieu sont plus avancés et beaucoup plus aigus; l'élévation antérieure est déprimée dans son milieu et relevée sur les bords latéraux, comme dans le *D. obscurus*, mais moins fortement. Le corselet est un peu plus étroit et le sillon longitudinal plus profond. Les élytres sont moins dilatées sur les côtés, par conséquent plus parallèles; elles sont un peu plus larges en arrière et leurs épaules paraissent plus proéminentes; les stries sont beaucoup plus profondes dans toute leur étendue; les points dont elles sont munies sont gros; le troisième intervalle porte trois points bien marqués; la strie marginale se prolonge plus distinctement le long de la base; les dents externes des tibias extérieurs sont toutes les deux plus longues.

Je serais assez disposé à regarder cet insecte comme une variété méridionale du *D. thoracicus*, si la forme des élytres, bien constante dans les différents individus que j'ai examinés, ne devait point être considérée comme un caractère décisif. J'en ai vu quatre individus dans la collection de M. Reiche, et un dans celle de M. Buquet, provenant tous de l'Algérie, sauf l'un de ceux de M. Reiche, qui a été pris dans les environs de Naples [2].

#### 69. *Dischirius algiricus*, Putz. (Pl. 4, fig. 6.)

Long. 3 millim. ½, larg. 1 millim. ½.

D. ater, nitidus; clypeo bidentato; pronoto suborbiculato; elytris ovatis, profundè punctato-striatis, interstitiio tertio tripunctato, stria marginali supra humerum obsoletè continuata; tibiis anticis extùs denticulatis.

D'un noir très-brillant; les jambes antérieures, la base des cuisses des quatre jambes postérieures, le dernier article des palpes et les derniers articles des antennes d'un brun

---

[1] Je n'ai pas rencontré cette Clivine, qui m'a été communiquée par M. Guérin-Méneville; elle habite les environs de Messerghin (province d'Oran), où elle a été rencontrée par M. Blanchard, capitaine-trésorier aux spahis d'Oran.

[2] J'ai rencontré très-rarement cette espèce, qui se tient pendant l'hiver et une grande partie du printemps sous les pierres humides, dans les ravins qui sont situés entre Oran et Mers-el-Kebir.

noirâtre; les palpes, les pattes et la base des antennes sont testacés; le dernier article des palpes est noir; l'extrémité des antennes, les pattes antérieures et la base des cuisses des autres sont d'un brun noirâtre. Le milieu de l'épistome est rebordé et légèrement échancré; l'impression antérieure est transversale; elle est bornée en arrière par un sillon profond; aucune autre strie ne se remarque sur le vertex. Le corselet est presque orbiculaire, un peu plus long que large, légèrement rétréci vers les angles antérieurs, qui sont très-déprimés; le sillon longitudinal et l'impression antérieure sont lisses et bien marqués, un peu moins cependant que dans le *D. thoracicus*. Les élytres sont ovales peu allongées, plus larges que le corselet, également larges aux épaules et à l'extrémité; les côtés sont régulièrement arrondis; leurs stries sont bien enfoncées dans toute leur étendue, fortement et régulièrement ponctuées; le troisième intervalle porte trois points du double plus gros, mais moins profonds que ceux des stries. Les stries basales se distinguent à peine. Les tibias antérieurs portent deux dents dont l'inférieure est aussi marquée (quoique moins aiguë) que dans le *D. æneus*; la supérieure est à peine visible [1].

Pl. 4, fig. 6. *Dischirius algiricus*, grossi, 6ª la grandeur naturelle.

### 70. *Dischirius africanus*, Putz.

Long. 3 millim. $\frac{2}{4}$, larg. 1 millim. $\frac{1}{3}$.

D. ater, nitidus; clypeo bidentato; pronoto orbiculato; elytris breviter ovatis, tenuiter striatopunctatis, interstitio tertio tripunctato, stria marginali obsoletissimè per basin continuata; tibiis anticis extùs acutè bidenticulatis.

D'un noir brillant; antennes brunes; palpes, base des antennes et pattes postérieures testacés; mandibules, dernier article des palpes, pattes antérieures et base des cuisses d'un brun noirâtre; épistome et impression de la tête comme dans le *D. algiricus;* le corselet un peu plus rétréci en avant que dans cette espèce; le sillon longitudinal est moins profond, les élytres sont plus allongées, leurs épaules sont moins proéminentes, et l'extrémité est proportionnellement plus étroite. Elles ont quelque analogie de forme avec celles du *D. thoracicus*, mais elles sont plus courtes, plus arrondies sur les côtés, plus rétrécies à l'extrémité, et leurs angles huméraux sont moins saillants. Les stries, qui ne commencent qu'à la hauteur des épaules, sont moins profondes que dans le *D. algiricus*, et s'affaiblissent vers l'extrémité ainsi que vers le bord externe; leurs points, quoique plus petits et plus espacés, sont cependant distincts jusque près de l'extrémité; le troisième intervalle porte trois points. La strie marginale se prolonge à peine distinctement le long de la base. Les tibias antérieurs portent deux dents aussi marquées que dans le *D. thoracicus*.

Cette espèce habite les environs d'Alger et fait partie des collections de MM. Reiche et Buquet.

---

[1] Je n'ai trouvé qu'une seule fois cette espèce, que j'ai prise en janvier, sous des pierres humides, dans les montagnes du Boudjarea.

### 71. *Dischirius obsoletus*, Putz. (Pl. 4, fig. 7.)

Long. 3 millim. ¼, larg. 1 millim. ½.

D. ater, nitidus; clypeo bidenticulato; pronoto orbiculato, sulco medio obsoletissimo; elytris ovatis, tenuiter striatopunctatis, interstitio tertio tripunctato; stria marginali per basin continuata; tibiis anticis extùs acutè bidenticulatis.

Il ressemble beaucoup au *D. africanus*, dont il diffère par les caractères suivants : ses palpes et ses antennes sont entièrement testacés; le corselet est un peu plus large, surtout antérieurement; le sillon longitudinal est à peine distinct; les élytres sont un peu plus courtes; leurs stries sont encore moins marquées, surtout vers l'extrémité; la strie basale est un peu plus marquée; les dents des tibias antérieurs sont moins fortes, surtout la supérieure, qui n'est représentée que par un petit renflement [1].

Pl. 4, fig. 7. *Dischirius obsoletus*, grossi, 7ᵃ la grandeur naturelle, 7ᵇ une antenne, 7ᶜ extrémité antérieure d'une patte de la première paire.

---

### Genus CARTERUS, Dej.

### 72. *Carterus interceptus*.

DEJ. *Spéc. des coléopt.* tom. V, p. 516, n° 1.
Ejusd. *Iconogr. des coléopt. d'Europe*, tom. I, p. 233, n° 1, pl. 26, fig. 1.
BRULL. *Hist. nat. des ins.* tom. V, p. 83.

Cette espèce, qui m'a été communiquée par M. L. Buquet, a été prise, aux environs d'Alger, par M. Gérard.

### 73. *Carterus rufipes*, Luc. (Pl. 4, fig. 8.)

Long. 13 millim. ½, larg. 4 millim.

C. nigro-piceus; thorace plano, posticè angusto; elytris profundè striatopunctatis, interstitiis vix punctulatis; antennis pedibusque rubroferrugineis.

Il ressemble beaucoup au *C. interruptus*, mais son corselet est moins large, plus plan et plus rétréci postérieurement. Il est d'un noir brun. La tête est petite, fortement ponctuée, étroite, avec l'impression transversale peu prononcée. La lèvre et les mandibules sont de même couleur que la tête; les palpes labiaux et les palpes maxillaires, ainsi que les antennes, sont d'un rouge ferrugineux. Le corselet, plus large que la tête, peu profondément ponctué, arrondi sur les côtés et rétréci postérieurement, est presque plan; la ligne longitudinale du milieu est assez bien marquée et dépasse la dépression transversale anté-

[1] Ce n'est que dans l'Ouest que j'ai rencontré cette espèce, qui se plaît sous les pierres humides, et que j'ai prise vers les premiers jours de janvier, dans les ravins du Djebel-Santon (environs d'Oran).

rieure. Les élytres sont moins larges que le corselet, courtes et presque planes. Les stries sont profondément marquées, et présentent une ponctuation assez forte et peu serrée; les intervalles sont larges, très-peu convexes et à peine ponctués. Le corps en dessous est brun, avec le milieu des segments abdominaux roussâtre. Les pattes sont d'un rouge ferrugineux.

Cette espèce, qui m'a été communiquée par M. Reiche, a été prise dans les environs de Constantine.

Pl. 4, fig. 8. *Carterus rufipes*, grossi, 8ᵃ la grandeur naturelle, 8ᵇ lèvre inférieure, 8ᶜ une antenne, 8ᵈ extrémité d'une patte de la première paire.

---

## Genus *Ditomus*, Bonell. *Scaurus*, Fabr.

### 74. *Ditomus tricuspidatus*.

Fabr. *Ent. syst.* tom. I, p. 144, n° 88.
*Ditomus calydonius*, ejusd. *Syst. Eleuth.* tom. I, p. 188, n° 97.
*Ditomus cornutus*, Dej. *Spéc. des coléopt.* tom. I, p. 440, n° 2.
Ejusd. *Iconogr. des coléopt. d'Europe*, tom. I, p. 237, n° 2, pl. 26, fig. 3.
Brull. *Hist. nat. des ins.* tom. V, p. 79, n° 2.

Se tient ordinairement sous les pierres humides qui sont situées sur les bords des ruisseaux et des rivières. Environs d'Alger, dans le commencement de février; bords du Safsaf et du Seracmah, à la fin de mars, près de Philippeville. Ce *Ditomus* habite aussi les environs de Constantine et de l'oasis de Milah; je l'ai pris près les camps de Ma-Allah, de Djimmilah et de Sétif; il se plaît aussi dans les environs de Bône et d'Oran. Cette espèce habite le Midi de la France, l'Espagne, la Sicile et l'Italie.

### 75. *Ditomus dama*.

Rossi, *Faun. etrusc. mant.* tom. I, p. 192, n° 206, pl. 2, fig. H *h*.
Sch. *Syn. ins.* tom. I, p. 192, n° 133.
Dej. *Spéc. des coléopt.* tom. I, p. 442, n° 4.
Ejusd. *Iconogr. des coléopt. d'Europe*, tom. I, p. 239, n° 4, pl. 26, fig. 5.

Je n'ai rencontré qu'une seule fois cette espèce; c'est dans le commencement de mai, sous les pierres, sur les bords du Rummel, aux environs de Constantine. M. Warnier m'a donné deux femelles, qu'il a prises dans les environs de Tlemsên.

### 76. *Ditomus barbarus* (*Odogenius*).

Sol. *Ann. de la Soc. ent. de France*, 1ʳᵉ série, tom. III, p. 665.

Il ressemble beaucoup au *D. fulvipes*, avec lequel il ne pourra être confondu, à cause des mandibules des mâles, qui sont fortement relevées en corne uni-dentée. La tête, dans

ce sexe, est plus relevée dans sa partie médiane, et même quelquefois sensiblement bituberculée. L'épistome est tronqué carrément dans les deux sexes. Les stries des élytres sont
plus profondes que dans le *D. fulvipes*, ce qui les fait paraître moins distinctement ponctuées,
quoiqu'elles le soient cependant tout autant. Les intervalles sont un peu plus ponctués.

Il ressemble aussi un peu au *D. dama*, mais son prothorax est plus court et plus transverse; les stries des élytres sont plus sensiblement ponctuées.

Sous les pierres humides des bords du Safsaf, de l'Arouch, vers le milieu d'avril;
environs de Philippeville. Cette espèce n'est pas très-commune; je n'en ai rencontré que
quelques individus.

### 77. *Ditomus dilaticollis*, Luc. (Pl. 4, fig. 9.)

Long. 10 millim. larg. 4 millim.

D. ater, punctatus; thorace maximè dilatato; elytris striatis, striis interstitiisque subtiliter punctatis;
antennis pedibusque fuscorufescentibus.

Il est moins grand que le *D. fulvipes*, auquel il ressemble un peu et dont il se distingue
par son corselet, qui est beaucoup plus dilaté. Il est d'un noir un peu brillant. La tête est
fortement ponctuée, déprimée entre les yeux, avec une impression profonde de chaque
côté de la base de cette dépression. La lèvre supérieure et les mandibules sont noires,
très-finement ponctuées. Les palpes maxillaires, les palpes labiaux, ainsi que les antennes,
sont d'un brun roussâtre. Le corselet, très-dilaté, assez convexe, présente en dessus et en
dessous une ponctuation fine et serrée; antérieurement, il est échancré, très-dilaté sur les
côtés, qui sont à peine relevés, et très-rétrécis postérieurement; la ligne longitudinale du
milieu est assez profondément marquée. Les élytres, courtes, plus étroites que le corselet,
sont profondément striées; ces stries sont assez finement ponctuées, avec les intervalles
larges, saillants, et sur lesquels on remarque une ponctuation fine, mais peu serrée. Le
dessous du corps est très-finement ponctué, noir, avec le bord postérieur des segments
abdominaux d'un brun roussâtre; les pattes sont de cette dernière couleur.

J'ai rencontré cette espèce sous les pierres, à la fin de mai, dans les environs de Constantine.

Pl. 4, fig. 9. *Ditomus dilaticollis*, grossi, 9ᵃ la grandeur naturelle.

### 78. *Ditomus distinctus*.

DEJ. *Iconogr. des coléopt. d'Europe*, tom. I, p. 242, n° 7, pl. 26, fig. 8.

J'ai trouvé cette espèce dans des trous en terre, vers la fin de février, sous des pierres
humides, dans les environs du château neuf (Oran), je l'ai prise aussi en novembre, dans
les mêmes conditions, près les ruines d'Hippône. Ce Ditome se trouve aussi en Espagne.

### 79. *Ditomus ruficornis*, Luc. (Pl. 5, fig. 2.)

Long. 6 millim. larg. 2 millim.

Luc. *Ann. des sc. nat.* 2ᵉ série, tom. XVIII, p. 62, nᵒ 4.

D. fuscosubferrugineus; capite profundè punctato; antennis rufis; thorace cordiformi, punctato, longitudinaliter sulcato; elytris profundè striatis, striis interstitiisque punctatis; pedibus fuscosubferrugineis.

Il est voisin du *D. barbarus*, mais il est beaucoup plus petit. D'un brun légèrement ferrugineux. La tête est fortement ponctuée, et cette ponctuation est très-peu serrée; à sa partie antérieure, elle présente une petite dépression arrondie postérieurement et très-ponctuée. Les palpes maxillaires et labiaux sont d'un ferrugineux clair. Les antennes allongées, rousses, sont hérissées de poils courts, peu serrés, d'une couleur testacée. Le corselet, aussi large que long, présente en dessus une ponctuation assez prononcée, peu serrée, et un sillon longitudinal ordinairement assez bien marqué; ses bords latéraux sont larges et arrondis, et sa partie postérieure est très-étroite. Les élytres profondément striées, à stries ornées d'une ponctuation fine et serrée, ont leurs intervalles assez saillants, avec la ponctuation qu'ils présentent très-fine et peu serrée. Le dessous du corps est d'un brun foncé, finement ponctué, avec le bord postérieur des segments abdominaux d'un ferrugineux clair; les pattes sont de cette dernière couleur.

J'ai trouvé ce Ditome aux environs d'Oran, vers le milieu du mois de mars; il se plaît sous les pierres humides que l'on rencontre dans les ravins du Djebel Santon et dans ceux qui sont situés entre Oran et Mers-el-Kebir.

Pl. 5, fig. 2. *Ditomus ruficornis*, grossi, 2ᵃ la grandeur naturelle.

### 80. *Ditomus capito.*

Dej. *Spéc. des coléopt.* tom. I, p. 444, nᵒ 7.
Ejusd. *Iconogr. des coléopt. d'Europe*, tom. I, p. 244, nᵒ 10, pl. 28, fig. 3.
Brull. *Hist. nat. des ins.* tom. V, p. 80, nᵒ 4.

Rencontré, dans les mois de mai et de juin, sous les pierres, au pied du Mansourah, du Chatabah et dans les environs de Milah, des camps de Maallah et de Sétif (province de Constantine). Cette espèce habite aussi le Midi de la France et l'Espagne.

### 81. *Ditomus opacus.* (Pl. 5, fig. 1.)

Erichs. *Reis. in der Regents. Algier, von M. Wagner*, tom. III, p. 168, nᵒ 1.

Sous les pierres humides, dans les ravins Est du Djebel Santon et dans ceux situés entre Oran et Mers-el-Kebir; milieu de décembre (environs d'Oran).

Pl. 1, fig. 7. *Ditomus opacus*, grossi, 1ᵃ la grandeur naturelle, 1ᵇ une mâchoire, 1ᶜ une mandibule, 1ᵈ lèvre inférieure, 1ᵉ une antenne, 1ᶠ une patte de la première paire.

### 82. *Ditomus clypeatus* (*Scarites*).

Rossi, *Faun. Etrusc.* tom. I, p. 228, n° 570.
Brull. *Hist. nat. des coléopt.* tom. V, p. 80, n° 5.
*Ditomus sulcatus,* Dej. *Spéc. des coléopt.* tom. I, p. 446, n° 9.
Ejusd. *Iconogr. des coléopt. d'Europe,* tom. I, p. 246, n° 12, pl. 27, fig. 5.
*Scaurus sulcatus,* Fabr. *Ent. syst.* tom. I, p. 93, n° 3.

Cette espèce n'est pas très-rare; je l'ai prise dans le mois de mai, sous les pierres humides, aux environs de Constantine. Ce Ditome habite aussi le Midi de la France.

### 83. *Ditomus sphærocephalus* (*Scarites*).

Oliv. *Entom.* tom. III, n° 36, p. 13, pl. 1, fig. 4.
Dej. *Spéc. des coléopt.* tom. I, p. 448, n° 12.
Ejusd. *Iconogr. des coléopt. d'Europe,* tom. I, p. 249, n° 15, pl. 27, fig. 8.
Brull. *Hist. nat. des ins.* tom. V, p. 81, n° 6.

J'ai trouvé quelques individus de cette espèce à la fin d'août, à Kadous, dans les environs d'Alger. M. le colonel Levaillant m'a donné plusieurs individus de ce *Ditomus,* qu'il a rencontrés, en décembre, dans les environs d'Oran.

---

## Genus *APOTOMUS*, Latr.

### 84. *Apotomus rufus* (*Scarites*).

Rossi, *Faun. etrusc.* tom. I, p. 229, pl. 4, fig. 3.
Dej. *Spéc. des coléopt.* tom. I, p. 450, n° 1.
Ejusd. *Iconogr. des coléopt. d'Europe,* tom. I, p. 251, n° 1, pl. 25, fig. 5.
Brull. *Hist. nat. des ins.* tom. V, p. 88; pl. 4, fig. 5.

Cette espèce se plaît dans l'Est et l'Ouest de nos possessions du Nord de l'Afrique; elle se tient ordinairement sous les pierres humides; je l'ai prise en février et en novembre, sur les bords de l'Ouad, aux environs d'Alger; en mars, sur les bords du Safsaf, aux environs de Philippeville; en octobre, aux environs d'Hippône, et enfin, en janvier, aux environs d'Oran. Cet Apotome habite le Midi de la France, et M. Rambur, dans sa Faune entomologique de l'Andalousie, le cite comme ayant été pris aussi aux environs de Saint-Roque, près de Gibraltar.

## Genus *CARABUS*, Linn.

### 85. *Carabus morbillosus.* (Pl. 5, fig. 3.)

FABR. *Ent. syst.* tom. I, p. 130, n° 26.
Ejusd. *Syst. Eleuth.* tom. I, p. 176, n° 34.
*Carabus alternans,* PALL. *Beschr. zwei. decad. neuez. und. wenig bekannt Carab.* p. 21, tom. II, fig. 10.
DEJ. *Spéc. des coléopt.* tom. II, p. 95, n° 49.
Ejusd. *Spéc. des coléopt.* tom. I, p. 348, n° 58, pl. 48, fig. 3.

Ce Carabe, qui se plaît particulièrement dans les lieux humides, sous les pierres, est assez commun pendant toute l'année; je l'ai pris aux environs d'Alger, d'Oran et de Bône. Le *C. Mittræi,* de M. Solier, que l'on voit sous ce nom inédit dans les collections, ne doit pas constituer une espèce, c'est une variété locale de la précédente; c'est ordinairement aux environs de Bougie que l'on rencontre cette variété, qui est d'un beau bleu, et dont le corselet et le bord des élytres, chez certains individus, sont d'un beau vert métallique. Cette espèce habite aussi la Corse, la Sicile, la Sardaigne et la Morée.

Pl. 5, fig. 3. *Carabus morbillosus,* mâle, (Var.) de grandeur naturelle, 3ª une antenne, 3ᵇ tarse d'une patte de la première paire (mâle).

### 86. *Carabus numida.* (Pl. 5, fig. 4.)

DE LAP. *Étud. ent.* livr. I, p. 88, n° 1.
*Carabus Varvasi,* SOL. *Ann. de la Soc. ent. de France,* 1ʳᵉ série, tom. IV, p. 115, n° 6.

C'est ordinairement dans les mois de janvier, février, mars et avril, que l'on rencontre ce *Carabus,* qui, comme le précédent, aime les lieux humides. Il se plaît particulièrement sous les pierres qui se trouvent près des marais du lac Tonga, aux environs du cercle de Lacalle; je l'ai trouvé aussi dans la plaine de Bône, des Beni-Ourgin, et dans celle située entre l'Ouad-Safsaf et l'Ouad-Seracmah, aux environs de Philippeville; je l'ai pris sur les bords de l'Arouch, du Smendouh et sous les pierres de l'aqueduc romain qui se trouve près de la jonction du Rummel avec le Boumerzoug; il n'est pas rare non plus aux environs d'Alger et d'Oran. Les environs de Bougie sont habités par une variété remarquable en ce que, au lieu d'être d'un bronzé un peu cuivreux, sa couleur est un noir obscur, qui quelquefois tourne au vert bleuâtre et même au bleu violacé.

Pl. 5, fig. 4. *Carabus numida,* mâle, de grandeur naturelle.

### 87. *Carabus Maillœi.* (Pl. 5, fig. 5.)

SOL. *Ann. de la Soc. ent. de France,* 1ʳᵉ série, tom. IV, p. 114, n° 5.
*Carabus Peletieri,* DE LAP. *Étud. ent.* livr. II, *Suppl.* p. 158, n° 7.

J'ai rencontré assez communément ce *Carabus* dans les environs d'Oran, pendant les mois de janvier, février et mars; il se plaît sous les pierres humides, et habite les ravins du

Djebel Santon, ainsi que ceux qui sont situés entre Oran et Mers-el-Kebir; ce n'est que dans l'Ouest que j'ai toujours trouvé cette espèce, et je suis porté à croire qu'elle n'habite pas l'Est de nos possessions du Nord de l'Afrique.

Pl. 5, fig. 5. *Carabus Maillœi*, mâle, de grandeur naturelle, 5ᵃ une mâchoire, 5ᵇ une mandibule, 5ᶜ lèvre inférieure.

## 88. *Carabus rugosus*. (Pl. 5, fig. 6.)

Fabr. *Ent. syst.* tom. 1, p. 130, n° 27.
Ejusd. *Syst. Eleuth.* tom. I, p. 176, n° 35.

Je n'ai pas rencontré cette espèce; elle m'a été communiquée par M. Reiche, qui l'a reçue des environs de Bône. M. Erichson, que j'ai déjà cité plus haut, dit que ce *Carabus* a été aussi rapporté d'Algérie par M. Wagner.

Pl. 5, fig. 6. *Carabus rugosus*, de grandeur naturelle.

---

## Genus CALOSOMA, Web. *Carabus*, Linn.

### 89. *Calosoma sycophanta* ( *Carabus*).

Linn. *Mus. Ludov. reg.* n° 95.
Oliv. *Entom.* tom. III, n° 35, p. 42, pl. 3, fig. 31.
Dej. *Spéc. des coléopt.* tom. II, p. 193, n° 2.
Ejusd. *Iconogr. des coléopt. d'Europe*, tom. II, p. 43, n°1, pl. 70, fig. 2.
Brull. *Hist. nat. des ins.* tom. V, p. 120, n° 1, pl. 3, fig. 4.

C'est vers le milieu de juin, dans les bois des lacs Houbeira et Tonga, aux environs du cercle de Lacalle, que j'ai rencontré ce Calosome, errant sur les chênes-liéges et se tenant aussi sous les troncs renversés de ces arbres. Cette espèce n'avait encore été rencontrée qu'en Europe.

### 90. *Calosoma indagator*.

Fabr. *Entom. syst.* tom. I, p. 149, n° 7.
Oliv. *Entom.* tom. III, n° 35, p. 43, pl. 8, fig. 88.
Brull. *Hist. nat. des ins.* tom. V, p. 122, n° 4.
*Calosoma auropunctatum*, Dej. *Spéc. des coléopt.* tom. II, p. 203, n° 10.
Ejusd. *Iconogr. des coléopt. d'Europe*, tom. II, p. 52, n° 4, pl. 70, fig. 4.

Rencontré dans les mêmes mois et dans les mêmes localités que l'espèce précédente. Cette espèce se trouve aussi dans le Midi de la France.

### 91. *Calosoma auropunctatum* (*Carabus.*)

Payk, *Monogr. Carab.* p. 68.
Brull. *Hist. nat. des ins.* tom. V, p. 121, n° 3.
*Calosoma indagator,* Gyllenh. *Ins. suec.* tom. II, p. 52.
Dej. *Spéc. des coléopt.* tom. II, p. 203, n° 10.
Ejusd. *Iconogr. des coléopt. d'Europe,* tom. II, p. 52, n° 4, pl. 71, fig. 1.

Cette espèce, que j'ai prise dans les mois de mai et de juin, se plaît dans les ravins du Djebel Santon et dans ceux qui sont situés entre Oran et Mers-el-Kebir; je l'ai rencontrée aussi aux environs de Mostaganem. Ce Calosome habite le Midi de la France.

Pendant mon séjour dans l'Ouest, j'ai été à même d'observer les transformations de ce Calosome, qui, à l'état de larve, n'est pas très-rare aux environs d'Oran, pendant les mois de janvier, février et mars. Cette larve (pl. 5, fig. 7), d'un noir brillant, égale 24 à 25 millimètres de longueur et n'a pas moins de 6 à 7 millimètres en largeur. La tête, de forme carrée, cependant plus longue que large, est légèrement convexe dans sa partie médiane et arrondie sur les bords latéraux; en dessous, elle est également convexe, et sa partie médiane est partagée par un sillon profond, longitudinal; son bord antérieur est fortement échancré, et du milieu de cette échancrure naît une épine très-forte, à extrémité assez aiguë. Les yeux, situés sur les côtés, derrière les antennes, sont lisses, placés sur un tubercule saillant, et au nombre de six de chaque côté; ces yeux, par leur disposition, rappellent assez ceux des aranéides, c'est-à-dire que ces organes sont disposés de manière que cette larve peut voir dans tous les sens. Les antennes sont courtes, formées de quatre articles dont le premier est le plus long, le second ensuite, puis le quatrième et le troisième; le dernier article, ou le quatrième, est filiforme, tandis que ceux qui précèdent augmentent graduellement de grosseur; tous, à leur extrémité, sont armés de chaque côté d'un poil raide, peu allongé. Les mandibules, très-allongées, en forme de croissant, sont très-écartées, et leur extrémité est terminée en pointe aiguë; à leur naissance, ces mêmes organes sont armés d'un fort crochet, à extrémité acérée, allongée, en forme de croissant, et dont la couleur est un brun roussâtre. Les mâchoires, plus longues que larges, assez grandes, armées, à leur partie interne, de poils courts, très-raides, supportent, de chaque côté, un palpe maxillaire de quatre articles, dont le premier est très-court, le suivant très-allongé, le quatrième ensuite, enfin le troisième. Près de la naissance des palpes maxillaires, on aperçoit de chaque côté deux autres petits appendices s'articulant avec la mâchoire, dont le premier, composé d'un seul article très-petit, est pourvu, à son extrémité, d'un poil raide, allongé, et dont le second, au contraire, est formé de deux articles; le premier article de ces derniers organes est allongé, tandis que le second est court, terminé en pointe mousse à son extrémité. La lèvre inférieure, petite, en forme d'écusson, supporte les palpes labiaux, qui sont composés de deux articles à peu près d'égale grandeur, et dont le dernier est bifurqué à son extrémité. Le prothorax, très-finement chagriné, est plus large que long, avec ses bords latéraux assez fortement rebordés; en dessus, vers la partie antérieure, sont deux petites concavités assez marquées et un sillon longitudinal, médian, assez profond.

Le mésothorax et le métathorax ont beaucoup d'analogie entre eux; ce dernier diffère du premier en ce qu'il est plus large. A la partie antérieure du mésothorax, en dessous, est située la première paire de stigmates, dont les ouvertures affectent une forme arrondie. Les pattes, auxquelles les organes que je viens de décrire donnent naissance, sont peu allongées, composées de cinq articles, et hérissées d'épines très-saillantes, assez serrées; à leur extrémité, ces mêmes organes sont terminés par un crochet d'un brun clair, bifurqué, allongé, et très-acéré à son extrémité. Les segments abdominaux, au nombre de neuf, à bords latéraux assez fortement rebordés, plus ou moins spatuliformes, très-finement chagrinés, présentent de chaque côté une petite concavité, et, dans leur milieu un sillon longitudinal médian, assez profond, lequel, ainsi que les petites concavités que je viens d'indiquer, deviennent moins sensibles à mesure qu'ils atteignent les segments postérieurs. Le dernier segment, beaucoup plus petit que les autres, est armé en dessus, de chaque côté, d'un fort crochet épineux, à direction postérieure; ces crochets, vers leur partie médiane, présentent deux épines, dont l'interne est beaucoup plus prononcée. La partie inférieure de ces segments, ou le ventre, est très-écailleuse. Les stigmates, de forme arrondie, sont situés sous le bord saillant des segments et à leur partie antérieure; ces organes sont au nombre de huit de chaque côté : le neuvième segment en étant dépourvu. La partie anale est très-allongée, saillante.

Ces larves, que j'ai rencontrées en janvier, sous les pierres, dans des lieux humides, sont très-carnassières; elles habitent les ravins Est du Djebel Santon et ceux qui sont situés entre Oran et Mers-el-Kebir; je les ai trouvées aussi sur le versant Est du Djebel Santa-Cruz. Les premières que je trouvai avaient attaqué des *Helix coriosula*, et s'étaient même établies dans ces coquilles. Désirant élever ces larves, afin de savoir quels insectes donnaient ces nouveaux *Cochléoctones,* je les plaçai dans un vase rempli de terre humide, et ce n'est que deux ou trois jours après qu'elles sortirent de leurs coquilles. Elles sont très-agiles, et, quand on les inquiète, elles relèvent leur abdomen, et font sortir de leur partie anale, qui est très-saillante, une liqueur épaisse qui teint les doigts en gris clair. Pendant quelque temps, je les nourris avec des *H. coriosula*, mais ces mollusques étant venus à me manquer, je les remplaçai par des *H. hyeroglyphicula,* qu'elles attaquèrent avec une voracité vraiment remarquable. Ces larves une fois repues deviennent au moins doubles en grosseur, et, dans cet état, on aperçoit facilement, sur les côtés et en dessous, la membrane, d'un jaune sale, qui se trouve très-distendue et qui retient les segments. D'agiles alors qu'elles étaient, ces larves deviennent presque immobiles, on peut les toucher impunément, sans craindre d'avoir les doigts salis par cette liqueur épaisse d'un gris clair qu'elles lancent avec force lorsqu'elles sont dans leur état normal. Dans cet état d'inertie, étant sans défense, bien souvent elles deviennent la proie de leurs congénères, et elles se laissent dévorer sans opposer la moindre résistance. Afin d'éviter ces sortes de conflits, qui m'étaient très-préjudiciables, je fus obligé de les séparer. Je les nourris encore pendant deux mois, durant lesquels les trois quarts au moins moururent, et je n'en eus que deux qui parvinrent à se métamorphoser, dont une complétement et l'autre seulement à l'état de nymphe. Lorsque ces larves sont sur le point de se métamorphoser, elles restent quelques jours sans prendre de nourriture; elles semblent inquiètes, très-agitées, errent çà et là, enfin, ayant trouvé un lieu convenable pour leurs métamorphoses, elles se creusent dans la terre un trou oblique, dont la profondeur égale à peu près 30 millimètres; ce trou, d'abord étroit à sa naissance, s'élargit à mesure qu'il s'avance dans la terre; là, il forme une espèce de rond dont les parois sont lisses. Ces larves, une fois établies dans leur cellule, deviennent moins agiles, et même sur les derniers temps elles sont presque immobiles; enfin les trois premiers anneaux, ou le prothorax, le mésothorax et le métathorax se fendent, et on aperçoit une nymphe très-grosse, comparativement à la dimension de la larve. La position de cette nymphe dans sa cellule est d'être placée sur le dos, et à son extrémité se trouve la dépouille de la larve.

Cette nymphe (fig. 7$^a$, 7$^b$) est longue de 24 à 25 millimètres; sa couleur est un jaune clair, et sa forme affecte celle d'un croissant. Voici quelles sont les diverses positions qu'occupent à ce second état les antennes, les organes de la manducation et de la locomotion. La partie inférieure de la tête s'appuie sur le sternum; on distingue parfaitement la lèvre supérieure, les mandibules, les palpes maxillaires et même les palpes labiaux. Les organes de la vue sont aussi fort distincts; ils sont assez saillants, et leur couleur est un brun foncé; les antennes, à leur naissance, se dirigent d'abord vers la partie supérieure de la tête, puis elles forment un coude arrondi, afin de laisser passer les deux premières paires de pattes, de manière que la place qu'occupent ces organes est entre les deux premières paires de pattes et la première paire d'ailes. Le prothorax présente les mêmes caractères que s'il était à l'état parfait; la première paire de pattes qu'il supporte repose sur le sternum, et ces organes sont tellement distincts que l'on voit très-bien à quel sexe l'insecte parfait doit appartenir. Le mésothorax, qui donne naissance à la première paire d'ailes et à la deuxième paire de pattes, est fort apparent, et les organes que cet arceau supporte sont ainsi disposés: la première paire d'ailes, ou les élytres, sont placées le long du corps; elles protégent les antennes; la deuxième paire de pattes, comme la première, s'appuie aussi sur le sternum. Enfin vient le métathorax, qui supporte la seconde paire d'ailes, laquelle est beaucoup plus développée que les élytres, et la troisième paire de pattes; ces derniers organes reposent sur le second segment abdominal et sur la partie inférieure de l'abdomen, dont ils atteignent le dernier anneau. L'abdomen, composé de neuf segments, présente, en dessus et de chaque côté, un tubercule peu saillant, hérissé de poils raides et assez allongés; de plus, les côtés ou bords externes présentent également une saillie tuberculée et sous laquelle sont situés les stigmates; ces derniers sont au nombre de sept[1] de chaque côté. Cette saillie tuberculiforme ne se présente que dans les second, troisième, quatrième, cinquième et sixième segments; le premier et le septième, quoique offrant chacun aussi un stigmate, ne présentent pas cette particularité; les huitième et neuvième segments sont dépourvus de stigmates, et ces segments sont armés, de chaque

---

[1] Il faut croire que, dans le passage de l'état de larve à celui de nymphe, il y a une paire de stigmates qui s'oblitère; car, dans le premier état, ou celui de larve, l'abdomen présente, de chaque côté, huit stigmates, au lieu que, dans le second état, ou celui de nymphe, ce même organe n'en offre plus que sept. C'est le huitième segment qui, à l'état de nymphe, présente cette oblitération

côté, d'une forte épine légèrement courbée. Le dessous de l'abdomen, ou le ventre, est lisse, et ses côtés, très-saillants, se présentent sous la forme de gros tubercules arrondis, hérissés chacun d'un bouquet de poils raides.

La première métamorphose que j'obtins eut lieu lors de mon retour d'Oran à Alger, c'est-à-dire dans les premiers jours de mars; l'insecte parfait qui sortit de cette nymphe était un *Calosoma*, que je crois être le *C. auropunctatum*; il était excessivement faible, à peine pouvait-il se soutenir sur ses pattes, sa couleur était d'un jaune roussâtre, les organes de la manducation et les antennes n'étaient pas encore entièrement démaillotés; j'enlevai le couvercle du vase dans lequel il était enfermé, et l'exposai à l'air libre. Ayant été obligé de faire une absence de quelques jours, à mon retour à Alger je retrouvai mon *C. auropunctatum* presque entièrement dévoré par les fourmis. Rappelé en France à la fin de mars, je plaçai la seconde larve qui me restait dans un vase rempli de terre, et je m'embarquai pour Marseille; avant de quitter cette ville, je visitai ma larve, et m'aperçus que pendant la traversée, qui avait été de quatre jours, elle n'avait pas touché à la nourriture que je lui avais donnée; qu'au contraire, elle s'était creusé un trou en terre, et qu'elle était sur le point de se changer en nymphe. Je quittai Marseille le 1er avril, et ce n'est que le 10 du même mois, à mon retour à Paris, que j'examinai de nouveau ma larve, qui était entièrement métamorphosée. Désirant la faire dessiner dans cet état, je fus obligé de la retirer de la retraite qu'elle s'était construite, mais elle ne put résister à tant de dérangements, et surtout ayant été blessée par la personne à laquelle je l'avais confiée pour la peindre, elle mourut sans avoir pu opérer sa dernière métamorphose.

Pl. 5, fig. 7. Larve du *Calosoma auropunctatum*, 7ᵃ nymphe du même, vue de profil, 7ᵇ nymphe vue en dessous, 7ᶜ partie antérieure de la tête très-grossie, 7ᵈ la position des yeux, 7ᵉ la position de la première paire de stigmates, 7ᶠ une patte de la première paire grossie, 7ᵍ dernier segment abdominal vu en dessus.

---

## Genus LEISTUS, Frölich.

### 91. *Leistus fulvibarbis.*

DEJ. *Spéc. des coléopt.* tom. II, p. 215, n° 2.
Ejusd. *Iconogr. des coléopt. d'Europe*, tom. II, p. 61, n° 2, pl. 72, fig. 2.
BRULL. *Hist. nat. des ins.* tom. V, p. 131, n° 1.

Se tient sous les pierres humides et quelquefois aussi au pied des arbres qui se trouvent sur les bords des rivières et des lacs; cette espèce est assez rare, et les trois individus que j'ai pris ont été rencontrés, en mars et en avril, aux environs de Philippeville et du cercle de Lacalle.

Pl. 6, fig. 1. Une mâchoire. 1ᵃ lèvre inférieure, 1ᵇ une mandibule du *Leistus fulvibarbis.*

## Genus *NEBRIA*, Latr. *Carabus*, Linn.

### 93. *Nebria complanata* (*Carabus*).

LINN. *Syst. nat.* tom. I, p. 671.
BRULL. *Hist. nat. des ins.* tom. V, p. 134, n° 1, pl. 3, fig. 5.
*Carabus arenarius*, FABR. *Ent. syst.* tom. I, p. 133, n° 39.
*Nebria arenaria*, DEJ. *Spéc. des coléopt.* tom. II, p. 233, n° 1.
Ejusd. *Iconogr. des coléopt. d'Europe*, tom. II, p. 73, n° 1, pl. 74, fig. 1.
BLANCH. *Atl. du règne anim. de Cuv. Ins.* pl. 25, fig. 3.

Très-répandu, en mai et en juin, sur les plages sablonneuses de l'Est et de l'Ouest de nos possessions du Nord de l'Afrique; cet insecte se tient ordinairement en famille sous les plantes marines qui sont rejetées par la mer. J'ai rencontré à Djîdjel, à la fin de mai, une variété assez remarquable de cette Nébrie; la tête et le corselet, au lieu d'être d'un jaune pâle, comme cela a lieu ordinairement, sont d'un brun assez foncé, et les bandes que présentent les élytres sont très-larges, non interrompues et d'un brun foncé.

### 94. *Nebria andalusia*. (Pl. 6, fig. 2.)

RAMB. *Faun. ent. de l'Andal.* tom. I, p. 64, n° 2.
*Nebria variabilis*, LUC. *Ann. des sc. nat.* 2° série, tom. XVIII, p. 63, n° 5.

Cette espèce est très-commune dans l'Est et l'Ouest de nos possessions du Nord de l'Afrique; elle se tient ordinairement dans les lieux humides, sous les pierres et quelquefois au pied des arbres qui sont situés sur les bords des lacs, des rivières et des ruisseaux. Cette espèce se trouve aussi en Espagne.

Pl. 6, fig. 2. *Nebria andalusia*, grossie, 2ª la grandeur naturelle.

### 95. *Nebria rubicunda*. (Pl. 6, fig. 3.)

QUENS. *in Schœnh. Syn. ins.* tom. I, p. 186, n° 93.

J'ai rencontré cette jolie espèce pendant les mois de janvier et de février, sous les pierres humides, dans les ravins Est du Djebel Santon et dans ceux qui sont situés entre Oran et Mers-el-Kebir; je ne sais si cette Nébrie habite l'Est de nos possessions, mais je ne l'y ai jamais rencontrée.

Pl. 6, fig. 3. *Nebria rubicunda*, grossie, 3ª la grandeur naturelle, 3ᵇ lèvre inférieure, 3ᶜ une antenne.

### Genus *OMOPHRON*, Latr. *Scolytus*, Fabr.

#### 96. *Omophron limbatum* (*Scolytus*).

Fabr. *Ent. syst.* tom. I, p. 181, n° 2.
Dej. *Spéc. des coléopt.* tom. II, p. 258, n° 1.
Ejusd. *Iconogr. des coléopt. d'Europe*, tom. II, p. 113, n° 1, pl. 83, fig. 2.
Brull, *Hist. nat. des ins.* tom. V, p. 139, n° 1, pl. 5, fig. 3.

Je n'ai rencontré qu'une seule fois cet Omophron; il se tenait sous des détritus de végétaux rejetés par la Seybouse; fin de mai, environs de Bône. Cette espèce n'avait encore été trouvée qu'en Europe.

Pl. 6, fig. 4. Une mâchoire, 4ᵃ lèvre inférieure, 4ᵇ une mandibule de l'*Omophron limbatum*.

---

### Genus *NOTIOPHILUS*, Dum. *Elaphrus*, Fabr.

#### 97. *Notiophilus quadripunctatus*.

Dej. *Spéc. des coléopt.* tom. II, p. 280, n° 3.
Ejusd. *Iconogr. des coléopt. d'Europe*, tom. II, p. 138, n° 3, pl. 87, fig. 3.
Brull. *Hist. nat. des ins.* tom. V, p. 149, n° 1, pl. 5, fig. 3.

Rencontré plusieurs fois dans le mois de mars, sous les pierres humides, près du lac Houbeira, dans les environs du cercle de Lacalle, et en avril, sous les galets des bords du Rummel, dans les environs de Constantine.

#### 98. *Notiophilus geminatus*.

Dej. *Spéc. des coléopt.* tom. V, p. 589, n° 4.
Ejusd. *Iconogr. des coléopt. d'Europe*, tom. II, p. 139, n° 4, pl. 87, fig. 4.

Je n'ai trouvé qu'un très-petit nombre d'individus de cette espèce, que j'ai pris en janvier et en mars, sous les pierres humides, aux environs d'Alger et sur la route qui conduit de Stora à Philippeville. M. Warnier m'en a donné un individu, qu'il a pris dans les environs de Tlemsên.

---

### Genus *CHLÆNIUS*, Bonell. *Carabus*, Fabr.

#### 99. *Chlænius auricollis*. (Pl. 6, fig. 5.)

Géné, *De quibusd. ins. sardin. etc. in Mem. della reale Acad. delle sc. di Torino*, 1839, p. 48, n° 6, fasc. 2, pl. 1, fig. 5.

Se plaît sur les bords des rivières, des lacs, des ruisseaux, sous les pierres et les débris de végétaux. Cette espèce n'est pas très-rare dans les mois de février, mars et avril, aux environs d'Alger, de Philippeville, de Constantine, de Bône et du cercle de Lacalle. M. le colonel Levaillant l'a rencontrée aussi dans l'Ouest, où elle est assez commune. Ce *Chlænius* avait d'abord été rencontré en Sardaigne.

Pl. 6, fig. 5. *Chlænius auricollis,* grossi, 5ª la grandeur naturelle.

### 100. *Chlænius spoliatus.*

Rossi, *Faun. etrusc.* tom. I, p. 79.
Dej. *Spéc. des coléopt.* tom. II, p. 312, n° 14.
Ejusd. *Iconogr. des coléopt. d'Europe,* tom. II, p. 168, n° 4, pl. 90, fig. 4.
Brull. *Hist. nat. des ins.* tom. V, p. 417, n° 8.

Il est aussi commun que l'espèce précédente, et je l'ai toujours rencontré dans les mêmes lieux et dans les mêmes conditions. Ce *Chlænius* n'est pas rare dans le Midi de la France.

### 101. *Chlænius variegatus (Buprestis).*

Fourc. *Entom. paris.* tom. I, p. 55.
Brull. *Hist. nat. des ins.* tom. V, p. 418, n° 4.
*Carabus agrorum,* Oliv. *Entom.* tom. III, n° 35, p. 86, pl. 12, fig. 144.
*Chlænius agrorum,* Dej. *Spéc. des coléopt.* tom. II, p. 312, n° 14.
Ejusd. *Iconogr. des coléopt. d'Europe,* tom. II, p. 169, n° 5, pl. 91, fig. 1.

Cette espèce est assez commune dans l'Est et dans l'Ouest de nos possessions du Nord de l'Afrique, et se plaît dans les mêmes lieux que les précédentes. M. Guérin-Méneville m'a communiqué un individu de ce *Chlænius* qui forme une variété fort remarquable en ce que les élytres, au lieu d'être d'un beau vert, comme cela a lieu ordinairement, sont au contraire d'une belle couleur bleue; cette jolie variété a été rencontrée dans les environs d'Alger.

### 102. *Chlænius vestitus (Carabus).*

Payk. *Monogr. Carab.* n° 44.
Dej. *Spéc. des coléopt.* tom. II, p. 320, n° 22.
Ejusd. *Iconogr. des coléopt. d'Europe,* tom. II, p. 172, n° 8, pl. 91, fig. 4.
Brull. *Hist. nat. des ins.* tom. V, p. 418, n° 5.

Il est très-commun pendant tout l'hiver et une grande partie du printemps dans l'Est et dans l'Ouest de l'Algérie, particulièrement aux environs d'Oran, d'Alger, de Philippeville, de Constantine, de Bône et du cercle de Lacalle.

### 103. *Chlænius æratus.* (Pl. 6, fig. 7.)

Quens. *In Schœnh. Syn. ins.* tom. I, p. 177, n° 50.
*Chlænius algerinus,* Gory, *Ann. de la Soc. ent. de France,* tom. II, 1ʳᵉ série, p. 225.

Habite particulièrement les environs d'Alger, près le cimetière des Juifs; il se tient sous les pierres, sous les herbes amassées aux bords des ruisseaux; quelquefois on le rencontre aussi sous les feuilles au pied des arbres, pendant les mois de janvier, février, mars et avril.

Pl. 6, fig. 7. *Chlænius æratus*, grossi, 7ᵃ la grandeur naturelle, 7ᵇ lèvre inférieure, 7ᶜ¹ une antenne, 7ᵈ extrémité antérieure d'une patte de la première paire.

### 104. *Chlænius Varvasii*. (Pl. 6, fig. 6.)

Lap. *Étud. ent.* lʳᵉ livr. p. 80, n° 1.

Ce *Chlænius* se trouve beaucoup plus dans l'Est que l'espèce précédente; je l'ai rencontré à la fin de mars et au commencement d'avril, au pied des chênes-liéges, sous les feuilles humides, aux environs de Stora et de Philippeville. Cette espèce pourrait bien n'être qu'une variété locale de la précédente.

Pl. 6, fig. 6. *Chlænius Varvasii*, grossi, 6ᵃ la grandeur naturelle.

### 105. *Chlænius holosericeus* (*Carabus*).

Fabr. *Ent. syst.* tom. I, p. 151, n° 118.
Dej. *Spéc. des coléopt.* tom. II, p. 355, n° 55.
Ejusd. *Iconogr. des coléopt. d'Europe*, tom. II, p. 181, n° 16, pl. 93, fig. 4.
Brull. *Hist. nat. des ins.* tom. V, p. 420, n° 9.

Cette espèce m'a été communiquée par M. le colonel Levaillant comme ayant été prise, dans le courant du mois de mars, aux environs d'Alger. M. Reiche m'a communiqué un autre individu de cette espèce, qu'il a reçu des environs de Kole'a.

### 106. *Chlænius azureus*.

Dej. *Spéc. des coléopt.* tom. V, p. 664, n° 112.
Ejusd. *Iconog. des coléopt. d'Europe*, tom. II, p. 190, n° 23, pl. 95, fig. 3.
*Chlænius cyaneus*, Brull. *Revue ent. de Silberm.* tom. III, p. 284.

Je n'ai pas trouvé cette espèce; elle m'a été communiquée par M. Reiche, qui l'a reçue des environs d'Alger.

### 107. *Chlænius chrysocephalus* (*Carabus*).

Rossi, *Faun. etrusc.* tom. I, p. 220, n° 544, pl. 2, fig. 9.
Dej. *Spéc. des coléopt.* tom. I, p. 361, n° 60.
Ejusd. *Iconogr. des coléopt. d'Europe*, tom. II, p. 187, n° 20, pl. 94, fig. 4.
Brull. *Hist. nat. des ins.* tom. IV, p. 421, n° 10.

Assez commun en mars et en avril, au pied des arbres qui sont situés sur les bords des lacs et des rivières; on le rencontre aussi sous les pierres humides; environs d'Oran et de Philippeville.

¹ Au lieu de 7ᵉ sur la planche, lisez 7ᶜ.

## Genus *Epomis*, Bonell. *Chlænius*, Latr. *Carabus*, Duft.

### 108. *Epomis circumscriptus* (*Carabus*).

Duft. *Faun. austr.* tom. II, p. 166, n° 219.
Dej. *Spéc. des coléopt.* tom. II, p. 369, n° 1.
Ejusd. *Iconogr. des coléopt. d'Europe*, tom. II, p. 194, n° 1, pl. 96, fig. 1.
*Chlænius circumscriptus*, Brull. *Hist. nat. des ins.* tom. IV, p. 416, n° 1.
*Carabus cinctus*, Panz. *Faun. ins. germ.* fasc. 30, n° 7.

Rencontré une seule fois, à la fin de janvier, sous les pierres humides, en compagnie du *Chlænius spoliatus*, près les marais du lac Tonga, environs du cercle de Lacalle. Cette espèce habite aussi le Midi de la France, la Sicile et la Morée.

---

## Genus *Dinodes*, Bonell.

### 109. *Dinodes azureus* (*Carabus*).

Duft. *Faun. austr.* tom. II, p. 232, n° 169.
*Dinodes rufipes*, Dej. *Spéc. des coléopt.* tom. II, p. 372, n° 1.
Ejusd. *Iconogr. des coléopt. d'Europe*, tom. II, p. 197, n° 1, pl. 96, fig. 3.

Je n'ai pas rencontré cette espèce; elle m'a été communiquée par M. Aug. Chevrolat, qui l'a reçue des environs d'Alger.

---

## Genus *Oodes*, Bonell. *Carabus*, Fabr.

### 110. *Oodes mauritanicus*, Luc. (Pl. 6, fig. 8.)

Long. 8 millim. $\frac{1}{2}$, larg. 4 millim. $\frac{1}{2}$.

O. oblongo-ovatus, ater; capite thoraceque lævigatis, marginibus basique fuscotestaceis; elytris nitido-atris, striatis, striis non punctatis; pedibus testaceis; corpore fuscotestaceo.

La tête, entièrement lisse, est très-légèrement convexe. Les palpes labiaux et maxillaires sont d'un brun roussâtre, avec l'extrémité des articles d'un testacé ferrugineux. Les trois premiers articles des antennes sont mélangés de brun et de testacé ferrugineux, tandis que les suivants sont d'un brun foncé. Le thorax antérieurement est plus large que la tête et trois fois plus large à sa base; ses bords, légèrement rebordés, sont d'un brun testacé, couleur que présente la partie postérieure; dans sa partie médiane, on aperçoit une saillie longitudinale faiblement prononcée; les angles antérieurs sont arrondis, avec les postérieurs assez aigus. Les élytres, un peu plus larges que le thorax, assez fortement rebordées, sont d'un noir brillant; elles ont des stries, et ces stries sont non ponctuées. Toutes les pattes sont testacées; le corps en dessous est d'un brun testacé.

Cette espèce se distingue des *Oodes helopioïdes* et *hispanicus* par sa taille, qui est beaucoup plus grande; par les bords de son corselet, qui sont d'un brun testacé; par les stries de ses élytres, qui sont non ponctuées, et enfin par les pattes, qui sont testacées, et le dessous de son corps, qui est d'un brun testacé. Cette espèce est très-rare; je ne l'ai rencontrée qu'une seule fois à la fin d'août, sous des feuilles en décomposition, dans les marais du lac Tonga; environs du cercle de Lacalle.

Pl. 6, fig. 8. *Oodes mauritanicus*, grossi, 8ᵃ la grandeur naturelle, 8ᵇ lèvre inférieure, 8ᵉ une antenne.

### 111. *Oodes abaxoïdes*, Luc. (Pl. 6, fig. 9.)

Long. 11 millim. larg. 4 millim. ½.

O. nigro-nitidus; thorace posticè utrinque bifoveolato; elytris elongatis, profundè striatis, striis lævigatis, punctisque duobus vix impressis; corpore pedibusque atris; antennis rubro-ferrugineis.

Il ressemble à l'*O. barbarus*, dont il a la forme, mais il est plus grand. Il est entièrement d'un noir brillant. La tête est lisse, très-peu convexe, avec les impressions de chaque côté des yeux très-peu marquées. Les palpes maxillaires et les labiaux, ainsi que les antennes, sont d'un rouge ferrugineux. Le corselet antérieurement est plus large que la tête et trois fois plus large postérieurement; il est lisse, légèrement convexe; dans son milieu, il présente une ligne assez bien marquée et deux impressions assez profondes, surtout l'interne, de chaque côté de la base; les bords latéraux sont très-légèrement rebordés avec les angles postérieurs assez saillants et terminés en pointe arrondie. Les élytres, presque de la largeur du corselet, parallèles, sont allongées, arrondies et légèrement sinueuses à leur extrémité; elles ont des stries profondes et non ponctuées, et, sur la troisième strie, on aperçoit deux points très-peu marqués, dont un placé à la partie antérieure et l'autre à peu près dans le milieu. Le corps en dessous et les pattes sont entièrement noirs.

Cette espèce habite l'Ouest de nos possessions du Nord de l'Afrique; je l'ai rencontrée en hiver, sous les pierres humides, dans les ravins du Djebel Santon; environs d'Oran.

Pl. 6, fig. 9. *Oodes abaxoïdes*, grossi, 9ᵃ la grandeur naturelle.

---

### Genus *Licinus*, Latr. *Carabus*, Fabr.

### 112. *Licinus brevicollis.*

Dej. *Spéc. des coléopt.* tom. II, p. 397, n° 5.

Cette espèce est très-commune dans l'Est et dans l'Ouest de nos possessions du Nord de l'Afrique; elle se tient particulièrement sous les pierres humides, où on la rencontre pendant les mois de janvier, février, mars et avril.

### 113. *Licinus agricola (Carabus)*.

Oliv. *Entom.* tom. III, n° 33, p. 55, pl. 5, fig. 53.
Dej. *Spéc. des coléopt.* tom. II, 394, n° 1.
Ejusd. *Iconogr. des coléopt. d'Europe,* tom. II, p. 209, n° 1, pl. 98, fig. 2.
Brull. *Hist. nat. des ins.* tom. IV, p. 401, n° 1.

Ce n'est que dans l'Ouest, aux environs d'Oran, que j'ai rencontré ce *Licinus*, dont les habitudes sont les mêmes que celles de l'espèce précédente.

### 114. *Licinus siculus*.

Dej. *Spéc. des coléopt.* tom. II, p. 396, n° 3.
Ejusd. *Icon. des coléopt. d'Europe,* tom. II, p. 212, n° 4.

Il est assez rare; c'est particulièrement aux environs des ruines d'Hippône, sous les pierres, pendant l'hiver et au commencement du printemps, que j'ai rencontré cette espèce.

---

## Genus *Pogonus*, Dej. *Platysma*, Sturm. *Carabus*, Duft.

### 115. *Pogonus littoralis (Carabus)*.

Duft. *Faun. austr.* tom. II, p. 183.
Dej. *Spéc. des coléopt.* tom. III, p. 11, n° 6.
Ejusd. *Iconogr. des coléopt. d'Europe,* tom. II, p. 247, n° 6, pl. 103, fig. 6.
Brull. *Hist. nat. des ins.* tom. IV, p. 287, n° 2.

Cette espèce, dont je n'ai rencontré qu'un seul individu, a été prise en mai, sous des détritus de végétaux rejetés par la Seybouse; environs de Bône.

### 116. *Pogonus halophilus*.

Germ. *Faun. ins.* fasc. 10, n° 1.
Dej. *Spéc. des coléopt.* tom. III, p. 13, n° 7.
Ejusd. *Iconogr. des coléopt. d'Europe,* tom. II, p. 249, n° 7, pl. 104, fig. 1.
Brull. *Hist. nat. des ins.* tom. IV, p. 288, n° 3.

Cette espèce m'a été donnée par M. le colonel Levaillant, qui l'a rencontrée sous les pierres, sur les bords du petit lac; environs d'Oran.

### 117. *Pogonus gilvipes*.

Dej. *Spéc. des coléopt.* tom. III, p. 14, n° 9.
Ejusd. *Iconogr. des coléopt. d'Europe,* tom. II, p. 251, n° 9, pl. 104, fig. 3.

Je n'ai pas trouvé cette espèce; elle m'a été communiquée par M. L. Buquet, qui l'a reçue des environs d'Alger.

### 118. *Pogonus gracilis.*

Dej. *Spéc. des coléopt.* tom. III, p. 18, n° 15.
Ejusd. *Iconogr. des coléopt. d'Europe,* tom. II, p. 255, n° 14, pl. 105, fig. 2.
Brull. *Hist. nat. des ins.* tom. IV, p. 290, n° 7.

Rencontré dans les mêmes lieux que l'espèce précédente.

### 119. *Pogonus filiformis.*

Dej. *Spéc. des coléopt.* tom. III, p. 21, n° 18.
Ejusd. *Iconogr. des coléopt. d'Europe,* tom. II, p. 258, n° 17, pl. 105, fig. 5.

Ce curieux *Pogonus,* qui m'a été communiqué par M. le colonel Levaillant, a été pris une seule fois, en janvier, sous les pierres qui se trouvent sur les bords du petit lac; environs d'Oran.

---

## Genus PRISTONYCHUS, Dej. *Carabus,* Fabr. *Sphodrus,* Bonell.

### 120. *Pristonychus algirinus.* (Pl. 6, fig. 10.)

Gory, *Ann. de la Soc. ent. de France,* 1re série, tom. II, p. 232.

Cette espèce est très-commune dans l'Est et dans l'Ouest de nos possessions du Nord de l'Afrique; on la rencontre pendant tout l'hiver, dans les lieux humides, sous les pierres.

Pl. 6, fig. 10. *Pristonychus algirinus,* grossi, 10ᵃ la grandeur naturelle.

### 121. *Pristonychus sardous,* Luc. (Pl. 7, fig. 1.)

Long. 17 millim. larg. 7 millim. ½.

P. capite thoraceque atris; elytris cyaneo-nigris, leviter striatis, striis subtilissimè punctatis interstitiisque latis, levigatis; corpore infrà nigro; pedibus nigris, tarsis atro-ferrugineis.

Il ressemble un peu au *P. algirinus,* mais il est plus petit. La tête est noire, lisse et assez allongée; entre les yeux, qui sont peu saillants, on aperçoit de chaque côté une dépression assez profonde. Les palpes labiaux et maxillaires sont d'un brun roussâtre, avec leur extrémité testacée. Les trois premiers articles des antennes sont noirs; les suivants sont d'un brun roussâtre, revêtus de poils courts et serrés. Le corselet, assez allongé, d'un noir brillant, est légèrement déprimé; les côtés sont dilatés et peu relevés; les angles antérieurs sont terminés en pointe arrondie; la ligne longitudinale du milieu est profondément marquée et atteint presque le bord postérieur; les impressions, de chaque côté de la base, sont très-profondément marquées, lisses, avec les angles postérieurs assez saillants, terminés en pointe arrondie. Les élytres sont assez allongées, légèrement convexes, d'un bleu noirâtre; elles sont peu profondément striées, et les stries sont très-finement ponctuées; les intervalles sont assez larges, saillants et entièrement lisses. Le corps en dessous, ainsi que les pattes, sont d'un noir brillant, avec les tarses d'un noir ferrugineux.

Le nom de *sardous* ayant été déjà donné par M. Dahl et adopté par M. Erichson dans l'introduction précédant la description des insectes récoltés dans le Nord de l'Afrique par M. Wagner, j'ai cru, afin de ne pas embrouiller la nomenclature, devoir adopter cette dénomination.

Cette espèce se trouve dans l'Est et dans l'Ouest de nos possessions du Nord de l'Afrique; on la rencontre ordinairement sous les pierres, à la fin de l'automne et pendant une grande partie de l'hiver; je l'ai prise particulièrement aux environs d'Hippône, d'Alger et d'Oran.

Pl. 7, fig. 1. *Pristonychus sardous,* grossi, 1ª la grandeur naturelle.

## 122. *Pristonychus complanatus.*

Dej. *Spéc. des coléopt.* tom. III, p. 59, n° 17.
Ejusd. *Iconogr. des coléopt. d'Europe,* tom. II, p. 390, n° 15, pl. 109, fig. 3.

Cette espèce est assez commune; elle habite l'Est et l'Ouest de l'Algérie; on la rencontre ordinairement pendant les mois de janvier, février, mars et avril, sous les pierres humides et quelquefois aussi sous les écorces des chênes-liéges.

## 123. *Pristonychus barbarus,* Luc. (Pl. 7, fig. 2.)

Long. 13 millim. ½, larg. 5 millim. ¼.

P. capite elongato, atro nitido; thorace cordiformi, in medio nitido atro, transversim striato, marginibus cyaneo-violaceis, punctatis; elytris elongatis, cyaneo-violaceis, profundè striatis, striis punctatis, interstitiis lævigatis, elevatis; corpore infrà pedibusque nitido-atris.

La tête, d'un noir brillant, lisse, est allongée; entre les yeux, qui sont peu saillants, elle présente une impression assez profonde, longitudinale, très-faiblement chagrinée, et quelques stries assez profondément marquées près des organes de la vue. Les palpes labiaux et maxillaires, ainsi que les antennes, sont d'un brun roussâtre. Le corselet, allongé, d'un noir brillant dans sa partie médiane, d'un bleu violacé sur les côtés, est finement strié transversalement; la ligne longitudinale est profondément marquée et atteint presque la base du corselet; les impressions postérieures sont profondément marquées et présentent quelques points très-sensibles, qui se continuent jusque sur les parties latérales du corselet. Les élytres, assez allongées, d'un bleu légèrement violacé, sont assez profondément striées, et les stries présentent une ponctuation fine et très-peu serrée; les intervalles sont entièrement lisses et assez saillants. Le corps en dessous est d'un noir brillant, avec les pattes de cette dernière couleur.

Ce *Pristonychus* diffère du *P. terricola* par sa tête, qui est plus allongée, par son corselet, qui est aussi plus allongé, plus cordiforme, et dont les bords latéraux sont plus larges et plus relevés; les élytres sont aussi un peu plus larges, avec la ponctuation des stries plus fortement marquée et les intervalles moins larges et beaucoup plus élevés.

Cette espèce habite tout à fait l'Est de nos possessions du Nord de l'Afrique; je l'ai toujours rencontrée pendant l'hiver, cachée sous les écorces, au pied des chênes-liéges, dans les bois des lacs Tonga et Houbeira. Environs du cercle de Lacalle.

Pl. 7, fig. 2. *Pristonychus barbarus*, grossi, 2ᵃ la grandeur naturelle.

### 124. *Pristonychus mauritanicus*.

DEJ. *Spéc. des coléopt.* tom. III, p. 49, n° 3.

Cette espèce se trouve aux environs d'Alger, et m'a été communiquée par M. L. Buquet, qui l'a reçue de M. Gérard.

### 125. *Pristonychus oblongus*.

DEJ. *Spéc. des coléopt.* tom. III, p. 50, n° 6.
Ejusd. *Iconogr. des coléopt. d'Europe*, tom. II, p. 281, n° 5, pl. 107, fig. 5.

Ce *Pristonychus* est assez rare; je ne l'ai rencontré qu'une seule fois sous les pierres humides, dans les premiers jours de mai, aux environs de Constantine.

---

## Genus CALATHUS, Bonell. *Harpalus*, Gyllenh. *Carabus*, Fabr.

### 126. *Calathus latus* (*Carabus*).

LINN. *Faun. suec.* n° 2276.
FABR. *Entom. syst.* tom. I, p. 154, n° 129.
*Carabus flavipes*, PAYK. *Monogr. carab.* n° 21.
*Calathus cisteloïdes*, ILLIG. *Coléopt. bor.* tom. I, p. 163.
DEJ. *Spéc. des coléopt.* tom. III, p. 65, n° 3.
Ejusd. *Iconogr. des coléopt. d'Europe*, tom. II, p. 298, n° 3, pl. 110, fig. 4.
BRULL. *Hist. nat. des ins.* tom. IV, p. 304, n° 2.

Je n'ai trouvé qu'un seul individu de cette espèce, que j'ai pris aux environs de Constantine, sous des pierres humides, près l'aqueduc romain, dans les premiers jours de mai.

Pl. 7, fig. 3. Une mandibule, 3ᵃ une mâchoire, 3ᵇ une patte de la première paire du *Calathus latus*.

### 127. *Calathus græcus*.

DEJ. *Spéc. des coléopt.* tom. V, p. 708, n° 21.
Ejusd. *Iconogr. des coléopt. d'Europe*, tom. II, p. 299, n° 4, pl. 110, fig. 3.

Cette espèce, qui m'a été donnée par M. Levaillant, a été rencontrée dans les premiers jours de mai, aux environs d'Alger.

### 128. *Calathus punctipennis.*

GERM. *Coléopt. spéc. nov.* p. 13, n° 21.
*Calathus latus*, DEJ. *Spéc. des coléopt.* tom. III, p. 64, n° 2.
Ejusd. *Iconogr. des coléopt. d'Europe*, tom. II, p. 829, n° 3, pl. 110, fig. 2.

Je n'ai rencontré que deux individus de cette espèce; c'est dans les premiers jours de juillet, sous les pierres, aux environs du camp de Sétif.

### 129. *Calathus circumseptus.*

GERM. *Coléopt. spéc. nov.* p. 15, n° 23.
*Calathus limbatus*, DEJ. *Spéc. des coléopt.* tom. III, p. 72, n° 8.
Ejusd. *Iconogr. des coléopt. d'Europe*, tom. II, p. 309, n° 12, pl. 111, fig. 5.

Cette espèce, pendant l'hiver et le printemps, n'est pas très-rare aux environs d'Alger; je l'ai prise particulièrement sous les pierres, près le fort l'Empereur et les villages de Kouba et de Tixeraïn.

### 130. *Calathus Solieri.*

BASSI, *Ann. de la Soc. ent. de France*, 1ʳᵉ série, tom. III, p. 466, pl. 11, fig. 4.

Je n'ai rencontré qu'une seule fois cette belle espèce, qui me paraît assez rare; je l'ai prise en janvier, sous les pierres humides, près le fort l'Empereur (environs d'Alger).

### 131. *Calathus ochropterus* (*Carabus*).

DUFT. *Faun. austr.* tom. II, p. 124, n° 156.
STURM, *Deuts. Faun.* tom. VI, p. 115, n° 5, pl. 123, fig. a A.
DEJ. *Spéc. des coléopt.* tom. III, p. 79, n° 17.
Ejusd. *Iconogr. des coléopt. d'Europe*, tom. II, p. 315, n° 17, pl. 112, fig. 4.

Cette espèce est commune, pendant toute l'année, dans l'Est et l'Ouest de l'Algérie; je l'ai rencontrée particulièrement aux environs d'Hippône, sous les pierres humides, près les marais du lac Tonga, et aux environs d'Oran, dans la plaine de Kergenta.

### 132. *Calathus melanocephalus* (*Carabus*).

LINN. *Faun. suec.* n° 795.
DEJ. *Spéc. des coléopt.* tom. III, p. 80, n° 18.
Ejusd. *Iconogr. des coléopt. d'Europe*, tom. II, p. 316, n° 18, pl. 112, fig. 5.

Cette espèce, qui appartient aux collections du Muséum de Paris, a été rencontrée aux environs de Bône par M. Gérard.

### 133. *Calathus opacus,* Luc. (Pl. 7, fig. 4.)

Long. 11 millim. larg. 4 millim. ½.

C. capite atro, subtilissimè striato, anticè utrinque puncto impresso; thorace atro, anticè angustato, marginibus ferrugineis; elytris nigro-opacis, subtilissimè striatis, punctis tribus vix impressis; corpore nigro, sterno pedibusque ferrugineis.

Il a un peu d'analogie avec le *C. ambiguus,* Germ., et vient se placer dans le voisinage de cette espèce. La tête est noire, très-finement striée, presque plane et très-légèrement rétrécie derrière les yeux; près de la base des mandibules, on aperçoit de chaque côté un point arrondi, assez profondément enfoncé. Les palpes maxillaires et labiaux, ainsi que les antennes, sont ferrugineux. Le corselet, très-légèrement convexe, est plus étroit antérieurement que postérieurement; il est noir, avec les bords latéraux ferrugineux et très-légèrement rebordés; la ligne longitudinale du milieu est assez bien marquée, avec les impressions, de chaque côté de la base, peu sensibles, très-finement chagrinées, et le bord postérieur ferrugineux. Les élytres, peu allongées, planes, sont d'un noir mat; leurs bords latéraux sont légèrement rebordés et ferrugineux en dessous; elles sont très-finement striées, et, sur la troisième strie, on aperçoit, de chaque côté, trois points assez éloignés les uns des autres et très-peu profondément marqués. Le corps en dessous est noir, avec le sternum et les pattes d'un noir ferrugineux.

Je n'ai pas rencontré cette espèce; elle m'a été communiquée par M. Aug. Chevrolat, qui l'a reçue des environs d'Alger.

Pl. 7, fig. 4. *Calathus opacus,* grossi, 4ᵃ la grandeur naturelle.

---

## Genus SPHODRUS, Clairv. Carabus, Fabr.

### 134. *Sphodrus leucophthalmus (Carabus).*

Linn. *Faun. suec.* n° 784.
Brull. *Hist. nat. des ins.* tom. IV, p. 311.
Blanch. *Atl. du règne anim. de Cuv. Ins.* pl. 22 bis, n° 3.
*Carabus niger,* Payk. *Monogr. carab.* n° 25.
Oliv. *Entom.* tom. III, n° 35, p. 44, pl. 5, fig. 58, et pl. 12, fig. 58ᵇ.
*Carabus planus,* Fabr. *Ent. syst.* tom. 1, p. 133, n° 37.
*Sphodrus planus,* Dej. *Spéc. des coléopt.* tom. III, p. 88.
Ejusd. *Iconogr. des coléopt. d'Europe,* tom. II, p. 327, n° 1, pl. 114, fig. 1.

Ce Sphodre habite l'Ouest et l'Est de nos possessions du Nord de l'Afrique; car j'en ai trouvé un, en mai, sous les pierres, dans les ruines d'Hippône, et M. Warnier en a rencontré un autre dans les mêmes conditions aux environs de Mascara.

## Genus *Anchomenus*, Erichs. *Platynus, Anchomenus* et *Agonum*, Auct. *Carabus*, Fabr.

### 135. *Anchomenus algirinus.* (Pl. 7, fig. 5.)

Buq. *Rev. zool.* ann. 1840, p. 240.

Cette espèce diffère de l'*A. angusticollis* par ses palpes, ses antennes et ses pattes, qui sont d'un rouge pâle; du reste, comme cette dernière, elle est d'un noir assez brillant. La tête est allongée, convexe, lisse, et on aperçoit, entre les yeux, deux taches rouges sur chacune desquelles se trouve un point enfoncé bien marqué. Le corselet est bien plus convexe que dans l'*A. angusticollis*, et, de plus, il est couvert de rides transversales serrées et fortement marquées. L'écusson est triangulaire, presque lisse, et sa pointe dépasse à peine la base des élytres; celles-ci, en ovale allongé, moitié plus larges que le corselet, ont des stries fortement marquées, et sans ponctuation apparente; les intervalles sont relevés, lisses, et on aperçoit, sur le troisième, deux points enfoncés : le premier à peu près au milieu, sur le bord de la deuxième strie, et le second, qui est plus marqué, se trouve au milieu de l'espace compris entre le premier de ces points et l'extrémité des élytres. Le corps en dessous est d'un brun noirâtre.

L'individu que je possède m'a été donné par M. le colonel Levaillant, qui l'a rencontré dans les environs d'Oran. Dans la description que M. L. Buquet a faite de cette espèce, et que j'ai en grande partie reproduite ici, cet entomologiste lui donne pour patrie les environs de Constantine.

Pl. 7, fig. 5. *Anchomenus algirinus*, grossi, 5ᵃ la grandeur naturelle.

### 136. *Anchomenus prasinus* (*Carabus*).

Fabr. *Syst. Eleuth.* tom. I, p. 266, n° 195.
Oliv. *Entom.* tom. III, n° 35, p. 105, pl. 13, fig. 152.
Dej. *Spéc. des coléopt.* tom. III, p. 116, n° 14.
Ejusd. *Iconogr. des coléopt. d'Europe*, tom. II, p. 347, n° 6, pl. 117, fig. 1.
Blanch. *Atl. du règne anim. de Cuv. Ins.* pl. 23, fig. 4.

Je n'ai rencontré qu'un seul individu de cette espèce; je l'ai pris à la fin d'avril, sous les pierres humides, sur les bords de la Boudjima.

Cet *Anchomenus* n'avait encore été signalé jusqu'à présent que comme habitant l'Europe.

### 137. *Anchomenus pallipes* (*Carabus*).

Fabr. *Syst. Eleuth.* tom. I, p. 187, n° 91.
Dej. *Spéc. des coléopt.* tom. III, p. 119, n° 16.
Ejusd. *Iconogr. des coléopt. d'Europe*, tom. II, p. 349, n° 8, pl. 17, fig. 3.

Cet *Anchomenus* est très-commun dans l'Est et dans l'Ouest de l'Algérie, où on le rencontre pendant tout l'hiver et une grande partie du printemps, dans les lieux humides, sous les pierres, près des lacs et des ruisseaux.

Pl. 7, fig. 6. Une mandibule, 6ᵃ une mâchoire, 6ᵇ lèvre inférieure, 6ᶜ une patte de la première paire de l'*Anchomenus pallipes*.

### 138. *Anchomenus marginatus* (*Carabus*).

Fabr. *Syst. Eleuth.* tom. I, p. 199, n° 162.
Oliv. *Entom.* tom. III, p. 85, n° 115, pl. 9, fig. 98.
Dej. *Spéc. des coléopt.* tom. III, p. 133, n° 1.
Ejusd. *Iconogr. des coléopt. d'Europe*, tom. II, p. 335, n° 1, pl. 118, fig. 1.
Erichs. *Kaf. der Mark. Brand.* tom. I, p. 109, n° 5.

C'est particulièrement dans l'Ouest de nos possessions du Nord de l'Afrique que l'on rencontre cet *Anchomenus*, qui n'est pas rare pendant tout l'hiver et une partie du printemps, et qui se plaît, sous les pierres, dans des lieux humides.

### 139. *Anchomenus numidicus*, Luc. (Pl. 7, fig. 7.)

Long. 8 millim. larg. 3 millim. ⅐.

A. capite viridi æneo; antennis obscurè atris, primo articulo ferrugineo; thorace viridi æneo, elongato, lineâ longitudinali vix impressâ; elytris æneonigrescentibus, elongatis, striatis, striis non punctatis, interstitiis latis, vix convexis; corpore infrà viridi æneo; pedibus ferrugineis.

Entièrement bronzé. La tête est d'un vert bronzé. Les antennes, d'un noir obscur, ont le premier article ferrugineux. Le corselet, d'un vert bronzé, est plus allongé et moins dilaté que dans l'*A. tristis;* la ligne longitudinale est très-peu marquée, avec les côtés et les angles postérieurs peu arrondis et les dépressions moins marquées. Les élytres, d'un bronzé noirâtre, un peu plus allongées, ont des stries assez profondément marquées, non ponctuées, avec les intervalles larges et très-peu convexes; les points enfoncés que présente le troisième intervalle sont profondément marqués. Les pattes sont ferrugineuses, avec le dessous du corps d'un vert bronzé.

Cette espèce ressemble à l'*A. tristis,* mais elle s'en distingue par une forme plus allongée; par le premier article des antennes, qui est ferrugineux; par le corselet, qui est plus allongé, moins dilaté, avec la ligne longitudinale très-peu marquée; par ses élytres, qui sont un peu plus allongées, à stries assez profondes et non ponctuées, avec les intervalles larges et à peine convexes; elle s'en distingue encore par le dessous de son abdomen, qui est d'un vert bronzé, et les pattes, qui sont ferrugineuses.

Cet *Anchomenus*, dont je n'ai rencontré que deux individus, a été pris en mars, sous les pierres humides, à Mustapha supérieur (environs d'Alger).

Pl. 7. fig. 7. *Anchomenus numidicus*, grossi, 7ª la grandeur naturelle.

### 140. *Anchomenus fulgidicollis*. (Pl. 7, fig. 8.)

Erichs. *Reisen in der Regents. Algier, von Moritz Wagner*, tom. III, p. 168, n° 2.

Cette espèce se distingue de l'*A. modestus*, par sa tête, qui est un peu plus allongée et toujours d'un rouge cuivreux; par son corselet, qui est toujours plus large et dont les côtés sont beaucoup plus dilatés, plus arrondis; la ligne longitudinale est aussi plus marquée; elle part de la base du corselet, et se continue jusqu'à son extrémité; les stries transversales sont beaucoup plus prononcées; enfin les élytres sont aussi plus larges, avec la suture d'un brun verdâtre; les stries sont plus profondément marquées, avec les intervalles plus convexes, et les points que présente le troisième intervalle en moins grand nombre et beaucoup plus profondément marqués.

J'ai rencontré cet *Anchomenus* dans le mois d'avril, sous les pierres humides et au pied des arbres situés sur les bords du Seracmah, dans les environs de Philippeville.

Pl. 7, fig. 8. *Anchomenus fulgidicollis*, grossi, 8ª la grandeur naturelle.

### 141. *Anchomenus lugens (Carabus)*.

Duft. *Faun. austr.* tom. II, p. 139, n° 181.
Dej. *Spéc. des coléopt.* tom. III, p. 153, n° 21.
Ejusd. *Iconogr. des coléopt. d'Europe*, tom. II, p. 371, n° 14, pl. 120, fig. 2.
Erichs. *Kaf. der Mark. Brand.* tom. I, p. 113, n° 12.

J'ai trouvé cet *Anchomenus* pendant les mois de février et de mars, aux environs d'Alger, sous les pierres, dans les lieux humides.

---

## Genus *Olisthopus*, Dej. *Agonum*, Bonell. *Harpalus*, Gyllenh.

### 142. *Olisthopus puncticollis*. (Pl. 7, fig. 9.)

Long. 6 millim. $\frac{1}{2}$, larg. 4 millim. $\frac{1}{2}$.

Luc. *Ann. des sc. nat.* tom. XVIII, 2ᵉ série, p. 63, n° 6.

O. æneus; thorace punctato; elytris striatis, striis subtilissimè punctatis, interstitiis latis, planis; corpore infrà fusco, segmentis posticè ferrugineo tinctis; pedibus flavescentibus.

La tête bronzée, lisse, assez convexe, présente deux impressions assez prononcées, dont l'une est située entre les antennes et l'autre presque sur le bord des yeux. Les antennes ont le premier article d'un jaune testacé pâle ; les autres sont plus obscurs et légèrement ferrugineux. Le corselet, de même couleur que la tête, presque aussi long que large, assez convexe, est légèrement ponctué, et cette ponctuation est surtout sensible sur les bords latéraux postérieurs ; la ligne longitudinale est assez bien marquée. Les élytres, plus larges que le corselet, d'un bronzé plus clair que ce dernier, avec leurs bords quelquefois teintés de jaunâtre, ont des stries assez profondément marquées et très-finement ponctuées ; elles présentent, en outre, trois dépressions assez profondes, surtout la postérieure, et ainsi disposées : la première et la seconde sont situées sur le troisième intervalle et sur les bords de la troisième strie ; la troisième est aussi située sur le troisième intervalle, mais sur le bord de la seconde strie. Le corps en dessous est brun, avec le bord postérieur des segments abdominaux légèrement teinté de roussâtre. Les pattes sont d'un jaune testacé.

Cette espèce se distingue de l'*O. rotundatus* par sa forme plus étroite, plus allongée et ses élytres beaucoup moins convexes ; elle diffère également de l'*O. fuscatus* par son corselet, qui est un peu plus dilaté, par les stries des élytres qui sont moins profondes et ponctuées, et par les intervalles, qui sont plus larges, plus plans, et les dépressions ou points un peu moins profondément marqués.

J'ai rencontré cet *Olisthopus* vers les premiers jours de mai, dans les jardins potagers, aux environs d'Alger.

Pl. 7. fig. 9. *Olisthopus puncticollis*, grossi, 9ᵃ la grandeur naturelle, 9ᵇ une mandibule, 9ᶜ une mâchoire, 9ᵈ extrémité d'une patte de la première paire.

---

## Genus *PŒCILUS*, Bonell. *Feronia*, Latr. Dej.

### 143. *Pœcilus barbarus*. (Pl. 7, fig. 10.)

Long. 11, 13 et 14 millim. larg. 4 millim. ½, 5 et 6 millim.

Luc. *Ann. des sc. nat.* tom. XVIII, 2ᵉ série, p. 63, n° 7.

P. omninò ater ; thorace brevi, posticè angusto, utrinque valdè bistriato, punctatissimo ; elytris angustis, subplanis, subtilissimè punctatis, punctisque tribus impressis.

Entièrement noir. La tête, petite, étroite, est très-légèrement ponctuée. Les palpes labiaux et maxillaires sont noirs, avec leur extrémité d'un jaune testacé. Les antennes sont noires, avec les deux premiers articles ferrugineux. Le corselet est étroit, peu convexe ; la ligne longitudinale est assez prononcée et les impressions longitudinales, de chaque côté de la base, sont fortement prononcées, et le fond en est très-ponctué. Les élytres, d'un noir mat, ont des stries assez bien marquées, peu sensibles cependant chez certains individus ; comme dans le *P. punctulatus*, la troisième strie présente trois points enfoncés, bien distincts. Le dessous du corps et les pattes sont d'un noir brillant.

Ce Pécile ressemble un peu au *P. punctulatus*, mais il est ordinairement plus petit, et sa couleur est toujours un noir plus ou moins mat. Les deux premiers articles de ses antennes sont toujours ferrugineux. Sa tête est plus petite et étroite; son corselet est aussi bien moins grand, plus étroit postérieurement, avec les impressions transversales, de chaque côté de la base, beaucoup plus distinctes et la ponctuation beaucoup plus prononcée; les élytres sont plus étroites, moins convexes, avec les stries moins marquées.

J'ai rencontré assez communément, pendant l'hiver et une partie du printemps, cette espèce, qui semble n'habiter que l'Ouest de nos possessions du Nord de l'Afrique; elle se plaît sous les pierres humides, dans les ravins Est du Djebel Santon et dans ceux qui sont situés entre Oran et Mers-el-Kebir.

Pl. 7, fig. 10. *Pœcilus barbarus,* grossi, 10ᵃ la grandeur naturelle.

### 144. *Pœcilus cursorius* ( *Feronia* ).

Dej. *Spéc. des coléopt.* tom. III, p. 210, n° 3.
Ejusd. *Iconogr. des coléopt. d'Europe,* tom. III, p. 15, n° 3, pl. 126, fig. 3.

Cette espèce, qui a été prise aux environs d'Alger par M. Gérard, m'a été communiquée par M. L. Buquet.

### 145. *Pœcilus quadricollis* ( *Feronia* ).

Dej. *Spéc. des coléopt.* tom. III, p. 211, n° 4.
*Pœcilus cyaneus,* Gory, *Ann. de la Soc. ent. de France,* 1ʳᵉ série, tom. II, p. 234.

Cette espèce n'est pas très-rare dans nos possessions du Nord de l'Afrique; je l'ai rencontrée particulièrement dans l'Est, aux environs de Bône et du cercle de Lacalle; elle se plaît sous les pierres, dans les lieux humides.

Pl. 7, fig. 11. Une mâchoire, 11ᵃ lèvre inférieure du *Pœcilus quadricollis.*

### 146. *Pœcilus gressorius* ( *Feronia* ).

Dej. *Spéc. des coléopt.* tom. III, p. 220, n° 12.
Ejusd. *Iconogr. des coléopt. d'Europe,* tom. III, p. 28, n° 9, pl. 127, fig. 4.

C'est à Kouba, aux environs d'Alger, pendant les mois de janvier et de février, que j'ai rencontré quelques individus de cette espèce, qui se plaît sous les pierres, dans des lieux humides.

### 147. *Pœcilus coarctatus.* (Pl. 8, fig. 1.)

Long. 11 millim. larg. 4 millim. ½.

Luc. *Ann. des sc. nat.* tom. XVIII, 2ᵉ série, p. 64, n° 9.

P. capite fuscorufescente, angusto, lævigato, utrinque profundè impresso; antennis subfuscorufescentibus, primis articulis rufescentibus; thorace subviolaceo ferrugineo, lævigato, posticè utrinque profundè bistriato; elytris angustis, violaceis, striato subtilissimè punctatis, punctis duobus profundè impressis; corpore infrà fusco rufescente; pedibus rufescentibus.

La tête, d'un brun légèrement roussâtre, étroite, lisse, présente à son extrémité, de chaque côté et entre les yeux, une impression longitudinale profondément marquée. La lèvre et les mandibules sont de même couleur que la tête. Les palpes sont d'un brun clair, tirant cependant un peu sur le roussâtre. Les antennes, de même couleur que les palpes, ont leurs deux premiers articles ferrugineux. Le corselet, d'un violacé clair, légèrement teinté de ferrugineux, est plus long que large, lisse; la ligne longitudinale est assez bien marquée, avec les impressions, de chaque côté de la base, fortement prononcées, et celle-ci très-sensiblement rétrécie. Les élytres, longues, étroites, violacées, sont profondément striées, très-finement ponctuées, avec les intervalles étroits, saillants; près de la base des élytres, le troisième intervalle présente un point profondément enfoncé. Le corps en dessous est d'un brun clair roussâtre; les pattes sont de même couleur, mais beaucoup plus claires.

Cette espèce ressemble un peu au *P. gressorius*, avec lequel elle ne pourra être confondue à cause de sa taille, qui est plus petite et surtout beaucoup plus étroite. Il est aussi à noter que le corselet est plus court, avec sa base beaucoup plus sensiblement rétrécie que dans le *P. gressorius.*

J'ai rencontré cette espèce, remarquable par son corps étroit et allongé, dans les derniers jours d'avril, aux environs de Constantine, sous les pierres humides, dans les ravins du Djebel Mansourah.

Pl. 8, fig. 1. *Pœcilus coarctatus*, grossi, 1ª la grandeur naturelle.

### 148. *Pœcilus crenulatus* (*Feronia*).

Dej. *Spéc. des coléopt.* tom. III, p. 226, n° 18.
Ejusd. *Iconogr. des coléopt. d'Europe*, tom. III, p. 18, n° 5, pl. 126, fig. 5.

Cette espèce n'est pas rare aux environs d'Oran; je l'ai prise en assez grand nombre sous les pierres, dans les ravins du Djebel Santon et dans ceux qui sont situés entre Oran et Mers-el-Kebir.

### 149. *Pœcilus numidicus*, Luc. (Pl. 8, fig. 2.)

Long. 11 millim. ½, larg. 4 millim. ½ à 5 millim.

P. viridi nitidus; capite elongato; thorace longiore quàm latiore, posticè utrinque bistriato; elytris latis, elongatis, profundè striatis, striis subtilissimè punctatis, punctisque duobus posticè subimpressis; corpore infrà nigro, vel nigro violaceo, subtilissimè granario.

D'un beau vert brillant; la tête, lisse, allongée, présente, entre les antennes, deux enfoncements longitudinaux peu marqués. Les organes de la manducation sont noirs, avec la base et l'extrémité des palpes labiaux et maxillaires ferrugineuses. Les trois premiers articles des antennes sont d'un brun roussâtre; les autres d'un brun obscur et tomenteux.

Le corselet, lisse, étroit, plus long que large, assez convexe, est rétréci postérieurement ; la
ligne longitudinale du milieu est profondément marquée et quelquefois crénelée chez certains individus ; les impressions transversales antérieure et postérieure sont à peine distinctes ; l'impression longitudinale interne est assez allongée et profondément marquée ;
l'externe est courte et assez bien marquée ; les côtés sont arrondis, légèrement rebordés et
à peine déprimés. Les élytres sont allongées, assez larges, planes, à stries profondément
marquées et très-légèrement ponctuées ; les intervalles sont lisses, et sur le troisième, près
de la seconde strie, on aperçoit deux points enfoncés, bien distincts et ainsi disposés : le
premier, bien au delà du milieu, et le second vers l'extrémité. Le dessous du corps est
noir, quelquefois d'un noir violacé et très-finement chagriné. Les pattes sont noires, avec
les jambes et les tarses d'un noir ferrugineux.

Cette espèce ressemble beaucoup aux *P. purpurescens* et *infuscatus*; mais elle diffère du
premier par une taille ordinairement plus grande, par sa couleur, qui est constamment
d'un vert brillant, au moins chez les douze individus que j'ai pris; par les stries de ses
élytres, qui sont fortement prononcées, très-finement ponctuées et non crénelées; elle ne
pourra être confondue avec le second, c'est-à-dire avec le *P. infuscatus*, à cause de sa tête,
qui est plus allongée; du corselet, qui est plus long que large, et de l'impression externe,
qui est beaucoup plus profondément marquée. Les élytres sont un peu plus larges, et le dessous du corps est très-finement chagriné.

Cette espèce, pendant les mois de mai et de juin, n'est pas très-rare dans les environs
d'Oran.

Pl. 8, fig. 2. *Pœcilus numidicus*, grossi, 2ª la grandeur naturelle.

## 150. *Pœcilus lepidus* (*Carabus*).

LESKE, iter. I, 17, pl. *a*, fig. 6.
FABR. *Syst. Eleuth.* tom. I, p. 189, n° 107.
DEJ. *Spéc. des coléopt.* tom. III, p. 218, n° 10.
Ejusd. *Iconogr. des coléopt. d'Europe*, tom. III, p. 21, n° 7, pl. 127, fig. 2.
BRULL. *Rev. ent. de Silberm.* tom. III, p. 277.
*Pœcilus Koyi*, GERM. *Insect. Sp. nov.* 16.
*Pœcilus viaticus*, DEJ. (*Feronia*) *Spéc. des coléopt.* tom. III, p. 216, n° 9.
Ejusd. *Iconogr. des coléopt. d'Europe*, tom. III, p. 19, n° 6, pl. 127, fig. 1.

J'ai rencontré cette espèce dans le commencement de mars, sous les pierres humides,
près de l'Ouad-Safsaf, aux environs de Philippeville.

## 151. *Pœcilus mauritanicus* (*Feronia*).

DEJ. *Spéc. des coléopt.* tom. III, p. 221, n° 13.
*Pœcilus cyaneus*, GORY, *Ann. de la Soc. ent. de France*, tom. II, 1ʳᵉ série, p. 234, n° 1.

J'ai rencontré ce *Pœcilus* assez rarement, et les deux seuls individus que j'ai pris ont été
trouvés, le premier, en mars, sous les pierres, près le fort Génois (environs de Bône), et

le second, sous les détritus de végétaux rejetés par le lac Houbeira ( environs du cercle de Lacalle ). M. L. Buquet m'en a communiqué un individu qui a été trouvé, aux environs d'Alger, par M. Gérard.

### 152. *Pœcilus purpurescens.*

Dej. *Spéc. des coléopt.* tom. III, p. 224, n° 16.

Je n'ai pas rencontré ce *Pœcilus;* il m'a été communiqué par M. le docteur Aubé, qui l'a reçu des environs d'Alger.

---

## Genus *Argutor*, Meg. *Feronia*, Dej.

### 153. *Argutor rubripes.*

Dej. *Spéc. des coléopt.* tom. III, p. 248, n° 39.
Ejusd. *Iconogr. des coléopt. d'Europe*, tom. III, p. 34, n° 18, pl. 109, fig. 2.
Brull. *Hist. nat. des ins.* tom. IV, p. 334, n° 8, pl. 13, fig. 5.

Cette espèce n'est pas rare dans l'Est et l'Ouest de nos possessions du Nord de l'Afrique ; je l'ai rencontrée particulièrement en hiver, sous les pierres et au pied des arbres, dans les lieux humides, sur les bords des rivières et des ruisseaux.

### 154. *Argutor vernalis.*

Panz. *Faun. Germ.* fasc. 30, n° 17.
Dej. *Spéc. des coléopt.* tom. III, p. 241, n° 32.
Ejusd. *Iconogr. des coléopt. d'Europe,* tom. II, p. 32, n° 17, pl. 129, fig. 1.
Brull. *Hist. nat. des ins.* tom. IV, p. 334, n° 7.

Je n'ai rencontré qu'une seule fois cette espèce ; c'est dans le mois de février, sous les pierres humides, près les marais du lac Tonga, aux environs du cercle de Lacalle.

### 155. *Argutor calathoïdes (Feronia).*

Dej. *Spéc. des coléopt.* tom. III, p. 259, n° 51.

Cette espèce n'est pas très-rare aux environs de Bône ; je l'ai prise en assez grand nombre pendant le mois de novembre ; elle se tient ordinairement sous les pierres et se plaît dans les lieux humides.

### 156. *Argutor depressus.*

Dej. *Spéc. des coléopt.* tom. III, p. 257, n° 50.
Ejusd. *Iconogr. des coléopt. d'Europe,* tom. III, p. 46, n° 29, pl. 131, fig. 1.

Cet *Argutor* n'est pas très-rare ; je l'ai rencontré, pendant les mois de janvier et de février, sous les pierres, dans les lieux humides, particulièrement dans les ravins qui sont situés entre Oran et Mers-el-Kebir.

### 157. *Argutor barbarus.*

DEJ. *Spéc. des coléopt.* tom. III, p. 261, n° 54.
Ejusd. *Iconogr. des coléopt. d'Europe*, tom. III, p. 49, n° 32, pl. 131, fig. 4.

Cette espèce n'est pas très-rare, aux environs d'Oran, pendant l'hiver; elle se plaît sous les pierres, dans les lieux humides, particulièrement dans les ravins qui sont situés entre Oran et Mers-el-Kebir.

### 158. *Argutor hispanicus.*

DEJ. *Spéc. des coléopt.* tom. III, p. 260, n° 53.
Ejusd. *Iconogr. des coléopt. d'Europe*, tom. III, p. 48, n° 31, pl. 131, fig. 3.

C'est particulièrement autour du village de Kouba (environs d'Alger), sous les pierres, dans les lieux humides, pendant les mois de décembre, que j'ai rencontré cet *Argutor*, qui n'est pas très-commun.

---

### Genus OMAZEUS, Ziégl. *Feronia*, Dej.

### 159. *Omazeus tingitanus*, Luc. (Pl. 8, fig. 3.)

Long. 12 millim. $\frac{1}{2}$, larg. 4 millim.

O. ater; thorace vix cordiformi, posticè utrinque bifoveolato ac punctato; elytris elongatis, angustatis, profundè striatis, striis vix punctatis, punctisque tribus impressis.

Il est plus grand et plus étroit que l'*O.* (F.) *elongatus*, auquel il ressemble un peu. Il est entièrement noir; la tête est assez robuste, peu allongée, lisse, avec l'impression de chaque côté des yeux assez profondément marquée. Les palpes labiaux et maxillaires sont ferrugineux. Les trois premiers articles des antennes sont noirs; les suivants sont teintés de ferrugineux et revêtus de poils courts et très-serrés. Le corselet, peu rétréci postérieurement, est assez allongé et très-légèrement cordiforme; il est assez convexe, avec la ligne longitudinale du milieu profondément marquée et les impressions de chaque côté de la base très-profondes, striées et assez fortement chagrinées; à l'extrémité des angles postérieurs, qui sont très-peu relevés, il existe un petit point assez profond, du centre duquel part, dans les individus très-frais, un poil roussâtre très-allongé. Les élytres, un peu plus allongées, plus étroites, ont leurs stries très-profondément marquées et à peine ponctuées; les intervalles sont assez saillants, et, sur le troisième, on remarque trois points peu profondément enfoncés, dont les deux postérieurs sont situés sur le bord interne, tout près de la seconde strie, et le troisième, ou celui qui est antérieur, est placé sur la troisième strie et anticipe très-peu sur le bord externe du troisième intervalle. Il y a des ailes sous les élytres. Le corps en dessous, ainsi que les pattes, sont d'un noir brillant.

Cette espèce, dont je n'ai rencontré que trois individus, habite l'Est et l'Ouest de nos possessions du Nord de l'Afrique ; je l'ai trouvée pendant l'hiver, aux environs d'Oran, près la prise d'eau ; et sous les pierres humides, près les marais du lac Tonga, dans les environs du cercle de Lacalle. Cet *Omazeus* est surtout très-abondamment répandu vers la frontière du Maroc, principalement dans les environs de Lella-Mar'nîa.

Pl. 8, fig. 3. *Omazeus tingitanus*, grossi, 3ª la grandeur naturelle.

## 160. *Omazeus distinctus*, Luc. (Pl. 8, fig. 4.)

Long. 10 millim. larg. 4 millim. ½.

O. nigro-nitidus ; capite punctato, antennis nigris, primis articulis rubris ; thorace brevi, posticè uni-foveolato ; elytris brevibus, striatis, striis punctatis, punctisque quatuor impressis.

Il est un peu plus petit que l'*O. numidicus*, avec lequel il a un peu d'analogie. Il est d'un noir brillant. La tête est petite, avec les impressions de chaque côté des yeux moins profondes ; elle est très-finement ponctuée, surtout entre les yeux, et cette ponctuation est très-peu serrée. Les palpes labiaux et maxillaires sont noirs, avec leur extrémité légèrement ferrugineuse. Les antennes ont leurs deux premiers articles rouges, et ceux qui suivent entièrement noirs. Le corselet est un peu plus rétréci postérieurement ; les bords latéraux sont arrondis et plus fortement rebordés ; en dessus, il est moins convexe, avec la ligne longitudinale moins profondément marquée, et l'impression de chaque côté de la base beaucoup plus profonde, longitudinale et assez fortement ponctuée. Les élytres sont un peu plus courtes, moins profondément striées, avec la ponctuation des stries plus distincte et moins serrée ; sur la troisième strie, on aperçoit quatre points assez bien marqués, dont les trois premiers sont assez rapprochés, et le quatrième, placé postérieurement, est plutôt situé sur le bord du troisième intervalle que sur la strie elle-même. Le dessous du corps et les pattes sont d'un noir brillant.

Je n'ai trouvé qu'un très-petit nombre d'individus de cette espèce, que j'ai pris à la fin de janvier, sous les pierres humides, près les marais du lac Tonga, dans les environs du cercle de Lacalle.

Pl. 8, fig. 4. *Omazeus distinctus*, grossi, 4ª la grandeur naturelle, 4ᵇ une mâchoire, 4ᶜ une mandibule, 4ᵈ lèvre inférieure, 4ᵉ extrémité d'une patte de la première paire.

---

## Genus PERCUS, Bonell. *Feronia*, Dej.

### 161. *Percus lineatus*. (Pl. 8, fig. 5.)

Sol. *Ann. de la Soc. ent. de France*, tom. IV, 1ʳᵉ série, p. 119, n° 8.

Cette espèce n'est pas très-rare dans les environs de Stora et de Philippeville ; je l'ai rencontrée sous les pierres et particulièrement sous les mousses, au pied des chênes-liéges, pendant les mois de mars et d'avril.

Pl. 8, fig. 5. *Percus lineatus*, grossi, 5ª la grandeur naturelle, 5ᵇ une mâchoire, 5ᶜ une mandibule, 5ᵈ lèvre inférieure, 5ᵉ extrémité d'une patte de la première paire, 5ᶠ une antenne.

## Genus *Molops*, Bonell. *Feronia*, Dej.

### 162. *Molops terricola* (*Carabus*).

Fabr. *Ent. syst.* tom. I, p. 135, n° 49.
Dej. *Spéc. des coléopt.* tom. III, p. 416, n° 193.
Ejusd. *Iconogr. des coléopt. d'Europe*, tom. III, p. 192, n° 147, pl. 154, fig. 4.
Brull. *Hist. nat. des ins.* tom. IV, p. 371, n° 31, pl. 15, fig. 1.

Je n'ai rencontré qu'une seule fois cette espèce; c'est, à la fin de mars, aux environs d'Hippône.

---

## Genus *Broscus*, Panz. *Cephalotes*, Bonell. Dej.

### 163. *Broscus politus.*

Dej. *Spéc. des coléopt.* tom. III, p. 430, n° 2.
Ejusd. *Iconogr. des coléopt. d'Europe*, tom. III, p. 204, n° 2, pl. 155, fig. 4.

Cette espèce n'est pas rare dans l'Est et l'Ouest de nos possessions du Nord de l'Afrique; elle se tient ordinairement sous les pierres, et je l'ai prise en assez grand nombre pendant l'hiver et le commencement du printemps, aux environs d'Alger, de Bône et d'Oran.

---

## Genus *Zabrus*, Clairv. *Harpalus*, Gyllenh. *Carabus*, Fabr.

### 164. *Zabrus distinctus.* (Pl. 8, fig. 6.)

Long. 13 millim. ½ à 14 millim. larg. 7 millim. ½ à 8 millim.

Luc. *Ann. des sc. nat.* tom. XVIII, 1re série, p. 64, n° 10.

Z. fuscoferrugineus; thorace subquadrato, convexo, anticè angustato, posticè lato ac punctato; elytris brevibus, convexis, subtilissimè striato-punctatis; corpore infrà, antennis pedibusque subferrugineis.

D'un brun ferrugineux. La tête est étroite, finement chagrinée, avec les enfoncements longitudinaux entre les antennes assez bien marqués. Les antennes et les palpes sont d'un ferrugineux clair. Le corselet, d'un brun ferrugineux brillant, très-convexe, est rétréci à sa partie antérieure et plus large postérieurement; les rides transversales ondulées qu'il présente sont à peine sensibles, et la ligne longitudinale du milieu est assez bien marquée; antérieurement, il ne présente pas de points enfoncés, mais bien de petites stries longitudinales, serrées, assez distinctes; les points de la base sont assez profondément marqués, serrés; les côtés sont assez fortement rebordés, d'un brun ferrugineux clair et peu déprimés vers les angles postérieurs. Les élytres, un peu plus larges que le corselet, de même couleur que ce dernier, avec les côtés externes d'un brun ferrugineux clair, sont courtes, convexes; elles ont neuf stries, et le vestige d'une dixième près de l'écusson; ces stries sont très-finement ponctuées, avec les intervalles lisses et légèrement convexes. Le dessous du corps et les pattes sont d'un brun ferrugineux clair.

Cette espèce, qui, par sa forme, se rapproche un peu du *Z. græcus,* s'en distingue en ce qu'elle est moins large, que son corselet antérieurement ne présente aucune ponctuation, et que les stries de ses élytres sont beaucoup plus finement ponctuées; elle s'en distingue encore par sa couleur, qui, en dessus, est d'un brun ferrugineux, tandis que le dessous est d'un brun ferrugineux clair.

Ce *Zabrus,* qui a été trouvé aux environs d'Alger, m'a été donné par M. le colonel Levaillant.

PI. 8, fig. 6. *Zabrus distinctus,* grossi, 6ª la grandeur naturelle.

### 165. *Zabrus puncticollis.*

DEJ. *Spéc. des coléopt.* tom. V, p. 787, n° 16.
BRULL. *Comm. sc. de Morée, Zool.* tom. III, p. 121, n° 129, pl. 33, fig. 6.
*Zabrus globosus,* GORY, *Ann. de la Soc. ent. de France,* tom. II, 1ʳᵉ série, p. 225.

Ce *Zabrus* habite les environs d'Alger et de Bône; je l'ai rencontré pendant les mois de janvier et de février, sous des pierres, dans des lieux humides.

PI. 8, fig. 7. Antenne grossie du *Zabrus puncticollis.*

### 166. *Zabrus piger.*

DEJ. *Spéc. des coléopt.* tom. III, p. 453, n° 11.
Ejusd. *Iconogr. des coléopt. d'Europe,* tom. III, p. 233, n° 13, pl. 159, fig. 3.
BRULL. *Hist. nat. des ins.* tom. IV, p. 387, n° 4.

Cette espèce, qui a été prise dans les environs d'Alger par M. Gérard, m'a été communiquée par M. L. Buquet. M. Reiche m'a communiqué plusieurs individus de cette espèce, qui ont été pris dans les environs de Djîdjel.

---

## Genus *AMARA,* Bonell. *Harpalus,* Fabr.

### 167. *Amara sicula.*

DEJ. *Spéc. des coléopt.* tom. V, *Suppl.* p. 797, n° 73.
Ejusd. *Iconogr. des coléopt. d'Europe,* tom. III, p. 295, n° 47, pl. 167, fig. 5.

J'ai trouvé cette espèce, dans les environs de Constantine, pendant les mois de mars et d'avril; elle se plaît sous les pierres humides, sur les bords des ruisseaux et des flaques d'eau.

### 168. *Amara trivialis* (*Carabus*).

STURM, *Deuts. faun.* tom. II, p. 46, n° 25, pl. 145, fig. *b* B.
DUFT. *Faun. austr.* tom. II, p. 116, n° 143.
DEJ. *Spéc. des coléopt.* tom. III, p. 464, n° 6.
Ejusd. *Iconogr. des coléopt. d'Europe,* tom. III, p. 246, n° 6, pl. 160, fig. 6.

Cette espèce est très-répandue, pendant tout l'hiver et une grande partie du printemps, dans l'Est et l'Ouest de nos possessions du Nord de l'Afrique; elle se tient sous les pierres humides; je l'ai rencontrée quelquefois errante dans la plaine de Kergenta, aux environs d'Oran.

### 169. *Amara bifrons* (*Harpalus*).

GYLLENH. *Ins. suec.* tom. II, p. 144, n° 53, et tom. IV, p. 446, n° 53.
DEJ. *Spéc. des coléopt.* tom. III, p. 485, n° 27.
Ejusd. *Iconogr. des coléopt. d'Europe,* tom. III, p. 269, n° 25, pl. 164, fig. 1.

Rencontré aux environs d'Alger, sous les pierres, dans des lieux humides, pendant les mois de février et de mars.

------

## Genus *MAZOREUS*, Ziégl. *Badister,* Creutz. *Harpalus,* Gyllenh. *Trechus,* Sturm.

### 170. *Mazoreus Wetterhallii.*

*Mazoreus Wetterhalii,* GYLLENH. *Ins. suec.* tom. III, p. 688, 689.
ERICHS. *die Käfer der mark Brandenburg,* tom. I, p. 25.
*Trechus laticollis,* STURM, *Deuts. faun.* tom. VI, p. 103, pl. 150, fig. *d* D.
*Mazoreus luxatus,* DEJ. *Spéc. des coléopt.* tom. III, p. 537, n° 1.
Ejusd. *Iconogr. des coléopt. d'Europe,* tom. III, p. 325, pl. 171, fig. 5.

Cette espèce est rare; je n'en ai rencontré qu'un seul individu, que j'ai pris en janvier, sous les pierres, aux environs d'Oran; cet insecte, jusqu'à présent, n'avait encore été signalé que comme habitant l'Europe méridionale.

### 171. *Mazoreus testaceus,* Luc. (Pl. 8, fig. 8.)

Long. 5 millim. $\frac{1}{2}$, larg. 2 millim. $\frac{1}{2}$.

M. oblongo-ovatus; capite thoraceque testaceo-ferrugineis; elytris testaceis.

Il ressemble beaucoup au *M. ægyptiacus* et vient se placer tout près de cette espèce. La tête, d'un testacé ferrugineux, rétrécie postérieurement, est presque lisse, avec les impressions, de chaque côté des antennes, à peine sensibles. Les mandibules, à leur extrémité, sont d'un brun ferrugineux, et les palpes labiaux et maxillaires sont d'un testacé pâle. Les antennes sont de même couleur que les palpes. Le corselet d'un testacé ferrugineux, plus large que la tête, bien moins long que large, est court, arrondi sur les côtés et assez convexe; il est lisse, avec la ligne longitudinale du milieu assez bien marquée. Les élytres, de même largeur que le corselet, en ovale allongé et très-légèrement convexes, sont entièrement testacées; elles ont neuf stries, et le commencement d'une dixième à leur partie antérieure, près de l'écusson; ces stries sont assez finement ponctuées et assez profondément marquées; les intervalles sont plans, et sur le troisième, près de la troisième strie, on aperçoit deux points assez bien marqués; de plus, on remarque le long du bord extérieur, près de la huitième strie et vers l'extrémité, des points arrondis, très-profondément enfoncés. Le dessous du corps et les pattes sont d'un testacé légèrement ferrugineux.

Cette espèce, qui a été rencontrée dans les environs d'Alger, m'a été communiquée par M. L. Buquet.

Pl. 8, fig. 8. *Masoreus testaceus,* grossi, 8ᵃ la grandeur naturelle.

---

### Genus *DAPTUS,* Fisch. *Ditomus,* Germ.

#### 172. *Daptus vittatus.*

Fisch. *Entom. de la Russie,* tom. II, p. 38, pl. 46, fig. 7.
Dej. *Spéc. des coléopt.* tom. IV, p. 19, n° 1.
Ejusd. *Iconogr. des coléopt. d'Europe,* tom. IV, p. 21, pl. 172, fig. 5.
Brull. *Hist. nat. des ins.* tom. V, p. 14, pl. 1, fig. 4.

Cette espèce, qui habite l'Ouest de nos possessions du Nord de l'Afrique, se plaît dans les lieux sablonneux, humides, aux bords des ruisseaux; on la rencontre aussi quelquefois sous les pierres.

Pl. 8, fig. 9. Une mâchoire, 9ᵃ lèvre inférieure, 9ᵇ extrémité d'une patte de la première paire du *Daptus vittatus.*

---

### Genus *ACINOPUS,* Dej. *Carabus,* Fabr. *Scarites,* Oliv.

#### 173. *Acinopus Lepeletieri,* Luc. (Pl. 9, fig. 1.)

Long. 18 millim. larg. 6 millim. ½.

A. niger; thorace ferè quadrato ad basin vix emarginato; elytris brevibus, profundè striatis, interstitiis omninò planis; antennis tarsisque ferrugineis.

Il est moins grand que l'*A. giganteus,* près duquel il vient se placer. Il est d'un noir brillant. La tête est entièrement lisse, avec les impressions de chaque côté des yeux plus grandes et beaucoup plus profondes. La lèvre supérieure est moins profondément échancrée antérieurement. Les antennes sont entièrement ferrugineuses. Le corselet, presque carré, à peine rétréci postérieurement, est plus large que long, avec les angles postérieurs très-arrondis et la base très-peu échancrée. Les élytres sont courtes et presque aussi larges que le corselet; elles sont profondément striées, avec les intervalles beaucoup plus plans. Les pattes sont proportionnellement plus courtes que dans l'*A. giganteus*.

J'ai toujours rencontré cette espèce dans l'Ouest de nos possessions du Nord de l'Afrique; je l'ai trouvée à la fin de novembre, aux environs d'Oran, sous les pierres, particulièrement dans les ravins qui se trouvent entre cette ville et Mers-el-Kebir.

Pl. 9, fig. 1. *Acinopus Lepeletieri*, grossi, 1ª la grandeur naturelle, 1ᵇ une mâchoire, 1ᶜ une mandibule, 1ᵈ lèvre inférieure, 1ᵉ une antenne, 1ᶠ partie antérieure d'une patte de la première paire.

### 174. *Acinopus mauritanicus*, Luc. (Pl. 9, fig. 2.)

Long. 17 millim. larg. 7 millim.

A. ater; capite brevi; thorace subquadrato, posticè angustato; elytris profundè striatis, interstitiis prominentibus; antennis tarsisque ferrugineis.

Il est très-voisin de l'*A. Lepeletieri*, auquel il ressemble beaucoup, mais il est plus petit et d'un noir moins brillant. La tête est courte, lisse, avec l'impression de chaque côté des yeux plus petite et beaucoup plus profondément marquée, et la ligne transversale, entre ces deux impressions, à peine sinueuse et très-finement ponctuée. La lèvre supérieure est plus profondément échancrée antérieurement. Les antennes sont entièrement ferrugineuses. Le corselet, plus large antérieurement que postérieurement, avec cette dernière partie assez fortement rétrécie, présente les angles postérieurs arrondis, moins cependant que dans l'*A. Lepeletieri*; sa base est aussi un peu plus en forme de cercle. Les élytres, un peu plus larges que le corselet, sont très-profondément striées, avec les intervalles moins larges et très-saillants. Les pattes ne présentent rien de remarquable.

Cette espèce est assez rare; je n'en ai pris que trois individus, que j'ai rencontrés dans les premiers jours de novembre, sous des pierres, aux environs d'Hippône.

Pl. 9, fig. 2. *Acinopus mauritanicus*, grossi, 2ª la grandeur naturelle.

### 175. *Acinopus elongatus*, Luc. (Pl. 9, fig. 3.)

Long. 16 millim. ½, larg. 6 millim. ½.

A. ater, elongatus; thorace ferè quadrato, posticè angustato; elytris striatis, striis subtilissimè punctatis interstitiisque prominentibus, antennis tarsisque ferrugineis.

Il est allongé, d'un noir brillant et plus grand que l'*A. picipes* d'Olivier. La tête est petite, lisse, avec les impressions de chaque côté des yeux longitudinales et très-profondément marquées. Le corselet, plus large antérieurement que postérieurement, plus long que large, est finement strié, avec les côtés arrondis; la ligne longitudinale du milieu est assez bien marquée, et les impressions très-peu distinctes; le bord antérieur est à peine échancré, avec les angles antérieurs peu aigus et légèrement arrondis; les côtés sont rebordés, avec les angles postérieurs arrondis, la base légèrement échancrée en arc de cercle.

Les élytres, plus larges que le corselet, sont assez allongées; elles sont striées, et ces stries sont très-finement ponctuées, avec les intervalles larges et assez saillants. Les organes de la locomotion ne présentent rien de remarquable.

Je n'ai rencontré cette espèce qu'en hiver, et seulement dans l'Ouest; elle se tient sous les pierres, dans les lieux humides, aux environs d'Oran.

Pl. 9, fig. 3. *Acinopus elongatus*, grossi, 3° la grandeur naturelle.


### 176. *Acinopus sabulosus* (*Scarites*).

Fabr. *Ent. syst.* tom. I, p. 96, n° 8.
Brull. *Rev. ent. de Silberm.* tom. III, p. 292.
Ejusd. *Hist. nat. des ins.* tom. V, p. 7.
*Carabus megacephalus*, Fabr. *Syst. Eleuth.* tom. I, p. 187, n° 95.
*Acinopus obesus*, Schoenh. *Syn. ins.* tom. I, p. 191, n° 128.
Dej. *Spéc. des coléopt.* tom. IV, p. 37, n° 4.


Cette espèce, qui m'a été donnée par M. le colonel Levaillant, a été rencontrée aux environs d'Oran, pendant les mois de mai et de juin.


### 177. *Acinopus picipes* (*Scarites*).

Oliv. *Entom.* tom. III, n° 36, p. 12, pl. 1, fig. 7.
Brull. *Rev. ent. de Silberm.* tom. III, p. 192.
Ejusd. *Hist. nat des ins.* tom. IV, p. 6, pl. 1, fig. 1.


Cette espèce se plaît dans l'Est et dans l'Ouest de nos possessions du Nord de l'Afrique; on la rencontre ordinairement sous les pierres, dans les lieux humides, pendant l'hiver et une grande partie du printemps.


### 178. *Acinopus gutturosus*. (Pl. 9, fig. 4.)

Buq. *Rev. zool.* 1840, p. 241.


Cette espèce est à peu près de la taille de l'*A. megacephalus*, mais elle est proportionnellement plus large, et les impressions, entre les antennes, sont moins allongées. Le corselet est aussi moins convexe, beaucoup plus rétréci postérieurement, et l'impression que l'on aperçoit près de la base est beaucoup plus marquée. De chaque côté, dans le mâle, et un peu au delà du milieu, on voit deux gros points enfoncés. Chez la femelle, ces points n'existent pas. De plus, le corselet est couvert de rides transversales, ondulées, généralement peu marquées, et en dessous, chez les deux sexes, se trouve une espèce de goître, ou tubercule arrondi, très-saillant, dirigé en avant, arrondi au bout et strié au milieu de sa partie antérieure. L'écusson est triangulaire, plus large que long et presque lisse. Les élytres sont moins allongées et moins convexes, mais striées de même que dans l'*A. megacephalus*. Les antennes, les pattes et les tarses sont d'un brun rougeâtre.

Cette espèce, qui m'a été communiquée par M. L. Buquet, a été rencontrée, aux environs de Constantine, par M. Gérard.

Pl. 9, fig. 4. *Acinopus gutturosus*, grossi, 4ª la grandeur naturelle.

## Genus *ANISODACTYLUS*, Dej. *Harpalus*, Gyllenh. *Carabus*, Fabr.

### 179. *Anisodactylus Dejeanii*. (Pl. 9, fig. 5.)

Buq. *Rev. zool.* 1840, p. 241.

Cette espèce diffère de l'*A. heros* par sa tête, qui, en dessus, n'est nullement ridée, et par les deux impressions, qui, au lieu d'être longitudinales, comme cela a lieu dans l'*A. heros*, sont au contraire triangulaires et fortement marquées. Les élytres, d'un jaune paille jusqu'au quart de leur longueur, ont toute la partie postérieure d'un noir assez brillant; mais la couleur jaune s'étend seulement le long de la bordure et jusqu'à la moitié des élytres, sans se dilater sur la suture, comme cela a lieu dans l'*A. heros;* ces organes sont, au reste, striés comme dans cette dernière espèce, mais on n'aperçoit aucun point enfoncé sur les intervalles.

Cette belle espèce habite l'Est et l'Ouest de nos possessions du Nord de l'Afrique; elle se tient ordinairement sous les pierres, dans les lieux humides; je l'ai rencontrée en mars, près des marais du lac Tonga, dans les environs du cercle de Lacalle.

Pl. 9, fig. 5. *Anisodactylus Dejeanii*, grossi, 5ª la grandeur naturelle.

### 180. *Anisodactylus binotatus* (*Carabus*).

Fabr. *Syst. Eleuth.* tom. I, p. 93, n° 126.
Dej. *Spéc. des coléopt.* tom. IV, p. 140, n° 6.
Ejusd. *Iconogr. des coléopt. d'Europe*, tom. IV, p. 72, n° 6, pl. 177, fig. 2.

Je n'ai rencontré qu'une seule fois cette espèce; c'est dans les premiers jours de mars, aux environs de Philippeville, sous les pierres, sur les bords de l'Ouad-Seracmah.

Pl. 9, fig. 6. Une mâchoire, 6ª lèvre inférieure, 6ᵇ partie antérieure d'une patte de la première paire de l'*Anisodactylus binotatus*.

### 181. *Anisodactylus virens*.

Dej. *Spéc. des coléopt.* tom. IV, p. 135, n° 2.
Ejusd. *Iconogr. des coléopt. d'Europe*, tom. IV, p. 67, n° 2, pl. 176, fig. 2.

Trouvé, aux environs d'Alger, par M. Gérard; cette espèce fait partie des collections du Muséum.

## Genus *Ophonus*, Ziégl. *Harpalus*, Dej.

### 182. *Ophonus oblongiusculus* (*Harpalus*).

Dej. *Spéc. des coléopt.* tom. IV, p. 198, n° 6.
Ejusd. *Iconogr. des coléopt. d'Europe*, tom. IV, p. 98, n° 7, pl. 180, fig. 2.

Il n'est pas rare aux environs d'Alger et de Bône, pendant l'hiver; il se tient sous les pierres; on le rencontre aussi aux environs d'Oran.

### 183. *Ophonus diffinis* (*Harpalus*).

Dej. *Spéc. des coléopt.* tom. IV, p. 196, n° 4.
Ejusd. *Iconogr. des coléopt. d'Europe*, tom. IV, p. 95, n° 4, pl. 179, fig. 4.

Cette espèce n'est pas rare dans les environs d'Alger et de Bône, où on la rencontre, pendant l'hiver, sous les pierres humides; elle habite les environs de Constantine; M. le colonel Levaillant l'a trouvée aussi dans les environs d'Oran.

### 184. *Ophonus obscurus* (*Carabus*).

Fabr. *Syst. Eleuth.* tom. I, p. 192, n° 120.
Dej. *Spéc. des coléopt.* tom. IV, p. 197, n° 5.
Ejusd. *Iconogr. des coléopt. d'Europe*, tom. IV, p. 96, n° 5, pl. 179, fig. 5.

C'est surtout pendant l'hiver, sous les pierres, dans des lieux humides, que j'ai trouvé cet Ophone, qui n'est pas rare dans l'Est et l'Ouest de nos possessions du Nord de l'Afrique.

### 185. *Ophonus incisus* (*Harpalus*).

Dej. *Spéc. des coléopt.* tom. IV, p. 201, n° 8.
Ejusd. *Iconogr. des coléopt. d'Europe*, tom. IV, p. 101, n° 9, pl. 180, fig. 4.

Je n'ai pris qu'une seule fois cette espèce; c'est aux environs de Constantine, sous les pierres, près de l'aqueduc romain qui se trouve à la jonction du Rummel et du Boumersoug; fin d'avril.

### 186. *Ophonus meridionalis* (*Harpalus*).

Dej. *Spéc. des coléopt.* tom. IV, p. 210, n° 17.
Ejusd. *Iconogr. des coléopt. d'Europe*, tom. IV, p. 112, n° 18, pl. 182, fig. 3.

Je n'ai point rencontré cet insecte, qui a été rapporté d'Alger par M. Gérard, et qui fait partie des collections du Muséum de Paris. Cette espèce habite aussi les environs de Tlemsên, car M. Warnier m'en a donné plusieurs individus, qui ont été pris, en avril, sous les pierres dont les alentours de cette ville sont jonchés.

### 187. *Ophonus pumilio* (*Harpalus*).

DEJ. *Spéc. des coléopt.* tom. IV, p. 212, n° 18.
Ejusd. *Iconogr. des coléopt. d'Europe*, tom. IV, p. 113, n° 19, pl. 182, fig. 4.

Rencontré une seule fois, sous les galets du Rummel, dans les premiers jours d'avril ; environs de Constantine.

### 188. *Ophonus rotundatus* (*Harpalus*).

DEJ. *Spéc. des coléopt.* tom. IV, p. 212, n° 19.
Ejusd. *Iconogr. des coléopt. d'Europe*, tom. IV, p. 114, n° 20, pl. 182, fig. 5.

Rencontré sous les pierres humides, près du fort l'Empereur, aux environs d'Alger, dans les premiers jours de janvier ; je n'ai trouvé que quelques individus de cette espèce.

### 189. *Ophonus planicollis* (*Harpalus*).

DEJ. *Spéc. des coléopt.* tom. IV, p. 227, n° 31.
Ejusd. *Iconogr. des coléopt. d'Europe*, tom. IV, p. 127, n° 30, pl. 184, fig. 3.

Je l'ai pris plusieurs fois pendant l'hiver, sous les pierres, près des bords de l'Ouad, aux environs d'Alger, et sous les galets des bords du Rummel, aux environs de Constantine.

### 190. *Ophonus obsoletus* (*Harpalus*).

DEJ. *Spéc. des coléopt.* tom. IV, p. 232, n° 34.
Ejusd. *Iconogr. des coléopt. d'Europe*, tom. IV, p. 132, n° 33, pl. 184, fig. 6.

Cet *Ophonus* m'a été donné par M. le colonel Levaillant ; il n'est pas rare, pendant l'hiver et le printemps, aux environs d'Oran ; on le trouve ordinairement enfoui dans le sable, sur les bords du grand lac salé.

---

## Genus *HARPALUS*, Latr. *Carabus*, Fabr.

### 191. *Harpalus ruficornis* (*Carabus*).

FABR. *Ent. syst.* tom. I, p. 134, n° 42.
OLIV. *Entom.* tom. III, n° 35, p. 56, pl. 8, fig. 9.
DEJ. *Spéc. des coléopt.* tom. IV, p. 249, n° 48.
Ejusd. *Iconogr. des coléopt. d'Europe*, tom. IV, p. 142, n° 42, pl. 186, fig. 3.

Je n'ai pas rencontré cette espèce, qui fait partie des collections du Muséum de Paris, et qui a été rapportée, des environs d'Alger, par M. Gérard.

### 192. *Harpalus æneus* (*Carabus*).

Fabr. *Ent. syst.* tom. I, p. 156, n° 142.
Dej. *Spéc. des coléopt.* tom. IV, p. 269, n° 63.
Ejusd. *Iconogr. des coléopt. d'Europe*, tom. IV, p. 148, n° 47, pl. 187, fig. 2.

Cette espèce est commune partout; on la rencontre en automne, en hiver et dans le commencement du printemps; elle se tient sous les pierres, dans les lieux humides; je l'ai trouvée aussi très-souvent errante.

### 193. *Harpalus patruelis.*

Dej. *Spéc. des coléopt.* tom. IV, p. 275, n° 69.
Ejusd. *Iconogr. des coléopt. d'Europe*, tom. IV, p. 155, n° 52, pl. 188, fig. 1.

Rencontré une seule fois, à la fin de mars, sous les pierres, aux environs de Philippeville.

### 194. *Harpalus fulvus.*

Dej. *Spéc. des coléopt.* tom. IV, p. 323, n° 109.

Je n'ai pas rencontré cette espèce, qui a été trouvée, aux environs d'Alger, par M. Gérard, et qui m'a été communiquée par M. L. Buquet. M. Basselet, chirurgien aide-major, m'a donné plusieurs individus de ce *Harpalus*, qu'il a trouvés dans les environs des ruines d'Hippône.

### 195. *Harpalus tenebrosus.*

Dej. *Spéc. des coléopt.* tom. IV, p. 358, n° 135.
Ejusd. *Iconogr. des coléopt. d'Europe*, tom. IV, p. 211, n° 93, pl. 194, fig. 6.

Je n'ai trouvé qu'un seul individu de cette espèce, que j'ai rencontré sous les pierres, dans les ravins du Mansourah, aux environs de Constantine; elle habite aussi les environs de Tlemsên, car M. Warnier m'en a donné un individu, qui a été pris près de cette ville.

### 196. *Harpalus consentaneus.*

Dej. *Spéc. des coléopt.* tom. IV, p. 302, n° 91.
Ejusd. *Iconogr. des coléopt. d'Europe*, tom. IV, p. 166, n° 61, pl. 189, fig. 4.

Cette espèce, qui habite l'Est et l'Ouest de nos possessions du Nord de l'Afrique, se tient particulièrement sous les pierres; elle n'est pas rare à la fin de l'automne, pendant tout l'hiver et le commencement du printemps.

### 197. *Harpalus punctatostriatus.*

DEJ. *Spéc. des coléopt.* tom. IV, p. 319, n° 106.

Cette espèce, qui se plaît sous les pierres, dans des lieux arides et sablonneux, n'est pas rare pendant toute l'année dans l'Est et l'Ouest de l'Algérie; je l'ai prise particulièrement aux environs d'Alger, de Bône et d'Oran.

### 198. *Harpalus satyrus.*

STURM, *Deuts. faun.* tom. IV, p. 122, n° 70, pl. 96, fig. *c* C.
DEJ. *Spéc. des coléopt.* tom. IV, p. 330, n° 113.
Ejusd. *Iconogr. des coléopt. d'Europe,* tom. IV, p. 190, n° 79, pl. 192, fig. 4.
*Harpalus lævicollis,* STURM, *Deuts. faun.* tom. IV, p. 112, n° 64, pl. 95, fig. *a* A.

Je n'ai pas rencontré cette espèce; elle m'a été communiquée par M. L. Buquet, qui l'a reçue des environs d'Alger.

### 199. *Harpalus mauritanicus.* (Pl. 8, fig. 10.)

GAUB. *Rev. zool. par la Soc. Cuv.* ann. 1844, p. 341.

Cette espèce est très-voisine de l'*H. distinguendus,* dans le voisinage duquel elle vient se placer, mais elle est plus allongée, d'un noir obscur sur la tête et le corselet, et plus clair à la base de ce dernier organe. Les élytres sont d'un cuivreux obscur; les palpes et le premier article des antennes sont d'un rouge ferrugineux, les autres d'un brun obscur. Le corselet est très-légèrement rétréci postérieurement, nullement sinué à la base; celle-ci est entièrement couverte de petits points, très-distincts et les côtés sont arrondis à leur extrémité. Les élytres sont subparallèles, striées, à stries lisses, ayant trois ou quatre points assez profondément enfoncés vers la partie antérieure. Le corps en dessous est d'un noir obscur, avec les pattes entièrement d'un brun noirâtre.

Je n'ai rencontré qu'une seule fois cette curieuse espèce, que j'ai prise en juin, sous les pierres, au milieu des ruines de Djimmilah (province de Constantine).

Pl. 8, fig. 10. *Harpalus mauritanicus,* grossi, 10ᵉ la grandeur naturelle.

---

## Genus STENOLOPHUS, Meg. *Harpalus,* Gyllenh. *Carabus,* Fabr.

### 200. *Stenolophus abdominalis.* (Pl. 9, fig. 7.)

GÉNÉ, *De quib. Ins. Sardin. etc. in Mem. della Real. acad. delle sc. di Torino, 1839,* fasc. 1, p. 10, n° 8.

Je n'ai trouvé ce *Stenolophus* que dans l'Est; je l'ai pris sous des pierres, dans des lieux humides, sur le bord des lacs et des ruisseaux, aux environs de Philippeville et du cercle de Lacalle; janvier, février et mars. Cette espèce a été aussi rencontrée en Sardaigne par M. Géné.

Pl. 9, fig. 7. *Stenolophus abdominalis,* grossi, 7ᵃ la grandeur naturelle.

### 201. *Stenolophus vaporariorum* (*Carabus*).

Linn. *Faun. suec.* n° 796.
Oliv. *Entom.* tom. III, n° 35, p. 106, pl. 5, fig. 57.
Dej. *Spéc. des coléopt.* tom. IV, p. 407, n° 1.
Ejusd. *Iconogr. des coléopt. d'Europe,* tom. IV, p. 239, n° 1, pl. 198, fig. 1.
Brull. *Hist. nat. des ins.* tom. IV, p. 467.

Cette espèce n'est pas rare dans l'Est et l'Ouest de nos possessions du Nord de l'Afrique; on la rencontre ordinairement pendant l'hiver, sous les pierres, sous les détritus de végétaux, dans les lieux humides, particulièrement sur les bords des lacs et des ruisseaux.

Pl. 9, fig. 8. Une mâchoire, 8ᵃ une mandibule, 8ᵇ une antenne du *Stenolophus vaporariorum.*

### 202. *Stenolophus vespertinus* (*Carabus*).

Illig. *Käfer preus.* tom. I, p. 197, n° 81.
Duft. *Faun. austr.* tom. II, p. 147, n° 192.
Dej. *Spéc. des coléopt.* tom. IV, p. 421, n° 11.
Ejusd. *Iconogr. des coléopt. d'Europe,* tom. IV, p. 246, n° 9, pl. 198, fig. 5.

Je n'ai rencontré qu'une seule fois cette espèce; c'est pendant le mois de mars, sous les détritus de végétaux qui se trouvent sur les bords de l'Ouad-Safsaf, aux environs de Philippeville.

----

## Genus *Acupalpus,* Latr. *Harpalus,* Gyllenh. *Carabus,* Fabr.

### 203. *Acupalpus consputus* (*Carabus*).

Duft. *Faun. austr.* tom. II, p. 148, n° 194.
Dej. *Spéc. des coléopt.* tom. IV, p. 440, n° 5.
Ejusd. *Iconogr. des coléopt. d'Europe,* tom. IV, p. 258, n° 5, pl. 199, fig. 5.
*Trechus consputus,* Sturm, *Deuts. faun.* tom. VI, p. 71, n° 1, pl. 149, fig. a A.
*Harpalus ephippiger,* Gyllenh. *ins. suec.* tom. IV, p. 433, n° 69 à 70.

Rencontré une seule fois, en mars, au pied des frênes qui se trouvent sur les bords de l'Ouad-Safsaf, dans les environs de Philippeville.

### 204. *Acupalpus flavipennis,* Luc. (Pl. 9, fig. 9.)

Long. 4 millim. larg. 1 millim. $\frac{1}{2}$.

A. elongato-oblongus; capite thoraceque testaceo-ferrugineis; antennis primo articulo testaceo, sequentibus testaceo-ferrugineis; elytris testaceis, anticè fuscescentibus, profundè striatis, interstitiis lævigatis; corpore infrà testaceo-ferrugineo; pedibus testaceis.

Il est beaucoup plus grand que l'*A. consputus*, près duquel il vient se placer. La tête, d'un testacé ferrugineux, est légèrement convexe, et présente de chaque côté, entre les antennes, une impression très-fortement prononcée. Les mandibules sont de même couleur que la tête. La lèvre supérieure, les palpes labiaux et maxillaires sont testacés. Le premier article des antennes est testacé; les suivants sont d'un testacé ferrugineux. Le corselet, plus large que la tête, aussi long que large, d'un testacé ferrugineux, est assez convexe; il est lisse, avec l'impression transversale antérieure fortement prononcée, en arc de cercle, et la ligne longitudinale du milieu faiblement marquée; les côtés sont arrondis et très-légèrement rebordés, avec les angles postérieurs saillants et une impression profonde, arrondie de chaque côté de la base. Les élytres, d'un jaune testacé, avec leur extrémité brunâtre, sont profondément striées, et ont leurs intervalles saillants et lisses. Le dessous du corps est d'un brun testacé ferrugineux. Les pattes sont entièrement testacées.

J'ai rencontré cette espèce, vers le milieu de juillet, dans des lieux sablonneux et humides, sur les bords des flaques d'eau que l'on trouve çà et là dans les bois du lac Houbeira; environs du cercle de Lacalle.

Pl. 9, fig. 9. *Acupalpus flavipennis*, grossi, 9ᵃ la grandeur naturelle, 9ᵇ une antenne, 9ᶜ partie antérieure d'une patte de la première paire.

### 205. *Acupalpus brunnipes* (*Trechus*).

Sturm, *Deuts. faun.* tom. VI, p. 88, n° 12, pl. 151, fig. *b* B.
*Acupalpus atratus*, Dej. *Spéc. des coléopt.* tom. IV, p. 449, n° 9.
Ejusd. *Iconogr. des coléopt. d'Europe*, tom. IV, p. 263, n° 9, pl. 200, fig. 3.

Cette espèce n'est pas très-rare dans l'Est de l'Algérie; je l'ai rencontrée en mars, aux environs de Philippeville, sous des détritus de végétaux, près de l'Ouad-Safsaf et aux environs du cercle de Lacalle, sous les pierres humides, près les marais du lac Tonga.

### 206. *Acupalpus exiguus*.

Dej. *Spéc. des coléopt.* tom. IV, p. 456, n° 14.
Ejusd. *Iconogr. des coléopt. d'Europe*, tom. V, p. 270, n° 14, pl. 201, fig. 1.

J'ai trouvé cette espèce dans les premiers jours d'avril sous des détritus de végétaux rejetés par l'Ouad-Safsaf; environs de Philippeville.

### 207. *Acupalpus marginatus*, Luc. (Pl. 9, fig. 10.)

Long. 4 millim. ¼, larg. 1 millim. ½.

A. oblongus; capite nigro; thorace fuscorufescente, posticè trifoveolato, angulis anticis posticisque rotundatis; elytris marginibus testaceis, in medio fuscis, striatis, suturâ subrufescente; corpore infrà fusco; pedibus testaceis.

Il ressemble à l'*A. meridianus*, mais il est plus grand, et les couleurs que présentent ses élytres sont différemment disposées. La tête, noire, lisse, légèrement allongée, assez convexe en dessus, présente, entre les antennes et de chaque côté, une impression fortement prononcée. La lèvre et les mandibules sont de même couleur que la tête. Les palpes sont d'un brun roussâtre, avec leur extrémité d'un jaune testacé. Le premier article des antennes est d'un jaune testacé; les autres sont bruns. Le corselet, d'un brun roussâtre, plus large que la tête, aussi long que large, légèrement rétréci postérieurement, est assez convexe; la ligne longitudinale du milieu est assez bien marquée et très-légèrement crénelée; les angles antérieurs et postérieurs sont arrondis, avec les côtés roussâtres et légèrement rebordés; postérieurement, il présente trois dépressions, dont une très-petite, arrondie, placée à la base de la ligne longitudinale, et l'autre de chaque côté assez profondément marquée, et dont le fond est très-légèrement chagriné. Les élytres, plus larges que le corselet, sont testacées sur les côtés, brunes dans leur partie médiane, couleur qui ne se continue pas jusqu'à leur extrémité postérieure; la suture est légèrement roussâtre; les stries que présentent ces élytres sont profondément marquées, avec leurs intervalles lisses, saillants. Le corps en dessous est brun. Les pattes sont d'un jaune testacé.

Trouvé une seule fois en mars, sous des détritus de végétaux, sur les bords de l'Ouad-Safsaf, aux environs de Philippeville.

Pl. 9, fig. 10. *Acupalpus marginatus*, grossi, 10ᵃ la grandeur naturelle.

## 208. *Acupalpus nigriceps*.

Dɛɪ. *Spéc. des coléopt.* tom. IV, p. 453, n° 12.
Ejusd. *Iconogr. des coléopt. d'Europe*, tom. IV, p. 267, n° 12, pl. 200, fig. 6.

Rencontré dans les premiers jours de mai, sous les galets, sur les bords du Rummel, aux environs de Constantine.

## 209. *Acupalpus mauritanicus*.

Dɛɪ. *Spéc. des coléopt.* tom. IV, p. 480, n° 34.
Ejusd. *Iconogr. des coléopt. d'Europe*, tom. IV, p. 278, n° 21, pl. 202, fig. 3.

Trouvé une seule fois, à la fin d'avril, dans les mêmes lieux et dans les mêmes conditions que l'espèce précédente.

## 210. *Acupalpus metallescens*.

Dɛɪ. *Spéc. des coléopt.* tom. IV, p. 482, n° 35.
Ejusd. *Iconogr. des coléopt. d'Europe*, tom. IV, p. 279, n° 22, pl. 202, fig. 4.

Rencontré en mars, aux environs de Philippeville, sous des détritus de végétaux, près de l'Ouad-Safsaf, et aux environs du cercle de Lacalle, sous les pierres humides, près les marais du lac Tonga.

## Genus *BRADYCELLUS*, Erichs. *Acupalpus*, Dej. *Harpalus*, Gyllenh. *Carabus*, Fabr.

### 211. *Bradycellus dorsalis* (*Carabus*).

Fabr. *Syst. Eleuth.* tom. I, p. 208, n° 207.
Duft. *Faun. austr.* tom. II, p. 149, n° 195.
Dej. *Spéc. des coléopt.* tom. IV, p. 446, n° 7.
Ejusd. *Iconogr. des coléopt. d'Europe*, tom. IV, p. 260, n° 7, pl. 200, fig. 1.

Cette espèce habite l'Est et l'Ouest de nos possessions du Nord de l'Afrique; je l'ai rencontrée en mars, sous des détritus de végétaux, sur les bords de l'Ouad-Safsaf, aux environs de Philippeville; je l'ai prise aussi sous les pierres humides, près les marais du lac Tonga, aux environs du cercle de Lacalle.

Pl. 10, fig. 1. Une mandibule, 1ᵃ une antenne, 1ᵇ une patte de la première paire du *Bradycellus dorsalis*.

---

## Genus *TRECHUS*, Clairv. *Bembidium*, Gyllenh. *Carabus*, Fabr.

### 212. *Trechus rubens* (*Carabus*).

Fabr. *Ent. syst.* tom. I, p. 140.
Dej. *Spéc. des coléopt.* tom. V, p. 12, n° 74.
Ejusd. *Iconogr. des coléopt. d'Europe*, tom. IV, p. 296, n° 7, pl. 204, fig. 2.
Brull. *Hist. nat. des ins.* tom. V, p. 176, n° 2, pl. 7, fig. 5.

J'ai trouvé cette espèce dans les premiers jours de février, sous les pierres humides, près de la pointe Pescade, dans les environs d'Alger.

Pl. 10, fig. 2. Une mâchoire, 2ᵃ une mandibule, 2ᵇ lèvre inférieure, 2ᶜ une patte de la première paire du *Trechus rubens*.

### 213. *Trechus rufulus*.

Dej. *Spéc. des coléopt.* tom. V, p. 15, n° 9.
Ejusd. *Iconogr. des coléopt. d'Europe*, tom. IV, p. 299, n° 9, pl. 304, fig. 4.

Rencontré dans les premiers jours d'avril, sous les pierres humides, près de l'Ouad-Safsaf, aux environs de Philippeville.

Genus *BEMBIDIUM*, Latr. *Blemus, Ziégl. Tachys, Notaphus, Peryphus, Leja, Lopha, Tachypus*, Meg. *Carabus*, Fabr. *Bembidium*, Dej.

### *Blemus*, Ziégl.

### 214. *Bembidium areolatum.*

CREUTZ. *Entom. Vers.* p. 115, n° 7, pl. 2, fig. 19ᵉ.
DEJ. *Spéc. des coléopt.* tom. V, p. 37, n° 3.
Ejusd. *Iconogr. des coléopt d'Europe*, tom. IV, p. 322, n° 2, pl. 207, fig. 2.

Je n'ai trouvé qu'une seule fois cette espèce, sous des détritus de végétaux, dans un endroit sablonneux, sur les bords de l'Ouad-Safsaf, dans les environs de Philippeville, fin de mars.

### *Tachys*, Meg.

### 215. *Bembidium scutellare.*

DEJ. *Spéc. des coléopt.* tom. V, p. 39, n° 4.
Ejusd. *Iconogr. des coléopt. d'Europe*, tom. IV, p. 324, n° 4, pl. 207, fig. 4.

Je n'ai pas rencontré cette espèce; elle m'a été donnée par M. le colonel Levaillant, qui l'a trouvée pendant l'hiver, sous les pierres, dans le ravin et sur les bords du ruisseau qui divise en deux parties la ville d'Oran.

### 216. *Bembidium elongatum.*

DEJ. *Spéc. des coléopt.* tom. V, p. 41, n° 5.
Ejusd. *Iconogr. des coléopt. d'Europe*, tom. IV, p. 416, n° 72, pl. 218, fig. 6.

Rencontré une seule fois, en mai, sous des détritus de végétaux rejetés par la Seybouse; environs de Bône.

### 217. *Bembidium bistriatum* (*Elaphrus*).

DUFT. *Faun. austr.* tom. II, p. 205, n° 18.
DEJ. *Spéc. des coléopt.* tom. V, p. 42, n° 6.
Ejusd. *Iconogr. des coléopt. d'Europe*, tom. IV, p. 327, n° 6, pl. 207, fig. 6.

Cette espèce n'est pas très-rare; on la rencontre particulièrement pendant l'hiver, sous les détritus de végétaux rejetés par les ruisseaux, les rivières et les lacs, aux environs de Philippeville, de Constantine, de Bône et du cercle de Lacalle.

### 218. *Bembidium algiricum.* Luc. (Pl. 10, fig. 3.)

Long. 2 millim. $\frac{1}{2}$, larg. $\frac{1}{2}$ millim.

C. capite nigro, anticè rufescente; thorace fuscorufescente, marginibus testaceo-ferrugineis; elytris valdè striatis, fuscis, posticè maculâ transversali testaceo-ferrugineâ; corpore ferrugineo; pedibus testaceis.

Il ressemble un peu au *B. bistriatum*, mais il est un peu plus grand. La tête est noire, roussâtre à son extrémité, non trianguliforme, et présente, entre les yeux, deux impressions longitudinales très-profondément marquées. Les organes de la manducation, ainsi que les antennes, sont d'un testacé légèrement ferrugineux. Les yeux sont noirâtres et peu saillants. Le corselet est d'un brun roussâtre, plus large que la tête, moins long que large, très-arrondi sur les côtés, qui sont légèrement relevés et d'un testacé ferrugineux; il est assez convexe, avec la ligne longitudinale du milieu assez bien marquée. Les élytres, assez profondément striées, plus larges que le corselet, sont à peine convexes; elles sont brunes, avec une grande tache transversale postérieure d'un testacé ferrugineux, qui n'atteint pas les bords externes de ces organes. Le corps en dessous est d'un brun ferrugineux; les pattes sont testacées.

Rencontré sous les pierres humides, sur les bords de l'Ouad, dans les premiers jours de février, aux environs d'Alger; je n'en ai trouvé que deux individus de cette espèce.

Pl. 10, fig. 3. *Bembidium algiricum*, grossi, 3ª la grandeur naturelle.

### 219. *Bembidium numidicum*, Luc. (Pl. 10, fig. 4.)

Long. 2 millim. $\frac{1}{4}$, larg. $\frac{1}{3}$ millim.

B. Capite ferrugineo, lævigato, angustato, posticè rotundato; thorace ferrugineo, lævigato, angulis posticis prominentibus; elytris subferrugineis, posticè fuscescente tinctis, utrinque tristriatis, striis subtilissimè punctatis; corpore infrà ferrugineo; pedibus testaceo-ferrugineis.

Il a beaucoup d'analogie avec le *B. silaceum*; il est petit, court et légèrement convexe. La tête ferrugineuse, lisse, étroite, arrondie postérieurement, présente de chaque côté, entre les yeux, deux petites impressions légèrement en croissant et assez profondément marquées. Les antennes sont ferrugineuses, assez fortes et ne dépassent pas en longueur la tête et le corselet réunis. Les palpes maxillaires et les palpes labiaux sont d'un jaune testacé pâle. Les yeux sont noirs et très-saillants. Le corselet est ferrugineux, peu convexe, lisse, presque aussi long que large, arrondi antérieurement, et rétréci postérieurement; la ligne longitudinale du milieu est assez bien marquée, et l'impression antérieure est assez distincte et trianguliforme; les côtés sont arrondis, légèrement rebordés; les angles postérieurs sont très-prononcés et l'impression transversale est fortement marquée. Les élytres, plus larges que le corselet, d'une couleur un peu moins ferrugineuse que ce dernier, sont tachées de brunâtre postérieurement; elles sont striées, et ces stries, très-finement ponctuées, sont au nombre de trois de chaque côté; sur la troisième strie, qui est très-peu apparente, on aperçoit, de chaque côté, un point arrondi, assez profondément enfoncé. Le corps en dessous est ferrugineux. Les pattes sont d'un testacé ferrugineux.

Je n'ai rencontré que deux individus de cette espèce, que j'ai pris à la fin de mars, sous des détritus de végétaux, sur les bords du Safsaf, dans les environs de Philippeville.

Pl. 10, fig. 4. *Bembidium numidicum*, grossi, 4ª la grandeur naturelle.

### 220. *Bembidium gibberosum*, Luc. (Pl. 10, fig. 5.)

Long. 2 millim. larg. ½ millim.

B. convexum; capite brevi, ferrugineo, posticè rotundato; thorace ferrugineo, lævigato, anticè rotundato, posticè tripunctato, angulis posticis prominentibus; elytris fuscoferrugineis, valdè utrinque tristriatis, striis subtilissimè punctulatis; corpore infrà rufo; pedibus testaceis.

Beaucoup plus petit, plus convexe et plus raccourci que le précédent. La tête, ferrugineuse, courte, lisse, arrondie postérieurement, présente, de chaque côté, entre les antennes, une dépression longitudinale assez profondément marquée. Le premier et le second article des antennes sont testacés; les suivants sont ferrugineux. Les palpes labiaux et maxillaires sont d'un brun ferrugineux. Les yeux sont saillants, d'un brun assez foncé. Le corselet est ferrugineux, très-convexe et lisse; la ligne longitudinale du milieu est très-faiblement marquée; les côtés sont très-arrondis et légèrement rebordés; les angles postérieurs sont assez saillants; de chaque côté de la base, on remarque une impression profonde, et, près du milieu, un point arrondi, assez profondément enfoncé. Les élytres, très-convexes, d'un brun ferrugineux, sont profondément striées, et ces stries, très-finement ponctuées, sont au nombre de trois de chaque côté. Le corps est brun, avec le dessous de la tête et du corselet ferrugineux. Les pattes sont testacées.

J'ai pris en très-grand nombre cette jolie petite espèce, qui n'est pas rare pendant le mois de mars, aux environs de Philippeville; elle se tient particulièrement sous des détritus de végétaux rejetés par l'Ouad-Safsaf et l'Ouad-Seracmah.

Pl. 10, fig. 5. *Bembidium gibberosum*, grossi, 5ª la grandeur naturelle.

### 221. *Bembidium nanum*.

Gyllenh. *Ins. suec.* tom. II, p. 30, n° 16, et tom. IV, p. 413, n° 16.
Dej. *Spéc. des coléopt.* tom. V, p. 51, n° 15.
Ejusd. *Iconogr. des coléopt. d'Europe*, tom. IV, p. 332, n° 10, pl. 208, fig. 4.
*Bembidium quadristriatum*, Sturm, tom. VI, p. 150, n° 29, pl. 160, fig. a A.
*Elaphrus minimus*, Duft. *Faun. austr.* tom. II, p. 205, n° 17.

Rencontré pendant l'hiver, sous les pierres humides, au bord d'une petite flaque d'eau qui se trouve sur la route de Lacalle à Bône.

### 222. *Bembidium quadrisignatum* (*Elaphrus*).

DUFT. *Faun. austr.* tom. II, p. 205, n° 16.
DEJ. *Spéc. des coléopt.* tom. V, p. 54, n° 18.
Ejusd. *Iconogr. des coléopt. d'Europe*, tom. IV, p. 334, n° 11, pl. 208, fig. 5.

Cette espèce habite les environs de Philippeville et de Constantine; je l'ai rencontrée en mars et en avril, sous des détritus de végétaux, près du Safsaf, et sous les galets dont les bords du Rummel sont jonchés.

### 223. *Bembidium angustatum*.

DEJ. *Spéc. des coléopt.* tom. V, p. 56, n° 19.
Ejusd. *Iconogr. des coléopt. d'Europe*, tom. IV, p. 336, n° 12, pl. 208, fig. 6.

Trouvé aux environs de Philippeville, sous des détritus de végétaux, sur les bords du Safsaf; fin de mars.

### 224. *Bembidium hæmorrhoïdale*.

DEJ. *Spéc. des coléopt.* tom. V, p. 58, n° 14.
Ejusd. *Iconogr. des coléopt. d'Europe*, tom. IV, p. 358, n° 14, pl. 209, fig. 2.

Rencontré sous les pierres, pendant les mois de mars et d'avril, aux environs de l'Ouad-Safsaf, près de Philippeville, et sur les bords des marais du lac Tonga, dans les environs du cercle de Lacalle.

## *Notaphus*, Meg.

### 225. *Bembidium ustulatum* (*Carabus*).

FABR. *Syst. Eleuth.* tom. I, p. 108, n° 206.
DEJ. *Spéc. des coléopt.* tom. V, p. 64, n° 28.
Ejusd. *Iconogr. des coléopt. d'Europe*, tom. IV, p. 343, n° 18, pl. 209, fig. 6.

Trouvé sous les pierres humides et sous les détritus de végétaux; je l'ai rencontré pendant l'hiver, sur les bords de l'Ouad-Safsaf, aux environs de Philippeville, sous les galets du Rummel, aux environs de Constantine, sur les bords de la Seybouse, aux environs de Bône, et enfin sur les bords des grands lacs du cercle de Lacalle.

## *Bembidium*, Latr.

### 226. *Bembidium striatum* (*Carabus*).

FABR. *Syst. Eleuth.* tom. I, p. 245, n° 3.
STURM, *Deuts. faun.* tom. VI, n° 50, pl. 163, fig. *b* B.
DEJ. *Spéc. des coléopt.* tom. V, p. 93, n° 53.
Ejusd. *Iconogr. des coléopt. d'Europe*, tom. IV, p. 360, n° 29, pl. 211, fig. 5.

Cette espèce n'est pas très-rare, pendant les mois d'avril et de mai, dans les environs de Constantine; on la rencontre particulièrement sous les galets des bords du Rummel.

### 227. *Bembidium dives*, Luc. (Pl. 10, fig. 6.)

Long. de 4 millim. larg. 1 millim. ½.

B. capite thoraceque in medio cupreoæneis, viridi cupreo marginatis; elytris in medio cupreoæneis, viridi cupreo marginatis, duabus maculis flavescentibus posticè ornatis, profundè punctatostriatis, interstitiis lævigatis, utrinque duobus punctis profundè impressis; corpore infrà viridi cupreo; pedibus testaceis.

La tête, profondément striée entre les yeux, est d'un cuivreux bronzé dans sa partie médiane, d'un vert cuivreux sur ses côtés et à son extrémité. Les antennes sont ferrugineuses, ainsi que les organes de la manducation. Les yeux sont bruns et assez saillants. Le corselet, d'un cuivreux bronzé dans sa partie médiane, d'un vert cuivreux sur les côtés, est plus large que la tête, plus long que large, arrondi et très-légèrement rebordé latéralement et rétréci à sa partie postérieure; il est très-finement strié transversalement, avec la ligne longitudinale du milieu très-profondément marquée; les angles antérieurs sont arrondis, tandis que les postérieurs sont très-prononcés et légèrement relevés. Les élytres, d'un cuivreux bronzé brillant dans leur partie médiane, d'un vert cuivreux sur les côtés, sont ornées postérieurement et à leur extrémité de deux taches jaunes, arrondies; elles sont assez profondément striées, et ces stries sont finement ponctuées; les intervalles sont lisses, larges, et, sur le troisième, on aperçoit, de chaque côté, deux points arrondis, très-profondément marqués. Le corps en dessous est d'un vert cuivreux. Les pattes sont testacées.

Je n'ai pas rencontré cette belle espèce; je la dois à l'extrême obligeance de M. le colonel Levaillant, qui n'en possédait qu'un seul individu, et qu'il a bien voulu me sacrifier; elle a été trouvée, en hiver, par cet officier supérieur, sur les bords du petit lac, dans les environs d'Oran.

Pl. 10, fig. 6. *Bembidium dives,* grossi, 6ᵃ la grandeur naturelle.

### 228. *Bembidium Andreæ*, Var. (Pl. 10, fig. 8.)

GYLLENH. *Ins. succ.* tom. II, p. 15, n° 3, et tom. IV, p. 401, n° 3.
DEJ. *Spéc. des coléopt.* tom. V, p. 96, n° 55.
Ejusd. *Iconogr. des coléopt. d'Europe*, tom. IV, p. 363, n° 31, pl. 212, fig. 1.

Trouvé une seule fois à la fin de mars, sous des détritus de végétaux rejetés par l'Ouad-Safsaf, dans les environs de Philippeville.

Pl. 10, fig. 8. *Bembidium Andreæ* (Var.), grossi, 8ᵃ la grandeur naturelle.

### 229. *Bembidium mauritanicum*, Luc. (Pl. 10, fig. 7.)

Long. 4 millim. $\frac{1}{2}$, larg. 1 millim. $\frac{1}{2}$.

B. suprà æneo-virescens; capite lævigato; antennis fuscorufescentibus, articulis primis ferrugineis; thorace convexo, substriato, angulis posticis prominentibus; elytris oblongo-ovatis, valdè striatopunctatis, punctisque duobus profundè impressis; corpore infrà æneocyaneo; pedibus ferrugineis.

Il est un peu plus grand que le *B. bipunctatum*, auquel il ressemble un peu. Sa couleur, en dessus, est un bronzé verdâtre ordinairement assez brillant. La tête est entièrement lisse; les organes de la manducation sont d'un testacé ferrugineux. Le corselet, plus large que la tête, est assez convexe, légèrement strié transversalement, avec la ligne du milieu assez fortement prononcée et dépassant les deux impressions transversales, qui sont très-faiblement marquées; les côtés sont arrondis, rebordés, et, de chaque côté de la base qui est chagrinée, près des angles postérieurs, qui sont saillants, on aperçoit une impression très-profonde. Les élytres sont à peine plus larges que le corselet, en ovale allongé et très-peu convexes; les stries sont fortes, très-distinctement ponctuées; les intervalles sont plans, et, sur le troisième, on aperçoit, de chaque côté, deux points assez gros et très-profondément marqués. Le corps en dessous est d'un bronzé bleuâtre. Les pattes sont ferrugineuses.

Cette espèce habite l'Est et l'Ouest de nos possessions du Nord de l'Afrique; je l'ai rencontrée à la fin d'avril, sous les pierres humides, au bord du Boumersoug, dans les environs de Constantine, et, vers les premiers jours de décembre, dans les ravins de Djebel Santon, et près de la prise d'eau, aux environs d'Oran.

Pl. 10, fig. 7. *Bembidium mauritanicum*, grossi, 7ª la grandeur naturelle.

### 230. *Bembidium pulchellum*, Luc. (Pl. 10, fig. 10.)

Long. 3 millim. $\frac{1}{2}$, larg. 1 millim.

B. suprà æneofuscescens; antennis fuscescentibus, primis articulis testaceis; thorace convexo, vix striato, angulis posticis prominentibus, utrinque duobus punctis valdè impressis; elytris brevibus, striatis, striis profundè punctatis, utrinque in tertio interstitio duobus punctis valdè impressis; corpore infrà atro nitido; pedibus tarsisque testaceis coxis atro nitidis.

Il est beaucoup plus petit que le *B. mauritanicum,* auquel il ressemble un peu. Sa couleur en dessus est un bronzé noirâtre peu brillant. La tête est assez profondément striée entre les yeux. Les mandibules sont noires, avec les palpes labiaux et maxillaires roussâtres. Les antennes ont les trois premiers articles testacés; les suivants sont roussâtres et hérissés de poils courts et peu serrés. Le corselet, plus large que la tête, très-convexe, est à peine strié transversalement; la ligne longitudinale du milieu est assez profondément marquée; les côtés sont arrondis, très-légèrement rebordés, et de chaque côté de la base, qui est finement chagrinée, près les angles postérieurs, qui sont assez saillants et très-peu arrondis, on aperçoit deux dépressions profondes, dont l'interne est plus grande et beaucoup plus marquée. Les élytres, à peine plus larges que le corselet, sont courtes, peu convexes et ovalaires; elles sont assez profondément striées, et les stries présentent une ponctuation fine et serrée; les intervalles sont assez saillants, lisses, et, sur le troisième, on remarque, de chaque côté, deux dépressions très-profondes, de forme arrondie. Le corps en dessous est d'un noir brillant; les cuisses sont de cette couleur, avec les jambes et les tarses testacés.

Rencontré une seule fois en mars, sous les pierres humides, près les marais du lac Tonga, dans les environs du cercle de Lacalle.

Pl. 10, fig. 10. *Bembidium pulchellum*, grossi, 10ª la grandeur naturelle.

### *Peryphus*, Meg.

#### 231. *Bembidium tricolor (Carabus)*.

Fabr. *Syst. Eleuth.* tom. I, p. 185, n° 81.
Duft. *Faun. austr.* tom. II, p. 208, n° 22.
Dej. *Spéc. des coléopt.* tom. V, p. 102, n° 59.
Ejusd. *Iconogr. des coléopt. d'Europe*, tom. IV, p. 368, n° 34, pl. 212, fig. 4.

Trouvé une seule fois, sous les galets du Rummel, aux environs de Constantine; fin d'avril.

#### 232. *Bembidium cruciatum*.

Dej. *Spéc. des coléopt.* tom. V, p. 114, n° 69.
Ejusd. *Iconogr. des coléopt. d'Europe*, tom. IV, p. 380, n° 43, pl. 214, fig. 1.

Rencontré assez communément pendant les mois d'avril et de mai, sous les galets du Rummel, aux environs de Constantine, et sous les détritus de végétaux rejetés par la Seybouse, aux environs de Bône.

#### 233. *Bembidium cœruleum*.

Dej. *Spéc. des coléopt.* tom. V, p. 133, n° 85.
Ejusd. *Iconogr. des coléopt. d'Europe*, tom. IV, p. 398, n° 57, pl. 216, fig. 3.

Je n'ai trouvé que deux individus de cette espèce : c'est sous les galets du Rummel, aux environs de Constantine, à la fin d'avril.

Pl. 10, fig. 11. Une mâchoire, 11ª une mandibule, 11ᵇ lèvre inférieure, 11ᶜ une antenne du *Bembidium cœruleum*.

#### 234. *Bembidium distinctum*.

Dej. *Spéc. des coléopt.* tom. V, p. 137, n°ˢ 89, et 858.
Ejusd. *Iconogr. des coléopt. d'Europe*, tom. IV, p. 403, n° 61, pl. 217, fig. 1.

Rencontré une seule fois, à la fin d'avril, dans les mêmes lieux et dans les mêmes conditions que l'espèce précédente.

### 235. *Bembidium rufipes.*

Gyllenh. *Ins. suec.* tom. II, p. 18, n° 6, et tom. IV, p. 404, n° 6.
*Bembidium brunnipes,* Sturm, *Deuts. faun.* tom. VI, p. 128, n° 13, pl. 156, fig. *d* D.
Dej. *Spéc. des coléopt.* tom. V, p. 141, n° 93.
Ejusd. *Iconogr. des coléopt. d'Europe,* tom. IV, p. 408, n° 75, pl. 217, fig. 5.

Trouvé une seule fois à la fin de décembre, sous les pierres humides, à Kouba, dans les environs d'Alger.

### 236. *Bembidium Dahlii.*

Dej. *Spéc. des coléopt.* tom. V, p. 148, n° 99.
Ejusd. *Iconogr. des coléopt. d'Europe,* tom. IV, p. 415, n° 71, pl. 218, fig. 5.

Rencontré, dans les premiers jours de mai, sous des détritus de végétaux rejetés par la Seybouse; environs de Bône.

### *Leja,* Meg.

### 237. *Bembidium obtusum.*

Sturm, *Deuts. faun.* tom. VI, p. 165, n° 38, pl. 161, fig. *c* C.
Dej. *Spéc. des coléopt.* tom. V, p. 177, n° 123.
Ejusd. *Iconogr. des coléopt. d'Europe,* tom. IV, p. 443, n° 91, pl. 222, fig. 1.

Cette espèce, qui aime les lieux humides, se tient sous les pierres, près des marais, des lacs et des ruisseaux; je l'ai prise dans les mois de janvier, février et mars, aux environs d'Alger, de Philippeville et du cercle de Lacalle.

### 238. *Bembidium guttulum (Carabus).*

Fabr. *Syst. Eleuth.* tom. I, p. 208, n° 25.
Dej. *Spéc. des coléopt.* tom. V, p. 178, n° 124.
Ejusd. *Iconogr. des coléopt. d'Europe,* tom. IV, p. 444, n° 92, pl. 222, fig. 3.

J'ai rencontré quatre individus de cette espèce, que j'ai pris pendant l'hiver, sous les pierres humides, aux environs d'Alger, et sous les détritus de végétaux rejetés par les lacs, aux environs du cercle de Lacalle. Ces quatre individus forment une variété fort remarquable en ce que la tache arrondie des élytres est entièrement effacée.

### 239. *Bembidium biguttatum( Carabus).*

Fabr. *Syst. Eleuth.* tom. I, p. 208, n° 208.
Duft. *Faun. austr.* tom. II, p. 221, n° 41.
Dej. *Spéc. des coléopt.* tom. V, p. 180, n° 125.
Ejusd. *Iconogr. des coléopt. d'Europe,* tom. IV, p. 446, n° 93, pl. 222, fig. 3.

Je n'ai pas trouvé cette espèce; elle m'a été donnée par M. le colonel Levaillant, qui l'a rencontrée, pendant l'hiver, dans les environs d'Oran.

### 240. *Bembidium vicinum,* Luc. (Pl. 10, fig. 9.)

Long. 2 millim. $\frac{1}{4}$, larg. 1 millim. $\frac{1}{2}$.

B. capite fusco, posticè rotundato; thorace æneo cupreofuscescente, longiore quàm latiore, posticè utrinque impresso, angulis posticis prominentibus; elytris æneis, posticè testaceis, striatopunctatis, striis subtilissimè punctatis, punctisque duobus impressis; corpore infrà fusco; pedibus testaceis.

Il est un peu plus petit et un peu plus étroit que le *B. biguttatum,* auquel il ressemble beaucoup. La tête est assez allongée, moins trianguliforme, assez convexe et arrondie postérieurement; elle est d'un brun foncé, et les impressions que l'on remarque de chaque côté des yeux sont profondément marquées. Les palpes sont ferrugineux, avec leur dernier article brun. Les antennes sont d'un brun noirâtre, avec leur premier article et la base des suivants testacés. Le corselet est d'un bronzé cuivreux légèrement teinté de brun; il est plus large que long, fortement rebordé sur les côtés, qui sont arrondis, avec les angles postérieurs saillants et assez aigus; la ligne longitudinale du milieu est fine et cependant assez bien marquée; de chaque côté de la base, vers les angles postérieurs, on aperçoit une impression fortement marquée. Les élytres, plus larges que le corselet, sont bronzées, avec leur extrémité légèrement testacée; elles sont striées, et ces stries, très-peu profondes, sont très-finement ponctuées; les intervalles sont lisses, larges, et, sur le troisième, on remarque deux impressions arrondies, peu profondément marquées. Le dessus du corps est entièrement brun. Les pattes sont testacées.

Rencontré une seule fois dans le mois de juin, sous les détritus de végétaux rejetés par le lac Houbeira, dans les environs du cercle de Lacalle.

Pl. 10, fig. 9. *Bembidium vicinum,* grossi, 9ª la grandeur naturelle.

### *Lopha,* Meg.

### 241. *Bembidium quadriguttatum (Carabus).*

Fabr. *Syst. Eleuth.* tom. I, p. 207, nᵒˢ 204, 239.
Oliv. *Entom.* tom. III, nᵒ 35, p. 108, nᵒ 151, pl. 13, fig. 160 *a b.*
Dej. *Spéc. des coléopt.* tom. V, p. 183, nᵒ 127.
Ejusd. *Iconogr. des coléopt. d'Europe,* tom. IV, p. 450, nᵒ 95, pl. 222, fig. 5.

Trouvé assez communément, pendant l'hiver, sur les bords des rivières, aux environs d'Alger, de Philippeville, de Constantine, et sur les bords des lacs, dans le cercle de Lacalle; cette espèce habite aussi l'Ouest de nos possessions du Nord de l'Afrique, car j'en ai reçu plusieurs individus, qui ont été rencontrés aux environs d'Oran par M. le colonel Levaillant.

### 242. *Bembidium laterale.*

DEJ. *Spéc. des coléopt.* tom. V, p. 185, n° 128.
Ejusd. *Iconogr. des coléopt. d'Europe,* tom. IV, n° 96, pl. 222, fig. 6.

Rencontré une seule fois sous les pierres humides, dans les premiers jours de juin, sur les bords des ruisseaux que l'on trouve çà et là aux environs de Milah (province de Constantine).

### *Tachypus,* Meg.

### 243. *Bembidium picipes.*

STURM, *Deuts. faun.* tom. VI, p. 109, n° 1, pl. 154, fig. *a* A.
DEJ. *Spéc. des coléopt.* tom. V, p. 190, n° 153.
Ejusd. *Iconogr. des coléopt. d'Europe,* tom. IV, p. 457, n° 100, pl. 223, fig. 4.

Rencontré par M. Durieu de Maisonneuve, dans les premiers jours d'avril, sous des détritus de végétaux rejetés par l'Ouad-Safsaf; environs de Philippeville.

### 244. *Bembidium pallipes.*

GYLLENH. *Ins. suec.* tom. VI, p. 400, n°ˢ 1 à 2.
STURM, *Deuts. faun.* tom. IV, p. 111, n° 2, pl. 154, fig. *b* B.
DUFT. *Faun. austr.* tom. II, p. 190, n° 1.
DEJ. *Spéc. des coléopt.* tom. V, p. 191, n° 134.
Ejusd. *Iconogr. des coléopt. d'Europe,* tom. IV, p. 459, n° 101, pl. 223, fig. 5.

Je n'ai pas trouvé cette espèce; elle m'a été donnée par M. Basselet, chirurgien aide-major, qui l'a rencontrée en avril, sous des détritus de végétaux, sur les bords de la Seybouse; environs de Bône.

Pl. 10, fig. 12. Une mâchoire, 12ᵃ une mandibule, 12ᵇ lèvre inférieure, 12ᶜ une patte de la première paire du *Bembidium pallipes.*

### 245. *Bembidium flavipes.*

GYLLENH. *Ins. suec.* tom. II, p. 12, n° 1, et tom. II, p. 40, n° 1.
STURM, *Deuts. faun.* tom. VI, p. 112, n° 3.
FABR. *Syst. Eleuth.* tom. I, p. 246, n° 6.
OLIV. *Entom.* tom. II, n° 34, p. 88, n° 7, pl. 1, fig. 1 *a b.*
DEJ. *Spéc. des coléopt.* tom. V, p. 192, n° 135.
Ejusd. *Iconogr. des coléopt. d'Europe,* tom. IV, p. 460, n° 102, pl. 223, fig. 6.

Rencontré en mars, sous les pierres, dans des lieux humides, près de l'Ouad-Safsaf, aux environs de Philippeville; j'ai trouvé aussi cette espèce en mai, sous des détritus de végétaux, sur les bords de la Boudjma, dans les environs de Bône.

# DEUXIÈME FAMILLE.
## LES HYDROCANTHARES.

---

## PREMIÈRE TRIBU.
### LES DYTISCIENS.

---

Genus *HALIPLUS*, Latr. *Dytiscus*, Auct. *Cnemidotus*, Illig. *Hoplitus*, Clairv.

### 246. *Haliphus badius.*

Aubé, *Spéc. des coléopt.* tom. VI, p. 13, n° 7.
Ejusd. *Iconogr. des coléopt. d'Europe*, tom. V, p. 25, n° 7, pl. 2, fig. 1.
*Haliplus parallelus*, Babingt. *The Trans. of the ent. soc. of Lond.* tom. I, p. 178, pl. 15, fig. 5.

Cette espèce, que je n'ai pas rencontrée pendant mon séjour dans le Nord de l'Afrique, m'a été communiquée par M. Guérin-Méneville, qui l'a reçue des environs d'Alger.

### 247. *Haliplus guttatus.*

Aubé, *Spéc. des coléopt.* tom. VI, p. 15, n° 8.
Ejusd. *Iconogr. des coléopt. d'Europe*, tom. V, p. 27, n° 8, pl. 2, fig. 2.

J'ai trouvé cette espèce, qui n'est pas très-commune, vers le milieu d'avril, dans les mares situées sur la route de Lacalle à Bône.

### 248. *Haliplus variegatus.*

Sturm, *Deuts. faun.* tom. VIII, p. 157.
Aubé, *Spéc. des coléopt.* tom. VI, p. 16, n° 9.
Ejusd. *Iconogr. des coléopt. d'Europe*, tom. V, p. 28, n° 9, pl. 2, fig. 3.
*Haliplus rubicundus*, Babingt. *The Trans. of the ent. soc. of Lond.* tom. I, p. 178, pl. 15, fig. 6.

Je n'ai rencontré qu'une seule fois cette espèce : c'est aux environs d'Alger, vers la fin de février, dans un petit ruisseau, affluent de l'Ouad.

### 249. *Haliplus lineaticollis.*

Marsh. *Ent. Brit.* tom. I, p. 429.
Aubé, *Spéc. des coléopt.* tom. VI, p. 24, n° 14.
Ejusd. *Iconogr. des coléopt. d'Europe*, tom. V, p. 34, n° 13, pl. 3, fig. 1.
*Dytiscus bistriolatus*, Duft. *Faun. austr.* tom. I, p. 285.
*Haliplus trimaculatus*, Drap. *Ann. génér. des sc. phys.* tom. III, p. 186.

Rencontré aux environs d'Alger, pendant le mois de février, dans une petite mare située en face du fort des Anglais; cette espèce habite aussi les environs de Bône et du cercle de Lacalle.

## Genus *CNEMIDOTUS*, Illig. *Dytiscus*, Duft. *Haliplus*, Latr. *Hoplitus*, Clairv.

### 250. *Cnemidotus cæsus.*

Duft. *Faun. austr.* tom. I, p. 284.
Aubé, *Spéc. des coléopt.* tom. VI, p. 35, n° 1.
Ejusd. *Iconogr. des coléopt. d'Europe,* tom. V, p. 38, n° 1, pl. 3, fig. 2.
*Haliplus quadrimaculatus,* Drap. *Ann. génér. des sc. phys.* tom. IV, p. 349.

Cette espèce n'est pas très-rare, à la fin d'août, dans les petites flaques d'eau des marais d'Aïn-Trean, environs du cercle de Lacalle; je l'ai trouvée aussi dans les environs de Bône et de Constantine.

### 251. *Cnemidotus rotundatus.*

Aubé, *Spéc. des coléopt.* tom. VI, p. 37, n° 2.
Ejusd. *Iconogr. des coléopt. d'Europe,* tom. V, p. 40, n° 2, pl. 3, fig. 3.

Rencontré dans les mêmes localités et dans le même mois que l'espèce précédente.

---

## Genus *PŒLOBIUS*, Schönh. *Dytiscus*, Auct. *Hydrachna*, Fabr. *Hygrobia*, Latr.

### 252. *Pœlobius Hermanni.*

Fabr. *Ent. syst.* tom. I, p. 193, n° 28.
Aubé, *Spéc. des coléopt.* tom. VI, p. 42, n° 1.
Ejusd. *Iconogr. des coléopt. d'Europe,* tom. V, p. 44, n° 1, pl. 3, fig. 4.
*Pœlobius tardus,* Sch. *Syn. ins.* tom. II, p. 27.

Cette espèce est assez abondante pendant toute l'année, dans les mares et les ruisseaux de l'Est et de l'Ouest de nos possessions du Nord de l'Afrique; lorsqu'on la prend, elle produit un bruit assez aigu, qui est dû au frottement de l'abdomen contre les élytres.

Pl. 11, fig. 6. Une mandibule, 6ᵃ une antenne du *Pœlobius Hermanni.*

---

## Genus *CYBISTER*, Curt. *Dytiscus*, Auct. *Trogus*, Leach. *Trochalus*, Esch.

### 253. *Cybister Rœselii (Dytiscus).*

Fabr. *Entom. syst.* tom. I, p. 188, n° 5.
Aubé, *Spéc. des coléopt.* tom. VI, p. 66, n° 14.
Ejusd. *Iconogr. des coléopt. d'Europe,* tom. V, p. 48, n° 1, pl. 3, fig. 5.
*Dytiscus dispar,* Rossi, *Faun. etrusc.* tom. I, p. 199.
*Dytiscus dissimilis,* ejusd. *Mant. ins.* tom. I, p. 66.

Habite les flaques d'eau qui se trouvent à deux kilomètres au Sud-Ouest de Philippe-ville; j'ai pris aussi cette espèce dans les ruisseaux et dans les mares des bois du lac Houbeira et des marais d'Aïn-Trean, aux environs du cercle de Lacalle; commencement d'avril et milieu d'août. Ce *Cybister* est assez rare; je n'en ai rencontré que quelques individus.

### 254. *Cybister africanus.*

Lap. *Étud. ent.* p. 99.
Aubé, *Spéc. des coléopt.* tom. VI, p. 71, n° 17.
Ejusd. *Iconogr. des coléopt. d'Europe,* tom. V, p. 49, n° 2, pl. 3, fig. 6.
*Trochalus meridionalis,* Géné, *De quib. ins. Sard.* p. 10.

Habite les ruisseaux qui se trouvent dans les marais d'Aïn-Trean, ainsi que les petites flaques d'eau des bois du lac Houbeira; environs du cercle de Lacalle, fin de juillet. Cette espèce n'est pas très-commune.

### 255. *Cybister senegalensis.* (Pl. 11, fig. 3.)

Aubé, *Spéc. des coléopt.* tom. VI, p. 72, n° 18.

Cette espèce, qui habite les mares des bois du lac Houbeira et les flaques d'eau qui sont situées dans les marais d'Aïn-Trean, n'est pas très-commune; juillet et août.

Pl. 11, fig. 3. *Cybister senegalensis,* de grandeur naturelle.

### 256. *Cybister immarginatus* (*Dytiscus*). (Pl. 11, fig. 1.)

Fabr. *Syst. Eleuth.* tom. I, p. 259, n° 6.
Aubé, *Spéc. des coléopt.* tom. VI, p. 82, n° 62.

Rencontré une seule fois, en mai, dans les petites flaques d'eau des bois du lac Houbeira; environs du cercle de Lacalle. Cette espèce, jusqu'à présent, n'avait encore été signalée que comme habitant le Sénégal.

Pl. 11, fig. 1. *Cybister immarginatus,* de grandeur naturelle.

### 257. *Cybister bivulnerus.* (Pl. 11, fig. 2.)

Aubé, *Spéc. des coléopt.* tom. VI, p. 91, n° 30.
*Cybister binotatus,* Klug. *Voy. de Ermann. ins.* p. 28?

Cette espèce, pendant les mois de juin et de juillet, n'est pas très-rare dans les mares et flaques d'eau des bois du lac Tonga et des marais d'Aïn-Trean; environs du cercle de Lacalle. J'ai rencontré aussi ce *Cybister* dans de petites flaques d'eau situées près des ruines d'Hippône.

Pl. 11, fig. 2. *Cybister bivulnerus,* de grandeur naturelle, 2ª une mâchoire, 2ᵇ une mandibule, 2ᶜ lèvre inférieure, 2ᵈ une antenne.

## Genus *DYTISCUS*, Linn.

### 258. *Dytiscus circumflexus.*

FABR. *Syst. Eleuth.* tom. I, p. 258, n° 4.
AUBÉ, *Spéc. des coléopt.* tom. VI, p. 113, n° 9.
Ejusd. *Iconogr. des coléopt. d'Europe*, tom. V, p. 63, n° 10, pl. 8, fig. 1.
*Dytiscus flavoscutellatus*, LATR. *Gener. crust. et ins.* tom. I, p. 331.

Cette espèce, pendant toute l'année, est très-répandue dans les ruisseaux des marais d'Aïn-Trean, dans les flaques et mares d'eau des bois des lacs Tonga et Houbeira; je l'ai prise aussi aux environs de Philippeville et d'Hippône.

---

## Genus *EUNECTES*, Erichs. *Dytiscus*, Auct. *Eretes*, Lap.

### 259. *Eunectes griseus.*

FABR. *Ent. syst.* tom. I, p. 191.
AUBÉ, *Spéc. des coléopt.* tom. VI, p. 124, n° 1.
Ejusd. *Iconogr. des coléopt. d'Europe*, tom. V, p. 74, n° 1, pl. 10, fig. 1.
*Dytiscus sticticus*, LINN. *Syst. nat.* tom. II, p. 660.
*Eunectes helvolus*, KLUG. *Symb. phys.* tab. 33, fig. 3.

Rencontré une seule fois, à la fin d'août, dans les flaques d'eau des marais d'Aïn-Trean, aux environs du cercle de Lacalle.

---

## Genus *Hydaticus*, Leach. *Dytiscus*, Auct.

### 260. *Hydaticus Leander.*

ROSSI, *Faun. etrusc.* tom. I, p. 212.
OLIV. *Entom.* tom. III, n° 40, p. 12, pl. 3, fig. 25.
AUBÉ, *Spéc. des coléopt.* tom. VI, p. 198, n° 30.
Ejusd. *Iconogr. des coléopt. d'Europe*, tom. V, p. 81, n° 3, pl. 10, fig. 4.

Trouvé à la fin de juillet, dans les ruisseaux des marais d'Aïn-Trean et dans les flaques d'eau qui se trouvent dans les bois du lac Houbeira, environs du cercle de Lacalle.

## Genus *COLYMBETES*, Clairv. *Meladema*, Lap. *Dytiscus*, Auct.

### 261. *Colymbetes coriaceus.*

Erichs. *Gener. Dyt.* 3.
Aubé, *Spéc. des coléopt.* tom. VI, p. 220, n° 1.
Ejusd. *Iconogr. des coléopt. d'Europe*, tom. V, p. 94, n° 1, pl. 12, fig. 1.

Rencontré dans les petites flaques d'eau des marais d'Aïn-Trean, aux environs du cercle de Lacalle, milieu d'août. Cette espèce, que je n'ai prise qu'une seule fois, m'a présenté une particularité assez remarquable : c'est une monstruosité qui existe dans l'antenne droite, et que j'ai décrite et figurée dans les Annales de la société entomologique de France, tom. I, 2° série, p. 55, n° 3, pl. 1, fig. 1 à 2.

### 262. *Colymbetes striatus.*

Linn. *Syst. nat.* tom. I, p. 665.
Aubé, *Spéc. des coléopt.* tom. VI, p. 225, n° 53, p. 231, n° 9, et p. 305, n° 14.
Ejusd. *Iconogr. des coléopt. d'Europe*, tom. V, p. 95, n° 3, pl. 12, fig. 3.
Erichs. *Käfer der mark Brand.* tom. I, p. 149, n° 2.

J'ai d'abord trouvé cette espèce, vers le commencement de novembre, dans les ruisseaux de la plaine de Bône; je l'ai reprise ensuite, à la fin d'août, dans les ruisseaux d'Aïn-Trean, dans les mares des bois du lac Tonga ainsi que dans les petites flaques d'eau des bois du lac Houbeira; environs du cercle de Lacalle.

### 263. *Colymbetes adspersus.*

Fabr. *Syst. Eleuth.* tom. I, p. 267, n° 51.
Aubé, *Spéc. des coléopt.* tom. VI, p. 255, n° 28.
Ejusd. *Iconogr. des coléopt. d'Europe*, tom. V, p. 110, n° 12, pl. 14, fig. 1.
Erichs. *Käfer der mark Brand.* tom. I, p. 153, n° 9.
*Rantus agilis*, Boisd. et Lacord. *Faun. ent. des env. de Paris*, tom. I, p. 312.

Rencontré, dans les ruisseaux et flaques d'eau qui se trouvent sur la route de Lacalle à Bône, fin de mars. Cette espèce n'est pas très-commune.

---

## Genus *AGABUS*, Leach. *Dytiscus*, Auct. *Colymbetes*, Clairv.

### 264. *Agabus oblongus.*

Illig. *Mag. zur ins.* tom. I, p. 72.
Aubé, *Spéc. des coléopt.* tom. VI, p. 289, n° 2.
Ejusd. *Iconogr. des coléopt. d'Europe*, tom. V, p. 132, n° 2, pl. 16, fig. 6.
*Agabus agilis*, Erichs. *Käfer der mark Brand.* tom. I, p. 163.

Trouvé à la fin de février, aux environs d'Alger, dans une petite mare qui est située en face du fort des Anglais. Je n'ai pris qu'une seule fois cette espèce.

### 265. *Agabus didymus.*

Oliv. *Entom.* tom. III, n° 40, p. 26, pl. 4, fig. 37.
Aubé, *Spéc. des coléopt.* tom. VI, p. 316, n° 21.
Ejusd. *Iconog. des coléopt. d'Europe,* tom. V, p. 151, n° 15, pl. 18, fig. 4.
*Dytiscus vitreus,* Payk. *Faun. suec.* tom. I, p. 219.

Rencontré dans le réservoir d'une fontaine, vers le commencement de mai, aux environs de Constantine.

### 266. *Agabus brunneus.*

Fabr. *Syst. Eleuth.* tom. I, p. 266, n° 46.
Aubé, *Spéc. des coléopt.* tom. VI, p. 325, n° 29.
Ejusd. *Iconogr. des coléopt. d'Europe,* tom. V, p. 155, n° 16, pl. 18, fig. 5.
*Dytiscus castaneus,* Sch. *Syn. ins.* tom. I, p. 21 (note).

Trouvé en mai, dans de petites flaques d'eau formées par le Rummel, aux environs de Constantine. Je n'ai rencontré que deux individus de cette espèce.

### 267. *Agabus bipunctatus.*

Fabr. *Mantiss. ins.* p. 190.
Aubé, *Spéc. des coléopt.* tom. VI, p. 328, n° 31.
Ejusd. *Iconogr. des coléopt. d'Europe,* tom. V, p. 155, n° 18, pl. 19, fig. 1.
*Dytiscus nebulosus,* Forst. *Nov. spec. ins.* p. 56.

J'ai rencontré assez fréquemment cette espèce, pendant les mois de janvier et février, dans les petits ruisseaux qui se trouvent aux environs d'Alger et particulièrement dans une mare située en face du fort des Anglais.

### 268. *Agabus biguttatus.*

Oliv. *Entom.* tom. III, n° 40, p. 26, pl. 4, fig. 36.
Aubé, *Spéc. des coléopt.* tom. VI, p. 341, n° 42.
Ejusd. *Iconogr. des coléopt. d'Europe,* tom. V, p. 166, n° 26, pl. 20, fig. 4.

Rencontré, vers le milieu de juin, dans les ruisseaux des environs de Milah, de Ma-Allah et de Djimmilah, dans la province de Constantine.

### 269. *Agabus bipustulatus.*

Linn. *Syst. nat.* tom. II, p. 667.
Aubé, *Spéc. des coléopt.* tom. VI, p. 357, n° 45.
Ejusd. *Iconogr. des coléopt. d'Europe,* tom. V, p. 181, n° 37, pl. 22, fig. 4.
*Dytiscus carbonarius,* Gyllenh. *Ins. suec.* tom. I, p. 506.

Trouvé, vers le commencement de mars, dans une petite flaque d'eau qui est située sur la route de Lacalle à Bône.

## Genus *LACCOPHILUS*, Leach.

### 270. *Laccophilus minutus.*

Linn. *Syst. nat.* tom. II, p. 267.
Aubé, *Spéc. des coléopt.* tom. VI, p. 417, n° 2.
Ejusd. *Iconogr. des coléopt. d'Europe*, tom. V, p. 213, n° 2, pl. 25, fig. 2.
*Dytiscus obscurus*, Panz. *Faun. Germ.* fasc. 26, pl. 3.
*Laccophilus interruptus*, Steph. *Illustr. of Brit. ent.* tom. II, p. 64.

Cette espèce est assez commune dans les ruisseaux et flaques d'eau des environs d'Alger, de Philippeville, de Constantine, de Bône et du cercle de Lacalle, pendant les mois de janvier, février, mars, avril, mai, juin et juillet.

---

## Genus *Hyphidrus*, Illig. *Dytiscus*, Linn. *Hydrachna*, Fabr. *Hydroporus*, Clairv.

### 271. *Hyphidrus variegatus.*

Aubé, *Spéc. des coléopt.* tom. VI, p. 466, n° 11.
Ejusd. *Iconogr. des coléopt. d'Europe*, tom. V, p. 372, n° 2, pl. 42, fig. 4.

Cette espèce est très-répandue dans l'Est et l'Ouest de nos possessions du Nord de l'Afrique, où on la rencontre dans tous les ruisseaux, les mares et les flaques d'eau, pendant une grande partie de l'année.

---

## Genus *HYDROPORUS*, Clairv. *Dytiscus*, Linn. *Hyphidrus*, Illig. *Hygrotus*, Steph.

### 272. *Hydroporus cuspidatus.*

Kunz. *Ent. frag.* p. 68.
Aubé, *Spéc. des coléopt.* tom. VI, p. 477, n° 7.
Ejusd. *Iconogr. des coléopt. d'Europe*, tom. V, p. 361, n° 90, pl. 41, fig. 5.

Habite les ruisseaux et les mares des marais d'Aïn-Trean, aux environs du cercle de Lacalle. Cette espèce, que j'ai prise à la fin d'août, n'est pas très-commune.

### 273. *Hydroporus geminus.*

Fabr. *Syst. Eleuth.* tom. 1, p. 272, n° 75.
Aubé, *Spéc. des coléopt.* tom. VI, p. 491, n° 17.
Ejusd. *Iconogr. des coléopt. d'Europe*, tom. V, p. 336, n° 74, pl. 38, fig. 5.
*Dytiscus trifidus*, Panz. *Faun. Germ.* fasc. 26, pl. 2.
*Dytiscus monaulacus*, Drap. *Ann. génér. des sc. phys.* tom. III, p. 270, pl. 40, fig. 5.

Je n'ai trouvé qu'une seule fois cette espèce : c'est vers le milieu de février, dans une petite mare qui est située en face du fort des Anglais; environs d'Alger.

### 274. *Hydroporus Goudotii.*

Lap. *Étud. ent.* p. 105.
Aubé, *Spéc. des coléopt.* tom. VI, p. 500, n° 23.
·Ejusd. *Iconogr. des coléopt. d'Europe,* tom. V, p. 341, n° 77, pl. 39, fig. 2.

Cette espèce n'est pas très-rare; je l'ai rencontrée particulièrement aux environs du cercle de Lacalle, dans les ruisseaux des marais d'Aïn-Trean, pendant les mois de juillet et août. Cette espèce a été aussi prise en Sicile par M. Al. Lefebvre.

### 275. *Hydroporus affinis.*

Aubé, *Spéc. des coléopt.* tom. VI, p. 511, n° 30.
Ejusd. *Iconogr. des coléopt. d'Europe,* tom. V, p. 232, n° 5, pl. 27, fig. 1.

Je n'ai pas trouvé cette espèce; elle m'a été donnée par M. Warnier, qui l'a prise dans des ruisseaux, aux environs de Tlemsên.

### 276. *Hydroporus halensis.*

Fabr. *Syst. Eleuth.* tom. I, p. 270, n° 66.
Aubé, *Spéc. des coléopt.* tom. VI, p. 536, n° 46.
Ejusd. *Iconogr. des coléopt. d'Europe,* tom. V, p. 253, n° 19, pl. 29, fig. 4.
*Dytiscus areolatus,* Duft. *Faun. austr.* tom. I, p. 274.

Cette espèce a été trouvée par M. Warnier, qui l'a prise dans les mêmes lieux que l'espèce précédente.

### 277. *Hydroporus confluens.*

Fabr. *Ent. syst.* tom. I, p. 198, n° 55.
Aubé, *Spéc. des coléopt.* tom. VI, p. 557, n° 59.
Ejusd. *Iconogr. des coléopt. d'Europe,* tom. V, p. 357, n° 87, pl. 41, fig. 2.

Cette espèce, que je n'ai rencontrée que deux fois, est assez rare; je l'ai prise vers le commencement du mois de février, aux environs d'Alger, dans un petit ruisseau, affluent de l'Ouad.

### 278. *Hydroporus opatrinus.*

Germ. *Ins. spec. nov.* tom. I, p. 31.
Aubé, *Spéc. des coléopt.* tom. VI, p. 564, n° 64.
Ejusd. *Iconogr. des coléopt. d'Europe,* tom. V, p. 274, n° 32, pl. 32, fig. 1.

Rencontré une seule fois, vers les premiers jours de février, dans une petite mare qui se trouve en face du fort des Anglais, aux environs d'Alger.

### 279.  *Hydroporus sexpustulatus* (*Dytiscus*).

Fabr. *Syst. Eleuth.* tom. 1, p. 269, n° 58.
Aubé, *Spéc. des coléopt.* tom. VI, p. 569, n° 68.
Ejusd. *Iconogr. des coléopt. d'Europe,* tom. V, p. 278, n° 35, pl. 32, fig. 4, 5, 6.
*Hydroporus palustris,* Linn. *Faun. suec.* p. 775.
*Hydroporus proximus,* Steph. *Illustr. of Brit. ent.* tom. II, p. 55.

Trouvé une seule fois, vers le milieu de février, dans une petite mare qui se trouve sur la route de Lacalle à Bône.

### 280.  *Hydroporus lituratus.*

Brull. *Expéd. scient. de Morée,* tom. III, 1° part. 2° sect. p. 127.
Aubé, *Spéc. des coléopt.* tom. VI, p. 589, n° 82.
Ejusd. *Iconogr. des coléopt. d'Europe,* tom. V, p. 290, n° 43, pl. 34, fig. 2.
*Hydroporus humilis,* Klug. *Symb. phys.* pl. 33, fig. 11.

J'ai pris assez communément cette espèce dans une petite mare qui se trouve sur la route de Lacalle à Bône, pendant les mois de mars et d'avril.

### 281.  *Hydroporus confusus,* Luc. (Pl. 11, fig. 4.)

Long. 5 millim. larg. 2 millim. ½.

H. ovalis, convexus; capite nigro anticè posticèque ferrugineo; thorace nigro, subtilissimè punctulato, piloso; elytris fulvo-ferrugineis, pilosis, in medio maculâ atrâ irregulariter ornatis; corpore atro; pedibus ferrugineis.

Il est ovale et assez convexe. La tête est noire, avec la base et son extrémité ferrugineuses, et les impressions entre les yeux petites, mais assez profondément marquées. Les antennes sont testacées, avec l'extrémité des derniers articles tachée de brun. Les palpes labiaux et maxillaires sont testacés, avec leur article terminal noir. Le corselet est noir, très-finement ponctué et revêtu de poils courts, serrés, d'un fauve clair; il est deux fois plus large que long, assez fortement échancré en avant, où il est plus étroit; ses bords latéraux sont légèrement obliques, avec les angles antérieurs et postérieurs très-peu saillants. Les élytres sont ovalaires, légèrement arrondies à leur extrémité, aussi larges en avant que la base du corselet; elles sont d'un fauve ferrugineux, noires dans leur partie médiane, couleur qui s'étend sur toute la suture; cette tache, sur ses bords, est très-irrégulière, et on aperçoit, de chaque côté, quelques traits longitudinaux d'un fauve ferrugineux; des poils assez allongés, très-serrés, d'un fauve clair, revêtent les élytres. Le corps en dessous est entièrement noir. Les pattes sont ferrugineuses.

Cet Hydropore ressemble beaucoup à l'*H. lituratus,* avec lequel il ne pourra être confondu, à cause de sa taille, qui est beaucoup plus grande, et des taches que présentent les élytres, qui sont différemment disposées.

Cette espèce est assez rare; je l'ai trouvée en janvier, dans une petite mare, en face du fort des Anglais, aux environs d'Alger; je l'ai reprise ensuite en avril, sous les galets, sur les bords du Rummel, dans les environs de Constantine.

Pl. 11, fig. 4. *Hydroporus confusus*, grossi, 4ª la grandeur naturelle.

### 282. *Hydroporus limbatus.*

Aubé, *Spéc. des coléopt.* tom. VI, p. 591, n° 83.
Ejusd. *Iconogr. des coléopt. d'Europe*, tom. V, p. 292, n° 44, pl. 34, fig. 3.

Cette espèce m'a été donnée par M. Warnier, qui l'a prise dans de petites flaques d'eau, aux environs de Tlemsên.

### 283. *Hydroporus flavipes* (*Dytiscus*).

Oliv. *Entom.* tom. III, n° 40, p. 38, pl. 5, fig. 52 *a, b.*
Aubé, *Spéc. des coléopt.* tom. VI, p. 628, n° 110.
Ejusd. *Iconogr. des coléopt. d'Europe*, tom. V, p. 325, n° 67, pl. 37, fig. 5.

Cette espèce est excessivement commune, pendant toute l'année, dans tous les ruisseaux et mares de l'Est et de l'Ouest de nos possessions du Nord de l'Afrique.

### 284. *Hydroporus Genei.*

Aubé, *Spéc. des coléopt.* tom. VI, p. 631, n° 112.
Ejusd. *Iconogr. des coléopt. d'Europe*, tom. V, p. 328, n° 69, pl. 38, fig. 1.

J'ai pris abondamment cette espèce, vers le milieu d'août, dans les mares et les ruisseaux des marais d'Aïn-Trean, aux environs du cercle de Lacalle.

### 285. *Hydroporus fasciatus.*

Aubé, *Spéc. des coléopt.* tom. VI, p. 640, n° 118.
Ejusd. *Iconogr. des coléopt. d'Europe*, tom. V, p. 347, n° 81, pl. 40, fig. 1.

Cette espèce est assez rare; je l'ai prise au commencement de novembre, dans une petite fontaine, située entre la K'as'ba et la ville de Bône.

### 286. *Hydroporus lepidus.*

Oliv. *Entom.* tom. III, n° 40, p. 32, pl. 5, fig. 51 *a, b.*
Aubé, *Spéc. des coléopt.* tom. VI, p. 643, n° 120.
Ejusd. *Iconogr. des coléopt. d'Europe*, tom. V, p. 351, n° 83, pl. 40 *bis*, fig. 3.
*Hygrotus scytulus*, Steph. *Illustr. of Brit. ent.* tom. II, p. 49, pl. 11, fig. 3.

J'ai trouvé cette espèce, qui est peu commune, dans une petite mare située en face du fort des Anglais, aux environs d'Alger; commencement de février.

### 287. *Hydroporus ferrugineus*, Luc. (Pl. 11, fig. 5.)

Long. 5 millim. larg. 2 millim. ¼.

H. oblongo-ovatus, punctulatus, levissimè pubescens; capite ferrugineo, utrinque foveolato; thorace fusco-ferrugineo, in medio transversim ferrugineo; elytris fusco-ferrugineis, marginibus pedibusque sub-ferrugineis; corpore ferrugineo, subtilissimè punctulato.

Il est ovale, assez allongé et légèrement convexe. La tête est entièrement ferrugineuse, très-finement pointillée, et, de chaque côté des yeux, elle présente une petite dépression longitudinale assez bien marquée. Les antennes et les palpes sont d'un ferrugineux un peu plus clair que le thorax. Le corselet, très-finement pointillé, est d'un ferrugineux foncé; dans sa partie médiane, il est d'un ferrugineux clair, couleur qui s'étend jusque sur les côtés et forme une bande transversale, qui quelquefois est envahie, dans son milieu, par le brun ferrugineux; il est deux fois plus large que long, profondément et largement échancré en avant, où il est plus étroit; les bords latéraux sont légèrement obliques, avec les angles antérieurs et postérieurs peu saillants et à peine arrondis. Les élytres, un peu plus fortement pointillées que le corselet, très-légèrement pubescentes, sont d'un brun ferrugineux foncé, avec les bords latéraux d'un ferrugineux clair; elles sont aussi larges en avant que la base du corselet, atténuées et légèrement acuminées à leur partie postérieure; le dessous est très-finement pointillé, d'un ferrugineux foncé. Les pattes sont d'un ferrugineux clair.

Cet Hydropore, par son aspect hyphydriforme, et que je place tout à fait à la fin des *Hydroporus*, établit le passage entre ce genre et celui des *Hyphydrus*.

Cette espèce n'est pas très-commune; je l'ai prise à la fin de juillet, dans les petites mares que l'on rencontre çà et là dans les bois du lac Houbeira, aux environs du cercle de Lacalle.

Pl. 11, fig. 5. *Hydroporus ferrugineus*, grossi, 5ᵃ la grandeur naturelle.

---

## DEUXIÈME TRIBU.

### LES GYRINIENS.

---

## Genus *GYRINUS*, Geoffr. *Dytiscus*, Linn.

### 288. *Gyrinus æneus*.

Steph. *Illustr. of Brit. ent.* tom. II, p. 95.
Aubé, *Spéc. des coléopt.* tom. VI, p. 690, n° 25.
Ejusd. *Iconogr. des coléopt. d'Europe*, tom. V, p. 389, n° 8, pl. 44, fig. 44.

J'ai trouvé assez abondamment cette espèce à la fin de janvier, dans les ruisseaux et particulièrement dans une petite mare située près du fort des Anglais, aux environs d'Alger.

### 289. *Gyrinus urinator.*

Illig. *Mag. zur. ins.* tom. VI, p. 299.
Aubé, *Spéc. des coléopt.* tom. VI, p. 704, n° 34.
Ejusd. *Iconogr. des coléopt. d'Europe*, tom. V, p. 391, n° 10, pl. 45, fig. 1.
Ejusd. *Op. cit.* tom. V, p. 392, pl. 45, fig. 2.
*Gyrinus græcus*, Brull. *Expéd. sc. de Morée*, tom. III, 1re part. 2e sect. p. 129.
*Gyrinus lineatus*, Boisd. et Lacord. *Faun. ent. des env. de Paris*, tom. I, p. 342.

Je n'ai rencontré qu'un seul individu de cette espèce : c'est vers le milieu d'avril, dans un petit ruisseau, aux environs de Philippeville.

### 290. *Gyrinus strigosus.*

Fabr. *Syst. Eleuth.* tom. I, p. 276, n° 12.
Aubé, *Spéc. des coléopt.* tom. VI, p. 719, n° 43.
Ejusd. *Iconogr. des coléopt. d'Europe*, tom. III, p. 396, n° 14, pl. 45, fig. 5.
*Gyrinus festivus*, Klug. *Ins. von. Madag.* p. 46.
*Gyrinus limbatus*, Sol. *Ann. de la soc. ent. de France*, 1re série, tom. II, p. 464.

Rencontré une seule fois, vers le milieu du mois de mai, dans une source, aux environs de Constantine.

# TROISIÈME FAMILLE.

## LES BRACHÉLYTRES.

---

# PREMIÈRE TRIBU.

## LES ALÉOCHARIENS.

---

## Genus *MYRMEDONIA*, Erichs.

### 291. *Myrmedonia tristis*, Luc. (Pl. 11, fig. 9.)

Long. 4 millim. larg. 1 millim. ½.

M. atra; capite subtilissimè punctulato; thorace elongato, convexo, punctulato, longitudinaliter profundè canaliculato; elytris brevibus, profundè punctatis, posticè rotundatis; abdomine nitido-atro, lævigato; pedibus elongatis, exilibus, nigris, testaceo ferrugineo maculatis; tarsis testaceis.

Noire; la tête est très-finement ponctuée et très-légèrement pubescente. Les palpes labiaux et maxillaires sont noirs. Les antennes, pubescentes, sont d'un brun ferrugineux. Le corselet, très-convexe, assez allongé, est très-arrondi sur les côtés et postérieurement ; il est plus fortement ponctué que la tête, et paraît aussi plus pubescent ; dans sa partie médiane, il présente un sillon longitudinal très-profondément marqué, surtout postérieurement, et qui n'atteint pas les bords antérieur et postérieur. Les élytres, plus courtes que le corselet, fortement ponctuées, sont très-légèrement pubescentes ; elles sont peu convexes et arrondies à leur partie postérieure. L'abdomen, allongé, d'un noir brillant en dessus et en dessous, est lisse et à peine pubescent. Les pattes sont très-allongées et très-grêles ; elles sont noires, avec la partie antérieure du fémur testacée, l'extrémité du tibia ferrugineuse et les tarses entièrement testacés.

Cette Myrmédonie ressemble beaucoup à la *M. memnonia*, Märk. et vient se placer tout près de cette espèce, avec laquelle elle ne pourra être confondue, à cause de ses antennes, qui sont d'un brun ferrugineux, de la partie antérieure des fémurs, qui est testacée, de l'extrémité des tibias, qui est ferrugineuse, et des tarses, qui sont testacés. Elle en diffère encore par la taille, car M. Märkel donne à son *M. memnonia* deux lignes, tandis que mon espèce n'atteint environ que quatre millimètres.

J'ai rencontré cette espèce pendant les mois de janvier et février, sous les pierres humides, à Moustapha-Supérieur et dans le cimetière des Juifs, aux environs d'Alger.

Pl. 11, fig. 9. *Myrmedonia tristis*, grossie, 9$^n$ la grandeur naturelle.

---

## Genus *FALAGRIA*, Leach. *Aleochara*, Gravenh. Gyllenh. *Staphylinus*, Auct.

### 292. *Falagria obscura.*

GRAV. *Monogr. micr.* p. 151, n° 8.
GYLLENH. *Ins. suec.* tom. II, p. 379, n° 2.
ERICHS. *Gener. et spec. Staph.* p. 54, n° 15.

Rencontré à la fin de février, sous les pierres humides, aux environs d'Alger.

---

## Genus *BOLITOCHARA*, Mannerh. *Aleochara*, Knoch. Grav. *Staphylinus*, Auct.

### 293. *Bolitochara humeralis*, Luc. (Pl. 11, fig. 10.)

Long. 3 millim. $\frac{1}{2}$, larg. 1 millim.

B. capite thoraceque rubris, subtilissimè punctulatis, ultimo convexo, posticè puncto impresso ; elytris atris, punctatis, anticè rubro maculatis ; abdomine subtùs infràque nigro ; pedibus fuscorubescentibus tarsisque testaceis.

La tête est rouge, très-finement ponctuée et assez convexe. Les yeux sont noirs. La lèvre supérieure est noire. Les palpes maxillaires et les palpes labiaux sont de même couleur que la tête. Les antennes sont d'un brun rougeâtre, avec les deux premiers articles d'un rouge testacé. Le corselet est rouge, court, convexe et très-finement ponctué, arrondi sur les côtés et postérieurement; en dessus, près de la base, on aperçoit un point arrondi, assez profondément enfoncé. L'écusson est de même couleur que le corselet. Les élytres sont courtes, plus longues cependant que le corselet, et presque coupées carrément à leur base; elles sont noires, très-légèrement pubescentes, très-finement ponctuées et tachées de rouge antérieurement. L'abdomen, en dessus et en dessous, est noir, lisse, à peine pubescent. Les pattes sont d'un brun rougeâtre, avec les tarses testacés.

Cette Bolitochare est excessivement voisine de la *B. varia*, Erichs. et pourrait même bien n'en être qu'une variété locale. Malheureusement, je n'en ai rencontré qu'un seul individu, chez lequel la base des antennes est d'un rouge testacé, tandis que chez la *B. varia*, ces mêmes articles sont d'un roux testacé à la base; je ferai aussi remarquer que les articles suivants, chez l'espèce du Nord de l'Afrique, sont d'un brun roussâtre, au lieu d'être noirs, comme dans la *B. varia*. Cette espèce semble s'en distinguer encore par la tache humérale rougeâtre que présentent ses élytres, laquelle, cependant, se voit quelquefois aussi, mais obscurément, chez la *B. varia*, car M. le docteur Aubé m'a montré un individu de cette espèce qui présentait cette particularité.

Trouvé une seule fois, dans les premiers jours d'avril, sous les pierres humides, près de l'Ouad-Safsaf, dans les environs de Philippeville.

Pl. 11, fig. 10. *Bolitochara humeralis*, grossi, 10ᵃ la grandeur naturelle, 10ᵇ une antenne grossie.

---

## Genus *PHLŒOPORA*, Erichs. *Aleochara*, Grav. *Bolitochara*, Mann.

### 294. *Phlœopora reptans.*

GRAV. *Monogr. micr.* p. 154, n° 19.
GYLLENH. *Ins. suec.* tom. II, p. 389, n° 12.
ERICHS. *Gener. et spec. Staph.* p. 77, n° 1.

Rencontré en hiver, sous les pierres humides, dans les environs du cercle de Lacalle.

---

## Genus *HOMALOTA*, Mannerh. *Aleochara*, Grav. *Bolitochara*, Mann.

### 295. *Homalota socialis.*

PAYK, *Monogr. Staph.* p. 60, n° 43.
*Aleochara boleti*, GRAV. *Monogr. micr.* p. 156, n° 23.
*Aleochara sericans*, ejusd. *Op. cit.* p. 159, n° 28.
*Aleochara castanoptera*, SAHLB. *Ins. Fenn.* tom. I, p. 69, n° 45.
ERICHS. *Gener et spec. Staph.* p. 102, n° 43.

Trouvé une seule fois, en février, sous les pierres humides, dans les environs d'Alger.

### 296. *Homalota pallipes*[1], Luc. (Pl. 11, fig. 11.)

Long. 2 millim. larg. $\frac{1}{2}$ millim.

H. capite thoraceque fuscoferrugineis; elytris fuscoferrugineis, suturâ basique ferrugineis; abdomine atro, marginibus segmentorum posticè infrà ferrugineis; antennis primis articulis testaceis, subsequentibus ferrugineis; pedibus testaceis.

La tête est d'un brun ferrugineux, lisse et très-légèrement convexe. La lèvre supérieure est d'un testacé rougeâtre. Les palpes maxillaires et les palpes labiaux sont testacés. Les antennes sont peu allongées, testacées à leur base et d'un brun légèrement ferrugineux à leur extrémité. Le corselet, lisse, assez convexe, d'un brun ferrugineux, est revêtu d'une pubescence courte et très-peu serrée; il est plus long que large, à bords latéraux abaissés et arrondis. Les élytres sont très-peu convexes, d'un brun ferrugineux antérieurement, avec la suture et leur partie postérieure d'un ferrugineux clair; elles sont presque coupées carrément à leur base, lisses et très-légèrement pubescentes. L'abdomen est noir, avec la partie postérieure des segments, en dessous, ferrugineuse. Les pattes sont testacées.

Rencontré vers le milieu de janvier, sous les pierres humides, près les marais du lac Tonga, dans les environs du cercle de Lacalle.

Pl. 11, fig. 11. *Homalota pallipes*, grossi, 11ᵃ la grandeur naturelle.

---

### Genus *ALEOCHARA*, Grav. *Lomechusa*, Latr. *Staphylinus*, Auct.

### 297. *Aleochara tristis.*

Grav. *Monogr. micr.* p. 170, n° 59.
Gyllenh. *Ins. suec.* tom. II, p. 430, n° 59.
Erichs. *Gener. et spec. Staph.* p. 162, n° 8.
*Staphylinus geometricus*, Schr. *Faun. Boïca*, tom. I, p. 642, n° 869.

Cette espèce n'est pas très-rare; je l'ai trouvée dans les premiers jours d'avril; elle se tient ordinairement dans les bouses et est très-agile; environs de Philippeville.

Pl. 11, fig. 8. Une antenne grossie de l'*Aleochara tristis*.

### 298. *Aleochara bipunctata.*

Grav. *Monogr. micr.* p. 171, n° 61.
Gyllenh. *Ins. suec.* tom. II, p. 43, n° 52.
Erichs. *Gener. et spec. Staph.* p. 163, n° 9.

Trouvé une seule fois, dans des bouses, à la fin de janvier; environs d'Alger.

[1] C'est avec doute; cependant, que je range cette espèce dans le genre *Homalota*; ce petit staphylinien, dont je n'ai trouvé qu'un seul individu, semblerait peut-être plutôt appartenir au *Silusa* de M. Erichson, et, dans ce cas, il viendrait se ranger après la *Silusa rubiginosa* du même savant.

299. *Aleochara scutellaris*, Luc. (Pl. 11, fig. 7.)

Long. 4 millim. ½, larg. 1 millim. ½.

A. capite thoracèque atris, lævigatis; elytris fulvis, subtilissimè punctulatis, apice suturâque nigris; abdomine subtùs infràque subtilissimè punctulato, nigro, posticè nigro ferrugineo; pedibus fulvis vel subfusco-ferrugineis.

La tête est lisse, d'un noir brillant, revêtue d'une pubescence jaunâtre, très-courte et peu serrée. Les palpes labiaux et maxillaires sont noirs, avec leur article terminal légèrement roussâtre. Les antennes sont noires; il y a des individus chez lesquels cependant les deux premiers articles sont roussâtres. Le thorax est noir, lisse, revêtu d'une pubescence jaunâtre, très-courte, peu serrée; il est large, arrondi postérieurement et sur les côtés, lesquels sont abaissés. Les élytres, un peu moins larges que le thorax, sont très-finement ponctuées; elles sont fauves, avec leur partie antérieure et la suture noires; elles sont revêtues d'une pubescence jaunâtre, très-courte et très-peu serrée. L'abdomen, très-finement ponctué en dessus et en dessous, est noir, avec le bord postérieur de l'avant-dernier segment abdominal et tout le dernier d'un noir légèrement ferrugineux; en dessus et en dessous, il est revêtu d'une pubescence jaunâtre. Les pattes sont fauves, quelquefois d'un brun légèrement ferrugineux.

Cette Aléochare ressemble un peu à l'*A. bipunctata*, Grav. et vient se placer tout à côté de cette espèce. Je ferai aussi remarquer que ce joli petit staphylinien a été rencontré, il n'y a pas très-longtemps, à Paris, par M. Cordier.

Cette espèce est assez rare; je n'en ai trouvé que quelques individus, que j'ai pris à la fin de janvier, dans les ravins du Djebel Santon, aux environs d'Oran.

Pl. 11, fig. 7. *Aleochara scutellaris*, grossie, 7ª la grandeur naturelle.

### 300. *Aleochara obscurella*.

GRAV. *Monogr. micr.* p. 159, n° 27.
GYLLENH. *Ins. suec.* tom. II, p. 403, n° 25.
ERICHS. *Gener. et spec. Staph.* p. 176, n° 37.
*Oxipoda sericea*, BOISD. et LACORD. *Faun. ent. des env. de Paris*, tom. I, p. 588, n° 2.

Rencontré une seule fois en hiver, dans une bouse, aux environs du cercle de Lacalle.

---

# Genus *GYROPHŒNA*, Mannerh. *Aleochara*, Grav. Latr. *Staphylinus*, Auct.

### 301. *Gyrophœna lucidula*.

ERICHS. *Gener. et spec. Staph.* p. 187, n° 10.

J'ai trouvé cette espèce, vers la fin de janvier, dans les environs du cercle de Lacalle; je l'ai rencontrée en famille de huit ou dix individus, dans l'*Agaricus tigrinus*, cryptogamme dont les larves, je crois, se nourrissent.

Genus *MYLLŒNA*, Erichs. *Aleochara*, Grav. *Centroglossa*, Matthews.

### 302. *Myllœna dubia.*

GRAV. *Monogr.* p. 73 , n° 67.
ERICHS. *Gener. et spec. Staph.* p. 210, n° 1.
*Centroglossa conuroïdes*, MATTH. *Ent. Mag.* tom. V, p. 195, fig. 1.

Trouvé une seule fois, en février, sous les écorces des chênes-liéges en décomposition, dans les marais du lac Tonga, aux environs du cercle de Lacalle.

## DEUXIÈME TRIBU.
### LES TACHYPORIENS.

Genus *CONURUS*, Steph. *Tachyporus*, Grav. Gyllenh. *Staphylinus*, Auct.

### 303. *Conurus pubescens.*

GRAV. *Monogr. micr.* p. 5, n° 8.
GYLLENH. *Ins. suec.* tom. II, p. 243, n° 8.
ERICHS. *Gener. et spec. Staph.* p. 221, n° 4.
*Staphylinus tomentosus*, ROSSI, *Faun. etrusc. mant.* p. 97, n° 218.

Cette espèce habite l'Est et l'Ouest de nos possessions du Nord de l'Afrique; elle se tient sous les pierres, particulièrement dans des lieux humides; je l'ai prise, en hiver, dans les environs de Philippeville et d'Oran.

### 304. *Conurus fusculus.*

ERICHS. *Gener. et spec. Staph.* p. 229, n° 16.
*Tachyporus pedicularius*, BOISD. et LACORD. *Faun. ent. des env. de Paris*, tom. I, p. 519, n° 12.

Rencontré une seule fois en février, sous les pierres humides, dans les environs de Philippeville.

### 305. *Conurus lividus.*

ERICHS. *Gener. et spec. Staph.* p. 229, n° 17.

J'ai rencontré cette espèce en janvier et février, sous les pierres humides, aux environs d'Alger, et, sous les écorces des chênes-liéges abattus, dans les environs de Philippeville.

## Genus *TACHYPORUS*, Grav. *Staphylinus*, Auct.

### 306. *Tachyporus silphoides* (*Staphylinus*).

LINN. *Syst. nat.* tom. I, p. 684.
GYLLENH. *Ins. suec.* tom. II, p. 267, n° 14.
ERICHS. *Gener. et spec. staph.* p. 245, n° 1.
*Tachynus suturalis*, LATR. *Hist. nat. des crust. et des ins.* tom. IX, p. 397, n° 15.

Trouvé une seule fois, sous les pierres humides, dans les premiers jours de février, près la pointe Pescade, aux environs d'Alger.

### 307. *Tachyporus solutus*.

ERICHS. *Gener. et spec. staph.* p. 236, n° 9.
*Tachyporus saginatus*, BOISD. et LACORD. *Faun. ent. des env. de Paris*, tom. I, p. 515, n° 3.

Rencontré une seule fois, dans les premiers jours du mois de février, sous les pierres humides, près le fort des Anglais, aux environs d'Alger.

---

## Genus *TACHINUS*, Grav. *Staphylinus*, Auct.

### 308. *Tachynus marginellus*.

GRAV. *Micr.* p. 143, n° 14.
GYLLENH. *Ins. suec.* tom. II, p. 265, n° 12.
ERICHS. *Gener. et spec. staph.* p. 263, n° 31.
*Staphylinus marginellus*, FABR. *Syst. Eleuth.* tom. II, p. 607, n° 23.
*Tachynus laticollis*, GRAV. *Micr.* p. 141, n° 10.

Chez cette espèce, qui n'avait encore été rencontrée qu'en Europe, les antennes sont d'un noir brun, avec leur base teintée de roussâtre, à l'exception cependant du premier article, qui est quelquefois d'un roux testacé. Les palpes sont bruns. La tête est très-finement ponctuée, d'un noir brillant. Le thorax, un peu plus large que les élytres, est d'un noir brillant, avec les bords latéraux et postérieurs légèrement teintés de testacé. L'écusson est noir, très-finement ponctué. Les élytres, une fois et demie environ plus larges que le corselet, moins finement ponctuées, sont d'un brun obscur et très-légèrement bordées de testacé. L'abdomen est d'un noir brun brillant, avec le bord postérieur de chaque segment roussâtre. Les pattes sont d'un roux testacé.

Cette espèce habite l'Est et l'Ouest de nos possessions du Nord de l'Afrique, particulièrement les environs d'Alger, de Philippeville, de Constantine et d'Oran; je l'ai prise, en hiver, sous les pierres humides.

## TROISIÈME TRIBU.

### LES STAPHYLINIENS.

———

Genus *XANTHOLINUS*, Dahl. *Gyrohypnus*, Kirby, *Staphylinus*, Auct.

### 309. *Xantholinus glabratus.*

GRAV. *Monogr. micr.* p. 178, n° 98.
ERICHS. *Gener. et spec. staph.* p. 319, n° 29.
*Xantholinus fulgidus*, GRAV. *Monogr. micr.* p. 48, n° 71.
*Staphylinus nitidus*, PANZ. *Faun. Germ.* fasc. 27, n° 8.

Cette espèce, pendant l'hiver, n'est pas très-rare dans l'Est et l'Ouest de l'Algérie, surtout aux environs d'Oran, d'Alger et de Bône; elle se tient ordinairement sous les pierres humides.

Pl. 11, fig. 13. Une mâchoire, 13ᵃ une mandibule, 13ᵇ lèvre inférieure, 13ᶜ une antenne grossie du *Xantholinus glabratus.*

### 310. *Xantholinus fulgidus (Staphylinus).*

FABR. *Mant. ins.* tom. I, p. 220, n° 14.
ERICHS. *Gener. et spec. staph.* p. 319, n° 28.
GRAV. *Monogr. micr.* p. 102, n° 103.
*Gyrohypnus pyropterus*, MANN. *Brach.* p. 33, n° 8.

Trouvé sous les pierres humides, aux environs de Philippeville, dans les premiers jours du mois de mars.

### 311. *Xantholinus rufipes*, Luc. (Pl. 11, fig. 12.)

Long. 9 millim. $\frac{1}{2}$, larg. 1 millim. $\frac{3}{4}$.

X. capite atro nitido, subtiliter punctulato; thorace atro, profundè punctato; elytris fusco-ferrugineis, confertìm punctatis; abdomine atro, lævigato; pedibus rufescentibus.

Il est très-voisin du *X. linearis*, après lequel il doit venir se placer. La tête est d'un noir brillant et présente une ponctuation fine et très-peu serrée. Les mandibules sont noires, avec les palpes labiaux et maxillaires ferrugineux. Les antennes ont leurs trois premiers articles ferrugineux; les suivants sont d'un brun légèrement ferrugineux, tomenteux, avec l'extrémité de leur article terminal testacé. Le corselet, un peu plus court que la tête, est à peine convexe, et, comme cette dernière, il est noir et présente une ponctuation peu serrée, mais plus forte et surtout plus profondément enfoncée; il est un peu plus large antérieurement que postérieurement; à sa partie antérieure, il est très-légèrement échancré, tandis que, postérieurement, il est très-arrondi. Les élytres, un peu plus courtes que le corselet, sont d'un brun ferrugineux; elles sont très-peu convexes et présentent une ponctuation très-forte et beaucoup plus serrée que celles de la tête et du corselet; postérieurement, elles sont légèrement arrondies. L'abdomen est noir, lisse, revêtu, en dessus et en dessous, de poils fauves, assez allongés et très-clairement parsemés. Les pattes sont entièrement roussâtres.

Rencontré sous les pierres humides, à la fin de janvier, aux environs de Bâb-el-Ouad, et, dans les premiers jours de mars, aux environs du cercle de Lacalle, près les marais du lac Tonga.

Pl. 11, fig. 12. *Xantholinus rufipes,* grossi, 12ᵃ la grandeur naturelle.

### 312. *Xantholinus punctulatus (Staphylinus).*

Payk. *Monogr. staph.* p. 30, n° 22.
Boisd. et Lacord. *Faun. ent. des env. de Paris,* tom. I, p. 415, n° 6.
Erichs. *Gener. et spec. staph.* p. 328, n° 46.
*Staphylinus elongatus,* Fourc. *Ent. Paris,* tom. I, p. 171, n° 27.

Trouvé une seule fois, sous les pierres humides, vers le milieu du mois de janvier, dans les environs d'Alger.

### 313. *Xantholinus linearis.*

Fabr. *Syst. Eleuth.* tom. II, p. 599, n° 51.
Erichs. *Gener. et spec. staph.* p. 332, n° 52.
*Xantholinus longiceps,* Mann. *Brach.* p. 33, n° 1.
*Staphylinus punctulatus,* Schr. *Faun. Boïc.* tom. I, p. 649, n° 889.
*Staphylinus ochraceus,* Grav. *Monogr. micr.* p. 97, n° 15.

Cette espèce n'est pas très-rare dans les environs d'Alger et de Philippeville; on la rencontre ordinairement pendant l'hiver, sous les pierres, dans les lieux humides.

### 314. *Xantholinus ruficollis,* Luc. (Pl. 12, fig. 1.)

**Long. 6 millim. ½, larg. 1 millim.**

X. capite atro, lævigato, sparsìm punctato; thorace rufo, lævigato; elytris atris, punctatis, posteriore parte suturâque testaceis; abdomine atro, ultimis segmentis rufescentibus; pedibus rufescentibus.

C'est près du *X. glaber* que vient se ranger cette espèce. La tête est noire, très-légèrement convexe, lisse dans sa partie médiane, et présente, sur les côtés, des points placés çà et là. Les antennes sont d'un brun roussâtre, tomenteuses, avec le premier et le second article d'un roux foncé. Les mandibules sont noires. Les palpes labiaux et maxillaires sont d'un roux foncé. Le thorax est roux, entièrement lisse; il est un peu plus long que la tête, très-peu convexe et un peu plus large antérieurement que postérieurement; sa partie antérieure est très-légèrement échancrée, avec les angles à peine arrondis. L'écusson est noir. Les élytres sont de même couleur que l'écusson, avec la suture et leur partie postérieure testacées; elles sont finement ponctuées, et cette ponctuation est très-peu serrée. L'abdomen est noir, lisse, avec le segment anal et la partie postérieure du précédent roussâtre. Les pattes sont roussâtres, avec les hanches des pattes antérieures de même couleur, mais plus foncées.

J'ai trouvé cette espèce sous les écorces des chênes-liéges, dans les bois du lac Tonga, aux environs du cercle de Lacalle, vers les premiers jours de février.

Pl. 12, fig. 1. *Xantholinus ruficollis*, grossi, 1ᵃ la grandeur naturelle, 1ᵇ une antenne.

---

Genus *LEPTACINUS*, Erichs. *Xantholinus*, Lacord. et Boisd. *Staphylinus*, Auct.

### 315. *Leptacinus parum punctatus.*

GYLLENH. *Ins. suec.* tom. IV, p. 481, nᵒˢ 6 et 68.
ERICHS. *Gener. et spec. staph.* p. 335, n° 3.

Rencontré une seule fois, dans le commencement du mois de juin, sur les bords du lac Houbeira, aux environs du cercle de Lacalle.

### 316. *Leptacinus nothus.*

ERICHS. *Gener. et spec. staph.* p. 338, n° 9.

Trouvé une seule fois, sous les pierres humides, en hiver, sur les bords de l'Ouad-Safsaf, dans les environs de Philippeville.

---

Genus *STAPHYLINUS*, Linn. *Emus*, Boisd. et Lacord. *Creophilus*, Mann.

### 317. *Staphylinus maxillosus.*

LINN. *Faun. suec.* n° 891.
OLIV. *Entom.* tom. III, 42, 9, 5, pl. 1, fig. 5.
ERICHS. *Gener. et spec. staph.* p. 348, n° 2.
*Staphylinus nebulosus*, FOURC. *Ent. Par.* tom. I, p. 165, n° 5.

Cette espèce n'est pas rare dans l'Est de nos possessions du Nord de l'Afrique; je l'ai prise en hiver, au printemps et en été, aux environs d'Alger, de Constantine, de Sétif, de Bône et du cercle de Lacalle. Les individus que je possède de l'Ouest, où cette espèce paraît être aussi très-abondamment répandue, m'ont été donnés par M. le colonel Levaillant, qui les a rencontrés dans les environs d'Oran.

### 318. *Staphylinus cæsareus.*

CEDERH. *Faun. Ingr.* p. 335, n° 1055, Pl. 3, fig. C.
ERICHS. *Gener. et spec. staph.* p. 378, n° 54.
*Staphylinus erythropterus,* FABR. *Syst. ent.* p. 265, n° 5.
*Staphylinus primus,* SCHAFF. *Icon. ins.* tom. I, tab. 2, fig. 2.

Cette espèce est plus rare que la précédente; je n'en ai rencontré que deux individus que j'ai pris dans le mois de mars, sous les pierres humides, près les marais du lac Tonga, aux environs du cercle de Lacalle.

### 319. *Staphylinus marginalis.*

GÉNÉ, *Act. Reg. acad. Taur.* tom. XXXIX, p. 171, n° 10, pl. I, fig. 4.
ERICHS. *Gener. et spec. staph.* p. 361, n° 23.

Rencontré, en juin, aux environs de Constantine. Cette espèce est assez rare; je n'en ai trouvé que deux individus.

---

## Genus OCYPUS, Kirby, *Staphylinus,* Auct. *Emus,* Boisd. et Lacord.

### 320. *Ocypus olens (Staphylinus).*

FABR. *Ent. syst.* tom. I, p. 520, n° 6.
ERICHS. *Gener. et spec. staph.* p. 405, n° 1.
*Staphylinus unicolor,* HERBST. *Archiv.* p. 149, n° 4.
*Staphylinus maxillosus,* SCH. *Enum. ins. austr.* p. 230, n° 431.

Cette espèce est très-commune, pendant toute l'année, dans l'Est et l'Ouest de l'Algérie, particulièrement aux environs de Constantine, de Philippeville, d'Alger et d'Oran.

### 321. *Ocypus nigrinus,* Luc. (Pl. 12, fig. 2.)

Long. 10 millim. $\frac{1}{2}$, larg. 3 millim. $\frac{1}{2}$.

O. omninò ater; capite confertìm profundèque punctato; thorace subtiliter punctulato, prominentiâ longitudinali in medio lævigatâ; elytris thoraci æqualibus, subtilissimè granariis; corpore subtilissimè granario; pedibus nigris, lævigatis.

Cette espèce est très-voisine de l'*O. cyaneus,* près de laquelle elle vient se placer. Elle est entièrement noire. La tête est assez large, et présente une ponctuation fine, serrée et assez profondément enfoncée; elle est très-légèrement déprimée, surtout entre les yeux, et, dans sa partie médiane, elle présente une petite saillie longitudinale, lisse, qui part du bord postérieur, et atteint à peine son milieu. Les antennes sont noires, tomenteuses, à leur extrémité. Les organes de la manducation sont entièrement noirs. Le thorax est plus finement ponctué que la tête; il est très-légèrement échancré antérieurement et très-arrondi postérieurement; en dessus, il est très-peu convexe, et, dans sa partie médiane, il présente une saillie longitudinale qui atteint les bords antérieur et postérieur. L'écusson et les élytres sont très-finement chagrinés; ces dernières sont de la longueur du thorax. L'abdomen est très-finement chagriné. Les pattes sont noires, lisses.

Cette espèce est assez rare; je n'en ai trouvé que deux individus, que j'ai pris sous les pierres humides, près le fort des Anglais, dans les derniers jours de février; environs d'Alger.

Pl. 12, fig. 2. *Ocypus nigrinus*, grossi, 2ª la grandeur naturelle, 2ᵇ une antenne.

### 322. *Ocypus cyaneus.*

*Staphylinus*, Payk. *Monogr. staph.* p. 13, n° 7.
Erichs. *Gener. et spec. staph.* p. 405, n° 2.
*Staphylinus azurescens*, Mannerh. *Brachelyt.* p. 23, n° 15.
*Staphylinus ophthalmicus*, Scop. *Ent. carn.* p. 39, n° 300.
*Staphylinus cœrulescens*, Fourc. *Ent. Paris.* tom. I, p. 164, n° 2.

Se trouve assez communément aux environs d'Alger et de Philippeville, pendant l'hiver, le printemps et une grande partie de l'été; il se tient sous les pierres; je l'ai pris aussi quelquefois errant.

### 323. *Ocypus planipennis.* (Pl. 12, fig. 3.)

Aubé, *Ann. de la soc. ent. de France,* 1ʳᵉ sér. tom. II, p. 235.

Cet *Ocypus,* qui a d'abord été trouvé en Sicile, diffère essentiellement de l'*O. siculus* par sa taille plus petite, sa forme plus déprimée, la légère ligne rougeâtre à la base des élytres et la couleur noire de toutes ses hanches; il diffère aussi de l'*O. pedator,* dont il se rapproche davantage par ses antennes et ses élytres, qui sont plus longues; celles-ci sont moins rugueuses, un peu plus brillantes et plus déprimées, et la ponctuation générale est beaucoup moins serrée.

Je n'ai rencontré qu'une seule fois cette espèce; c'est aux environs de Bougie, en mars, sous les pierres que l'on trouve sur la route qui conduit de cette ville au Gouraia.

Pl. 12, fig. 3. *Ocypus planipennis*, grossi, 3ª la grandeur naturelle.

### 324. *Ocypus masculus (Staphylinus).*

Nordm. *Symb. ad monogr. staph.* p. 67, n° 55.
Erichs. *Gener. et spec. staph.* p. 409, n° 8.

Cette espèce, pendant toute l'année, est assez commune dans l'Est et dans l'Ouest de nos possessions du Nord de l'Afrique; on la rencontre ordinairement sous les pierres; je l'ai prise aussi assez souvent errante.

### 325. *Ocypus cupreus* (*Staphylinus*).

Rossi, *Faun. Etrusc.* tom. I, p. 248, n° 612, pl. 7, fig. 13.
Erichs. *Gener. et spec. staph.* p. 412, n° 14.
*Staphylinus æneocephalus*, Latr. *Hist. nat. des crust. et des ins.* tom. IX, p. 300, n° 13.
*Staphylinus æneicollis*, Gyllenh. *Ins. suec.* tom. IV, p. 475, n° 12 à 13.
*Staphylinus strigatus*, Nordm. *Symb. ad monogr. staph.* p. 70, n° 65.

Cette espèce, que l'on rencontre pendant toute l'année, habite les mêmes localités que l'espèce précédente, et est encore beaucoup plus commune.

---

## Genus *Philonthus*, Leach. *Staphylinus*, Auct.

### 326. *Philonthus intermedius*.

Erichs. *Die Käfer der mark Brand.* tom. I, p. 447, n° 2.
Ejusd. *Gener. et spec. staph.* p. 429, n° 2.
*Philonthus laminatus*, Nordm. *Symb. ad monogr. staph.* p. 74, n° 3.

Cette espèce n'est pas très-rare dans les environs d'Alger; on la rencontre ordinairement, pendant les mois de janvier et de février, dans les bouses; je l'ai prise aussi aux environs de Bougie et d'Oran.

### 327. *Philonthus bipustulatus* (*Staphylinus*).

Panz. *Faun. Germ.* fasc. 27, n° 10.
Nordm. *Symb. ad monogr. staph.* p. 98, n° 78.
Erichs. *Die Käfer der mark Brand.* p. 461, n° 28.
Ejusd. *Gener. et spec. staph.* tom. I, p. 468, n° 67.

Trouvé en hiver, sous des cadavres d'animaux en décomposition, dans les environs du cercle de Lacalle; j'ai pris aussi cette espèce dans des bouses de vaches, aux environs d'Alger et de Philippeville.

### 328. *Philonthus varius*.

Gyllenh. *Ins. suec.* tom. II, p. 321, n° 37.
Nordm. *Symb. ad monogr. staph.* p. 84, n° 7.
Erichs. *Die Käfer der mark Brand.* p. 455, n° 14.
Ejusd. *Gener. et spec. staph.* tom. I, p. 447, n° 31.
*Staphylinus carbonarius*, Grav. *Monogr. micr.* p. 67, n° 42.

Je n'ai rencontré qu'une seule fois cette espèce; c'est à la fin de février, sous une bouse, dans les environs d'Alger.

### 329. *Philonthus varians.*

Payk. *Monogr. staph. succ.* p. 45, n° 33.
Erichs. *Gener. et spec. staph.* p. 70, n° 470.
*Philonthus opacus,* Nordm. *Symb. ad monogr. staph.* p. 98, n° 79.
*Staphylinus aterrimus,* Marsh. *Ent. brit.* p. 313, n° 14.
*Philonthus scybalarius,* Nordm. *Symb. ad monogr. staph.* p. 94, n° 70.

Je n'ai trouvé qu'une seule fois cette espèce; c'est aux environs d'Oran, sous les pierres,
à la fin de janvier.

### 330. *Philonthus ebeninus.*

Grav. *Monogr. micr.* p. 67, n° 21.
Erichs. *Gener. et spec. staph.* p. 461 et 929, n° 56.
*Philonthus varians,* Erichs. *Die Käfer der mark Brand.* tom. I, p. 461, n° 23.
*Staphylinus brevicornis,* Grav. *Monogr. micr.* p. 69, n° 50.
*Staphylinus concinnus,* ejusd. *Micr. Brunsv.* p. 21, n° 25.

Cette espèce habite l'Est et l'Ouest de nos possessions du Nord de l'Afrique; je l'ai
prise en janvier, sous les pierres, aux environs de la pointe Pescade, de Kouba et de Tixe-
raïm; je l'ai rencontrée aussi, dans les mêmes conditions, aux environs d'Oran.

### 331. *Philonthus sordidus.*

Grav. *Micr.* p. 76, n° 33.
Gyllenh. *Ins. suec.* tom. II, p. 326, n° 41.
Nordm. *Symb. ad monogr. staph.* p. 84, n° 40.
Erichs. *Die Käfer der mark Brand.* tom. I, p. 459, n° 20.
Ejusd. *Gener. et spec. staph.* p. 456, n° 47.
*Phylonthus pachycephalus,* Nordm. *Symb. ad monogr. staph.* p. 82, n° 35.

Je n'ai rencontré qu'une seule fois cette espèce; c'est à la fin de janvier, sous les pierres,
près les marais du lac Tonga, dans les environs du cercle de Lacalle.

### 332. *Philonthus sparsus,* Luc. (Pl. 12, fig. 4.)

Long. 5 millim. $\frac{1}{2}$, larg. 1 millim. $\frac{1}{4}$.

P. omninò nitido-ater; capite in medio lævigato, anticè ad lateraque sparsim punctato; thorace subcon-
vexiusculo, marginibus punctatis; elytris subtiliter punctulatis; abdomine lævigato, fulvescente piloso;
pedibus nigris.

Ce *Philonthus,* qui a beaucoup d'analogie avec le *P. sordidus,* vient se placer tout près de
cette espèce. Il est entièrement d'un noir brillant. La tête est assez convexe, lisse dans sa partie médiane, et elle présente, sur les côtés et antérieurement, quelques points assez profondément enfoncés, placés çà et là. Les organes de la manducation sont entièrement noirs. Les

antennes sont de cette dernière couleur, et très-légèrement tomenteuses. Le thorax est très-légèrement convexe, lisse dans sa partie médiane, et, sur les côtés, il présente cinq points, dont trois assez profondément enfoncés, sont placés longitudinalement; les autres, plus près du bord des élytres, sont très-peu marqués. Les élytres, plus longues que le corselet, très-légèrement convexes, sont ponctuées, et cette ponctuation est assez fine, peu profondément marquée, et très-peu serrée. L'abdomen est entièrement lisse, revêtu de poils soyeux, assez allongés, d'un fauve clair. Les pattes sont entièrement noires et très-légèrement poilues.

Rencontré une seule fois, sous les pierres humides, à la fin de février, dans les environs du cercle de Lacalle.

Pl. 12, fig. 4. *Philonthus sparsus*, grossi, 4ᵃ la grandeur naturelle, 4ᵇ une antenne, 4ᶜ une patte de la dernière paire.

### 333. *Philonthus aterrimus.*

GRAV. *Micr. Brunsv.* p. 41, n° 92.
ERICHS. *Die Käfer der mark Brand.* tom. I, p. 476, n° 45.
Ejusd. *Gener. et spec. staph.* p. 492, n° 109.
*Staphylinus nigritulus,* GRAV. *Micr.* p. 41, n° 61.
*Philonthus trossulus,* NORDM. *Symb. ad monogr. staph.* p. 102, n° 93.

Rencontré une seule fois, à la fin de février, sous les pierres humides, dans les environs d'Alger.

---

## Genus *HETEROTHOPS,* Kirby. *Tachyporus,* Grav. *Tachynus,* ejusd. *Trichopygus,* Nordm. *Emus,* Boisd. et Lacord. *Staphylinus,* Auct.

### 334. *Heterothops dissimilis.*

GRAV. *Micr.* p. 125, n° 1.
ERICHS. *Die Käfer der mark Brand.* tom. I, p. 480, n° 2.
Ejusd. *Gener. et spec. staph.* p. 517, n° 3.
*Staphylinus subuliformis,* GYLLENH. *Ins. suec.* tom. II, p. 312, n° 29.

Trouvé une seule fois, sous les pierres humides, dans les derniers jours de décembre, près Bâb-el-Ouad, aux environs d'Alger.

---

## Genus *QUEDIUS,* Leach. *Microsaurus,* Steph. *Raphirus,* ejusd. *Philonthus,* Nordm. *Staphylinus,* Auct.

### 335. *Quedius pallipes,* Luc. (Pl. 12, fig. 6.)

Long. 7 millim. ½, larg. 2 millim.

Q. capite atro, utrinque punctato; thorace fusco, punctato; elytris fuscis, suturâ posterioreque parte fuscoferrugineis, pilosis, subtilissimè punctulatis; abdomine fusco, piloso, subtilissimè punctulato, infrà æneo; pedibus testaceis.

Il ressemble un peu au Q. *molochinus* et vient se placer dans le voisinage de cette espèce.

La tête est noire, lisse, et présente de chaque côté, entre les yeux et à la partie antérieure de ces derniers quatre points, dont trois situés antérieurement et le quatrième placé tout à fait sur le bord interne de l'œil. Les mandibules sont noires. Les palpes maxillaires et labiaux sont ferrugineux. Les antennes sont d'un testacé ferrugineux et très-légèrement poilues. Le corselet est assez convexe, d'un brun foncé, plus clair postérieurement; de chaque côté, il présente, en dessus et antérieurement, deux points assez rapprochés et peu profondément marqués; près des bords antérieur et postérieur, on aperçoit deux autres points, dont l'un est situé près de ceux que j'ai indiqués plus haut, et dont l'autre, isolé, est placé un peu latéralement. Les élytres, très-peu convexes, poilues, très-finement pointillées, sont d'un brun assez foncé, avec la suture et leur partie postérieure d'un brun ferrugineux clair. L'abdomen est brun, poilu et très-finement pointillé; en dessous, il est bronzé, avec la partie postérieure des segments ferrugineuse. Les pattes sont testacées.

Rencontré en mars, sous les pierres humides, dans les environs de Philippeville.

Pl. 12, fig. 6. *Quedius pallipes,* grossi, 6ᵃ la grandeur naturelle, 6ᵇ une antenne, 6ᶜ une patte de la seconde paire.

<h3 align="center">336. Quedius picipes.</h3>

Mannerh. *Brach.* p. 26, n° 34.
Erichs. *Die Käfer der mark Brand.* tom. I, p. 491, n° 10.
Ejusd. *Gener. et spec. staph.* p. 537, n° 21.
*Philonthus picipes,* Nordm. *Symb. ad monogr. staph.* p. 76, n° 9.
*Philonthus variicolor,* ejusd. *Op. cit.* p. 76, n° 9.

Je n'ai pas rencontré cette espèce; elle m'a été donnée par mon ami, M. Vaillant, peintre d'histoire naturelle de la commission, qui l'a prise aux îles Habiba, sur la côte d'Oran.

<h3 align="center">337. Quedius maurorufus.</h3>

Grav. *Monogr. micropt.* p. 56, n° 20.
Erichs. *Die Käfer der mark Brand.* tom. I, p. 492, n° 13.
Ejusd. *Gener. et spec. staph.* p. 542, n° 28.
*Staphylinus attenuatus,* Grav. *Monogr. micropt.* p. 61, n° 32.
*Staphylinus præcox,* Gyllenh. *Ins. suec.* tom. II, p. 310, n° 26.
*Philonthus præcox,* Nordm. *Symb. ad monogr. staph.* p. 78, n° 12.

Trouvé une seule fois, vers les premiers jours du mois de mars, sous les pierres humides, près les marais du lac Tonga, dans les environs du cercle de Lacalle.

<h3 align="center">338. Quedius attenuatus.</h3>

Gyllenh. *Ins. suec.* tom. II, p. 311, n° 27.
Erichs. *Die Käfer der mark Brand.* tom. I, p. 493, n° 14.
Ejusd. *Gener. et spec. staph.* p. 546, n° 34.
*Emus scintillans,* Boisd. et Lacord. *Faun. ent. des env. de Paris,* tom. I, p. 384, n° 40.

Rencontré une seule fois, sous les pierres, dans les ravins du Djebel Santon, vers les premiers jours de janvier, aux environs d'Oran.

## Genus *EURYPORUS*, Erichs. *Pelecyphorus*, Nordm.

### 339. *Euryporus æneiventris*, Luc. (Pl. 12, fig. 5.)

Long. 11 millim. larg. 4 millim. $\frac{1}{2}$.

E. capite thoraceque atris, punctatis; elytris atris, pilosis, subtiliter punctulatis; corpore æneo, piloso, segmentis infrà posticè subferrugineis; pedibus nigris, tarsis subrufescentibus.

Il est voisin de l'*E. picipes*, et vient se placer après cette espèce. La tête, noire, assez allongée, peu convexe, présente, de chaque côté des yeux, quatre points ainsi disposés : le premier est situé vers le milieu du bord de l'œil; les autres sont placés à sa partie antérieure, assez rapprochés, et forment un triangle, dont le point qui représente la base est beaucoup plus prononcé que les autres. Les mandibules sont d'un noir ferrugineux; les palpes labiaux et maxillaires sont noirs. Les antennes manquaient. Le thorax, d'un noir brillant, très-peu convexe, assez fortement rebordé, est très-arrondi postérieurement; en dessus, près de la partie médiane, il présente, de chaque côté, une série de quatre points; sur les côtés, on aperçoit trois autres points, dont un est placé antérieurement tout près de ceux que je viens d'indiquer; les deux autres sont situés presque sur les bords externe et postérieur. Les élytres sont noires, poilues, et présentent une ponctuation assez fine et peu serrée. L'abdomen est bronzé, poilu comme les élytres, et présente une ponctuation fine, mais très-peu serrée; le bord des segments postérieurs en dessous est légèrement ferrugineux. Les pattes sont noires, avec les tarses légèrement roussâtres.

Trouvé une seule fois, sous les pierres, vers le milieu de novembre, aux environs du moulin, près Lacalle.

Cette espèce habite aussi la Sicile, car M. le docteur Aubé en possède un individu, qu'il a eu l'obligeance de me communiquer, et chez lequel les antennes sont d'un noir très-légèrement teinté de roussâtre.

Pl. 12, fig. 5. *Euryporus æneiventris,* grossi, 5ª la grandeur naturelle.

---

## QUATRIÈME TRIBU.

### LES PÉDÉRIENS.

---

## Genus *DOLICAON*, Lap. *Lathrobium*, Grav. *Adelobium*, Nordm.

### 340. *Dolicaon illyricus.*

ERICHS. *Gener. et spec. staph.* p. 577, n° 2.

Cette espèce n'est pas très-rare; j'en ai trouvé un assez grand nombre d'individus, que j'ai pris, pendant les mois de janvier, février et mars, sous les pierres humides, dans les environs d'Alger, de Philippeville et de Constantine; je l'ai rencontrée aussi, sous les écorces des chênes-liéges en décomposition, dans les marais du lac Tonga, aux environs du cercle de Lacalle. Ce *Dolicaon*, jusqu'à présent, n'avait encore été signalé que comme habitant l'Illyrie.

### 341. *Dolicaon hæmorrheus.*

Erichs. *Gener. et spec. staph.* p. 577, n° 3.

Rencontré dans les premiers jours de novembre, sous les pierres humides, dans les environs d'Hippône; je n'en ai trouvé que deux individus. Cette espèce habite aussi la Sardaigne et la Sicile.

### 342. *Dolicaon gracilis.*

Erichs. *Gener. et spec. staph.* p. 578, n° 4.

Je n'ai rencontré que deux individus de cette espèce, que j'ai pris en hiver, sous les pierres humides, aux environs d'Alger et de Philippeville. Cette espèce se trouve aussi en Portugal.

## Genus *Achenium*, Leach. *Lathrobium*, Grav.

### 343. *Achenium hæmorrhoïdale*, Luc. (Pl. 12, fig. 7.)

Long. 11 millim. larg. 1 millim. $\frac{1}{4}$.

A. capite atro, subtiliter punctulato; thorace atro, punctato, bifoveolato; elytris punctatis, ferrugineis, anticè fuscescentibus; segmentis abdominis atris, subtilissimè punctulatis, posticè flavescentibus, ultimis ferrugineis; pedibus ferrugineis.

Il vient se placer après l'*A. humile*. La tête est noire, ponctuée, et cette ponctuation est fine et peu serrée; dans sa partie médiane, elle présente une élévation qui est entièrement lisse. Les mandibules sont d'un noir ferrugineux. Les antennes sont de cette dernière couleur, à articles revêtus de poils allongés d'un fauve clair. Le thorax est noir, un peu moins large à sa partie postérieure que la tête; il est plan, orné d'une ponctuation fine et très-peu serrée, et, postérieurement, il présente deux petits sillons longitudinaux, entre lesquels on aperçoit une petite saillie assez prononcée; les angles latéro-antérieurs sont assez saillants et très-peu arrondis. L'écusson est noir et très-finement ponctué. Les élytres, un peu plus longues que le corselet, moins larges que ce dernier, sont ferrugineuses, avec leur partie antérieure teintée de brun; elles sont assez finement ponctuées, et cette ponctuation est très-peu serrée. L'abdomen est noir, très-finement ponctué, avec la partie postérieure des segments jaunâtre; les sixième, septième et huitième sont entièrement ferrugineux, excepté cependant le sixième, dont la partie antérieure est noire, et la partie opposée jaunâtre. Les pattes sont ferrugineuses.

Je n'ai pas rencontré cette espèce; elle m'a été donnée par M. le colonel Levaillant, qui l'a prise, en mai et juin, dans les environs d'Oran.

Pl. 12, fig. 7. *Achenium hæmorrhoïdale*, grossi, 7ᵃ la grandeur naturelle, 7ᵇ partie antérieure de la tête avec les organes de la manducation vus en dessous, 7ᶜ une antenne.

### 344. *Achenium distinctum*, Luc. (Pl. 12, fig. 8.)

Long. 8 millim. ½, larg. 1 millim.

A. capite atro, profundè punctato; thorace atro, bifoveolato, punctato, in medio lævigato; elytris ferrugineo rufescentibus, anticè fuscis, subtilissimè punctulatis; abdomine atro, punctato, ultimis segmentis flavoferrugineis; pedibus ferrugineis.

Cette espèce, qui vient se placer tout près de l'*A. striatum*, est plus petite que la précédente et en diffère par la ponctuation de sa tête, de son thorax et de ses élytres. La tête est noire et présente une ponctuation assez forte, profondément marquée et très-peu serrée. Les mandibules sont d'un brun ferrugineux. Les palpes labiaux et maxillaires sont ferrugineux. Les antennes sont de cette dernière couleur, à articles revêtus de poils assez allongés, d'un fauve clair. Le thorax est noir, moins large que la tête et très-peu ponctué; dans sa partie médiane, il présente postérieurement deux sillons longitudinaux, ponctués, entre lesquels on aperçoit une saillie également longitudinale, peu prononcée et entièrement lisse. L'écusson est d'un brun ferrugineux et à peine ponctué. Les élytres, d'un ferrugineux rougeâtre, teintées de brun foncé antérieurement, présentent une ponctuation très-fine, peu profondément marquée et très-peu serrée. L'abdomen est noir, très-finement ponctué, et ses deux derniers segments sont d'un jaune ferrugineux; le dessous diffère du dessus en ce que le sixième segment, au lieu d'être noir comme en dessus est ferrugineux à sa partie antérieure. Les pattes sont ferrugineuses.

J'ai rencontré cette espèce, qui est assez rare, au pied des frênes, sur les bords de l'Ouad-Safsaf, vers les premiers jours de mars, aux environs de Philippeville.

Pl. 12, fig. 8. *Achenium distinctum*, grossi, 8ᵃ la grandeur naturelle, 8ᵇ une patte de la première paire.

---

## Genus *LATHROBIUM*, Grav. *Staphylinus* et *Pœderus*, Auct.

### 345. *Lathrobium anale*, Luc. (Pl. 12, fig. 9.)

Long. 8 millim. larg. 1 millim.

L. capite, thorace, elytrisque nigris, punctatis; abdomine atro, lævigato, posticè rufescente; pedibus fuscorufescentibus.

Il a de l'analogie avec le *L. multipunctatum*, dans le voisinage duquel cette espèce vient se ranger. La tête est noire, peu convexe, ornée d'une ponctuation profondément marquée et très-peu serrée; dans sa partie médiane, on aperçoit quelques espaces qui sont lisses. Les mandibules sont d'un brun noirâtre. Les palpes labiaux et maxillaires sont roussâtres. Les antennes sont d'un roux foncé et assez poilues. Le corselet est noir, assez allongé, fortement ponctué ; il est convexe, arrondi sur les bords latéraux, et très-légèrement tronqué à ses parties antérieure et postérieure. Les élytres, légèrement plus longues que le corselet, sont noires, et présentent une ponctuation assez forte, mais très-peu serrée. L'abdomen est noir, lisse, avec la partie postérieure de l'avant-dernier segment et tout le dernier roussâtres. Les pattes sont d'un brun roussâtre, surtout les antérieures.

J'ai trouvé cette espèce, qui n'est pas très-commune, pendant l'hiver et une partie du printemps ; elle se tient sous les pierres humides, aux environs d'Alger, de Kouba, de Tixraïn et de la pointe Pescade.

Pl. 12, fig. 9. *Lathrobium anale,* grossi, 9ᵃ la grandeur naturelle, 9ᵇ une patte de la troisième paire.

### 346. *Lathrobium albipes,* Luc. (Pl. 12, fig. 10.)

Long. 5 millim. larg. ⅘ de millim.

L. atrum ; capite subtilissimè punctulato ; thorace convexo, punctato, in medio proeminentiâ lævigatâ ; elytris elongatis, punctatis ; abdomine subtilissimè granario ; pedibus albicantibus, omnibus trochanteribus tibiisque tantùm primi paris atris ; tarsis ferrugineis.

C'est près du *L. quadratum* que vient se placer cette curieuse espèce. Noir ; la tête est assez convexe, surtout postérieurement, très-finement ponctuée et revêtue de poils courts, peu serrés, noirâtres. Les organes de la manducation sont noirs. Les antennes sont noirâtres, très-légèrement poilues, à base et à extrémité jaunâtres. Le corselet, assez convexe, surtout antérieurement, est un peu plus fortement ponctué que la tête, et cette ponctuation paraît moins serrée ; dans sa partie médiane, on aperçoit une ligne longitudinale un peu saillante, et qui est entièrement lisse ; antérieurement, il est légèrement terminé en pointe, tandis que sa partie postérieure est tout à fait arrondie. Les élytres, assez allongées, à peine convexes, sont assez finement ponctuées ; elles sont très-légèrement rebordées, et tronquées postérieurement. L'abdomen est très-finement chagriné et hérissé sur les côtés et postérieurement de poils assez allongés, soyeux, de couleur noire. Les pattes sont blanchâtres, avec les jambes de la première paire seulement et tous les trochanters noirs ; les tarses sont légèrement ferrugineux.

Rencontré une seule fois, sous les écorces humides des chênes-liéges, dans les bois du lac Tonga, aux environs du cercle de Lacalle, dans les premiers jours de juillet.

Pl. 12, fig. 10. *Lathrobium albipes,* grossi, 10ᵃ la grandeur naturelle, 10ᵇ une patte de la troisième paire.

Genus *LITHOCHARIS*, Boisd. et Lacord. *Rugilus*, Mannerh. *Lathrobium*, Latr.
*Pœderus*, Auct.

### 347. *Lithocharis minuta*, Luc. (Pl. 13, fig. 1.)

Long. 3 millim. larg. $\frac{2}{4}$ de millim.

L. atra; capite thoraceque subtilissimè punctulatis, abdomine vix granario; pedibus fuscoferrugineis.

Elle est voisine du *L. obsoleta*. La tête est noire, très-finement ponctuée et assez convexe
dans sa partie médiane et postérieurement; antérieurement, elle est tronquée, et sa partie
postérieure est assez fortement échancrée. Les mandibules sont d'un brun ferrugineux. Les
palpes maxillaires et labiaux sont ferrugineux. Les antennes sont de cette dernière couleur.
Le corselet est noir, très-finement ponctué; il est un peu plus large antérieurement que
postérieurement, et ses côtés sont arrondis. Les élytres sont noires, légèrement convexes
et finement chagrinées. L'abdomen est de même couleur que les élytres et à peine chagriné. Les pattes sont d'un brun ferrugineux.

Trouvé en hiver, sous des détritus de végétaux, aux environs de Philippeville, sur les
bords de l'Ouad-Safsaf, et sous les pierres humides, près les marais du lac Tonga, dans
les environs du cercle de Lacalle.

Pl. 10, fig. 1. *Lithocharis minuta*, grossi, 1ᵃ la grandeur naturelle, 1ᵇ une antenne.

### 348. *Lithocharis melanocephala.*

FABR. *Ent. syst.* tom. I et II, p. 538, n° 10.
Ejusd. *Syst. Eleuth.* tom. II, p. 610, n° 10.
ERICHS. *Die Käfer der mark Brand.* tom. I, p. 515, n° 6.
Ejusd. *Gener. et spec. staph.* p. 614, n° 7.

Cette espèce, pendant l'hiver, n'est pas très-rare dans les environs d'Alger, de Philippeville, de Lacalle et de Constantine; on la rencontre ordinairement sous les pierres humides.

---

Genus *STILICUS*, Latr. *Rugilus*, Mannerh. *Pœderus* et *Staphylinus*, Auct.

### 349. *Stilicus ruficornis*, Luc. (Pl. 13, fig. 2.)

Long. 4 millim. $\frac{1}{2}$, larg. 1 millim.

S. ater; capite thoraceque subtilissimè ac creberrimè punctatis; elytris sparsìm subtilissimèque punctulatis, posticè testaceis; abdomine subtilissimè longitudinaliter striato; pedibus atris, femoribus testaceis
tarsisque subrufescentibus.

Il est voisin du *S. affinis*, tout à côté duquel cette espèce vient se placer. Noir; la tête
est ponctuée, et cette ponctuation est très-fine et très-serrée; en dessus, entre les yeux,

elle est légèrement convexe, et, postérieurement, elle est assez fortement tronquée. Les mandibules sont d'un brun noirâtre. Les palpes labiaux et maxillaires sont d'un ferrugineux roussâtre. Les antennes sont roussâtres, légèrement poilues. Le corselet, moins large que la tête, est très-finement ponctué, légèrement terminé en pointe antérieurement, arrondi sur les côtés et postérieurement; en dessus, il est assez fortement caréné. Les élytres, assez convexes, sont ponctuées, mais cette ponctuation est très-fine et surtout très-peu serrée ; postérieurement, elles sont testacées. L'abdomen, d'un noir mat, est très-finement strié longitudinalement, et la partie postérieure de son avant-dernier segment est très-légèrement testacée. Les pattes sont d'un brun ferrugineux, avec les fémurs testacés et les tarses légèrement roussâtres.

Rencontré à la fin de février, à Kouba, sous les pierres humides, dans les environs d'Alger.

PI. 13, fig. 2. *Stilicus ruficornis*, grossi, 2ª la grandeur naturelle, 2ᵇ une antenne.

----

## Genus *Sunius*, Leach. *Astenus*, Boisd. et Lacord. *Pœderus* et *Staphylinus*, Auct.

### 350. *Sunius filiformis*.

Latr. *Gener. crust. et ins.* tom. I, p. 293, n° 4.
Erichs. *Die Käfer der mark Brand.* tom. I, p. 525, n° 3.
Ejusd. *Gener. et spec. staph.* p. 638, n° 1, A.
*Astenus procerus*, Boisd. et Lacord. *Faun. ent. des env. de Paris*, tom. I, p. 436, n° 1.
*Pœderus procerus*, Grav. *Monogr. micropt.* p. 141.

Trouvé pendant l'hiver, sous les pierres, dans les environs de Kouba et de Kadous; j'ai pris aussi cette espèce sous les écorces des chênes-liéges, aux environs de Philippeville, et dans les bois des lacs Houbeira et Tonga, aux environs du cercle de Lacalle.

### 351. *Sunius intermedius*.

Erichs. *Die Käfer der mark Brand.* tom. I, p. 524, n° 4.
Ejusd. *Gener. et spec. staph.* p. 640, n° 4.

Cette espèce, dont je n'ai rencontré qu'un seul individu, a été prise sous les pierres, près le cap Caxine, à la fin de février; environs d'Alger.

### 352. *Sunius angustatus*.

Payk. *Monogr. staph.* p. 36, n° 27.
Erichs. *Die Käfer der mark Brand.* tom. I, p. 524, n° 1.
Ejusd. *Gener. et spec. staph.* p. 640, n° 5.
*Staphylinus gracilis*, Payk. *Monogr. staph.* p. 38, n° 28.

Trouvé en mars, sous les pierres humides, dans les bois des lacs Houbeira et Tonga, aux environs du cercle de Lacalle; je n'en ai rencontré qu'un seul individu.

## Genus *PŒDERUS*, Grav. *Staphylinus*, Auct.

### 353. *Pœderus littoralis.*

Grav. *Micr. Brunsv.* p. 61, n° 4.
*Pœderus littoralis*, Erichs. *Gener. spec. staph.* p. 650, n° 1.
*Pœderus riparius*, Latr. *Hist. nat. des crust. et des ins.* tom. I, p. 346, n° 2.
Oliv. *Ent.* tom. III, 44, 4, 2, pl. 1, fig. 2.
*Staphylinus riparius*, Schr. *Enum. ins. Austr.* p. 233, n° 441.
*Pœderus confinis*, Zetterst. *Ins. Lappon.* p. 69, n° 2.

Cette espèce n'est pas très-rare dans les environs d'Alger, de Philippeville et du cercle de Lacalle; on la rencontre ordinairement sous les pierres, et souvent aussi sur les bords des ruisseaux, des lacs et des rivières.

### 354. *Pœderus caligatus.* (Pl. 13, fig. 3.)

Erichs. *Gener. et spec. staph.* p. 652, n° 6.

J'ai rencontré cette espèce en hiver, dans les environs d'Alger, de Philippeville et du cercle de Lacalle; elle se tient ordinairement sous les pierres qui sont placées près des ruisseaux, des rivières et des lacs. Ce *Pœderus* n'avait encore été trouvé qu'aux environs de Paris.

Pl. 13, fig. 3. *Pœderus caligatus*, grossi, 3a la grandeur naturelle, 3b une mâchoire, 3c une mandibule.

### 355. *Pœderus ruficollis.*

Fabr. *Spec. ins.* tom. I, p. 339, n° 2.
Oliv. *Ent.* tom. III, 44, 4, 1, pl. 1, fig. 1.
Guér. *Iconogr. règne anim. de Cuv. Ins.* pl. 9, fig. 5.
Erichs. *Gener. et spec. staph.* p. 662, n° 26.
*Staphylinus thoracicus*, Fourcr. *Ent. Paris.* tom. I, p. 170, n° 23.

J'ai pris cette espèce pendant l'hiver, le printemps et une grande partie de l'été; elle se plaît sur les bords sablonneux des lacs et des rivières; elle n'est pas très-rare dans les environs de Philippeville et du cercle de Lacalle.

## CINQUIÈME TRIBU.

### LES PINOPHILIENS.

## Genus *ŒDICHIRUS*, Erichs.

### 356. *Œdichirus pœderinus.*

Erichs. *Gener. et spec. staph.* p. 685, n° 1.

J'ai pris cette espèce, dont je n'ai rencontré qu'un seul individu, à la fin de mars, sous les pierres, près les marais du lac Tonga, aux environs du cercle de Lacalle.
Cette jolie espèce n'avait encore été signalée que comme habitant la Sicile.

## Genus *Procirrus*, Latr.

### 357. *Procirrus Lefebvræi.*

Latr. *Règne anim. de Cuv.* tom. VI, p. 436 (note).
Guér. *Iconogr. du règne anim. de Cuv. Ins.* pl. 9, fig. 6.
Erichs. *Gener. et spec. staph.* p. 686, n° 1.

Cette espèce, dont je n'ai rencontré qu'un seul individu, a été prise en janvier, sous les pierres, près les marais d'Aïn-Dréan, dans les environs du cercle de Lacalle.

Cette curieuse espèce, jusqu'à présent, n'avait encore été trouvée qu'en Sicile.

## SIXIÈME TRIBU.

### LES STÉNIENS.

## Genus *Stenus*, Latr.

### 358. *Stenus ater.*

Mannerh. *Brachelytr.* p. 42, n° 4.
Boisd. et Lacord. *Faun. ent. des env. de Paris,* tom. I, p. 447, n° 11.
Erichs. *Die Käfer der mark Brand.* tom. I, p. 534, n° 6.
Ejusd. *Gener. et spec. staph.* p. 696, n° 11.
*Stenus maurus,* Mannerh. *Op. cit.* p. 41, n° 2.

Rencontré une seule fois, sous les pierres, aux environs d'Alger, pendant le mois de février.

### 359. *Stenus nitidus.*

Boisd. et Lacord. *Faun. ent. des env. de Paris,* tom. I, p. 450, n° 16.
Erichs. *Gener. et spec. staph.* p. 703, n° 25.

Trouvé en février, sous les pierres humides, près les marais du lac Tonga, dans les environs du cercle de Lacalle.

### 360. *Stenus binotatus.*

Grav. *Monogr. micropt.* p. 29, n° 9.
Gyllenh. *Ins. suec.* tom. II, p. 474, n° 9.
Erichs. *Die Käfer der mark Brand.* tom. I, p. 561, n° 37.
Ejusd. *Gener. et spec. staph.* p. 721, n° 59.

Cette espèce est assez rare; je n'en ai rencontré que trois individus, que j'ai pris, dans les premiers jours d'avril, sous des détritus de végétaux, sur les bords de l'Ouad-Safsaf, aux environs de Philippeville.

### 361. *Stenus impressus.*

Germ. *Spec. ins.* p. 36, n° 59.
Erichs. *Die Käfer der mark Brand.* tom. I, p. 564, n° 41.
Ejusd. *Gener. et spec. staph.* p. 728, n° 72.
*Stenus proboscideus*, Germ. *Faun. ins. Europ.* 14, 1.
*Stenus aceris*, Boisd. et Lacord. *Faun. ent. des env. de Paris*, tom. I, p. 445, n° 7.
*Stenus pallipes*, Grav. *Monogr. micropt.* p. 233.

Je n'ai rencontré qu'un seul individu de cette espèce, que j'ai pris vers le milieu de janvier, sous les pierres humides, dans les environs d'Alger; M. le colonel Levaillant m'a donné un second individu de ce *Stenus*, qu'il a trouvé en février dans les environs d'Oran.

### 362. *Stenus æneus*, Luc. (Pl. 13, fig. 4.)

Long. 4 millim. ⅘, larg. 1 millim.

S. æneus; capite profundè punctato; thorace subtiliter crebrèque punctato in medio longitudinaliter foveolato; elytris punctatis, foveolatis; abdomine infrà lævigato, piloso; pedibus testaceis, femoribus ad basim tibiisque apice fuscis.

Il est voisin du *S. providus* près duquel il vient se placer. Bronzé; la tête est ponctuée, et cette ponctuation est très-forte, assez profondément enfoncée et très-peu serrée; dans sa partie médiane, on aperçoit une petite élévation longitudinale. Les palpes labiaux et maxillaires sont testacés, avec le dernier article ferrugineux à son extrémité. Les antennes sont ferrugineuses. Le corselet, plus large dans sa partie médiane que postérieurement et antérieurement, est ponctué, mais cette ponctuation est plus fine et surtout plus serrée que celle de la tête; dans sa partie médiane, il présente un sillon longitudinal profondément marqué, et de chaque côté, à la base de ce sillon, on voit une petite dépression. Les élytres, plus longues que le thorax, sont planes et assez finement ponctuées; de chaque côté de la suture, on aperçoit un sillon longitudinal et antérieurement une petite dépression; vers leur milieu, et du côté du sillon, qui est près de la suture, on voit une autre petite dépression, mais bien moins sensible que celle qui existe antérieurement. L'abdomen est lisse et revêtu en dessous de poils blanchâtres, courts, peu serrés. Les pattes sont testacées, avec la base des fémurs et la partie antérieure des tibias d'un brun foncé.

Rencontré aux environs de Constantine, dans les premiers jours de mai, sous les pierres humides, sur les bords du Rummel.

Pl. 13, fig. 4. *Stenus æneus*, grossi, 4ᵃ la grandeur naturelle.

### 363. *Stenus oculatus* [1]. (Pl. 13, fig. 5.)

GRAV. *Monogr. micropt.* p. 227, n° 5.
GYLLENH. *Ins. suec.* tom. II, p. 471, n° 7.
ERICHS. *Gener. et spec. staph.* p. 733, n° 81.
*Staphylinus similis,* HERBST, *Archiv.* p. 151, n° 15.

J'ai pris cette espèce à Kouba, aux environs d'Alger, sous les pierres humides, pendant le mois de mars.

Pl. 13, fig. 5. *Stenus oculatus,* grossi, 5ª la grandeur naturelle, 5ᵇ une antenne.

### 364. *Stenus obscurus,* Luc. (Pl. 13, fig. 6.)

Long. 4 millim. ½, larg. 1 millim. ¼.

S. capite atro, punctato, profundè excavato; thorace atro, profundè punctato in medio longitudinaliter foveolato; elytris atris, profundè punctatis, anticè subexcavatis; abdomine nigro æneo, subtilissimè granario; pedibus subferrugineis, femoribus flavis ad basim attamen trochanteribusque fuscis.

Il vient se placer après le *S. speculator* avec lequel il a un peu d'analogie. La tête est noire, ponctuée, profondément excavée entre les yeux, avec la saillie longitudinale du milieu bien marquée. Les mandibules sont noires à leur base et ferrugineuses à l'extrémité. Les palpes maxillaires et labiaux sont testacés. Les antennes sont noires. Le thorax est noir, un peu plus fortement ponctué que la tête et un peu plus large dans sa partie médiane qu'antérieurement et postérieurement; en dessus, il est assez convexe, et, dans son milieu, il présente un sillon longitudinal peu profondément marqué; de chaque côté de ce sillon, il existe une petite dépression assez profonde. Les élytres, de même couleur que le corselet et un peu plus fortement ponctuées que ce dernier, sont légèrement excavées à leur partie antérieure. L'abdomen, d'un noir bronzé, très-finement chagriné, est revêtu en dessous de poils blanchâtres très-courts et peu serrés. Les pattes sont légèrement ferrugineuses, avec les fémurs jaunes, et la naissance de ces derniers, ainsi que les trochanters, d'un brun foncé.

Trouvé à la fin de février, sous les écorces humides des chênes-liéges, dans les bois du lac Tonga, aux environs du cercle de Lacalle.

Pl. 13, fig. 6. *Stenus obscurus,* grossi, 6ª la grandeur naturelle.

---

[1] Ayant eu à ma disposition un plus grand nombre d'individus de cette espèce, je suis porté à croire maintenant que le *Stenus* que j'ai figuré sous le nom des *modestus,* Luc. pl. 13, fig. 5, est le *Stenus oculatus* de Gravenhorst. Ainsi, au lieu de lire sur la planche 13, fig. 5, *Stenus modestus,* Luc. lisez : *Stenus oculatus,* Grav.

## SEPTIÈME TRIBU.

LES OXYTÉLIENS.

Genus *BLEDIUS*, Leach. *Oxytelus*, Germ. *Staphylinus*, Herbst.

### 365.  *Bledius taurus.*

GERM. *Faun. ins. Europ.* p. 12, n° 2.,
ERICHS. *Gener. et spec. staph.* p. 760, n° 1.
*Oxytelus furcatus,* OLIV. *Encycl. méthod.* tom. VIII, p. 616, n° 12.
*Bledius Skrimshiri,* CURT. *Brit. ent.* tom. III, pl. 143.
*Bledius Ruddii,* STEPH. *Illus. Brit. ent.* tom. V, pl. 127, fig. 3.

Je n'ai pas rencontré cette espèce; elle m'a été donnée par M. le colonel Levaillant, qui l'a prise dans les environs d'Oran. Je dois à l'extrême obligeance de ce même officier supérieur une variété de ce *Bledius*, remarquable par ses élytres, qui, au lieu d'être noires, sont, au contraire, ferrugineuses, avec la partie antérieure du côté de la suture et celle-ci noires; cette variété habite aussi les environs d'Oran.

### 366.  *Bledius tricornis.*

HERBST, *Archiv.* p. 149, n° 9, pl. 30, fig. 8.
GRAV. *Monogr. micropt.* 196, n° 2.
GUÉN. *Iconogr. du règne anim. de Cuv. Ins.* pl. 9, fig. 10, *a, b.*
ERICHS. *Die Käfer der mark Brand.* tom. I, p. 578, n° 1.
Ejusd. *Gener. et spec. staph.* p. 763, n° 6.

Rencontré dans la même localité que l'espèce précédente. Je dois encore cette espèce à l'obligeance de M. Levaillant, colonel du 36e régiment de ligne.

### 367.  *Bledius unicornis.*

MANNERH. *Brachelytr.* p. 45, n° 3.
ERICHS. *Gener. et spec. staph.* p. 764, n° 7.
*Oxytelus unicornis,* GERM. *Faun. ins. Europ.* 12, 3.

C'est avec doute que je rapporte ce *Bledius* au *B. unicornis*, avec lequel il a une très-grande analogie; je n'en possède qu'un seul individu mâle, et il m'a été donné par M. le colonel Levaillant, qui l'a trouvé dans les environs d'Oran.

## Genus *PLATYSTHETUS*, Mannerh. *Oxytelus*, Grav.

### 368. *Platysthetus longicornis*, Luc. (Pl. 13, fig. 7.)

Long. 3 millim. $\frac{1}{5}$, larg. $\frac{3}{4}$ de millim.

P. capite atro, sparsìm punctulato; thorace atro, subtilissimè crebrèque punctato in medio longitudinaliter profundè foveolato; elytris fuscoferrugineis, subtilissimè punctulatis; abdomine atro, subtilissimè striato; pedibus ferrugineis.

C'est près du *B. cornutus* et avant celui-ci que cette espèce vient se ranger. La tête est noire, ponctuée çà et là, et présente, à son sommet, une petite dépression longitudinale assez profondément marquée. Les mandibules sont noires. Les palpes labiaux et maxillaires sont ferrugineux. Les antennes sont noires, allongées et hérissées de poils courts, peu serrés. Le thorax est assez convexe, plus large antérieurement que postérieurement, dilaté sur les côtés, ainsi qu'à sa partie postérieure; il est ponctué, mais cette ponctuation est beaucoup plus fine et plus serrée que celle de la tête; dans sa partie médiane, il présente un sillon longitudinal très-profondément marqué, qui part de la base et n'atteint pas tout à fait la partie antérieure. Les élytres, presque de la même grandeur que le corselet, sont d'un brun ferrugineux; elles sont planes et très-finement ponctuées. L'abdomen est noir et très-finement strié transversalement. Les pattes sont ferrugineuses.

J'ai trouvé cette espèce en hiver, aux environs d'Alger, sous les pierres humides et aux environs de Philippeville, sous des détritus de végétaux rejetés par l'Ouad-Safsaf.

Pl. 13, fig. 7. *Platysthetus longicornis*, grossi, 7ᵃ la grandeur naturelle, 7ᵇ une antenne, 7ᶜ une patte de la première paire.

### 369. *Platysthetus cornutus.*

Grav. *Micr. Brunsv.* p. 109.
Ejusd. *Monogr. micropt.* p. 195, n° 10.
Erighs. *Gener. et spec. staph.* p. 782, n° 2.
*Platysthetus scybalarius*, Rund. *Brech. Hal.* 19, 4.

J'ai trouvé cette espèce à la fin de janvier, sous les pierres humides, dans les ravins du Djebel Santon, aux environs d'Oran.

### 370. *Platysthetus capito.*

Heer, *Faun. Col. Helv.* 1ʳᵉ part. p. 208, n° 6.

Cette espèce est assez rare; je n'en ai pris que trois individus, que j'ai rencontrés vers le milieu de février, sous les pierres humides, sur le versant Est du Bouzaréa, aux environs d'Alger.

## Genus *OXYTELUS*, Grav.

### 371. *Oxytelus inustus.*

GRAV. *Monogr. micropt.* p. 188, n° 5, *c.*
ERICHS. *Gener. et spec. staph.* p. 791, n° 10.

Cette espèce habite l'Est et l'Ouest de nos possessions du Nord de l'Afrique, où elle n'est pas très-rare; on la rencontre ordinairement, pendant l'hiver, sous les pierres humides; je l'ai prise particulièrement dans les environs d'Alger, du cercle de Lacalle et d'Oran.

### 372. *Oxytelus sculpturatus.*

GRAV. *Monogr. micropt.* p. 187, 5, *b.*
GYLLENH. *Ins. suec.* tom. II, p. 406, n° 10.
ERICHS. *Die Käfer der mark Brand.* tom. I, p. 592, n° 6.
Ejusd. *Gener. et spec. staph.* p. 790, n° 9.
*Oxytelus flavipes*, BOISD. et LACORD. *Faun. ent des env. de Paris*, tom. I, p. 464, n° 4.

Rencontré une seule fois, sous une bouse, aux environs du fort l'Empereur, dans les premiers jours de janvier; environs d'Alger.

---

## DIXIÈME TRIBU [1].

### LES OMALIENS.

## Genus *ANTHOBIUM*, Leach. *Omalium*, Grav. *Staphylinus*, Auct.

### 373. *Anthobium florale.*

GRAV. *Monogr. micropt.* p. 210, n° 14.
ERICHS. *Gener. et spec. staph.* p. 891, n° 1.
*Staphylinus floralis*, PANZ. *Faun. Germ.* fasc. 2, n° 12.
*Anthobium triviale*, HEER, *Faun. Col. Helvet.* 1ʳᵉ part. p. 180, n° 15.

Trouvé une seule fois, sur des fleurs, dans les premiers jours de novembre, aux environs de Bône.

---

[1] Il n'a pas encore été trouvé jusqu'à présent, dans nos possessions du Nord de l'Afrique, de Brachélytres représentant la huitième tribu, ou les *Piestiniens*, et la neuvième tribu, ou les *Phléochariniens*.

### 374. *Anthobium montanum.*

Erichs. *Gener. et spec. staph.* p. 897, n° 14.

J'ai pris cette espèce sous les écorces des chênes-liéges en décomposition, dans les bois des lacs Houbeira et Tonga, à la fin de février et au commencement de mars; environs du cercle de Lacalle.

# QUATRIÈME FAMILLE.

## LES PSÉLAPHIDES.

## PREMIÈRE TRIBU.

### LES PSÉLAPHIENS.

## Genus *Ctenistes*, Reich. *Dionyx*, Aud. Serv. et Lepell. de Saint-Farg.

### 375. *Ctenistes palpalis.*

Reich. *Monogr. pselaph.* p. 76, pl. 1, fig. A.
Aubé, *Pselaph. monogr. Mag. zool. de Guér.* p. 17, n° 1, pl. 79, fig. 1, et p. 18, pl. 79, fig. 2.
Ejusd. *Révis. de la fam. des Psélaph. Ann. de la soc. ent. de France*, 2° série, tom. II, p. 97, n° 1.
*Dionyx Dejeanii*, Aud. Serv. et Lepelt. de Saint-Farg. *Encycl. méth.* tom. X, p. 220.

Cette espèce n'est pas très-rare dans l'Est de nos possessions du Nord de l'Afrique; je l'ai prise, particulièrement en hiver, sous les pierres humides, aux environs d'Alger, sous des détritus de végétaux, sur les bords de l'Ouad-Seracmah, dans les environs de Philippeville; je l'ai rencontrée aussi aux environs du cercle de Lacalle, sous les pierres, près les marais du lac Tonga.

## Genus *Bryaxis*, Knoch. *Pselaphus*, Reich. *Anthicus*, Fabr.

### 376. *Bryaxis sanguinea.*

Reich. *Monogr. pselaph.* p. 49, n° 2, pl. 2, fig. 24.
Aubé, *Pselaph. monogr. Mag. zool. de Guér.* p. 25, n° 2, pl. 81, fig. 2.
*Bryaxis laminata*, Vict. Mostch. *Mag. zool. de Guér.* cl. 9, pl. 171 (variété mâle).
*Anthicus sanguineus*, Fabr. *Syst. Eleuth.* tom. I, p. 293, n° 22.
*Bryaxis longicornis*, Leach. *Zool. miscell.* tom. III, p. 85.
Denny, *Monogr. pselaph. et scydm.* p. 32, n° 1, pl. 7, fig. 2.
Aubé, *Pselaph. monogr. Mag. zool. de Guér.* p. 24 n° 1, pl. 81, fig. 1.
Ejusd. *Rév. de la fam. des Psélaph. Ann. de la soc. ent. de France*, 2° série, tom. II, p. 104, n° 1.

Cette espèce est assez rare; je n'en ai rencontré que quelques individus, que j'ai trouvés, dans les premiers jours d'avril, sous des détritus de végétaux, sur les bords de l'Ouad-Safsaf, aux environs de Philippeville.

### 377. *Bryaxis hœmatica.*

Reich. *Monogr. pselaph.* p. 52, fig. 19.
Leach, *Zool. miscell.* tom. III, p. 86, n° 5.
Denny, *Monogr. pselaph. et scydm.* p. 38, n° 5, pl. 8, fig. 2.
Aubé, *Pselaph. monogr. Mag. zool. de Guér.* p. 26, n° 4, pl. 82, fig. 1.
Ejusd. *Révis. de la fam. des Psélaph. Ann de la soc. ent. de France,* 2ᵉ série, tom. II, p. 110, n° 9.
Erichs. *Die Käf. der mark. Brand.* tom. II, p. 269, n° 2.
*Bryaxis nodosa,* Motsch. *Mém. de la soc. des sc. nat. de Mosc.* tom. IV, p. 315, pl. 9, fig. B *b.*

Rencontré une seule fois, sous les pierres, à la fin de février, dans les environs d'Alger.

### 378. *Bryaxis furcata.*

Motsch. *Nouv. mém. de la soc. des sc. nat. de Mosc.* tom. IV, p. 316, n° 7, pl. 11, fig. C *c.*
Aubé, *Révis. de la fam. des Psélaph. Ann. de la soc. ent. de France,* 2ᵉ série, tom. II, p. 112, n° 11.

Cette espèce fort remarquable, dont je n'ai rencontré que deux individus, a été prise en février, sous les pierres humides, près le fort l'Empereur, dans les environs d'Alger.

### 379. *Bryaxis juncorum.*

Leach, *Zool. miscell.* tom. III, p. 86, n° 6.
Denny, *Monogr. pselaph. et scydm.* p. 40, n° 6, pl. 8, fig. 3.
Aubé, *Pselaph. monogr. Mag. zool. de Guér.* p. 32, n° 13, pl. 84, fig. 3.
Ejusd. *Révis. de la fam. des Psélaph. Ann. de la soc. ent. de France,* 2ᵉ série, tom. II, p. 113, n° 12.
Erichs. *Die Käf. der mark. Brand.* tom. I, p. 271, n° 5.

J'ai pris cette espèce, dont je n'ai rencontré que deux individus, à la fin de janvier, sous les pierres, aux environs d'Alger; je l'ai trouvée ensuite dans les mêmes conditions, près les marais du lac Tonga, aux environs du cercle de Lacalle.

### 380. *Bryaxis opuntiæ.*

Schm. *Dissert. inaug. zool. faun. Prag.* p. 31, n° 3, pl. 1, fig. 17.
Aubé, *Révis. de la fam. des Psélaph. Ann. de la soc. ent. de France,* 2ᵉ série, tom. II, p. 115, n° 16.

Cette espèce, dont je n'ai rencontré que deux individus, a été prise sous des détritus de végétaux, dans les premiers jours d'avril, sur les bords de l'Ouad-Safsaf, aux environs de Philippeville; je l'ai trouvée ensuite sous les pierres humides, à la fin de janvier, près les marais du lac Tonga, dans les environs du cercle de Lacalle.

### 381. *Bryaxis impressa.*

Panz. *Faun. Germ.* fasc. 89, n° 10.
Reich. *Monogr. pselaph.* p. 58, n° 15, pl. 2, fig. 15.
Leach. *Zool. miscell.* tom. III, p. 86, n° 3.
Denny, *Monogr. pselaph. et scydm.* p. 36, n° 3, pl. 7, fig. 4.
Aubé, *Pselaph. monogr. Mag. zool. de Guér.* p. 31, n° 11, pl. 84, fig. 1.
Ejusd. *Révis. de la fam. des Psélaph. Ann. de la soc. ent. de France,* 2ᵉ série, tom. II, p. 117, n° 18.
Erichs. *Die Käfer der mark. Brand.* tom. I, p. 270, n° 4.

Je n'ai rencontré que deux individus de cette espèce, que j'ai pris dans les premiers jours d'avril, sous les pierres humides, aux environs de Philippeville. Ces individus forment une variété assez remarquable par les organes de la locomotion, qui sont rouges.

### 382. *Bryaxis heterocera.* (Pl. 13, fig. 10.)

Aubé, *Révis. de la fam. des Psélaph. Ann. de la soc. ent. de France,* tom. II, 2ᵉ série, p. 119, n° 22.

Le corps est peu allongé, noirâtre. La tête est marquée, sur le vertex, de deux impressions arrondies et d'une autre un peu plus grande située tout à fait en avant. Les antennes sont noirâtres, avec leur base ferrugineuse; le premier article est assez long, subcylindrique; le second, à peu près du même diamètre, transversal, mais sphérique; les cinquième, sixième et septième sont beaucoup plus gros, presque sphériques, mais cependant un peu déprimés à la base et au sommet; les huitième et neuvième sont très-petits, lenticulaires; les dixième et onzième sont assez forts et forment la massue; enfin le dernier, deux fois aussi long que le précédent, est de forme pyramidal. Le corselet et les élytres ne présentent rien de remarquable et sont comme dans le *B. antennata,* près duquel cette curieuse espèce vient se placer. L'abdomen est rougeâtre, assez convexe, avec le premier segment deux fois aussi long que le second. Les pattes sont assez longues, ferrugineuses, avec les jambes cependant plus pâles et les tarses testacés.

J'ai trouvé cette remarquable espèce, que j'ai désignée sous le nom de *B. heterocera,* vers le milieu du mois de janvier; elle se tient sous les pierres humides, près les marais du lac Tonga, dans les environs du cercle de Lacalle. Ce *Bryaxis* est très-rare; je n'en ai rencontré que quelques individus.

Pl. 13, fig. 10. *Bryaxis heterocera,* grossi, 10ᵃ la grandeur naturelle, 10ᵇ une antenne, 10ᶜ une patte de la première paire.

## Genus *Tychus*, Leach. *Pselaphus*, Payk. *Bythinus*, Motsch.

### 383. *Tychus ibericus.*

MOTSCH. *Nouv. mém. de la soc. des sc. nat. de Mosc.* p. 319, pl. 12, fig. *Ggg', Hhh'.*
AUBÉ, *Révis. de la fam. des Psélaph. Ann. de la soc. ent. de France*, 2ᵉ série, tom. II, p. 123, n° 2.
*Tychus dichrous,* SCHM. *Dissert. inaug. zool. faun. Prag.* p. 182.

Cette espèce habite l'Est et l'Ouest de nos possessions du Nord de l'Afrique; je l'ai rencontrée en hiver, sous les pierres humides, dans les environs d'Oran, de Philippeville et
du cercle de Lacalle.

# CINQUIÈME FAMILLE.
## LES SCYDMÉNIDES.

# PREMIÈRE TRIBU.
## LES SCYDMÉNIENS.

## Genus *Scydmœnus*, Latr.

### 384. *Scydmœnus antidotus.*

GERM. *Faun. ins. Europ.* fasc. 22, n° 3.
SCHAUM, *Anal. ent.* (Dissert. inaug.) p. 25, n° 35.

Cette espèce est assez commune dans l'Est et dans l'Ouest de nos possessions du Nord
de l'Afrique; on la rencontre ordinairement pendant l'hiver sous les écorces des chênes-
liéges, sous les pierres humides et sous les détritus de végétaux rejetés par les rivières. Les
environs d'Alger, d'Oran, de Philippeville et du cercle de Lacalle nourrissent cette espèce,
dont la démarche est très-lente.

Pl. 13, fig. 11. Une mâchoire, 11ᵃ une mandibule, 11ᵇ une antenne, 11ᶜ une patte de la première
paire, 11ᵈ une patte de la troisième paire du *Scydmœnus antidotus.*

### 385. *Scydmœnus Helferi.*

SCHAUM, *Anal. ent.* (Dissert. inaug.) p. 7, n° 3.

Cette espèce habite l'Est et l'Ouest de nos possessions du Nord de l'Afrique; je l'ai
prise en hiver, aux environs de Philippeville, sous des détritus de végétaux, près des bords

17.

de l'Ouad-Safsaf; sous les pierres humides, près les marais du lac Tonga, dans les environs du cercle de Lacalle; je l'ai rencontrée aussi, dans les mêmes conditions, aux environs d'Oran.

### 386. *Scydmœnus Schaumii*, Luc. (Pl. 13, fig. 8.)

Long. 1 millim. $\frac{1}{2}$, larg. $\frac{1}{2}$ millim.

S. omninò fuscoferrugineus, nitidus, pilosus; capite lævigato; thorace posticè latiore, utrinque bifoveolato; elytris nitidis, anticè foveolatis; pedibus ferrugineis, femoribus clavatis.

Il est voisin du *S. hirticollis* et vient se placer tout près de cette espèce. Le corps est poilu, d'un brun ferrugineux brillant. La tête est lisse, plus large que longue. Les antennes sont presque aussi longues que la tête et le thorax; elles sont poilues, d'un testacé ferrugineux. Le thorax est assez convexe, lisse, brillant, plus large postérieurement qu'à sa partie antérieure; près de la base, il présente, de chaque côté, deux fossettes assez profondément enfoncées. Les élytres sont lisses, convexes, brillantes, et présentent, de chaque côté, à leur partie antérieure, une fossette longitudinale très-profondément enfoncée. L'abdomen ainsi que les pattes sont d'un brun ferrugineux, avec les fémurs très-renflés.

Cette espèce est assez rare; je n'en ai pris que quelques individus, que j'ai rencontrés sous des détritus de végétaux rejetés par l'Ouad-Safsaf, dans les premiers jours d'avril, aux environs de Philippeville.

Pl. 13, fig. 8. *Scydmœnus Schaumii*, grossi, 8ᵃ la grandeur naturelle.

### 387. *Scydmœnus angustatus*, Luc. (Pl. 13, fig. 9.)

Long. 1 millim. $\frac{1}{4}$, larg. $\frac{1}{4}$ de millim.

S. pilosus; capite fuscoferrugineo, lævigato; thorace fuscoferrugineo, convexo, anticè latiore, marginibus dilatatis ac rotundatis; elytris elongatis, angustatis, anticè foveolatis; pedibus fuscoferrugineis.

Il a un peu d'analogie avec le *S. exilis*, dans le voisinage duquel il vient se ranger. La tête est d'un brun ferrugineux foncé, brillant, lisse, plus large que longue. Les antennes sont poilues, d'un brun ferrugineux clair, presque aussi longues que la tête et le thorax, avec les derniers articles très-peu renflés. Le thorax, d'un brun ferrugineux moins foncé que la tête, est poilu, lisse et brillant; il est très-convexe, plus large antérieurement que postérieurement, avec ses côtés dilatés et arrondis. Les élytres sont de même couleur que le corselet, étroites, allongées, poilues; de chaque côté, antérieurement, elles présentent une fossette peu profondément marquée. Les pattes sont d'un brun ferrugineux clair, avec les fémurs très-peu renflés.

Je n'ai trouvé qu'une seule fois cette espèce; c'est aux environs d'Alger, sous les pierres humides, près du fort des Anglais, dans les premiers jours de février.

Pl. 13, fig. 9. *Scydmœnus angustatus*, grossi, 9ᵃ la grandeur naturelle.

### 388. *Scydmœnus nanus*, Luc.

*Scydmœnus exilis*[1], Schaum, *Anal. ent.* (Dissert. inaug.) p. 24, n° 34.

Rencontré une seule fois en hiver, sous les écorces humides des chênes-liéges abattus par le temps, dans les bois du lac Tonga, aux environs du cercle de Lacalle.

# SIXIÈME FAMILLE.

## LES STERNOXES.

## PREMIÈRE TRIBU.

### LES BUPRESTIENS.

## Genus *JULODIS*, Esch. *Buprestis*, Auct.

### 389. *Julodis onopordi* (*Buprestis*).

Linn. *Syst. nat.* tom. IV, p. 1934, n° 82.
Fabr. *Ent. syst.* tom. II, p. 204, n° 75.
Lap. et Gory, *Hist. nat. des ins. Col. Buprest.* tom. 1, p. 24, pl. 7, fig. 34.
*Buprestis onopordinis*, Fabr. *Syst. Eleuth.* tom. II, p. 202, n° 91.
*Julodis algerica*, Lap. et Gory, *Hist. des ins. Col. Buprest.* tom. I, p. 23, pl. 7, fig. 33.
*Julodis albopilosa*, Chevr. *Cent. des Buprest. Rev. ent. de Silberm.* tom. V, p. 50, n° 9.
Gory, *Hist. nat des ins. Col. Buprest. Suppl.* tom. IV, p. 20, pl. 4, fig. 18.

Cette espèce, pendant les mois de mai, juin et juillet, est très-répandue dans l'Est et l'Ouest de nos possessions du Nord de l'Afrique; je l'ai rencontrée particulièrement aux environs de Kouba, de Tixraïn et de Kadous; elle n'est pas rare non plus dans les alentours de Bougie, de Philippeville et sur les bords de la Seybouse et de la Boudjma, aux environs de Bône; je l'ai prise aussi en assez grand nombre dans le cercle de Lacalle. Les individus que je possède de l'Ouest, c'est-à-dire de la province d'Oran, m'ont été donnés par M. le colonel Levaillant. Ce Bupreste, suivant cet officier supérieur, est très-commun aux environs d'Oran et de Mostäganem. Le docteur Warnier l'a rencontré aussi assez fréquemment dans le voisinage de Mascara et de Tlemsên.

[1] M. Schaum, dans l'ouvrage ci-dessus cité, ayant rapporté cette espèce qu'il décrit, au *S. exilis* de M. Erichson, qui est une autre espèce, j'ai cru devoir changer cette dénomination.

Le *J. algerica*, Lap. et Gory, me paraît n'être qu'une variété de l'espèce précédente ; il en serait de même pour le *J. albopilosa*, Chevr.

Cette espèce, pendant le jour, se tient le long des tiges des grandes herbes.

Pl. 14, fig. 2. Une mâchoire, 2ᵃ une mandibule, 2ᵇ lèvre inférieure, 2ᶜ lèvre supérieure, 2ᵈ une antenne du *Julodis onopordi*.

### 390. *Julodis sitifensis*, (Pl. 14, fig. 1.)

Long. 25 millim. larg. 10 millim.

Luc. *Rev. zool. par la soc. Cuv.* février 1844, p. 49.

J. viridi cuprea, subpubescens ; capite, thorace elytrisque granariis, in punctis impressis albicante pilosis ; corpore nitido cupreo, utrinque 5-depressis, pilis albicantibus vestitis.

Il a une assez grande analogie, par la forme, avec le *J. fidelissima*, mais il se rapproche plus par la disposition des taches du *J. onopordi*. D'un vert cuivreux foncé et très-légèrement pubescent. La tête est profondément chagrinée et présente, entre les yeux, des poils blanchâtres, peu serrés, assez allongés. Les antennes sont noirâtres, revêtues au côté externe de duvet blanchâtre. Le corselet est très-chagriné, et dans sa partie médiane, il offre une saillie longitudinale, assez saillante et lisse ; on aperçoit encore beaucoup d'autres saillies, mais elles sont bien moins grandes et placées çà et là ; de chaque côté du corselet, il existe une bande longitudinale, formée par un duvet blanchâtre, parmi lequel sont des poils allongés de cette couleur. Les élytres sont assez fortement chagrinées, et présentent des points et des dépressions peu profonds, dans lesquels est placé un duvet blanchâtre et formant de chaque côté, sur ces organes, cinq rangées de taches longitudinales, dont la seconde, ou celle qui est près du bord externe, affecte la forme d'une bande. Le dessous du corps, légèrement ponctué, est d'un cuivreux brillant, avec les bords des segments finement chagrinés et d'un cuivreux foncé ; ces segments, de chaque côté, présentent cinq dépressions revêtues d'un duvet blanchâtre, et formant autant de taches de cette couleur. Les pattes sont ponctuées, d'un vert cuivreux foncé.

Je n'ai rencontré qu'une seule fois cette espèce ; je l'ai surprise, *flagrante delicto*, le long des tiges des grandes herbes, vers le milieu de juin, dans les environs du camp de Sétif.

Pl. 14, fig. 1. *Julodis sitifensis*, de grandeur naturelle.

---

### Genus *ACMŒODERA*, Esch. *Buprestis*, Auct.

### 391. *Acmœodera tæniata.*

Fabr. *Ent. syst.* tom. II, p. 201, n° 62.
Lap. et Gory, *Hist. nat. des ins. Buprest. Col.* tom. I, p. 7, pl. 2, fig. 9.
Spinol. *Ann. de la soc. ent. de France*, 1ʳᵉ série, tom. VII, p. 358, n° 14.

Cette espèce, que je n'ai pas rencontrée, m'a été donnée par M. Gaubil, lieutenant au 17ᵉ léger, qui l'a prise aux environs d'Alger.

### 392. *Acmæodera quadrifasciata.*

Rossi, *Faun. étrusc.* p. 217, n° 464.
Lap. et Gory, *Hist. nat. des col.* tom. I, *Buprest.* p. 8, pl. 2, fig. 10.

Je n'ai pris que deux individus de cette espèce, que j'ai rencontrés à la fin de juillet, sur le versant Est de la colline où est placé le camp de Kouba; environs d'Alger.

Les individus que l'on rencontre dans cette partie de l'Afrique diffèrent de ceux d'Europe par les lignes transversales des élytres, qui sont beaucoup plus larges.

### 393. *Acmæodera multipunctata.* (Pl. 14, fig. 6.)

Long. 10 millim. larg. 2 millim. ½ à 3 millim.

Luc. *Rev. zool. par la soc. Cuv.* mars 1844, p. 87, n° 3.

A. capite thoraceque atris, punctatis, flavomaculatis; elytris cyaneo violaceis, utrinque 9-flavomaculatis, profundè striatis, striis punctatis interstitiisque elevatis, granariis vel punctulatis; corpore atro, vel cupreo nigro, subtiliter punctulato.

Il a beaucoup d'analogie avec l'*A. Feisthamelii,* dans le voisinage duquel cette espèce vient se placer. La tête est noire, ponctuée, et cette ponctuation est assez fine et surtout très-serrée; dans sa partie médiane, antérieurement, on aperçoit une tache jaunâtre légèrement ovalaire. Les antennes sont entièrement noires. Le thorax est noir, et présente une ponctuation plus forte et moins serrée que celle de la tête; dans son milieu, on remarque un sillon longitudinal peu profondément marqué; les côtés sont déprimés et arrondis, et, près des angles antérieur et postérieur, on voit, de chaque côté, deux taches jaunes de forme arrondie; il y a des individus chez lesquels les taches jaunes des angles antérieurs sont entièrement oblitérées. Sa base est finement striée et présente trois dépressions peu sensibles. La tête, ainsi que le corselet, sont revêtus de poils noirs, très-courts et très-peu serrés. Les élytres, d'un bleu violacé, offrent de chaque côté, à leur angle huméral, une gibbosité très-prononcée; elles sont profondément striées, et ces stries sont fortement ponctuées, avec les intervalles saillants, finement chagrinés et quelquefois très-légèrement ponctués; de chaque côté, ces organes sont ornés de neuf taches jaunes d'une forme plus ou moins arrondie. Le corps en dessous, ainsi que le sternum et le dessous du thorax, sont noirs, quelquefois d'un noir cuivreux, et présentent une ponctuation fine et très-peu serrée. Les pattes sont de même couleur que le corps, très-finement ponctuées et légèrement poilues.

Cette espèce est assez rare; je n'en ai pris que quelques individus, que j'ai rencontrés sur des fleurs, dans les bois qui bordent la route qui conduit de Stora à Philippeville; fin d'avril.

Pl. 14, fig. 6. *Acmæodera multipunctata*, grossi, 6ᵃ la grandeur naturelle.

### 394. *Acmœodera pulchra.*

FABR. *Ent. syst.* tom. II, p. 200, n° 78.
GORY, *Hist. nat. des ins. Col.* tom. IV, *Suppl.* p. 33, pl. 6, fig. 31.
*Acmœodera postverta*, VAR. BUQ. *Ann. de la soc. ent. de France*, 1re série, tom. IX, p. 394.

Rencontré une seule fois, dans les premiers jours de juillet, aux environs du camp du Smendouh, entre Philippeville et Constantine.

### 395. *Acmœodera sexpustulata.* (Var. Pl. 15, fig. 1.)

LAP. et GORY, *Hist. nat. des ins. Col. Buprest.* tom. I, p. 12, pl. 3, fig. 17.

Trouvé sur les fleurs, dans les premiers jours de juin, aux environs de Djimmilah, province de Constantine. Cette variété m'a été communiquée par M. Gaubil.

Pl. 15, fig. 1. *Acmœodera sexpustulata* (Var.), grossi, 1ª la grandeur naturelle.

### 396. *Acmœodera flavopunctata*, (Pl. 14, fig. 9.)

Long. 6 millim. $\frac{1}{2}$, larg. 2 millim. $\frac{1}{2}$ à 3 millim.

LUC. *Rev. zool. par la soc. Cuv.* mars 1844, p. 88, n° 5.

A. atro-ænea; capite thoraceque punctatis; elytris longitudinaliter flavomaculatis, striatis, striis punctatis interstitiisque subtilissimè punctulatis; corpore pedibusque nigro-cupreis, subtiliter punctulatis.

D'un noir bronzé; la tête est ponctuée et la ponctuation qu'elle présente est fine, peu profondément marquée et très-serrée. Les antennes sont noires. Le corselet est convexe et arrondi sur les côtés; il est ponctué, et cette ponctuation est plus forte, plus profondément marquée et surtout moins serrée que celle de la tête; dans sa partie médiane, antérieurement, il présente une petite dépression longitudinale assez bien marquée; il est déprimé postérieurement, avec les trois points de la base grands, mais peu profondément enfoncés. Les élytres sont courtes et très-légèrement rétrécies dans leur partie médiane; elles sont assez profondément striées, et ces stries sont ponctuées, avec les intervalles très-peu saillants et très-finement ponctués; de chaque côté, elles présentent longitudinalement une série de points jaunes arrondis, au nombre de trois à quatre, et même quelquefois de cinq; ceux qui sont placés postérieurement sont ordinairement plus grands que les autres. Le corps en dessous, ainsi que les pattes, sont d'un noir cuivreux, et présentent une ponctuation fine et assez serrée. Des poils blancs, courts, peu serrés, revêtent le dessus et le dessous du corps de cette espèce.

Elle ressemble beaucoup à l'*A. sexpustulata* Lap. et Gory, *Hist. nat. des ins. Buprest.* pl. 3, fig. 17, mais elle en diffère par la couleur, qui, chez la plupart des individus que j'ai examinés, est d'un noir bronzé; par les taches, qui sont au nombre de quatre, et même quelquefois de cinq de chaque côté; il est aussi à noter que les points de chaque côté de la base du corselet sont moins profondément marqués et que la dépression postérieure est ordinairement moins sensible.

Rencontré en mai, dans le ravin de Mostaganem; je n'en ai trouvé que quelques individus.

Pl. 14, fig. 9. *Acmæodera flavopunctata,* grossi, 9ᵃ la grandeur naturelle.


### 397. *Acmæodera flavonotata,* Luc. (Pl. 14, fig. 10.)

Long. 5 millim. ½, larg. 2 millim.

A. nigro-ænea, albopilosa; capite thoraceque punctatis; elytris striatis, striis punctatis interstitiisque subtilissimè punctulatis, posticèque flavonotatis; corpore punctato.

La tête est ponctuée, et cette ponctuation est fine et très-serrée. Les antennes sont noires. Le thorax est très-convexe, très-arrondi sur les côtés, et parsemé de points peu profondément marqués et moins serrés que ceux de la tête; il est légèrement déprimé postérieurement, avec les trois points de la base très-profondément marqués. Les élytres sont courtes et légèrement rétrécies dans leur partie médiane; elles sont striées, et ces stries sont assez finement ponctuées; les intervalles sont très-peu saillants, et la ponctuation qu'ils présentent est très-fine, peu profondément marquée et surtout très-peu serrée; postérieurement, on aperçoit trois taches jaunes dont l'antérieure, située sur le cinquième intervalle, est très-petite et fort peu apparente. Le corps en dessous est finement ponctué, avec les pattes entièrement lisses; des poils blancs, très-courts, revêtent la tête, le thorax, les stries des élytres, tout le dessous du corps et les pattes de cette espèce.

Cet Acméodère, qui a un peu d'analogie avec l'*A. flavomaculata,* et dont je ne possède qu'un seul individu, m'a été donné par M. le colonel Levaillant, qui l'a pris en juillet, dans les environs d'Oran.

Pl. 14, fig. 10. *Acmæodera flavonotata,* grossi, 10ᵃ la grandeur naturelle.


### 398. *Acmæodera bipunctata.*

Oliv. *Ent.* tom. II, n° 32, p. 52, n° 66, pl. 6, fig. 56, *a, b.*
Herbst, *Col.* tom. IX, p. 227, pl. 152, fig. 6, *a b.*
Lap. et Gory, *Hist. nat. des ins. Col. Buprest.* tom. I, p. 13, pl. 4, fig. 19.
Schoenh. *Syn. ins.* tom. I, pars 3, p. 238, n° 130.
*Acmæodera Vaillant,* Spin. *Ann. de la soc. ent. de France,* 1ʳᵉ série, tom. VII, p. 370, n° 23.


Cette espèce, que je n'ai pas rencontrée pendant mon séjour en Algérie, m'a été communiquée par M. Reiche, qui l'a reçue des environs d'Alger.

Cet Acméodère habite aussi la France méridionale; car Olivier, dans son Entomologie, cite cette espèce comme ayant été prise par lui en Provence. Enfin M. Spinola, dans son Essai sur les espèce des genres *Steraspis* et *Acmæodera,* dit que cet Acméodère se trouve aussi en Sicile.

### 399. *Acmœodera adspersula.*

Illig. *Mag. ent.* tom. II, p. 237, n° 5.
Lap. et Gory, *Hist. nat. des ins. Col. Bupresl.* tom. I, p. 16, pl. 5, fig. 26.
Spin. *Ann. de la soc. ent. de France*, 1re série, tom. VII, p. 356, n° 13.
*Acmœodera demerstoïdes*, Sol. *Ann. de la soc. ent. de France*, 1re série, tom. II, p. 375, n° 1.

Cette espèce varie beaucoup pour la taille; j'ai des individus qui ont jusqu'à 8 millimètres $\frac{1}{2}$ de longueur, tandis que j'en possède d'autres qui atteignent tout au plus 4 millimètres $\frac{1}{2}$.

Cet Acméodère, que je n'ai rencontré que dans l'Est de nos possessions du Nord de l'Afrique, n'est pas très-rare à Bougie, et surtout dans les environs du cercle de Lacalle; c'est particulièrement pendant les mois de juin, juillet et août, que l'on prend cette espèce en fauchant les grandes herbes et les fleurs. M. Dufrotey, officier au 3<sup>e</sup> des chasseurs d'Afrique, m'a donné quelques individus de cette espèce, qu'il a pris dans les environs de Dréan et de Guelma.

### 400. *Acmœodera rubromaculata.* (Pl. 14, fig 7.)

Long. 7 millim. larg. 2 millim. $\frac{1}{2}$.

Luc. *Rev. zool. par la soc. Cuv.* mars 1844, p. 88, n° 6.

A. capite nigro cupreo, punctato; thorace nigro cupreo, punctato, utrinque rubromaculato; elytris nigris, rubromaculatis, profundè striatis, striis punctatis interstitiisque subtilissimè punctulatis; corpore pedibusque cupreis, punctatis.

Cette espèce ressemble un peu à l'*A. adspersula.* La tête est d'un noir cuivreux, finement ponctuée, et présente quelques poils blanchâtres, très-courts et peu serrés. Les antennes sont d'un noir cuivreux. Le corselet, de même couleur que la tête, est très-convexe, et arrondi sur les côtés; dans sa partie médiane, antérieurement, il présente une petite dépression longitudinale peu profondément marquée; de chaque côté, près de l'angle postérieur, il existe une tache arrondie d'une belle couleur rouge-brique foncé. Les élytres sont noires et présentent antérieurement, de chaque côté, deux taches d'un rouge-brique foncé, dont une beaucoup plus grande, arrondie, est située sous la gibbosité de l'angle huméral, qui est assez saillant, tandis que l'autre, beaucoup plus petite, est placée de chaque côté de l'écusson; de nombreuses taches transversales, irrégulières, d'un rouge-brique foncé, se tenant toutes entre elles, se font remarquer sur les élytres, qui sont profondément striées, ponctuées, avec les intervalles saillants et très-finement ponctués. Le corps en dessous, ainsi que le sternum, le thorax et les pattes, sont d'un cuivreux brillant, ponctués et revêtus de poils très-courts, blanchâtres et très-peu serrés.

Trouvé une seule fois, dans les premiers jours de juin, aux environs d'Oran, par M. Vaillant, peintre de la commission.

Pl. 14, fig. 7. *Acmœodera rubromaculata,* grossi, 7<sup>a</sup> la grandeur naturelle.

### 401. *Acmæodera affinis* [1], Luc. (Pl. 14, fig. 8.)

Long. 7 millim. larg. 3 millim.

A. subpubescens; capite thoraceque cupreis, punctatis; elytris omninò luteis, posticè spinosis; corpore pedibusque valdè punctatis.

Il ressemble beaucoup à l'*A. pilosellæ* de Bonelli, et c'est après cette espèce qu'il doit venir se placer. La tête est cuivreuse, ponctuée, et cette ponctuation est peu profondément marquée et très-serrée; dans sa partie médiane, elle est déprimée longitudinalement, et cette dépression est beaucoup plus marquée que celle de l'*A. pilosellæ;* des poils fins, blanchâtres, soyeux, assez allongés, peu serrés, revêtent la tête. Les antennes sont cuivreuses. Le corselet est cuivreux, et la ponctuation qu'il présente est plus fine et moins serrée que celle de la tête; il est convexe antérieurement, et partagé dans son milieu par un sillon assez profondément marqué; postérieurement, il est fortement déprimé, avec les trois points de la base plus profondément marqués que dans l'*A. pilosellæ;* comme la tête, il est revêtu de poils courts, très-peu serrés. Les élytres sont striées et ponctuées comme dans l'*A. pilosellæ*, mais, postérieurement, elles sont très-épineuses, caractère que ne présente pas l'*A. pilosellæ;* elles sont jaunes, couleur qui envahit toute la suture et ne laisse pas, comme dans l'*A. pilosellæ*, une bande longitudinale cuivreuse. Tout le corps en dessous, ainsi que les pattes, sont d'un cuivreux brillant, fortement ponctués, tandis que ces mêmes parties, dans l'*A. pilosellæ*, ne sont que finement chagrinées.

Je n'ai pas trouvé cette espèce; je la dois à l'obligeance de M. Gaubil, qui n'en possédait qu'un seul individu, et qu'il a bien voulu me sacrifier. Cet Acméodère habite les environs d'Alger.

Pl. 14, fig. 8. *Acmæodera affinis*, grossi, 8ª la grandeur naturelle.

### 402. *Acmæodera discoïdea*.

Fabr. *Ent. syst.* tom. II, p. 215, n° 127.
Lap. et Gory, *Hist. nat. des col.* tom. 1, *Buprest.* p. 23, pl. 7, fig. 38.
Spin. *Ann. de la soc. ent. de France*, 1ʳᵉ série, tom. VII, p. 392, n° 35.

Cette espèce n'est pas très-rare dans l'Est et dans l'Ouest de nos possessions du Nord de l'Afrique; je l'ai prise assez communément en fauchant les grandes herbes et les fleurs pendant les mois de mai, de juin, de juillet et d'août, dans les environs d'Alger, de Philippeville, de Bône, de Constantine et du cercle de Lacalle. Les individus que je possède de l'Ouest m'ont été donnés par M. le colonel Levaillant.

[1] Pl. 14, fig. 8, au lieu de *Acmæodera vicina*, Luc. lisez : *Acmæodera affinis*, Luc.

### 403. *Acmæodera flavovittata.* (Pl. 14, fig. 11.)

Long. 6 millim. larg. 2 millim. ½.

*Luc. Rev. zool. par la soc. Cuv.* mars 1844, p. 89, n° 7.

A. capite thoraceque cupreis, punctatis; elytris nigro cupreis, striatis, striis punctatis interstitiisque subtilissimè granariis, vittis punctisque flavis ornatis; corpore pedibusque cupreis, subtiliter punctulatis.

Voisin de l'*A. discoïdea*, près duquel cette espèce vient se placer. La tête est ponctuée, et cette ponctuation est assez fine et très-serrée; dans sa partie médiane, entre les yeux, elle présente une dépression longitudinale assez profondément marquée. Le corselet est convexe antérieurement, arrondi sur les côtés, et parsemé de points plus forts, plus profondément marqués et surtout moins serrés que ceux de la tête; dans son milieu, il présente une dépression longitudinale assez profondément marquée, et, de chaque côté de cette dépression, antérieurement, on aperçoit un petit enfoncement arrondi et arsez bien marqué; postérieurement, il est très-légèrement déprimé, avec les trois points de la base petits et peu profondément enfoncés. Les élytres, d'un noir cuivreux, sont profondément striées, et ces stries sont fortement ponctuées; les intervalles sont à peine saillants et très-légèrement chagrinés; de chaque côté, on aperçoit quatre bandes longitudinales jaunes et deux points de même couleur, dont un situé près de l'écusson, et l'autre entre les deux bandes antérieures. Le corps en dessous et les pattes sont cuivreux et assez finement ponctués. Des poils blancs, très-courts et très-serrés, revêtent le dessus et surtout le dessous du corps de cette espèce.

Trouvé aux environs d'Oran, en fauchant, dans le commencement de juillet.

Pl. 14, fig. 11. *Acmæodera flavovittata,* grossi, 11ᵃ la grandeur naturelle.

### 404. *Acmæodera rufomarginata,* Luc. (Pl. 15, fig. 4.)

Long. 4 millim. ½, larg. 1 millim. ½.

A. capite thoraceque cupreis, punctatis; elytris viridi cupreis, rufomarginatis, ad latera flavescente maculatis, striato-punctatis interstitiisque subtilissimè punctulatis; abdomine sternoque punctatis, cupreis.

Il ressemble un peu à l'*A. discoïdea*, près duquel il vient se placer. La tête, revêtue de quelques poils blanchâtres, très-courts et très-peu serrés, est cuivreuse, ponctuée, et cette ponctuation est fine, assez profondément marquée et très-peu serrée. Les antennes sont d'un noir cuivreux. Le thorax est assez convexe, arrondi antérieurement et sur les côtés; il est ponctué, et cette ponctuation paraît moins profondément marquée et surtout plus serrée que celle de la tête; dans sa partie médiane, il présente un sillon peu profondément marqué; il est à peine déprimé postérieurement, avec les trois points de la base grands et peu profondément enfoncés. Les élytres, légèrement rétrécies près de leur partie médiane, sont d'un vert cuivreux, bordées de roux, et présentent de chaque côté, près de leur bord externe, trois ou quatre taches jaunâtres peu prononcées; elles sont striées, et ces stries sont formées par des points profondément enfoncés; les intervalles sont à peine élevés et très-finement ponctués. Le corps et le sternum, ainsi que les pattes, sont cuivreux; des poils courts, blanchâtres, peu serrés, revêtent les élytres, tout le dessous du corps, ainsi que les organes de la locomotion de cet Acméodère.

Je n'ai trouvé qu'une seule fois cette espèce, c'est en mai, dans l'ancien cimetière des chrétiens, aux environs d'Alger.

Pl. 15, fig. 4. *Acmæodera rufomarginata*, grossi, 4ª la grandeur naturelle.

### 405. *Acmæodera barbara*.

Gony, *Hist. nat. des ins. Col.* tom. IV (*Suppl.*), p. 45, pl. 8, fig. 44.

Cette espèce est assez rare; je n'en ai pris que quelques individus, que j'ai rencontrés, en juillet, en fauchant les grandes herbes et les fleurs dans les bois du lac Tonga; environs du cercle de Lacalle.

### 406. *Acmæodera trifoveolata*, Luc. (Pl. 15, fig. 2.)

Long. 5 millim. larg. 2 millim.

A. cupreo nitens, pilosa; capite thoraceque punctatis, hoc anticè gibboso, ad basin profundè trifoveolato; elytris subtiliter striato-punctatis, interstitiis, corpore, pedibusque punctatis.

D'un cuivreux brillant; la tête est ponctuée, mais cette ponctuation est fine, peu profondément marquée et surtout très-peu serrée. Les antennes sont d'un noir cuivreux. Le corselet est très-convexe, arrondi antérieurement et sur les côtés; il est ponctué, et cette ponctuation est plus profondément marquée que celle de la tête; il est très-légèrement déprimé postérieurement, avec les trois points de la base très-profondément enfoncés et en forme de fossettes. Les élytres, légèrement rétrécies dans leur partie médiane, sont finement striées, et ces stries sont ponctuées; les intervalles sont très-peu saillants et présentent une ponctuation fine et très-peu serrée; antérieurement, elles sont déprimées, et, dans cette dépression, on aperçoit la naissance de trois ou quatre stries très-profondément marquées. Le corps et les pattes sont ponctués. Des poils blancs, assez allongés, très-peu serrés, revêtent le dessus, le dessous du corps ainsi que les organes de la locomotion de cette espèce.

Je n'ai rencontré qu'une seule fois cet Acméodère, qui ressemble un peu à l'*A. barbara*, avec lequel il ne pourra être confondu, à cause de trois dépressions profondes en forme de fossettes que présente la base de son corselet, et surtout de celui-ci, qui n'offre pas de sillon médian; je l'ai pris à la fin de mars, en fauchant les grandes herbes, dans le cimetière des Juifs, aux environs d'Alger.

Pl. 15, fig. 3. *Acmæodera trifoveolata*, grossi, 3ª la grandeur naturelle.

### 407. *Acmæodera coarctata*, Luc. (Pl. 15, fig. 3.)

Long. 5 millim. ½, larg. 2 millim.

A. albo-pilosa, coarctata; capite thoraceque cupreis, punctatis; elytris nigro cupreis, striato-punctatis, interstitiisque subtilissimè punctulatis, his longitudinaliter pilis albis vestitis; abdomine sternoque punctatis, cupreis.

Cette espèce est voisine de la précédente et vient se placer après cette espèce. La tête est cuivreuse, ponctuée et revêtue d'un duvet court, blanchâtre et peu serré; dans sa partie médiane, entre les yeux, elle présente une petite dépression longitudinale assez profondément marquée. Les antennes sont d'un noir cuivreux. Le thorax est très-convexe, arrondi antérieurement et sur les côtés; il est de même couleur que la tête, et revêtu, comme cette dernière, d'un duvet court, blanchâtre et très-peu serré; il est ponctué, mais la ponctuation qu'il présente est plus forte et plus serrée que celle de la tête; postérieurement, il est très-légèrement déprimé, avec les trois points de la base grands et assez profondément enfoncés. Les élytres sont d'un noir cuivreux, assez fortement rétrécies dans leur partie médiane; elles sont peu profondément striées, et la ponctuation que ces stries présentent est assez forte et très-peu serrée; les intervalles sont légèrement saillants, très-finement ponctués et offrent des rangées longitudinales très-distinctes de poils blancs, courts et peu serrés. L'abdomen et le sternum sont ponctués, d'un vert cuivreux, ainsi que les pattes, et revêtus de poils blancs, très-courts et très-peu serrés.

Rencontré une seule fois, dans les premiers jours de mai, sur le versant Est du Djebel Santa-Cruz; environs d'Oran.

Pl. 15, fig. 3. *Acmæodera coarctata*, grossi, 3ᵃ la grandeur naturelle.

### 408. *Acmæodera cylindrica*.

Fabr. *Syst. Eleuth.* tom. II, p. 200, n° 81.
Lap. et Gory, *Hist. nat. des ins. Col. Buprest.* tom. 1, p. 24, pl. 7, fig. 39.
Spin. *Ann. de la soc. ent. de France*, tom. VII, 1ʳᵉ série, p. 355, n° 12.

Rencontré, en mai et en juin, dans les environs de Bône et du cercle de Lacalle; je l'ai pris aussi aux environs de Cherchêl et de Mostaganem. M. le docteur Warnier m'a donné deux individus de cette espèce, remarquables par leur petite taille, et qu'il a rencontrés dans les environs de Mascara.

### 409. *Acmæodera melanosoma*. (Pl. 14, fig. 5.)

Long. 8 millim. larg. 2 millim. ½.

Luc. *Rev. zool. par la soc. Cuv.* mars 1844, p. 88, n° 4.

A. atra, elongata, angusta; capite thoraceque punctatis; elytris profundè striatis, striis punctatis interstitiisque subtiliter granariis; corpore pedibusque punctatis.

La tête est ponctuée, et cette ponctuation est peu profondément marquée et surtout peu serrée. Les antennes sont entièrement noires. Le corselet est assez convexe, dilaté et arrondi sur les côtés; il est ponctué, et les points qui forment cette ponctuation sont moins réguliers et surtout plus serrés que ceux de la tête; dans sa partie médiane, il présente une dépression longitudinale assez fortement prononcée; il est assez déprimé postérieurement, avec les trois points de la base peu profondément marqués. Les élytres, très-allongées, ont leur angle huméral assez saillant; elles sont légèrement rétrécies dans leur partie médiane, et hérissées de petites épines sur les côtés latéro-postérieurs et à leur base; elles sont profondément striées, et ces stries sont fortement ponctuées; les intervalles sont peu saillants et très-légèrement chagrinés; des poils noirs, très-courts, peu serrés, revêtent la tête, le thorax et les élytres. Le corps en dessous est ponctué, et cette ponctuation est fine, peu profondément marquée et surtout peu serrée; il est revêtu de poils blancs, courts et clairement parsemés. Les pattes sont lisses et hérissées de quelques poils blanchâtres.

Cette espèce habite les environs d'Oran et a été prise, à la fin de juin et dans le commencement de juillet, en fauchant les grandes herbes, dans les ravins du Djebel Santon.

Pl. 14, fig. 5. *Acmœodera melanosoma*, grossi, 5ᵃ la grandeur naturelle.

### 410. *Acmœodera tristis*. (Pl. 14, fig. 4.)

Long. 9 millim. larg. 2 millim. ½.

Luc. *Rev. zool. par la soc. Cuv.* mars 1844, p. 87, n° 2.

A. atra vel cyaneo nigrescens; capite punctato, albopiloso; thorace punctato, in medio ad lateraque depresso, anticè piloso; elytris elongatis, profundè striatis, striis punctatis interstitiisque elevatis, granariis; corpore nigro, albopiloso.

Noir; quelquefois d'un bleu noirâtre. La tête est assez fortement ponctuée et entièrement revêtue de poils courts, blancs, très-serrés. Les antennes sont entièrement noires, quelquefois cependant d'un cuivreux brillant. Le corselet est étroit, revêtu de poils blanchâtres, et présente une ponctuation assez forte et très-serrée; antérieurement, il est très-gibbeux, et cette gibbosité, dans sa partie médiane, est partagée par un sillon profond qui part de la base du thorax et atteint sa partie antérieure; postérieurement et sur les côtés, il est fortement déprimé, et près de sa base, qui est striée longitudinalement, on aperçoit trois dépressions profondément marquées. Les élytres, allongées, gibbeuses et étroites antérieurement, s'élargissent un peu au delà de leur partie médiane; elles sont assez profondément striées, et ces stries sont fortement ponctuées, avec les intervalles saillants et assez finement chagrinés. Le corps en dessous est noir et entièrement revêtu, ainsi que le sternum et le dessous du thorax, de poils blancs courts et très-serrés. Les pattes sont d'un cuivreux brillant et parsemées de quelques poils blanchâtres.

J'ai rencontré cette espèce sur des fleurs, vers le milieu de juillet, dans les bois du lac Tonga, aux environs du cercle de Lacalle.

M. Gaubil m'a donné un individu entièrement semblable, pour la forme et la ponctuation, à celui que je viens de décrire; mais il en diffère par les élytres, qui présentent de petites taches d'un blanc jaunâtre, placées çà et là; cette variété a été rencontrée dans les environs d'Alger.

Pl. 14, fig. 4. *Acmæodera tristis*, grossi, 4ª la grandeur naturelle.

### 411. *Acmæodera mauritanica.* (Pl. 14, fig. 3.)

Long. 10 millim. larg. 4 millim.

Luc. *Rev. zool. par la soc. Cuv.* mars 1844, p. 87, n° 1.

A. cyaneo violacea vel atra, albopilosa; capite subtilissimè punctulato; thorace lato, subtiliter punctato; elytris convexis, profundè striatis, striis punctatis interstitiisque subtiliter granariis; corpore cyaneo, punctato.

Il est plus large que l'*A. Boryi*, auquel il ressemble un peu. Il est d'un bleu violacé, quelquefois entièrement noir. La tête, revêtue de longs poils blancs, est très-finement ponctuée, et cette ponctuation est très-serrée. Les antennes sont noires, à derniers articles quelquefois roussâtres, et revêtues de poils blancs assez courts. Le corselet est très-large et présente une ponctuation fine et moins serrée que celle de la tête; il est assez convexe, et, à sa base, on aperçoit trois dépressions profondément marquées, dont une médiane et les autres latérales; quelques poils blancs, assez allongés, revêtent les côtés et la partie antérieure du corselet. Les élytres, sur lesquelles on aperçoit quelques bouquets de poils blancs particulièrement sur les côtés, sont profondément striées, et ces stries, fortement ponctuées, forment, sur ces organes, des lignes longitudinales disposées régulièrement; les intervalles sont assez saillants et très-finement chagrinés. Le dessous du corps est d'un beau bleu foncé brillant, et présente une ponctuation fine et très-peu serrée; de plus, il est revêtu de longs poils blancs, particulièrement sur les parties latérales des segments abdominaux et du sternum. Les pattes sont noires, quelquefois de même couleur que le dessus du corps, et revêtues de poils blanchâtres.

C'est aux environs de Kouba, vers la fin de juillet et dans le commencement d'août, que j'ai rencontré cette espèce.

Pl. 14, fig. 3. *Acmæodera mauritanica*, grossi, 3ª la grandeur naturelle.

### 412. *Acmæodera cyanipennis*, Luc.

Long. 5 millim. ½, larg. 2 millim.

A. capite thoraceque cupreis, punctatis; elytris cyaneis, striatopunctatis, interstitiis lævigatis; corpore infrà pedibusque cupreis, punctatis.

La tête est cuivreuse, et offre une ponctuation fine, peu profondément marquée et peu serrée; elle est déprimée longitudinalement dans sa partie médiane, où elle est revêtue de poils d'un blanc jaunâtre, allongés, peu serrés. Les antennes sont d'un noir bleu. Le corselet, revêtu de poils blancs, quelquefois jaunâtres, assez allongés, est d'un cuivreux brillant, et présente une ponctuation très-peu serrée, un peu plus forte que celle de la tête; il est

arrondi, légèrement gibbeux, à peine déprimé postérieurement, avec les trois points de
la base assez profondément marqués. Les élytres, d'un beau bleu, légèrement rétrécies
un peu après leur partie médiane, présentent quelques poils blanchâtres, très-peu serrés;
elles sont finement striées, mais ces stries sont formées par des points très-peu enfoncés,
placés régulièrement à la suite les uns des autres et très-peu serrés; les intervalles sont
entièrement lisses. Les pattes, ainsi que tout le corps en dessous, sont d'un cuivreux brillant, et, sur ce dernier, on aperçoit une ponctuation peu profondément marquée, assez
forte et peu serrée; il est revêtu, ainsi que les pattes, de poils blanchâtres très-courts.

Je n'ai pas trouvé cette espèce, qui m'a été communiquée par M. Reiche; elle lui a été
donnée par M. Gaubil, qui l'a rencontrée dans les environs d'Alger.

### 413. *Acmæodera acuminipennis.*

Lap. et Gory, *Hist. nat. des ins. Col. Buprest.* tom. I, p. 25, pl. 8, fig. 43.
Spin. *Ann. de la soc. ent. de France,* 1<sup>re</sup> série, tom. VII, p. 389, n° 33.

Cette espèce n'est pas très-rare dans l'Est et dans l'Ouest de nos possessions du Nord
de l'Afrique, pendant les mois de mai, de juin et de juillet; je l'ai rencontrée particulièrement dans les environs d'Alger, de Bône, de Bougie, du cercle de Lacalle et d'Oran.

Pl. 14, fig. 12, une mâchoire, 12° une antenne de l'*Acmæodera acuminipennis.*

---

## Genus *AURIGENA*, Gory. *Buprestis*, Auct.

### 414. *Aurigena tarsata.*

Fabr. *Ent. syst.* tom. II, p. 208, n° 93.
Lap. et Gory, *Hist. nat. des ins. Col. Buprest.* tom. I, p. 4, pl. 1, fig. 4 B.
*Buprestis unicolor,* Oliv. *Ent.* tom. II, g<sup>re</sup> 32, p. 63, n° 84; pl. 8, fig. 90 B.
*Buprestis Lyonii,* Vigors, *Zool. journ.* tom. II, p. 514, pl. 19, fig. 3.

Cette espèce, pendant les mois de mai, de juin, de juillet et d'août, n'est pas très-rare,
particulièrement aux environs de Bône, de Dréan, de Guelma et de Medjez-Ahmar. Elle varie
beaucoup par la couleur : tantôt elle est d'un beau bleu, tantôt d'un beau vert doré;
souvent il n'y a que la tête et le corselet qui présentent ces couleurs, tandis que les élytres
sont d'un beau vert; enfin j'ai pris aux environs de Bône, particulièrement près les ruines
d'Hippône, des individus qui étaient entièrement dorés.

Pl. 14, fig. 13. Une mâchoire, 13° une mandibule, 13<sup>b</sup> lèvre inférieure, 13<sup>c</sup> lèvre supérieure, 13<sup>d</sup> une
antenne de l'*Aurigena tarsata.*

## Genus *CAPNODIS*, Esch. *Buprestis*, Auct.

### 415. *Capnodis tenebrionis.*

Linn. *Faun. suec.* n° 761.
Lap. et Gory, *Hist. nat. des ins. Col. Buprest.* tom. I, p. 7, pl. 2, fig. 8.

Je n'ai rencontré cette espèce que dans l'Est de nos possessions du Nord de l'Afrique; je l'ai prise, particulièrement pendant les mois de mai, juin et juillet, aux environs de Bougie, de Stora et de Philippeville; je l'ai trouvée aussi dans les environs de Milah et de Ma-Allah.

### 416. *Capnodis tenebricosa.*

Fabr. *Ent. syst.* tom. II, p. 207, n° 89.
Lap. et Gory, *Hist. nat. des ins. Col. Buprest.* tom. I, p. 9, pl. 11, fig. 8.

Rencontré dans les mêmes localités et dans les mêmes mois que l'espèce précédente.

Pl. 15, fig. 5. Une mâchoire, 5ª une mandibule, 5ᵇ lèvre supérieure, 5ᶜ une antenne du *Capnodis tenebricosa*.

---

## Genus *CYPHONOTA*, Dej. *Cœculus*[1], Gory. *Buprestis*, Auct.

### 417. *Cyphonota lawsoniæ.*

Chevr. *Rev. zool. par la soc. Cuv.* avril 1838, p. 56.
*Cœculus gravidus*, Lap. et Gory, *Hist. nat. des ins. Col. Buprest.* tom. 1, p. 3, pl. 1, fig. 2.
*Cyphonota gravida*, Kust. *Die Käf. Europ.* fasc. 1, n° 9.
*Cœculus Buqueti*, Lap. et Gory, *op. cit.* p. 3, pl. 1, fig. 3.

Cette espèce, pendant les mois de mai et juin, est assez répandue aux environs de Bône, particulièrement sur les bords de la Boudjma; je l'ai prise aussi assez abondamment dans les environs de Dréan, de Guelma et de Medjez-Ahmar. M. Wampers, capitaine au 4ᶜ régiment des chasseurs d'Afrique, m'a donné quelques individus de cette espèce, qu'il a rencontrés dans les environs du camp de Sidi-Tamtam. Ce Bupreste, pendant le jour, se tient le long des tiges des grandes herbes.

M. Chevrolat ayant été le premier à décrire cette espèce, naturellement j'ai dû adopter son nom et mettre celui de MM. Laporte et Gory en synonymie. Ces derniers auteurs, dans leur Monographie des Buprestides, désignent, sous le nom de *C. Buqueti*, un Cyphonote qui ne paraît être qu'une variété du *C. lawsoniæ* de M. Aug. Chevrolat.

Pl. 15, fig. 9. Une mâchoire, 9ª une mandibule, 9ᵇ lèvre supérieure, 9ᶜ une antenne du *Cyphonota lawsoniæ*.

[1] Le nom de *Cœculus* ayant déjà été employé antérieurement pour un genre de la classe des Arachnides, j'ai cru devoir changer cette dénomination afin d'éviter un double emploi.

## Genus *BUPRESTIS*, Linn. *Chalcophora*, Serv.

### 418. *Buprestis mariana.*

LINN. *Faun. suec.* p. 754.
FABR. *Syst. Eleuth.* tom. II, p. 195, n° 41.
LAP. et GORY, *Hist. nat. des ins. Col.* tom. I, Buprest. p. 9, pl. 2, fig. 5.
PECCH. *Observ. sur les métam. du B. mariana, Mag. de zool.* 1843, pl. 120, fig. 1 à 5, et pl. 121, fig. 1 à 5.
LUC. (larve et nymphe), *Ann. de la soc. ent. de France,* 2ᵉ série, tom. II, p. 315[1].

Je n'ai pas pris cette espèce; elle m'a été donnée par M. Levaillant, colonel au 17ᵉ léger, qui l'a rencontrée assez communément dans les environs de Médéa; suivant ce même officier supérieur, cette espèce se trouverait aussi aux environs d'Alger, particulièrement près le cimetière des Juifs.

### 419. *Buprestis ænea.*

LINN. *Faun. suec.* n° 758.
LAP. et GORY, *Hist. nat. des ins. Col.* tom. I, Buprest. p. 100, pl. 26, fig. 138.
*Buprestis reticulata,* FABR. *Syst. Eleuth.* tom. II, p. 205, n° 103.
*Dicerca ænea,* BOISD. et LACORD. *Faun. ent. des env. de Paris,* tom. I, p. 588, n° 1.

Cette espèce n'est pas très-commune; je n'en ai rencontré que trois individus, que j'ai pris à la fin de juillet, près les marais du lac Tonga, dans les environs du cercle de Lacalle.

### 420. *Buprestis plebeja.*

FABR. *Gener. ins. Mant.* p. 236, n° 28-29.
LAP. et GORY, *Hist. nat. des ins. Col.* tom. I, Buprest. p. 114, pl. 29, fig. 157.
*Buprestis rustica,* HERBST, *Coleopt. arch.* p. 174, n° 28.
*Buprestis variolosa,* PAYK. *Faun. suec.* tom. II, p. 219, n° 6.
*Buprestis conspersa,* GYLLENH. *Ins. suec.* tom. I, p. 441, n° 3.

Cette espèce n'est pas très-commune; je n'en ai trouvé que quelques individus, que j'ai pris en mai et juin aux environs de Bougie, de Stora et dans les bois des lacs Houbeira et Tonga; elle se trouve aussi aux environs de Guelma; car M. Basselet, chirurgien-major, m'en a donné un individu qu'il a rencontré aux environs du camp qui porte ce nom; j'en tiens aussi plusieurs individus des environs de Kole'a, qui m'ont été donnés par M. Guyon, chirurgien en chef de l'armée d'Afrique.

---

[1] Dans ce travail, j'ai fait connaître la composition segmentaire de la larve de cette espèce, et, de plus, j'ai décrit, d'après les intéressantes observations de M. le colonel Levaillant, la larve, la nymphe de ce brillant Bupreste, et les mœurs si singulières de la larve avant d'arriver à l'état parfait.

### 421. *Buprestis rutilans.*

Fabr. *Syst. Eleuth.* tom. II, p. 192, n° 35.
Lap. et Gory, *Hist. nat. des ins. Col.* tom. I, *Buprest.* p. 115, pl. 39, fig. 158.

C'est dans l'Est seulement que j'ai rencontré cette espèce, qui paraît être assez rare; j'en possède quelques individus qui ont été pris dans les environs de Kole'a, et qui m'ont été donnés par M. Guyon. Je l'ai trouvée aussi, à la fin de juin, aux environs de Milah et de Ma-Allah.

### 422. *Buprestis festiva.*

Linn. *Syst. nat.* tom. I, pars 11, p. 663, n° 27.
Lap. et Gory, *Hist. nat. des ins. Col.* tom. I, *Buprest.* 117, pl. 30, fig. 161.
*Buprestis decempunctata,* Fabr. *Syst. Eleuth.* tom. II, p. 207, n° 114.

Rencontré une seule fois, à la fin de juin, dans les environs de Milah.

### 423. *Buprestis rustica.*

Linn. *Faun. succ.* n° 756.
Lap. et Gory, *Hist. nat. des ins. Col. Buprest.* tom. I, p. 126, pl. 32, fig. 176.

Je n'ai pas pris cette espèce; elle m'a été donnée par mon collègue, M. Deshayes, qui l'a rencontrée, en juin, dans les environs d'Oran.

### 424. *Buprestis flavomaculata.*

Fabr. *Ent. syst.* tom. II, p. 193, n° 33.
Lap. et Gory, *Hist. nat. des ins. Col. Buprest.* tom. I, p. 134, pl. 33, fig. 185.

Cette espèce habite l'Est et l'Ouest de nos possessions du Nord de l'Afrique; pendant les mois de juin, juillet et août, j'en ai pris quelques individus, particulièrement dans les environs de Bougie, de Stora et dans les bois de chênes-liéges des lacs Tonga et Houbeira. Je l'ai rencontrée aussi à Oran, en fendant, en janvier et février, des bûches de bois qui, déjà avaient subi l'action du feu.

### 425. *Buprestis micans.*

Fabr. *Ent. syst.* tom. II, p. 189, n° 14.
Lap. et Gory, *Hist. nat. des ins. Col. Buprest.* tom. I, p. 150, pl. 37, fig. 206.
*Buprestis marginata,* Oliv. *Ent.* tom. II, g^re 32, p. 67, n° 89, pl. 5, fig. 51.

J'ai trouvé cette espèce dans les mêmes lieux et les mêmes conditions que la précédente.

### 426. *Buprestis austriaca.*

Linn. *Syst. nat.* tom. I, pars II, p. 661, n° 9.
Lap. et Gory, *Hist. nat. des ins. Col. Buprest.* tom. 1, p. 151, pl. 37, fig. 207.

J'ai rencontré une seule fois cette espèce; c'est dans les premiers jours de mai, dans des bûches de bois que des soldats fendaient pour la manutention; ce bois avait été coupé dans les environs de Bougie.

### 427. *Buprestis Levaillantii.* (Pl. 15, fig. 8.)

Long. 17 millim. larg. 6 millim.

Luc. *Rev. zool. par la soc. Cuv.* février 1844, p. 50.

B. rubra; capite punctato in medio nigro bimaculato, posticè cyaneo violaceo; thorace punctato, transversìm nigro quadrimaculato; elytris profundè subtilissimèque striatopunctatis, interstitiis prominentibus, punctatis, utrinque sex maculis suturâ posticèque nigris; corpore flavo, cyaneo violaceo maculato; pedibus cyaneo violaceis.

D'un beau rouge; la tête est assez finement ponctuée, et présente, dans sa partie médiane, entre les yeux, deux points noirs assez rapprochés; postérieurement, elle est d'un bleu violacé. Le corselet est convexe et arrondi sur les côtés; il est ponctué, mais cette ponctuation paraît plus profonde et surtout moins serrée que celle de la tête; il présente quatre taches arrondies d'un bleu violacé, placées transversalement, et dont celles qui occupent la partie médiane sont très-rapprochées; sa base, ainsi que les angles latéro-postérieurs, sont bordés de noir. L'écusson est noir et entièrement lisse. Les élytres sont profondément striées, et ces stries sont très-finement ponctuées, avec les intervalles saillants et présentant une ponctuation fine et très-peu serrée; de chaque côté, elles sont ornées de six taches noires, dont trois occupent la partie antérieure, deux très-petites, la partie médiane, et enfin une beaucoup plus grande que les autres, la partie postérieure; à leur extrémité, elles sont bordées de noir, et il en est de même de leur base et de toute la suture. Le corps en dessous, peu profondément ponctué, est jaune, taché de bleu violacé, avec les bords des segments abdominaux de cette dernière couleur. Les pattes sont d'un beau bleu violacé et très-légèrement pubescentes.

Cette belle espèce, que je n'ai pas rencontrée pendant mon séjour en Algérie, a été donnée au Muséum de Paris par M. le colonel Levaillant, auquel je me fais un plaisir de la dédier; elle a été prise dans les environs de Mostaganem.

Pl. 15, fig. 8. *Buprestis Levaillantii*, grossi, 8° la grandeur naturelle.

### 428. *Buprestis Douei.* (Pl. 15, fig. 7.)

Long. 12 à 16 millim. larg. 4 à 6 millim.

B. capite virescente, flavomaculato; thorace nigro virescente, regulariter punctato, flavo ad latera posticèque marginato; elytris viridi æneis, profundè striatis, striis interstitiisque subtilissimè punctulatis, utrinque undecim flavomaculatis; corpore flavoviridi maculato segmentis posticè viridi marginatis; pedibus viridibus, femoribus infrà flavis.

La tête est verdâtre, irrégulièrement ponctuée à son sommet, chagrinée dans sa partie médiane, où elle présente une petite dépression longitudinale plus ou moins prononcée, suivant les individus; elle est ornée de chaque côté, au bord interne des yeux, d'une tache jaunâtre plus ou moins triangulaire; il y a des individus chez lesquels cette tache disparaît entièrement. Les antennes sont noires. Le corselet, d'un noir verdâtre bordé de jaune sur ses côtés et tacheté de cette couleur à sa base, est large, très-peu convexe, très-régulièrement ponctué, avec les points que présente cette ponctuation plus forts, plus serrés, et surtout plus profondément enfoncés que ceux de la tête. L'écusson est d'un noir bronzé, lisse. Les élytres, de même couleur que l'écusson, sont arrondies, non épineuses à leur extrémité, et présentent, de chaque côté, onze taches bien distinctes, d'une belle couleur jaune chez les trois individus qui ont été à ma disposition; elles sont assez profondément striées, et ces stries sont très-finement ponctuées; les intervalles sont saillants, larges et marqués d'une ponctuation fine et très-peu serrée. Tout le corps en dessous est faiblement ponctué, jaune, tacheté de vert, avec le bord postérieur des segments abdominaux de cette couleur. Les pattes sont vertes, avec la partie inférieure des segments jaune.

Cette espèce varie beaucoup pour la couleur; il y a des individus chez lesquels la tête et le corselet sont roussâtres, avec les deux premiers articles des antennes et les pattes de cette couleur; tandis qu'il y en a d'autres, au contraire, chez lesquels les organes que je viens de citer sont d'un roux verdâtre; chez ces variétés, le bord latéral des élytres et la partie postérieure de ces mêmes organes sont d'une belle couleur rousse.

C'est près du *B. hilaris* que doit venir se placer cette espèce; elle en diffère par les taches et la position qu'occupent ces dernières sur les élytres, et par la ponctuation de sa tête et de son corselet, qui est plus forte et bien moins serrée.

Je n'ai pas trouvé ce Bupreste, qui a été rencontré dans les environs d'Oran par M. le colonel Levaillant, et qui m'a été communiqué par M. Douë, auquel je me fais un plaisir de le dédier.

Pl. 15, fig. 7. *Buprestis Douei,* grossi, 7ᵃ la grandeur naturelle.

### 429. *Buprestis mauritanica.* (Pl. 15, fig. 6.)

Long. 14 millim. larg. 4 millim. ½.

Luc. *Rev. zool. par la soc. Cuv.* février 1844, p. 50.

B. capite thoraceque punctatis, cyaneo violaceis vel viridi cupreis, flavo maculatis; elytris nigris, subtilissimè striato-punctulatis, interstitiisque prominentibus, punctatis, utrinque 4 maculis flavis; corpore sterno pedibusque punctatis, cyaneo violaceis vel viridi cupreis, flavo maculatis; antennis nigris.

La tête est d'un beau bleu violacé, quelquefois d'un beau vert cuivreux; elle est ponctuée, et cette ponctuation est assez serrée, surtout dans la partie médiane; elle est ornée de trois taches jaunes, dont une longitudinale de chaque côté des yeux et à leur bord interne, et une médiane toujours beaucoup plus petite. Les antennes sont entièrement noires et très-légèrement pubescentes. Le corselet est très-légèrement convexe, d'un beau bleu violacé, quelquefois d'un beau vert cuivreux, bordé de jaune antérieurement et sur les côtés; postérieurement, il présente deux taches jaunes, qui, à leur base, sont très-rapprochées; il est ponctué, mais cette ponctuation paraît plus profondément marquée et surtout moins serrée que celle de la tête. Les élytres sont noires, profondément striées, et ces stries sont très-finement ponctuées; les intervalles sont très-saillants et présentent une ponctuation fine et assez espacée; elles sont ornées de quatre taches transversales d'une belle couleur jaune, dont la quatrième se continue quelquefois jusque sur le bord huméral. Le dessous du corps, ainsi que les pattes, sont ponctués, d'un beau bleu violacé, quelquefois d'un beau vert cuivreux; le thorax en dessous, ainsi que le sternum, l'abdomen et les fémurs sont tachés de jaune.

Cette espèce, qui vient se placer après le *B. octoguttata,* Linn. habite les environs d'Oran. Je me suis procuré deux individus de cette espèce, en hiver, en fendant des bûches de bois, qui déjà avaient subi l'action du feu.

Pl. 15, fig. 6. *Buprestis mauritanica,* grossi, 6ᵃ la grandeur naturelle.

---

## Genus CHRYSOBOTHRIS, Esch. *Belionota,* Chevr. *Buprestis,* Auct.

### 430. *Chrysobothris affinis.*

Fabr. *Ent. syst.* tom. IV, *Append.* p. 450, nᵒˢ 58 et 59.
Lap. et Gory, *Hist. nat. des ins. Col.* tom. I, *Buprest.* p. 9, pl. 2, fig. 13.
*Buprestis congener,* Payk. *Faun. suec.* tom. II, p. 222, n° 9.

Rencontré pendant les mois de juin et de juillet, sur les chênes-liéges, dans les bois des lacs Tonga et Houbeira. Environs du cercle de Lacalle.

### 431. *Chrysobothris Solieri.*

Lap. et Gory, *Hist. nat. des ins. Col.* tom. I, *Buprest.* p. 10, pl. 3, fig. 4.

Je n'ai pas rencontré cette espèce; elle m'a été communiquée par M. Reiche, qui l'a reçue des environs d'Alger.

### 432. *Chrysobothris chrysostigma.*

Fabr. *Ent. syst.* tom. II, p. 199, n° 37.
Lap. et Gory, *Hist. nat. des ins. Col.* tom. I, *Buprest.* p. 44, pl. 8, fig. 61.

J'ai trouvé cette espèce, vers les premiers jours de mai, dans les environs de Bougie et du cercle de Lacalle; je n'en ai rencontré que deux individus, dont un est remarquable par sa petite taille, car il a à peine 9 millimètres.

---

## Genus *Agrilus,* Curt. *Buprestis,* Auct.

### 433. *Agrilus biguttatus.*

Fabr. *Ent. syst.* tom. II, p. 213, n° 15.
Lap. et Gory, *Hist. nat. des ins. Col. Buprest.* tom. II, p. 41, pl. 9, fig. 54.

Les individus que l'on trouve dans le Nord de l'Afrique diffèrent de ceux d'Europe par leur couleur, qui, au lieu d'être d'un vert cuivreux, est d'un beau bleu. Je n'ai pas trouvé cette variété, qui appartient aux collections du Muséum de Paris, et qui a été rencontrée dans les environs de Mers-el-Kebir, par M. Louzeau.

### 434. *Agrilus sinuatus.*

Oliv. *Ent.* tom. II, g^re 32, p. 74, n° 100, pl. 10, fig. 111.
Lap. et Gory, *Hist. nat. des ins. Col.* tom. II, *Buprest.* p. 43, pl. 10, fig. 56.

Je n'ai rencontré que deux individus de cette espèce; c'est vers le milieu de juin, sur les fleurs, près le moulin, dans les environs de Lacalle.

---

## Genus *Corœbus,* Gory. *Agrilus,* Auct.

### 435. *Corœbus rubi.*

Linn. *Syst. nat.* tom. I, pars II, p. 661, n° 14.
Lap. et Gory, *Hist. nat. des ins. Col.* tom. II, *Buprest.* p. 7, pl. 2, fig. 10.

Je n'ai pas trouvé cette espèce, qui a été prise par M. Warnier, dans les environs de Mascara.

### 436. *Corœbus amethystinus.*

Oliv. *Ent.* tom. II, g^{re} 32, p 83, n° 115, pl. 11, fig. 128.
Lap. et Gory, *Hist. nat. des ins. Col. Buprest.* tom. II, p. 12, pl. 3, fig. 17.
Sol. *Ann. de la Soc. ent. de France,* 1^{re} série, tom. II, p. 304, n° 2.

Je n'ai rencontré ce *Corœbus* que dans l'Ouest de nos possessions du Nord de l'Afrique; j'en ai pris quelques individus à la fin de mars; mais, suivant M. le colonel Levaillant, cette espèce est assez répandue, aux environs d'Oran, pendant les mois de mai, juin, juillet et août.

### 437. *Corœbus granulatus.*

Lap. et Gory, *Hist. nat. des ins. Col. Buprest.* tom. II, p. 15, pl. 4, fig. 23.

Cette espèce, que l'on trouve dans les environs d'Oran, pendant les mois de mai, juin et juillet, présente une variété chez laquelle la tête et le corselet, au lieu d'être verts, sont d'une belle couleur bleue.

### 438. *Corœbus fulgidicollis,* Luc. (Pl. 16, fig. 3.)

Long. 5 millim. larg. 2 millim.

C. capite cupreo aurato, valdè punctato; thorace fulgido cupreo aurato, subtiliter granulato; elytris nigris, granulatis; corpore infrà pedibusque cupreoæneis.

La tête est d'un cuivreux doré, fortement ponctuée, mais les points qui forment cette ponctuation sont très-peu serrés. Les antennes sont d'un bronzé cuivreux. Le corselet, d'un cuivreux doré plus brillant que la tête, est granuleux, mais cette granulation est fine et très-serrée. L'écusson est noir. Les élytres sont d'un noir brillant, rétrécies un peu après leur angle huméral; elles sont granuleuses, et cette granulation est plus forte et surtout moins serrée que celle du corselet. Tout le corps en dessous, ainsi que les pattes, sont d'un cuivreux bronzé brillant.

Cette espèce est voisine du *C. æneicollis,* près duquel elle vient se placer; elle en diffère par sa tête, qui, au lieu d'être verte, est d'un cuivreux doré, et qui, au lieu d'être granuleuse, est ponctuée; par le corselet, qui est d'un vert cuivreux brillant, et dont la granulation est fine et très-serrée. La granulation que présentent les élytres est aussi moins forte que dans le *C. æneicollis.*

Cette espèce est rare; je n'en ai rencontré que deux individus, que j'ai pris vers le milieu d'août, à Birmadreïs, dans les environs d'Alger.

Pl. 16, fig. 3. *Corœbus fulgidicollis,* grossi, 3^a la grandeur naturelle.

## Genus *Melanophila*, Mannerh. *Buprestis,* Auct.

### 439. *Melanophila appendiculata.*

HERBST, *Col.* tom. IX, p. 234, 154, pl. 147, fig. 2.
PANZ. *Faun. Germ.* 68, fig. 22.
FABR. *Ent. syst.* tom. II, p. 210, n° 102.
*Buprestis morio,* Ejusd. *Syst. Eleuth.* tom. II, p. 210, n° 133.

Je n'ai pas rencontré cette espèce; elle m'a été communiquée par M. Reiche, qui l'a reçue des environs d'Alger.

### 440. *Melanophila æqualis.*

MANNERH. *Énum. des Buprest.* p. 71, n° 7.

Je n'ai pas trouvé cette espèce; elle m'a été donnée par mon collègue, M. Morelet, qui l'a prise, en octobre, dans les environs de Mostaganem. M. Douë m'a communiqué un autre individu de ce Buprestide, qui a été rencontré dans les environs d'Oran par M. le colonel Levaillant.

---

## Genus *Anthaxia*, Esch. *Buprestis,* Auct.

### 441. *Anthaxia auricolor.*

HERBST, *Col.* tom. IX, p. 158, n° 88, pl. 147, fig. 4.
LAP. et GORY, *Hist. nat. des ins. Col. Buprest.* tom. II, p. 7, pl. 2, fig. 10.
*Buprestis aurulenta,* FABR. *Syst. Eleuth.* tom. II, p. 207, n° 117.
*Buprestis deaurata,* LINN. *Syst. nat.* edit. Gmel. tom. I, pars IV, p. 1934, n° 83.

Je n'ai rencontré que deux individus de cette espèce, qui me paraît être assez rare; j'ai pris le premier individu en mai, aux environs de Bougie, sur les chardons qui bordent la route qui conduit de cette ville au Gouraya; le second individu a été trouvé, dans les mêmes conditions et dans le même mois, aux environs d'Hippône; enfin je dois à l'obligeance de M. Basselet, chirurgien aide-major, un troisième individu de cette espèce, qu'il a rencontré dans les environs du camp de Guelma.

### 442. *Anthaxia saliceti.*

ILLIG. *Mag.* tom. II, p. 254, n° 22.
MANNERH. *Énum. des Buprest.* p. 86, *Anth.* n° 6.
LAP. et GORY, *Hist. nat. des ins. Col. Buprest.* tom. II, p. 13, pl. 3, fig. 16.

Trouvé en juin et en juillet, sur les fleurs, aux environs de Milah, de Kole'a et du cercle de Lacalle; cette espèce habite aussi la province de l'Ouest, où elle a été prise aux environs d'Oran par mon collègue, M. le docteur Périer.

### 443. *Anthaxia inculta.*

Germ. *Nov. col. spec.* p. 173.
Lap. et Gory, *Hist. nat. des ins. Col. Buprest.* tom. II, p. 21, pl. 5, fig. 27.
*Buprestis chamomillœ,* Mann. *Énum. des Buprest.* p. 90, n° 16.

Cette espèce, pendant les mois de mai, juin, juillet et août, est assez répandue dans l'Est et dans l'Ouest de nos possessions du Nord de l'Afrique; je l'ai rencontrée particulièrement dans les environs de Philippeville, de Bône et du cercle de Lacalle; les individus que je possède de la province de l'Ouest ont été obtenus d'éclosion à Paris, par le moyen de bûches de bois que j'y ai rapportées et qui avaient été coupées dans les environs de la ville d'Oran, vers les premiers jours de janvier.

### 444. *Anthaxia chlorocephala,* Luc. (Pl. 16, fig. 2.)

Long. 6 millim. larg. 3 millim.

A. capite thoraceque subtilissimè granariis, viridibus; elytris granariis, cupreis, anticè viridibus; corpore pedibusque viridi cupreis.

Il est voisin de l'*A. inculta,* près duquel il vient se placer, et dont, peut-être, il n'est qu'une variété. La tête est entièrement verte et très-finement chagrinée. Les antennes sont d'un beau vert cuivreux brillant. Le corselet est de même couleur que la tête, légèrement convexe à sa partie antérieure, arrondi sur les côtés, déprimé de chaque côté de la base, près des angles postérieurs. L'écusson est noir et entièrement lisse. Les élytres, étroites dans leur partie médiane, sont plus finement chagrinées que la tête et le corselet; elles sont cuivreuses, avec leur partie antérieure verte. Le dessous du corps et les pattes sont ponctués, d'un vert cuivreux brillant.

Rencontré à la fin de juin, sur les fleurs, dans les bois du lac Tonga, aux environs du cercle de Lacalle.

Pl. 16, fig. 2. *Anthaxia chlorocephala,* grossi, 2ª la grandeur naturelle.

### 445. *Anthaxia scutellaris.*

Géné, *De quibusd. ins. Sard. etc. in Mem. della reale Acad. delle sc. di Torino,* fasc. 2, 53, pl. I, fig. 7 (2° série, 1839).

J'ai trouvé cette espèce pendant les mois de mars et d'avril, aux environs de Philippeville et près les marais du lac Tonga, dans les environs du cercle de Lacalle.

### 446. *Anthaxia fulgidipennis,* Luc. (Pl. 15, fig. 13.)

Long. 6 millim. à 8 millim. larg. 2 millim. ½ à 3 millim.

A. capite subtiliter punctulato, viridi cupreo vel viridi cupreo cyanescente; thorace subtiliter granulato, in medio nigro, anticè ad lateraque viridi cupreo marginato; elytris subtilissimè granariis, purpureis, anticè viridi cyanescentibus; corpore pedibusque viridi cupreis.

Il est plus grand que l'*A. scutellaris,* dans le voisinage duquel cette espèce vient se ranger. La tête, finement ponctuée, est d'un beau vert cuivreux brillant, quelquefois d'un beau vert cuivreux bleuâtre, et présente, dans sa partie médiane, une dépression assez bien marquée. Les antennes sont d'un vert cuivreux brillant. Le corselet, assez fortement granulé, convexe, est noir dans sa partie médiane, bordé de vert cuivreux sur les côtés et antérieurement; à sa base, qui présente une légère dépression longitudinale, il est bordé de vert cuivreux bleuâtre. L'écusson est noir et entièrement lisse. Les élytres, très-finement chagrinées, sont d'un rouge pourpre brillant, avec leur partie antérieure bordée de vert bleuâtre, couleur que présente une grande partie de la suture. Tout le dessous du corps, ainsi que les pattes, sont très-finement ponctués et d'un beau vert cuivreux brillant.

Rencontré à la fin de mai, sur les fleurs, dans les bois du lac Houbeira, aux environs du cercle de Lacalle.

Pl. 15, fig. 13. *Anthaxia fulgidipennis*, grossi, 13ᵃ la grandeur naturelle.

### 447. *Anthaxia ferulæ*.

Géné, *De quibusd. ins. Sard. etc. in Mem. della reale Acad. delle sc. di Torino*, fasc. 2, p. 53, pl. 1, fig. 8 (2ᵉ série, 1839).
Lap. et Gory, *Hist. nat. des ins. Col.* tom. I, *Buprest.* p. 26, pl. 6, fig. 34.
*Anthaxia vittaticollis*, Luc: *Rev. zool. par la soc. Cuv.* mars 1844, p. 89, n° 8.

Cette espèce n'est pas très-rare dans la province de l'Ouest; mai, juin et juillet sont les meilleurs mois pour prendre cet *Anthaxia*, qui se plaît sur les fleurs, aux environs d'Oran, et sur le versant Est du Djebel Santon et du Santa-Cruz.

### 448. *Anthaxia signaticollis*.

Kryn. *Bullet. de la soc. impér. des nat. de Mosc.* tom. V, p. 92, pl. 3, fig. 4.
Mannerh. *Énum. des Buprest.* p. 89, n° 13.

Je n'ai pas trouvé cette espèce, qui fait partie de la collection du Muséum; elle a été prise dans les environs d'Arzew, par M. Bravais, lieutenant de vaisseau.

### 449. *Anthaxia rugicollis*, Luc. (Pl. 15, fig. 12.)
Long. 7 millim. larg. 4 millim.

A. capite nigro cupreo, subtiliter granario; thorace nigro subtincto cupreo, in medio rugato, marginibus granariis; elytris atris, profundè granariis; corpore pedibusque viridi cupreis.

Plus grand que l'*A. quadripunctata*, près duquel il vient se placer. La tête, assez fortement chagrinée, est noire à son sommet, cuivreuse entre les yeux et à son extrémité. Les antennes sont d'un noir cuivreux. Le corselet, d'un noir légèrement teinté de cuivreux, est large, dilaté et arrondi sur les côtés; dans sa partie médiane, qui est fortement ridée, on aperçoit un sillon longitudinal assez profondément marqué, qui part de la base et va un peu au delà du milieu; il est chagriné sur les côtés, qui sont très-légèrement déprimés postérieurement. L'écusson est d'un noir cuivreux et entièrement lisse. Les élytres, entièrement noires et assez profondément chagrinées, présentent, de chaque côté, deux dépressions longitudinales assez grandes et bien marquées; postérieurement, elles sont terminées en pointe arrondie. Le corps en dessous, d'un vert cuivreux brillant, est très-finement chagriné. Les pattes sont de même couleur que le dessous du corps.

J'ai trouvé cette espèce à la fin de juillet, en fauchant les grandes herbes, près le fort l'Empereur, dans les environs d'Alger.

Pl. 15, fig. 12. *Anthaxia rugicollis,* grossi, 12ᵃ la grandeur naturelle.

### 450. *Anthaxia luctuosa,* Luc. (Pl. 16, fig. 1.)

Long. 4 millim. $\frac{1}{2}$, larg. 1 millim. $\frac{1}{2}$.

A. omninò atra; capite regulariter granulato; thorace subtilissimè granario, ad basim bipunctato; elytris subgranariis, posticè utrinque profundè punctatis; corpore pedibusque atris, lævigatis.

Entièrement noir; la tête, déprimée longitudinalement dans sa partie médiane, présente une granulation très-régulière, fine et peu apparente. Les antennes sont noires. Le thorax, assez convexe dans sa partie antérieure, dilaté sur les côtés, qui sont arrondis, est très-finement chagriné; dans sa partie médiane, on aperçoit un sillon longitudinal peu profondément marqué, qui part de la base et atteint le bord antérieur; de chaque côté, près des angles latéraux, il est déprimé et présente un point arrondi, grand, assez profondément enfoncé. Les élytres sont très-légèrement chagrinées, et près de leur partie postérieure, qui est arrondie, on aperçoit de chaque côté, vers le bord externe, deux rangées longitudinales de gros points, peu serrés et assez profondément marqués. Le corps et les pattes sont noirs, lisses.

J'ai rencontré une variété de cette espèce dont les élytres, au lieu d'être noires, sont entièrement d'un noir bleu foncé.

M. Guérin Méneville m'a communiqué plusieurs individus, dont les uns sont entièrement noirs, avec la tête d'un beau vert cuivreux, et les autres entièrement bronzés.

C'est près de l'*A. funerula,* Illig. que doit venir se placer cette espèce.

Je n'ai rencontré que quelques individus de cet *Anthaxia,* que j'ai pris, en juin, dans les environs du camp de Sétif. Quant aux variétés qui m'ont été communiquées par M. Guérin Méneville, elles ont été trouvées dans les environs d'Alger.

Pl. 16, fig. 1. *Anthaxia luctuosa,* grossi, 1ᵃ la grandeur naturelle.

## Genus SPHENOPTERA, Sol. *Buprestis*, Auct.

### 451. *Sphenoptera dilaticollis.*

Lap. et Gory, *Hist. nat. des ins. Col.* tom. I, *Buprest.* p. 12, pl. 3, fig. 15.

Je n'ai pas pris cette espèce; elle m'a été donnée par M. Warnier, qui l'a rencontrée dans les environs de Tlemsên.

### 452. *Sphenoptera rauca.*

Fabr. *Ent. syst.* tom. II, p. 191, n° 25.
Lap. et Gory, *Hist. nat. des ins. Col. Buprest.* tom. I, p. 13, pl. 3, fig. 17.
*Buprestis laticollis,* Oliv. *Ent.* tom. II, g^re 32, p. 69, n° 93, pl. 7, fig. 66.

Cette espèce n'est pas très-rare, pendant le mois d'août, dans les environs du cercle de Lacalle; elle se plaît à voler, pendant la chaleur du jour, autour des *Cytisus spinosus* et des *Chamærops humilis*. M. Dufrotey, officier au 3ᵉ des chasseurs d'Afrique, m'a donné plusieurs individus de cette espèce, qu'il a rencontrés dans les environs de Dréan, de Guelma et de Medjez-Ahmar. Ce Sphénoptère habite aussi l'Ouest de nos possessions du Nord de l'Afrique; car mon collègue, M. le capitaine Durieu de Maisonneuve, l'a trouvé aussi dans les environs de Tlemsên.

Pl. 15, fig. 11. Une mâchoire, 11ᵃ lèvre supérieure du *Sphenoptera rauca.*

### 453. *Sphenoptera vittaticollis.* (Pl. 15, fig. 10.)

Long. 19 millim. larg. 5 millim. ½ à 6 millim.

Luc. *Rev. zool. par la soc. Cuv.* février 1844, p. 50.

S. cuprea, lata, convexa; thorace punctato, longitudinaliter profundè trisulcato; elytris latis, posticè sinuatis, interstitiis prominentibus geminatisque; corpore subtilissimè granario.

Il ressemble beaucoup au *B. rauca* de Fabr., mais il est plus large et surtout plus convexe. Il est entièrement cuivreux et pubescent. La tête est chagrinée, très-finement ponctuée et couverte d'une pubescence blanchâtre, peu serrée. Les antennes sont cuivreuses. Le corselet est légèrement convexe, traversé longitudinalement par trois sillons profondément enfoncés et dont celui qui occupe la partie médiane est moins grand que ceux qui sont situés sur les côtés; ces sillons sont revêtus d'une pubescence blanchâtre peu serrée, et qui forme trois bandes de cette couleur; il est ponctué, mais les points que présente cette ponctuation sont très-peu nombreux et bien moins serrés que dans le *S. rauca* de Fabr. Les élytres, assez convexes, terminées en pointe, arrondies postérieurement, sont striées; mais ces stries, très-légèrement pubescentes, sont formées par des points assez profondément enfoncés; les intervalles sont saillants, géminés et entièrement lisses. Le corps est finement chagriné et très-légèrement pubescent; les pattes sont très-finement ponctuées.

J'ai trouvé cette espèce à la fin de juillet, le long des haies de *Cytisus spinosus*, dans les environs du cercle de Lacalle.

Pl. 15, fig. 10. *Sphenoptera vittaticollis*, grossi, 10ᵃ la grandeur naturelle.

### 454. *Sphenoptera similis.*

LAP. et GORY, *Hist. nat. des ins. Col.* tom. II, *Buprest.* p. 14, pl. 3, fig. 18.

Cette espèce, qui a été rencontrée aux environs d'Oran, fait partie de la collection de M. Gory.

### 455. *Sphenoptera gemellata.*

LAP. et GORY, *Hist. nat. des ins. Col. Buprest.* tom. I, p. 15, pl. IV, fig. 20.

Cette espèce n'est pas rare dans l'Est et dans l'Ouest de nos possessions du Nord de l'Afrique; je l'ai prise, pendant toute l'année, aux environs d'Oran, de Cherchêl, d'Alger, de Philippeville, de Constantine, de Bône et du cercle de Lacalle. M. Guyon m'a donné quelques individus de cette espèce, qu'il avait rencontrés dans les environs de Kole'a et de Médéa. Ce Bupreste se plaît sur les chardons; je l'ai surpris cependant quelquefois au vol, le long de baies formées par des *Cytisus spinosus*.

### 456. *Sphenoptera cupriventris.*

LAP. et GORY, *Hist. nat. des ins. Col. Buprest.* tom. II, p. 18, pl. 4, fig. 24.

Cette espèce, qui a été prise par M. Bravais, aux environs d'Arzew, fait partie de la collection de M. Gory.

### 457. *Sphenoptera lineata.*

FABR. *Syst. Eleuth.* tom. II, p. 211, n° 136.
LAP. et GORY, *Hist. nat. des ins. Col.* tom. 1, *Buprest.* p. 19, pl. 5, fig. 25.
*Buprestis lineola*, HERBST, *Col.* tom. IX, p. 284, n° 110.
*Buprestis geminata*, ILLIG. *Mag.* tom. II, p. 244, n° 12.

Cette espèce, que je n'ai pas rencontrée pendant mon séjour en Algérie, m'a été communiquée par M. Reiche, qui l'a reçue des environs d'Alger.

### 458. *Sphenoptera rotundicollis.*

LAP. et GORY, *Hist. nat. des ins. Col. Buprest.* tom. II, p. 30, pl. 8, fig. 44.

Rencontré aux environs d'Oran, par M. Bravais; cette espèce fait partie de la collection de M. Gory.

### 459. *Sphenoptera Bravaisii.*

Lap. et Gory, *Hist. nat. des ins. Col. Buprest.* tom. II, p. 3o, pl. 8, fig. 45.

Habite les environs d'Oran, où elle a été rencontrée par M. Bravais. Cette espèce fait partie de la collection de M. Gory.

## Genus CRATOMERUS, Sol. *Buprestis,* Auct.

### 460. *Cratomerus cyanicornis.*

Fabr. *Ent. syst.* tom. II, p. 2o8, n° 94 (mâle).
Lap. et Gory, *Hist. nat. des ins. Col.* tom. II, p. 1, pl. 1, fig. 1 *a*, 1 *b*.
*Buprestis trochilus,* Fabr. *Ent. syst.* tom. II, p. 2o3, n° 70 (femelle).

Cette espèce habite l'Est et l'Ouest de nos possessions du Nord de l'Afrique; je l'ai prise en mai, sur le versant Ouest du Djebel Mansourah, aux environs de Constantine; je l'ai rencontrée aussi aux environs de Djimmilah et de Sétif; les individus que je possède de la province de l'Ouest m'ont été donnés par M. le colonel Levaillant.

---

## Genus TRACHYS, Fabr. *Buprestis,* Auct.

### 461. *Trachys pygmæa.*

Fabr. *Syst. Eleuth.* tom. II, p. 219, n° 5.
Lap. et Gory, *Hist. nat. des ins. Col.* tom. II, *Buprest.* p. 5, pl. 2, fig. 7.
*Buprestis minuta,* Linn. *Syst. nat.* tom. I, pars II, p. 663, n° 24.

Cette espèce est très-répandue dans l'Est et l'Ouest de nos possessions du Nord de l'Afrique; je l'ai rencontrée, particulièrement pendant les mois de mars et d'avril, aux environs de Stora, de Philippeville, de Constantine et du cercle de Lacalle; elle n'est pas rare non plus aux environs d'Alger, de Mostaganem et d'Oran.

---

## Genus APHANISTICUS, Latr. *Buprestis,* Auct.

### 462. *Aphanisticus angustatus,* Luc. (Pl. 16, fig. 5.)

Long. 4 millim. $\frac{1}{2}$, larg. 1 millim. $\frac{1}{5}$.

A. omninò æneus; capite thoraceque subtilissimè granulatis, punctatis; elytris granariis; abdomine pedibusque æneis, subtilissimè granariis.

Il est voisin de l'*A. emarginatus*; mais il en diffère par la ponctuation et la granulation de la tête et du thorax. Entièrement bronzé. La tête est profondément excavée, et cette excavation est plus large que celle de l'*A. emarginatus;* elle est très-finement chagrinée et présente, à son sommet et à la naissance de l'excavation, des points arrondis, peu profondément enfoncés et très-peu serrés. Les antennes sont de même couleur que la tête. Le thorax, un peu plus large que celui de l'*A. emarginatus*, est plus fortement rebordé, avec les sillons transversaux plus profondément marqués; il est très-finement granulé, et présente des points arrondis légèrement enfoncés et très-peu serrés. Les élytres sont très-finement granulées, un peu plus larges et beaucoup plus fortement chagrinées que dans l'*A. emarginatus*. Le corps en dessous est très-finement chagriné, et ne présente pas les points arrondis que l'on voit dans l'*A. emarginatus*.

Je n'ai rencontré qu'une seule fois cette espèce; c'est dans les premiers jours de mars, en fauchant les grandes herbes et les fleurs, dans les bois du lac Tonga, aux environs du cercle de Lacalle.

Pl. 16, fig. 5. *Aphanisticus angustatus*, grossi, 5ᵃ la grandeur naturelle.

## 463. *Aphanisticus pygmœus*, Luc. (Pl. 16, fig. 4.)

Long. 2 millim. larg. ¼ de millim.

A. omninò æneus; capite thoraceque subtilissimè granariis, punctatis; elytris valdè granariis; corpore pedibusque granariis, punctatis.

Entièrement bronzé. La tête est très-peu excavée, très-finement chagrinée, et présente des points arrondis peu profondément enfoncés, placés çà et là. Les antennes sont de même couleur que la tête. Le thorax est très-convexe dans sa partie médiane, déprimé de chaque côté antérieurement et à la base, et fortement marginé à ses angles latéro-postérieurs; il est très-finement granulé, et présente une ponctuation assez grande, arrondie, peu profondément marquée et très-peu serrée. Les élytres, plus finement granulées que le thorax, sont très-fortement chagrinées. Le dessous du corps et les pattes, de même couleur qu'en dessus, sont très-finement chagrinés et présentent une ponctuation formée de points arrondis, peu profondément enfoncés et très-peu serrés.

Cette espèce, qui vient se placer après l'*A. pusillus*, en diffère par la ponctuation de sa tête et de son thorax, et par ses élytres, qui ne sont pas striées.

Rencontré sous les pierres, en hiver, dans les environs d'Alger et du cercle de Lacalle.

Pl. 16, fig. 4. *Aphanisticus pygmœus*, grossi, 4ᵃ la grandeur naturelle.

## TROISIÈME TRIBU[1].

### LES ÉLATÉRIENS.

---

## Genus CRATONYCHUS, Erichs. *Melanotus*, Eschs. *Perimecus*, Kirby. *Elater*, Auct.

### 464. *Cratonychus mauritanicus*, Luc. (Pl. 16, fig. 6.)

Long. 15 millim. larg. 4 millim. ½.

C. fuscus vel fusco-ferrugineus; capite thoraceque punctatis; elytris profundè punctato striatis, inster-titiisque subtilissimè punctulatis; corpore infrà punctato, pedibus rufescentibus, subtilissimè punctatis.

Il est voisin des *C. castanipes* et *crassicollis*. Il est brun, quelquefois d'un brun ferrugineux, et revêtu de poils fauves très-courts et peu serrés. La tête est fortement ponctuée, et cette ponctuation est peu serrée; les palpes labiaux et maxillaires sont ferrugineux. Les antennes sont d'un brun ferrugineux, poilues, et chaque article présente une ponctuation fine et serrée. Le thorax est très-convexe, et présente une ponctuation plus fine, moins profondément marquée et un peu plus serrée que celle de la tête; les angles latéro-postérieurs sont très-saillants, et terminés en pointe. L'écusson est très-finement ponctué, et creusé assez profondément dans sa partie médiane. Les élytres sont aussi larges que le thorax; elles sont profondément striées, et ces stries présentent une ponctuation très-forte, profondément marquée et à peine serrée; les intervalles sont larges, peu saillants et la ponctuation qu'ils présentent est très-fine et légèrement serrée. Tout le corps en dessous est ponctué, mais cette ponctuation est généralement peu profondément marquée et très-peu serrée. Les pattes sont roussâtres, très-finement ponctuées.

Cette espèce habite l'Est et l'Ouest de nos possessions du nord de l'Afrique; je l'ai rencontrée en mai, sur les tiges des grandes herbes, aux environs d'Hippône; M. Warnier en a rencontré un individu qu'il a pris en juin, dans les environs de Mascara.

Pl. 16, fig. 6. *Cratonychus mauritanicus*, grossi, 6ᵃ la grandeur naturelle, 6ᵇ antenne.

### 465. *Cratonychus dichrous*.

ERICHS. *in Germ. Zeitsch. für die Ent.* 1841, p. 93, n° 5.
*Elater bicolor*, SCHÖNH. *Syn. ins.* tom. III, Append. p. 137, n° 187.

Rencontré une seule fois, en mai, sous les écorces des oliviers, dans les environs d'Hippône.

---

[1] La deuxième tribu est celle des *Eucnémiens*, dont il n'a pas été trouvé jusqu'à présent de représentant en Algérie.

## Genus *AGRYPNUS*, Eschs. *Elater*, Auct.

### 466. *Agrypnus atomarius* (*Elater*).

LINN. *Syst. nat.* tom. II, p. 655, n° 28.
FABR. *Syst. Eleuth.* tom. II, p. 229, n° 42.
GYLLENH. *Ins. suec.* tom. I, p. 378, n° 4.
DE CASTELN. *Hist. nat. des ins.* tom. I, p. 247, n° 2.
ERICHS. *in Germ. Zeitsch. für die Ent.* 1840, tom. II, p. 255, n° 6.
KÜST. *Die Käfer Europ.* fasc. 2, n° 4.
*Elater carbonarius*, ROSSI, *Faun. etrusc.* tom. I, p. 177, n° 440.

J'ai toujours rencontré cette espèce pendant les mois de janvier, février, mars et avril; elle se tient ordinairement sous les écorces des chênes-liéges, dans les bois des lacs Tonga et Houbeira, aux environs du cercle de Lacalle; je l'ai prise aussi dans les mêmes conditions, aux environs de Philippeville.

Pl. 16, fig. 7. Une mandibule, 7ᵃ une antenne de l'*Agrypnus atomarius*.

## Genus *ATHOUS*, Eschs. *Elater*, Auct.

### 467. *Athous hæmorrhoidalis* (*Elater*).

FABR. *Syst. Eleuth.* tom. II, p. 235, n° 71.
DE CASTELN. *Hist. nat. des ins.* tom. I, p. 243, n° 15.
*Elater ruficaudis*, GYLLENH. *Ins. suec.* tom. I, p. 409, n° 38.

Cette espèce habite les environs d'Alger; je l'ai prise à la fin de juillet, le long des tiges des grandes herbes.

Chez tous les individus que j'ai rencontrés, le thorax est moins convexe et surtout moins arrondi sur les côtés; les élytres sont aussi moins ponctuées.

Pl. 16, fig. 8. Une antenne de l'*Athous hæmorrhoidalis*.

## Genus *AMPEDUS*, Meg. *Elater*, Eschs.

### 468. *Ampedus sanguineus* (*Elater*).

LINN. *Syst. nat.* tom. II, p. 654, n° 21.
FABR. *Syst. Eleuth.* tom. II, p. 238, n° 83.
ERICHS. *in Germ. Zeitsch. für die Ent.* 1844, p. 155, n° 1.

Rencontré une seule fois, à la fin de juillet, sur les chardons, près les marais du lac Tonga, dans les environs du cercle de Lacalle.

Pl. 16, fig. 10. Une antenne grossie de l'*Ampedus sanguineus*.

## Genus *CARDIOPHORUS*, Eschs. *Élater*, Auct.

### 469. *Cardiophorus biguttatus* (*Elater*).

FABR. *Syst. Eleuth.* tom. II, p. 244, n° 118.
OLIV. *Ent.* tom. II, n° 31, p. 47, n° 66, pl. 6, fig. 59.
ERICHS. *in Germ. Zeitsch. für die Ent.* 1840, p. 290, n° 17.

Je n'ai trouvé qu'une seule fois cette espèce, c'est en mai, en fauchant les grandes herbes dans le Boudjaréa, aux environs d'Alger.

### 470. *Cardiophorus sexmaculatus*, Luc. (Pl. 16, fig. 9.)

Long. 7 millim. larg. 2 millim.

C. capite thoraceque nigris, hoc anticè posticèque rubro; elytris nigris, suturâ marginibusque rubro tinctis, utrinque flavo tri-maculatis; abdomine infrà nigro, segmentis posticè rubro marginatis; pedibus testaceo rufescentibus.

Il ressemble un peu à l'espèce précédente, avec laquelle il ne pourra être confondu, à cause de son thorax, qui, à ses parties antérieure et postérieure, est bordé de rouge, et des élytres, sur lesquelles les taches sont au nombre de trois de chaque côté.

La tête est noire, lisse, revêtue de poils courts, fauves, très-peu serrés; les antennes sont d'un rouge terne. Le thorax est très-finement ponctué, noir dans sa partie médiane et bordé de rouge à ses parties antérieure et postérieure. L'écusson est noir. Les élytres sont de la même couleur que l'écusson, avec la suture et leur bord externe légèrement teintés de rouge; de chaque côté, elles présentent trois taches jaunes, dont une humérale, arrondie de chaque côté de l'écusson; une seconde oblongue placée sur le bord externe, et enfin une troisième beaucoup plus grande, plus large que longue, située sur la partie médiane, et atteignant comme la précédente le bord externe de l'élytre; elles sont assez profondément striées, et ces stries offrent une ponctuation assez forte et très-peu serrée; les intervalles sont larges, assez saillants et entièrement lisses. Tout le corps en dessous est noir avec le bord postérieur des 8e, 4e et 3° segments abdominaux bordés de rouge. Les pattes sont d'un testacé rougeâtre, avec les trochanters et les fémurs des 2e et 3° paires, légèrement teintés de brun.

Je n'ai pas rencontré cette espèce; elle m'a été donnée par M. le colonel Levaillant, qui l'a prise dans les environs d'Oran.

Pl. 16, fig. 9. *Cardiophorus sex-maculatus*, grossi, 9ᵃ la grandeur naturelle, 9ᵇ une antenne.

### 471. *Cardiophorus rufipes* (*Elater*).

Fabr. *Syst. Eleuth.* tom. II, p. 242, n° 105.
Oliv. *Ent.* tom. II, n° 31, p. 45, n° 62, pl. 7, fig. 72.
Gyllenh. *Ins. suec.* tom. I, p. 397, n° 25.
Erichs. *in Germ. Zeitsch. für die Ent.* 1840, p. 292, n° 23.

Cette espèce est très-commune pendant toute l'année dans l'Est et dans l'Ouest de nos possessions du Nord de l'Afrique; on la trouve sous les pierres, mais plus souvent réunie en famille pendant l'hiver sous les écorces des oliviers, des caroubiers, des frênes et des chênes-liéges; environs d'Oran, d'Alger, de Bône, de Philippeville, de Constantine et du cercle de Lacalle.

### 472. *Cardiophorus cinereus* (*Elater*).

Herbst, *Archiv.* tom. V, p. 114, n° 35.
Erichs. *in Germ. Zeitsch. für die Ent.* 1840, p. 310, n° 35.
*Elater pilosus*, Payk. *Faun. suec.* tom. III, p. 25, n° 29.
*Elater equiseti*, Herbst, *Käf.* tom. X, p. 67, n° 74, pl. 163, n° 12.

Je n'ai rencontré que quelques individus de cette espèce, que j'ai pris à la fin de mars, sous les écorces d'un frêne, près l'Ouad-Safsaf, dans les environs de Philippeville; je l'ai prise aussi sous les écorces des chênes-liéges, dans les bois des lacs Tonga et Houbeira, aux environs du cercle de Lacalle.

---

## Genus CRYPTOHYPNUS, Eschs. *Elater*, Auct.

### 473. *Cryptohypnus curtus*.

Erichs. *in Germ. Zeitsch. für die Ent.* 1844, p. 141, n° 9.

Cette espèce n'est pas très-commune : je n'en ai rencontré que quelques individus, que j'ai pris vers le milieu de mai, dans les environs de Constantine; c'est particulièrement sous les galets qui jonchent les bords du Rummel que l'on trouve ce *Cryptohypnus*, caché dans de petits sillons dans le sable humide, et il ne semble sortir de cette retraite obscure que pendant la plus grande chaleur du jour; on le rencontre alors se promenant avec beaucoup de vivacité sur le sable presque brûlant et il s'envole au moindre mouvement que l'on fait pour s'en emparer; cette espèce, dans cette dernière condition, est très-difficile à prendre. Dans le catalogue de feu le comte Dejean, ce *Cryptohypnus* est désigné sous le nom de *C. troglodytes*, p. 105.

Pl. 16, fig. 11. Une antenne du *Cryptohypnus curtus*.

## Genus *OOPHORUS*, Eschs.

### 474. *Oophorus algirinus*, Luc. (Pl. 17, fig. 1.)

Long. 7 millim. larg. 2 millim. ½.

O. tenuissimè pubescente flavescens; capite fusco-ferrugineo, subtilissimè punctato; thorace flavescente in medio fusco-ferrugineo maculato, profundè punctato; elytris fusco-ferrugineis, profundè striatis, striis punctatis interstitiisque lævigatis; corpore fusco-ferrugineo; antennis pedibusque testaceis.

Cette espèce vient se placer dans le voisinage de l'*O. bisbimaculatus*, Sch. La tête, revêtue d'une pubescence jaunâtre, très-courte et très-serrée, est d'un brun ferrugineux foncé, et offre une ponctuation fine, très-peu marquée et assez serrée. Les antennes ainsi que les palpes labiaux et maxillaires sont d'un jaune clair. Le thorax est jaunâtre, taché de brun ferrugineux dans sa partie médiane et entièrement revêtu d'une pubescence d'un jaune clair, semblable à celle de la tête; il est ponctué, mais cette ponctuation est plus forte, plus profondément marquée, et surtout bien moins serrée que celle de la tête; à sa base, il est très-légèrement déprimé, avec les angles latéro-postérieurs très-saillants. Les élytres, d'un brun ferrugineux, sont revêtues, comme le thorax, d'une pubescence jaunâtre; elles sont profondément striées et ces stries présentent une ponctuation peu prononcée et largement espacée : les intervalles sont larges, plans et lisses. Le corps en dessous est d'un brun ferrugineux foncé et entièrement revêtu d'une pubescence jaunâtre. Les pattes sont testacées.

Rencontré dans les premiers jours d'avril, sous les écorces des chênes-liéges qui se trouvent entre Stora et Philippeville.

Pl. 17, fig. 1. *Oophorus algirinus*, grossi, 1ᵃ la grandeur naturelle, 1ᵇ une antenne, 1ᶜ une patte de la première paire, 1ᵈ une patte de la dernière paire.

---

## Genus *DRASTERIUS*, Esch. *Elater*, Auct.

### 475. *Drasterius bimaculatus* (*Elater*).

Fabr. *Syst. Eleuth.* tom. II, p. 245, n° 121.
Panz. *Faun. Germ.* fasc. 76, n° 9.
Oliv. *Ent.* tom. II, n° 31, p. 49, n° 70, pl. 5, fig. 10.

Cette espèce n'est pas très-rare, pendant l'hiver, aux environs d'Oran, d'Alger, de Bône, de Constantine et du cercle de Lacalle, où on la rencontre ordinairement, sous les pierres et sous les écorces des arbres; je l'ai prise aussi en fauchant les grandes herbes pendant l'été.

Pl. 16, fig. 13. Une antenne du *Drasterius bimaculatus*.

## Genus *Agriotes*, Eschs. *Ctenonychus*, Steph. *Elater*, Auct.

### 476. *Agriotes obscurus* (*Elater*).

Linn. *Syst. nat.* tom. II, p. 655, n° 25.
Gyllenh. *Ins. suec.* tom. I, p. 430, n° 59.
*Elater variabilis*, Payk. *Faun. suec.* tom. III, p. 26, n° 30.
Fabr. *Syst. Eleuth.* tom. II, p. 241, n° 98.

Cette espèce, pendant l'hiver, n'est pas très-rare; on la rencontre ordinairement sous les pierres humides et sous les écorces des frênes et des oliviers; je l'ai prise aussi en novembre, le long des tiges des grandes herbes, aux environs de Philippeville, de Constantine et d'Hippône; elle habite aussi l'Ouest de nos possessions.

Les individus qui habitent le nord de l'Afrique diffèrent de ceux d'Europe par une forme toujours plus étroite.

Pl. 16, fig. 12. Une antenne de l'*Agriotes obscurus*.

### 477. *Agriotes segetis* (*Elater*).

Gyllenh. *Ins. suec.* tom. I, p. 428, n° 58.
De Casteln. *Hist. nat. des ins.* tom. I, p. 218, n° 1.
*Elater lineatus*, Linn. *Syst. nat.* tom. II, p. 653, n° 15.
Oliv. *Ent.* tom. II, 31, 46, pl. 3, fig. 32.
*Elater striatus*, Fabr. *Syst. Eleuth.* tom. II, p. 241, n° 103.

J'ai toujours rencontré cette espèce pendant l'hiver, sous les écorces des chênes-liéges et des frênes, dans les environs de Philippeville et du cercle de Lacalle.

---

## Genus *Anelastes*, Kirby. *Silenus*, Latr.

### 478. *Anelastes barbarus*, Luc[1]. (Pl. 16, fig. 15.)

Long. 12 millim. larg. 4 millim.

A. omninò ferrugineus; capite thoraceque subtilissimè granariis, hoc ad basin profundè sulcato; elytris striatis, striis punctatis interstitiisque subtilissimè granariis; abdomine lævigato; antennis pedibusque ferrugineis.

Entièrement d'un ferrugineux foncé. La tête revêtue de poils jaunes, courts et serrés, est très-finement chagrinée, et présente dans sa partie médiane, entre les antennes, une petite

---

[1] *Anelastes barbarus*, Chevr. *in text. Iconogr. du règne anim. de Cuv. Ins.* p. 44 (inédit). Je ferai aussi remarquer que les espèces qui composent cette coupe générique (*A. brunneus* et *tardus*) n'avaient encore été signalées que comme habitant les États-Unis.

dépression longitudinale peu profondément marquée. Tous les organes de la manducation, ainsi que les antennes, sont ferrugineux et revêtus de poils jaunâtres. Le thorax, de même couleur que la tête, très-finement chagriné, est couvert comme cette dernière de poils très-courts, mais fort peu serrés; il est assez convexe, arrondi sur les côtés, et à sa partie antérieure, qui est fortement ciliée, avec les angles latéraux cachant en partie les yeux; postérieurement, il est assez fortement déprimé, et, dans sa partie médiane, il présente un sillon profond qui part de la base et atteint à peine le milieu du thorax; les élytres, à peine plus larges que le thorax sont d'un ferrugineux moins foncé que ce dernier; elles sont assez convexes, et dans toute leur longueur, elles sont parcourues par des stries profondes qui présentent une ponctuation très-régulière et assez fortement marquée; les intervalles sont larges, très-légèrement convexes et offrent une granulation régulière, fine et très-serrée; il est aussi à noter que le premier intervalle ou celui qui vient après la suture est d'un ferrugineux plus clair que les élytres. L'abdomen en dessous est lisse et ferrugineux; le sternum et le dessous du thorax sont de même couleur que l'abdomen, mais très-finement granulés. Les pattes sont lisses, d'un ferrugineux clair.

Je n'ai pas trouvé cette espèce, elle m'a été communiquée par M. Aug. Chevrolat, qui en a reçu de M. Wagner un seul individu rencontré dans les environs d'Alger. Je dois aussi à l'extrême obligeance de M. Cordier un individu de cette curieuse espèce, qui a été pris dans les environs de Mostaganem.

Pl. 16, fig. 15. *Anelastes barbarus*, grossi, 15ᵃ la grandeur naturelle, 15ᵇ une antenne.

---

## Genus *DOLOPIUS*, Eschs.

### 479. *Dolopius marginipennis*, Luc. (Pl. 16, fig. 14.)

Long. 8 millim. ½, larg. 3 millim.

D. fulvo-pilosus; capite thoraceque fuscis, punctatis; elytris in medio fuscis, flavorufescente marginatis, striato punctatis, interstitiis subtilissimè punctulatis; corpore omninò infrà fusco, punctato; antennis pedibusque flavorufescentibus, his fusco tinctis.

La tête est brune, et présente une ponctuation assez fortement marquée, très-serrée et une dépression profonde à son sommet. Les antennes sont entièrement d'un jaune roussâtre. Le thorax est de même couleur que la tête, et paraît un peu plus finement ponctué; il est très-convexe avec les angles latéro-postérieurs très-prononcés. L'écusson est finement ponctué et entièrement brun. Les élytres sont de la même largeur que le thorax; elles sont brunes dans leur partie médiane, et largement bordées de jaune roussâtre; elles sont assez profondément striées, et ces stries présentent une ponctuation forte et très-peu serrée; les intervalles sont larges et très-finement ponctués. Le corps en dessous est entièrement brun et très-finement ponctué. Les pattes sont d'un jaune roussâtre avec les trochanters et la partie inférieure du fémur légèrement tachés de brun. Des poils courts, fauves, serrés, revêtent tout le corps de cette espèce, ainsi que les organes de la locomotion.

Cette espèce vient se ranger dans le voisinage du *D. marginatus,* Fabr. avec lequel elle ne pourra être confondue à cause de la taille, qui est plus grande et surtout plus large. Dans le *D. marginatus,* le thorax est bordé de roussâtre, tandis que chez notre espèce du Nord de l'Afrique ce même organe est d'un brun foncé. Je ferai aussi remarquer que les élytres, dans leur partie médiane, sont d'un brun foncé longitudinalement, couleur qui n'atteint pas tout à fait la base de ces organes, dont les côtés sont largement bordés de roussâtre. Chez le *D. marginatus,* les élytres sont roussâtres, et il n'y a que la suture qui soit teintée de brun foncé, encore cette couleur n'est-elle réellement bien sensible que près de l'écusson. En dessous, le corps est d'un brun roussâtre, avec les pattes de cette dernière couleur, tandis que, chez le *D. marginipennis,* tout le corps, en dessous, est d'un brun foncé avec les pattes rousses, les trochanters, les fémurs et les tibias bruns, mais seulement dans la troisième paire.

Rencontré en janvier, dans les environs d'Alger. Cette espèce se tient sous les écorces des oliviers et des caroubiers; j'en ai trouvé aussi quelques individus sous les pierres.

Pl. 16, fig. 14. *Dolopius marginipennis,* grossi, 14ᵃ la grandeur naturelle, 14ᵇ une antenne.

---

## Genus *ADRASTUS,* Eschs.

### 480. *Adrastus bicolor,* Luc. (Pl. 16, fig. 15.)

Long. 6 millim. larg. 2 millim.

A. capite thoraceque atris, subtiliter punctulatis; elytris ferrugineis, striatis, striis punctatis interstitiisque subtilissimè granariis; corpore infrà subtilissimè punctato, fusco-ferrugineo; antennis pedibusque ferrugineis.

Il est plus grand que l'*A. limbatus,* auquel il ressemble un peu. La tête, revêtue de poils courts, légèrement serrés, d'un gris cendré clair, est noire, et offre une ponctuation fine, très-serrée et assez profondément enfoncée. Les antennes sont ferrugineuses et hérissées de poils très-courts, jaunâtres. Le thorax est de même couleur que la tête, et, comme cette dernière, il est revêtu de poils d'un gris cendré clair, très-courts et très-peu serrés; il est ponctué, mais cette ponctuation, quoique aussi fine que celle de la tête, est bien moins serrée; il est arrondi en dessus et sur les côtés, légèrement déprimé à sa base, avec les angles latéro-postérieurs saillants et très-acuminés. L'écusson est d'un brun roussâtre et très-finement ponctué. Les élytres sont ferrugineuses et très-légèrement pubescentes; elles sont assez profondément striées, et ces stries offrent une ponctuation assez forte et très-peu serrée; les intervalles sont assez larges, plans et très-finement chagrinés. Tout le corps en dessous, très-finement ponctué, revêtu d'une pubescence jaunâtre très-courte et très-serrée, est d'un brun ferrugineux, à l'exception cependant de la partie inférieure du thorax, qui est noire. Les pattes sont d'un ferrugineux clair.

Je n'ai rencontré qu'une seule fois cette espèce, c'est à la fin de mars, sous les écorces des frênes, sur les bords de l'Ouad-Safsaf, dans les environs de Philippeville.

Pl. 16, fig. 15. *Adrastus bicolor,* grossi, 15ᵃ la grandeur naturelle, 15ᵇ une antenne.

# SEPTIÈME FAMILLE.

## LES MALACODERMES.

---

## PREMIÈRE TRIBU.

### LES CÉBRIONIENS.

---

### Genus *CEBRIO*, Oliv.

#### 481. *Cebrio abdominalis* [1].

Long. 16 millim. larg. 6 millim. $\frac{1}{2}$.

DE CASTELN. *Hist. nat. des ins.* tom. I, p. 253, n° 10.

C. ater; capite thoraceque punctatis; antennis serratis; elytris striatis, punctatis, interstitiis elevatis; corpore infrà punctato, sterno atro, abdomineque rufescente.

Il est plus petit que le *C. xanthomerus*, avec lequel il a un peu d'analogie. La tête est noire, profondément ponctuée, et cette ponctuation est forte, mais peu serrée. Les mandibules sont noires. Les palpes maxillaires ainsi que les labiaux sont de même couleur que les mandibules, avec l'extrémité de chaque article testacée. Les antennes sont noires, épaisses, plus ou moins fortement en scie. Le thorax, d'un noir brillant, est large, assez convexe, avec le bord antérieur faisant saillie dans sa partie médiane, et les angles latéro-postérieurs fortement terminés en pointe; il est ponctué, et cette ponctuation est bien moins serrée que celle de la tête. Les élytres, de même couleur que le thorax, sont striées, avec les intervalles saillants, et présentant une ponctuation forte, assez profondément marquée et peu serrée. Le sternum est noir, quelquefois roussâtre, et offre une ponctuation fine et largement espacée. L'abdomen est roussâtre et présente une ponctuation semblable à celle du sternum. Les pattes sont d'un brun roussâtre, avec les fémurs entièrement de cette dernière couleur. Des poils fauves, courts, très-peu serrés, revêtent le dessus et le dessous du corps, ainsi que les organes de la locomotion de cette espèce.

J'ai trouvé ce *Cebrio* en juin, sur les chardons, près les marais du lac Tonga, dans les environs du cercle de Lacalle; MM. Gaubil, Guérin-Méneville, Chevrolat et Reiche m'ont communiqué plusieurs individus de cette espèce qui ont été pris dans les environs d'Alger.

#### 482. *Cebrio barbarus*, Luc. (Pl. 17, fig. 2.)

Long. 13 millim. larg. 5 millim.

C. atro-nitidus, angustus; capite thoraceque punctatis; elytris fuscis vel fuscorufescentibus, parùm striatis, irregulariter punctulatis; corpore fusco vel fuscorufescente, subtiliter punctato, segmentis abdominis rufescentibus; pedibus atris, tarsis fuscorufescentibus.

[1] La description qu'a faite M. le comte de Castelnau de cette espèce est tellement succincte que j'ai cru devoir la décrire de nouveau.

Il est d'un noir brillant, un peu plus petit et surtout plus étroit que le *C. abdominalis*. La tête est ponctuée, et cette ponctuation paraît moins profondément marquée que dans l'espèce précédente. Les mandibules sont noires. Les palpes labiaux et maxillaires sont d'un brun roussâtre, avec l'extrémité de chaque article testacée. Les antennes, noires en dessus, d'un brun ferrugineux en dessous, sont épaisses, et un peu moins fortement en scie que dans le *C. abdominalis*. Le thorax est aussi bien moins large, avec les angles latéro-postérieurs un peu plus courts et un peu plus finement terminés en pointe; il est ponctué, et cette ponctuation paraît plus fine et moins serrée que celle de la tête. Les côtes et les stries que présentent les élytres sont aussi bien moins prononcées que dans le *C. abdominalis*, et les points dont elles sont parsemées très-irrégulièrement marqués. Tout le corps en dessous est noir, finement ponctué, avec la partie postérieure des segments abdominaux roussâtre. Les pattes sont noires, avec les tarses d'un brun roussâtre; des poils fauves, très-peu serrés, en bien moins grande quantité que dans le *C. abdominalis*, revêtent cette espèce.

Je n'ai trouvé qu'une seule fois ce *Cebrio* que j'ai pris en juin, sur les chardons, près les marais d'Aïn-Dréan, dans les environs du cercle de Lacalle; cette espèce habite aussi les environs de Bône, d'Alger et d'Oran.

Pl. 17, fig. 2. *Cebrio barbarus*, grossi, 2ᵃ la grandeur naturelle, 2ᵇ une antenne.

### 483. *Cebrio dimidiatus*, Luc. (Pl. 17, fig. 3.)

Long. 15 millim. ¹⁄₂, larg. 6 millim.

C. capite thoraceque nigris, punctatis; antennis subserratis; elytris testaceo rubescentibus, profundè punctatis interstitiisque subelevatis; abdomine punctato, rufescente, vel fuscorufescente; pedibus rufescentibus, vel fuscis.

Il ressemble beaucoup au *C. melanocephalus;* mais il en diffère par la tête et le thorax, qui sont constamment noirs, avec les points que présentent les élytres beaucoup plus grands, plus profondément marqués et moins serrés. La tête est noire, fortement ponctuée, et cette ponctuation est profonde et peu serrée. Les mandibules sont de même couleur que la tête. Les palpes labiaux et maxillaires sont roussâtres. Les antennes, légèrement en scie, sont d'un brun roussâtre en dessus, et entièrement de cette dernière couleur en dessous. Le thorax est grand, très-légèrement déprimé de chaque côté de la base, noir, très-peu convexe, avec les angles latéro-postérieurs assez fortement prononcés; il est ponctué, mais cette ponctuation est plus fine, moins profondément marquée et surtout moins serrée que celle de la tête; près de la base, dans la partie médiane, il présente un petit espace qui est entièrement lisse. Les élytres, d'un testacé rougeâtre, striées, à côtes peu saillantes, offrent une ponctuation profonde et très-peu serrée. Le sternum, brun, quelquefois d'un brun roussâtre et même entièrement de cette couleur, est chagriné et hérissé de poils fauves, allongés et assez serrés. L'abdomen ponctué est roussâtre, et quelquefois d'un brun roussâtre. Les pattes varient beaucoup pour la couleur : tantôt elles sont entièrement roussâtres, quelquefois les fémurs sont de cette couleur, avec les jambes seulement brunes et les tarses d'un brun roussâtre.

22.

Cette espèce, qui habite les environs de Bône, d'Alger et d'Oran, m'a été communiquée par MM. de Brême, Chevrolat, Guérin-Méneville et Reiche.

Pl. 17, fig. 3. *Cebrio dimidiatus*, grossi, 3ᵃ la grandeur naturelle, 3ᵇ une antenne.

## 484. *Cebrio attenuatus*, Luc. (Pl. 17, fig. 5.)

Long. 15 millim. larg. 5 millim.

C. capite thoraceque fusconigricantibus, subtiliter confertìmque punctulatis, fulvo-pilosis; antennis exilibus, filiformibus, fuscorufescentibus; elytris testaceis, vix striatis, subtiliter confertìmque punctulatis; sterno abdomineque punctatis, primo fusco-testaceo, secundo testaceo rufescente, segmentis posticè fuscescentibus; pedibus testaceis, femoribus tarsisque subfuscescentibus.

Il ressemble un peu au *C. dimidiatus*, avec lequel il ne pourra être confondu à cause de son thorax, qui est moins large; des antennes, dont les articles ne sont pas en scie, et enfin des élytres, qui présentent une ponctuation fine et serrée. La tête, d'un brun roussâtre, offre une ponctuation fine, serrée et assez profondément marquée. Les mandibules sont noires; les palpes maxillaires et labiaux sont roussâtres. Les antennes sont grêles, allongées, d'un brun roussâtre, avec les articles qui les composent filiformes. Le thorax est étroit, de même couleur que la tête, et plus finement ponctué que cette dernière; ses angles latéro-postérieurs sont plus ou moins acuminés, et à sa base, dans sa partie médiane, il présente une petite saillie plus ou moins prononcée, et qui est entièrement lisse : des poils courts, assez serrés, fauves, revêtent la tête et le thorax. L'écusson est noir, quelquefois roussâtre. Les élytres, testacées, à peine striées, à côtes très-peu élevées, sont ponctuées, et cette ponctuation est fine, serrée et assez profondément marquée. Le sternum est ponctué et d'un brun testacé. L'abdomen est ponctué, d'un testacé roussâtre, avec la partie postérieure des segments brunâtre. Les pattes sont testacées, avec les fémurs et les tarses légèrement brunâtres.

Cette espèce varie pour la couleur; il y a des individus chez lesquels le thorax est d'un testacé rougeâtre, quelquefois même entièrement brun, avec les élytres d'un testacé brunâtre, tandis qu'il y en a d'autres, au contraire, dans lesquels les mêmes organes que je viens de décrire sont d'un testacé rougeâtre.

Cette espèce n'est pas très-rare; je l'ai trouvée en juillet, en fauchant dans les bois des lacs Tonga et Houbeira, aux environs du cercle de Lacalle; elle habite aussi les environs de Bône, d'Alger et de Constantine.

Pl. 17, fig. 5. *Cebrio attenuatus*, grossi, 5ᵃ la grandeur naturelle.

## 485. *Cebrio melanocephalus*, Luc. (Pl. 17, fig. 4.)

Long. 14 millim. ½, larg. 4 millim. ½.

C. capite nigro, punctato; antennis rufescentibus, exilibus; thorace punctato, testaceo rufescente; elytris testaceo rufescentibus, substriatis, confertìm subtilissimèque punctulatis; corpore pedibusque testaceo rufescentibus.

Il a un peu d'analogie avec le *C. numidicus,* mais il est plus petit et un peu plus étroit. La tête noire, déprimée à son extrémité entre les antennes, offre une ponctuation peu profondément marquée et très-peu serrée. Les antennes sont entièrement roussâtres et composées d'articles à partie antérieure très-peu élargie. Les mandibules sont roussâtres à leur naissance, et noires à leur extrémité. Les palpes maxillaires et labiaux sont de même couleur que les antennes. Le thorax, d'un testacé roussâtre, est moins large et ordinairement un peu plus long que dans le *C. numidicus;* il est ponctué, et cette ponctuation est fine, peu profondément marquée et un peu plus serrée que celle de la tête; les angles latéro-postérieurs sont saillants et terminés en pointe assez aiguë. L'écusson est d'un brun roussâtre. Les élytres, de même couleur que le thorax, sont plus étroites que dans le *C. numidicus;* elles sont à peine striées, avec les côtes saillantes, et la ponctuation qu'elles présentent très-fine, peu profondément marquée, serrée et très-irrégulière. Tout le corps en dessous est ponctué et d'un testacé roussâtre. Les pattes sont de même couleur que le dessous du corps. Des poils fauves, courts et très-peu serrés revêtent cette espèce.

Je n'ai trouvé que deux individus de ce *Cebrio,* que j'ai pris en mai, dans les environs du cercle de Lacalle. Cette espèce habite aussi les environs de Bône, de Constantine et d'Alger.

Pl. 17, fig. 4. *Cebrio melanocephalus,* grossi, 4ᵃ la grandeur naturelle, 4ᵇ une mâchoire, 4ᶜ une mandibule, 4ᵈ la lèvre inférieure, 4ᵉ une antenne, 4ᶠ une patte de la première paire, 4ᵍ une patte de la troisième paire.

### 486. *Cebrio Guyonii.* (Pl. 17, fig. 6.)

Long. 14 millim. larg. 4 millim. ½.

Guér. *Rev. zool. par la soc. Cuv.* 1844, p. 403.

C. capite nigro, profundè fortiterque punctato; thorace brevi, punctato, testaceo rufescente, anticè ad lateraque fusco marginato; elytris elongatis, angustis, fuscis, in medio fuscorufescentibus, striatis, interstitiis fortiter punctatis; corpore testaceo rufescente, sterno in medio, ad lateraque nigro maculato; pedibus punctatis, fuscorufescentibus.

Il ressemble un peu au *C. barbarus.* La tête est noire, large et parsemée de points très-gros, profondément marqués et peu serrés. Les mandibules sont de même couleur que la tête, et entièrement lisses. Les palpes maxillaires ainsi que les palpes labiaux sont d'un brun roussâtre, avec l'extrémité de chaque article d'un testacé ferrugineux. Les antennes courtes, composées d'articles larges, épais (les 4ᵉ, 5ᵉ, 6ᵉ, 7ᵉ, 8ᵉ, 9ᵉ et 10ᵉ surtout), sont hérissées de poils jaunâtres, très-courts et peu serrés; elles sont brunes en dessus, d'un brun rougeâtre en dessous, avec les trois premiers entièrement d'un roux ferrugineux, et le dernier testacé à son extrémité. Le thorax est court, assez large, très-peu convexe en dessus, avec les angles de chaque côté de la base très-prononcés et presque terminés en pointe aiguë; il est d'un testacé rougeâtre, avec sa partie antérieure et ses côtés assez finement bordés de brun foncé; il est ponctué, et les points qui forment cette ponctuation sont plus fins et plus serrés que ceux de la tête. L'écusson est d'un brun foncé, finement ponctué, et taché de rougeâtre dans sa partie médiane. Les élytres sont assez allongées, étroites, d'un brun

foncé sur les bords latéraux et sur les côtés de la suture, et d'un brun roussâtre dans leur partie
médiane; elles sont striées, avec les intervalles assez larges, saillants et parsemés de points
très-gros, peu profondément marqués et surtout très-peu serrés. Tout le corps en dessous
est ponctué, d'un testacé roussâtre, avec le sternum taché de brun foncé dans la partie médiane ainsi que sur les côtés. Les pattes sont ponctuées, d'un brun roussâtre, avec les tarses
de cette dernière couleur.

Cette espèce a été rencontrée par M. Guyon, chirurgien en chef de l'armée d'Afrique,
dans une toile d'*Eresus lineatus*, aux environs d'Orléansville. Collection de M. Guérin-Méneville.

Pl. 17, fig. 6. *Cebrio Guyonii*, grossi, 6ᵃ la grandeur naturelle, 6ᵇ une antenne.

### 487. *Cebrio numidicus*, Luc.

Long. 15 millim. larg. 5 millim.

C. capite nigro, punctato; antennis filiformibus, fusco-testaceis; thorace elytrisque testaceo rubescentibus vel fuscescentibus, his striatis, interstitiis subelevatis confertìmque punctatis; corpore infrà punctato, testaceo; pedibus testaceis, tibiis tarsisque fuscescentibus.

Il est de la taille du *C. dimidiatus*, auquel il ressemble un peu, et dont il diffère par son
thorax, qui est moins épais, un peu plus étroit, d'un testacé rougeâtre et même quelquefois
brunâtre. La tête, noire, déprimée à son extrémité, présente une ponctuation peu profondément marquée et très-peu serrée. Les mandibules sont roussâtres à leur base et noires à
leur extrémité. Les palpes maxillaires et labiaux sont d'un testacé rougeâtre. Les antennes,
d'un brun testacé, sont grêles et composées d'articles presque filiformes. Le thorax est
étroit, un peu moins long que dans le *C. dimidiatus;* il est d'un testacé rougeâtre, quelquefois brunâtre, avec les angles latéro-postérieurs peu saillants; il est ponctué, et cette ponctuation est un peu plus fine et un peu plus serrée que celle de la tête; sur les côtés et à
sa base on aperçoit quelques poils fauves, allongés, peu serrés. L'écusson est d'un brun
roussâtre; les élytres sont étroites, allongées, d'un testacé rougeâtre et même quelquefois
brunâtre; elles sont striées, avec les intervalles légèrement saillants, et présentant une ponctuation fine, peu profondément marquée et assez serrée. Le sternum testacé, ponctué,
quelquefois brunâtre sur les côtés et à sa partie antérieure, est revêtu de poils fauves, allongés et assez serrés. L'abdomen testacé, ponctué, présente des poils de même couleur
que ceux du sternum, mais ils sont beaucoup plus courts et bien moins serrés. Les pattes
sont testacées, avec les jambes et les tarses brunâtres.

Rencontré une seule fois, et dans les mêmes conditions que l'espèce précédente; il habite les environs du cercle de Lacalle. MM. Chevrolat, Reiche et Gaubil m'ont communiqué
plusieurs individus de cette espèce qui ont été trouvés dans les environs de Bône, d'Oran
et de Constantine.

### 488. *Cebrio nigricans*, Luc.

Long. 13 millim. larg. 5 millim.

C. capite nigro, punctato; antennis nigris, exilibus, filiformibus; thorace testaceo rufescente, ad latera, anticè posticèque nigro marginato; elytris punctatis, testaceo rubescentibus, striatis, interstitiis elevatis; abdomine rubro-testaceo, sterno pedibusque atris.

Il a de l'analogie avec le *C. melanocephalus*, mais il est plus court; les élytres sont plus profondément striées, avec les intervalles plus saillants; il en diffère encore par les antennes, le sternum et les pattes, qui sont noirs. La tête est noire et offre une ponctuation profonde et assez serrée; dans sa partie médiane, entre les yeux, elle présente deux dépressions assez rapprochées et bien marquées. Les mandibules sont noires. Les palpes maxillaires et labiaux sont de même couleur que les mandibules, avec l'extrémité de chaque article, d'un testacé rougeâtre. Les antennes sont noires, grêles, filiformes, avec l'extrémité de chaque article (le dernier cependant excepté) testacée. Le thorax est d'un rouge testacé et offre une ponctuation peu marquée et très-peu serrée; il est déprimé sur les côtés, qui sont noirs ainsi que les parties antérieure et postérieure; les angles latéro-postérieurs sont fortement terminés en pointe, et leur extrémité est entièrement noire. L'écusson est noir; les élytres sont courtes, d'un rouge testacé, assez profondément striées, avec les intervalles saillants, et présentant une ponctuation forte, peu serrée et irrégulièrement marquée. Le sternum est noir, ponctué. L'abdomen est ponctué, d'un rouge testacé, avec les segments bordés de noir postérieurement. Les pattes sont noires, avec la naissance du trochanter, seulement dans la première paire de pattes, rougeâtre et les ongles des tarses d'un rouge testacé.

Cette espèce, que je n'ai pas rencontrée pendant mon séjour en Algérie, m'a été communiquée par M. Aug. Chevrolat, qui l'a reçue des environs d'Oran.

⁂

## DEUXIÈME TRIBU.

### LES LAMPYRIENS.

---

## Genus *DICTYOPTERA*, Latr. *Lycus*, Auct.

### 489. *Dictyptera aurora*.

Panz. *Faun. Germ.* fasc. 41, pl. 10.
Fabr. *Syst. Eleuth.* tom. II, p. 116, n° 30.
De Casteln. *Hist. nat. des ins.* tom. I, p. 261, n° 1.

Rencontré, une seule fois, sur le versant du Djebel Chatabah, dans les premiers jours de mai, aux environs de Constantine.

## Genus *LAMPYRIS*, Fabr.

### 490. *Lampyris mauritanica.*

Linn. *Syst. nat.* tom. II, p. 645, n° 10.
Fabr. *Syst. Eleuth.* tom. II, p. 105, n° 30.
Oliv. *Ent.* tom. II, n° 28, 5, pl. 1, fig. 5, *a, b, c.*

Cette espèce, pendant le printemps et l'été, n'est pas très-rare dans l'Est et dans l'Ouest de nos possessions du Nord de l'Afrique; je la prenais ordinairement le soir, me servant d'une lanterne allumée, que je plaçais sur ma terrasse, soit à Alger, soit à Oran, à Bône ou à Constantine. Je n'ai rencontré qu'une seule fois la femelle, que j'ai prise aux environs de Lacalle, sous les pierres.

---

## Genus *DRILUS*, Oliv. *Ptilinus,* Auct.

### 491. *Drilus mauritanicus.* (Pl. 17, fig. 7.)

Long. 7 à 9 millim. larg. 3 millim. ½ à 4 millim.

Luc. *Comptes rendus de l'Acad. des sc.* ann. 1842, p. 1187.
Ejusd. *Rev. zool. par la soc. Cuv.* ann. 1842, p. 386.

D. capite, thorace scutelloque atris, granariis, flavo-pilosis; elytris flavo-ochraceis, granariis, pilosis; abdomine nigro-nitido; pedibus nigris, tarsis flavescentibus; antennis nigris, subpectinatis.

*Mâle.* La tête est noire, déprimée entre les yeux et à son extrémité; elle est finement chagrinée et présente des poils jaunes, allongés et très-peu serrés. Les mandibules sont noires; les palpes labiaux et maxillaires sont testacés. Les antennes sont noires, et les divers articles qui les composent ont leurs dents très-courtes et terminées en pointe; en dessus, elles sont revêtues de poils jaunâtres, très-courts et très-serrés. Le thorax est noir et beaucoup plus fortement chagriné que la tête; il est plus large que long, avec les angles latéro-antérieurs peu marqués et les postérieurs saillants et relevés; près de sa base, il présente un petit sillon longitudinal profondément marqué, et, sur les côtés, on aperçoit une petite dépression assez profonde; comme la tête, il est revêtu de poils jaunes, allongés et très-peu serrés. L'écusson est noir. Les élytres sont finement chagrinées, d'un jaune d'ocre, et revêtues de poils de cette couleur, très-courts et peu serrés. Tout le corps en dessous est lisse et d'un noir brillant. Les pattes sont noires, parsemées de poils d'un fauve clair, avec les tarses jaunâtres.

Cette espèce, que j'ai obtenue d'éclosion le 10 octobre 1842, est très-agile, et les trois derniers segments abdominaux, pendant la vie, dépassent ordinairement les élytres. Elle ressemble beaucoup au *D. flavescens;* mais un caractère qui empêchera de la confondre avec cette espèce est la forme des articles des antennes, dont les dents sont très-courtes, ce qui donne à ces organes un aspect peu pectiné.

Pl. 17, fig. 7. *Drilus mauritanicus* (mâle), grossi, 7[a] la grandeur naturelle, 7[b] une mâchoire, 7[c] une mandibule, 7[d] la lèvre inférieure, 7[e] une antenne, 7[f] une patte de la première paire, 7[g] une patte de la troisième paire.

*Femelle* (pl. 17, fig. 8) aptère. Elle est longue de 3o à 3a millimètres et large de 7 millimètres ½ environ. La tête est noire, lisse, et présente une tache jaune trianguliforme. Les lèvres supérieure et inférieure sont testacées. Les palpes labiaux et maxillaires sont de même couleur que les lèvres, avec leur article terminal roussâtre à son extrémité. Les mandibules sont d'un brun roussâtre. Les antennes, composées de sept articles, sont très-courtes, moniliformes et d'un brun foncé. Le prothorax, chagriné, d'un jaune clair, présente, de chaque côté, une tache d'un brun roussâtre foncé; le mésothorax et le méta-thorax sont de même couleur que le prothorax, et, sur ces trois segments, on aperçoit en dessus un sillon longitudinal assez profondément marqué; en dessous, ils sont jaunes et très-près de la naissance des pattes, ils présentent une tache d'un brun roussâtre foncé. Entre le prothorax et le mésothorax, on aperçoit, de chaque côté, un petit tubercule sur lequel est située la première paire de stigmates; quant à la seconde paire, elle est placée à la partie antérieure du métathorax. L'abdomen, en dessus, est de même couleur que les segments thoraciques, à l'exception cependant du dernier, ou le huitième, qui ne présente pas de taches noires; le dessous, ainsi que le tubercule anal, sont testacés. A travers la peau de cet organe, qui est très-transparente, on remarque de longs chapelets d'œufs. Les stig-mates, sur les segments abdominaux, sont saillants, roussâtres et placés sur une petite tache d'un brun foncé; de chaque côté, ces mêmes organes présentent une petite saillie, laquelle est tachée de brun foncé, couleur qui s'oblitère complétement sur le huitième segment. Des poils jaunes, allongés, peu serrés, revêtent les côtés des segments thoraciques et abdo-minaux. Les pattes sont d'un brun roussâtre, avec les articles des tarses jaunâtres.

Je n'ai rencontré que deux individus femelles de cette espèce, en février, par une tem-pérature très-froide, sous des pierres, sur le versant Est du Djebel Santa-Cruz, aux envi-rons d'Oran.

Pl. 17, fig. 8. *Drilus mauritanicus* (femelle), grossi, 8[a] la grandeur naturelle, 8[b] la tête vue en dessous, 8[c] une mâchoire, 8[d] une mandibule, 8[e] une antenne, 8[f] une patte de la première paire.

Pendant le séjour que je fis à Oran, en janvier 1842, j'ai été à même d'observer la larve de cette espèce, qui est fort curieuse, surtout par les moyens qu'elle met en usage pour pourvoir à sa nourriture.

Quoique MM. Mielzinsky[1] et Desmarest[2], d'une part, et M. Audouin[3], d'une autre, aient fait connaître l'histoire du *Drilus flavescens*, les premiers sous le point de vue zoologique, le

---

[1] Mielzinsky, Mémoire sur une larve qui dévore les *Helix nemoralis*, et sur l'insecte auquel elle donne naissance. (*Ann. des sc. nat.* 1re série, tom. I, p. 67, pl. 7, fig. 1 à 11.)

[2] Desmarest, Mémoire sur une espèce d'insecte des environs de Paris dont le mâle et la femelle ont servi de types à deux genres différents. (*Ann. des sc. nat.* 1re série, tom. II, p. 257, pl. 15, fig. 1, 2, 3, 4 et 5.)

[3] Audouin, Recherches anatomiques sur la femelle du Drile jaunâtre et sur le mâle de cette espèce. (*Ann. des sc. nat.* 1re série, tom. II, p. 443, pl. 15, fig. 7 à 21.)

second sous le point de vue anatomique, je ne pensais pas que, dix-huit ans plus tard, j'aurais été appelé à parler de ce genre singulier, auquel Olivier[1], dans son Entomologie, a donné la dénomination de *Drilus*, et dont l'espèce, sous le nom *flavescens*, a été l'objet de trois mémoires fort intéressants. M. Mielzinsky, le premier, découvrit aux environs de Genève cet insecte, qui, à l'état de larve, se nourrit de la chair de l'*Helix nemoralis*, mollusque dont l'habitation, par la suite, lui sert à subir toutes ses métamorphoses. Ce naturaliste, n'ayant pu obtenir que des individus femelles, avait proposé, pour le classement de cet insecte dans la série des espèces, alternativement, l'ordre des Thysanures et celui des Coléoptères. Mais d'après les avis du législateur de l'entomologie, le célèbre Latreille, auquel M. Mielzinsky avait fait part de ses observations, l'auteur fut conduit à placer ce genre singulier, auquel il donna le nom de *Cochleoctonus*, dans la famille des Serricornes.

M. Desmarest, poussé par un esprit observateur, et pensant avec juste raison que cet insecte, n'étant pas rare aux environs de Genève, pourrait bien se rencontrer aux environs de Paris, se mit à sa recherche, et le découvrit dans une partie du parc de l'école vétérinaire d'Alfort, qui alors renfermait un très-grand nombre d'*Helix nemoralis*. Tous les naturalistes qui se livrent à l'entomologie, et qui surtout s'adonnent scientifiquement à l'étude de cette grande branche de la zoologie, connaissent la conclusion de cet intéressant mémoire dans lequel M. Desmarest, après avoir décrit les divers changements que subit la larve du *Cochleoctonus* avant d'arriver à l'état parfait, finit par démontrer que l'insecte qui a servi de type à ce genre n'est autre chose que la femelle du *Drilus flavescens* ou l'insecte que Geoffroi, dans son Histoire naturelle des insectes des environs de Paris, a nommé la *Panache jaune*[2], *Ptilinus flavescens*, Fourcr.[3] *Hispa flavescens*, Rossi[4].

Dans les derniers temps de mon séjour en Algérie, ayant été envoyé dans l'Ouest pour étudier l'entomologie de cette province, je m'arrêtai à Oran, et me mis à explorer les environs de cette ville. Parmi les excursions que je fis dans les lieux accidentés qui se trouvent à l'Ouest d'Oran, particulièrement sur le versant Est du Djebel Santa-Cruz, je rencontrai souvent, en retournant les pierres, des *Cyclostoma Volzianum* dont les coquilles, encore parées des couleurs de la vie, étaient privées de leur animal, et cependant possédaient leur opercule encore adhérent à leur bouche. Je ne sus d'abord à quoi attribuer cette mortalité parmi les *Cyclostoma*, et, désirant m'expliquer ce fait, j'en ramassai un très-grand nombre et les plaçai tous ensemble dans une même boîte. Deux ou trois jours après, voulant ajouter d'autres individus que j'avais rencontrés pourvus de leur animal dans les ravins du Djebel Santon, je visitai la boîte dans laquelle j'avais enfermé mes premiers *Cyclostoma*, et fus très-surpris de trouver contre les parois une petite larve, à démarche très-lente et hérissée de tubercules ornés de bouquets de poils allongés d'un ferrugineux foncé.

Rappelé en France dans le courant du mois de mars, et désirant suivre cette observation, j'emportai avec moi onze de ces larves et un très-grand nombre de *Cyclostoma Volzianum*, afin

---


[1] Olivier, *Hist. nat. des ins. Ent.* tom. II, p. 44, pl. 23.

[2] Geoffroi, *Hist. nat. des ins. des envir. de Paris*, tom. I, p. 66, n° 2, pl. 1, fig. 2.

[3] Fourcroy, *Ent. Paris.* tom. I, p. 4, n° 2.

[4] Rossi, *Faun. etrusc.* p. 51, n° 117.

de pouvoir les nourrir. Arrivé à Paris vers le milieu d'avril, je mis dans un vase de la terre humide, et j'y plaçai mes larves avec quelques Cyclostomes. Malheureusement, pendant le trajet, six larves moururent et une s'échappa; il ne m'en restait donc plus que quatre, dont une fut mise dans l'alcool. Pendant les mois d'avril, de mai, de juin et de juillet, deux individus sur ces trois larves changèrent alternativement de peau; quant à la troisième, elle prit possession d'un Cyclostome, et se changea peu de temps après en nymphe, état qu'il me fut facile de voir par la dépouille que cette larve eut soin de laisser à l'entrée du *Cyclostoma* sans doute pour en fermer l'ouverture, et empêcher par ce moyen les insectes de pénétrer dans sa nouvelle demeure.

Cette larve (pl. 17, fig. 9) égale en longueur 12 à 15 millimètres, et n'a pas moins de 5 à 6 millimètres dans sa plus grande largeur. La tête, revêtue de quelques poils d'un ferrugineux clair, est plus large que longue, d'un brun ferrugineux foncé, déprimée antérieurement, avec un sillon transversal, derrière cette dépression, assez fortement marqué. Les antennes sont composées de deux articles : le premier, très-court, gros, non articulé, est situé derrière les mandibules; le second, beaucoup plus petit, un peu plus allongé, s'emboîte dans le premier, qui semble comme lui servir de gaîne; cet article, à son extrémité, est fortement tronqué, et, du milieu de cette troncature, part une petite soie roide, assez allongée. Les yeux, assez éloignés des antennes, sont situés sur les côtés de la tête, et placés dans une petite concavité; ils sont ronds, brillants, d'un jaune tirant un peu sur le ferrugineux. Les mandibules, robustes, d'un brun foncé, fortement arquées ou en forme de croissant, ont leur partie supérieure marquée d'un profond sillon. La lèvre supérieure est petite, beaucoup plus large que longue, avec la partie antérieure fortement échancrée; cette lèvre est dépendante de la tête, c'est-à-dire qu'il n'y a pas d'articulation qui la distingue de cette dernière. Les mâchoires, robustes, allongées, sont munies d'un petit palpe maxillaire qui n'est composé que d'un seul article. La lèvre inférieure est petite, et les palpes labiaux qu'elle présente sont comme ceux des mâchoires, c'est-à-dire formés d'un seul article. Tous les organes que je viens de décrire sont de même couleur que les mandibules, c'est-à-dire d'un bleu foncé. Le prothorax, de cette dernière couleur, beaucoup plus large que long, à angles antérieur et postérieur arrondis, est finement ponctué, avec son bord antérieur très-saillant et ses côtés assez fortement relevés; on aperçoit, de chaque côté de ce prothorax, une petite concavité assez profondément marquée, et les bords latéraux antérieurs et postérieurs sont hérissés de poils roides, allongés, d'un ferrugineux clair. Le mésothorax est entièrement semblable au prothorax, seulement il est un peu plus large, avec les bords latéraux moins relevés; de plus, il présente de chaque côté, postérieurement, près de la concavité, un petit tubercule d'un brun foncé, lequel est revêtu de poils allongés, d'un ferrugineux clair; ce tubercule, qui se présente sur le mésothorax et sur tous les segments abdominaux, devient plus saillant à mesure qu'il atteint la partie postérieure. Le métathorax diffère du prothorax en ce qu'il est plus large. Les segments abdominaux, au nombre de neuf, diffèrent peu entre eux, seulement ces derniers augmentent de largeur à mesure qu'ils se dirigent vers la partie médiane; c'est-à-dire que les 2e, 3e, 4e, 5e, 6e et 7e sont les plus larges, le 1er ensuite, les 8e et 9e sont les plus étroits, et,

dans ce dernier, le tubercule latéral est le double au moins plus grand que celui des segments précédents; son extrémité est hérissée de fortes épines, lesquelles sont bien moins
saillantes dans les autres tubercules. Tous ces segments sont de même couleur que le prothorax, c'est-à-dire d'un brun foncé, et, comme ce dernier, ils présentent cette petite concavité latérale, et ces rangées de poils d'un ferrugineux clair, qui, joints à ceux dont les
tubercules sont hérissés, donnent à cette larve un aspect soyeux. Les stigmates, au nombre
de neuf de chaque côté, sont très-difficiles à distinguer; ils sont arrondis, peu saillants, et
la position qu'ils occupent sur les segments abdominaux est la partie postérieure de ces derniers; ils sont protégés par les tubercules dorsal et ventral, entre lesquels ils se trouvent
placés; le neuvième segment ne présente pas d'ouvertures stigmatiformes. En dessous, les
segments abdominaux sont d'un jaune sale et ornés de petites plaques écailleuses, assez fortement ponctuées, lesquelles sont au nombre de deux de chaque côté de ces segments; cette
disposition a lieu pour les huit premiers anneaux abdominaux; quant au neuvième, il est
armé d'un tubercule corné, très-saillant, qui sert de pied à cette larve, et qui, à l'état de
vie, rappelle assez les pattes en couronne de certaines chenilles. Les parties latérales de ces
segments sont armées, de chaque côté, d'un tubercule très-saillant, semblable à ceux que
j'ai décrits pour les segments supérieurs; cette disposition a lieu seulement pour les huit
premiers anneaux; quant au neuvième, il est dépourvu de tubercules. Les pattes, dont la
troisième paire est la plus longue, la seconde ensuite, enfin la troisième, sont composées de quatre articles : le premier, d'un brun ferrugineux foncé, est lisse, assez allongé; le
second est très-court et légèrement pointillé; le troisième est un peu plus allongé que le
précédent; enfin le quatrième est le plus long de tous, et a son extrémité terminée en
pointe mousse. Tous ces articles, d'un ferrugineux clair, sont hérissés de poils courts,
roides, également d'un ferrugineux clair.

Pl. 17, fig. 9. Larve grossie du *Drilus mauritanicus*, 9ª la grandeur naturelle [1], 9ᵇ la tête vue en dessous, 9ᶜ une mâchoire, 9ᵈ une mandibule, 9ᵉ la lèvre inférieure, 9ᶠ une antenne, 9ᵍ une patte de la
première paire.

C'est ordinairement pendant les mois de janvier et de février qu'on rencontre ces larves
rôdant sous les pierres, et plus souvent occupées à se repaître de l'animal du *Cyclostoma
Volzianum*, dont elles semblent préférer la chair à celle des autres mollusques; car bien souvent, avec ces Cyclostomes, je trouvai, sous la même pierre, des *Helix hieroglyphicula* et
*coriosula*, sans avoir jamais rencontré ces larves dévorant ces mollusques. Cependant mon
collègue, M. Durieu de Maisonneuve, dans une herborisation qu'il fit autour du Château-
Neuf, rencontra une de ces larves occupée à se repaître de l'animal d'une *Helix hieroglyphicula*,
découverte qui me donna l'idée de les nourrir aussi avec ces mollusques; mais je ne tardai
pas à m'apercevoir qu'à ces derniers elles préféraient toujours les animaux du *Cyclostoma*.
Ce qui me porterait à croire que ces larves aiment mieux se nourrir de ces mollusques, c'est
que, dans toutes les excursions que je fis aux environs d'Oran, jamais je ne rencontrai de

[1] Cette figure représente une larve épiant l'animal d'un *Cyclostoma Volzianum*.

larves de *Drilus* là où il n'y avait pas de *Cyclostoma*. Le lieu habité par ces larves singulières est le versant Est du Djebel Santa-Cruz, c'est-à-dire la partie qui est située entre le fort de ce nom et la ville d'Oran; c'est là que le *Cyclostoma Volzianum* est excessivement commun, car non-seulement on le rencontre sous les pierres, mais on le trouve aussi abondamment, et même je puis dire en famille de quarante à cinquante individus enfouis en terre, particulièrement parmi les racines de la *Lactuca spinosa*, qui est très-commune dans cet endroit, et avec laquelle ces mollusques semblent se plaire, attirés sans doute par la grande humidité que les racines de cette plante répandent. Je les ai aussi rencontrés, mais rarement, sur le versant Est du Djebel Santon et particulièrement dans les profonds ravins dont cette montagne est sillonnée. Ces larves sont rares; je n'en ai trouvé que onze; entre elles, elles vivent en bonne intelligence; leur démarche est peu agile, et, lorsqu'on les touche, ou qu'on les inquiète, elles se roulent en boule, à l'instar de certaines chenilles de *Chelonia*, et conservent cette position assez longtemps. Les moyens et la patience mis en usage par ces larves pour s'emparer de l'animal du *Cyclostoma Volzianum* sont fort remarquables et vraiment dignes de fixer l'attention du naturaliste ami de l'entomologie.

On sait que les animaux du genre *Cyclostoma* ont leur pied pourvu d'un opercule calcaire, avec lequel la bouche de la coquille se trouve fermée hermétiquement, lorsque l'habitant est tout à fait rentré dans sa demeure. Tel est l'obstacle à surmonter que la petite larve rencontre, obstacle que l'on pourrait croire infranchissable pour cette dernière, car ses organes buccaux ne sont pas assez robustes pour pouvoir briser ou au moins perforer cet opercule de consistance calcaire. Mais la nature, si prévoyante pour les êtres qu'elle a créés, et, tout en privant d'intelligence les animaux placés le plus bas dans l'échelle, a donné à ces derniers des moyens de conservation qui, le plus souvent, se trouvent représentés par la force, et, lorsque celle-ci vient à manquer, par la ruse : c'est ce dernier moyen que la petite larve met en usage pour s'emparer de l'habitant de cette coquille, vers lequel elle est attirée pour sa conservation.

C'est pendant les mois de janvier, février et mars que les Cyclostomes se mettent en mouvement, c'est-à-dire qu'à cette époque, les pluies ayant détrempé la terre, qui, tous les ans, se trouve profondément fissurée par les sécheresses de l'été, ces mollusques viennent à la surface du sol et sortent de leur habitation, soit pour pourvoir à leur nourriture, soit pour s'accoupler ou pour jouir de cette humidité atmosphérique dont ils sont privés pendant neuf mois de l'année; c'est aussi à cette époque que les larves de *Drilus* attaquent les *Cyclostoma Volzianum*. Lorsqu'une larve désire s'emparer de l'animal d'un *Cyclostoma*, elle place son dernier segment sur le bord extérieur de la bouche de la coquille, sur lequel elle se tient solidement fixée par le moyen du tubercule en forme de ventouse, ou des pattes en couronne, dont le dernier segment est armé, et surtout après avoir eu soin de se poster à la partie opposée que l'animal ouvre pour sortir de son habitation; libre alors de tout son corps et de ses pattes, elle dirige ses organes de la manducation du côté où le mollusque soulève son opercule, soit pour respirer, soit pour marcher; mais l'habitant de la coquille, sentant cet hôte incommode sur son opercule, se garde bien de l'ouvrir, et espère, en faisant durer longtemps cette manœuvre, lasser son ennemi; mais la petite larve, en sentinelle attentive, ne quitte pas un instant le *Cyclostoma,* et reste à l'épier ainsi, non pas une heure, mais des jours entiers. L'habitant de la coquille, après avoir employé toutes les ruses possibles, se trouve enfin forcé de sortir de cette fausse position; je ne sais si c'est pour renouveler l'air de ses poumons ou pour se livrer à l'acte auquel la nature l'a destiné, mais il se rend; c'est-à-dire que le besoin d'une de ces fonctions le pousse à entr'ouvrir son opercule. L'assiégeant, qui est toujours posté en sentinelle, et qui épie le moment favorable, profite de cette circonstance pour placer, dans l'intervalle que laisse l'opercule entre la coquille, ses mandibules, avec lesquelles il coupe le muscle qui retient l'opercule au pied de l'animal, ou lui fait une blessure assez profonde, pour en rendre l'action impuissante ; c'est alors que la petite larve se rend maîtresse, non-seulement de la place, mais aussi de la garnison, dont elle fait sa nourriture.

Ces larves, avant de se métamorphoser, font une assez grande consommation de Cyclostomes : douze ou quinze individus leur suffisent à peine avant d'arriver à ce second état. J'ai remarqué, comme M. Mielzinsky le fait observer dans son mémoire, que, quand une larve a presque fini de manger l'animal de la coquille, ce qui se fait, pour l'espèce dont je décris les manières de vivre, dans l'espace d'une douzaine de jours environ, tout à coup la bouche de la coquille se trouve souillée extérieurement par une espèce de matière noire et fétide; et, en considérant son intérieur, on la trouve parfaitement propre, et la larve y est enfoncée profondément. Je ne sais quel moyen elle met en usage pour faire cette émission, mais ce qui est remarquable, c'est que, malgré la viscosité de la matière, cette émission se fait toujours sans qu'il en reste rien dans l'intérieur de la coquille. J'ai aussi remarqué que les cinq ou six changements de peau que ces larves subissent avant de se métamorphoser se font toujours dans le Cyclostome et jamais extérieurement. Une fois que ces larves ont acquis la grosseur voulue pour se métamorphoser ensuite en nymphe, elles changent encore une fois de peau, et ce dernier changement a encore lieu dans l'intérieur de la coquille, mais il est bien différent des premiers, c'est-à-dire que, si on enlève l'enveloppe que la larve laisse à l'entrée de son habitation, on aperçoit alors les deux ou trois derniers segments abdominaux, et on voit que leur couleur, au lieu d'être d'un brun ferrugineux, est d'un jaune clair, qu'ils n'offrent plus ces longs poils d'un ferrugineux foncé, et que les tubercules des segments sont beaucoup modifiés en ce qu'ils sont dépourvus de touffes de poils et des épines qu'ils présentent avant d'avoir subi ce dernier changement.

Cette larve, ainsi modifiée, reste trois mois environ dans l'habitation qu'elle s'est choisie, et que j'eus soin de placer dans un autre vase, dans la crainte que ses congénères, qui n'étaient pas près de se métamorphoser, ne vinssent la tourmenter. Vers le milieu d'août, ne voyant rien sortir de cette coquille, j'enlevai la dépouille de la larve qui en fermait l'entrée, et je remarquai que la partie postérieure de cette nymphe était d'un jaune tirant sur le blanc. Cinq ou six jours après cet examen, je fus surpris, un matin, en la visitant de nouveau, de la voir entièrement sortie du Cyclostome, et ayant tout à fait la forme d'un cercle; je la plaçai, dans cet état, dans une cupule en porcelaine, et, un ou deux jours après être restée ainsi exposée à l'air libre, la pellicule qui enveloppe l'abdomen, et qui rappelle assez, par les tubercules qu'elle présente, la peau de la larve, se détache, à partir du mésothorax, se trouve alors réunie à l'extrémité du dernier segment abdominal, et sert à cet organe, par la viscosité dont elle est enduite, à retenir cette pupe fixée au sol.

La place qu'occupe cette larve dans le Cyclostome est le second tour de spire de la coquille, le dos, par conséquent, tourné du côté de la columelle, le ventre, de cette manière, étant à la partie extérieure et la tête étant dirigée vers le fond de la spire. La larve, en se métamorphosant, n'avait pas changé de position. M. Desmarest, dans son mémoire, a observé à ce sujet tout le contraire; car cet auteur dit que la larve du *Drilus flavescens*, avant de se métamorphoser, occupe, dans la coquille, une position semblable à celle que je viens de décrire, mais que cette dernière, une fois métamorphosée, prend une position inverse, c'est-à-dire que pendant l'acte de ce changement cette larve se retournait et avait, de cette manière, le ventre contre la columelle de la coquille, le dos du côté extérieur, et la tête vers l'ouverture, prête à pousser la porte ou l'opercule que la vieille peau de la larve fermait pour sa sûreté.

J'ai remarqué aussi, comme M. Desmarest, au reste, le fait observer, que cette nymphe laisse suinter par ses organes de la manducation une liqueur peu limpide, incolore, et qui, à l'état de dessiccation, a teint en jaune clair la cupule de porcelaine dans laquelle je l'avais placée; cette liqueur abondante, peu de temps après la transformation en nymphe, cesse tout à fait lorsque cette dernière est sur le point de se changer en insecte parfait.

Voici les remarques que j'ai été à même de faire sur les larves mâles du *Drilus mauritanicus*: on verra qu'elles ont beaucoup d'analogie avec celles du *Drilus flavescens*, qui ont été parfaitement exposées par l'auteur des Crustacés fossiles; cependant, si l'on veut établir une comparaison, il sera facile de voir que les mœurs de l'espèce du Nord de l'Afrique diffèrent sur deux points principaux : le premier, sur les moyens que cette larve met en usage pour s'emparer de l'animal du Cyclostome, et, le second, sur la position occupée par cette larve dans la coquille, lorsqu'elle s'est métamorphosée en nymphe.

Tout ce que j'ai dit jusqu'à présent n'a encore eu rapport qu'à une larve mâle; quant aux larves femelles, je ne m'étendrai nullement sur leur organisation externe : je ferai seulement remarquer que ces dernières sont entièrement semblables aux larves mâles, et que la seule différence n'existe réellement que dans la taille, qui, chez les larves femelles, est beaucoup plus grande. Maintenant que j'ai fait connaître cette larve, que j'en ai exposé les caractères et les habitudes, je vais décrire la nymphe et indiquer les diverses positions qu'occupent, à cet état, les organes de la locomotion, de la manducation et du vol.

Cette nymphe (pl. 17, fig. 10) est longue de 9 à 10 millimètres, et n'a pas moins de 4 millimètres en largeur. Elle est entièrement immobile, et sa forme est celle d'un cercle. Elle est d'un jaune brillant; la tête est de cette dernière couleur, mais un peu plus foncée et entièrement lisse; les yeux sont arrondis, d'un brun foncé. On distingue parfaitement les organes de la manducation, qui sont de même couleur que la tête. Les antennes sont aussi d'un jaune foncé, avec les articles qui les composent très-distincts; leur direction est tout à fait postérieure, et, dans cette position, elles sont protégées par l'avance du prothorax, qui est très-saillant, et par les deux premières pattes, car ces dernières reposent sur la première paire d'ailes. Le prothorax, d'un jaune clair, paraît profondément sillonné avec les côtés très-saillants et à angles antérieur et postérieur arrondis. Le mésothorax, de même couleur que le prothorax, mais un peu plus clair, donne naissance à la première paire d'ailes; ces dernières sont très-grandes et d'un brun ferrugineux à leur extrémité. Le métathorax, d'un jaune très-clair, supporte la seconde paire d'ailes, qui est beaucoup plus grande que la première, et dont la couleur est d'un brun foncé. Les pattes sont d'un jaune clair, à articles très-distincts; les deux premières paires reposent sous la première paire d'ailes; quant à la troisième, elle est entièrement cachée par la seconde paire d'ailes, cependant on aperçoit l'extrémité du second article et la naissance du troisième. L'abdomen, très-grand, d'un jaune clair, est mou, composé de neuf segments, dont les trois premiers sont assez étroits, ceux qui suivent, c'est-à-dire les 4e, 5e, 6e, 7e et 8e, sont très-larges, renflés; ces derniers sont beaucoup plus petits et diminuent de grandeur à mesure qu'ils atteignent la partie postérieure; tous sont à bords latéraux saillants, et c'est près de ces derniers qu'on aperçoit les stigmates, qui sont légèrement ovalaires et fort peu apparents.

Pl. 17, fig. 10. Nymphe très-grossie vue de profil, 10a la grandeur naturelle.

J'aurais désiré pouvoir donner une description de la nymphe de la femelle de ce *Drilus*, mais n'ayant pu élever la seule larve de ce sexe que j'aie rencontrée, je me suis vu forcé de laisser cette lacune dans l'histoire de cette espèce.

Sur les trois larves qui sont parvenues à se transformer en nymphe, je n'ai obtenu que deux mâles; quant à la troisième, elle mourut sans pouvoir se métamorphoser. Le premier mâle que j'obtins sortit à l'état parfait du Cyclostome dans lequel il s'était établi, vers les premiers jours de septembre et après deux mois et demi de séjour; quant au second, ce n'est que vers le 10 du même mois que je le trouvai entièrement sorti du Cyclostome, mais voici ce que j'ai observé sur ce dernier. Plus haut j'ai dit que, lorsque la nymphe était sortie du Cyclostome, la pellicule qui enveloppait l'abdomen, et qui rappelait encore la peau de la larve, se détachait à partir du mésothorax, se réunissait ensuite à l'extrémité du dernier segment abdominal et servait à cet organe, par la viscosité dont elle est enduite, à retenir cette pupe fixée au sol. Lorsque la nymphe est sur le point de se métamorphoser en insecte parfait, d'un jaune clair qu'elle était, les organes de la locomotion, de la manducation, du vol, etc. etc. prennent une teinte d'un brun foncé; l'enveloppe qui la retient ainsi se fend, et l'insecte parfait [1], après douze ou quinze heures de tiraillements et d'efforts, parvient enfin à se dégager de ses langes; successivement les pattes, les antennes, les ailes, les organes de la manducation, sortent de l'étui dans lequel ils étaient contenus, et à force de tirailler sur le point d'appui, qui est formé par la dernière enveloppe de la larve, l'abdomen, qui est la partie la plus volumineuse de l'insecte, finit par se dégager.

L'analogie qui existe entre les larves du *Drilus* du Nord de l'Afrique et celle du *Drilus flavescens* de l'Europe est si grande, que la première fois que je les rencontrai, je crus que c'était la même espèce; mais, ayant obtenu des mâles de ces larves, je les comparai avec

---

[1] C'est le 6 octobre que j'obtins un individu parfait de cette espèce de *Drilus*, c'est-à-dire un mois après sa sortie du *Cyclostoma*.

notre espèce des environs de Paris, et m'aperçus que les caractères spécifiques différaient, et que cette différence était sensible, surtout dans la forme des antennes.

N'ayant pu obtenir de femelle par éclosion, j'ignore si les métamorphoses de ces dernières sont semblables à celles du mâle, c'est-à-dire si ce n'est seulement que la femelle qui change de position lorsqu'elle s'est métamorphosée. Les deux seuls individus que je me suis procurés ont été rencontrés à l'état parfait, et c'est en cherchant des Cyclostomes, dans l'espoir de me procurer des larves de *Drilus*, que je les trouvai; je ne sus d'abord à quel genre rapporter ces deux insectes, que je considérai même comme n'ayant pas encore atteint leur entier développement; mais rentré en France, et après avoir consulté le travail de M. Desmarest, je m'aperçus que ces insectes étaient simplement deux femelles de *Drilus*, que je regarde comme étant l'autre sexe des individus que j'ai élevés. C'est en février, sous les pierres, que je rencontrai ces femelles, presque engourdies par le froid, qui sans doute n'avaient pas été accouplées, et devaient passer l'hiver; elles sont très-lentes, et ont beaucoup de peine à traîner leur abdomen, qui quelquefois les entraîne, lorsqu'elles marchent sur un plan trop incliné.

Telles sont les observations que j'ai été à même de faire sur cette nouvelle espèce de *Drilus*, qui, quoique très-voisine de celle nommée *D. flavescens*, en diffère cependant par des caractères assez tranchés et que j'ai exposés plus haut.

On sait combien sont peu nombreuses les espèces qui composent ce genre, et cela, sans aucun doute, est dû à leurs habitudes, qui sont, pour les femelles, de se tenir dans les coquilles ou sous les pierres, et, pour les mâles, d'aller à la recherche de leurs femelles. Ne connaissant pas les métamorphoses des *D. ater* et *fulvicollis*, j'ignore si les habitudes de ces espèces sont analogues à celles des *D. flavescens* et *mauritanicus*; ces espèces, qui habitent la Dalmatie et qui ont été trouvées par feu le comte Dejean, sont seulement connues spécifiquement, et je ne saurais trop engager, dans l'intérêt de la science, les entomophiles qui habitent ce pays à rechercher leurs larves, afin de s'assurer si les mœurs des espèces que j'ai citées plus haut sont semblables à celles d'Europe et du Nord de l'Afrique.

---

## Genus *MALACOGASTER*, Bassi.

### 492. *Malacogaster Passerinii.*

Bassi, *Magas. de zool.* ann. 1833, cl. ix, pl. 99, fig. 1 à 6.

Je n'ai pas rencontré cette espèce, qui ne se trouve que dans l'Ouest de nos possessions du Nord de l'Afrique; les deux individus que je possède m'ont été donnés par M. le colonel Levaillant et mon collègue le docteur Warnier; le premier l'a rencontré, en juin, dans les environs d'Oran; le second l'a pris, dans le même mois, aux environs de Mascara.

## Genus *TELEPHORUS,* Schœff. *Cantharis,* Auct.

### 493. *Telephorus scutellaris,* Luc. (Pl. 18, fig. 1.)

Long. 9 millim. larg. 3 millim. ½.

T. flavus; capite anticè nigro maculato vel omninò flavo; thorace tri-foveolato, duabus prominentiis instructo; elytris granariis; corpore infrà flavo; pedibus flavo-ferrugineis, tarsis fuscescentibus.

Il ressemble un peu au *T. melanurus.* La tête est jaune, très-finement chagrinée, et présente, à son sommet, une tache noire en forme de fer de lance; cette tache s'oblitère quelquefois entièrement : ainsi, sur les six individus que j'ai pris, il n'y en a que quatre qui présentent la tache ci-dessus indiquée. Les mandibules sont jaunes à leur naissance et noires à leur extrémité. Les palpes labiaux et maxillaires sont d'un jaune ferrugineux, avec l'extrémité de leur article terminal légèrement teinté de brun. Les antennes sont d'un jaune plus ou moins ferrugineux. Le thorax, un peu plus large que la tête, de même couleur que cette dernière, est entièrement lisse; il est arrondi à ses parties antérieure et postérieure, légèrement sinueux sur les côtés, avec les angles, de chaque côté de la base, assez bien marqués; en dessus, il présente trois dépressions longitudinales et deux saillies très-fortement prononcées. L'écusson est noir et très-fortement chagriné. Les élytres sont entièrement jaunes et assez fortement chagrinées. Tout le corps, en dessous, est jaune. Les pattes sont d'un jaune ferrugineux, avec les tarses plus ou moins tachés de brun, et les trochanters de la dernière paire de pattes d'un noir foncé brillant.

Rencontré en juin, sur les arbres, près les marais du lac Tonga, dans les environs du cercle de Lacalle.

Pl. 18, fig. 1. *Telephorus scutellaris,* grossi, 1ᵃ la grandeur naturelle, 1ᵇ une patte de la première paire.

### 494. *Telephorus mauritanicus,* Luc. (Pl. 18, fig. 2.)

Long. 8 millim. larg. 3 millim.

T. capite thoraceque flavo-ferrugineis, hoc posticè gibboso; elytris flavis, pubescentibus, granariis; corpore infrà flavo-ferrugineo, sterno atro pedibusque flavo-ferrugineis.

Il est un peu plus petit et plus étroit que le *T. scutellaris.* La tête est d'un jaune plus ou moins ferrugineux, très-finement chagrinée, et revêtue de poils jaunes, courts, très-peu serrés. Les mandibules sont d'un jaune ferrugineux à leur naissance et noires à leur extrémité. Les palpes labiaux et maxillaires sont d'un jaune ferrugineux. Les antennes sont de même couleur que la tête, avec le sommet de chaque article taché de brun. Le thorax, aussi large que long, lisse et de même couleur que la tête, est arrondi sur les côtés, ainsi qu'à ses parties antérieure et postérieure; près de la base, il est gibbeux, et cette gibbosité, dans sa partie médiane, présente un sillon profondément marqué; près des angles latéro-postérieurs, on aperçoit, de chaque côté, une dépression assez bien marquée. L'écusson est d'un jaune ferrugineux. Les élytres, assez fortement chagrinées, sont jaunes et revêtues d'une pubescence courte et peu serrée. L'abdomen, en dessous, est d'un jaune ferrugineux, avec le sternum noir et très-finement chagriné. Les pattes sont de même couleur que l'abdomen.

Cette espèce, que j'ai rencontrée en mai, sur les chardons, habite les environs d'Alger et de Bougie.

Pl. 18, fig. 2. *Telephorus mauritanicus,* grossi, 2ᵃ la grandeur naturelle, 2ᵇ une antenne.

### 495. *Telephorus fossulatus,* Luc. (Pl. 18, fig. 3.)

Long. 8 à 9 millim. larg. 3 millim. (mâle).
Long. 10 à 11 millim. larg. 3 millim. ½ à 4 millim. (femelle).

T. capite anticè flavo, posticè nigro; thorace subquadrato, tri-foveolato, flavo, in medio nigro maculato; elytris flavis, pubescentibus; corpore flavo; pedibus in mare atris, in fœminâ rufo-ferrugineis.

Il se rapproche un peu des *T. scutellaris* et *colonæ* [1] (*Cantharis*), Erichs. La tête est lisse, revêtue de poils courts, jaunâtres, très-peu serrés; elle est noire à sa base et jaune à son extrémité. Les mandibules sont jaunes et légèrement tachées de brun à leur extrémité. Les palpes labiaux et maxillaires sont ferrugineux, avec l'extrémité de leur article terminal légèrement brunâtre. Les antennes ont leurs trois ou quatre premiers articles entièrement jaunes, tandis que les suivants sont d'un brun plus ou moins foncé. Le thorax, presque carré, est jaune, et présente, dans son milieu, une tache d'un noir foncé, qui part de la base et atteint le bord antérieur : ce dernier est arrondi ainsi qu'à sa partie postérieure, très-légèrement sinueux sur les côtés, avec les angles, de chaque côté de la base, fortement prononcés; en dessus, il présente trois fossettes, dont la médiane est beaucoup plus grande que celles qui existent sur les côtés. L'écusson, dans les deux sexes, est entièrement noir. Les élytres, très-finement chagrinées, sont jaunes, revêtues de poils de même couleur, courts et très-peu serrés. L'abdomen, dans les deux sexes, est entièrement jaune, avec le sternum et le dessous du thorax d'un brun plus ou moins foncé. Les pattes, dans le mâle, sont entièrement noires, avec les tarses plus ou moins ferrugineux. Il y a des individus chez lesquels les tibias sont de la même couleur que les tarses.

La femelle diffère du mâle par une taille ordinairement plus grande, par la tache noire du thorax, qui est bien moins prononcée, et enfin par les organes de la locomotion, qui sont d'un roux plus ou moins ferrugineux.

Cette espèce habite les environs du cercle de Lacalle et de Bône; je l'ai prise, en mai, sur les fleurs.

Pl. 18, fig. 3. *Telephorus fossulatus,* grossi, 3ᵃ la grandeur naturelle, 3ᵇ une mâchoire, 3ᶜ une mandibule, 3ᵈ une antenne.

---

[1] Je n'ai pas rencontré cette espèce, qui est décrite comme venant du Nord de l'Afrique par M. Erichson, *Reis. in der Regents. Algier, von Moritz Wagner.* tom. III, p. 69, n° 3.

### 496. *Telephorus barbarus (Cantharis).*

FABR. *Syst. Eleuth.* tom. I, p. 299, n° 25.

Cette espèce, pendant une grande partie du printemps, est très-répandue dans l'Est et dans l'Ouest de nos possessions du Nord de l'Afrique; elle se plaît sur les fleurs, et on la rencontre aux environs d'Alger, d'Oran, de Bougie, de Philippeville, de Constantine, de Bône et du cercle de Lacalle.

### 497. *Telephorus geniculatus,* Luc. (Pl. 18, fig. 4.)

Long. 6 millim. larg. 2 millim.

T. capite nigro; antennis flavescentibus, basi nigris; thorace subquadrato, flavo-ferrugineo; elytris costatis, granariis, omninò nigris; corpore infrà nigro; pedibus flavis, femoribus posticè tibiisque anticè nigris.

Il est très-voisin du *T. thoracicus,* mais il en diffère par les deux premiers articles des antennes, l'extrémité du fémur et la naissance des tibias, qui sont noirs, et par les élytres, qui présentent des côtes très-prononcées. La tête est entièrement noire, lisse, et offre dans son milieu une petite dépression longitudinale. Les mandibules sont roussâtres, avec leur extrémité d'un brun foncé. Les palpes labiaux et maxillaires sont testacés, avec leur article terminal taché de brun. Les antennes ont leurs deux premiers articles d'un noir foncé, tandis que les suivants sont jaunâtres. Le thorax, presque carré, est d'un jaune ferrugineux; il est ponctué, et, dans sa partie médiane, il présente un sillon longitudinal assez profondément marqué, qui part presque de la base, et n'atteint pas tout à fait le bord antérieur; il est assez fortement rebordé antérieurement et postérieurement, avec les côtés arrondis; les angles latéro-antérieurs sont mousses, tandis que ceux qui sont situés postérieurement de chaque côté de la base sont aigus. L'écusson est noir. Les élytres, légèrement pubescentes, de même couleur que l'écusson, sont assez fortement chagrinées, et présentent de chaque côté trois côtes bien distinctes. Tout le corps en dessous est noir. Les pattes sont jaunes, avec l'extrémité des fémurs et la naissance des tibias noires.

Je n'ai rencontré qu'une seule fois cette espèce; c'est à la fin de mars, en fauchant les grandes-herbes, dans la plaine qui se trouve entre l'Ouad-Safsaf et l'Ouad-Seracmah, environs de Philippeville.

Pl. 18, fig. 4. *Telephorus geniculatus,* grossi. 4ª la grandeur naturelle, 4ᵇ une antenne.

## Genus *MALTHINUS*, Latr. *Cantharis*, Linn. Fabr. *Necydalis*, Geoffr. *Telephorus*, Oliv.

### 498. *Malthinus longipennis*, Luc. (Pl. 18, fig. 5.)

Long. 5 millim. larg. 2 millim.

M. capite thoraceque nigris, in medio vittâ flavâ ornatis; scutello flavo; elytris elongatis, in mare fuscis, in fœminâ flavis, posticè flavo maculatis; corpore infrà fusco, segmentis abdominis posticè flavis; pedibus nigris, trochanteribus femoribusque anticè flavis.

Il est beaucoup plus grand que le *M. biguttatus*, avec lequel il ne pourra être confondu, à cause de ses élytres, qui sont plus allongées, et de son thorax, qui est taché de jaune longitudinalement dans sa partie médiane, tandis que cette même partie, chez le *M. biguttatus*, est entièrement noire. La tête est noire, légèrement tomenteuse, et ornée, dans sa partie médiane, d'une bande longitudinale jaune. Il y a des individus chez lesquels toute la partie antérieure de la tête est jaune ainsi que la lèvre supérieure; il y en a d'autres aussi où cette dernière est noire, et seulement entourée de jaune. Les antennes sont noires, avec la naissance du premier article, chez quelques individus, jaune. Le thorax étroit, un peu plus long que large, est arrondi et fortement rebordé postérieurement; les parties latérales ainsi que les angles latéro-antérieurs et postérieurs, sont aussi rebordés et très-légèrement arrondis; il est noir, bordé de jaune, à l'exception des angles latéro-antérieurs, qui sont noirs, et dans son milieu on aperçoit une tache jaune, longitudinale, fortement prononcée. La couleur du thorax varie, car je possède des individus où c'est le jaune qui l'emporte sur le noir. L'écusson est jaune. Les élytres, très-allongées, légèrement rétrécies dans leur partie médiane, sont d'un brun foncé, et revêtues d'une tomentosité jaunâtre, très-courte et peu serrée; postérieurement, du côté de la suture, elles présentent une tache jaune, fortement prononcée. Tout le corps en dessous est d'un brun foncé, avec les côtés du sternum, des segments abdominaux, la partie postérieure de ces derniers, et tout le segment anal, jaunes. Les pattes sont noires, tomenteuses, avec les trochanters et la partie antérieure des jambes, jaunes. La femelle diffère du mâle par les élytres, qui sont jaunes, et par la bande longitudinale de son thorax, qui est beaucoup plus prononcée, et qui souvent envahit la couleur noire.

Cette espèce habite l'Est et l'Ouest de nos possessions du Nord de l'Afrique; je l'ai prise dans les premiers jours de mai, sur les fleurs, aux environs de Constantine. Les individus que je possède de la province de l'Ouest m'ont été donnés par M. le colonel Levaillant.

Pl. 18, fig. 1. *Malthinus longipennis*, grossi, 5ᵃ la grandeur naturelle, 5ᵇ une antenne, 5ᶜ une patte de la première paire.

### 499. *Malthinus pulchellus*, Luc. (Pl. 18, fig. 6.)

Long. 3 millim. larg. 1 millim.

M. capite nigro-nitido, subtilissimè granario; thorace fusco, subtilissimè punctulato, posticè angustato, utrinque foveolato; elytris fuscis, pilosis, posticè flavo maculatis; corpore infrà pedibusque nigris.

Il ressemble beaucoup au *M. pusillus*, mais il est plus grand. Chez cette espèce, le thorax est bordé de jaune et taché de cette couleur dans la partie médiane, tandis que dans notre espèce algérienne ce même organe est entièrement d'un brun foncé ; je ferai encore remarquer que les antennes sont aussi de cette couleur, tandis que dans le *M. pusillus* les premiers articles sont jaunes. La tête est d'un noir brillant et très-finement chagrinée. Les palpes labiaux et maxillaires sont bruns, avec les premiers articles des labiaux, jaunes. Les antennes sont noires, hérissées de poils blanchâtres, très-courts et peu serrés. Le thorax est brun, très-peu convexe, et présente une ponctuation très-fine et serrée ; il est arrondi sur les côtés ainsi qu'à sa partie postérieure, et de chaque côté de la base, qui est rétrécie, on aperçoit une dépression profonde, arrondie. Les élytres sont courtes, de même couleur que le thorax, lisses, et revêtues de poils jaunâtres, très-courts et peu serrés ; postérieurement, elles présentent de chaque côté une tache assez grande, arrondie, d'une belle couleur jaune. Tout le corps en dessous ainsi que les pattes sont noirs et très-légèrement pubescents.

Rencontré à la fin de mars, en fauchant les grandes herbes, sur le versant Est du Boudjaréa, aux environs d'Alger.

Pl. 18, fig. 6. *Malthinus pulchellus*, grossi, 6ᵃ la grandeur naturelle, 6ᵇ ¹ une antenne.

### 500. *Malthinus minimus* (*Telephorus*).

Oliv. *Ent.* tom. II, n° 26, pl. 1, fig. 6 *a, b, c*, pl. 3, fig. 15 *a, b.*
*Malthinus flavus*, Latr. *Gener. crust. et ins.* tom. I, p. 262, n° 4.

Trouvé en mars, en fauchant, sur le versant Est du Boudjaréa et dans la plaine qui se trouve entre l'Ouad-Seracmah et l'Ouad-Safsaf, aux environs d'Alger et de Philippeville.

━━━◦━━━

## TROISIÈME TRIBU.

### LES MÉLYRIENS.

---

## Genus *MALACHIUS*, Fabr. *Cantharis*, Linn.

### 501. *Malachius insignis*. (Pl. 18, fig. 7.)

Buq. *Rev. zool. par la soc. Cuv.* ann. 1840, p. 242.

M. L. Buquet, dans la Revue zoologique, n'a fait connaître que le mâle de cette espèce. Quant à la femelle, elle ressemble beaucoup au mâle, seulement elle est un peu plus petite.

¹ Au lieu de 6ᵏ, dans la planche, lisez : 6ᵇ.

Les antennes sont presque filiformes, et les élytres, postérieurement, ne se terminent pas en pointe aiguë et ne présentent pas la large tache jaune que l'on voit ordinairement chez le mâle. Les pattes sont vertes, à l'exception cependant des genoux, qui sont jaunes.

Cette espèce remarquable habite l'Est et l'Ouest de nos possessions du Nord de l'Afrique; je l'ai rencontrée en mai, particulièrement dans les environs de Constantine, sur le Mansourah et sur le Koudiat-Ati; elle est très-vive, et se plaît sur les fleurs. Les individus que je possède de l'Ouest m'ont été donnés par M. le colonel Levaillant.

Pl. 18, fig. 7. *Malachius insignis*, grossi, 7ª la grandeur naturelle, 7ʰ une antenne du mâle, 7ᶜ une antenne de la femelle.

### 502. *Malachius rufus.*

Fabr. *Ent. syst.* tom. I, p. 222, n° 3.
Oliv. *Ent.* tom. II, p. 4, n° 27, 1, pl. 1, fig. 4 *a, b.*
Brull. *Hist. nat. des ins.* tom. VI, p. 170.

Habite les environs de Constantine et de Bône; je l'ai prise, en mai et juin, sur les fleurs de la carotte sauvage.

### 503. *Malachius marginicollis*, Luc. (Pl. 18, fig. 8.)

Long. 5 millim. larg. 2 millim. ½.

M. capite viridi, anticè rubro; thorace viridi, rubro marginato; elytris cyaneo-viridibus, granariis; corpore infrà viridi, lateribus, segmentisque rubro marginatis; pedibus viridibus, trochanteribus posticè femoribusque anticè flavo-aurantiacis.

Il se rapproche un peu du *M. viridis*, avec lequel il ne pourra être confondu, à cause de son thorax, qui est bordé de rouge, et de ses élytres, qui sont sans taches. La tête est verte, rouge à son extrémité, lisse, et présente trois dépressions, dont une médiane à son sommet et une autre située de chaque côté des antennes. Les organes de la manducation sont d'un rouge testacé, et noirs à leur extrémité. Les antennes sont noires, avec la partie inférieure des deux premiers articles, rouge. Le thorax, vert, largement bordé de rouge sur les côtés, est convexe, lisse, arrondi à ses parties antérieure et postérieure; il est presque coupé droit sur les côtés, avec les angles latéro-antérieurs assez bien sentis; les angles de chaque côté de la base sont arrondis et très-relevés. Les élytres sont d'un bleu verdâtre et très-fortement chagrinées. L'abdomen, en dessous est vert, taché de rouge sur les côtés, avec les segments bordés de cette couleur. Le sternum est vert, et présente de chaque côté, à sa partie antérieure, une tache ovalaire d'un jaune orangé. Les pattes sont vertes, avec l'extrémité des trochanters et la naissance des fémurs d'un jaune orangé.

Je n'ai pas trouvé cette espèce, qui appartient aux collections du Muséum, et qui a été rencontrée dans les environs d'Oran, par M. Louzeau.

Pl. 18, fig. 8. *Malachius marginicollis,* grossi, 8ª la grandeur naturelle, 8ʰ une antenne.

### 504. *Malachius mauritanicus*, Luc. (Pl. 18, fig. 9.)

Long. 4 millim. ½, larg. 1 millim.

M. angustus, nigro-cyaneus, flavo-aurantiaco maculatus; antennarum primis articulis gibbosis; elytris posticè flavo-aurantiaco maculatis.

Il ressemble beaucoup au *M. marginicollis*, mais il est un peu plus petit et un peu plus étroit. La tête est d'un noir bleu, couleur qui n'occupe que la moitié de cet organe, tandis que l'autre moitié est d'un jaune orangé. Les organes de la manducation sont d'un jaune orangé, à l'exception cependant des mandibules, dont l'extrémité est légèrement brunâtre. Les antennes ont leurs six premiers articles d'un jaune orangé, tandis que les cinq suivants sont bleus et légèrement pubescents; les premier, second, troisième et quatrième articles sont gibbeux à leur sommet, et tachés de bleu noirâtre à leur partie supérieure. Le thorax est d'un noir bleu, lisse et légèrement bordé sur les côtés de jaune orangé. L'écusson est de même couleur que le thorax. Les élytres sont d'un noir bleu et tachées de jaune orangé à leur extrémité postérieure; elles sont lisses, très-légèrement pubescentes, et présentent çà et là quelques poils noirs, allongés. Tout le corps en dessous est d'un noir bleu, avec les côtés des segments tachés de jaune orangé. Les pattes sont de même couleur que le dessous du corps, avec les tarses des deux premières paires d'un jaune orangé, et les griffes d'un brun noirâtre.

Cette espèce ne serait-elle pas le mâle du *M. marginicollis?* Je n'ai pas trouvé ce *Malachius;* il m'a été donné par M. le colonel Levaillant, qui l'a rencontré, en mai, dans les environs d'Oran.

Pl. 18, fig. 9. *Malachius mauritanicus,* grossi, 9ᵃ la grandeur naturelle, 9ᵇ une antenne.

### 505. *Malachius pulicarius.*

Fabr. *Syst. Eleuth.* tom. I, p. 3o8, n° 19.
Oliv. *Ent.* tom. II, n° 27, p. 8, 9, pl. 1, fig. 2 *a, b.*
Erichs. *Entomogr.* p. 83, n° 26.

Les individus que j'ai pris dans nos possessions du Nord de l'Afrique diffèrent un peu de ceux d'Europe; ainsi, au lieu d'avoir les antennes et les tarses antérieurs testacés, il n'y a que les cinq ou six premiers articles des antennes qui présentent cette couleur; quant aux tarses, ils sont entièrement d'un vert obscur.

J'ai rencontré cette espèce dans les environs de Constantine, en fauchant, en juin, les grandes herbes.

### 506. *Malachius angusticollis*, Luc. (Pl. 18, fig. 10.)

Long. 5 millim. larg. 1 millim. ½.

M. capite nigro-cyaneo, anticè flavo-aurantiaco; antennis nigro-cyaneis, basi flavo-aurantiacis; thorace nigro-cyaneo, flavo-aurantiaco marginato; scutello elytrisque cyaneo-nitidis, nigro-pilosis; corpore infrà cyaneo ad latera flavo-aurantiaco maculato; pedibus cyaneis, tarsis in duobus primis paribus aurantiacis.

Il est plus grand et plus étroit que le *M. pulicarius.* La tête est d'un noir bleu, avec sa base d'un jaune orangé. Les organes de la manducation sont d'un jaune orangé, à l'exception cependant de l'extrémité des mandibules, qui est brunâtre. Les antennes ont leurs six premiers articles d'un jaune orangé, et les cinq suivants ou les derniers, d'un noir bleu; il est à remarquer que, dans les deux individus que je possède, le dessus du premier et du second article est taché de bleu. Le thorax est de même couleur que la tête, étroit, lisse et légèrement bordé de jaune orangé sur les côtés. L'écusson est bleu. Les élytres, beaucoup plus étroites à leur partie antérieure que postérieurement, sont bleues, brillantes, lisses et présentent postérieurement des poils noirs, allongés, placés çà et là. Tout le corps en dessous est bleu, avec les côtés des segments tachés de jaune orangé. Les pattes sont bleues, avec les tarses de la première et de la seconde paire d'un jaune orangé.

Je n'ai pas trouvé cette espèce; elle m'a été donnée par M. le colonel Levaillant, qui l'a rencontrée dans les environs d'Oran.

Pl. 18, fig. 10. *Malachius angusticollis,* grossi, 10ᵃ la grandeur naturelle, 10ᵇ une antenne.

## 507. *Malachius affinis (Ebœus),* Luc. (Pl. 19, fig. 1.)

Long. 2 millim. $\frac{1}{2}$, larg. 1 millim.

M. capite nigro, nitido, impresso; antennis nigris, primis articulis ferrugineis; thorace rufo; elytris nigro-cyaneis, pubescentibus, subtilissimè punctulatis, posticè profundè impressis; corpore infrà nigro-cyaneo; pedibus testaceis, femoribus cyaneo-nigrescentibus.

Cette espèce, dans la monographie de M. Erichson, appartient au genre *Ebœus,* et est très-voisine de l'*E. humilis* de cet auteur. La tête est noire, brillante, et présente entre les antennes une dépression assez fortement prononcée. Les organes de la manducation sont de même couleur que la tête. Les antennes sont noires, pubescentes; cependant quelquefois ces organes ont les deux ou trois premiers articles d'un brun ferrugineux, et d'autres fois il n'y a que la partie inférieure de ces mêmes articles qui présente cette couleur. Le thorax, plus étroit que les élytres, est roux, lisse, brillant, et assez convexe; les côtés, ainsi que les angles antérieurs et postérieurs, sont arrondis. L'écusson est d'un noir bleu. Les élytres sont de même couleur que l'écusson, très-finement ponctuées et pubescentes; à leur partie postérieure, elles présentent de chaque côté une impression assez profonde. Tout le corps en dessous est d'un noir bleu. Les pattes sont testacées, avec les fémurs d'un bleu noirâtre.

Rencontré, pendant les mois d'avril et de mai, en fauchant les grandes herbes, dans les environs d'Alger, de Philippeville et du cercle de Lacalle.

Pl. 19, fig. 1. *Malachius affinis,* grossi, 1ᵃ la grandeur naturelle, 1ᵇ une antenne.

## 508. *Malachius tristis (Ebœus),* Luc. (Pl. 19, fig. 3.)

Long. 3 millim. $\frac{1}{2}$, larg. 1 millim. $\frac{1}{2}$.

M. capite nigro-cyaneo, anticè aurantiaco; thorace nigro, subtilissimè granario; elytris nigro-cyaneis, granariis; pedibus abdomineque nigro-cyaneis, hoc ad latera rubro maculato.

Il est voisin du *M. thoracicus*. La tête est très-finement chagrinée et présente, dans sa partie médiane, une saillie longitudinale assez bien marquée; à son extrémité, elle est entièrement d'un jaune orangé. Les antennes sont d'un noir bleu, avec les deux ou trois premiers articles tachés de roussâtre. Le thorax est noir, très-finement chagriné, légèrement convexe, arrondi sur les côtés ainsi qu'à ses parties antérieure et postérieure. Les élytres sont d'un noir bleu, très-fortement chagrinées, et sont hérissées de poils noirs, très-courts et très-peu serrés. Le corps en dessous est d'un noir bleu, taché de rouge sur les côtés, avec la partie postérieure des segments bordée de cette couleur. Les pattes sont entièrement d'un noir bleu et légèrement pubescentes.

Je n'ai rencontré qu'une seule fois cette espèce, que j'ai prise en mai, en fauchant sur le Djebel Mansourah, aux environs de Constantine.

Pl. 19, fig. 3. *Malachius tristis*, grossi, 3ᵃ la grandeur naturelle, 3ᵇ une antenne, 3ᶜ une patte de la dernière paire.

### 509. *Malachius maculicollis* (*Attalus*), Luc. (Pl. 19, fig. 2.)

Long. 3 millim. larg. 1 millim.

M. capite nigro, lævigato, impresso; antennis nigris, primis articulis infrà flavo-testaceis; thorace flavo-aurantiaco, in medio nigro maculato; elytris cyaneo-violaceis, posticè profundè impressis; corpore infrà testaceo, ultimo segmento nigro pedibusque cyaneo-violaceis.

La tête est noire, lisse, et présente de chaque côté des antennes, à la naissance de ces organes, une petite impression longitudinale assez bien marquée. La lèvre est d'un jaune orangé; les palpes maxillaires ainsi que les labiaux sont bruns. Les antennes sont noires, avec les premiers articles d'un jaune testacé, seulement à leur partie inférieure. Le thorax, plus étroit que les élytres, arrondi sur les côtés et postérieurement, est assez convexe et entièrement lisse; il est d'un jaune orangé, avec une tache ovalaire d'un noir foncé dans la partie médiane. L'écusson est noir. Les élytres sont d'un bleu violacé et présentent, à leur partie postérieure, une impression assez grande et assez profondément marquée. L'abdomen est testacé, avec le dernier segment noir. Toutes les pattes, ainsi que les tarses, sont d'un bleu violacé.

C'est avec doute que je range cette espèce, qui a un peu d'analogie avec l'*A. sicanus*, Erichson, dans le genre *Attalus* de cet auteur.

Trouvé une seule fois, dans les premiers jours d'avril, en fauchant, sur les bords de la route de Philippeville à Constantine.

Pl. 19, fig. 2. *Malachius maculicollis*, grossi, 2ᵃ la grandeur naturelle, 2ᵇ une antenne.

## Genus *DASYTES*, Fabr. *Melyris*, Oliv.

### 510. *Dasytes subæneus.*

Schoenh. *Syn. ins.* tom. III, pars 1, p. 14, n° 20.
*Melyris æneus,* Oliv. *Ent.* tom. II, n° 21, pl. 3, fig. 14 *a, b.*

Je n'ai rencontré que deux individus, mâle et femelle, de cette espèce, que j'ai pris, à la fin de juillet, sur les fleurs, dans la belle propriété de M. de Nivoy, à Kouba, environs d'Alger.

### 511. *Dasytes nobilis.*

Illig. *Kœf. Preuss.* tom. I, p. 309.
Brull. *Hist. nat. des ins.* tom. VI, cal. 3, p. 163, n° 3.
*Melyris cyaneus,* Oliv. *Ent.* tom. II, n° 21, p. 8, 8, pl. 2, fig. 9 *a, b, c, d.*

Cette espèce, dans les premiers jours du printemps, est très-répandue dans l'Est et dans l'Ouest de nos possessions du Nord de l'Afrique; elle se plaît ordinairement sur les fleurs.

### 512. *Dasytes ciliatus.*

Greels, *Ann. de la soc. ent. de France,* tom. II, 1ʳᵉ série, p. 221, pl. 10, fig. 3 à 6.

Cette espèce est assez rare; je n'en ai trouvé que deux individus, que j'ai pris, vers le milieu d'août, sur les fleurs, dans la belle propriété d'Emensika du notaire M. Lavollée, aux environs d'Alger. Ce *Dasytes* habite aussi les environs d'Oran, car M. le marquis de Brême en possède quelques individus qui ont été pris autour de cette ville par M. le lieutenant-colonel Lepelletier de Saint-Fargeau.

### 513. *Dasytes smaragdinus,* Dej. (Inédit.)

Long. 3 millim. $\frac{1}{2}$, larg. 1 millim. $\frac{1}{2}$.

D. angustus, viridi-cupreo metallicus; capite subtiliter granario, thorace elytrisque sat fortiter ac irregulariter punctatis sparsìmque nigro-pilosis; scutello, abdomine sternoque lævigatis, antennis pedibusque fortiter viridi-cupreis.

Il est beaucoup plus petit et surtout plus étroit que le *D. ciliatus,* dans le voisinage duquel ce *Dasytes* vient se ranger. Il est très-étroit et entièrement d'un beau vert cuivreux métallique. La tête est finement chagrinée et présente, à son sommet, un petit espace toujours plus ou moins lisse. Le thorax ainsi que les élytres sont parsemés de points assez forts, peu serrés et irrégulièrement indiqués; des poils d'un noir foncé, clairement semés, se font remarquer sur la tête, mais plus particulièrement sur le thorax et les élytres. L'écusson ainsi que le dessous de l'abdomen et le sternum sont lisses et de même couleur qu'en dessus. Quant aux pattes et aux antennes, elles sont d'un vert plus fortement cuivré que les divers organes que je viens de décrire.

Cette espèce présente une variété qui est entièrement cuivreuse.

Ce *Dasytes* n'est pas très-rare dans l'Est de nos possessions d'Afrique; je l'ai rencontré au printemps et en été sur les fleurs, et, en fauchant, dans les environs d'Alger, de Stora, de Constantine, de Bône et du cercle de Lacalle.

### 514. *Dasytes variegatus*, Luc. (Pl. 19, fig. 4.)

Long. 6 millim. larg. 2 millim.

D. capite atro, punctato; thorace subtiliter punctulato, nigro, rubro marginato; elytris nigris, punctatis ac granariis utrinque rubro bimaculatis; corpore infrà atro; pedibus atris, tibiis ad basin tarsisque rubescentibus.

Il ressemble au D. *bipustulatus*, mais il en diffère par les bords latéraux du thorax, qui sont rouges. La tête est noire, déprimée entre les yeux, et présente une ponctuation peu profonde et très-peu serrée. Les organes de la manducation sont noirs. Les antennes sont de cette couleur; cependant il y a des individus chez lesquels les second, troisième et quatrième articles sont rouges. Le thorax est très-convexe, arrondi, et offre une ponctuation fine et très-peu serrée; il est noir avec les côtés rouges. L'écusson est noir. Les élytres sont noires, chagrinées et ponctuées, et présentent, de chaque côté, deux taches rouges ainsi disposées : une après la partie humérale et qui n'atteint pas le bord de la suture, et l'autre située tout à fait postérieurement, et qui atteint le bord de la suture. Tout le corps en dessous est noir et revêtu de poils courts et très-serrés. Les pattes sont noires, avec les tibias rougeâtres à leur naissance et les tarses de cette couleur. Des poils courts, noirs, très-peu serrés revêtent la tête, le thorax et les élytres de cette espèce.

Ce Dasyte présente plusieurs variétés : il y a des individus chez lesquels la couleur rouge des élytres domine; d'autres, au contraire, où cette même couleur envahit entièrement ces organes, de manière que le noir a tout à fait disparu.

J'ai rencontré cette espèce en juin, dans les bois du lac Tonga; elle se tenait en famille sur les chardons; environs du cercle de Lacalle.

Pl. 19, fig. 4. *Dasytes variegatus*, grossi, 4ᵃ la grandeur naturelle, 4ᵇ une mâchoire, 4ᶜ une mandibule, 4ᵈ la lèvre inférieure, 4ᵉ une antenne, 4ᶠ une élytre très-grossie.

### 515. *Dasytes mauritanicus*, Luc. (Pl. 19, fig. 5.)

Long. 5 millim. ½, larg. 2 millim. ½.

D. capite, thorace elytrisque nigris, subtiliter punctulatis, his granariis, testaceo-rubescentibus, in medio nigro maculatis; corpore infrà pedibusque subtilissimè punctulatis, nigris; tarsis rubescentibus.

Il a un peu d'analogie avec le D. *variegatus*, mais il est un peu plus large et son thorax n'est pas taché de rouge. La tête est noire, finement ponctuée, et présente, de chaque côté, à la naissance des antennes, une dépression longitudinale assez profonde. Les antennes ainsi que les organes de la manducation sont noirs. Le thorax est entièrement noir, très-convexe et arrondi; il est ponctué, et les points qui forment cette ponctuation sont plus fins et plus serrés que ceux du *D. variegatus.* L'écusson est noir; les élytres finement ponctuées et chagrinées, d'un testacé rougeâtre, présentent de chaque côté, dans leur partie médiane, une grande tache noire qui part de la partie antérieure, envahit la suture et dépasse le milieu des élytres; le bord externe de ces organes ainsi que la suture sont noirs. Tout le corps en dessous est très-finement ponctué et entièrement noir. Les pattes sont noires, avec les tarses rougeâtres.

Je n'ai pas rencontré ce Dasyte, qui m'a été donné par M. le colonel Levaillant; cette espèce habite les environs d'Oran.

Pl. 10, fig. 5. *Dasytes mauritanicus,* grossi, 5ᵃ la grandeur naturelle, 5ᵇ une antenne, 5ᶜ une élytre grossie, 5ᵈ une patte de la première paire.

### 516. *Dasytes nigro maculatus,* Luc.

Long. 5 millim. larg. 2 millim.

D. capite nigro, sparsìm punctato; thorace elytrisque subtilissimè punctulatis, flavo-ferrugineis, nigro maculatis; corpore infrà pedibusque nigris, trochanteribus, femoribus anticè tarsisque ferrugineis.

Il a la forme du *D. variegatus,* mais son thorax est plus large, plus arrondi et plus convexe. La tête, noire, est parsemée de quelques points peu marqués placés çà et là. Les antennes sont noires, avec les premiers articles ferrugineux. Le thorax, finement ponctué, est grand, très-convexe, arrondi sur les côtés et postérieurement, et très-légèrement échancré dans le milieu de son bord antérieur; il est d'un jaune ferrugineux, et, dans la partie médiane, on aperçoit une tache noire en triangle allongé; près de la base, il présente une petite dépression longitudinale, mais très-faiblement indiquée. L'écusson est noir. Les élytres allongées, légèrement rétrécies un peu après leur partie humérale, sont de même couleur que le thorax; à leur partie antérieure elles sont bordées de noir, et, un peu après leur milieu, près de la suture, elles présentent une tache noire, oblongue; elles sont ponctuées, et cette ponctuation est beaucoup plus forte et plus profondément marquée que celle du thorax. Tout le corps, en dessous, est noir et revêtu de poils d'un gris cendré clair, très-courts et peu serrés. Les pattes sont noires avec les trochanters et la naissance des jambes et les tarses ferrugineux. Des poils noirs, très-courts, peu serrés, revêtent la tête, le thorax et les élytres de cette espèce.

Je n'ai pas trouvé cette espèce, qui habite les environs d'Oran et qui m'a été communiquée par M. le colonel Levaillant.

### 517. *Dasytes hirtus.*

Linn. *Syst. nat.* tom. II, p. 563.
Brull. *Hist. nat. des ins.* tom. VI, col. 3, p. 163, n° 2.
*Melyris ater,* Oliv. *Ent.* tom. II, n° 21, p. 9, pl. 2, fig. 8 *a, b, c, d, e.*

Rencontré une seule fois sur les fleurs, à la fin de mai, dans les environs de Bougie.

### 518. *Dasytes armatus*, Luc. (Pl. 19, fig. 9.)

Long. 10 millim. larg. 3 millim.

D. nigro-æneus, pilosus; capite posticè subtiliter punctulato, anticè lævigato; thorace granario, utrinque prominentiâ subsinuatâ instructo; elytris elongatis, granariis ac subtilissimè punctulatis; corpore infrà punctato.

Il est plus grand que le *D. hirtus*, dans le voisinage duquel il vient se placer, et s'en distingue par les élytres, qui, au lieu d'être fortement ponctuées, le sont, au contraire, très-légèrement et finement chagrinées. Entièrement d'un noir bronzé et couvert de poils noirs peu serrés. La tête, finement ponctuée à son sommet, lisse à son extrémité, présente entre les yeux une dépression assez profonde. Les organes de la manducation sont noirs. Les antennes, d'un noir bronzé, sont fortement en scie et hérissées de poils noirs très-courts et très-peu serrés. Le thorax, convexe, chagriné, est parsemé de quelques points très-peu profondément marqués et placés çà et là; dans la partie médiane, on aperçoit un sillon longitudinal qui est faiblement indiqué, et, de chaque côté, une saillie également longitudinale, légèrement sinueuse, qui part de la base et n'atteint pas tout à fait le bord antérieur. Sur cette saillie sont placés des poils très-allongés et assez serrés. Les élytres sont allongées, très-légèrement rétrécies dans leur partie médiane; elles sont chagrinées, très-finement ponctuées, et présentent, de chaque côté, deux ou trois saillies longitudinales, mais faiblement accusées. Le corps, en dessous, est ponctué et d'un noir un peu plus bronzé qu'en dessus. Les pattes sont d'un noir brillant bronzé; les jambes postérieures sont très-courbées, et l'appendice, ou sorte d'éperon qu'elles présentent à leur extrémité, est beaucoup plus grand, plus dilaté; il est surtout plus courbé que dans le *D. hirtus;* il est aussi à noter que cet appendice si dilaté n'est autre chose que le premier article du tarse. Ne connaissant pas la femelle, je ne sais s'il n'y a que le mâle qui présente cette particularité.

Cette espèce, qui appartient aux collections du muséum de Paris, a été rencontrée dans les environs d'Oran par M. Louzeau.

Pl. 19, fig. 9. *Dasytes armatus,* grossi, 9$^a$ la grandeur naturelle, 9$^b$ une antenne, 9$^c$ une patte de la dernière paire, 9$^d$ une patte de la première paire.

### 519. *Dasytes metallicus.*

Fabr. *Syst. Eleuth.* tom. II, p. 73, n° 8.
*Lagria metallica,* ejusd. *Ent. syst.* tom. II, p. 81, n° 15.

Je n'ai pas trouvé cette espèce; elle m'a été communiquée par M. Aug. Chevrolat, qui l'a reçue des environs d'Oran.

### 520. *Dasytes morio.*

Gyllenh. *in Append. ad synonym. Schœnh.* tom. 1, pars 3, p. 11, n° 14.

Cette espèce, que je n'ai pas rencontrée pendant mon séjour en Algérie, m'a été communiquée par M. Aug. Chevrolat, qui l'a reçue des environs d'Oran.

### 521. *Dasytes algiricus*, Luc. (Pl. 19, fig. 7.)

Long. 5 millim. larg. 2 millim. ½.

D. nigro-virescens, pilosus; capite thoraceque punctatis; elytris subtilissimè granariis, corpore infrà punctato pedibusque atris.

Il est plus large et plus allongé que le *D. cœlatus*, avec lequel il a un peu d'analogie. Il est entièrement verdâtre et hérissé de poils noirs très-courts et très-serrés. La tête, à son sommet, présente une ponctuation assez forte et très-peu serrée; à son extrémité, elle est lisse et déprimée entre les yeux. Les antennes, ainsi que les organes de la manducation, sont noirs. Le thorax, légèrement déprimé à sa partie antérieure, est arrondi sur les côtés et postérieurement; il est ponctué, et cette ponctuation est fine, très-peu serrée et placée çà et là. Les élytres, très-légèrement rétrécies un peu après leur partie humérale, sont très-finement chagrinées. Tout le corps en dessous est ponctué et de même couleur qu'en dessus. Les pattes sont noires et légèrement ciliées.

Cette espèce présente une variété qui, au lieu d'être d'un noir verdâtre, est d'un vert cuivreux.

Ce Dasyte n'est pas rare dans l'Est et dans l'Ouest de nos possessions d'Algérie; je l'ai pris en mai et en juin, sur les fleurs, aux environs d'Oran, d'Alger, de Constantine, de Bône et du cercle de Lacalle.

Pl. 19, fig. 7. *Dasytes algiricus*, grossi, 7[a] la grandeur naturelle, 7[b] une antenne, 7[c] une élytre grossie.

### 522. *Dasytes chlorosoma*[1], Luc. (Pl. 19, fig. 6.)

Long. 6 millim. larg. 2 millim. ½.

D. viridi-cupreus, subpubescens; capite, thorace elytrisque punctatis, his granariis; corpore infrà punctato, pedibus viridi-cupreis tarsisque testaceo-ferrugineis.

Il est voisin du *D. cœlatus*; d'un vert cuivreux et très-légèrement pubescent. La tête est parsemée de points très-fins et très-serrés, et près de la naissance des antennes on aperçoit de chaque côté une petite dépression qui est très-finement chagrinée. Les organes de la manducation sont noirs. Les antennes sont de même couleur que les organes de la manducation, avec les divers articles qui les composent fortement en dents de scie. Le thorax est convexe, arrondi, et offre une ponctuation fine et serrée. L'écusson est finement chagriné. Les élytres sont chagrinées et ponctuées, et les points qui forment cette ponctuation sont gros et très-peu serrés. Tout le corps en dessous est de même couleur qu'en dessus, ponctué, avec la partie postérieure des segments abdominaux lisse. Les pattes sont d'un vert cuivreux, avec les tarses d'un testacé ferrugineux.

Rencontré, en mai et en juin, sur les fleurs, dans les environs d'Oran, d'Alger et de Bône; cette espèce n'est pas très-commune.

Pl. 19, fig. 6. *Dasytes chlorosoma*, grossi, 6[a] la grandeur naturelle, 6[b] une élytre grossie, 6[c] une antenne.

[1] Cette espèce, dans la planche 19, fig. 6, porte le nom de *D. cupreus*; mais j'ai été obligé de changer cette dénomination, parce qu'il y a déjà une espèce de ce genre qui est ainsi désignée.

### 523. *Dasytes pectinicornis*, Luc. (Pl. 19, fig. 8.)

Long. 4 millim. ½, larg. 2 millim.

D. cupreus, nigro-pilosus; capite thoraceque subtiliter punctulatis; antennis nigris, in mare pectinatis; elytris profundè confertimque punctatis; corpore infrà punctato, pedibus nigro-cupreis.

Il diffère du *D. cupreus*, près duquel il vient se placer, par sa forme plus étroite, par ses antennes, qui, chez le mâle, sont pectinées, et par les élytres, qui sont fortement ponctuées. Il est cuivreux et revêtu de poils noirs très-courts et très-peu serrés. La tête, déprimée à son extrémité, présente à son sommet une ponctuation fine placée çà et là. Les organes de la manducation sont noirs. Les antennes, de cette dernière couleur, sont allongées et surtout très-pectinées chez le mâle. Le thorax, assez convexe et arrondi, est parsemé de poils fins et très-serrés. L'écusson est très-finement chagriné. Les élytres sont fortement ponctuées, et la-ponctuation que ces organes présentent est profondément marquée et serrée. Le corps en dessous est ponctué et de même couleur qu'en dessus. Les pattes sont d'un noir cuivreux. La femelle ressemble beaucoup au mâle, et n'en diffère que par les antennes, qui sont moins pectinées.

Ce Dasyte est assez rare; je n'en ai rencontré que deux individus, que j'ai pris, en mai, en fauchant sur le Djebel Mansourah, aux environs de Constantine.

Pl. 19, fig. 8. *Dasytes pectinicornis*, grossi, 8ᵃ la grandeur naturelle, 8ᵇ une élytre grossie, 8ᶜ une antenne.

### 524. *Dasytes rubidus*.

Gyllenh. *in Schœnh. Append. ad Syn. ins.* tom. I, pars 1, p. 12, n° 16.

Rencontré seulement deux fois, dans les premiers jours de novembre et à la fin de février, sur les fleurs, aux environs d'Hippône et du cercle de Lacalle.

### 525. *Dasytes flavipes*.

Fabr. *Syst. Eleuth.* tom. II, p. 73, n° 6.
*Lagria flavipes*, ejusd. *Ent. syst.* tom. II, p. 80, n° 13.
*Melyris flavipes*, Oliv. *Ent.* tom. II, n° 21, p. 16, pl. 3, fig. 16 *a, b*.

Ce *Dasytes* est assez rare; je n'en ai rencontré que trois individus, que j'ai pris, en avril, en fauchant dans la plaine qui est située entre l'Ouad-Safsaf et l'Ouad-Seracmah, aux environs de Philippeville; ceux d'Alger nourrissent aussi cette espèce, car je l'ai trouvée dans les mêmes conditions, c'est-à-dire en fauchant les grandes herbes, aux environs de Kouba.

### 526. *Dasytes imperialis*.

Géné, *De quib. ins. Sard. etc. in Acad. reale di Torino*, tom. XXXIX (1836), p. 180, n° 20, tab. 1, fig. 2.

Cette espèce n'est pas très-commune; je l'ai prise sur les fleurs, à la fin d'avril et dans les premiers jours de mai, dans les environs d'Alger et du cercle de Lacalle.

### 527. *Dasytes distinctus,* Luc. (Pl. 19, fig. 10.)

Long. 3 millim. larg. 1 millim.

D. cupreus, pubescente-flavus; capite, thorace elytrisque subtilissimè punctulatis; his elongatis, angustatis; pedibus antennisque ferrugineis harum ultimis articulis fuscis.

Il a la forme du *D. imperialis,* mais il ressemble beaucoup plus au *D. pallipes.* Il est cuivreux et revêtu d'une pubescence jaunâtre, courte, et bien moins serrée que dans le *D. pallipes.* La tête est très-finement ponctuée, et de chaque côté, entre les yeux, on aperçoit une dépression longitudinale peu écartée et assez profondément marquée. Les organes de la manducation sont noirs; les antennes sont ferrugineuses, avec les trois derniers articles d'un brun foncé. Le thorax est étroit, arrondi, et très-finement ponctué. Les élytres sont allongées, étroites, et présentent une ponctuation plus forte et moins serrée que celle de la tête. Le corps, en dessous, est d'un cuivreux un peu plus foncé que les élytres, et la tomentosité qu'il présente est plus courte et bien moins serrée. Toutes les pattes sont ferrugineuses.

Cette espèce, dont je n'ai trouvé que quelques individus, habite les environs d'Alger et du cercle de Lacalle; je l'ai rencontrée pendant les mois de mai et de juin, en fauchant les grandes herbes.

Pl. 19, fig. 10. *Dasytes distinctus,* grossi, 10ᵃ la grandeur naturelle, 10ᵇ une antenne, 10ᶜ une élytre très-grossie.

---

## Genus *Zygia,* Fabr.

### 528. *Zygia oblonga.*

Fabr. *Syst. Eleuth.* tom. II, p. 22, n° 1.
Latr. *Gener. crust. et ins.* tom. I, p. 264, n° 1, pl. 8, fig. 3.
Brull. *Hist. nat. des ins.* tom. VI, col. tom. III, p. 164, n° 5.

Cette espèce est assez rare; je n'en ai trouvé que deux individus, rencontrés dans les premiers jours de juin, dans ma chambre, à Constantine.

---

## Genus *Melyris,* Fabr.

### 529. *Melyris rubripes,* Luc. (Pl. 20, fig. 1.)

Long. 8 millim. larg. 3 millim. ½.

M. nigro-cyanea; capite thoraceque granariis; elytrorum costis subtilissimè denticulatis interstitiisque valdè punctatis; pedibus rubris, tarsis fuscis.

D'un noir bleu; la tête est finement chagrinée. Les antennes, ainsi que les organes de la manducation, sont de même couleur que la tête. Le thorax, beaucoup plus fortement et plus régulièrement chagriné que la tête, est rebordé antérieurement ainsi que sur les côtés; postérieurement, il est arrondi, et, dans sa partie médiane, on aperçoit un sillon assez profondément marqué, qui part de la base et n'atteint pas tout à fait le bord antérieur. L'écusson est finement chagriné et très-fortement tronqué postérieurement. Les élytres présentent de chaque côté trois côtes très-saillantes et très-finement denticulées; les intervalles sont larges, et offrent chacun trois lignes de points peu serrés et très-profondément enfoncés. Le corps, en dessous, est très-finement chagriné, et de même couleur qu'en dessus. Les pattes sont courtes, avec les articles des tarses d'un brun foncé, et les griffes roussâtres.

Cette espèce ressemble beaucoup au *M. andalusiaca*, mais elle est plus grande, et en diffère surtout par les pattes, qui sont rouges.

Je n'ai rencontré qu'une seule fois cette espèce; c'est sur les fleurs, à la fin de mai, dans les bois du lac Tonga, aux environs du cercle de Lacalle.

Pl. 20, fig. 1. *Melyris rubripes*, grossi, 1ª la grandeur naturelle.

### 530. *Melyris andalusiaca*.

Walth, *Rev. ent. par Gust. Silberm.* tom. IV, 1836, p. 150.

Cette espèce, qui se plaît sur les fleurs, n'est pas très-rare; j'en ai rencontré un assez grand nombre d'individus que j'ai pris à la fin de mars, dans les bois des lacs Tonga et Houbeira, environs du cercle de Lacalle.

Pl. 20, fig. 2. Une mâchoire, 2ª une mandibule, 2ᵇ la lèvre inférieure, 2ᶜ une antenne, 2ᵈ une patte de la première paire du *Melyris andalusiaca*.

⸻⸻∘⸻⸻

## QUATRIÈME TRIBU.

### LES TÉRÉDILIENS.

Genus *CYLIDRUS*, Latr. *Clerus*, Fabr. *Tillus*, Charp. *Denops*, Stev.

### 531. *Cylidrus albo fasciatus* (*Tillus*).

Charp. *Hor. ent.* p. 198, pl. 6, fig. 3.
Klug, *Monogr. abhandl. der konigl. Akad. der Wissensch. zu Berlin*, p. 264, n° 5 (1840).
*Denops longicollis*, Stev. *Bullet. de la soc. imp. des nat. de Moscou*, 1ʳᵉ ann. p. 67, Zool. pl. 2, fig. 1.
*Tillus personatus*, Géné, *De quib. col. Ital. nov. aut rar.* p. 14, n° 10.
*Cylidrus agilis*, Luc. *Ann. de la soc. ent. de France, Bullet.* tom. I, 2ᵉ série, 1843, p. 25.
*Denops personatus*, Spin. *Ess. monogr. sur les Clérit.* tom. I, p. 90, n° 4, pl. 1, fig. 4 A, B.

C'est en rapportant en France des bûches de bois de lentisque (*Pistacia Lentisci*) qui déjà avaient subi l'action du feu, et qui avaient été coupées dans les environs d'Oran, que je me suis procuré cette espèce : ce *Cylidrus* m'est éclos en mai 1843, et j'ai obtenu d'autres individus en 1844, dans le même mois. Cette espèce est très-vive, et, lorsqu'elle marche, elle tient sans cesse ses antennes en mouvement.

---

## Genus *TILLUS*, Fabr. *Clerus*, Auct.

### 532. *Tillus transversalis.*

Charp. *Hor. ent.* p. 199, pl. 6, fig. 2.
Klug, *Monogr. abhandl. der konigl. Akad. der Wissensch. zu Berlin*, p. 275, n° 13.
Spin. *Ess. monogr. sur les Clérit.* tom. I, p. 102, n° 6, pl. 11, fig. 1.
*Clerus unifasciatus* (var.), Oliv. *Ent.* tom. IV, n° 76, p. 17, pl. 2, fig. 21 C.

Cette espèce est très-répandue pendant les mois de mai, de juin et de juillet, dans l'Est et dans l'Ouest de l'Algérie; elle se tient le long des tiges des grandes herbes, mais le plus souvent sur les fleurs.

---

## Genus *OPILUS*, Latr. *Attelabus*, Linn. *Clerus*, Auct. *Notoxus*, Fabr.

### 533. *Opilus dorsalis.* (Pl. 20, fig. 3.)

Long. 20 millim. larg. 6 millim. $\frac{1}{2}$.

Luc. *Ann. de la soc. ent. de France*, tom. I, 2° série, *Bullet.* p. 24 [1].

O. omninò fuscus, flavo-pilosus; capite granario, in medio lævigato; thorace granario ac punctato, in medio longitudinaliter profundè sulcato; elytris fuscis, anticè fusco-ferrugineis, striato profundè punctatis, vittâ albâ posticè transversìm trajectis; corpore infrà fusco, punctato, sternoque granario, fuscorufescente; antennis pedibusque fuscorufescentibus.

Il ressemble à l'*O. tropicus*, Klug, mais il en diffère par la tache des élytres, qui n'est pas médiane, et qui est blanche. Il est entièrement brun, et couvert de longs poils jaunes peu serrés. La tête est profondément chagrinée, et dans sa partie médiane, entre les yeux, elle présente un petit espace lisse et très-brillant. Les mandibules sont brunes. Les palpes labiaux et maxillaires sont d'un brun ferrugineux, avec leur article terminal d'un ferrugineux clair. Les antennes sont d'un brun noirâtre, avec l'extrémité du dernier article testacée. Le thorax est chagriné et ponctué, arrondi sur les côtés et postérieurement; en dessus,

---

[1] J'ai rapporté, mais à tort, cette espèce au *Notoxus dorsalis* du catalogue de M. le comte Dejean, espèce qui habite le Sennaar et le Sénégal, et qui est désignée par M. Klug, dans la monographie des insectes qui composent la famille des Clériens, sous le nom de *O. tropicus*, Klug. L'espèce du Nord de l'Afrique ne se trouve pas au Sénégal, comme j'ai eu le tort de l'avancer, et M. Klug, dans son travail, n'ayant pas adopté le nom de *dorsalis*, j'ai cru, afin de ne pas embrouiller la synonymie, devoir conserver, pour l'espèce du Nord de l'Afrique, cette dénomination, sous laquelle je l'ai fait connaître dans les Annales de la société entomologique. Je ferai aussi observer que M. Spinola, dans son Essai monographique sur les Clérites, n'a pas connu cette remarquable espèce, dont la description a paru, en 1843, dans le bulletin des Annales de la société entomologique de France, tom. I, 2° série, *Bullet.* p. 24.

il est déprimé, et dans sa partie médiane il présente un sillon très-profondément marqué, qui part de la base et atteint presque le bord antérieur. Les élytres sont brunes, d'un brun ferrugineux à leur partie humérale; elles sont striées, et ces stries sont formées par des points profondément enfoncés; ces stries sont régulières, mais lorsqu'elles atteignent la partie postérieure des élytres, elles deviennent très-confuses; un peu après leur partie médiane, les élytres sont traversées par une tache blanche, large, très-irrégulière, denticulée à son bord postérieur. Le corps, en dessous, est brun, ponctué, avec la partie postérieure du segment anal, roussâtre; le sternum est d'un brun roussâtre et fortement chagriné. Les pattes sont d'un brun roussâtre, ponctuées, couvertes de longs poils fauves, avec les tarses d'un brun roussâtre.

La femelle ressemble beaucoup au mâle, et elle en diffère seulement en ce que les élytres présentent, après la tache transversale blanche, une dépression ovale, chagrinée, et assez profondément enfoncée.

Cette espèce habite les environs d'Oran, et ayant rapporté en France des bûches de bois de lentisque (*Pistacia Lentiscus*) qui avaient été coupées dans les environs de cette ville, j'ai obtenu d'éclosion quatre individus de cette remarquable espèce, que je n'avais pas rencontrée pendant mon séjour en Algérie.

Pl. 20, fig. 3. *Opilus dorsalis*, grossi, 3ª la grandeur naturelle, 3ᵇ une mâchoire, 3ᶜ une mandibule, 3ᵈ la lèvre inférieure, 3ᵉ une antenne, 3ᶠ une patte de la première paire, 3ᵍ un tarse d'une patte de la première paire vu en dessous.

### 534. *Opilus domesticus*. (*Notoxus*.)

Sturm, *Deutsch. faun.* tom. XI, p. 16, n° 2, pl. 229, fig. n.
Klug, *Monogr. abhandl. der konigl. Akad. der Wissensch. zu Berlin*, p. 320, n° 3 (1840).
*Notoxus mollis*, Spin. *Ess. monogr. sur les Clérit.* tom. I, p. 221, n° 5, pl. 19, fig. 4.

On trouve cette espèce dans l'Est et dans l'Ouest de nos possessions du Nord de l'Afrique; je l'ai prise à la fin de mai, sous les écorces des chênes-liéges, dans les bois du lac Houbeira, aux environs du cercle de Lacalle; pendant mon séjour à Oran, j'en ai rencontré deux individus que j'ai pris en fendant du bois de lentisque (*Pistacia Lentiscus*). Cette espèce varie beaucoup pour la taille; je possède des individus qui ont jusqu'à 8 millimètres $\frac{1}{2}$ de largeur, tandis que j'en ai d'autres qui atteignent à peine 5 millimètres.

### 535. *Opilus mollis*. (*Attelabus*.)

Linn. *Syst. nat.* edit. 10, p. 388, n° 8.
Klug, *Monogr. abhandl. der konigl. Akad. der Wissensch. zu Berlin*, p. 318, n° 2 (1840).
*Notoxus mollis*, Fabr. *Syst. Eleuth.* tom. I, p. 287, n° 3.
Spin. *Ess. monogr. sur les Clérit.* tom. I, p. 221, n° 5, pl. 19, fig. 4.
*Clerus mollis*, Oliv. *Ent.* tom. IV, 76, p. 10, n° 10, pl. 1, fig. 10.
*Notoxus pallidus*, ejusd. *Op. cit.* tom. IV, 76, pl. 1, fig. 11.

Cette espèce habite les environs d'Oran; je n'en ai rencontré qu'un seul individu, que j'ai pris sous les écorces du *Pistacia Lentiscus*, que j'avais acheté pour me chauffer; fin de janvier.

### 536. *Opilus univittatus.* (*Clerus.*)

Rossi, *Mant. ins.* p. 44 (edit. 3, p. 383), n° 112.
Charp. *Hor. ent.* p. 200, pl. 6, fig. 1.
Klug, *Monogr. abhandl. der konigl. Akad. der Wissensch. zu Berlin*, p. 321, n° 8 (1840).
*Tarsostenus univittatus*, Spin. *Ess. monogr. sur les Clérit.* tom. I, p. 288, n° 116, pl. 32, fig. 3.

Rencontré une seule fois, à la fin de juillet, en fauchant les grandes herbes, dans les bois des environs du cercle de Lacalle.

---

## Genus *Trichodes*, Herbst. *Clerus*, Auct.

### 537. *Trichodes umbellatarum.* (*Clerus.*)

Oliv. *Ent.* tom. IV, 76, p. 5, n° 2, pl. 1, fig. 2 *a, b.*
Klug, *Monogr. abhandl. der konigl. Akad. der Wissensch. zu Berlin*, p. 336, n° 7 (1840).
Spin. *Ess. monogr. sur les Clérit.* tom. I, p. 298, n° 2, pl. 29, fig. 3.

Cette espèce, pendant les mois de mai et de juin, n'est pas très-rare dans l'Est et dans l'Ouest; elle se plaît sur les fleurs, et je l'ai prise particulièrement aux environs de Constantine, de Bône, du cercle de Lacalle et d'Alger. Les individus que je possède, de la province d'Oran, m'ont été donnés par M. le colonel Levaillant.

### 538. *Trichodes leucopsideus.* (*Clerus.*)

Oliv. *Ent.* tom. IV, 76, p. 8, n° 6, pl. 1, fig. 6.
Klug, *Monogr. abhandl. der konigl. Akad. der Wissensch. zu Berlin*, p. 337, n° 12 (1840).
Spin. *Ess. monogr. sur les Clérit.* tom. I, p. 318, n° 14, pl. 31, fig. 3.

Cette espèce est plus rare que la précédente; je n'en ai rencontré que quelques individus que j'ai pris, en juin, dans les environs de Constantine et de Bône; comme le *C. Leucopsideus*, cette espèce se plaît sur les fleurs.

### 539. *Trichodes ammios.*

Fabr. *Mant. ins.* tom. I, p. 126, n° 13.
Oliv. *Ent.* tom. IV, 76, p. 6, n° 3, pl. 1, fig. 3.
Klug, *Monogr. abhandl. der konigl. Akad. der Wissensch. zu Berlin*, p. 339, n° 16 (1840)
Spin. *Ess. monogr. sur les Clérit.* tom. I, p. 322, n° 16, pl. 32, fig. 1.

Ce *Trichodes*, pendant les mois de mai, juin et juillet, est très-répandu dans l'Est et dans l'Ouest; il se plaît sur les fleurs, et varie excessivement pour les couleurs et pour la taille.

## Genus *CORYNETES*, Payk. *Necrobia*, Latr. *Clerus*, Auct.

### 540. *Corynetes ruficollis.*

FABR. *Syst. Eleuth.* tom. I, p. 286, n° 3.
KLUG, *Monogr. abhandl. der konigl. Akad. der Wissensch. zu Berlin*, p. 350, n° 9.
*Necrobia ruficollis*, OLIV. *Ent.* tom. IV, n° 76 *bis*, p. 6, n° 3, pl. 1, fig. 3 *a, b.*
LATR. *Gener. crust. et ins.* tom. I, p. 274, sp. 2.
SPIN. *Ess. monogr. sur les Clérit.* tom. II, p. 103, n° 2, pl. 43, fig. 6.

Trouvé une seule fois en mai, à Lacalle, dans des peaux de sanglier que mon collègue Levaillant avait préparées.

### 541. *Corynetes rufipes.*

DEGÉER, *Mém. pour servir à l'hist. nat. des ins.* tom. V, p. 165, n° 1, pl. 15, fig. 4.
FABR. *Syst. Eleuth.* tom. I, p. 286, n° 26.
KLUG, *Monogr. abhandl. der konigl. Akad. der Wissensch. zu Berlin*, p. 350, n° 9.
*Necrobia rufipes*, OLIV. *Ent.* tom. IV, p. 76 *bis*, p. 5, n° 2, pl. 1, fig. 2 *a, b.*
LATR. *Hist. des ins.* tom. IX, p. 156, n° 2.
SPIN. *Ess. monogr. sur les Clérit.* tom. II, p. 101, n° 1, pl. 53, fig. 6.

Cette espèce est beaucoup plus commune que la précédente, et je l'ai trouvée dans les mêmes conditions; environs d'Oran, d'Alger, de Philippeville et de Constantine.

## SIXIÈME TRIBU [1].

### LES PTINIENS.

## Genus *ANOBIUM*, Fabr. *Dermestes*, Linn. Fabr.

### 542. *Anobium castaneum.*

OLIV. *Ent.* tom. II, n° 16, p. 7, n° 3, pl. 1, fig. 2 *a, b.*
FABR. *Syst. Eleuth.* tom. I, p. 322, n° 5.

Rencontré une seule fois, vers le milieu de juillet, sous les écorces de chênes, dans les bois du lac Tonga, aux environs du cercle de Lacalle.

---

[1] La cinquième tribu est celle des *Xylothrogiens*, dont il n'a pas encore été trouvé de représentant en Algérie.

### 543. *Anobium paniceum.*

Fabr. *Syst. Eleuth.* tom. I, p. 3a3, n° 9.
Oliv. *Ent.* tom. II, n° 16, p. 10, 8, pl. 2, fig. 9 *a, b.*

Cette espèce, très-répandue dans l'Est et dans l'Ouest, n'est pas rare dans les maisons pendant les mois de mai, de juin et de juillet.

---

## Genus *PTINUS,* Linn.

### 544. *Ptinus fur.*

Linn. *Syst. nat.* édit. 13, tom. I, pars 2, p. 566.
Fabr. *Syst. Eleuth.* tom. I, p. 3a5, n° 6.
Oliv. *Ent.* tom. II, n° 17, pl. I, fig. 1 *a, b, c.*
Latr. *Gener. crust. et ins.* tom. I, p. 279, n° 1.

Rencontré une seule fois à Oran, dans ma chambre, à la fin de janvier.

### 545. *Ptinus rufus,* Luc. (Pl. 20, fig. 4.)

Long. 2 millim. ½, larg. 1 millim.

P. rufus; capite subtiliter granario, piloso; thorace profundè punctato, anticè rotundato, convexo, pos-ticè coarctato; elytris elongatis, striis lævigatis, interstitiis latis, profundè regulariterque punctatis ac sub-tilissimè tuberculatis; corpore infrà rufescente, pedibus rufis.

Roux, assez allongé, étroit. La tête, finement chagrinée, est couverte de poils fauves, courts et très-serrés. Les antennes sont hérissées de poils de même couleur que ceux de la tête, mais plus longs et moins serrés. Le thorax, arrondi et très-convexe à sa partie antérieure, étranglé postérieurement, présente une ponctuation forte, assez profondément enfoncée et très-peu serrée; des poils, assez allongés, d'un roux très-clair, placés çà et là, se font remarquer sur cet organe et particulièrement à la partie antérieure. Les élytres, allongées, à stries lisses et peu profondes, sont remarquables par des intervalles larges et qui présentent des points assez forts, peu serrés, régulièrement placés, et dans chacun desquels on aperçoit deux petits tubercules saillants, arrondis, brillants, et d'un roux un peu plus foncé que les élytres; ces derniers sont hérissés de poils fauves, allongés, très-clairement semés. Le corps, en dessous, est d'un roux un peu moins foncé qu'en dessus, et revêtu de poils blanchâtres, courts et assez serrés. Les pattes sont de même couleur que le dessus du corps.

Cette espèce ressemble au *P. fur,* mais elle est plus étroite et en diffère surtout par les petits tubercules que présentent les points des élytres.

Ce Ptine habite l'Est et l'Ouest de l'Algérie; je l'ai rencontré, en hiver, sous les pierres, dans les environs d'Oran, d'Alger et du cercle de Lacalle.

Pl. 20, fig. 4. *Ptinus rufus*, grossi, 4ᵃ la grandeur naturelle.

### 546. *Ptinus fossulatus*, Luc. (Pl. 20, fig. 5.)

Long. 3 millim. larg. 1 millim. ½.

P. fuscorufescens, nitidus; capite subtilissimè granario, thorace posticè subcoarctato, in medio carinato; ad latera gibboso, utrinque profundè fossulato; elytris rufescentibus, anticè posticèque albo-piloso maculatis, profundè striatis, striis punctatis interstitiisque lævigatis; corpore infrà pedibusque fuscorufescentibus, pilis cinerescentibus hirsutis.

Il ressemble un peu au *P. rufus*, mais il est plus grand et un peu plus étroit; il est d'un brun roussâtre, brillant. La tête est très-finement chagrinée et couverte de poils d'un fauve clair, très-courts et très-serrés. Les antennes sont roussâtres, revêtues de poils de même couleur que ceux de la tête, avec les derniers articles tomenteux. Le thorax court, légèrement étranglé postérieurement, est assez fortement caréné dans sa partie médiane, et présente, de chaque côté, une gibbosité fortement prononcée; de chaque côté de la carène, on aperçoit une fossette, arrondie, très-profondément creusée; des poils, d'un fauve clair, peu serrés, hérissent le thorax, et ces poils se font particulièrement remarquer sur les gibbosités et à la base de la carène. L'écusson est très-finement chagriné et revêtu de poils d'un fauve clair, très-courts et très-serrés. Les élytres, allongées, sont d'un brun roussâtre clair, avec la suture d'un brun foncé; elles sont ornées, à leurs parties antérieure et postérieure, de chaque côté, d'une tache blanche formée par des poils de cette couleur [1]; elles sont profondément striées, et ces stries présentent une ponctuation assez forte et peu serrée; les intervalles sont saillants, lisses : des poils fauves, courts, très-peu serrés revêtent ces organes. Tout le corps en dessous, ainsi que les pattes sont d'un brun roussâtre et couverts de poils gris d'un cendré clair, très-courts et serrés.

J'ai rencontré cette espèce pendant les mois de janvier et mars dans les environs d'Alger et du cercle de Lacalle; elle se plaît sous les pierres humides.

Pl. 20, fig. 5. *Ptinus fossulatus*, grossi, 5ᵃ la grandeur naturelle, 5ᵇ le thorax très-grossi vu en dessus.

### 547. *Ptinus mauritanicus*, Luc. (Pl. 20, fig. 6.)

Long. 4 millim. ½, larg. 2 millim. ½.

P. ovatus, fuscus; capite subtilissimè granario, thorace quadri-tuberculato, posticè coarctato; elytris striatis, striis punctatis interstitiisque lævigatis, anticè posticèque transversìm albo lineatis; corpore infrà fusco, pedibus ferrugineis.

Ovale, d'un brun foncé. La tête est très-finement chagrinée et revêtue d'un duvet roussâtre, très-court et peu serré. Les antennes sont roussâtres, et les poils qui les recouvrent sont courts, serrés, d'un fauve clair. Le thorax, assez fortement étranglé postérieurement,

---

[1] Cette disposition n'a lieu que chez les individus qui n'ont subi aucun frottement; je ferai même observer qu'il y a des individus dont les élytres ont quelquefois l'extrémité légèrement teintée de blanc.

présente de chaque côté deux tubercules, dont ceux qui occupent les parties latérales sont plus saillants; il est couvert de poils ferrugineux, courts et serrés. L'écusson est revêtu de poils de même couleur que ceux du thorax. Les élytres sont striées, et ces stries sont formées par des rangées longitudinales de points peu serrés et profondément marqués; dans les individus bien frais, les élytres présentent des poils blancs, courts, serrés, et qui forment, de chaque côté de ces organes, deux bandes transversales, dont une est située antérieurement un peu après la partie humérale, et l'autre occupe la partie postérieure. Le corps, en dessous, est d'un brun foncé et revêtu de poils blancs très-courts et très-serrés. Les pattes sont ferrugineuses et présentent des poils courts, serrés, d'un gris cendré clair.

Cette espèce ressemble beaucoup au *P. variegatus;* mais elle en diffère par les taches blanches qui ornent les élytres, et surtout par ces dernières, qui ne présentent pas à leur partie postérieure de poils blancs; elle en diffère encore par les pattes, qui sont d'un gris cendré clair, et dont les fémurs et les tibias ne sont pas annelés de brun comme cela a lieu dans le *P. variegatus.*

Cette espèce se trouve dans l'Est et dans l'Ouest; je l'ai prise en janvier et en février sous les pierres, aux environs d'Oran, près du château d'eau, et en avril dans les environs de Constantine.

Pl. 20, fig. 6. *Ptinus mauritanicus,* grossi, 6ª la grandeur naturelle.

### 548. *Ptinus rotundicollis,* Luc. (Pl. 20, fig. 7.)

Long. 2 millim. $\frac{1}{2}$, larg. 1 millim. $\frac{1}{2}$.

P. brevis, rotundatus, fusco-nitidus; capite subtiliter granario; thorace rotundato, ad basin coarctato, profundè punctato; elytris rotundatis, striatis, striis subtiliter confertìmque punctulatis; corpore infrà, femoribus fuscis, tibiis, tarsis antennisque fusco-ferrugineis.

Il est court, arrondi, d'un brun foncé, brillant. La tête, finement chagrinée, est revêtue de poils courts, serrés, d'un fauve clair. Les antennes sont d'un brun ferrugineux et parsemées de longs poils jaunâtres. La tête est très-arrondie, très-rétrécie à sa base, et offre des poils d'un fauve clair, assez allongés et très-peu serrés; elle est ponctuée, et les points qui forment cette ponctuation sont forts, peu serrés, arrondis et très-profondément enfoncés. Les élytres sont courtes, arrondies et revêtues de longs poils fauves, peu serrés; elles sont striées, et ces stries, peu profondément marquées, présentent une ponctuation fine et serrée; les intervalles sont larges et entièrement lisses. Le corps, en dessous, est de même couleur qu'en dessus. Les pattes, hérissées de poils courts, fauves, sont de même couleur que le dessous du corps, à l'exception cependant des tibias et des tarses, qui sont d'un brun ferrugineux.

Cette espèce habite l'Est et l'Ouest de nos possessions du Nord de l'Afrique; elle se plaît l'hiver sous les pierres humides, et je l'ai particulièrement rencontrée à l'Est de l'hôpital du Dey, aux environs d'Alger.

Pl. 20, fig. 7. *Ptinus rotundicollis,* grossi, 7ª la grandeur naturelle.

### 549. *Ptinus carinatus,* Luc. (Pl. 20, fig. 8.)

Long. 2 à 3 millim. larg. 1 à 1 millim. ½.

P. ovatus, fusco-nitidus; capite subtiliter granario, thorace carinato, ad latera gibboso, utrinquè posticèque profundè foveolato; elytris in fœminâ brevibus, angustatis in mare, profundè striatis, striis punctatis
interstitiisque lævigatis; corpore infrà fusco, pedibus antennisque fusco-ferrugineis.

Il ressemble un peu au *P. fossulatus,* mais il est plus ramassé et surtout plus large.
Ovale, d'un brun foncé brillant. La tête, finement chagrinée, est couverte de poils fauves,
courts et très-serrés. Les antennes, d'un brun ferrugineux, sont revêtues de poils courts,
serrés, de même couleur que ceux de la tête. Le thorax, rétréci à sa base, gibbeux sur
ses parties latérales, fortement caréné dans sa partie médiane, présente de chaque côté
de cette carène un enfoncement fortement prononcé; il est ponctué, et cette ponctuation
est forte, peu serrée et peu profondément enfoncée; les concavités qui existent de chaque
côté de la carène, ainsi qu'à la base du thorax, sont remplies par des poils jaunâtres,
courts et très-serrés. Les élytres sont courtes et profondément striées, et ces stries présentent une ponctuation très-forte, peu serrée et très-profondément enfoncée. Chez les individus qui n'ont subi aucun frottement, on aperçoit, aux parties antérieure et postérieure
des élytres, des poils blancs, courts, serrés, et qui doivent former sur ces organes des bandes
transversales. Le corps en dessous est de même couleur qu'en dessus. Les pattes sont d'un
brun ferrugineux.

Cette description convient à la femelle; quant au mâle, il ressemble beaucoup à cette
dernière, seulement sa forme est un peu plus étroite et plus allongée.

Cette espèce habite l'Est et l'Ouest de nos possessions du Nord de l'Afrique; je l'ai rencontrée, particulièrement en hiver, aux environs d'Oran, d'Alger et du cercle de Lacalle.
Comme les précédentes, cette espèce se plaît sous les pierres humides.

Pl. 20, fig. 8. *Ptinus carinatus,* grossi, 8ᵃ la grandeur naturelle, 8ᵇ le thorax très-grossi vu en dessus,
8ᶜ une patte de la troisième paire.

### 550. *Ptinus gibbicollis,* Luc. (Pl. 20, fig. 9.)

Long. 2 millim. ½, larg. ¾ de millim.

P. fusco-nitidus; capite subgranario, thorace striato, tri-gibboso, posticè foveolato; elytris brevibus, convexis,
longitudinaliter punctatis; corpore infrà, antennis pedibusque ferrugineis.

Il ressemble beaucoup au *P. carinatus,* mais il est plus petit, beaucoup plus arrondi, avec
les angles latéraux du thorax plus saillants. D'un brun brillant. La tête, très-légèrement
chagrinée, est revêtue par un duvet d'un fauve clair, court et très-serré. Les antennes sont
d'un brun ferrugineux. Le thorax, rétréci à sa base, fortement gibbeux sur les parties latérales, présente dans sa partie médiane une saillie très-prononcée, arrondie et fortement
creusée à sa partie postérieure; il est strié, et les concavités qui existent postérieurement
et entre la saillie médiane et les gibbosités situées sur les parties latérales, sont revêtues

de poils très-courts, d'un gris cendré clair. Les élytres sont arrondies, très-convexes, et présentent des lignes longitudinales de points enfoncés, très-peu serrés ; outre les poils noirs, allongés, clairement semés, que l'on voit sur les élytres, ces dernières, chez les individus qui n'ont subi aucun frottement, sont ornées, à leurs parties antérieure et postérieure, de petites bandes ou taches transversales formées par des poils blancs, très-courts et très-serrés. Le corps en dessous, ainsi que les pattes, sont d'un brun ferrugineux et revêtus de poils d'un gris cendré, courts et assez serrés.

J'ai rencontré cette espèce en hiver, sous les pierres humides, à l'Est de l'hôpital du Dey, dans les environs d'Alger.

Pl. 20, fig. 9. *Ptinus gibbicollis*, grossi, 9ᵃ la grandeur naturelle, 9ᵇ une antenne, 9ᶜ le thorax très-grossi vu en dessus, 9ᵈ une patte de la troisième paire.

### 551. *Ptinus obesus*, Luc. (Pl. 20, fig. 10.)

Long. 2 millim. ½, larg. 1 millim. ¼.

P. brevis, fuscorufescens ; capite granario ; thorace confertìm punctato, ad latera subgibboso, posticè coarctato ; elytris brevibus, rotundatis, longitudinaliter profundè punctatis, anticè posticèque albo-piloso maculatis ; corpore infrà pedibusque pilis fulvescentibus vestitis.

Il a un peu d'analogie avec le *P. rotundicollis*, avec lequel il ne pourra être confondu à cause de son thorax, qui est beaucoup plus court. Il est court, épais, et d'un brun roussâtre foncé. La tête, chagrinée, est revêtue de poils fauves, courts et très-serrés. Les antennes sont courtes et parsemées de poils allongés et peu serrés, de même couleur que ceux de la tête. Le thorax, presque aussi long que large, assez étranglé postérieurement, présente de chaque côté, à peu près dans sa partie médiane, une gibbosité peu prononcée ; il est ponctué, et cette ponctuation est forte et serrée ; des poils assez allongés, épais, clairement semés, se font remarquer sur cet organe, particulièrement sur les gibbosités. L'écusson est très-finement chagriné et revêtu de poils jaunâtres. Les élytres, courtes, arrondies, renflées, présentent des rangées longitudinales de points profondément enfoncés et peu serrés ; outre les poils, d'un brun roussâtre, qui revêtent ces organes, on aperçoit, à leurs parties antérieure et postérieure, des poils blanchâtres, qui forment deux taches chez les individus qui n'ont subi aucun frottement. Le dessous du corps, ainsi que les pattes, de même couleur qu'en dessus, est revêtu de poils d'un fauve clair, courts et assez largement espacés.

J'ai rencontré cette espèce, qui se plaît sous les pierres humides, pendant les mois de janvier et de février, aux environs d'Alger.

Pl. 20, fig. 10. *Ptinus obesus*, grossi, 10ᵃ la grandeur naturelle, 10ᵇ une mâchoire, 10ᶜ une mandibule, 10ᵈ une antenne, 10ᵉ la lèvre inférieure, 10ᶠ le thorax très-grossi vu en dessus, 10ᵍ une patte de la première paire.

### 552. *Ptinus hirticollis,* Luc. (Pl. 20, fig. 11.)

Long. 3 millim. larg. 1 millim.

P. elongatus, angustus, rufo-ferrugineus; capite subtilissimè granario, fulvescente-tomentoso; thorace brevi, angusto, profundè punctato, fulvo-piloso; elytris punctatis, longitudinaliter fulvescente-pilosis, pedibus antennisque ferrugineis, flavescente-pilosis.

Il ressemble un peu au *P. obesus,* mais il est plus allongé, plus étroit, et son thorax, sur les parties latérales, ne présente pas de gibbosités, mais seulement une touffe de poils fauves assez allongés et serrés. Il est d'un roux ferrugineux. La tête, très-finement chagrinée, est revêtue d'une tomentosité d'un fauve très-clair, courte et serrée. Les antennes sont ferrugineuses, hérissées de poils jaunâtres, assez allongés et clairement semés. Le thorax, assez court, étroit, présente une ponctuation fortement prononcée et des poils allongés, peu serrés, d'un fauve clair; ceux-ci forment des touffes, et celles qui occupent les parties latérales sont composées de poils si rapprochés que le thorax paraît gibbeux sur les côtés. Les élytres sont convexes, arrondies sur les côtés, et parsemées de points régulièrement disposés et qui forment des lignes longitudinales; chacun de ces points donne naissance à un poil d'un fauve clair, assez allongé. Le corps en dessous est de même couleur qu'en dessus; les pattes sont ferrugineuses et revêtues de poils jaunâtres.

Cette espèce, qui a été rencontrée dans les environs de Koléah, m'a été donnée par feu Bové.

Pl. 20, fig. 11. *Ptinus hirticollis,* grossi, 11ª la grandeur naturelle, 11ᵇ une antenne, 11ᶜ le thorax très-grossi vu en dessus.

---

## Genus *GIBBIUM*, Scop. *Ptinus,* Fabr. Oliv. *Mezium,* Curt.

### 553. *Gibbium scotias.*

Fuesly, *Arch. ins.* tom. IV, pl. 20, fig. 14.
Oliv. *Ent.* tom. II, p. 9, nᵒˢ 17, 19, pl. 1, fig. 2 *a, b.*
Fabr. *Syst. Eleuth.* tom. I, p. 327, n° 14.
Brull. *Hist. nat. des ins.* tom. VI, *Col.* tom. III, p. 128.
Branch. *Atl. du règne anim. de Cuv. Ins.* pl. 33, fig. 12.

Trouvé dans ma chambre, à Alger, dans les premiers jours de février.

### 554. *Gibbium sulcatum.*

Fabr. *Syst. Eleuth.* tom. I, p. 327, n° 13.
*Mesium sulcatum,* Curt. *British ent.* tom. II, n° 232.

Rencontré une seule fois, dans ma chambre à Constantine, dans les premiers jours de mai.

# HUITIÈME FAMILLE.

## LES NÉCROPHAGES.

---

## PREMIÈRE TRIBU.

### LES SILPHIENS.

---

### Genus *SILPHA*, Linn. *Peltis*, Geoffr.

#### 555. *Silpha granulata.*

Oliv. *Ent.* tom. II, n° 11, p. 13, 10, pl. 2, fig. 10.
Vict. Mareuse, *Ess. sur les Nécroph. Soc. linn. du Nord de la France,* tom. I, p. 70, n° 11.

Cette espèce n'est pas très-rare pendant toute l'année, dans l'Est et dans l'Ouest de nos possessions du Nord de l'Afrique; elle se tient dans les matières animales en décomposition.

#### 556. *Silpha puncticollis,* Luc. (Pl. 21, fig. 1.)

Long. 17 millim. larg. 9 millim.

S. atra; capite, thorace scutelloque confertìm punctatis; elytris costatis, profundè punctatis; corpore infrà pedibusque nitido-atris, subtilissimè granariis.

Il est plus petit que le *S. granulata,* près duquel il vient se placer, et dont il diffère par la ponctuation de son thorax et de ses élytres. La tête est parsemée de points assez forts et assez serrés. Les antennes, composées d'articles très-finement ponctués, sont hérissées de poils roussâtres, très-courts, placés çà et là. Les palpes maxillaires et les palpes labiaux sont d'un noir brillant, avec l'extrémité de leur article terminal ferrugineux. Le thorax offre une ponctuation très-serrée, assez profondément marquée, et un peu plus forte que celle de la tête. L'écusson est très-finement ponctué. Les élytres sont fortement ponctuées, et cette ponctuation est profonde et très-peu serrée; les côtes que ces organes présentent sont saillantes, lisses, et près de la partie postérieure de la troisième côte on aperçoit une gibbosité assez fortement prononcée; tout le bord externe des élytres est entouré de gros points peu serrés et très-profondément enfoncés.

Cette espèce habite l'Est et l'Ouest de nos possessions du Nord de l'Afrique; elle vit dans les matières animales en décomposition, et je l'ai prise en hiver aux environs de Philippeville, de Constantine et de Bône. Les individus que je possède de la province d'Oran m'ont été donnés par M. le colonel Levaillant.

Pl. 21, fig. 1. *Silpha puncticollis,* grossi, 1ᵃ la grandeur naturelle, 1ᵇ une mâchoire, 1ᶜ une mandibule.

### 557. *Silpha tuberculata*, Luc. (Pl. 21, fig. 2.)

Long. 11 à 12 millim. larg. 6 à 6 millim. $\frac{1}{2}$.

S. atra; capite subtiliter granario; thorace granario, fortiter tuberculato; elytris in fœminâ appendicula-
tis, fortiter tuberculatis, tribus costis elevatis, subsinuatis; corpore infrà pedibusque subtilissimè granariis.

Il a une très-grande analogie avec le *S. rugosa*. Le corps, en dessus et en dessous, est d'un
noir mat, à l'exception cependant des tubercules que présentent les élytres, qui sont d'un noir
brillant. La tête, très-finement chagrinée, est revêtue, entre les yeux et les antennes, de
poils très-courts, serrés, d'un fauve clair. Les antennes sont ferrugineuses, avec les trois ou
quatre derniers articles d'un noir foncé. Les palpes labiaux et les palpes maxillaires sont d'un
brun ferrugineux. Le thorax, un peu plus fortement chagriné que la tête, revêtu de poils
d'un fauve très-clair, courts et assez serrés, est parsemé de tubercules d'un noir très-foncé,
et qui sont beaucoup plus fortement prononcés que dans le *S. rugosa*. L'écusson est très-
finement chagriné. Les élytres, très-finement rugueuses, sont fortement tuberculées, et ces
tubercules sont en plus grand nombre et beaucoup plus saillants que dans le *S. rugosa*; les
côtes qu'elles présentent sont très-saillantes, étroites et légèrement sinueuses. Les pattes,
ainsi que tout le corps en dessous, sont très-finement chagrinées, avec les deux derniers
segments abdominaux bordés postérieurement de poils courts, serrés, d'un roux foncé.

La femelle diffère du mâle par les élytres, qui, à leur partie postérieure, sont appendi-
culées.

Cette espèce, comme la précédente, est très-répandue dans l'Est et dans l'Ouest de l'Algérie; elle vit dans les matières animales en décomposition, et je l'ai surprise aussi quelquefois errante dans la campagne.

Pl. 21, fig. 2. *Silpha tuberculata*, grossi, 2ª la grandeur naturelle.

### 558. *Silpha sinuata*.

Oliv. *Ent.* tom. II, n° 11, p. 18, 17, Pl. 2, fig. 12.
Fabr. *Syst. Eleuth.* tom. I, p. 341, n° 20.
Vict. Mareuse, *Ess. sur les Nécroph. Soc. linn. du Nord de la France*, tom. I, p. 59, n° 2.

Cette espèce, pendant toute l'année, est très-répandue dans l'Est et dans l'Ouest de nos
possessions du Nord de l'Afrique; on la trouve dans les mêmes conditions, particulièrement
sous les cadavres de chevaux en décomposition.

## DEUXIÈME TRIBU.

### LES NITIDULIÉNS.

---

### Genus *THYMALUS*, Latr. *Peltis*, Fabr. *Cassida*, Linn.

#### 559. *Thymalus limbatus* (*Cassida*).

LINN. *in Gmel.* 1, 4, p. 1637, n° 43.
FABR. *Syst. Eleuth.* tom. I, p. 344, n° 4.
STURM, *Deutsch. faun. ins.* 14, p. 89, tab. CCLXXXV.
LATR. *Gener. crust. et ins.* tom. II, p. 8.
DE CASTELN. *Hist. nat. des ins.* tom. II, p. 8.
KUSTER, *Die Käf. Europ.* fasc. 1, n° 25.
BLANCH. *Atl. du règne anim. de Cuv. Ins.* pl. 36, fig. 2.

Rencontré en février sous les écorces des chênes-liéges, dans les bois du lac Tonga; environs du cercle de Lacalle.

---

### Genus *POCADIUS*, Erichs. *Nitidula*, Fabr. *Strongylus*, Steph. *Cychramus*, Heer.

#### 560. *Pocadius ferrugineus* (*Nitidula*).

FABR. *Syst. Eleuth.* tom. I, p. 349, n° 10.
SCHŒNH. *Syn. ins.* tom. II, p. 138, n° 15.
ERICHS. *in Germ. Zeitsch. für die Ent.* tom. IV, p. 319, n° 1.
*Cychramus ferrugineus*, HEER. *Faun. coleopt. Helv.* tom. I, p. 409, n° 6.

Cette espèce, que je n'ai pas rencontrée, a été recueillie aux environs d'Oran par M. Durieu de Maisonneuve.

---

### Genus *CERCUS*, Latr.

#### 561. *Cercus bicolor*, Luc. (Pl. 21, fig. 6.)

Long. 3 millim. larg. 2 millim.

S. capite, thorace scutelloque nigris, punctatis; elytris testaceo-ferrugineis, punctatis; corpore infrà subtilissimè punctulato; segmentis abdominis, pedibusque testaceo-ferrugineis.

Il a un peu d'analogie avec le *P. pedicularius*, près duquel il vient se placer. La tête, de couleur noire, est parsemée de points assez forts, peu profonds et peu serrés. Les antennes sont d'un testacé ferrugineux, avec les derniers articles d'un brun foncé. Le thorax, un peu plus large que les élytres, rebordé sur les côtés, est de même couleur que la tête; il est convexe, et présente une ponctuation très-forte, assez profondément marquée et peu serrée; les angles latéro-antérieurs sont terminés en pointe, tandis que ceux qui sont situés de chaque côté de la base sont arrondis. L'écusson est noir, et les points dont il est parsemé sont moins forts et un peu plus serrés que ceux du thorax. Les élytres sont d'un brun testacé, très-légèrement rebordées sur les côtés et à leur partie postérieure; elles sont ponctuées, et les points que ces organes présentent sont un peu plus petits et un peu plus serrés que ceux du thorax. Le corps, en dessous, est brun, très-finement ponctué, avec les segments abdominaux et les organes de la locomotion, d'un testacé ferrugineux.

J'ai pris cette espèce en hiver, dans les environs d'Alger, de Philippeville et du cercle de Lacalle; je l'ai toujours rencontrée sous les pierres.

Pl. 21, fig. 6. *Cercus bicolor,* grossi, 6[a] la grandeur naturelle, 6[b] une mâchoire, 6[c] une mandibule, 6[d] une antenne, 6[e] une patte de la première paire, 6[f] une patte de la troisième paire.

### 562. *Cercus barbarus,* Luc. (Pl. 21, fig. 7.)

Long. 3 millim. $\frac{1}{2}$, larg. 2 millim.

C. ater; capite thoraceque profundè punctatis, hoc subemarginato; corpore infrà nigro, subtiliter punctulato, pedibus antennisque ferrugineis, harum ultimis articulis subfuscescentibus.

Il ressemble beaucoup à l'espèce précédente, mais il est plus grand, et, de plus, les élytres sont noires, au lieu d'être d'un testacé ferrugineux, comme chez le *C. bicolor.* La tête est noire, parsemée de points profondément marqués et moins serrés que dans le *C. bicolor.* Les antennes sont ferrugineuses, avec les derniers articles très-légèrement brunâtres. Les mandibules sont ferrugineuses. Le thorax, un peu plus large que les élytres, convexe, est de la même couleur que la tête; il est profondément ponctué, et cette ponctuation est très-peu serrée; les angles antérieurs et postérieurs sont arrondis, avec les côtés très-légèrement rebordés. L'écusson est noir, et la ponctuation qu'il présente est moins profonde et plus serrée que celle du thorax. Les élytres, de même couleur que l'écusson, sont ponctuées, et cette ponctuation paraît plus fine et plus serrée que celle du thorax. Tout le corps, en dessous, est noir et finement ponctué. Les pattes sont ferrugineuses.

Je n'ai trouvé que quelques individus de cette espèce, que j'ai pris à la fin de mars, sous des pierres, aux environs de Philippeville.

Pl. 21, fig. 7. *Cercus barbarus,* grossi, 7[a] la grandeur naturelle.

## Genus *Carpophilus*, Leach. *Nitidula*, Auct.

### 563. *Carpophylus humeralis.*

Fabr. *Syst. Eleuth.* tom. I, p. 354, n° 31.
Erichs. *in Germ. Zeitsch. für die Ent.* tom. IV, p. 255, n° 1.

Je n'ai pas trouvé cette espèce, qui habite les environs d'Oran; elle m'a été donnée par M. le colonel Levaillant, qui l'a prise dans le mois de juin.

### 564. *Carpophylus castanopterus.*

Erichs. *in Germ. Zeitsch. für die Ent.* tom. IV, p. 256, n° 3.

Je n'ai rencontré qu'un seul individu de cette espèce, que j'ai pris dans les premiers jours de mai, dans des détritus de pastèque (*Cucumis citrullus*), aux environs du cercle de Lacalle.

### 565. *Carpophilus immaculatus,* Luc.

Long. 3 millim. larg. 1 millim. $\frac{1}{4}$.

C. ater; capite granario punctatoque; thorace subtilissimè marginato; scutello elytrisque fortiter punctatis, sparsìmque flavo-testaceo-pilosis; segmentis abdominis suprà subtilissimè punctulatis, corpore infrà sat fortiter punctato; pedibus fuscorufescentibus tarsisque ferrugineis.

Il est très-voisin du *C. castanopterus*, avec lequel il ne pourra être confondu, à cause des antennes, dont tous les articles sont noirs, et des pattes, qui sont entièrement ferrugineuses. Noir. La tête est chagrinée et parsemée de points assez gros, obscurément indiqués. Les antennes sont noires, à l'exception cependant des articles intermédiaires, qui sont rougeâtres. Le thorax, très-finement rebordé, présente une ponctuation formée par des points assez forts et serrés; il est très-peu convexe, et clairement parsemé de poils courts, couchés, d'un jaune testacé. L'abdomen ainsi que les élytres offrent la même ponctuation que le thorax, à l'exception cependant des bords de la suture, dans lesquels cette ponctuation est très-faiblement indiquée. Les segments abdominaux, laissés à découvert par les élytres, sont beaucoup plus finement ponctués que les diverses parties que je viens de faire connaître, et, dans chaque point, vient s'insérer un petit poil d'un gris cendré clair, ce qui donne à ces segments, principalement sur leurs parties latérales, un aspect tomenteux; en dessous, le corps est de même couleur qu'en dessus, et paraît plus fortement ponctué. Les pattes sont d'un brun noirâtre, avec les tarses ferrugineux.

Je n'ai pas rencontré cette espèce, elle m'a été communiquée par M. le docteur Aubé, qui l'a reçue des environs d'Alger.

### 566. *Carpophilus hemipterus* (*Dermestes*).

Linn. *Syst. nat.* tom. II, p. 565, n° 3o.
Erichs. *in Germ. Zeitsch. für die Ent.* tom. IV, p. 256, n° 4.
*Nitidula bimaculata,* Oliv. *Ent.* tom. II, n° 12, p. 5, 5, pl. 2, fig. 11 *a, b.*

Cette espèce n'est pas rare pendant l'été, dans l'Est et dans l'Ouest de l'Algérie, où je l'ai prise sous des écorces de pastèque (*Cucumis citrullus*).

---

## Genus CYCHRAMUS, Erichs. *Sphæridium*, Fabr. *Strongylus*, Herbst. *Nitidula*, Illig.

### 567. *Cychramus luteus* (*Nitidula*).

Oliv. *Ent.* tom. II, 12, p. 16, n° 22, pl. 3, fig. 28 *a, b.*
Erichs. *in Germ. Zeitsch. für die Ent.* tom. IV, p. 345, n° 1.
*Sphæridium luteum,* Fabr. *Syst. Eleuth.* tom. I, p. 95, n° 22.
*Strongylus luteus,* Herbst, *Käf.* tom. IV, p. 183, n° 3, pl. 13, fig. 3°.

Trouvé une seule fois, dans les premiers jours de mars, sous des détritus de végétaux, dans les environs de Philippeville.

---

## Genus EPURÆA, Erichs. *Nitidula*, Auct.

### 568. *Epuræa ænea* (*Nitidula*).

Fabr. *Syst. Eleuth.* tom. I, p. 353, n° 28.
Oliv. *Ent.* tom. II, n° 12, p. 17, 25, pl. 3, fig. 20 *a, b.*
Latr. *Gener. crust. et ins.* tom. II, p. 12, n° 13.
Blanch. *Atl. du règne anim. de Cuv. Ins.* pl. 36, fig. 4.

Rencontré, en mars, en fauchant dans les environs d'Alger et de Philippeville.

### 569. *Epuræa nigrita*, Luc. (Pl. 21, fig. 8.)

Long. 2 millim. $\frac{1}{4}$, larg. 1 millim.

E. omninò atra; capite subtiliter confertìmque punctato; thorace elytrisque punctatis; corpore infrà nigro-piloso, pedibusque nitido-atris.

Elle est très-voisine de l'espèce précédente, près de laquelle elle vient se placer. Entièrement noir. La tête présente une ponctuation fine, serrée et assez profondément marquée. Les antennes sont d'un brun légèrement ferrugineux, avec le second article, dans quelques individus, testacé. Le thorax, assez convexe, un peu plus large que les élytres, arrondi et rebordé sur les côtés, offre une ponctuation profonde, un peu plus forte et un peu moins serrée que celle de la tête. L'écusson est ponctué. Les élytres sont profondément ponctuées, et cette ponctuation est tout à fait semblable à celle du thorax. Le corps en dessous est noir, hérissé de poils de cette couleur, courts et peu serrés. Les pattes sont d'un noir brillant.

J'ai rencontré cette espèce, en fauchant, dans les premiers jours de mars, aux environs d'Alger.

Pl. 21 , fig. 8. *Epuræa* [1] *nigrita*, grossie, 8ᵃ la grandeur naturelle, 8ᵇ une mâchoire, 8ᶜ une mandibule, 8ᵈ une antenne, 8ᵉ une patte de la troisième paire.

----

## Genus *NITIDULA*, Erichs. Auct. *ex parte*.

### 570. *Nitidula flexuosa*.

FABR. *Syst. Eleuth.* tom. I, p. 351, n° 17.
OLIV. *Ent.* tom. II, n° 12, p. 7, 6, pl. 1, fig. 6.
ERICHS. *in Germ. Zeitsch. für die Ent.* tom. IV, p. 275, n° 5.

Rencontré, en février, dans des matières animales en décomposition; environs du cercle de Lacalle.

----

## Genus *BRACHYPTERUS*, Erichs. *Cercus*, Latr. *Cateretes*, Herbst.

### 571. *Brachypterus pubescens* [2], Schüpp. (Inédit.)

Long. 2 millim. larg. 1 millim.

C. ater, flavo-pilosus; capite thoraceque punctatis, elytris fortiter granariis.

Il est beaucoup plus petit que le *B. cinereus*. Noir, revêtu de poils jaunâtres, allongés et peu serrés. La tête est ponctuée, et les points qui forment cette ponctuation sont petits, serrés et très-profondément enfoncés. Les organes de la bouche sont noirs. Les antennes sont de même couleur que les organes de la manducation, et chaque article est hérissé de poils jaunâtres, allongés, peu serrés. Le thorax, plus large que long, est arrondi antérieurement et postérieurement, ainsi que sur les parties latérales, qui sont dilatées et très-légèrement rebordées; il est parsemé de points arrondis, assez forts, profondément marqués et

----

[1] Au lieu de *Epurca*, sur la planche, lisez : *Epuræa*.

[2] Cette espèce ne serait-elle pas le *Cateretes glaber* de M. Newman, *Ent. mag.* 11, 5, 200 ? Je ne le crois pas; tous les individus que j'ai rencontrés sont toujours plus ou moins revêtus de poils jaunâtres et ne sont pas glabres, comme l'indique le nom spécifique que lui a donné ce naturaliste.

moins serrés que ceux de la tête. L'écusson est lisse. Les élytres sont convexes et fortement chagrinées. Le corps ainsi que les pattes sont de même couleur qu'en dessus, et revêtus de poils jaunâtres, allongés et peu serrés.

Rencontré, en fauchant, à la fin de mars, dans les environs de Philippeville.

### 572. *Brachypterus cinereus.*

Heer, *Faun. col. Helv.* tom. I, p. 413, n° 6.
Erichs. *in Germ. Zeitsch. für die Ent.* tom. IV, p. 231, n° 3.
*Cercus pulicarius*, Latr. *Gener. crust. et ins.* tom. II, p. 115, n° 1.

Rencontré, en juin, sous les écorces des chênes-liéges, dans les bois du lac Tonga; environs du cercle de Lacalle.

## TROISIÈME TRIBU.

### LES ENGIDIENS.

## Genus *AULACOCHEILUS*, Lacord.

### 573. *Aulacocheilus Chevrolatii*, Luc. (Pl. 22, fig. 3.)

Long. 7 millim. larg. 3 millim.

A. capite nigro-nitido, laxè subpunctato; thorace lato, nigro-nitido, maximè marginato, convexo, punctato, ad latera anticè fortiter utrinque impresso; elytris nigrovirescentibus, nitidis, elongatis, convexis, longitudinaliter punctatis; corpore fortiter punctato, nigro-violaceo; pedibus lævigatis, nigro-nitidis.

Il ressemble un peu à l'*A. violaceus*, Lacord. mais il est bien plus allongé, et le thorax est beaucoup plus large. La tête est d'un noir brillant, et parsemée de points faiblement marqués et peu serrés. Les antennes sont noires. Le thorax, de même couleur que la tête, est fortement rebordé sur les parties latérales; il est assez convexe, couvert de points fins, peu serrés, mais qui deviennent beaucoup plus gros sur les côtés; vers les angles latéro-antérieurs, il présente, de chaque côté, une dépression assez grande, fortement prononcée; il offre aussi près de la base, de chaque côté, une petite dépression, mais celle-ci est faiblement marquée. L'écusson est d'un noir brillant et entièrement lisse. Les élytres, allongées, très-convexes, assez fortement rebordées, sont d'un noir verdâtre, et parcourues longitudinalement, de chaque côté, par sept rangées de points assez bien marqués et peu serrés; les intervalles sont larges et entièrement lisses. Tout le corps, en dessous, est d'un noir violacé et fortement ponctué. Les pattes sont lisses, d'un noir brillant.

Cette jolie espèce, qui fait partie de la collection de M. Auguste Chevrolat, a été prise dans les environs d'Alger.

Pl. 22, fig. 3. *Aulacocheilus Chevrolatii*; grossi, 3ª la grandeur naturelle, 3ᵇ une antenne.

## Genus *CRYPTOPHAGUS*, Herbst.

### 574. *Cryptophagus angustatus*, Luc. (Pl. 22, fig. 4.)

Long. 2 millim. ¼, larg. 2 millim.

C. elongatus, angustus, rufo-testaceus; capite thoraceque granariis ac punctatis, hoc longiore quàm latiore; angulis anticis prominentibus, vix rotundatis, posticis acutis; elytris longitudinaliter punctatis, pilis
fulvescentibus vestitis; corpore infrà pedibusque rufo-testaceis.

Allongé, étroit, d'un roux testacé. La tête, plus longue que large, très-peu convexe, est
chagrinée, et offre quelques points arrondis placés çà et là, peu profondément marqués.
Les palpes maxillaires, ainsi que les palpes labiaux, sont testacés. Les antennes, d'un testacé légèrement ferrugineux, sont hérissées de poils jaunâtres assez allongés, peu serrés.
Le thorax, plus large que long, assez convexe, est chagriné et ponctué; il est arrondi antérieurement, et un peu plus large qu'à la base, laquelle est très-légèrement rétrécie; les angles
latéro-antérieurs sont à peine arrondis, saillants, avec les parties latérales très-finement denticulées, et les angles de chaque côté de la base peu prononcés et aigus. Les élytres, très-finement chagrinées, présentent des rangées longitudinales de points assez forts et peu serrés;
des poils jaunâtres, assez allongés, peu serrés, revêtent ces organes. Tout le corps en dessous,
ainsi que les pattes, sont de même couleur qu'en dessus.

Cette espèce, qui habite les environs de Philippeville et du cercle de Lacalle, se tient
sous les écorces des chênes-liéges; je l'ai rencontrée pendant l'hiver et une grande partie
du printemps.

Pl. 22, fig. 4. *Cryptophagus angustatus*, grossi, 4ᵃ la grandeur naturelle, 4ᵇ une mâchoire, 4ᶜ une mandibule, 4ᵈ la lèvre inférieure.

### 575. *Cryptophagus puncticollis*, Luc.

Long. 2 millim. 1, larg. 1 millim.

C. elongatus, latus, fusco-ferrugineus; capite thoraceque fortiter punctatis, hoc longiore quàm latiore,
angulis anticis subelongatis; elytris subtilissimè irregulariterque punctulatis; corpore infrà pedibusque
rufo-ferrugineis.

Plus allongé et moins étroit que le *C. angustatus*; d'un roux ferrugineux. La tête, plus
large que longue, très-peu convexe, est parsemée de gros points arrondis, profondément
marqués et peu serrés. Les palpes maxillaires, ainsi que les palpes labiaux, sont ferrugineux. Les antennes sont d'un brun ferrugineux, et hérissées de quelques poils jaunâtres,
peu serrés, assez allongés. Le thorax, plus long que large, convexe, très-légèrement rétréci
à la base, denticulé sur les parties latérales, présente une ponctuation semblable à celle de
la tête; les angles latéro-antérieurs sont arrondis, moins cependant que dans le *C. angustatus*, avec ceux de chaque côté de la base très-légèrement acuminés. Les élytres sont plus
finement ponctuées que la tête et le thorax, et les points qui forment cette ponctuation

sont peu serrés et placés irrégulièrement : des poils d'un testacé clair, très-courts et peu serrés, se font remarquer sur le thorax et sur les élytres. Tout le corps en dessous, ainsi que les pattes, sont d'un roux ferrugineux.

Rencontré à la fin de juillet, sous les écorces d'un olivier mort, à Kouba, dans les environs d'Alger.

### 576. *Cryptophagus laticollis*, Luc. (Pl. 22, fig. 5.)

Long. 2 millim. ¼, larg. 1 millim.

C. brevis, latus, testaceo-ferrugineus ; capite thoraceque confertìm punctatis, hoc latiore quàm longiore; angulis anticis sat prominentibus, rotundatis; elytris brevibus, confertìm irregulariterque punctatis.

Plus court et plus ramassé que le précédent. D'un testacé ferrugineux. La tête, plus large que longue, est parsemée de points arrondis, fortement marqués et assez serrés. Les antennes sont ferrugineuses, et hérissées de longs poils soyeux peu serrés, d'un testacé très-clair. Le thorax, très-convexe, beaucoup plus large que long, dilaté et rebordé sur les parties latérales, est assez fortement rétréci postérieurement; la ponctuation qu'il présente est semblable à celle de la tête, avec les angles latéro-antérieurs arrondis, assez saillants, mais beaucoup plus que dans le *C. puncticollis*. Les élytres sont courtes, et les poils dont elles sont parsemées sont serrés, très-irrégulièrement placés, et moins grands que ceux du thorax; des poils d'un testacé très-clair, assez allongés, peu serrés, revêtent le thorax et les élytres de cette espèce. Tout le corps, ainsi que les pattes, sont d'un testacé ferrugineux.

Rencontré une seule fois, en février, sous les écorces des chênes-liéges, dans les bois du lac Tonga; environs du cercle de Lacalle.

Pl. 22, fig. 5. *Cryptophagus laticollis*, grossi, 5ᵃ la grandeur naturelle, 5ᵇ une antenne.

### 577. *Cryptophagus? gibberosus*, Luc. (Pl. 22, fig. 6.)

Long. 2 millim. larg. ¾ de millim.

C. rufo-testaceus, nitidus, brevis, convexus; capite lœvigato, thorace latiore quàm longiore, sparsìm subtilissimèque punctulato, ad latera dilatato; elytris punctatis, utrinque unistriatis; antennis rufo-testaceis, pedibus omninò testaceis.

D'un roux testacé brillant; la tête, plus large que longue, est entièrement lisse. Les organes de la manducation sont testacés. Les antennes sont d'un roux testacé, allongées, et hérissées de poils fauves très-clairement semés. Le thorax, plus large que long, est assez convexe, arrondi antérieurement et sur les parties latérales, qui sont rebordées, très-légèrement rétrécies postérieurement, avec les angles de chaque côté de la base très-peu aigus; il est ponctué, mais les points qui forment cette ponctuation sont très-fins et très-peu serrés. Les élytres sont courtes, convexes, et marginées sur les parties latérales; elles sont plus fortement ponctuées que le thorax, et cette ponctuation est plus serrée; de chaque côté de la suture, on aperçoit une strie profonde, entièrement lisse. Tout le corps, en dessous, est de même couleur qu'en dessus. Les pattes sont testacées. Des poils d'un fauve très-clair revêtent la tête, le thorax et les élytres de cette espèce, que je place avec le plus grand doute dans le genre des *Cryptophagus.*

Cette espèce se tient sous les écorces des chênes-liéges; je n'en ai rencontré que deux individus que j'ai pris en juillet, dans les bois du lac Tonga; environs du cercle de Lacalle.

Pl. 22, fig. 6. *Cryptophagus? gibberosus*, grossi, 6ª la grandeur naturelle, 6ᵇ une antenne.

### 578. *Cryptophagus? maurus*, Luc. (Pl. 22, fig. 7.)

Long. 2 millim. ½, larg. ¼ de millim.

C. atro-nitidus; capite lævigato; thorace subtiliter sparsìmque punctulato; elytris striato-punctatis; corpore infrà atro-nitido; pedibus antennisque rufo-testaceis.

D'un noir brillant; la tête est entièrement lisse, et présente, entre les antennes, une dépression transversale assez profonde. Les palpes labiaux, ainsi que les palpes maxillaires, sont d'un roux testacé et hérissés de poils d'un fauve très-clair. Les antennes sont allongées, de même couleur que les organes de la manducation, et chaque article présente quelques poils roussâtres peu allongés. Le thorax, assez convexe, arrondi postérieurement et sur les parties latérales, est déprimé et très-légèrement rétréci antérieurement, avec les angles de chaque côté de la base assez aigus; il est ponctué, et les points qui forment cette ponctuation sont très-petits, peu profondément marqués et très-peu serrés. Les élytres sont assez allongées, convexes; elles sont striées; et ces stries présentent une ponctuation assez forte, profondément marquée et peu serrée. Tout le corps, en dessous, est de même couleur qu'en dessus. Les pattes, grêles, avec les tibias renflés, sont d'un roux testacé.

C'est avec le plus grand doute que je place cet insecte dans le genre des *Cryptophagus;* je n'en ai rencontré que deux individus, que j'ai pris sous les pierres humides, pendant l'hiver, dans les ravins du Djebel Santon; environs d'Oran.

Pl. 22, fig. 7. *Cryptophagus? maurus*, grossi, 7ª la grandeur naturelle, 7ᵇ une antenne.

---

## Genus *EPHISTEMUS,* Steph. *Cryptophagus,* Gyllenh. *Phalacrus,* Sturm. *Dermestes,* Payk. Marsh.

### 579. *Ephistemus globulus (Dermestes).*

Payk. *Faun. suec.* tom. 1, p. 295, n° 24.
*Cryptophagus globulus,* Gyllenh. *Ins. suec.* tom. I, p. 184, n° 24.
*Phalacrus dimidiatus,* Sturm, *Faun.* tom. II, p. 85, pl. 32.
*Dermestes gyrinoïdes,* Marsh. *Ent. brit.* tom. I, p. 77, n° 52.
*Ephistemus gyrinoïdes,* Steph. *Illustr. brit. ent.* tom. II, p. 168, n° 1.

Je n'ai trouvé que deux individus de cette espèce, que j'ai pris dans l'hiver, sous les pierres très-humides, dans les environs d'Alger et de Philippeville.

## QUATRIÈME TRIBU.

### LES SCAPHIDIENS.

---

### Genus *SCAPHIDIUM*, Oliv. *Silpha*, Linn. *Dermestes*, Scop.

#### 580. *Scaphidium immaculatum.*

OLIV. *Ent.* tom. II, n° 20, p. 5, 3, pl. 1, fig. 3 *a, b.*
FABR. *Syst. Eleuth.* tom. II, p. 576, n° 3.

Cette espèce est assez rare; je n'en ai rencontré que deux individus, que j'ai pris en février, dans les troncs pourris des chênes-liéges, dans les bois du lac Tonga; environs du
cercle de Lacalle.

#### 581. *Scaphidium agaricinum.*

OLIV. *Ent.* tom. II, n° 20, p. 5, 4, pl. 1, fig. 4 *a, b.*
FABR. *Syst. Eleuth.* tom. II, p. 567, n° 4.
*Silpha agaricina,* LINN. *Syst. nat.* tom. II, p. 670, n° 9.

Cette espèce, à démarche très-vive, et que j'ai trouvée en février, vit en famille sous les
écorces des chênes-liéges en décomposition. Bois du lac Tonga, dans les environs du cercle
de Lacalle.

---

### Genus *CATOPS*, Fabr. *Choleva*, Latr.

#### 582. *Catops marginicollis,* Luc. (Pl. 21, fig. 4.)

Long. 5 millim. larg. 3 millim.

C. capite nigro, granario; thorace subgranario, nigro-ferrugineo marginato, angulis posticis subacuminatis; elytris nigris, striatis, subtilissimè confertissimèque punctulatis; corpore infrà nigro, subtiliter granario; pedibus antennisque ferrugineis.

La tête est noire, chagrinée et à peine pubescente. Les palpes maxillaires et les palpes
labiaux ainsi que les antennes sont entièrement ferrugineux. Le thorax, pubescent, très-légèrement chagriné, est noir, avec les bords latéraux ferrugineux; il est très-légèrement
convexe, arrondi sur les parties latérales, avec les angles de chaque côté de la base moins
saillants et un peu moins terminés en pointe que dans le *C. celer.* L'écusson est noir, chagriné. Les élytres de même couleur que l'écusson, pubescentes, présentent une ponctuation
très-fine et très-serrée; elles sont striées, et ces stries sont assez bien marquées. Tout le

corps en dessous est d'un brun foncé et très-finement chagriné. Les pattes sont entièrement ferrugineuses.

Je n'ai rencontré cette espèce que dans l'Ouest; je l'ai prise aux environs d'Oran, sous les pierres, à la fin de février.

Pl. 21, fig. 4. *Catops marginicollis*, grossi, 4ᵃ la grandeur naturelle, 4ᵇ une mâchoire, 4ᶜ une mandibule.

## 583. *Catops celer*, Luc.

Long. 3 millim. larg. 1 millim. ½.

C. oblongo-ovatus, fulvo-pubescens; capite subtilissimè granario, antennis ferrugineis, ultimis articulis fuscis; thorace granario, angulis posticis acuminatis; elytris granariis; corpore infrà granario; pedibus ferrugineis, femoribusque nigricantibus.

Il est très-voisin du *C. nigrita;* noir, couvert d'une pubescence fauve, soyeuse et très-serrée. La tête est très-finement chagrinée et à peine pubescente. Les palpes labiaux ainsi que les maxillaires sont d'un ferrugineux clair. Les antennes sont ferrugineuses, avec les quatre derniers articles, d'un brun foncé. Le thorax est très-finement chagriné, beaucoup plus pubescent que la tête; il est très-légèrement convexe, arrondi sur les côtés, avec les angles postérieurs saillants, et assez fortement terminés en pointe. L'écusson est très-finement chagriné et à peine pubescent. Les élytres, un peu plus fortement chagrinées que la tête et le thorax, sont très-pubescentes. Tout le corps en dessous est chagriné, à peine pubescent et de même couleur qu'en dessus. Les pattes sont ferrugineuses, très-légèrement pubescentes, avec les fémurs noirâtres.

Cette espèce est très-agile; je l'ai rencontrée sous les pierres, en juin, dans le Boudjaréa; elle habite aussi les environs d'Oran.

## 584. *Catops rufipennis*, Luc. (Pl. 21, fig. 3.)

Long. 2 millim. ¼, larg. 1 millim.

C. capite nigro, granario; thorace subtilissimè granario nigro, ad latera posticèque rufescente marginato; elytris granariis, rufis, ad suturam utrinquè unistriatis; corpore infrà nigro; pedibus rufis, tibiisque fusco maculatis.

Il est plus petit que l'espèce précédente, avec laquelle il ne pourra être confondu, à cause de ses élytres, qui sont entièrement rousses. La tête est noire, chagrinée. Les palpes maxillaires ainsi que les palpes labiaux sont rougeâtres. Les antennes sont ferrugineuses, avec les derniers articles légèrement brunâtres. Le thorax, légèrement pubescent, très-finement chagriné, assez convexe, est noir et bordé de roussâtre sur les parties latérales et postérieurement; les côtés sont arrondis ainsi que les angles de chaque côté de la base. L'écusson est noir, pubescent et très-finement chagriné. Les élytres très-pubescentes, rousses, sont finement chagrinées, striées, et de chaque côté de la suture on aperçoit une strie assez profondément marquée. Tout le corps en dessous est noir. Les pattes sont de la même couleur que les élytres, avec les fémurs tachés de brun et les tibias finement denticulés.

Rencontré une seule fois sous les pierres, en janvier, dans les ravins du Djebel Santon, environs d'Oran.

Pl. 21, fig. 3. *Catops rufipennis*, grossi, 3ª la grandeur naturelle, 3ᵇ une antenne, 3ᶜ une patte de la troisième paire.

## Genus COLON, Herbst. *Mylæchus*, Latr.

### 585. *Colon pubescens*, Luc. (Pl. 21, fig. 5.)

Long. 2 millim. ¼, larg. 1 millim.

C. fuscorufescens, pubescente-flavescens; capite atro, subtilissimè granario; antennis rufescentibus, ultimis articulis fuscis; thorace elytrisque granariis, his posticè subrufescentibus; pedibus ferrugineis.

Il vient se placer dans le voisinage du *C. brunneus*, avec lequel il a un peu d'analogie. D'un brun roussâtre, revêtu d'une pubescence jaunâtre, courte et serrée. La tête est noire et très-finement chagrinée. Les organes de la bouche sont roussâtres. Les antennes, hérissées de poils fauves, allongés, peu serrés, sont roussâtres, avec les derniers articles d'un brun foncé. Le thorax presque plan, chagriné et très-légèrement rebordé sur les parties latérales, avec les angles, de chaque côté de la base, assez saillants. Les élytres sont allongées, finement chagrinées, avec leur partie postérieure légèrement roussâtre. Tout le corps en dessous est de même couleur qu'en dessus. Les pattes sont grêles, allongées et ferrugineuses.

Rencontré, en février, sous les pierres humides près du fort de l'Empereur, dans les environs d'Alger; cette espèce est très-agile.

Pl. 21, fig. 5. *Colon pubescens*, grossi, 5ª la grandeur naturelle, 5ᵇ une antenne, 5ᶜ une patte de la première paire.

# NEUVIÈME FAMILLE.
### LES HISTÉROÏDES.

# PREMIÈRE TRIBU.
### LES HISTÉRIENS.

## Genus HISTER, Auct.

### 586. *Hister major*.

Payk. *Monogr. hist.* p. 11, nº 3, pl. 2, fig. 3.
Erichs. *in Klug, Jahrb. der ins.* tom. I, p. 131, nº 4.

Cette espèce est commune pendant toute l'année dans l'Est et dans l'Ouest de l'Algérie; elle se plaît sous les pierres, et je l'ai rencontrée aussi souvent errante, aux environs d'Oran, d'Alger, de Philippeville, de Constantine, de Bône et du cercle de Lacalle.

### 587. *Hister amplicollis*, Luc. (Pl. 22, fig. 8.)

Erichs. *Reis. in der Regents. Algier, von Moritz Wagner*, tom. III, p. 169, n° 4.

Il habite les mêmes lieux que l'*H. major*, mais il est plus rare que ce dernier, et je l'ai pris dans les mêmes conditions.

Pl. 22, fig. 8. *Hister amplicollis*, grossi, 8ᵃ la grandeur naturelle, 8ᵇ une mâchoire, 8ᶜ une mandibule, 8ᵈ la lèvre inférieure, 8ᵉ une antenne, 8ᶠ une élytre.

### 588. *Hister scaber.*

Fabr. *Syst. Eleuth.* tom. I, p. 86, n° 12.
Payk. *Monogr. hist.* p. 83, n° 56, pl. 7, fig. 4.

Cette jolie espèce est assez rare; elle a été rencontrée aux environs de Tlemsên par M. Warnier, et M. Levaillant, colonel du 17ᵉ régiment d'infanterie légère, l'a trouvée dans les environs d'Alger; M. Gaubil, capitaine au même régiment, l'a prise une seule fois dans les environs de Bône. Les deux individus que je possède m'ont été donnés par MM. Levaillant et le docteur Warnier.

### 589. *Hister duodecim-striatus.*

Payk. *Monogr. hist.* p. 36, n° 25, pl. 3, fig. 5.

Habite l'Est et l'Ouest; cette espèce, que j'ai toujours rencontrée en hiver, dans les bouses, n'est pas très-commune; environs d'Oran, d'Alger et de Philippeville.

### 590. *Hister quatuordecim-striatus.*

Gyllenh. *Ins. suec.* tom. I, p. 83, n° 11.
Erichs. *in Klug, Jahrb. der ins.* tom. I, p. 152, n° 67.

Je n'ai trouvé que trois individus de cette espèce, que j'ai pris en hiver, dans des bouses, aux environs d'Alger.

### 591. *Hister carbonarius.*

Payk. *Monogr. hist.* p. 39, n° 37, pl. 3, fig. 9.
Erichs. *in Klug, Jahrb. der ins.* tom. I, p. 144, n° 42.

Cette espèce, dont je n'ai rencontré que deux individus, aux environs du cercle de Lacalle et d'Oran, se tient sous les pierres; fin de mars.

### 592. *Hister quadri-maculatus.*

PAYK. *Monogr. hist.* p. 14, n° 6, pl. 12, fig. 1.

Rencontré une seule fois, errant, aux environs de Constantine, dans les premiers jours de mai.

### 593. *Hister bipunctatus.*

PAYK. *Monogr. hist.* p. 27, n° 16, pl. 12, fig. 4.

Cette espèce, pendant toute l'année, est très-répandue dans l'Est et dans l'Ouest de nos possessions du Nord de l'Afrique; elle se tient dans les bouses, et surtout n'est pas rare pendant les mois de janvier, février et mars, dans les environs d'Oran, d'Alger, de Philippeville, de Bône et du cercle de Lacalle.

---

## Genus *SAPRINUS,* Erichs. *Hister,* Auct.

### 594. *Saprinus semipunctatus* (*Hister*).

PAYK. *Monogr. hist.* p. 54, n° 40, pl. 4, fig. 8.
ERICHS. *in Klug, Jahrb. der ins.* tom. I, p. 178, n° 12.

Très-répandu pendant toute l'année dans l'Est et dans l'Ouest de nos possessions du Nord de l'Afrique; elle se plaît dans les bouses, et je l'ai rencontrée particulièrement dans les environs d'Oran, d'Alger et de Bône.

### 595. *Saprinus nitidulus* (*Hister*).

PAYK. *Monogr. hist.* p. 58, n° 43, pl. 5, fig. 3.
ERICHS. *in Klug, Jahrb. der ins.* tom. I, p. 179, n° 17.

Trouvé en hiver et dans le commencement du printemps aux environs d'Alger, d'Hippône, de Constantine et du cercle de Lacalle; cette espèce se plaît dans les bouses, et quelquefois aussi dans les matières animales en décomposition.

### 596. *Saprinus speculifer* (*Hister*).

PAYK. *Monogr. hist.* p. 70, n° 54, pl. 6, fig. 4.
ERICHS. *in Klug, Jahrb. der ins.* tom. I, p. 182, n° 23.

Rencontré une seule fois, errant, dans les premiers jours de janvier, aux environs d'Oran.

### 597. *Saprinus cruciatus* (*Hister*).

Payk. *Monogr. hist.* p. 48, n° 36, pl. 12, fig. 7.

Je n'ai pas rencontré cette espèce; elle m'a été donnée par M. le colonel Levaillant, qui l'a trouvée, à la fin de juillet, dans les environs d'Oran.

### 598. *Saprinus dimidiatus* (*Hister*).

Illig. *Magas.* tom. VI, p. 41, n° 17.
Payk. *Monogr. hist.* p. 73, n° 56, pl. 6, fig. 8.
Erichs. *in Klug, Jahrb. der ins.* p. 195, n° 59.

Cette espèce n'est pas très-rare pendant l'hiver et une grande partie du printemps dans l'Est et dans l'Ouest de nos possessions du Nord de l'Afrique; je l'ai rencontrée sous les pierres, particulièrement pendant les mois de janvier, février, mars, avril et mai, dans les environs d'Oran, d'Alger, de Bougie et du cercle de Lacalle.

### 599. *Saprinus rugifrons* (*Hister*).

Payk. *Faun. suec.* tom. I, p. 47, n° 15.
Erichs. *in Klug, Jahrb. der ins.* tom. I, p. 195, n° 57.
*Hister metallicus,* Payk. *Monogr. hist.* p. 67, n° 51, pl. 6, fig. 3.

Cette espèce est assez rare; je n'en ai rencontré que quelques individus, que j'ai pris en hiver aux environs d'Alger, de Constantine et du cercle de Lacalle, dans des matières animales en décomposition.

### 600. *Saprinus chalcites* (*Hister*).

Illig. *Magas.* tom. VI, p. 40, n° 15.
Erichs. *in Klug, Jahrb. der ins.* tom. I, p. 182, n° 26.
*Hister affinis,* Payk. *Monogr. hist.* p. 76, n° 59, pl. 7, fig. 2.

Trouvé dans l'Est et dans l'Ouest de nos possessions du Nord de l'Afrique, en janvier, février et mars, dans des matières animales en décomposition.

### 601. *Saprinus conjungens* (*Hister*).

Payk. *Monogr. hist.* p. 65, n° 49, pl. 6, fig. 1.
Erichs. *in Klug, Jahrb. der ins.* tom. I, p. 190, n° 45.

Cette espèce est assez rare, je n'en ai rencontré que deux individus que j'ai trouvés dans une bouse, aux environs de Philippeville; fin de mars.

### 602. *Saprinus algericus* (*Hister*).

PAYK. *Monogr. hist.* p. 6o, n° 54, pl. 5, fig. 4.

Rencontré une seule fois, sous les pierres, dans les premiers jours de mai, aux environs de Constantine.

### 603. *Saprinus mauritanicus*, Luc. (Pl. 22, fig. 9.)

Long. 2 millim. $\frac{1}{2}$, larg. 1 millim. $\frac{3}{4}$.

S. nigro-æneus, convexus; capite, thorace elytrisque punctatis, his substriatis; corpore infrà punctato, pedibus nigro-ferrugineis; tarsis antennisque flavescentibus.

Il ressemble un peu au *S. chalcites*, mais il est plus petit et surtout moins large. D'un noir bronzé; la tête, fortement creusée entre les yeux, est parsemée de points arrondis, assez profondément marqués et peu serrés. Les antennes sont jaunâtres. Le thorax, assez fortement rebordé, convexe, présente une ponctuation semblable à celle de la tête, mais cependant moins serrée. L'écusson est entièrement lisse. Les élytres sont ponctuées, et cette ponctuation est tout à fait semblable à celle du thorax; près de la partie humérale, on aperçoit deux ou trois stries, mais très-faiblement marquées. Tout le corps, en dessous, est ponctué et de même couleur qu'en dessus. Les pattes, d'un noir ferrugineux, avec les tarses jaunâtres, présentent une ponctuation très-fine et très-peu serrée.

Cette espèce, pendant l'hiver, est très-répandue dans l'Est et dans l'Ouest de l'Algérie; elle se tient sous les pierres humides, et je l'ai trouvée surtout abondamment dans les environs d'Alger, de Philippeville et de Constantine.

Pl. 22, fig. 9. *Saprinus mauritanicus*, grossi, 9ᵃ la grandeur naturelle, 9ᵇ une antenne.

---

## Genus *TRIBALUS*, Erichs. *Hister*, Auct.

### 604. *Tribalus minimus* (*Hister*).

Rossi, *Faun. etrusc.* tom. I, p. 3o, n° 71.
ERICHS. *in Klug, Jahrb. der ins.* tom. I, p. 165, n° 3.

Cette espèce est très-répandue, pendant l'hiver, dans l'Est et dans l'Ouest de nos possessions du Nord de l'Afrique; elle n'est pas rare dans les environs d'Oran, d'Alger, de Bône et de Constantine : on la rencontre ordinairement sous les pierres humides.

Genus *ONTHOPHILUS*, Leach. *Hister,* Auct.

### 605. *Onthophilus sulcatus* (*Hister*).

Payk. *Monogr. hist.* p. 99, n° 83, pl. 10, fig. 8.
Erichs. *in Klug, Jahrb. der ins.* tom. I, p. 206, n° 1.

Je n'ai rencontré que trois individus de cette espèce, que j'ai pris en janvier, sous les pierres, dans les environs du cercle de Lacalle ; elle habite aussi les environs d'Oran.

---

Genus *PLATYSOMA*, Leach. *Hister et Hololepta*, Auct.

### 606. *Platysoma algiricum*, Luc. (Pl. 22, fig. 10.)

Long. 5 millim. larg. 2 millim. $\frac{1}{2}$.

P. atro-nitidum, latum, subdepressum; capite subtilissimè confertissimèque punctulato; thorace sub-punctulato, utrinquè profundè sulcato; elytris utrinquè sex-striatis, tribus primis abbreviatis; pedibus nigro-ferrugineis.

Il ressemble au *P. angustatum;* mais il est beaucoup plus large. Entièrement d'un noir brillant : la tête est large et parsemée de poils très-fins et très-serrés. Les antennes sont ferrugineuses. Le thorax est ponctué, mais cette ponctuation n'est réellement sensible que près des angles latéro-antérieurs, où elle est représentée par des points assez grands, serrés et peu profondément marqués; les parties latérales sont entourées par un sillon très-grand et assez fortement accusé. L'écusson est lisse. Les élytres présentent, de chaque côté, six stries, dont les trois extérieures sont entières, c'est-à-dire atteignent les parties antérieure et postérieure, tandis que celles qui sont situées près de la suture partent de la partie pos-térieure, et ne dépassent que très-peu la partie médiane des élytres; on aperçoit aussi de chaque côté, sur le bord externe, deux autres stries finement accusées, et qui s'entre-croisent à leur partie antérieure. Les pattes sont d'un noir ferrugineux, et toutes les jambes, à leur côté externe, sont armées de quatre épines. Le corps, en dessous, est de même cou-leur qu'en dessus. Le sternum est strié sur les parties latérales, et lisse dans sa partie mé-diane. L'abdomen, en dessous, est lisse, avec les segments parsemés, en dessus, de points arrondis, très-gros, serrés, et assez profondément marqués.

Cette espèce est assez rare, ou du moins je ne l'ai rencontrée que très-rarement; je n'en ai trouvé que deux individus, que j'ai pris sur les écorces d'un frêne abattu dans la pro-priété de M. de Nivoy, à Kouba, aux environs d'Alger, vers la fin de juillet.

Pl. 22, fig. 10. *Platysoma algiricum*, grossi, 10ª la grandeur naturelle, 10ᵇ une antenne, 10ᶜ une élytre.

### 607. *Platysoma frontale* (*Hister*).

Payk. *Monogr. hist.* p. 44, n° 31, pl. 2, fig. 8.
Erichs. *in Klug, Jahrb. der ins.* tom. I, p. 168, n° 1.

Rencontré au nombre de deux individus, sous les écorces de chênes-liéges abattus près les marais du lac Tonga, dans les environs du cercle de Lacalle, vers le milieu de février.

### 608. *Platysoma angustatum* (*Hister*).

Gyllenh. *Faun. suec.* tom. I, p. 86, n° 15.
Erichs. *in Klug, Jahrb. der ins.* tom. I, p. 113, n° 12.

Trouvé dans les mêmes conditions que l'espèce précédente, mais seulement dans les bois qui se trouvent entre Stora et Philippeville; fin de mars.

---

## Genus *Paromalus*, Erichs. *Platysoma*, Leach. *Hister* et *Hololepta*, Payk.

### 609. *Paromalus complanatus*.

Payk. *Monogr. hist.* p. 105, n° 2, pl. 8, fig. 7.
Erichs. *in Klug, Jahrb. der ins.* tom. I, p. 170, n° 4.

Trouvé en assez grand nombre en février, sous les écorces d'un frêne abattu près les marais du lac Tonga, dans les environs du cercle de Lacalle. Je l'ai rencontré aussi à Kouba, dans la propriété de M. de Nivoy, et dans les mêmes conditions. Environs d'Alger.

---

## Genus *Abræus*, Leach. *Hister*, Auct.

### 610. *Abræus globulus* (*Hister*).

Payk. *Monogr. hist.* p. 85, n° 69, pl. 7, fig. 8.
Erichs. *in Klug, Jahrb. der ins.* tom. I, p. 207, n° 1.

Rencontré une seule fois, à la fin d'août, sous une bouse desséchée, près le lac Houbeira, aux environs du cercle de Lacalle.

## Genus *PLEGADERUS*, Erichs. *Hister,* Fabr.

### 611. *Plegaderus pusillus (Hister).*

Payk. *Monogr. hist.* p. 96, n° 80, pl. 11, fig. 4.
Erichs. *in Klug, Jahrb. der ins.* tom. I, p. 204, n° 4.

Je n'ai trouvé que deux individus de cette espèce, que j'ai pris en mars, sous les pierres humides, sur les bords de l'Ouad-Safsaf, aux environs de Philippeville.

---

## Genus *MYRMECOBIUS*, Lucas.

La tête, beaucoup plus large que longue, est très-recourbée en avant. Le chaperon est arrondi. Les antennes sont courtes, aussi longues que la tête, composées de onze articles assez rapprochés les uns des autres et grossissant sensiblement à partir du cinquième article : le premier est étroit, assez allongé; les trois suivants sont très-courts et presque aussi larges que le premier; ceux qui suivent, c'est-à-dire les 5ᵉ, 6ᵉ, 7ᵉ, 8ᵉ et 9ᵉ sont courts, très-larges, surtout les 6ᵉ, 7ᵉ, 8ᵉ et 9ᵉ, ce dernier plus allongé que les précédents; le 10ᵉ est plus étroit, presque de même largeur que le 9ᵉ, avec le 11ᵉ ou dernier, plus court, plus étroit et terminé en pointe arrondie à son extrémité. Les mandibules sont robustes, larges à leur base, étroites et tridentées à leur extrémité. Les mâchoires sont membraneuses, mousses et garnies de cils roides à leur côté interne; la division interne est un peu plus courte que l'externe. Je n'ai pu voir que trois articles aux palpes maxillaires : le premier est très-court, avec le suivant au contraire très-allongé, et le troisième ou le terminal, plus court que le précédent, large d'abord à sa base, et se rétrécissant ensuite à son extrémité, qui est terminée en pointe arrondie. Le menton est beaucoup plus large que long, avec la languette assez large, cordiforme et assez fortement échancrée à sa partie antérieure. Les palpes labiaux sont composés de trois articles : le premier est très-petit, le second plus fort et surtout plus allongé, avec le dernier presque aussi long que le précédent, mais beaucoup plus étroit. Le thorax est beaucoup plus large que long; sa longueur est au moins le double de celle de la tête; antérieurement, il est émarginé, rétréci et très-élargi sur les parties laté-rales et postérieurement; il est convexe, avec les angles postérieurs presque rectangles. Les élytres, très-courtes, convexes, moins larges que le thorax, vont en se rétrécissant jusqu'à leur extrémité, où elles sont arrondies. L'écusson triangulaire est en grande partie caché par les élytres. Les pattes sont courtes, très-rapprochées à leur naissance; les postérieures sont les plus longues; les fémurs sont larges et comprimés; les tibias sont droits, très-légèrement aplatis : celui de la troisième paire de pattes est finement denticulé à son extrémité. Les articles des tarses sont au nombre de cinq, cylindriques, et deviennent insensiblement plus minces : les premiers sont les plus longs et les suivants diminuent de longueur graduellement; cependant je ferai observer que, dans la troisième paire de pattes, les deux premiers articles sont beaucoup plus allongés que ceux des première et seconde paires. Le sternum est très-étroit.

C'est près des *Thorictus,* coupe générique établie par M. Germar, que doit venir, je crois, se placer ce nouveau genre.

### 612. *Myrmecobius agilis,* Luc. (Pl. 21, fig. 9.)

Long. 2 millim. $\frac{1}{2}$, larg. 1 millim. $\frac{1}{2}$.

M. ovatus, convexus, ater, flavescente-tomentosus; capite, thorace elytrisque subtilissimè granariis, his posticè subferrugineis; antennis palpisque flavo-ferrugineis.

Ovale, convexe, d'un noir foncé et revêtu d'une tomentosité jaunâtre, courte et très-serrée. La tête, ainsi que le thorax et les élytres, est très-finement chagrinée, et ces dernières, à leur partie postérieure, sont très-légèrement ferrugineuses. Les antennes, ainsi que les palpes, sont d'un jaune ferrugineux. Tout le dessous du corps, ainsi que les pattes, est de même couleur que le dessus.

J'ai rencontré très-rarement cette espèce, qui est très-agile, et les quelques individus que j'ai pris, je les ai toujours trouvés dans des fourmilières, particulièrement avec la *Myrmica testaceo-pilosa.* C'est ordinairement pendant les mois de février et mars, dans les bois des lacs Tonga et Houbeira, aux environs du cercle de Lacalle, que je prenais cette espèce.

Pl. 21, fig. 9. *Myrmecobius agilis,* grossi, 9ᵃ la grandeur naturelle, 9ᵇ une mâchoire, 9ᶜ une mandibule, 9ᵈ la lèvre inférieure, 9ᵉ une antenne, 9ᶠ une patte de la première paire, 9ᵍ une patte de la troisième paire.

---

## Genus *Thorictus,* Germ. [1]

### 613. *Thorictus Germari,* Luc. (Pl. 22, fig. 1.)

Long. 2 millim. larg. 1 millim.

T. fuscorubescens, nitidus; capite subtilissimè punctato; thorace punctulato, ad basin angustato, angulis posticis subacutis; elytris posticè latis, subtiliter punctulatis.

D'un brun rougeâtre, plus ou moins foncé, brillant. La tête, assez fortement creusée entre

---

[1] Aux caractères assignés par M. Germar à cette coupe générique (*Rev. ent. de Gust. Silberm.* tom. II, 1834, n° 15), j'ajouterai que les antennes présentent onze articles, dont le premier, assez allongé, très-gros, les deuxième, troisième et quatrième courts, à peu près de même grosseur, les cinquième, sixième et septième de même longueur, mais plus larges, le huitième très-élargi, surtout à sa partie antérieure, le neuvième le plus long de tous, le dixième court, beaucoup plus petit et surtout plus étroit que le précédent, enfin le onzième ou dernier très-court, terminé en pointe mousse à son extrémité. Les mandibules sont assez robustes, bidentées à leur extrémité. Les mâchoires sont membraneuses, mousses, garnies de longs cils roides et serrés, avec la division interne plus courte que l'extern . Les palpes maxillaires sont de quatre articles, dont les trois premiers très-courts, avec le quatrième ou le dernier plus long que les trois précédents réunis, et se rétrécissant à son extrémité, qui est terminée en pointe mousse. La lèvre inférieure, beaucoup plus large que longue, orme, dans sa partie médiane, une saillie arrondie, très-prononcée, avec les palpes auxquels elle donne naissance, courts, composés de deux articles, dont le premier très-court, et le second, au contraire, très-allongé.

les antennes, est parsemée de points très-petits, peu profondément enfoncés et assez serrés. Les antennes sont d'un brun rougeâtre, un peu plus clair que le thorax. Ce dernier, très-convexe à sa partie antérieure, déprimé postérieurement, est arrondi antérieurement et sur les parties latérales, et fortement rétréci de chaque côté de la base, près des angles latéro-postérieurs, qui sont assez aigus ; il est ponctué, et les points qu'il présente sont plus forts, plus profondément marqués et bien moins serrés que ceux de la tête ; quelques poils roussâtres, très-courts et très-peu serrés, se font remarquer sur la partie antérieure du thorax, ainsi que sur les côtés. Les élytres, plus étroites que le thorax à leur partie anté-rieure, sont convexes et présentent une ponctuation très-fine et très-peu serrée. Tout le corps en dessous, ainsi que les pattes, sont lisses et de même couleur que le dessus.

Cette espèce ne pourra être confondue avec les *T. mauritanicus* et *puncticollis*, à cause du rétrécissement que présentent, à la base, le thorax, et, à leur partie antérieure, les élytres ; il est aussi à noter que ces organes, près de leur partie postérieure, sont plus larges et moins fortement acuminés que chez les espèces que je viens de citer.

Rencontré, en février, sous les pierres humides, près des marais du lac Tonga, dans les environs du cercle de Lacalle.

Pl. 22, fig. 1. *Thorictus Germari*, grossi, 1ª la grandeur naturelle, 1ᵇ une mâchoire, 1ᶜ une mandibule, 1ᵈ la lèvre inférieure, 1ᵉ une antenne.

## 614. *Thorictus mauritanicus*, Luc. (Pl. 21, fig. 10.)

Long. 2 millim. ¼, larg. 1 millim. ¼.

T. fusco-subrubescens, nitidus ; capite punctato ; thorace subtilissimè transversìm striato sparsìmque punctato, ad basin subangustato, angulis posticis subacutis ; elytris subtilissimè confertìmque punctulatis.

Cette espèce est très-voisine du *T. Germari*, mais elle en diffère par son thorax qui est moins étroit à la base, et qui forme avec les élytres un angle très-légèrement rentrant. D'un brun foncé, légèrement rougeâtre, brillant. La tête, profondément creusée transversa-lement entre les antennes, est parsemée de points assez gros, peu serrés et très-profondément marqués. Les antennes sont d'un brun rougeâtre. Le thorax, très-finement strié transver-salement, convexe, arrondi antérieurement, ainsi que sur les parties latérales, est déprimé postérieurement, et très-légèrement rétréci de chaque côté de la base ; il est ponctué, mais cette ponctuation est fine, très-peu marquée et très-espacée. Les élytres, presque aussi larges que le thorax à leur partie antérieure, sont assez convexes et présentent une ponctuation très-fine, peu marquée et plus serrée que celle du thorax ; de tous les points qui forment cette ponctuation, sort un petit poil très-court ; sur leurs parties latérales, elles sont hérissées de poils jaunâtres, peu serrés. Le corps en dessous, ainsi que les pattes, sont lisses et de même couleur qu'en dessus ; ces derniers organes sont hérissés de poils jaunâtres, assez allongés, peu serrés.

Cette espèce, moins rare que la précédente, habite l'Est et l'Ouest de nos possessions du Nord de l'Afrique ; je l'ai trouvée assez fréquemment en hiver, sous les pierres humides, près des marais du lac Tonga, dans les environs du cercle de Lacalle ; elle paraît plus rare dans les environs d'Oran, où je n'en ai rencontré que deux individus dans les mêmes condi-tions, près du Château neuf.

Pl. 21, fig. 10. *Thorictus mauritanicus*, grossi, 10ª la grandeur naturelle.

### 615. *Thorictus puncticollis*, Luc. (Pl. 22, fig. 2.)

Long. 1 millim. ¼, larg. 2 millim. ¾.

T. fuscorufescens, pilosus; capite subtilissimè granario, punctato; thorace ad basin lato, confertìm punctato, angulis posticis subacutis elytrisque sparsìm punctatis; pedibus fortiter granariis, fuscorufes-centibus.

Cette espèce, par sa forme, se rapproche beaucoup du *T. castaneus* de M. Germar, mais elle ne pourra être confondue avec cette dernière à cause de la ponctuation de son thorax et de ses élytres. Elle est d'un brun roussâtre. La tête, de cette couleur, mais plus foncée que le reste du corps, assez fortement creusée entre les antennes, très-finement chagrinée, est parsemée de points assez grands, profondément marqués et assez serrés. Les antennes sont de même couleur que la tête, avec les derniers articles cependant d'un brun ferrugineux clair. Le thorax, assez convexe, arrondi antérieurement, ainsi que sur les parties latérales, n'est pas rétréci postérieurement et ne forme pas d'angle rentrant avec les élytres; il est ponctué, et les points qui forment cette ponctuation sont petits, peu profondément mar-qués et en bien plus grand nombre que dans les espèces précédentes. Les élytres, aussi larges que le thorax, assez convexes, sont ponctuées, mais les points que ces organes présentent sont en moins grand nombre et par conséquent moins serrés que ceux du thorax; de tous ces points partent des poils très-courts. Tout le corps en dessous est de même couleur qu'en dessus. Les pattes, fortement chagrinées, sont d'un brun roussâtre foncé et hérissées de poils jaunâtres, courts et peu serrés.

Je n'ai rencontré qu'une seule fois cette espèce, que j'ai prise vers le milieu de mars, sous les pierres humides, près du fort l'Empereur, aux environs d'Alger.

Pl. 22, fig. 2. *Thorictus puncticollis*, grossi, 2ª la grandeur naturelle, 2ᵇ une patte postérieure.

---

## Genus *Throscus*, Latr. *Elater*, Oliv. *Dermestes*, Auct.

### 616. *Throscus dermestoides*.

Linn. *Syst. nat.* édit. 10, tom. I, pars 2, p. 656.
Latr. *Gener. crust. et ins.* tom. II, p. 37, n° 1.
*Elater clavicornis*, Oliv. *Ent.* tom. II, n° 31, pl. 8, fig. 85 *a*, *b*.
Illig. *Col. bor.* tom. I, p. 322, n° 20.
*Dermestes adstrictor*, Fabr. *Syst. Eleuth.* tom. I, p. 316, n° 24.

Je n'ai rencontré qu'une seule fois cette espèce : c'est aux environs de Philippeville, à la fin de mars, sous des pierres situées sur les bords des rivières et des flaques d'eau.

## Genus *GEORISSUS*, Latr. *Pimelia*, Fabr.

### 617. *Georissus costatus.* (Pl. 23, fig. 2.)

De Casteln. *Hist. nat. des ins.* tom. II, p. 45, n° 2.

Cette espèce se plaît sur les bords des lacs et des rivières; je l'ai rencontrée en juin, particulièrement sur les rives du lac Houbeira, dans les environs du cercle de Lacalle; ce *Georissus* est souvent entièrement recouvert de petits grains de sable fortement agglomérés entre eux et qui sont très-adhérents sur la tête, le thorax et les élytres.

Pl. 23, fig. 2. *Georissus costatus*, grossi, 2ᵃ la grandeur naturelle, 2ᵇ une mâchoire, 2ᶜ une mandibule, 2ᵈ une antenne, 2ᵉ une patte antérieure.

---

# DIXIÈME FAMILLE.
## LES CLAVICORNES.

---

# PREMIÈRE TRIBU.
## LES DERMESTIENS.

---

## Genus *DERMESTES*, Linn. *Anthrenus*, Fabr.

### 618. *Dermestes lardarius.*

Fabr. *Syst. Eleuth.* tom. I, p. 312, n° 1.
Oliv. *Ent.* tom. II, n° 9, p. 6, 1, pl. 1, fig. 1.

Cette espèce est très-commune pendant toute l'année dans l'Est et dans l'Ouest de nos possessions du Nord de l'Afrique; je l'ai prise souvent dans les peaux d'animaux préparées par mon collègue le commandant Levaillant; elle se plaît aussi dans les matières animales en décomposition, car je l'ai rencontrée en quantité sous les cadavres de chevaux presque desséchés.

### 619. *Dermestes vulpinus.*

Panz. *Faun. Germ.* fasc. 40, n° 10.
Oliv. *Ent.* tom. II, n° 9, p. 8, 4, pl. 1, fig. 6 *a, b, c.*
Fabr. *Syst. Eleuth.* tom. I, p. 314, n° 12.

J'ai toujours trouvé ce Dermeste errant dans les maisons; je l'ai pris dans les premiers jours de mars, à Alger, dans ma chambre, et je l'ai retrouvé ensuite à la fin de mai, dans les mêmes conditions, à Constantine.

Les individus qui habitent le Nord de l'Afrique forment une variété assez remarquable, car tous ceux que j'ai rencontrés diffèrent de ceux d'Europe par les élytres, qui sont sensiblement striées.

### 620. *Dermestes hirticollis.*

Fabr. *Syst. Eleuth.* tom. I, p. 314, n° 14.

Cette espèce me paraît assez rare; je ne l'ai rencontrée qu'une seule fois : elle errait sur les rochers du Djebel Mansourah par une température très-élevée; environs de Constantine, fin de mai.

### 621. *Dermestes murinus.*

Linn. *Syst. nat.* tom. II, p. 156, 3, 18.
Fabr. *Syst. Eleuth.* tom. I, p. 315, n° 15.
*Dermestes catta,* Panz. *Faun. Germ.* fasc. 40, n° 10.
*Dermestes nebulosus,* Sch. *Syn. ins.* tom. II, p. 90.

Ce Dermeste habite les environs de Philippeville, de Constantine et du cercle de Lacalle; je l'ai toujours rencontré errant pendant l'hiver et une grande partie du printemps.

### 622. *Dermestes thoracicus.*

Géné, *De quib. ins. Sard. in Mem. della reale Accad. delle sc. di Torino,* tom. XXXIV, p. 43, pl. 1, fig. 13.

Je n'ai pas trouvé cette espèce, qui habite les environs d'Oran, et que je dois à l'obligeance de M. le colonel Levaillant.

### 623. *Dermestes bicolor.*

Fabr. *Syst. Eleuth.* tom. I, p. 314, n° 11.
Herbst, *Käf.* tom. IV, p. 125, pl. 14, n° 21.

Rencontré une seule fois sous le cadavre d'un rat rayé (*Mus barbarus*), dans les bois du lac Houbeira, aux environs du cercle de Lacalle, fin de mai.

---

### Genus *ATTAGENUS,* Latr. *Dermestes,* Auct.

### 624. *Attagenus fallax.*

Géné, *De quib. ins. Sard. in Mem. della reale Accad. delle scienze di Torino,* 2ᵉ série, tom. I, p. 59, pl. 2, fig. 6.

Cette espèce n'est pas très-rare : pendant l'hiver elle se cache sous les écorces des oliviers et des chênes-liéges, dans les environs de Philippeville, d'Hippône et du cercle de Lacalle; pendant l'été elle se tient sur les fleurs, où on la prend assez communément en fauchant.

### 625. *Attagenus bifasciatus* (*Dermestes*).

Oliv. *Ent.* tom. II, n° 9, p. 13, 14, pl. 2, fig. 16 *a, b.*

Habite les mêmes localités que l'espèce précédente; je l'ai rencontrée dans les mêmes mois et dans les mêmes conditions.

### 626. *Attagenus obtusus* (*Dermestes*).

Sch. *Synon. ins.* pars 2, p. 88, n° 10.

Se trouve assez communément sur les fleurs pendant le printemps et une grande partie de l'été; environs du cercle de Lacalle.

---

### Genus *ANTHRENUS*, Geoffr. *Byrrhus*, Linn. *Dermestes*, Degéer.

### 627. *Anthrenus museorum.*

Linn. *Faun. suec.* n° 430.
Fabr. *Syst. Eleuth.* tom. I, p. 107, n° 5.
Oliv. *Ent.* tom. II, n° 14, p. 8, pl. 1, fig. 1.
Brull. *Hist. nat. des ins.* tom. V, col. 2, p. 377, pl. 15, fig. 4.

Rencontré, en juillet, sur les fleurs; je l'ai pris aussi dans ma chambre, sur les vitres de mes croisées et très-souvent aussi dans mes boîtes; environs d'Alger, de Constantine et du cercle de Lacalle.

### 628. *Anthrenus pimpinellæ.*

Fabr. *Syst. Eleuth.* tom. I, p. 106, n° 1.
Oliv. *Ent.* tom. II, n° 14, p. 7, 1, pl. 1, fig. 4 *a, b.*
Brull. *Hist. nat. des ins.* tom. V, col. 2, p. 379.
Herbst, *Käf.* tom. VII, p. 330, n° 1.
Sturm, *Deutsch. faun. Käf.* tom. II, p. 125, n° 2.
Kust. *Die Käf. Europ.* fasc. n° 1, 28.

Cette espèce, pendant les mois de mai, de juin et de juillet, n'est pas très-rare sur les fleurs, dans les environs d'Oran, d'Alger, de Bône, de Constantine et du cercle de Lacalle.

### 629. *Anthrenus varius.*

Fabr. *Syst. Eleuth.* tom. I, p. 108, n° 8.
Panz. *Faun. Germ.* fasc. 108, n° 8.

Cette espèce, qui habite les environs d'Oran, m'a été donnée par M. le colonel Levaillant.

## Genus *Aspidiphorus*, Ziégl. *Nitidula*, Gyllenh.

### 630. *Aspidiphorus orbiculatus.*

Gyllenh. *Ins. suec.* tom. I, p. 242.

Rencontré une seule fois, en mai, sous les écorces d'un chêne-liége abattu, dans les bois du lac Tonga, aux environs du cercle de Lacalle.

---

## QUATRIÈME TRIBU[1].

### LES MACRODACTYLIENS.

---

## Genus *Elmis*, Latr. *Limnius*, Mull. Illig. *Dytiscus*, Hellwig. Panz.

### 631. *Elmis Dargelasi.*

Latr. *Gener. crust. et ins.* tom. II, p. 51, n° 3.

Trouvé une seule fois, dans les environs de Philippeville, sous des pierres presque submergées, milieu de mars.

---

## Genus *Parnus*, Fabr. *Dryops*, Oliv. Latr.

### 632. *Parnus prolifericornis.*

Fabr. *Syst. Eleuth.* tom. I, p. 332, n° 1.
Brull. *Hist. nat. des ins.* tom. V, p. 340.

Trouvé, à la fin de février, sous des pierres presque entièrement recouvertes par l'eau, environs d'Alger.

### 633. *Parnus algiricus*, Luc. (Pl. 23, fig. 1.)

Long. 4 millim. $\frac{1}{2}$, larg. 1 millim. $\frac{1}{2}$.

P. fuscus, pilis cinerescentibus vestitus; capite thoraceque punctatis; elytris striatis, punctatis; corpore infrà pedibusque fuscis, subtilissimè granariis.

Il varie beaucoup pour la taille et ressemble un peu au *P. prolifericornis*, près duquel il

---

[1] Les deuxième et troisième tribus sont les *Byrrhiens* et les *Acanthopodiens*, dont il n'a pas encore été trouvé de représentants en Algérie.

vient se placer. Il est brun et entièrement revêtu de poils d'un gris cendré clair, très-courts et peu serrés. La tête, parsemée de points peu profondément enfoncés et peu serrés, présente dans sa partie médiane une petite saillie longitudinale assez bien marquée. Les antennes sont de même couleur que le thorax, avec le second article moins dilaté que dans le *P. prolifericornis*. Le thorax, fortement caréné dans sa partie médiane, est parsemé de points un peu plus forts et moins serrés que ceux de la tête; les côtés sont assez fortement rebordés et le sillon qu'ils présentent est assez profondément marqué. L'écusson est ponctué. Les élytres, très-légèrement rétrécies un peu après leur partie humérale, sont plus profondément striées que dans le *P. prolifericornis*, avec les points dont ces dernières sont parsemées plus grands, plus profondément marqués et moins serrés. Tout le corps en dessous, ainsi que les pattes, est très-finement chagriné.

J'ai rencontré aux environs d'Alger cette espèce, qui, pendant l'hiver, n'est pas très-rare; je l'ai toujours trouvée sous des pierres très-humides placées sur les bords des rivières et des ruisseaux et souvent même presque entièrement submergées.

Pl. 23, fig. 1. *Parnus algiricus*, grossi, 1ᵃ la grandeur naturelle, 1ᵇ une mâchoire, 1ᶜ une mandibule, 1ᵈ une antenne, 1ᵉ une patte antérieure.

# ONZIÈME FAMILLE.

## LES PALPICORNES.

## PREMIÈRE TRIBU.

### LES HYDROPHILIENS.

## Genus *HELOPHORUS*, Fabr. *Silpha*, Linn.

### 634. *Helophorus aquaticus*.

LINN. *Faun. suec.* n° 461.
OLIV. *Ent.* tom. III, n° 381, p. 5, pl. 1, fig. 1.
BRULL. *Hist. nat. des ins.* tom. V, p. 304, pl. 13, fig. 4.
MULST. *Hist. nat. des col. d'Europe, Palp.* p. 33, n° 4.
*Helophorus grandis*, ILLIG. *Käfer Preuss.* p. 272, n° 1.
ERICHS. *Die Käfer der mark Brand.* tom. I, p. 194.

Cette espèce habite l'Est et l'Ouest de nos possessions du Nord de l'Afrique; je l'ai prise à la fin de janvier, sous des touffes d'herbes, dans une petite mare, près du fort des Anglais, aux environs d'Alger; je l'ai reprise ensuite, dans le même mois et dans les mêmes conditions, aux environs d'Oran.

### 635. *Helophorus granularis.*

Linn. *Faun. suec.* p. 214, n° 763.
Brull. *Hist. nat. des ins.* tom. V, p. 306.
Erichs. *Die Käfer der mark Brand.* tom. I, p. 193, n° 4.
Mulst. *Hist. nat. des col. de France, Palp.* p. 95, n° 5.
*Helophorus aquaticus*, Illig. *Käfer Preuss.* p. 273, n° 2.

Se trouve dans les mares et les flaques d'eau des environs d'Alger et du cercle de La-calle pendant l'hiver et une partie du printemps.

### 636. *Helophorus rugosus.*

Oliv. *Ent. tom.* III, 38, p. 6, n° 2, pl. 1, fig. *a, b.*
Brull. *Hist. nat. des ins.* tom. V, p. 305.
Mulst. *Hist. nat. des col. d'Europe, Palp.* p. 29, n° 1.

Rencontré dans les marais du lac Tonga pendant les mois de janvier et de février, environs du cercle de Lacalle.

### 637. *Helophorus griseus.*

Brull. *Hist. nat. des ins.* tom. V, p. 305.
*Helophorus intermedius*, Mulst. *Hist. nat. des col. d'Europe, Palp.* p. 32, n° 3.

Cet Hélophore, qui a été trouvé très-abondamment, dans les environs d'Alger, par M. le colonel Levaillant, m'a été communiqué par M. Guérin-Méneville.

---

### Genus *HYDROCHUS*, Germ. *Helophorus*, Auct.

### 638. *Hydrochus angustatus.*

Germ. *Ins. spec.* p. 90, n° 154.
Mulst. *Hist. nat. des col. d'Europe, Palp.* p. 47, n° 4.
*Hydrochus crenatus*, Steph. *Syn.* 2, p. 110, n° 2.
Brull. *Hist. nat. des ins.* tom. V, p. 307.

Cette espèce n'est pas très-rare; je l'ai prise aux environs d'Alger, pendant les mois de janvier, février et mars, dans une petite mare qui se trouve en face du fort des Anglais; je l'ai rencontrée ensuite en été, dans les marais d'Aïn-Dréan, aux environs du cercle de La-calle.

## Genus *LIMNEBIUS*, Leach. *Hydrophilus*, Auct.

### 639. *Limnebius nitidus.*

Marsh. *Ent. Brit.* p. 407, n° 15.
Mulst. *Hist. nat. des col. de France, Palp.* p. 94, n° 3.

Se trouve, pendant toute l'année, dans les flaques d'eau des environs d'Alger et du cercle de Lacalle.

---

## Genus *LACCOBIUS*, Erichs. *Limnebius*, Leach. *Hydrophilus*, Auct. *Chrysomela*, Linn.

### 640. *Laccobius minutus.*

Linn. *Faun. suec.* p. 166, n° 553.
Brull. *Hist. nat. des ins.* tom. V, p. 286, pl. 12, fig. 6.
Erichs. *Die Käfer der mark Brand.* tom. I, p. 203.
Mulst. *Hist. nat. des col. de France, Palp.* p. 129, n° 1.
*Hydrophilus bipunctatus*, Fabr. *Syst. Eleuth.* tom. I, p. 254, n° 26.

Habite les flaques d'eau des environs de Philippeville et du cercle de Lacalle.

---

## Genus *BEROSUS*, Leach. *Dytiscus*, Linn. *Hydrophilus*, Fabr.

### 641. *Berosus æriceps.*

Curt. *Ent. Brit.* tom. V, p. 240.
Erichs. *Die Käfer der mark Brand.* tom. I, p. 205, n° 2.
Mulst. *Hist. nat. des col. d'Europe, Palp.* p. 99, n° 2.
*Berosus signaticollis*, Sturm, *Deutsch. Faun.* 10, 27, 2.
*Berosus luridus*, Brull. *Hist. nat. des ins.* tom. V, p. 285, pl. 12, fig. 3.

J'ai rencontré cette espèce, en hiver et au printemps, dans les mares et les flaques d'eau des environs d'Alger, de Philippeville et du cercle de Lacalle.

### 642. *Berosus affinis.*

Brull. *Hist. nat. des ins.* tom. V, p. 285.
Mulst. *Hist. nat. des col. de France, Palp.* p. 102, n° 4.
*Hydrophilus luridus*, Oliv. *Ent.* tom. III, p. 39, fig. 3 *b.*

Cette espèce, pendant l'hiver, n'est pas rare dans les mares et les flaques d'eau des environs d'Alger.

## Genus *HYDROPHILUS*, Fabr.

### 643. *Hydrophilus inermis*, Luc. (Pl. 23, fig. 3.)

Long. 38 à 40 millim. larg. 22 millim.

H. omninò viridi-pistacinus; capite thoraceque convexis, minùs latis quàm in H. piceo; elytris convexis, posticè non spinosis, profundè striatis ac punctatis, striis subcarinatis; carinâ sterni sat profundè longitudinaliter excavatâ.

Il est un peu plus petit que l'*H. piceus*, auquel il ressemble beaucoup; il est entièrement d'un vert pistache brillant. La tête est moins allongée et surtout moins large que dans l'*H. piceus*; du reste, on y remarque les mêmes ponctuations. Les palpes et les antennes sont entièrement fauves. Le thorax est aussi un peu moins large et surtout plus convexe, et il présente les mêmes ponctuations que dans l'*H. piceus*. Les élytres, dans les plus grands individus que j'aie rencontrés, sont moins dilatées, paraissent plus convexes et ne présentent pas, à leur extrémité postérieure, la petite dent ou épine que l'on voit dans l'*H. piceus*; elles sont un peu plus profondément striées, et ces stries sont très-légèrement crénelées; les intervalles paraissent plus saillants et les points qu'ils présentent sont plus profondément marqués. Le dessous du corps est d'un noir brillant et les segments abdominaux paraissent moins carénés. Le sternum est revêtu d'un duvet court, légèrement fauve, avec la pointe antérieure de la carène assez profondément creusée longitudinalement. Les pattes sont d'un noir brillant.

Cette espèce, que j'ai rencontrée pendant les mois de juillet et d'août, n'est pas rare dans les mares et flaques des bois des lacs Tonga et Houbeira et des marais d'Aïn-Dréan, aux environs du cercle de Lacalle. Ce n'est que dans l'Est que j'ai rencontré cet *Hydrophilus* [1].

Pl. 23, fig. 3. *Hydrophilus inermis*, de grandeur naturelle, 3ᵃ une antenne, 3ᵇ la partie postérieure des élytres.

---

## Genus *HYDROBIUS*, Leach. *Hydrophilus*, Auct.

### 644. *Hydrobius convexus*.

Brull. *Hist. nat. des ins.* tom. V, p. 282.

Mulst. *Hist. nat. des col. de France, Palp.* p. 118, n° 1.

Rencontré, dans les premiers jours de mars, dans les flaques d'eau des bois du lac Houbeira; je l'ai pris aussi aux environs de Constantine et dans les petites mares qui sont situées sur la route de Lacalle à Bône.

---

[1] Ne faudrait-il pas cependant rapporter cette espèce à l'*H. pistaceus* de M. le comte de Castelnau? (*Hist. nat. des ins.* (Buff. Dumén.) *Ins.* tom. II, p. 50, n° 3.) Cet entomologiste, dans la description qu'il donne de cette espèce, ne dit pas si les élytres, à leur partie postérieure, présentent ou ne présentent pas d'épines.

### 645. *Hydrobius oblongus.*

HERBST, *Nat.* tom. VII, p. 3oo, n° 6, pl. 113, fig. 1o.
BRULL. *Hist. nat. des ins.* tom. V, p. 281.
MULST. *Hist. nat. des col. de France, Palp.* p. 12o, n° 2.
ERICHS. *Die Käfer der mark Brand.* tom. I, p. 207, n° 1.
*Hydrophilus picipes,* DUMÉR. *Dict. des sc. nat.* tom. XXII, p. 257.

Cette espèce n'est pas très-rare dans l'Est de nos possessions; je l'ai rencontrée, pendant toute l'année, dans les mares et flaques d'eau des environs d'Alger, du cercle de Lacalle et des marais d'Aïn-Dréan.

### 646. *Hydrobius fuscipes.*

LINN. *Faun. suec.* p. 214, n° 766.
BRULL. *Hist. nat. des ins.* tom. V, p. 281, pl. 12, fig. 3.
ERICHS. *Die Käfer der mark Brand.* tom. I, p. 2o8, n° 2.
MULST. *Hist. nat. des col. de France, Palp.* p. 122, n° 3.
*Hydrophilus scarabæoïdes,* FABR. *Syst. ent.* p. 228, n° 4.

Trouvé une seule fois, à la fin de novembre, dans une petite flaque d'eau, aux environs d'Hippône.

---

## Genus *PHILHYDRUS*, Sol. *Hydrobius*, Steph. Erichs. *Hydrophilus*, Auct.

### 647. *Philhydrus melanocephalus.*

FABR. *Syst. Eleuth.* tom. I, p. 252, n° 15.
BRULL. *Hist. nat. des ins.* tom. V, p. 278.
MULST. *Hist. nat des col. de France, Palp.* p. 137, n° 1.

Rencontré une seule fois, en mars, dans une petite flaque d'eau qui se trouve sur la route de Lacalle à Bône.

### 648. *Philhydrus bicolor.*

FABR. *Ent. syst.* tom. I, p. 184, n° 11.
GYLLENH. *Ins. suec.* tom. I, p. 121.
BRULL. *Hist. nat. des ins.* tom. V, p. 277, pl. 11, fig. 3.
*Philhydrus melanocephalus,* MULST. *Hist. nat. des col. de France, Palp.* p. 139, n° 1.
*Hydrobius testaceus,* ERICHS. *Die Käfer der mark Brand.* tom. I, p. 2o9, n° 4.

Rencontré, en août, dans les flaques d'eau des marais d'Aïn-Dréan, aux environs du cercle de Lacalle.

### 649. *Philhydrus marginellus.*

Fabr. *Ent. syst.* tom. I, p. 185, n° 17.
Brull. *Hist. nat. des ins.* tom. V, p. 278.
Erichs. *Die Käfer der mark Brand.* tom. I, p. 210, n° 7.
Mulst. *Hist. nat. des col. de France, Palp.* p. 141, n° 2.
*Hydrophilus affinis,* Payk. *Faun. suec.* tom. I, p. 185, n° 9.

Habite les flaques d'eau des marais d'Aïn-Dréan et du lac Tonga, environs du cercle de Lacalle.

---

## Genus HYDROUS, Brull. *Dytiscus* et *Hydrophilus,* Auct.

### 650. *Hydrous caraboïdes.*

Linn. *Faun. suec.* p. 214, n° 765.
Fabr. *Ent. syst.* tom. I, p. 183, n° 4.
Brull. *Hist. nat. des ins.* tom. V, p. 276, pl. 11, fig. 2.
Erichs. *Die Käfer der mark Brand.* tom. I, p. 207, n° 3.
Mulst. *Hist. nat. des col. de France, Palp.* p. 112, n° 1.

Rencontré une seule fois, en juin, dans les flaques d'eau des marais d'Aïn-Dréan, environs du cercle de Lacalle.

### 651. *Hydrous flavipes.*

Stev. *in Schœnh. syn. ins.* tom. II, p. 3.
Mulst. *Hist. nat. des col. de France, Palp.* p. 114, n° 2.

Je n'ai pas rencontré cette espèce, qui m'a été communiquée par M. Guérin-Méneville; cet *Hydrous,* qui a été pris dans les Chott par M. le capitaine Blanchard, n'avait encore été signalé que comme habitant l'Europe.

---

## DEUXIÈME TRIBU.
### LES SPHÉRIDIENS.

---

## Genus CYCLONOTUM, Erichs. *Cœlostoma,* Brull. *Hydrophilus,* Auct.

### 652. *Cyclonotum orbiculare (Hydrophilus).*

Fabr. *Ent. syst.* tom. I, p. 184, n° 10.
Oliv. *Ent.* tom. III, n° 39, p. 13, pl. 2, fig. 11 *a, b.*
Mulst. *Hist. nat. des col. de France, Palp.* p. 148, n° 1.
Brull. *Hist. nat. des ins.* tom. V, p. 294.

Cette espèce habite l'Est et l'Ouest de nos possessions du Nord de l'Afrique; je l'ai trouvée, pendant l'hiver et une grande partie du printemps, dans les eaux stagnantes, sous les

pierres situées au bord des marais, et souvent aussi sous les feuilles et les détritus de végétaux. Environs d'Oran, d'Alger, de Philippeville et du cercle de Lacalle.

---

## Genus *SPHÆRIDIUM*, Fabr. *Dermestes*, Linn. *Hister*, Degéer.

### 653. *Sphæridium scarabæoïdes.*

Linn. *Faun. suec.* p. 145, n° 428.
Fabr. *Syst. Eleuth.* tom. I, p. 92, n° 1.
Oliv. *Ent.* tom. II, n° 45, p. 4, pl. 1, fig. 1.
Brull. *Hist. nat. des ins.* tom. V, p. 292, pl. 13, fig. 1.
Erichs. *Die Käfer der mark Brand.* tom. I, p. 214, n° 1.
Mulst. *Hist. nat. des col. de France, Palp.* p. 151, n° 1.

Cette espèce, pendant l'hiver et le printemps, est assez commune dans l'Est et dans
l'Ouest des possessions françaises du Nord de l'Afrique.

### 654. *Sphæridium bipustulatum.*

Fabr. *Spec. ins.* tom. I, p. 78, n° 2.
Oliv. *Ent.* tom. I, n° 15, pl. 2, fig. 11.
Erichs. *Die Käfer der mark Brand.* tom. I, p. 215, n° 3.
Mulst. *Hist. nat. des col. de France, Palp.* p. 153, n° 2.

Cette espèce, pendant l'hiver, se trouve assez communément dans les environs de Philippeville.

---

## Genus *CERCYON*, Leach. *Sphæridium*, Auct.

### 655. *Cercyon quisquilium.*

Linn. *Faun. suec.* p. 138, n° 397.
Fabr. *Syst. ent.* p. 20, n° 74.
Oliv. *Ent.* tom. I, n° 3, p. 95, 108, pl. 18, fig. 170.
Mulst. *Hist. nat. des col. de France, Palp.* p. 166, n° 6.
*Sphæridium unipunctatum*, Fabr. *Ent. syst.* tom. I, p. 81, n° 20.
*Cercyon unipunctatum*, Erichs. *Die Käfer der mark Brand.* tom. I, p. 217.

Cette espèce habite les environs d'Alger; je l'ai prise en janvier, sous les pierres humides.

### 656. *Cercyon anale.*

PAYK. *Faun. suec.* tom. I, p. 187, n° 12.
ERICHS. *Die Käfer der mark Brand.* tom. I, p. 219, n° 9.
MULST. *Hist. nat. des col. de France, Palp.* p. 183, n° 15.
*Sphæridium terminatum,* GYLLENH. *Ins. suec.* tom. I, p. 108, n° 10.
*Cercyon terminatum,* BRULL. *Hist. nat. des ins.* tom. V, p. 292.

Trouvé sous les pierres humides, aux environs d'Alger, dans les premiers jours de février.

# DOUZIÈME FAMILLE.

## LES LAMELLICORNES.

# PREMIÈRE TRIBU.

## LES COPROPHAGIENS.

### Genus *ATEUCHUS*, Weber. *Scarabæus,* Auct.

### 657. *Ateuchus sacer* (*Scarabæus*).

LINN. *Syst. nat.* tom. I, pars 2, p. 545, n° 18.
OLIV. *Ent.* tom. I, n° 3, p. 150, 183, pl. 8, fig. 59 *a, b.*
FABR. *Syst. Eleuth.* tom. I, p. 54, n° 1.
*Scarabæus sacer,* MULST. *Hist. nat. des col. de France, Lamell.* p. 45, n° 1.

Cette espèce [1], pendant le printemps, est très-répandue dans l'Est et dans l'Ouest de nos possessions du Nord de l'Afrique; je l'ai rencontrée particulièrement dans les environs d'Oran, d'Alger, de Bône, de Constantine et du cercle de Lacalle. Il est curieux de voir l'activité avec laquelle cet Ateuque pousse, avec les pattes postérieures, une boule ordinairement quatre fois plus grosse que lui, sans que rien semble l'arrêter dans ce travail, rendu bien souvent pénible, lorsque le terrain est mouvant et accidenté. Cette boule, composée de matières excrémentitielles, est destinée à contenir les œufs qui y sont déposés par la femelle, et à nourrir ensuite les jeunes larves qui sortent de ces œufs. Ce nid, que j'ai

---

[1] J'ai trouvé plusieurs individus dont les élytres sont très-distinctement striées, avec les intervalles assez saillants et très-distinctement ponctués. Du reste, je ferai observer que, chez presque tous les individus que j'ai pris, les élytres sont toujours beaucoup plus distinctement striées et ponctuées que chez ceux rencontrés dans le Midi de la France.

rencontré quelquefois poussé par les deux sexes, est ensuite enfoui dans la terre lorsque les architectes de cette sphère ont trouvé un lieu propice à la conservation de leur postérité.

Pl. 23, fig. 4. Une mâchoire, 4ᵃ une mandibule, 4ᵇ une antenne de l'*Ateuchus sacer.*

### 658. *Ateuchus semipunctatus.*

Fabr. *Syst. Eleuth.* tom. I, p. 55, n° 3.
Mulst. *Hist. nat. des col. de France, Lamell.* p. 5o, n° 2.
*Scarabæus variolosus,* Oliv. *Ent.* tom. I, 3, p. 151, 184, pl. 8, fig. 6o.

Rencontré au printemps, sur la route de Bône à Hippône; cette espèce se tenait dans du crottin de cheval.

### 659. *Ateuchus variolosus.*

Fabr. *Syst. Eleuth.* tom. I, p. 56, n° 4.
Oliv. *Ent.* tom. III, 131, 184, pl. 8, fig. 6o.

Elle est beaucoup plus commune que l'espèce précédente, et habite l'Est et l'Ouest de l'Algérie; je l'ai rencontrée au printemps, dans les environs d'Alger et de Bougie, et particulièrement sur la route d'El-Arouch à Constantine. Cette espèce se plaît dans le crottin de cheval.

### 660. *Ateuchus cicatricosus,* Luc. (Pl. 23, fig. 5).

Long. 24 millim. larg. 16 millim.

A. atro-subnitidus; capite anticè subtiliter valdèque striato, posticè varioloso; thorace magno, confertìm varioloso, marginibus subtiliter denticulatis; elytris distinctè striatis, subtilissimè granariis, leviter variolosis; corpore infrà pedibusque atro-nitidis, tibiis anticis granariis, femorum posticorum incisurâ lævigatâ.

Il est plus grand que l'*A. variolosus,* auquel il ressemble, et avec lequel il ne pourra être confondu à cause des élytres, qui, un peu après leur partie humérale, sont beaucoup plus dilatées, et des points qu'elles présentent, qui sont plus grands, en bien plus grand nombre, et moins profondément marqués. Il est d'un noir légèrement brillant. La tête est en demi-cercle, et les six dents qui arment le chaperon sont moins prononcées et plus arrondies que dans l'*A. variolosus;* toute la partie antérieure est d'un noir mat, et profondément striée longitudinalement; postérieurement, elle est d'un noir légèrement brillant, et présente des points larges, arrondis et peu profondément marqués. Les organes de la manducation sont d'un noir foncé, ainsi que les antennes, dont les derniers articles sont d'un brun roussâtre. Le thorax est large, très-convexe, très-finement denticulé sur les parties latérales, qui sont très-arrondies; il est ponctué, et les points qui forment cette ponctuation sont larges, arrondis, plus serrés que dans l'*A. variolosus,* et peu profondément marqués. Les élytres, un peu après leur partie humérale, sont aussi larges que le thorax, et sont plus courtes que ce dernier et la tête réunis; elles sont distinctement striées et très-finement chagrinées, et les points qu'elles présentent sont grands, serrés, et bien moins profondément marqués que ceux du thorax. Le corps, en dessous, est lisse et d'un noir brillant. Les pattes sont noires, ciliées, avec l'échancrure des fémurs des pattes postérieures assez profondément marquée et lisse, et le trochanter fortement épineux.

Je n'ai rencontré que deux individus de cette espèce, qui habite les environs d'Oran, et que j'ai trouvés sur la route qui mène de cette ville à Mers-el-Kebir; on la trouve aussi dans les environs d'Alger, car M. Reiche m'a communiqué un individu de cet *Ateuchus* qui a été pris tout près de cette ville.

Pl. 23, fig. 5. *Ateuchus cicatricosus* [1], de grandeur naturelle.

### 661. *Ateuchus puncticollis.* (Pl. 23, fig. 6.)

Long. 16 millim. larg. 9 millim.

Latr. *Mém. sur les ins. sacr. d'Égypte*, p. 7, pl. 18, fig. 14.
Falderm. *Nouv. mém. de la soc. imp. des nat. de Moscou*, tom. IV, p. 236.
*Ateuchus armeniacus*, Ménest. *Cat. des obj. du Caucase*, p. 173, n° 727.

A. ater, nitidus; capite posticè lævigato, anticè profundè striato; thorace sparsim valdèque punctato, marginibus subtiliter denticulatis; elytris subtiliter striatis, interstitiis subelevatis, lævigatis; corpore infrà pedibusque atro-nitidis, his fortiter ciliatis.

Cette espèce se rapproche beaucoup de l'*A. dilaticollis,* avec lequel elle ne pourra être confondue, à cause de ses élytres, qui sont très-faiblement striées, et des dentelures de ses pattes antérieures, qui sont beaucoup moins fortes. D'un noir brillant. Le chaperon est en demi-cercle, armé de six dents, et ces dernières sont fortement ciliées sur leur bord inférieur. La tête est lisse postérieurement, avec toute la partie antérieure fortement striée longitudinalement. Les organes de la manducation sont d'un brun roussâtre. Les antennes sont d'un noir foncé. Le thorax est assez convexe, large, finement denticulé sur les parties latérales, qui sont arrondies; il est fortement ponctué, et les points qui forment cette ponctuation sont arrondis et placés çà et là; dans sa partie médiane, on aperçoit une saillie longitudinale peu marquée, qui part du bord antérieur, et n'atteint pas tout à fait la partie postérieure. Les élytres, d'un noir moins brillant que le thorax, moins larges que ce dernier, plus longues que la tête et le thorax réunis, sont assez faiblement striées, avec les intervalles légèrement saillants et lisses. Le corps, en dessous, est lisse, d'un noir brillant. Les pattes, de même couleur que le dessous du corps, sont fortement ciliées de poils d'un brun roussâtre.

Cette espèce, dont je ne connais que la femelle, m'a été communiquée par M. Reiche, qui l'a reçue des environs de Bône.

Pl. 23, fig. 6. *Ateuchus puncticollis,* de grandeur naturelle, 6ᵃ la tête grossie, 6ᵇ une patte antérieure.

---

[1] Dej. *Cat.* 3ᵉ édit. p. 150. (Espèce inédite.)

## Genus *GYMNOPLEURUS*, Illig. *Scarabæus, Copris et Ateuchus*, Auct.

### 662. *Gymnopleurus flagellatus.*

Fabr. *Syst. Eleuth.* tom. I, p. 59, n° 22.
*Ateuchus flagellatus*, Fisch. *Ent.* tom. I, p. 144, 4, pl. 13, fig. 4.
Mulst. *Hist. nat. des col. de France, Lamell.* p. 57, n° 2.

Pendant les mois de mai et de juin, cette espèce est assez commune; je l'ai particulièrement rencontrée dans les environs de Philippeville, de Constantine, de Bône et du cercle de Lacalle; elle se plaît dans les bouses de vache. Les environs d'Oran et d'Alger nourrissent aussi cette espèce.

### 663. *Gymnopleurus pilularius (Ateuchus).*

Fabr. *Syst. Eleuth.* tom. I, p. 60, n° 27.
Sturm. *Deutsch. Faun. ins.* tom. I, p. 74, n° 1, pl. 11.
Mulst. *Hist. nat. des col. de France, Lamell.* p. 54, n° 1.
Kust. *Die Käf. Europ.* fasc. 1, p. 42.
*Actinophorus Geoffroyi*, Sturm. *Ent. Handb.* tom. I, p. 78, n° 68, pl. 3, fig. 5.
*Gymnopleurus cantharus*, Illig. *Mag.* tom. II, p. 199.

Cette espèce est très-commune dans les bouses pendant les mois d'avril, de mai et de juin aux environs d'Oran, d'Alger, de Philippeville, de Constantine, de Bône et du cercle de Lacalle.

----

## Genus *SISYPHUS*, Latr. *Scarabæus, Copris et Ateuchus*, Auct.

### 664. *Sisyphus Schœfferi.*

Linn. *Syst. nat.* pars 2, p. 550, n° 41.
Fabr. *Syst. Eleuth.* tom. I, p. 59, n° 34.
Oliv. *Ent.* tom. I, 3, p. 164, 201, pl. 5, fig. 41.
Mulst. *Hist. nat. des col. de France, Lamell.* p. 61, n° 1.

Pendant une partie du printemps et tout l'été, ce Sisyphe est assez répandu dans l'Est et dans l'Ouest de nos possessions du Nord de l'Afrique. Je l'ai particulièrement rencontré dans les environs d'Hippône et dans les bois du lac Tonga : environs du cercle de Lacalle.

## Genus *Copris*, Geoffr. *Scarabæus*, Auct.

### 665. *Copris paniscus.*

Fabr. *Syst. Eleuth.* tom. I, p. 43, n° 59.
Oliv. *Ent.* tom. I, 3, p. 112, 130, pl. 6, fig. 134.
Mulst. *Hist. nat. des col. de France, Lamell.* p. 67, n° 1.
*Scarabæus hispanus,* Linn. *Mus. Lud. Ulr.* p. 12, n° 10.
Fabr. *Syst. Eleuth.* tom. I, p. 49, n° 86.

Cette espèce est assez commune pendant l'hiver, dans l'Est et dans l'Ouest de nos possessions du Nord de l'Afrique; je l'ai rencontrée particulièrement dans les environs d'Alger,
de Bougie, de Philippeville et du cercle de Lacalle; elle se tient sous les bouses, et se
creuse dans la terre des trous arrondis, profonds; bien souvent j'ai rencontré le mâle et
la femelle dans le même trou.

### 666. *Copris lunaris.*

Linn. *Faun. suec.* p. 133, n° 379.
Fabr. *Ent. syst.* tom. I, p. 46, n° 150 (mâle).
Mulst. *Hist. nat. des col. de France, Lamell.* p. 72, n° 2.
*Scarabæus emarginatus,* Oliv. *Ent.* tom. I, 115, 133.
*Scarabæus 4-dentatus,* Degéer, *Mém. pour serv. à l'hist. nat. des ins.* tom. VII, p. 638, n° 35, pl. 47, fig. 17
(mâle).

Cette espèce est beaucoup plus rare que la précédente; je n'en ai rencontré que quelques
individus que j'ai trouvés en hiver, dans des bouses, aux environs d'Alger et du cercle de
Lacalle.

---

## Genus *Bubas*, Mulst. *Scarabæus, Copris et Onitis,* Auct.

### 667. *Babus bison.*

Linn. *Syst. nat.* tom. I, pars 2, p. 547, n° 27.
Fabr. *Syst. Eleuth.* tom. I, p. 28, n° 7.
Oliv. *Ent.* tom. I, 3, p. 120, 140, pl. 6, fig. 43 *a* (mâle), *b* (femelle).
Mulst. *Hist. nat. des col. de France, Lamell.* p. 77, n° 1.

Très-répandu, pendant l'hiver et une grande partie du printemps, dans l'Est et dans
l'Ouest de nos possessions de l'Algérie; j'ai rencontré particulièrement ce Bubas dans les
environs d'Alger et de Philippeville; il se tient sous les bouses, et se creuse dans la terre
des trous arrondis, profonds, dans lesquels j'ai trouvé quelquefois les deux sexes réunis.

Pl. 23, fig. 7. Une mâchoire, 7ª une mandibule grossie du *Bubas bison.*

### 668. *Bubas bubalus.*

Oliv. *Encycl. méth.* tom. VIII, p. 492, n° 14.
Germ. *Ins. spec.* p. 107.
Mulst. *Hist. nat. des col. de France, Lamell.* p. 80, n° 2.

Cette espèce est plus rare que la précédente; je n'en ai rencontré que quelques individus que j'ai pris dans des bouses, en hiver, aux environs d'Alger.

---

## Genus *ONITIS*, Fabr. *Scarabæus et Copris*, Auct.

### 669. *Onitis Olivieri.*

Illig. *Mag.* tom. II, p. 197, n° 1.
Mulst. *Hist. nat. des col. de France, Lamell.* p. 85, n° 1.
*Onitis sphinx*, Oliv. *Ent.* tom. I, n° 3, p. 135, 162, pl. 7, fig. *a* (mâle), *b* (femelle).

J'ai rencontré cette espèce, qui n'est pas très-commune, en juin, dans les environs de
Constantine; je l'ai reprise ensuite, à la fin du même mois et dans les premiers jours de
juillet, aux environs de Sétif. Cette espèce, qui habite aussi les environs d'Oran, se plaît
dans les bouses.

### 670. *Onitis furcifer.*

Rossi, *Mant. ins.* p. 7, n° 7.

J'ai rencontré cette espèce, qui se plaît dans les bouses, pendant les mois de mai, de
juin et de juillet, dans les environs de Constantine, de Bône, d'Alger et d'Oran.

### 671. *Onitis inuus.*

Fabr. *Syst. Eleuth.* tom. I, p. 26, n° 1.
Oliv. *Ent.* tom. I, n° 3, 138, 165, pl. 14, fig. 135 *a, b.*

Cette espèce est assez rare; je n'en ai trouvé que quelques individus que j'ai rencontrés
sous des bouses presque desséchées, à la fin de juillet, dans le camp des Faucheurs, près
le lac Houbeira; environs du cercle de Lacalle.

### 672. *Onitis Chevrolatii*, Luc. (Pl. 23, fig. 8.)

Long. 17 millim. larg. 10 millim.

O. viridi-nitidus; capite fortiter granulato, transversìm carinato ac bituberculato; thorace lato, subtiliter
granulato, utrinque posticèque impresso; elytris fortiter costatis, costis viridissimis, subtilissimè granariis.

interstitiis latis, striatis ac punctatis; corpore infrà lævigato, viridi-nitido, sterno fortiter punctato; pedibus viridi-metallicis, femoribus punctatis.

D'un vert brillant; la tête, à sa partie antérieure, est avancée, arrondie et assez forte-ment rebordée; en dessus, elle présente une saillie transversale et deux tubercules forte-ment prononcés, dont un situé près du bord antérieur, et l'autre, plus petit, placé tout à fait postérieurement; elle est fortement granulée, et les petits tubercules qui forment cette granulation sont peu serrés. Les antennes, ainsi que les organes de la manducation, sont d'un brun foncé, et ces derniers sont hérissés de longs poils roussâtres. Le thorax est très-dilaté et arrondi sur les parties latérales, rebordé et finement denticulé antérieurement, fortement rétréci près des angles de la base, qui sont très-arrondis; il est granulé, et les petits tubercules qui forment cette granulation sont plus fins et beaucoup plus serrés que ceux de la tête; de chaque côté, on aperçoit une impression petite, mais profondément marquée et transversale, et tout près du bord postérieur on voit deux autres impressions, plus petites que la première, très-rapprochées, et un sillon longitudinal faiblement mar-qué qui dépasse un peu le milieu du thorax. Les élytres sont étroites, parcourues longi-tudinalement par des côtes saillantes, très-finement chagrinées, et d'un vert plus foncé que les intervalles, qui sont larges, striés et très-finement ponctués. Le corps, en dessous, est lisse, d'un beau vert brillant, avec le sternum assez finement ponctué. Les pattes sont d'un beau vert métallique, avec les fémurs ponctués et denticulés sur leurs bords postérieurs, seulement dans les seconde et troisième paires : les fémurs de ces dernières, sur leur bord supérieur, sont armés, dans leur partie médiane, d'une épine très-fortement prononcée; enfin les fémurs des pattes antérieures sont allongés, grêles, quadridentés et courbés à leur partie antérieure.

Cette jolie espèce, qui avoisine un peu l'*O. inuus,* m'a été communiquée par M. Aug. Chevrolat; elle a été trouvée dans les environs de Mascara par M. Wagner.

Pl. 23, fig. 8. *Onitis Chevrolatii,* grossi, 8ᵃ la grandeur naturelle, 8ᵇ une patte antérieure.

### 673. *Onitis irroratus.*

Rossi, *Mant. ins.* p. 7, n° 6.
*Onitis clinius,* FABR. *Syst. Eleuth.* tom. I, p. 27, n° 4.
*Onitis lophus,* ejusd. *Op. cit.* p. 27, n° 3.
*Onitis amyntas,* DE CASTELN. *Hist. nat. des ins.* tom. II, p. 89, n° 8.
*Onitis melybœus,* MULST. *Hist. nat. des col. de France, Lamell.* p. 88, n° 2.

Rencontré en mai, juin et juillet, dans des bouses aux environs de Constantine et de Bône; cette espèce se trouve aussi dans la province de l'Ouest, car j'en possède plusieurs individus qui ont été rencontrés par M. le colonel Levaillant aux environs d'Oran et de Mostaganem.

### 674. *Onitis ion.*

Oliv. *Ent.* tom. I, 3, p. 186, 235, pl. 27, fig. 239.
Mulst. *Hist. nat. des col. de France, Lamell.* p. 92, n° 3.
*Onitis Vandelli*, Fabr. *Syst. Eleuth.* tom. I, p. 28, n° 5.

J'ai trouvé cet *Onitis*, qui se tient dans les bouses, pendant l'hiver et une partie du printemps, dans les environs de Philippeville et du cercle de Lacalle; les environs d'Oran nourrissent aussi cette espèce.

### 675. *Onitis strigatus.*

Erichs. *Reis. in der Regents. Algier, von Moritz Wagner, Ent.* tom. III, p. 170, n° 5.
Kust. *Die Käf. Europ.* fasc. 1, p. 43.

J'ai rencontré cette espèce dans l'Est et dans l'Ouest de l'Algérie; elle se tient sous les bouses, et je l'ai prise pour la première fois en juin, aux environs de Sétif; les individus que je possède de l'Ouest m'ont été donnés par M. le colonel Levaillant.

### 676. *Onitis numida.*

De Casteln. *Hist. nat. des ins.* tom. II, p. 90, n° 13.

Je ne connais pas cette espèce, qui a été décrite par M. de Castelnau, et à laquelle il donne pour patrie les environs d'Oran.

---

## Genus ONTHOPHAGUS, Latr. *Scarabæus et Copris*, Auct.

### 677. *Onthophagus maurus*, Luc. (Pl. 23, fig. 9.)

Long. 11 à 12 millim. larg. 6 millim.

O. capite thoraceque nigris, punctatis; elytris flavis, nigro maculatis, suturâ marginibusque atris, striato-punctatis, interstitiis longitudinaliter subtilissimè punctulatis; corpore infrà pedibusque atro-nitidis.

Il ressemble à l'*O. nuchicornis*, mais il est beaucoup plus grand. La tête est noire, fortement rebordée, échancrée antérieurement dans les deux sexes, et offrant une ponctuation assez forte et serrée; chez le mâle, la corne est large à sa base et assez fortement recourbée postérieurement à son extrémité; un peu avant la corne, chez ce sexe, et les trois protubérances qui remplacent cette dernière chez la femelle, on aperçoit une saillie transversale assez fortement prononcée. Les antennes, ainsi que les organes de la manducation, sont noires. Le thorax est de même couleur que la tête, et présente une ponctuation plus fine que celle que l'on voit dans cette dernière, et surtout plus serrée; dans les deux sexes, il est pourvu de trois petites protubérances, dont deux antérieures et une de chaque côté, près du bord latéro-postérieur; on aperçoit postérieurement une petite dépression longitudinale, ordinairement plus marquée chez le mâle que chez la femelle. Les élytres sont jaunes, plus ou moins tachées de noir, avec la suture et tout le bord externe de cette dernière couleur; elles sont striées, et ces stries offrent une ponctuation assez forte et peu serrée; les intervalles sont larges, et sur chacun d'eux on aperçoit deux rangées longitudinales de petits points, peu profondément enfoncés et serrés. Le corps, en dessous, ainsi que les pattes, est d'un noir brillant.

Cette espèce présente une variété chez laquelle les élytres ne sont pas tachées de noir.

M. L. Fairmaire m'a communiqué une seconde variété de cette espèce, chez laquelle le thorax, au lieu d'être entièrement noir, présente, de chaque côté, une petite tache transversale d'une belle couleur rouge.

On trouve assez abondamment cet *Onthophagus* pendant l'hiver, tout le printemps et une grande partie de l'été, dans l'Est et dans l'Ouest de l'Algérie; il se tient sous les bouses, quelquefois en famille assez nombreuse, et je l'ai particulièrement rencontré dans les environs de Philippeville, de Constantine et du cercle de Lacalle.

Pl. 23, fig. 9. *Onthophagus maurus,* grossi, 9ᵃ la grandeur naturelle, 9ᵇ une antenne, 9ᶜ une mâchoire.

### 678. *Onthophagus nuchicornis.*

Linn. *Faun. suec.* p. 134, n° 381.
Fabr. *Syst. Eleuth.* tom. I, p. 59, n° 90.
Sturm, *Deutsch. Faun.* tom. I, p. 57, n° 15.
Preyss. *Bohm. ins.* tom. I, p. 45, 48, pl. 2, fig. 10 *a, b.*

Rencontré dans les premiers jours de mai, sous les bouses, aux environs de Constantine.

### 679. *Onthophagus tages.*

Oliv. *Ent.* tom. I, n° 3, p. 143, 173, pl. 9, fig. 76.
Mulst. *Hist. nat. des col. de France, Lamell.* p. 105, n° 1.
*Copris Hybneri,* Fabr. *Syst. Eleuth.* tom. I, p. 53, n° 107.

On trouve assez communément cette espèce, pendant tout le printemps et une grande partie de l'été, dans les environs de Philippeville et du cercle de Lacalle; elle se plaît dans les bouses, où elle se tient en famille nombreuse. Cette espèce habite aussi les environs d'Oran.

### 680. *Onthophagus maki.*

Illig. *Mag.* tom. II, p. 204, n° 7.
Mulst. *Hist. nat. des col. de France, Lamell.* p. 111, n° 3.

Cette espèce n'est pas très-rare, pendant le printemps et une grande partie de l'été, dans les environs de Philippeville et du cercle de Lacalle; elle se plaît dans les bouses, où on la rencontre en famille assez nombreuse.

### 681. *Onthophagus fracticornis.*

Preyss. *Bohm. ins.* tom. I, p. 99, 96, pl. 1, fig. 6, 7.
Mulst. *Hist. nat. des col. de France, Lamell.* p. 118, n° 5.
*Scarabæus nuchicornis*, Oliv. *Ent.* tom. I, p. 146, 177, pl. 7, fig. 53.

Je n'ai rencontré que deux individus de cette espèce, que j'ai pris sous des bouses, dans les premiers jours de mars, près Birkhadem, aux environs d'Alger.

### 682. *Onthophagus vacca.*

Linn. *Syst. nat.* p. 547, n° 25.
Oliv. *Ent.* tom. I, 3, p. 128, 151, pl. 8, fig. 65 *a* (mâle), *b* (femelle, var.).
Sturm, *Deutsch. Faun.* tom. I, p. 46, 9 (mâle et femelle).
Mulst. *Hist. nat. des col. de France, Lamell.* p. 132, n° 8.

Cette espèce m'a été communiquée par M. Reiche, qui l'a reçue des environs d'Alger.

### 683. *Onthophagus lucidus.*

Fabr. *Syst. Eleuth.* tom. I, p. 39, n° 40.
Sturm, *Verz.* tom. I, p. 95, n° 82, pl. 4, fig. 5.

Cette espèce, qui appartient aux collections du muséum de Paris, a été rencontrée dans les environs d'Oran par M. Louzeau.

### 684. *Onthophagus analis*, Luc. (Pl. 23, fig. 10.)

Long. 5 millim. larg. 3 millim.

O. capite atro, fortiter punctato; thorace subtiliter punctulato, anticè lævigato in mare, bituberculato in fæminâ; elytris nigris, anticè posticèque ferrugineo tinctis, subtiliter striatis, interstitiis latis, longitudinaliter confertissimèque punctulatis; corpore infrà atro-nitido, ultimo segmento ferrugineo.

Il a un peu d'analogie avec l'*O. maki*. La tête est noire, très-légèrement échancrée, fortement ponctuée postérieurement, sur les bords latéraux et antérieurement; dans le mâle, elle est armée d'une forte corne, à base large et légèrement courbée vers la partie antérieure; dans la femelle, elle présente deux saillies transversales fortement prononcées. Les antennes, ainsi que les organes de la manducation, sont ferrugineuses. Le thorax, de même couleur que la tête, plus fortement bombé et plus grand dans le mâle que dans la femelle, présente une ponctuation fine et beaucoup plus serrée que celle de la tête, et de chaque côté, dans les deux sexes, on aperçoit, près du bord latéral, une dépression très-légèrement marquée; la partie antérieure, dans le mâle, est lisse, tandis que, chez la femelle, elle est armée de deux tubercules arrondis, fortement prononcés. Les élytres sont noires, avec leurs parties antérieure et postérieure plus ou moins tachées de ferrugineux; elles sont finement striées, avec les intervalles larges, peu élevés, et présentant chacun deux rangées longitudinales de points, petits et très-serrés. Le corps, en dessous, est d'un noir brillant, avec le dernier segment abdominal ferrugineux. Les pattes sont d'un brun ferrugineux.

Je n'ai pas rencontré cette espèce, qui appartient aux collections du Muséum, et qui a été trouvée dans les environs d'Oran, par M. Louzeau.

Pl. 23, fig. 10. *Onthophagus analis*, grossi, 10ᵃ la grandeur naturelle, 10ᵇ une antenne.

### 685. *Onthophagus taurus.*

Linn. *Syst. nat.* 1, 2, p. 547, 26.
Fabr. *Ent. syst.* tom. I, p. 54, n° 178 (mâle).
Oliv. *Ent.* tom. I, 3, p. 144, 174, pl. 8, fig. 63 *a* (mâle), *b* (femelle).
Mulst. *Hist. nat. des col. de France, Lamell.* p. 138, n° 9.
*Scarabæus capra,* Fabr. *Ent. syst.* tom. I, p. 55, n° 180.

J'ai rencontré assez communément cette espèce dans l'Est et dans l'Ouest de l'Algérie, pendant tout le printemps et une grande partie de l'été; elle se plaît dans les bouses, et n'est pas rare, surtout dans les environs de Philippeville et du cercle de Lacalle.

### 686. *Onthophagus nigellus.*

Illig. *Mag. für Ins.* tom. II, p. 207, n° 14.

Il est abondamment répandu dans toute l'Algérie, particulièrement aux environs d'Alger, de Bône, de Constantine et du cercle de Lacalle; il vit en famille nombreuse dans les bouses; c'est particulièrement pendant l'hiver et le printemps que je prenais cette espèce.

### 687. *Onthophagus punctulatus.*

Illig. *Mag. für Ins.* tom. II, p. 208, n° 15.

Elle est aussi commune que la précédente, et je l'ai prise dans les mêmes lieux et dans les mêmes conditions.

---

## Genus *ONITICELLUS*, Lepelt. et Serv. *Scarabæus, Copris* et *Onthophagus*, Auct.

### 688. *Oniticellus flavipes.*

Fabr. *Spec. ins.* tom. II, *Append.* p. 495.
Oliv. *Ent.* tom. I, 3, p. 169, 210, pl. 10, fig. 7.
Sturm, *Deutsch. Faun.* tom. I, p. 29, pl. 7, fig. *a*, *b*.
Mulst. *Hist. nat. des col. de France, Lamell.* p. 99, n° 2.

Cette espèce est assez commune pendant l'hiver et tout l'été, dans les environs de Philippeville, de Constantine et du cercle de Lacalle; elle se plaît dans les bouses, et se creuse dans la terre des trous assez profonds.

### 689. *Oniticellus pallipes.*

Fabr. *Spec. ins.* tom. I, p. 33, 153.
Mulst. *Hist. nat. des col. de France, Lamell.* p. 96, n° 1.

J'ai toujours rencontré cette espèce dans les mêmes lieux et dans les mêmes conditions que la précédente.

---

## Genus COLOBOPTERUS, Mulst. *Scarabæus, Copris* et *Aphodius,* Auct.

### 690. *Colobopterus erraticus.*

Linn. *Faun. suec.* p. 134, n° 383.
Oliv. *Ent.* tom. I, p. 79, 83, pl. 18, fig. 163 *a, b.*
Fabr. *Syst. Eleuth.* tom. I, p. 72, n° 21.
Mulst. *Hist. nat. des col. de France, Lamell.* p. 165, n° 1.

Cette espèce, pendant les mois de mars et d'avril, n'est pas très-rare dans les environs de Philippeville ; elle se tient dans les bouses, où elle vit en société nombreuse.

Pl. 23, fig. 12. Une mâchoire grossie du *Colobopterus erraticus.*

---

## Genus OTOPHORUS, Mulst. *Scarabæus* et *Aphodius,* Auct.

### 691. *Otophorus scolytoides,* Luc. (Pl. 24, fig. 2.)

Long. 4 millim. larg. 2 millim. ¼.

O. capite atro, punctato, bituberculato, profundè granario; thorace nigro, sparsìm punctato; elytris albido-flavescentibus, ad latera ferrugineis, utrinque nigro maculatis, striatis, striis subtilissimè punctulatis; corpore atro-nitido, punctato; pedibus fusco-ferrugineis.

La tête est noire, rebordée, échancrée antérieurement, ponctuée, profondément chagrinée, et armée de deux tubercules assez saillants, arrondis. Les antennes sont ferrugineuses, avec les derniers articles légèrement brunâtres. Les organes de la manducation sont noirs. Le thorax est très-grand, entièrement noir, et parsemé de points peu profondément marqués, placés çà et là. L'écusson est noir et ponctué. Les élytres sont d'un blanc jaunâtre, et ornées de chaque côté d'une tache noire assez grande, placée sur un fond légèrement ferrugineux ; elles sont striées, et ces stries offrent une ponctuation très-fine et très-serrée ; les intervalles sont larges, saillants et entièrement lisses. Le corps, en dessous, est ponctué et d'un noir brillant. Les pattes sont d'un brun ferrugineux, avec les tarses de cette dernière couleur.

Je n'ai rencontré qu'une seule fois cette curieuse espèce, que j'ai prise à la fin d'août, sous une bouse desséchée, au camp des Faucheurs, près du lac Houbeira; environs du cercle de Lacalle.

Pl. 24, fig. 2. *Otophorus scolytoides* [1], grossi, 2ª la grandeur naturelle, 2ᵇ une antenne, 2ᶜ une patte antérieure.

---

## Genus *Aphodius*, Illig. *Scarabæus* et *Copris*, Auct.

### 692. *Aphodius scybalarius.*

Fabr. *Spec. ins.* tom. I, p. 16, 60.
Ejusd. *Syst. Eleuth.* tom. I, p. 70, n° 12.
Oliv. *Ent.* tom. I, n° 3, p. 80, 85, pl. 26, 220.
Mulst. *Hist. nat. des col. de France,* Lamell. p. 79, n° 1.
Schm. *Rev. der deutsch. Aphod. in Zeitsch. für die Ent.* 1840, p. 100, n° 8.
*Aphodius conflagratus,* Oliv. *Encycl. méth.* tom. V, p. 146, n° 10.

J'ai trouvé cette espèce, pendant l'hiver et une grande partie du printemps, dans les environs d'Alger, de Philippeville, de Constantine et de Bône.

### 693. *Aphodius cribricollis,* Luc. (Pl. 23, fig. 11.)

Long. 4 à 6 millim. larg. 2 à 3 millim.

A. capite atro, tri-tuberculato, subtilissimè confertìmque punctulato; thorace atro, fortiter punctato, anticè impresso; elytris fusco-testaceis, striatis, striis fortiter punctatis; interstitiis latis, utrinque punctatis; corpore infrà nigro punctato; pedibus fuscorufescentibus, tarsisque testaceo-ferrugineis.

La tête noire, rebordée, sinueuse et parsemée de poils très-fins et très-serrés; à son sommet, près des yeux, elle présente trois tubercules dont le médian est un peu plus saillant. Les organes de la manducation, ainsi que les antennes, sont d'un brun testacé. Le thorax, noir, arrondi sur les parties latérales, tout criblé de petits points, un peu plus forts et un peu moins serrés que ceux de la tête, présente, près de la partie antérieure, une dépression assez profondément marquée. L'écusson est noir et très-finement ponctué. Les élytres, d'un brun testacé clair, sont striées, et ces stries présentent des points assez forts et peu serrés; les intervalles sont larges, et, de chaque côté, on aperçoit une rangée longitudinale de points très-petits et peu serrés. Le corps, en dessous, est ponctué et entièrement noir. Les pattes sont d'un brun rougeâtre, avec les tarses d'un brun ferrugineux.

Cette espèce, qui vient se placer tout à côté de l'*A. scybalarius,* ne pourra être confondue avec ce dernier à cause des points dont la tête et le thorax sont criblés, et surtout des intervalles des élytres, qui, au lieu d'être lisses, comme cela a lieu chez l'*A. scybalarius,* sont au contraire très-finement ponctués sur les côtés.

Je n'ai rencontré que deux individus de cette espèce, que j'ai pris dans les premiers

[1] Je crois que c'est cette espèce qui, dans le Catalogue de M. le comte Dejean, p. 162, porte le nom d'*Aphodius brevis,* Dej.

jours de février, sous une bouse presque desséchée, dans le Boudjaréa, aux environs d'Alger.

Pl. 23, fig. 11, *Aphodius cribricollis*, grossi, 11ª la grandeur naturelle.

### 694. *Aphodius fimetarius.*

Linn. *Faun. succ.* p. 134, n° 385 *a.*
Oliv. *Ent.* tom. I, n° 3, p. 78, 82, pl. 18, fig. 167.
Fabr. *Syst. Eleuth.* tom. I, p. 72, n° 19.
Mulst. *Hist. nat. des col. de France, Lamell.* p. 186, n° 4.
Schm. *Rev. der Aphod. in Zeitsch. für die Ent.* 1840, p. 102, n° 10.

Cette espèce, pendant une grande partie de l'année, est très-répandue dans l'Est et dans l'Ouest de nos possessions du Nord de l'Afrique.

### 695. *Aphodius granarius.*

Linn. *Syst. nat.* p. 547, n° 23.
Oliv. *Ent.* tom. I, p. 82, 88, pl. 18, fig. 172 *a, b.*
Mulst. *Hist. nat. des col. de France, Lamell.* p. 198, n° 9.
Schm. *Rev. der Aphod. in Zeitsch. für die Ent.* 1840, p. 122, n° 31.
*Aphodius carbonarius*, Sturm, *Deutsch. Faun.* tom. I, p. 128, 30, pl. 14, fig. cc.

Pendant l'hiver et tout le printemps, cette espèce est très-répandue dans l'Est et dans l'Ouest de l'Algérie; elle se plaît dans les bouses; je l'ai aussi rencontrée assez souvent sous les pierres humides. Environs d'Oran, d'Alger, de Philippeville, de Bône et du cercle de Lacalle.

### 696. *Aphodius affinis*, Luc. (Pl. 24, fig. 1.)

Long. 4 millim. $\frac{1}{2}$, larg. 2 millim. $\frac{1}{2}$.

A. nitido-ater; capite punctato, tri-tuberculato; thorace brevi, subtilissimè ac confertissimè punctulato; elytris subtiliter striato punctatis, interstitiis subtilissimè punctulatis; corpore infrà punctato, atro-nitido.

D'un noir brillant; la tête est très-légèrement rebordée, et à peine échancrée à sa partie antérieure; elle est finement ponctuée, et les points qui forment cette ponctuation sont beaucoup plus prononcés que sur les côtés et antérieurement; elle est trituberculée, et en avant de ces trois tubercules, on aperçoit une saillie transversale assez fortement prononcée. Les antennes, ainsi que les organes de la manducation, sont noires. Le thorax est court, bombé, et parsemé de poils très-fins et très-serrés. Les élytres, d'un brun légèrement taché de ferrugineux à leur partie postérieure, sont assez profondément striées, et ces stries présentent une ponctuation fine et très-serrée; les intervalles sont assez larges, saillants, et parsemés de poils très-fins et serrés. Le corps, en dessous, est ponctué, d'un noir brillant. Les pattes sont de même couleur que le dessous du corps.

Cette espèce est très-voisine de l'*A. granarius,* et elle ne pourra être confondue avec ce dernier à cause de sa forme, qui est plus courte et plus ramassée; des points que présente le thorax, qui sont plus fins et en bien plus grand nombre; des stries, dont la ponctuation est fine, et enfin, des intervalles, qui sont très-finement ponctués.

J'ai rencontré cette espèce, en hiver et pendant tout le printemps, dans les environs d'Alger et du cercle de Lacalle; elle se plaît dans les bouses; je l'ai trouvée aussi quelquefois cachée sous les pierres.

Pl. 24, fig. 1. *Aphodius affinis*, grossi, 1ᵃ la grandeur naturelle, 1ᵇ une patte antérieure.

### 697. *Aphodius quadri-maculatus*.

Linn. *Faun. suec.* p. 138, n° 398.
Fabr. *Syst. Eleuth.* tom. I, p. 78, n° 43.
Mulst. *Hist. nat. des col. de France, Lamell.* p. 206, n° 12.

Je n'ai pas rencontré cette espèce; elle m'a été donnée par M. Levaillant, qui l'a prise en juin, dans les environs de Misserghin.

### 698. *Aphodius hydrochœris*.

Fabr. *Syst. Eleuth.* tom. I, p. 69, n° 6.
Mulst. *Hist. nat. des col. de France, Lamell.* p. 217, n° 17.
Schm. *Rev. der Aphod. in Zeitsch. für die Ent.* 1840, p. 137, n° 47.

Cette espèce n'est pas très-commune; je n'en ai rencontré que quelques individus que j'ai pris sous des bouses, quelquefois même sous des pierres; milieu de janvier, environs d'Alger.

### 699. *Aphodius merdarius*.

Fabr. *Syst. Eleuth.* tom. I, p. 80, n° 52.
Oliv. *Ent.* tom. I, n° 3, p. 94, 104, pl. 19, fig. 173 *a, b.*
Mulst. *Hist. nat. des col. de France, Lamell.* p. 231.
Schm. *Rev. der Aphod. in Zeitsch. für die Ent.* 1840, p. 142, n° 53.

Cette espèce, qui a été rencontrée dans les environs d'Oran par M. le colonel Levaillant, n'est pas très-commune; cet officier supérieur l'a prise volant dans des champs nouvellement fumés.

### 700. *Aphodius lividus*.

Oliv. *Ent.* tom. I, 3, p. 86, 93, pl. 26, fig. 222 *a, b.*
Mulst. *Hist. nat. des col. de France,* p. 235, n° 24.
Schm. *Rev. der Aphod. in Zeitsch. für die Ent.* 1840, p. 147, n° 57.
*Aphodius anachoreta,* Sturm, *Deutsch. Faun.* tom. I, p. 97, n° 11.

Cette espèce, qui appartient aux collections du Muséum, a été rencontrée dans les environs d'Oran par M. Louzeau; elle habite aussi les environs de Tlemsên, où elle a été trouvée par M. Warnier.

### 701. *Aphodius lineolatus.*

Illig. *Mag. für Ins.* tom. II, p. 191, n° 3.
Mulst. *Hist. nat. des col. de France, Lamell.* p. 237, n° 25.

J'ai rencontré cette espèce, pendant l'hiver et tout le printemps, dans l'Est et dans l'Ouest; elle n'est pas très-rare aux environs d'Oran, d'Alger, de Constantine et du cercle de Lacalle, et on la trouve en société assez nombreuse dans les bouses.

### 702. *Aphodius hirtipennis,* Luc. (Pl. 20, fig. 13.)

Long. 4 millim. ½, larg. 2 millim.

A. capite subtiliter punctulato, nigro, anticè ad lateraque rubro-ferrugineo marginato; thorace nigro-ferrugineo, ferrugineo marginato ac confertim punctato; elytris rubro-ferrugineis, striatis, striis subtiliter confertìmque punctulatis, interstitiis elevatis, utrinque punctatis fulvoque pilosis; corpore pedibusque rubro-ferrugineis, femoribus testaceis.

La tête, rebordée, assez fortement échancrée à sa partie antérieure, est noire, bordée de rouge ferrugineux sur les parties latérales, ainsi qu'antérieurement; elle offre une ponctuation fine, serrée, et, de plus, on remarque trois tubercules arrondis, très-peu saillants. Les palpes sont d'un rouge ferrugineux, avec les antennes d'un brun ferrugineux. Le thorax, d'un noir ferrugineux, bordé de cette dernière couleur sur les côtés, est ponctué, et les points qui forment cette ponctuation sont forts, et surtout plus serrés que ceux de la tête. L'écusson est noir, ponctué. Les élytres, d'un rouge ferrugineux, sont striées, et ces stries présentent une ponctuation fine et serrée; les intervalles sont étroits, saillants, et de chaque côté on aperçoit une rangée longitudinale de points beaucoup plus forts et moins serrés que ceux des stries; de plus, les côtes de ces mêmes intervalles sont hérissées de poils d'un fauve clair, courts et peu serrés. Le dessous du corps est d'un rouge ferrugineux clair. Les cuisses sont testacées, avec les jambes et les tarses d'un rouge ferrugineux.

Cette espèce est très-voisine de l'*A. porcus,* Illig., mais elle ne pourra être confondue avec cette espèce à cause de sa forme, plus courte, plus large, plus ramassée, et surtout de la disposition des stries de ses élytres.

J'ai rencontré cet *Aphodius* aux environs d'Hippône, dans les premiers jours de janvier, sous une bouse presque desséchée.

Pl. 23, fig. 13. *Aphodias hirtipennis,* grossi, 13ᵃ la grandeur naturelle, 13ᵇ une antenne.

### 703. *Aphodius suturalis,* Luc.

Long. 4 millim. larg. 1 millim. ½.

A. capite atro, subtilissimè confertìmque punctulato; thorace atro-nitido, punctulato, ferrugineo marginato; elytris albido-testaceis, ad suturam atris, striatis, striis subtiliter confertìmque punctulatis, interstitiis lævigatis; corpore atro-nitido, pedibus fusco-ferrugineis.

La tête, assez fortement rebordée, très-légèrement échancrée antérieurement, est noire et parsemée de points très-fins et très-serrés. Les antennes, ainsi que les organes de la manducation, sont noires. Le thorax, d'un noir brillant, ferrugineux sur les côtés, est ponctué, et les points qui forment cette ponctuation sont plus grands, plus profondément enfoncés et bien moins serrés que ceux de la tête. L'écusson est noir, lisse. Les élytres, d'un blanc testacé, avec la suture noire, sont striées, et ces stries offrent une ponctuation fine et serrée; les intervalles sont larges, très-peu saillants et entièrement lisses. Tout le corps, en dessous, est d'un noir brillant. Les pattes sont d'un brun ferrugineux.

Cette espèce ressemble un peu à l'*A. merdarius*, avec lequel elle ne pourra être confondue, à cause de sa taille, qui est plus grande, et surtout des points que présente le tho rax, qui sont beaucoup plus gros et bien moins serrés.

Je n'ai trouvé qu'une seule fois cette espèce, que j'ai prise au vol, à la fin de janvier, dans les environs du cercle de Lacalle.

### 704. *Aphodius melanostichus.*

Schm. *Rev. der deutsch. Aphod. in Zeitsch. für die Ent.* 840, tom. II, 1, p. 153, n° 62.
Mulst. *Hist. nat. des col. de France, Lamell.* p. 240, n° 26.
·*Aphodius conspurcatus*, Illig. *Kæf. Preuss.* p. 25, n° 15.
*Scarabæus conspurcatus,* Fabr. *Syst. Eleuth.* tom. I, p. 73, n° 22.

Je n'ai rencontré que deux individus de cette espèce, que j'ai pris dans des bouses, en janvier, à Kouba, aux environs d'Alger.

### 705. *Aphodius castaneus.*

Illig. *Mag. für. Ins.* tom. II, p. 194, n° 14.

Je n'ai trouvé que deux individus de cette espèce, que j'ai pris dans du fumier, en hiver, au pied du Château-Neuf, aux environs d'Oran.

### 706. *Aphodius unicolor.*

Long. 5 millim. larg. 2 millim. $\frac{1}{4}$.

A. fusco-castaneus, nitidus; capite subtiliter punctulato; thorace sparsìm punctato, utrinque fuscescente maculato; elytris striatis, striis subtiliter confertìmque punctulatis, interstitiisque lævigatis.

D'un brun marron clair, brillant. La tête, rebordée, assez fortement échancrée à sa partie antérieure, est ponctuée, et les points qui forment cette ponctuation sont fins et très-peu serrés; elle est armée d'un tubercule assez saillant, de chaque côté duquel on aperçoit une petite saillie transversale assez prononcée. Les palpes maxillaires, ainsi que les antennes, sont d'un marron roussâtre. Le thorax présente une ponctuation plus forte que celle de la tête, placée çà et là, et de chaque côté il est orné d'une petite tache jaunâtre. L'écusson, d'un brun marron clair, brillant, est entièrement lisse. Les élytres sont assez profondément striées, et ces stries offrent une ponctuation fine et serrée; les intervalles sont larges, plans et entièrement lisses. Tout le corps en dessous, ainsi que les pattes, est de même couleur que le dessus.

Cette espèce, qui se rapproche un peu de l'*A. castaneus*, Illig., appartient aux collections du Muséum d'histoire naturelle, et a été rencontrée dans les environs d'Oran par M. Louzeau.

### 707. *Aphodius contaminatus.*

HERBST, *Archiv.* p. 9, 28, pl. 19, fig. 13.
MULST. *Hist. nat. des col. de France, Lamell.* p. 291, n° 3.
SCHM. *Rev. der Aphod. in Zeitsch. für die Ent.* 1840, p. 163, n° 68.
*Aphodius conspurcatus*, OLIV. *Ent.* tom. I, 3, p. 81, 86, pl. 25, fig. 214 *a, b.*

Cette espèce, que je n'ai pas rencontrée et qui habite les environs d'Alger, m'a été communiquée par M. Reiche.

---

## Genus *ACROSSUS*, Mulst. *Scarabæus* et *Aphodius*, Auct.

### 708. *Acrossus pecari (Aphodius).*

FABR. *Syst. Eleuth.* tom. I, p. 80, n° 54.
MULST. *Hist. nat. des col. de France, Lamell.* p. 281, n° 5.
*Aphodius pecari*, SCHM. *Rev. der Aphod. in Zeitsch. für die Ent.* 1840, p. 170, n° 74.
*Scarabæus satellitus*, HERBST, *Nat.* tom. II, p. 281, 72, pl. 19, fig. 1.

Se tient sous les bouses, pendant l'hiver et une grande partie du printemps, dans les environs d'Oran et d'Hippône.

---

## Genus *MELINOPTERUS*, Mulst. *Scarabæus* et *Aphodius*, Auct.

### 709. *Melinopterus prodromus (Scarabæus).*

BRAHM, *Ins. kal.* tom. I, p. 3, n° 9.
MULST. *Hist. nat. des col. d'Europe, Lamell.* p. 283, n° 1.
SCHM. *Rev. der Aphod. in Zeitsch. für die Ent.* 1840, p. 146, n° 59.
*Scarabæus contaminatus*, HERBST, *Nat.* tom. II, p. 274.
*Aphodius consputus*, DUFT. *Faun. austr.* tom. I, p. 119, n° 36.

Rencontré dans les premiers jours de février, sous des bouses, dans le Boudjaréa, aux environs d'Alger. Cette espèce habite aussi l'Ouest de nos possessions et n'est pas très-rare aux environs de Mostaganem et d'Oran, où je l'ai quelquefois surprise sous les pierres. Je ferai aussi remarquer que ce Mélinoptère, pendant les mois de mars et d'avril, se plaît à voler au-dessus des terres nouvellement fumées.

## Genus *Ammæcius*, Mulst. *Scarabæus*, Oliv. *Aphodius*, Latr.

### 710. *Ammæcius elevatus* (*Scarabæus*).

Payk. *Faun. suec.* tom. I, p. 28, n° 34.
*Aphodius elevatus*, Latr. *Hist. nat. des ins.* tom. X, p. 132, n° 24.
Mulst. *Hist. nat. des col. de France, Lamell.* p. 302, n° 1.
Schm. *Rev. der Aphod. in Zeitsch. für die Ent.* 1840, p. 171, n° 76.

Cette espèce, dont je n'ai trouvé que deux individus, habite les environs d'Oran; je l'ai rencontrée en janvier, sous les pierres, dans les environs du château d'eau.

## Genus *Platyomus*, Mulst.

### 711. *Platyomus sabulosus*.

Mulst. *Hist. nat. des col. de France, Lamell.* p. 310, n° 1.

Rencontré une seule fois, sous les pierres, dans les derniers jours de décembre, aux environs du cercle de Lacalle.

## Genus *Rhyssemus*, Mulst. *Scarabæus* et *Aphodius*, Auct. *Psammodius*, Gyllenh.

### 712. *Rhyssemus algiricus*, Luc. (Pl. 24, fig. 3.)

Long. 4 millim. larg. 2 millim.

R. fuscus; capite valdè emarginato, tuberculato, subtiliter punctulato; thorace anticè flavo-ferrugineo marginato, quatuor transversìm sulcato, valdè punctato; interstitiis elevatis, lævigatis; elytris subtiliter profundèque striatis, interstitiis latis, elevatis, utrinque fortiter crenatis; corpore fusco-nitido.

Brun; la tête, fortement échancrée à sa partie antérieure, présente, dans son milieu, une saillie trianguliforme dont la pointe médiane serait dirigée vers le bord postérieur; de chaque côté de cette pointe, on aperçoit une petite saillie peu prononcée; elle est ponctuée, et les points sont fins, serrés et peu profondément enfoncés. Les organes de la manducation, ainsi que les antennes, sont ferrugineux. Le thorax, bordé de jaune ferrugineux antérieurement, avec les angles latéro-antérieurs mousses, arrondi sur les parties latérales, avec les angles latéro-postérieurs très-infléchis, est marqué transversalement par quatre sillons peu profonds, fortement ponctués, séparés chacun par un intervalle élevé, lisse, dont les deux postérieurs sont coupés longitudinalement par un sillon peu profond. Les élytres, aussi larges que le thorax, sont striées, et ces stries sont fines et profondes, avec les intervalles larges, saillants, lisses et fortement crénelés sur leurs bords. Tout le corps, en dessous, est lisse, d'un brun plus foncé qu'en dessus, brillant. Les pattes sont d'un brun rougeâtre, avec les articles des tarses ferrugineux.

Cette espèce, que j'ai rencontrée pendant les mois de février et de mars, est assez rare; je n'en ai trouvé que deux individus, dont un a été pris dans le Boudjaréa, aux environs d'Alger, et l'autre à Stora, dans les environs de Philippeville. Cette espèce se tient sous les pierres.

Pl. 24, fig. 3. *Rhyssemus* [1] *algiricus*, grossi, 3ª la grandeur naturelle, 3ᵇ une antenne, 3ᶜ une patte antérieure.

## Genus PLEUROPHORUS, Mulst. *Scarabæus* et *Aphodius*, Auct. *Psammodius*, Steph. *Oxyomus*, de Casteln.

### 713. *Pleurophorus cæsus*.

MULST. *Hist. nat. des col. de France, Lamell.* p. 312, n° 1.
PANZ. *Faun. Germ.* fasc. 35, n° 2.
*Aphodius cæsus*, STURM, *Deutsch. Faun.* tom. I, p. 167.

Cette espèce, pendant toute l'année, est assez commune dans toutes les parties de l'Algérie. Je l'ai rencontrée souvent sous les pierres, dans les environs d'Alger, de Constantine et d'Hippône; je l'ai surprise aussi au vol, particulièrement le soir.

## Genus PSAMMODIUS, Gyllenh. *Aphodius*, Illig. *Scarabæus*, Payk.

### 714. *Psammodius sulcicollis*.

ILLIG. *Mag. für Ins.* tom. I, 20, 7, 8.
GYLLENH. *Ins. suec.* tom. I, p. 9, n° 6.
MULST. *Hist. nat. des col. de France, Lamell.* p. 321, n° 1.
*Aphodius sulcicollis*, STURM, *Deutsch. Faun.* tom. I, p. 173, n° 63, pl. 15, fig. cc.

Cette espèce est assez rare; je n'en ai rencontré que trois individus, que j'ai pris en novembre, sous des pierres placées sur le sable, dans les environs du cercle de Lacalle.

### 715. *Psammodius porcicollis* (*Aphodius*).

ILLIG. *Mag. für Ins.* tom. II, p. 195, n° 20.
MULST. *Hist. nat. des col. de France, Lamell.* p. 322, n° 2.

Ce *Psammodius*, que je n'ai pas rencontré, m'a été communiqué par M. Reiche, qui l'a reçu des environs d'Alger. L'Ouest de l'Algérie nourrit aussi cette espèce, car M. Guérin-Méneville m'a communiqué plusieurs individus de ce *Psammodius*, qui ont été pris dans les environs de Misserghin.

---

[1] Au lieu de *Rhyssenus*, sur la planche, lisez : *Rhyssemus*.

## DEUXIÈME TRIBU.

### LES ARÉNICOLIENS.

---

## Genus *Trox*, Fabr. *Scarabæus*, Fourcr.

### 716. *Trox perlatus.*

Sturm, *Deutsch. Faun.* tom. II, p. 144, n° 2.
Mulst. *Hist. nat. des col. de France, Lamell.* p. 329, n° 1.
*Trox sabulosus,* Oliv. *Ent.* tom. I, 4, p. 8, 6, pl. 1, fig. 1 *a*, *b*, *c*.

Cette espèce est assez répandue pendant l'hiver et une grande partie du printemps; elle se tient sous les pierres, et je l'ai rencontrée particulièrement dans les environs d'Alger, de Djîdjel, de Constantine, de Bône et du cercle de Lacalle.

### 717. *Trox granulatus.*

Fabr. *Syst. Eleuth.* tom. I, p. 110, n° 2.

Rencontré une seule fois, errant, en hiver, sur la route d'Oran à Mers-el-Kebir.

### 718. *Trox hispidus.*

Laich. *Tyrol. ins.* tom. I, p. 30, n° 2.
Mulst. *Hist. nat. des col. de France, Lamell.* p. 330, n° 2.

Je n'ai trouvé que deux individus de cette espèce, que j'ai pris en hiver, sous les pierres, dans les environs d'Oran.

---

## Genus *Hybosorus*, Mac-Leay. *Scarabæus* et *Geotrupes*, Auct.

### 719. *Hybosorus arator (Geotrupes).*

Fabr. *Syst. Eleuth.* tom. I, p. 91, n° 75.
Mac-Leay, *Hor. ent.* 1, 1, p. 120.
Guér. *Iconogr. du règne anim. de Cuv. Ins.* pl. 22, fig. 10.
Brull. *Hist. nat. des ins.* tom. VI *bis*, Col. tom. III, p. 316.
Mulst. *Hist. nat. des col. de France, Lamell.* p. 337, n° 1, pl. 2, fig. 1, 2, 3.

Cette espèce est assez répandue dans l'Est et dans l'Ouest de nos possessions du Nord de l'Afrique; je l'ai toujours rencontrée errante sur le sable dans les environs d'Alger, de Constantine et d'Hippône, pendant les mois de mars, avril, mai et juin.

## Genus *GEOBIUS*, Brull. *Hybalus*, ejusd.

### 720. *Geobius dorcas* (*Copris*).

FABR. *Suppl.* p. 31, n°° 172 et 173.
MULST.[1] *Hist. nat. des col. de France, Lamell.* p. 339, n° 1.
*Geobius barbarus*, DE CASTELN. *Hist. nat. des ins.* tom. II, p. 108, n° 2.
*Ægialia cornifrons*, GUÉR. *Icon. du règne anim. de Cuv. Ins.* pl. 22, fig. 1 (mâle).

Je n'ai rencontré qu'une seule fois cette espèce, que j'ai prise dans les premiers jours de mars, sous des pierres placées sur le sable; environs d'Oran.

### 721. *Geobius cornifrons.*

BRULL.[2] *Expéd. sc. de Morée,* tom. III, p. 173, n° 291.

Cette espèce, pendant le printemps, n'est pas très-rare dans l'Est et dans l'Ouest de nos possessions du Nord de l'Afrique; je l'ai toujours rencontrée sous les pierres, quelquefois enfouie dans le sable; environs d'Oran, d'Alger, d'Hippône et du cercle de Lacalle.

### 722. *Geobius tricornis*, Luc. (Pl. 24, fig. 6.)

Long. 8 millim. larg. 4 millim. $\frac{1}{2}$.

G. nigro-nitidus; capite tricornuto; thorace convexo, rotundato, utrinque leviter impresso; elytris striatis, striis punctatis, interstitiisque irregulariter punctulatis; corpore pedibusque fusco-ferrugineis.

D'un noir brillant; la tête, d'un brun ferrugineux, peu dilatée sur ses parties latérales, est armée, à sa partie antérieure, de trois cornes fortement recourbées, et dont la médiane est beaucoup plus grande. Les organes de la manducation, ainsi que les antennes, sont d'un brun ferrugineux. Le thorax, très-convexe, arrondi, est entièrement lisse, et, de chaque côté, on aperçoit une petite dépression de forme plus ou moins ronde, très-légèrement indiquée. Les élytres sont assez profondément striées, et ces stries offrent une ponctuation fine et peu serrée; les intervalles sont larges, et présentent une ponctuation assez fine et très-irrégulièrement marquée. Le corps, en dessous, ainsi que les pattes, est d'un brun ferrugineux.

Cette espèce remarquable, dont je n'ai trouvé qu'un seul individu mâle, ne pourra être confondue avec les *G. cornifrons* et *dorcas* à cause de sa tête, qui est armée, à sa partie anté-

[1] M. Mulsant (*Op. cit.* p. 339) n'aurait pas dû citer, comme synonyme du *G. dorcas*, le *G. cornifrons* de M. Brullé (*Expéd. sc. de Morée*, tom. III, p. 173); cette espèce est bien distincte du *G. dorcas*, en ce que, chez le mâle, la partie antérieure du thorax est toujours bituberculée, tandis que, chez le *G. dorcas*, cette même partie est entièrement lisse.

[2] C'est à tort que M. Brullé, *Op. cit.* p. 173, indique cette espèce comme étant l'*Ægialia cornifrons* de l'Iconographie de M. Guérin-Méneville, *Ins.* pl. 22, fig. 1. Ce n'est pas cette espèce que ce naturaliste a figurée, mais bien le *Geobius* (*Ægialia*, Latr. *Copris*, Fabr.) *dorcas*, Fabr. Guér. texte de l'Iconographie du règne animal, *Ins.* p. 81.

rieure, de trois cornes, et de ses élytres, qui sont très-distinctement striées et ponctuées.

Rencontré une seule fois, errant, à la fin d'avril, dans les bois de chênes-liéges du lac Tonga, aux environs du cercle de Lacalle.

Pl. 24, fig. 6. *Geobius tricornis*, grossi, 6ª la grandeur naturelle, 6ᵇ la tête avec les antennes vues en dessus, 6ᶜ une patte antérieure, 6ᵈ l'extrémité d'une patte antérieure vue en dessous.

---

## Genus *Bolboceras*, Kirby. *Scarabæus*, Auct. *Geotrupes*, Latr. *Odonteus*, Még. *Ceratophycus*, Fisch.

### 723. *Bolboceras bocchus*.

Erichs. *Reis. in der Regents. Algier, von Moritz Wagner*, tom. III, p. 170, n° 6, pl. 7.
Klug, *Die Col. Gattung : Athyreus und Bolboceras, darg. nach den in der Samml. hiesig. königl. Univ. dar vorhand. art.* 1843, *in Ab. der königl. Akad. der Wiss. zu Berlin*, p. 49, n° 15.
Gory, *Mag. de zool.* 1841, p. 1, pl. 71, fig. 1, 1 a.
*Bolboceras africanus*, ejusd. *Rev. zool.* 1840, p. 113.
*Bolboceras fissicornis*, Mulst. *Ann. de la soc. d'agric. de Lyon*, tom. VI, p. 5. (Extrait.)

Cette espèce n'est pas très-commune; elle habite l'Est et l'Ouest de l'Algérie. Je l'ai prise pendant le printemps, aux environs d'Alger, de Constantine, de Bône et du cerche de La-calle. C'est ordinairement le soir, après le coucher du soleil, que l'on rencontre ce joli *Bolboceras*, volant rapidement au-dessus de l'*Asphodeus ramosus*.

### 724. *Bolboceras gallicus*.

Mulst. *Hist. nat. des col. de France, Lamell.* p. 350, pl. I, fig. 15, 16 et 17.

Je n'ai trouvé que deux individus mâles de cette espèce, que j'ai pris au printemps, dans les grandes forêts de chênes-liéges situées entre Bône et le cercle de Lacalle, près du douar de Djaballah.

---

## Genus *Geotrupes*, Latr. *Scarabæus*, Auct.

### 725. *Geotrupes Douei*.

Gory, *Rev. zool.* 1840, p. 113.
Ejusd. *Mag. de zool.* 1841, p. 3, pl. 71, fig. 2.
*Geotrupes dentifrons*, Mulst. *Ann. de la soc. royale d'agric. de Lyon*, tom. VI, p. 6. (Extrait.)

Je n'ai rencontré cette espèce que dans l'Est de nos possessions, et je l'ai prise surtout dans les environs de Constantine et du camp de Sétif, pendant les mois de juin et de juillet; elle se plaît dans les bouses, et se creuse dans la terre des trous assez profonds.

Dans les premiers jours de juin, j'ai trouvé aux environs de Milah une variété assez remarquable de ce Géotrupe, en ce qu'elle est beaucoup plus petite, car elle atteint tout au plus 16 millimètres : chez les mâles, à l'état normal, la dent, qui est très-prononcée au fémur, dans les premières pattes seulement, se présente, sous la forme d'un tubercule très-peu sensible.

### 726. *Geotrupes hypocrita.*

Lepelt. de Saint-Farg. et Aud. Serv. *Encycl. méthod.* tom. X, p. 362, n° 1.
Brull. *Hist. nat. des ins.* tom. VI *bis, Col.* tom. III, p. 323.
Mulst. *Hist. nat. des col. de France, Lamell.* p. 360, n° 2.

Cette espèce n'est pas très-rare dans les environs de Bône et du cercle de Lacalle, pendant l'hiver et tout le printemps; elle se tient dans les bouses, et je l'ai prise souvent aussi dans des trous en terre creusés assez profondément.

---

## Genus *Thorectes*, Mulst. *Scarabæus*, Auct. *Geotrupes*, de Casteln.

### 727. *Thorectes hemisphericus.*

Oliv. *Ent.* tom. I, n° 3, p. 66, 74, pl. 2, fig. 15.

Cette espèce, pendant une grande partie de l'année, particulièrement en hiver et au printemps, est très-répandue dans toutes les parties de l'Algérie; on la trouve dans les bouses, et souvent aussi sur les routes, dans le crottin des chevaux et des mulets.

### 728. *Thorectes lævigatus.*

Fabr. *Suppl.* p. 23, n°˙ 98 et 99.
Mulst. *Hist. nat. des col. de France, Lamell.* p. 367, n° 1.

Cette espèce, que je n'ai pas rencontrée pendant mon séjour en Algérie, m'a été communiquée par M. Reiche, qui l'a reçue des environs de Bône.

### 729. *Thorectes rotundatus*, Luc. (Pl. 24, fig. 4.)

Long. 16 à 20 millim. larg. 12 à 16 millim.

T. ater, rotundatus; capite granario, in mare tuberculato; thorace latissimo, convexo, confertim punctato, anticè ad lateraque impresso; elytris brevibus, longitudinaliter punctatis; corpore pedibusque granariis, atro-nitidis.

Il est beaucoup plus grand, plus large et surtout plus arrondi que le *T. hemisphericus*, avec lequel il ne pourra pas être confondu, à cause de ses élytres, qui sont beaucoup plus fortement rebordées. Entièrement noir, arrondi; la tête, très-arrondie à sa partie antérieure, est chagrinée, rebordée, et présente, dans le mâle, un petit tubercule assez saillant, tandis que, dans la femelle, on ne voit qu'une très-légère gibbosité. La lèvre supérieure est chagrinée, et assez profondément échancrée à sa partie antérieure. Les organes de la manducation sont noirs. Les antennes sont de cette couleur, avec les derniers articles d'un brun clair. Le thorax est très-large, convexe, arrondi, et rebordé sur ses parties latérales; à sa partie antérieure, on aperçoit une dépression arrondie assez grande, et de chaque côté on en voit aussi une autre, mais beaucoup plus petite; il est ponctué, et les points qui forment cette ponctuation sont peu profondément marqués et serrés. Les élytres sont courtes, convexes, et largement rebordées antérieurement; sur leurs parties latérales, qui sont fortement chagrinées, elles présentent des rangées longitudinales de points assez profondément marqués et peu serrés; le corps, en dessous, est chagriné et d'un noir brillant, ainsi que les pattes, qui sont hérissées de longs poils noirs, roides et peu serrés.

Je n'ai rencontré cette espèce qu'en automne, et dans le cercle de Lacalle; elle se plaît dans les lieux arides et très-sablonneux.

Pl. 24, fig. 4. *Thorectes rotundatus*, grossi, 4ª la grandeur naturelle, 4ᵇ une mâchoire, 4ᶜ une mandibule, 4ᵈ la lèvre inférieure, 4ᵉ une antenne.

### 730. *Thorectes puncticollis*, Luc. (Pl. 24, fig. 5.)

Long. 12 à 17 millim. larg. 8 à 13 millim.

T. ater; capite granario, in medio subgibboso; thorace lato, convexo, punctato, anticè ad lateraque impresso; elytris brevibus, striato-profundèque punctatis, interstitiis fortiter granariis ac rugatis; corpore pedibusque atro-nitidis, punctatis.

Noir; la tête, arrondie à sa partie antérieure, est fortement chagrinée et ponctuée postérieurement; elle est rebordée, et, dans sa partie médiane, on aperçoit une très-légère gibbosité. La lèvre est fortement chagrinée et très-légèrement échancrée. Les organes de la manducation sont noirs. Les antennes sont d'un brun ferrugineux. Le thorax, parsemé de points moins serrés et beaucoup plus distincts que ceux de l'espèce précédente, est large, convexe et arrondi sur ses parties latéro-postérieures; antérieurement, on aperçoit trois dépressions, dont une très-grande, arrondie, et deux autres beaucoup plus petites; on voit aussi, de chaque côté des bords latéraux, une dépression petite, mais profondément marquée. Les élytres, courtes, assez convexes, sont moins fortement rebordées que dans le *T. rotundatus*; elles sont striées, et ces stries présentent une ponctuation très-forte, profondément marquée et peu serrée : il y a des individus chez lesquels les intervalles sont saillants et presque lisses, et d'autres où ces mêmes intervalles sont chagrinés et ridés. Le corps, en dessous, ainsi que les pattes, sont ponctués et d'un noir brillant, avec les derniers segments hérissés de poils roides, courts et peu serrés.

Cette espèce, quoique ressemblant beaucoup au *T. latus*, ne pourra être confondue avec ce dernier à cause de sa forme, qui est bien moins large, de la ponctuation de son thorax et des rides de ses élytres, qui sont ordinairement assez prononcées.

Je n'ai pas rencontré cette curieuse espèce; elle m'a été donnée par M. le colonel Levaillant, qui l'a prise sur les bords de la Makta; elle habite aussi les environs de Tlemsên, car j'en possède quelques individus qui ont été pris auprès de cette ville, et qui m'ont été donnés par M. le docteur Warnier.

Pl. 24, fig. 5. *Thorectes puncticollis*, grossi, 5ᵃ la grandeur naturelle.

### 731. *Thorectes latus.*

Sturm, *Cat. mein. Ins. Samml.* 1826, p. 65, pl. 2, fig. 16.

Je n'ai pas rencontré cette espèce; elle m'a été communiquée par M. Reiche, qui l'a reçue des environs d'Alger.

## TROISIÈME TRIBU.

### LES XYLOPHILIENS.

## Genus ORYCTES, Illig. *Geotrupes*, Auct.

### 732. *Oryctes grypus.*

Illig. *Mag. für Ins.* tom. II, p. 212.<br>
Mulst. *Hist. nat. des col. de France, Lamell.* p. 373, n° 1.

Cette espèce, dans le mois de juin, est très-répandue dans l'Est; je l'ai toujours rencontrée un peu enfouie en terre, sous les chênes-liéges renversés. Environs de Philippeville et bois des lacs Tonga et Houbeira, dans le cercle de Lacalle.

## Genus PHYLLOGNATHUS, Eschsch. *Scarabœus, Geotrupes*, Auct. *Oryctes*, Latr.

### 733. *Phyllognathus silenus.*

Fabr. *Syst. Eleuth.* tom. I, p. 16, n° 51.<br>
Oliv. *Ent.* tom. I, 3, p 41, 45, pl. 8, fig. 62 *a, b* (mâle).<br>
Mulst. *Hist. nat. des col. de France, Lamell.* p. 379, n° 1.

J'ai toujours rencontré cette espèce le soir, après le coucher du soleil, volant autour des *Chamœrops humilis*, dans les environs du cercle de Lacalle; premiers jours de juin.

Cette espèce varie beaucoup pour la taille; ainsi je possède deux individus, mâle et femelle, qui atteignent tout au plus 9 millimètres, dont la corne, chez le mâle, est très-petite, et dont le thorax antérieurement, au lieu d'être profondément excavé, ne présente qu'une légère dépression arrondie.

## Genus *PENTODON*, Mulst. *Scarabæus* et *Geotrupes*, Auct.

### 734. *Pentodon monodon.*

FABR. *Ent. syst.* tom. I, p. 20, n° 57.
MULST. *Hist. nat. des col. de France*, *Lamell.* p. 382, n° 1.

J'ai souvent rencontré cette espèce errante pendant le printemps et l'été, dans des lieux arides et sablonneux; je l'ai trouvée aussi quelquefois sur les chemins. Ce *Pentodon* n'est pas très-commun, et les quelques individus que j'ai pris, je les ai rencontrés dans les environs de Sétif, d'Hippône et du cercle de Lacalle.

---

## Genus *CALICNEMIS*, de Casteln. *Colorhinus*, Erichs.

### 735. *Calicnemis Latreillæi.*

DE CASTELN. *Magas. de zool.* cl. 9, 1832, pl. 7.
MULST. *Hist. nat. des col. de France*, *Lamell.* p. 387, n° 1.
*Colorhinus obesus*, ERICHS. *Reis. in der Regents. Algier, von M. Wagner*, tom. III, 1841, p. 171, n° 7, pl. 7.

Cette espèce, que je n'ai pas rencontrée pendant mon séjour en Algérie, appartient aux collections du Muséum de Paris; elle a été trouvée dans les environs d'Oran par M. Louzeau.

---

# QUATRIÈME TRIBU.

## LES PHYLLOPHAGIENS.

---

## Genus *PACHYPUS*, Latr. *Geotrupes*, Fabr. *Scarabæus*, Petagn. *Melolontha*, Oliv. *Cœlodera*, Géné.

### 736. *Pachypus impressus.*

ERICHS. *Entomogr. unters. in dem Gebiet. der Ent. etc. etc.* p. 33, n° 1, pl. 1, fig. 1.
*Pachypus excavatus*, GUÉR. *Iconogr. du règne anim. de Cuv. Ins.* pl. 24, fig. 6.
*Cœlodera excavata*, GÉNÉ, *De quibusd. ins. Sard. nov. aut min. cognit.* p. 30, pl. 1, fig. 21 *a* (mâle), 21 *b* (femelle). (Extrait.)
*Scarabæus candidæ?* PETAGN. *Spec.* p. 3, 9, pl. 1, fig. 1, fig. 6 *a, b* (mâle).
MULST. *Hist. nat. des col. de France*, *Lamell.* p. 389, n° 1.

Je n'ai rencontré que quelques individus mâles de cette espèce, que j'ai pris à la fin d'août, dans les bois du lac Houbeira, aux environs du cercle de Lacalle. J'ai surpris quelquefois aussi ce *Pachypus* arrêté dans les toiles de l'*Epeira* (*Argyope*) *fasciata*.

### 737. *Pachypus cæsus.*

Erichs. *Entom. unters. in dem Gebiet. der Ent. etc. etc.* p. 35, n° 4, pl. 1, fig. 2 (mas), fig. 3 (femelle).
*Pachypus candidæ,* Mulst. *Hist. nat. des col. de France, Lamell.* p. 389, n° 1.

Cette espèce est aussi rare que la précédente; je n'en ai trouvé que trois individus, que j'ai surpris au vol, à la fin de juillet, dans les bois de chênes-liéges du lac Tonga, aux environs du cercle de Lacalle.

---

### Genus *Melolontha,* Fabr. *Scarabæus,* Auct.

### 738. *Melolontha fulo.*

Linn. *Faun. suec.* p. 137, n° 314.
Oliv. *Ent.* tom. I, 5, p. 9, 1, pl. 3, fig. 28 *a, b* (mâle), *c* (femelle).
Fabr. *Syst. Eleuth.* tom. II, p. 160, n° 3.
Ratzeb. *Die Forst Ins.* p. 77, pl. 1, fig. 4 *b.*
Mulst. *Hist. nat. des col. de France, Lamell.* p. 408, n° 1.

Je n'ai pas rencontré bien communément cette espèce, et les quelques individus que je me suis procurés, je les ai pris à la fin d'août, sur la terrasse de la maison habitée par la commission, à Alger.

### 739. *Melolontha mauritanica,* Luc. (Pl. 24, fig. 7.)

Long. 20 à 25 millim. larg. 11 à 13 millim.

M. atra, albo-pilosa; capite subtiliter confertimque punctulato; thorace valdè punctato, marginibus denticulatis; elytris rugatis, subtilissimè granariis, utrinque 5-costatis; corpore fuscorufescente, albo-piloso; pedibus atris, albo-pilosis, unguiculis rufescentibus.

Noir; revêtu de poils d'un blanc très-légèrement jaunâtre; la tête, fortement rebordée, concave à son extrémité, est parsemée de points petits et serrés. Les organes de la manducation, ainsi que les antennes, sont noirs, avec les articles en lamelles ferrugineux. Le thorax, arrondi et denticulé sur ses parties latérales, est ponctué, et les points qui forment cette ponctuation sont beaucoup plus forts que ceux de la tête; de chaque côté, on aperçoit une ou deux dépressions plus ou moins prononcées. L'écusson est très-finement ponctué antérieurement, avec la partie postérieure entièrement lisse. Les élytres sont fortement ridées, et très-finement chagrinées; de chaque côté, elles présentent cinq côtes, dont les trois premières, et ensuite la cinquième, sont les plus prononcées. Des poils blanchâtres, très-courts et serrés, revêtent la tête, le thorax et les élytres de cette espèce, lorsqu'elle n'a subi aucun frottement. L'abdomen, en dessous, est d'un brun roussâtre, revêtu de poils blancs très-courts et serrés. Le sternum, ainsi que le dessous du thorax, présente des poils soyeux, assez allongés, d'un fauve très-clair. Les pattes sont noires, couvertes de poils blancs très-courts et peu serrés; les fémurs, à leur partie inférieure, et particulièrement dans ceux de la première paire de pattes, présentent, chez les indivi-dus très-frais, une rangée de poils roussâtres; les crochets des tarses, dans toutes les pattes, sont roussâtres.

Je n'ai pas rencontré cette belle espèce, qui a été prise dans les environs de Constan-tine, et qui m'a été communiquée par M. Doüé. M. Levaillant, colonel au 17ᵉ régiment d'infanterie légère, en possède un second individu qui est entièrement semblable à celui de M. Doüé, seulement il est beaucoup plus grand; les côtes des élytres sont moins marquées, et les poils qui revêtent le corps, en dessus et en dessous, sont d'un fauve clair, avec les pattes d'un brun rougeâtre.

Pl. 24, fig. 7. *Melolontha mauritanica*, grossi, 7ᵃ la grandeur naturelle, 7ᵇ une antenne.

---

### Genus *ANOXIA*, de Casteln.

#### 740. *Anoxia australis.*

Schœnh. *Syn. ins.* tom. III, p. 169, n° 15.
Mulst. *Hist. nat. des col. de France, Lamell.* p. 420, n° 2.

J'ai rencontré assez abondamment cette espèce. Je l'ai prise en août, dans le cercle de Lacalle; on la trouve ordinairement le soir, après le coucher du soleil, volant avec bruit autour des buissons, et particulièrement des *Chamærops humilis*.

---

### Genus *ELAPHOCERA*, Géné. *Leptopus*, Dej. *Melolontha*, Illig.

#### 741. *Elaphocera mauritanica.* (Pl. 24, fig. 8.)

Ramb. *Ann. de la soc. ent. de France*, tom. I, 2ᵉ série, p. 341, n° 2.

Ce n'est que dans l'Ouest que j'ai rencontré cette espèce. Je l'ai prise le soir, au prin-temps, après le coucher du soleil, le long des tiges des *Asphodelus ramosus*; environs d'Oran, près de la prise d'eau, et dans les ravins qui sont situés entre cette ville et Mers-el-Kebir.

Pl. 24, fig. 8. *Elaphocera mauritanica*, grossie, 8ᵃ la grandeur naturelle, 8ᵇ le chaperon vu en dessus.

#### 742. *Elaphocera barbara.* (Pl. 24, fig. 9.)

Ramb. *Ann. de la soc. ent. de France*, tom. I, 2ᵉ série, p. 350, n° 10.

Je n'ai trouvé qu'une seule fois cette espèce, que j'ai prise au printemps, le long des tiges des *Asphodelus ramosus* qui sont situés près du petit lac, aux environs d'Oran.

Pl. 24, fig. 9. *Elaphocera barbara*, grossie, 9ᵃ la grandeur naturelle, 9ᵇ le chaperon vu en dessus, 9ᶜ une antenne.

## 743. *Elaphocera numidica.* (Pl. 24, fig. 10.)

Ramb. *Ann. de la soc. ent. de France*, tom. I, 2ᵉ série, p. 343, n° 4.

Je n'ai pas rencontré cette espèce; elle m'a été communiquée par M. Doüé, qui l'a reçue des environs d'Oran, et à qui M. le colonel Levaillant l'avait donnée.

Pl. 24, fig. 10. *Elaphocera numidica*, grossie, 10ᵃ la grandeur naturelle, 10ᵇ une patte postérieure.

---

## Genus PHLEXIS, Erichs.

### 744. *Phlexis Wagneri.*

Erichs. *Reis. in der Regents. Algier, von M. Wagner*, tom. III, 1841, p. 172, n° 8, pl. 7.

Cette coupe générique, qui a été établie par M. Erichson, a pour type une espèce de Mélolonthide très-voisine du genre *Elaphocera* de M. Géné.

Je n'ai pas rencontré, pendant mon séjour en Algérie, ce curieux Mélolonthide, auquel M. Erichson donne le nom de *P. Wagneri*.

---

## Genus RHIZOTROGUS, Latr. *Melolontha*, Auct.

### 745. *Rhizotrogus dispar.* (Pl. 25, fig. 1.)

Buq. *Rev. zool. par la soc. Cuv.* 1840, p. 171, n° 2.
Gory, *Mag. de zool.* 1841, *Ins.* p. 5, pl. 72 (mâle et femelle).

Cette espèce est assez répandue dans l'Est, à la fin d'avril et pendant une partie du mois de mai; je l'ai rencontrée la première fois aux environs du camp d'El-Smendouh, et je l'ai reprise ensuite abondamment dans les environs de Constantine. Ce Rhizotrogue se plaît sur le versant des montagnes élevées, particulièrement sur le Koudiat-Ati et sur le Mansourah. Le mâle est errant, et va à la recherche de sa femelle, que j'ai toujours rencontrée sous des pierres, enfouie bien souvent en terre, ne laissant à l'extérieur que l'extrémité de son abdomen; j'ai souvent surpris les deux sexes accouplés dans cette condition. Je ne sais si cette espèce habite l'Ouest de nos possessions, mais je ne l'y ai point rencontrée.

Pl. 25, fig. 1. Une mâchoire, 1ᵃ une mandibule vue par sa face inférieure, 1ᵇ la même vue par sa face atérale interne, 1ᶜ la lèvre supérieure, 1ᵈ une antenne du mâle, 1ᵉ une antenne de la femelle du *Rhizotrogus dispar*.

### 746. *Rhizotrogus Magagnoscii.* (Pl. 25, fig. 2.)

Guér. *Rev. zool. par la soc. Cuv.* ann. 1842, p. 7, n° 4.

Je n'ai pas rencontré cette espèce; elle m'a été donnée par M. le colonel Levaillant, qui l'avait découverte avec M. Magagnosc, au Teniah de Mouzaïa; ce Rhizotrogue, pendant le mois d'avril et une grande partie du mois de mai, est très-répandu dans les parties élevées du petit Atlas; le mâle est errant, et va à la recherche de la femelle, dont les habitudes sont de se tenir sous les pierres.

Pl. 25, fig. 2. *Rhizotrogus Magagnoscii,* grossi, 2ᵃ la grandeur naturelle.

### 747. *Rhizotrogus tusculus.* (Pl. 25, fig. 3.)

Long. 18 millim. $\frac{1}{2}$, larg. 10 millim. $\frac{1}{2}$ (mâle).
Long. 25 millim. larg. 14 millim. (femelle).

Buq. *Rev. zool. par la soc. Cuv.* 1840, p. 171, n° 1.

R. mas alatus, flavescens; capite nigro, confertìm fortiterque punctato; thorace punctato, in medio nigro, ad latera testaceo marginato; elytris costatis, punctatis, flavo-testaceis, ad suturam lateraque fusconigrescentibus; corpore infrà punctato, fuscorufescente, sterno flavescente-piloso, pedibusque flavo-testaceis.

Femina aptera, ferrugineo-rufescens; capite, thorace in medio, elytrisque tantùm anticè, fuscorufescentibus.

*Mâle.* La tête, légèrement rebordée, non sinueuse à son extrémité, est noire et parsemée de points profonds, assez grands et serrés. Les antennes sont d'un brun foncé, avec les premier, second, troisième, quatrième et cinquième articles d'un brun ferrugineux clair. Les organes de la manducation sont ferrugineux. Le thorax assez large, arrondi, et très-peu dilaté sur les parties latérales, est noir dans sa partie médiane, et largement bordé de testacé sur les côtés; il est ponctué, et les points qui forment cette ponctuation sont moins gros et bien moins serrés que ceux de la tête; de chaque côté, on aperçoit deux petites impressions situées très-près des bords latéraux, et une petite tache d'un brun ferrugineux roussâtre, peu apparente. L'écusson est noir et fortement ponctué. Les élytres, d'un jaune testacé, d'un brun noir sur la suture, et largement bordées de cette couleur, sont parcourues par des lignes longitudinales plus ou moins saillantes; elles sont ponctuées, et les points qu'elles présentent sont irrégulièrement placés, petits, assez profondément marqués et peu serrés. L'abdomen, en dessous, est ponctué, d'un brun roussâtre clair, avec le pygidium d'un jaune testacé. Le sternum, ainsi que le dessous du thorax, sont revêtus de poils d'un fauve très-clair, très-longs, soyeux et peu serrés. Les pattes sont d'un jaune testacé.

La femelle est beaucoup plus grande et plus grosse que le mâle. Les antennes et les pattes sont d'un ferrugineux roussâtre, et ces derniers organes sont très-courts et très-robustes, surtout la dernière paire. Le thorax est, comme dans le mâle, largement bordé de ferrugineux roussâtre; mais cette couleur s'étend jusque sur le bord postérieur, de manière que la tache noire du milieu du thorax est beaucoup plus circonscrite que chez le mâle; de plus, dans sa partie médiane, ce même organe présente une saillie assez prononcée, lisse, qui part du bord antérieur, et ne se fait tout à fait sentir qu'à la partie postérieure. Les élytres, d'un ferrugineux roussâtre, ne sont pas bordées de noir comme dans le mâle, et cette couleur, qui tourne au brun roussâtre chez la femelle, n'est réellement bien apparente qu'antérieurement et sur la partie latérale. Quant à l'abdomen, il est d'un jaune testacé roussâtre, avec le dernier segment d'un brun roussâtre foncé. Le sternum est d'un brun roussâtre clair, et les poils dont il est revêtu sont roussâtres, très-courts, et en bien moindre quantité que chez le mâle.

Je n'ai pas rencontré cette espèce remarquable, qui m'a été communiquée par M. Lucien Buquet; elle habite les environs de Constantine, où elle a été trouvée par M. Gérard.

Pl. 25, fig. 3. *Rhizotrogus tusculus* (mâle), grossi, 3ᵃ la grandeur naturelle, 3ᵇ la femelle de grandeur naturelle, 3ᶜ une patte de la dernière paire du mâle, 3ᵈ une patte de la dernière paire de la femelle.

### 748. *Rhizotrogus amphytus.* (Pl. 25, fig. 4.)

Long. 19 millim. larg. 10 millim. ½.

Buq. *Rev. zool. par la soc. Cuv.* 1840, p. 171, n° 3.

R. alatus, flavorufescens; capite piloso, valdè confertìmque punctato; thorace subcarinato, punctato, marginibus ciliatis, flavoque testaceis; elytris subflavo-rufescentibus, punctatis, lævigatis; corpore infrà punctato, flavo, sterno flavo-subrufescente-piloso; pedibus flavis tarsisque flavo-ferrugineis.

D'un jaune roussâtre; la tête, légèrement rebordée, non sinueuse à son extrémité, est parsemée de points assez forts, profondément enfoncés, serrés, et de plus elle est hérissée de poils d'un brun clair, fins, allongés et très-peu serrés. Les antennes, ainsi que les organes de la manducation, sont d'un jaune ferrugineux. Le thorax, d'un jaune roussâtre foncé dans sa partie médiane, est large, légèrement dilaté et arrondi sur ses parties latérales, qui sont d'un jaune testacé et ciliées; il est très-légèrement caréné dans sa partie médiane, et la ponctuation qu'il présente est plus fine et bien moins serrée que celle de la tête, particulièrement près des bords latéraux. L'écusson, presque caché par des poils jaunes, allongés, présente quelques points assez forts, et ces derniers occupent la partie postérieure. Les élytres, d'un jaune roussâtre beaucoup plus clair que la tête et le thorax, sont assez fortement ponctuées, et les points qui forment cette ponctuation sont généralement peu serrés; de chaque côté, elles présentent deux ou trois côtes longitudinales, assez saillantes et presque lisses. La partie humérale, dans cette espèce, est très-saillante, et il y a des individus chez lesquels cette saillie est d'un brun foncé. Le corps, en dessous, est ponctué et entièrement jaune; le sternum, de même couleur que le dessous du corps, est revêtu de longs poils soyeux, serrés, d'un jaune très-légèrement roussâtre. Les pattes sont jaunes, avec les articles des tarses d'un jaune ferrugineux.

Je n'ai trouvé que deux individus de cette espèce, que j'ai pris en hiver, sous les pierres, dans les environs du camp de Guelma.

M. Aug. Chevrolat m'a communiqué une variété de ce Rhizotrogue, où les couleurs sont beaucoup plus foncées : ainsi toute la tête et le milieu du thorax sont d'un brun foncé, avec la carène longitudinale beaucoup plus marquée. Les élytres sont d'un brun marron clair, ainsi que tout le dessous du corps; quant aux pattes, elles sont entièrement jaunes. Cette variété a été rencontrée dans les environs de Constantine par M. le capitaine Gaubil.

PI. 3, fig. 4. *Rhizotrogus amphytus*, grossi, 4ᵃ la grandeur naturelle.

### 749. *Rhizotrogus Gerardii*. (Pl. 25, fig. 5.)

Long. 20 millim. larg. 9 millim. (mâle).
Long. 22 millim. larg. 11 millim. (femelle).

Buq. *Rev. zool. par la soc. Cuv.* 1840, p. 171, nᵇ 4.

R. alatus; capite fuscorufescente, valdè punctato; thorace punctato, in medio fuscorufescente-nitido, marginibus testaceis, rotundatis, subtiliter denticulatis; elytris subtiliter irregulariterque punctulatis, fuscorufescentibus, marginibus flavo-testaceis, utrinque tricostatis costis lævigatis; corpore infrà subtilissimè punctulato, flavo-testaceo; sterno flavo-piloso, pedibusque flavo-testaceis.

*Mâle.* La tête, très-fortement rebordée, sensiblement échancrée à sa partie antérieure, est assez robuste, d'un brun roussâtre foncé, et parsemée de gros points profondément enfoncés et peu serrés. Les antennes, ainsi que les organes de la manducation, sont d'un ferrugineux roussâtre. Le thorax est large, dilaté et fortement arrondi sur ses parties latérales, qui sont finement denticulées et très-légèrement rétrécies postérieurement, un peu avant les angles de chaque côté de la base : ces derniers sont assez saillants et légèrement arrondis; dans son milieu, il est d'un brun roussâtre brillant, et d'un jaune testacé sur les côtés; il est ponctué, et les points qui forment cette ponctuation sont arrondis, peu profondément enfoncés, et surtout très-peu serrés. L'écusson est d'un brun roussâtre clair et assez fortement ponctué. Il y a des ailes dans les deux sexes sous les élytres : ces dernières sont d'un brun roussâtre très-clair, et d'un jaune testacé sur les côtés; elles sont ponctuées, et les points sont petits, serrés et irrégulièrement disposés; de chaque côté de ces organes, on aperçoit trois côtes saillantes, longitudinales, et entièrement lisses. Le corps, en dessous, est très-finement ponctué, d'un jaune testacé, avec le sternum revêtu de longs poils soyeux, jaunâtres, assez serrés. Les pattes sont longues, grêles, et de même couleur que le dessous du corps.

La femelle ressemble entièrement au mâle, seulement elle est beaucoup plus renflée postérieurement, et les organes de la locomotion sont un peu plus épais et moins allongés. Je ferai aussi remarquer que la taille est toujours plus grande, le thorax ordinairement plus large, et que les points que présente cet organe paraissent plus espacés et moins serrés que chez le mâle. Outre ces caractères différentiels, il est encore à noter que les côtes des élytres sont moins fortement accusées que dans le mâle, et que la ponctuation sur ces organes est aussi beaucoup plus obscurément indiquée.

Cette espèce, pendant l'hiver, est assez répandue dans les environs d'Alger et de Philippeville; elle se tient sous les pierres humides, et je l'ai souvent rencontrée enfouie dans la terre. Elle habite aussi les environs du cercle de Lacalle.

Pl. 25, fig. 5. *Rhizotrogus Gerardii*, grossi, 5ᵃ la grandeur naturelle.

### 750. *Rhizotrogus barbarus*, Luc.

Long. 14 à 16 millim. larg. 8 à 10 millim.

R. alatus, flavorufescens; capite valdè confertimque punctato; thorace angusto, punctato, elytris rugatis, anticè punctatis, striatis, interstitiis elevatis; corpore flavo, subtiliter punctato; sterno pilis elongatis,
sericeis vestito.

*Mâle.* D'un jaune roussâtre; la tête est étroite, assez fortement rebordée, sinueuse à sa
partie antérieure, et parsemée de points assez forts et serrés. Les antennes, ainsi que les
organes de la manducation, sont d'un jaune testacé. Le thorax, plus étroit que dans le *R. Gerardii*, arrondi et moins dilaté sur ses parties latérales, présente une ponctuation assez
forte, profondément marquée et peu serrée. L'écusson est ponctué. Les élytres, assez fortement ridées transversalement, avec leur partie humérale ponctuée, sont parcourues longitudinalement par des stries assez bien prononcées; les intervalles sont saillants, et ce
caractère est beaucoup plus visible dans les mâles que dans les femelles. Le corps, en dessous, est jaune, finement ponctué, avec le sternum parsemé de points fins et très-serrés,
et revêtu de longs poils soyeux d'une belle couleur jaune, lesquels se font remarquer,
mais en petite quantité, jusque sur les côtés des segments abdominaux. Les pattes sont
d'un jaune roussâtre brillant, hérissées de poils roides, assez allongés, rougeâtres, clairement semés.

La femelle ressemble au mâle, et n'en diffère que par la taille, qui est plus grande, et
la forme, beaucoup plus obèse.

Cette espèce, qui vient se placer tout près du *R. Gerardii*, ne pourra être confondue
avec ce dernier à cause de sa couleur, qui est toujours d'un jaune roussâtre, et surtout
de son thorax, qui, dans les deux sexes et chez tous les individus que j'ai rencontrés, est
toujours plus étroit, avec les parties latérales moins dilatées.

Ce Rhizotrogue n'est pas très-commun; je l'ai trouvé en janvier et février, caché sous les
pierres, sur le plateau du Djebel Santon, aux environs d'Oran.

### 751. *Rhizotrogus numidicus*, Luc. (Pl. 25, fig. 7.)

Long. 15 à 18 millim. larg. 8 à 10 millim. $\frac{2}{1}$.

R. alatus tantùm in mare, fusco-castaneus, nitidus; capite punctato, fusco-testaceo; thorace lato, subtiliter punctulato, testaceo marginato, in medio prominentiâ longitudinali lævigatâ; elytris subtiliter punctulatis, costatis; corpore pedibusque fusco-testaceis, sterno pilis flavis hirsuto.

*Mâle.* La tête, assez fortement rebordée, très-légèrement sinueuse à sa partie antérieure,
est d'un brun testacé plus ou moins foncé, et parsemée de points profondément marqués et
généralement peu serrés. Les organes de la manducation, ainsi que les antennes, sont testacés, avec les derniers articles d'un brun plus ou moins foncé. Le thorax, large, arrondi
et dilaté sur les parties latérales, est d'un brun marron foncé dans sa partie médiane, et
d'un jaune testacé sur les côtés; il est finement ponctué, avec les points qui forment cette

ponctuation moins serrés que ceux de la tête ; dans son milieu, on aperçoit une saillie longitudinale plus ou moins prononcée, qui atteint les bords postérieur et antérieur, et qui, chez tous les individus que j'ai rencontrés, est toujours lisse. L'écusson, de même couleur que le thorax, est ponctué, et cette ponctuation ne se fait remarquer que sur les côtés. Les élytres sont d'un brun marron plus ou moins foncé, quelquefois d'un jaune testacé sur les côtés; elles sont finement ponctuées, avec les intervalles assez saillants. Le corps, en dessous, est finement ponctué, d'un brun testacé brillant, avec le sternum revêtu de longs poils jaunes, soyeux. Les pattes sont d'un testacé brillant, et hérissées de longs poils roussâtres clairement semés.

La femelle est un peu moins grande que le mâle, beaucoup plus obèse et très-élargie postérieurement; les côtés de son thorax sont beaucoup plus fortement bordés de jaune, et lorsque les élytres présentent cette couleur, celle-ci est plus largement prononcée que dans le mâle. Je ferai remarquer aussi que les femelles ne présentent jamais d'ailes sous les élytres.

Cette espèce ressemble un peu au *R. Gerardii,* mais elle ne pourra être confondue avec ce dernier, à cause de sa couleur, qui est toujours d'un brun marron foncé, et surtout de la saillie longitudinale du thorax, qui, dans les deux sexes, est toujours bien marquée.

Ce Rhizotrogue habite les environs d'Oran; je l'ai rencontré en hiver, caché sous les pierres humides, et souvent aussi enfoncé en terre à une assez grande profondeur.

Pl. 25, fig. 7. *Rhizotrogus numidicus,* grossi, 7ª la grandeur naturelle.

### 752. *Rhizotrogus obesus,* Luc.

Long. 20 à 24 millim. larg. 8 à 10 millim.

R. alatus tantùm in mare; capite valdè confertìmque punctato; thorace punctato, utrinque rufescente maculato; elytris striato-punctatis, interstitiis elevatis, vix punctatis; corpore punctato, fuscorufescente, segmentis abdominis posticè rufescentibus; pedibus ferrugineis.

*Mâle.* D'un brun roussâtre; la tête, assez fortement rebordée dans les deux sexes, légèrement sinueuse, est ponctuée, et ces points sont grands, assez profondément marqués et serrés. Les antennes, ainsi que les organes de la manducation, sont d'un jaune ferrugineux. Le thorax est assez large, convexe, légèrement dilaté sur les parties latérales, qui sont arrondies, et très-finement rebordées, avec le bord postérieur formant une saillie dans son milieu; il est ponctué, et les points qui forment cette ponctuation sont plus fins et bien moins serrés que ceux de la tête; de chaque côté, près des bords latéraux, on aperçoit une tache d'un roux clair, arrondie, mais généralement peu prononcée. L'écusson est assez finement ponctué. Les élytres, sous lesquelles on aperçoit des ailes, sont distinctement striées et ponctuées, avec les intervalles assez saillants et à peine ponctués. Le corps, en dessous, est de même couleur qu'en dessus, finement ponctué, avec la partie postérieure de tous les segments roussâtre. Le sternum est d'un brun roussâtre un peu plus clair que l'abdomen, et revêtu de poils jaunes assez allongés et peu serrés. Les pattes sont d'un jaune ferrugineux.

La femelle est beaucoup plus grande et beaucoup plus grosse que le mâle, avec les parties latérales de son thorax bordées de roussâtre clair, et présentant de chaque côté une légère dépression; postérieurement, il est coupé beaucoup plus droit que celui du mâle; les élytres, légèrement bordées de roussâtre, sont un peu plus fortement ponctuées que dans le mâle, avec les premier, second, troisième et quatrième intervalles saillants, lisses et brillants; en dessous, ces organes ne présentent pas d'ailes. Tout le corps, en dessous, ainsi que les pattes, est d'un jaune ferrugineux brillant.

Cette espèce a beaucoup d'analogie avec le *R. numidicus*, avec lequel cependant elle ne pourra être confondue à cause de son thorax, qui, en dessus, ne présente pas de saillie longitudinale, et de ses élytres, qui sont plus ponctuées et plus distinctement striées.

Rencontré sous les pierres, vers le milieu du mois de juin, aux environs du camp de Sétif, dans la province de Constantine. Cette espèce est assez rare; je n'en ai trouvé que trois individus, lesquels étaient tout nouvellement transformés, et ceux qui m'ont servi à faire cette description m'ont été communiqués par M. Aug. Chevrolat.

### 753. *Rhizotrogus truncatipennis*, Luc.

Long. 17 millim. larg. 10 millim.

R. apterus; flavorufescens; capite anticè emarginato, valdè punctato; thorace punctato, marginibus denticulatis; elytris subtiliter punctulatis, costatis, posticè latis ac truncatis; corpore punctato, sterno subgranario.

*Femelle.* Il est voisin du *R. obesus*, mais il est plus court; les points que présente son thorax sont plus fins et bien moins serrés, et les élytres, postérieurement, sont plus larges et presque coupées droit. Il est d'un jaune roussâtre. La tête, légèrement rebordée, assez profondément échancrée à sa partie antérieure, est parsemée de points bien marqués et peu serrés. Les antennes, ainsi que les organes de la manducation, sont d'un testacé roussâtre. Le thorax, assez large, dilaté et arrondi sur les parties latérales, qui sont très-sensiblement denticulées, offre une ponctuation assez forte, mais moins serrée que celle de la tête; de chaque côté, près des bords latéraux, on aperçoit une petite dépression très-légèrement marquée. L'écusson est parsemé de points assez forts et placés çà et là. Les élytres, très-élargies à leur partie postérieure, qui est presque coupée droit, sont ponctuées, avec les points formant cette ponctuation petits, assez profondément enfoncés et un peu plus serrés que ceux du thorax; elles sont parcourues, de chaque côté, par deux ou trois côtes assez saillantes et lisses. Le corps, en dessous, de même couleur qu'en dessus, est parsemé de points serrés et légèrement marqués; le sternum est très-légèrement chagriné et revêtu de poils roussâtres, placés çà et là. Les pattes sont d'un jaune roussâtre, et hérissées de poils de cette dernière couleur courts et roides.

Le mâle de ce Rhizotrogue m'est inconnu.

Je n'ai rencontré que très-rarement cette espèce, que j'ai prise en février, sous les pierres humides, sur le versant Est du Djebel Santon, aux environs d'Oran.

### 754. *Rhizotrogus serraticollis*, Luc.

Long. 13 à 15 millim. larg. 7 à 8 millim.

R. alatus, fuscorufescens, nitidus; capite profundè punctato; thorace angusto, punctato, marginibus serratis; elytris irregulariter punctatis, suturâque fuscâ; corpore subtiliter punctulato, sterno pilis sericeis flavescentibus hirsuto; pedibus testaceo rufescentibus.

*Mâle*. D'un brun roussâtre foncé, brillant. La tête, rebordée, sinueuse à sa partie anté-rieure, est très-fortement ponctuée, et, dans sa partie médiane, on aperçoit une petite saillie rugueuse, assez saillante. Les antennes, ainsi que les organes de la manducation, sont d'un testacé roussâtre. Le thorax, très-peu dilaté sur les parties latérales, qui sont assez for-tement denticulées, est parsemé de points arrondis, peu serrés, et assez profondément marqués. L'écusson présente quelques points, qui sont placés sur les côtés. Les élytres sont ponctuées, et les points qui forment cette ponctuation sont très-irrégulièrement mar-qués; près de la suture, qui est d'un brun foncé, on aperçoit, de chaque côté de celle-ci, quelques côtes assez saillantes. Le corps, en dessous, est d'un brun roussâtre beaucoup plus clair qu'en dessus, et parsemé de poils très-fins, très-serrés, surtout sur les côtés des segments abdominaux. Le sternum est revêtu de poils soyeux, allongés, d'un jaune très-clair. Les pattes sont d'un testacé roussâtre brillant, et hérissées de poils roides clairement semés.

La femelle ressemble entièrement au mâle, si ce n'est que son abdomen est beaucoup plus renflé.

Cette espèce a beaucoup d'analogie avec le *R. numidicus*, mais elle est plus petite; son thorax n'est pas dilaté sur les parties latérales, lesquelles sont fortement denticulées, carac-tère qui ne se présente pas dans tous les individus que j'ai rencontrés du *R. numidicus*.

Je n'ai trouvé que trois individus de cette espèce, que j'ai pris en hiver, cachés sous des pierres humides, dans les ravins qui sont situés entre Oran et Mers-el-Kebir.

### 755. *Rhizotrogus scutellaris*, Luc.

Long. 12 à 13 millim. larg. 6 à 7 millim.

R. alatus, fusco-castaneus; capite anticè emarginato, fortiter confertìmque punctato, thorace punctato, utrinque impresso; elytris fusco-castaneo-rufescentibus, punctatis ac subrugatis; corpore flavorufescente, sterno pilis cinereo-flavescentibus vestito; pedibus fortiter punctatis, fusco-castaneo-ferrugineis.

*Femelle*. Il ressemble un peu au *R. serraticollis*, mais les bords de son thorax sont entière-ment lisses, et les élytres sont sans côtes apparentes. D'un brun marron plus ou moins foncé; la tête, fortement rebordée, assez profondément échancrée à sa partie antérieure, présente à son sommet, qui est assez convexe, une saillie transversale assez fortement prononcée; elle est assez profondément ponctuée, et ces points sont grands et très-serrés. Les antennes, ainsi que les organes de la manducation, sont roussâtres. Le thorax, peu élargi, arrondi et légè-rement dilaté sur les parties latérales, présente, de chaque côté, une impression assez fortement accusée; il est ponctué, et les points qui forment cette ponctuation sont plus fins, moins grands et moins serrés que ceux de la tête. L'écusson, d'un brun marron clair, assez fortement ponctué, est presque entièrement recouvert, chez les individus bien frais, par des poils jaunâtres, allongés et soyeux. Les élytres, d'un brun marron roussâtre, avec la suture d'un brun foncé, sont revêtues de poils soyeux, parmi lesquels on aperçoit, çà et là, des rides transversales, généralement peu marquées. Le corps, en dessous, est d'un jaune roussâtre clair et très-légèrement ponctué. Le sternum est revêtu de poils soyeux, allongés, d'un cendré jaunâtre. Les pattes sont fortement ponctuées, et d'un brun marron ferrugineux.

Rencontré en hiver, sur le plateau du Djebel Santon, et dans les ravins qui sont situés entre Oran et Mers-el-Kebir; cette espèce, dont je n'ai trouvé que quelques individus, se tient sous les pierres, et quelquefois je l'ai prise aussi cachée en terre.

756. *Rhizotrogus inflatus.* (Pl. 25, fig. 6.)

Long. 17 millim. larg. 10 millim.

Buq. *Rev. zool. par la soc. Cuv.* 1840, p. 171, n° 5.

R. fuscus vel fuscorufescens; capite anticè emarginato, confertim valdèque punctato; thorace subtiliter punctato, fusco, ad latera fuscorufescente marginato; elytris fuscis, rufescente marginatis, vix striatis punctatisque in mare, fortiter striatis, punctatis costatisque in feminâ; corpore subtiliter punctato, fuscorufescente, pedibus flavo-testaceis.

La tête est brune, assez fortement rebordée, échancrée à sa partie antérieure, et parsemée de points petits, serrés et assez bien marqués. Les antennes, ainsi que les organes de la manducation, sont d'un brun roussâtre. Le thorax, très-large, arrondi et dilaté sur les parties latérales, est d'un brun plus ou moins foncé, avec les côtés bordés de brun roussâtre clair; il est ponctué, et ces points sont petits, arrondis et bien moins serrés que ceux de la tête; dans sa partie médiane, on aperçoit une saillie longitudinale, lisse, qui atteint, mais en s'affaiblissant beaucoup, le bord postérieur. L'écusson est d'un brun foncé, et ponctué seulement sur les côtés. Les élytres, d'un brun plus ou moins foncé, bordées de roussâtre clair, sont très-faiblement striées, et, dans ces stries, on aperçoit des points petits, très-peu marqués. Dans la femelle, ces points et ces stries sont beaucoup plus prononcés, et de plus ces mêmes organes sont parcourus longitudinalement par des côtes assez saillantes. Le corps, en dessous, est finement ponctué, et d'un brun roussâtre plus ou moins foncé. Les pattes sont très-allongées dans le mâle, courtes dans la femelle, et d'un jaune testacé dans les deux sexes.

Cette espèce, dont les habitudes sont les mêmes que celles du *R. Gerardii,* est beaucoup plus commune dans l'Ouest que dans l'Est; c'est particulièrement aux environs d'Oran, dans les ravins qui sont situés entre cette ville et Mers-el-Kebir, que je trouvai ce Rhizotrogue; il se creuse dans la terre des trous assez profonds, dans lesquels j'ai quelquefois rencontré les deux sexes réunis.

Pl. 25, fig. 6. *Rhizotrogus inflatus,* grossi, 6ª la grandeur naturelle.

### 757. *Rhizotrogus gabalus.*

Long. 13 millim. larg. 7 millim. (mâle).
Long. 16 millim. larg. 9 millim. (femelle).

Buq. *Rev. zool. par la soc. Cuv.* 1840, p. 172, n° 7.

R. apterus, fuscus vel fuscorufescens ; capite anticè emarginato, confertìm punctato ; thorace flavo-testaceo marginato, in medio fusco, punctato, ad basim angusto ; elytris fuscis, subflavo-testaceo marginatis, longitudinaliterque punctatis; corpore punctato, fuscorufescente, segmentis posticè testaceo marginatis; pedibus flavo-testaceis, nitidis.

*Mâle.* Aptère dans les deux sexes. La tête, très-légèrement rebordée, assez fortement échancrée à sa partie antérieure, est d'un brun foncé et parsemé de points forts et serrés. Les antennes, ainsi que les palpes maxillaires et labiaux, sont d'un jaune testacé. Le thorax est assez grand, dilaté et arrondi sur ses parties latérales; il est d'un brun foncé, d'un jaune testacé sur les côtés, et très-légèrement caréné longitudinalement dans sa partie médiane; il est ponctué, et les points qu'il présente sont moins forts, plus arrondis et bien moins serrés que ceux de la tête; les bords latéraux sont très-finement rebordés, et près des angles latéro-postérieurs, qui sont assez saillants, il est assez fortement rétréci. L'écusson est d'un brun foncé, ponctué, et ces points se font surtout remarquer sur les parties latérales et postérieurement. Les élytres sont d'un brun foncé et assez fortement bordées de jaune roussâtre; elles sont ponctuées, et ces points sont fins, très-peu serrés, et placés par ligne longitudinale. Le corps, en dessous, est ponctué, d'un brun roussâtre, avec les segments bordés postérieurement de jaune testacé. Les pattes sont d'un jaune testacé brillant, avec le bord externe des tibias, dans la première paire seulement, d'un brun foncé.

La femelle ressemble tout à fait au mâle, si ce n'est qu'elle est plus grande et surtout beaucoup plus épaisse; il est aussi à noter que les bords de son thorax et de ses élytres sont beaucoup plus largement bordés de jaune testacé que dans le mâle.

Cette espèce ressemble beaucoup au R. *inflatus,* mais elle s'en distingue par la carène de son thorax, qui est bien moins prononcée, par les bords latéro-postérieurs, qui sont beaucoup plus fortement rétrécis, et par la ponctuation de ses élytres, qui est toujours beaucoup plus prononcée, et surtout plus régulièrement disposée.

C'est pendant les mois de janvier et de février, dans les environs de Constantine, que j'ai trouvé ce Rhizotrogue, dont les habitudes sont entièrement semblables à celles des espèces que j'ai déjà ci-dessus indiquées.

### 758. *Rhizotrogus euphytus.*

Long. 14 millim. larg. 9 millim. (mâle).
Long. 15 millim. larg. 9 millim. ½ (femelle).

Buq. *Rev. zool. par la soc. Cuv.* 1840, p. 171.

R. alatus, rufescens; capite anticè emarginato, subtiliter confertimque punctulato; thorace punctato, ad latera denticulato, posticè angustato; elytris subpunctatis, interstitiis ferè lævigatis; corpore punctato, flavescente, sterno fusco, flavo-piloso pedibusque flavo-testaceis. (Femina aptera.)

*Mâle.* La tête, roussâtre dans les deux sexes, est assez fortement rebordée, très-légèrement sinueuse à sa partie antérieure, et parsemée de points petits, assez profondément marqués et serrés. Les palpes maxillaires, ainsi que les palpes labiaux et les antennes, sont testacés, avec les articles en lamelles de ces derniers organes d'un brun roussâtre. Le thorax, roussâtre dans sa partie médiane, beaucoup plus clair sur les côtés, est étroit dans le mâle, plus large chez la femelle ; il est convexe, légèrement dilaté, et arrondi sur les parties latérales, qui sont denticulées, avec le bord latéro-postérieur sensiblement rétréci près des angles de la base ; il est ponctué, mais les points qui forment cette ponctuation sont plus forts, arrondis et bien moins serrés que ceux de la tête. L'écusson est ponctué. Les élytres, d'un brun roussâtre chez le mâle, de même couleur, mais beaucoup plus claire, chez la femelle, ont la suture d'un brun foncé ; elles sont ponctuées, mais cette ponctuation est très-peu serrée, et surtout très-peu apparente chez la femelle ; les intervalles sont légèrement saillants, et presque lisses. Le corps, en dessous, est très-peu ponctué, jaunâtre ; le sternum est brun, et revêtu, chez le mâle, de poils jaunes, assez allongés et serrés. Les pattes sont d'un jaune testacé.

La femelle ne diffère du mâle que par sa taille, qui est plus grande, et par son corps, qui, postérieurement, est très-renflé.

Cette espèce ressemble au *R. gabalus,* mais elle s'en distingue par son thorax, qui n'est pas caréné, et surtout par les élytres, qui sont plus allongées, à peine ponctuées, avec leur partie antérieure plus élargie.

J'ai trouvé cette espèce, pendant les mois de février, mars et avril, dans les environs de Bougie, de Philippeville et de Constantine ; comme les précédents, ce Rhizotrogue se tient sous les pierres humides, quelquefois aussi entièrement caché dans la terre.

### 759. *Rhizotrogus hirticollis,* Luc.

Long. 10 millim. ½, larg. 6 millim.

R. alatus, flavorufescens, capite anticè sinuato, valdè punctulato; thorace subtiliter punctato, utrinque nigro maculato, anticè posticèque pilis elongatis, flavis, hirsutis; elytris subcostatis, irregulariter fortiterque punctatis; corpore punctato, flavo; sterno flavo-piloso.

*Mâle.* D'un jaune roussâtre ; la tête, assez fortement rebordée, sinueuse à sa partie antérieure, est parsemée de points profondément marqués et serrés; le thorax, très-peu élargi et très-légèrement dilaté sur ses parties latérales, est arrondi avec l'espace qui existe entre l'angle latéral postérieur et la partie dilatée, légèrement concave ; il est ponctué, et les points qu'il présente sont petits et bien moins profondément marqués que ceux de la tête; de chaque côté, près des bords latéraux, on aperçoit une petite tache d'un brun foncé : des poils jaunes, très-allongés, peu serrés, hérissent la tête, et particulièrement la partie antérieure et postérieure du thorax. L'écusson, entièrement caché par des poils allongés d'un blond clair, offre quelques points placés çà et là. Les élytres présentent une ponctuation régulière plus forte et moins serrée que celle du thorax, et, près de la suture, on aperçoit une saillie longitudinale, qui est faiblement marquée. Le corps, en dessous, est jaune, ponctué, et le sternum est revêtu de poils soyeux, allongés, peu serrés, de même couleur que le dessous du corps. Les pattes sont d'un jaune brillant très-légèrement ferrugineux.

Je n'ai rencontré qu'une seule fois cette espèce, que j'ai prise dans les derniers jours de décembre, sous les pierres, aux environs de Misserghin, dans la province d'Oran.

### 760. *Rhizotrogus carduorum.*

Erichs. *Reis. in der Regents. Algier, von M. Wagner,* tom. III, p. 173, n° 9.

Cette espèce m'a été communiquée par M. Auguste Chevrolat, qui l'a reçue des environs de Bône, où elle a été rencontrée par M. Wagner.

---

## Genus BRACHYPHYLLA, Mulst. *Scarabæus* et *Melolontha,* Auct. *Omaloplia,* Steph. *Serica,* de Casteln.

### 761. *Brachyphylla barbara,* Luc. (Pl. 25, fig. 9.)

Long. 5 à 6 millim. larg. 2 millim. ½.

B. virescens, flavo-pilosa; capite valdè punctato, anticè emarginato; thorace punctato, posticè leviter carinato; elytris striato-punctatis, interstitiis elevatis, utrinque crenatis; corpore pedibusque punctatis, virescentibus, unguiculis ferrugineis.

Elle ressemble beaucoup au *B. ruricola* de Fabricius, mais elle est plus profondément ponctuée; les élytres sont striées et ponctuées, avec les intervalles crénelés de chaque côté par des points fortement prononcés. Elle est verdâtre, avec les élytres irisées de diverses couleurs. La tête, assez fortement rebordée et sensiblement échancrée à sa partie antérieure, présente une ponctuation assez forte, serrée et profondément marquée. Les antennes, ainsi que les organes de la manducation, sont verdâtres. Le thorax est bombé, légèrement caréné longitudinalement à partir de la base, arrondi sur les parties latérales avec les angles latéro-postérieurs beaucoup plus prononcés que dans le *B. ruricola;* il est ponctué, et les points qui forment cette ponctuation sont grands et très-peu serrés. L'écusson est fortement ponctué, moins large et plus fortement terminé en pointe que dans le *B. ruricola.* Les élytres sont striées et ponctuées, avec les intervalles saillants et crénelés de chaque côté par des points fortement prononcés. Tout le corps, en dessous, est verdâtre et ponctué. Les pattes sont ponctuées, de même que le dessous du corps, avec les crochets des tarses ferrugineux. Des poils jaunâtres, clairement semés, courts, particulièrement sur les élytres, se font remarquer en dessus et en dessous du corps, ainsi que sur les pattes de cette espèce.

Ce Brachyphylle présente une variété assez remarquable, en ce que la tête et le thorax sont d'un vert ferrugineux, avec les élytres et les organes de la locomotion, ainsi que tout le dessous du corps, de cette dernière couleur.

Cette espèce habite les environs d'Oran ; elle se plaît sur les fleurs, et on la rencontre ordinairement pendant les mois de mai et de juin.

Pl. 25, fig. 9. *Brachyphylla barbara*, grossi, 9ᵃ la grandeur naturelle, 9ᵇ une antenne.

---

## Genus *EUCHLORA*, Mac-Leay. *Scarabæus*, *Melolontha* et *Anomala*, Auct.

### 762. *Euchlora julii*.

Duft. *Faun. austr.* tom. I, p. 195.
Mulst. *Hist. nat. des col. de France, Lamell.* p. 475, n° 1.
*Melolontha vitis*, Fabr. *Syst. Eleuth.* tom. II, p. 172, n° 69.
Oliv. *Ent.* tom. I, 5, p. 34, 39, pl. 2, fig. 12 *a, b, c.*

Rencontrée très-abondamment une seule fois, au milieu de juin, sur les arbres situés vers les bords du lac Houbeira ; environs du cercle de Lacalle.

---

## Genus *ANISOPLIA*, Meg. Mulst. *Scarabæus* et *Melolontha*, Auct.

### 763. *Anisoplia floricola*.

Fabr. *Syst. Eleuth.* tom. II, p. 175, n° 91.

J'ai pris cette espèce, qui n'est pas très-rare, en mai, sur les fleurs, dans les environs d'Hippône ; on la trouve aussi dans les environs d'Alger et d'Oran ; cette Anisoplie offre un très-grand nombre de variétés.

### 764. *Anisoplia lineolata*.

Fisch. *Ent. de la Russie,* tom. II, p. 216, pl. 31, fig. 5 *a, b.*
Brull. *Expéd. sc. de Morée,* tom. III, 1ʳᵉ partie, *Zool.* p. 177, n° 305, pl. 39, fig. 5.

Rencontré une seule fois en mai, sur les fleurs, dans les environs de Constantine.

---

## Genus *HOPLIA*, Illig. *Scarabæus* et *Melolontha*, Auct.

### 765. *Hoplia cærulea*.

Drury, *Nat. hist.* tom. II, p. 59, pl. 32, fig. 4.
Mulst. *Hist. nat. des col. de France, Lamell.* p. 514, n° 2.
*Melolontha farinosa*, Fabr. *Syst. Eleuth.* tom. II, p. 177, n° 99.
Guér. *Iconogr. du règne anim. de Cuv. Ins.* pl. 25, n° 7.
*Melolontha squamosa*, Oliv. *Ent.* tom. I, 5, p. 66, 90, pl. 2, fig. 14 *a, c.*
*Melolontha formosa*, Latr. *Gener. crust et ins.* tom. II, p. 116, n° 2.

Trouvée une seule fois, dans les premiers jours de mai, sur les fleurs, aux environs d'Hippône.

### 766. *Hoplia aulica.*

Linn. *Syst. nat.* tom. II, p. 555, n° 65.
*Melolontha regia,* Oliv. *Ent.* tom. I, p. 64, n° 5, 88, pl. 9, fig. 106.

Rencontrée en mai et dans les premiers jours de juin, dans les environs de Constantine et de Milah. Cette espèce habite aussi les environs de Bône et du cercle de Lacalle; elle se tient sur des fleurs.

Cette Hoplie varie pour la couleur et pour la taille; les individus que j'ai pris dans les environs de Constantine sont plus grands et jaunâtres, tandis que ceux que j'ai rencontrés dans le cercle de Lacalle sont plus petits, et leur couleur est d'un vert clair très-tendre.

### 767. *Hoplia bilineata.*

Fabr. *Syst. Eleuth.* tom. II, p. 178, n° 101.

J'ai trouvé assez fréquemment cette espèce à la fin du printemps et pendant une grande partie de l'été, dans les environs d'Alger, de Bône et du cercle de Lacalle; comme les précédentes, elle se tient sur les fleurs.

Cette espèce varie beaucoup pour la grosseur; je possède des individus qui ont jusqu'à 11 millimètres $\frac{1}{2}$ de longueur, tandis que d'autres atteignent tout au plus 7 millimètres $\frac{1}{2}$. Je ferai aussi remarquer que les petites écailles qui revêtent les élytres, au lieu d'être d'un jaune verdâtre, comme cela a lieu le plus ordinairement, sont, chez quelques individus, d'un beau vert tendre.

### 768. *Hoplia sulphurea,* Chevr. (Inédit.) (Pl. 25, fig. 10.)

Long. 9 à 10 millim. larg. 4 millim. $\frac{1}{2}$ à 5 millim. $\frac{1}{2}$.

H. capite nigro, granario, flavescente-piloso; thorace subtiliter granario, squamoso-sulphureo; elytris fusco-ferrugineis, squamoso-sulphureis, corpore pedibusque nigris, viridi squamoso-metallicis.

Elle ressemble un peu à l'*H. aulica.* La tête est noire, chagrinée, très-légèrement rebordée, arrondie à son extrémité, et couverte de poils jaunâtres, allongés, peu serrés. Les antennes, ainsi que les organes de la manducation, sont noires. Le thorax, de même couleur que la tête, finement chagriné, arrondi sur les parties latérales, est revêtu de petites écailles d'un jaune soufre, et antérieurement, ainsi que sur les côtés, on aperçoit des poils d'un jaune très-clair, assez allongés et peu serrés. L'écusson est noir, chagriné. Les élytres sont d'un brun roussâtre, finement chagrinées, et revêtues, ainsi que l'écusson, de petites écailles d'un jaune soufre foncé; il y a des individus chez lesquels cette couleur tourne au vert très-clair. Le corps, en dessous, est noir, couvert d'écailles d'un vert métallique, à l'exception du pygidium, dont les écailles sont, au contraire, d'un jaune soufre foncé. Le sternum, ainsi que les pattes, sont de même couleur que le dessous du corps, avec les écailles qui couvrent ces organes d'un vert métallique, et bien moins serrées que celles qui revêtent l'abdomen. Des poils jaunâtres, allongés, très-peu serrés, se font remarquer sur la partie sternale, ainsi que sur les organes de la locomotion.

Je n'ai pas trouvé communément cette espèce, que je n'ai toujours rencontrée que dans les environs d'Alger, de Kouba, de Tixeraïn, pendant les mois de juillet et d'août.

Pl. 25, fig. 10. *Hoplia sulphurea*, grossie, 10ᵃ la grandeur naturelle, 10ᵇ une antenne.

---

## Genus *HYMENOPLIA*, Eschsch. *Hymenontia*, ejusd. *Omaloplia*, Sturm. *Melolontha*, Auct.

### 769. *Hymenoplia strigosa* (*Melolontha*).

Illig. *Magaz. für Insekt.* tom. II, p. 220, n° 9.

Cette espèce, que je n'ai rencontrée que très-rarement, habite l'Est et l'Ouest de l'Algérie. Je l'ai prise en mai, sur les fleurs, dans les environs du cercle de Lacalle.

### 770. *Hymenoplia ochroptera* (*Omaloplia*).

Erichs. *Reis. in der Regents. Algier, von M. Wagner,* 1841, tom. III, p. 173, n° 10.

Cette espèce se trouve, pendant les mois de mai et de juin, dans les environs d'Oran.

### 771. *Hymenoplia unguicularis*.

Erichs. *Reis. in der Regents. Algier, von M. Wagner,* 1841, tom. III, p. 174, n° 11.

Je n'ai rencontré que deux individus de cette espèce, que j'ai pris en juin, sur les fleurs, dans les environs du cercle de Lacalle.

### 772. *Hymenoplia morio*.

Fabr. *Ent. syst.* tom. II, p. 178, n° 94.

Trouvée à la fin de mai, sur les fleurs, aux environs d'Hippône. Cette espèce n'est pas très-commune.

### 773. *Hymenoplia cinctipennis,* Luc. (Pl. 25, fig. 8.)

Long. 5 millim. ½, larg. 3 millim.

H. capite fuscovirescente, valdè punctato; thorace virescente, subtiliter punctulato, utrinque impresso; elytris subtiliter punctulatis, flavorufescentibus, suturâ lateribusque fuscovirescente marginatis; corpore femoribusque fuscorufescentibus, tibiis tarsisque ferrugineis.

Cette espèce a un peu d'analogie avec l'*H. ochroptera* de M. Erichson. La tête est d'un brun verdâtre, fortement rebordée, et assez profondément excavée de chaque côté, avec la partie antérieure sinueuse; elle est ponctuée, et cette ponctuation est forte, arrondie et assez profondément marquée. Les antennes, ainsi que les organes de la manducation, sont roussâtres. Le thorax est verdâtre, arrondi, et légèrement dilaté sur les parties latérales, et rétréci un peu en avant des angles latéro-postérieurs; il est ponctué, mais les points qui forment cette ponctuation sont plus petits, moins profondément enfoncés, et surtout bien moins serrés que ceux de la tête; de chaque côté, près des bords latéraux, on aperçoit une dépression arrondie et assez bien marquée. L'écusson est ponctué et très-légèrement verdâtre; des poils noirs, assez allongés, très-peu serrés, revêtent la tête et le thorax de cette espèce. Les élytres sont d'un jaune roussâtre, avec la suture et les parties latérales légèrement bordées de brun verdâtre; elles sont ponctuées, et les points qu'elles présentent sont fins, régulièrement disposés et peu serrés; elles sont striées, avec les intervalles assez saillants. Tout le corps, en-dessous, est ponctué et d'un brun verdâtre. Les fémurs sont de même couleur que le dessous du corps, avec les tibias et les tarses ferrugineux. Cependant il y a des individus chez lesquels les organes de la locomotion sont entièrement ferrugineux. Les élytres, ainsi que tout le dessous du corps et les pattes, sont couvertes de poils jaunes, courts et très-peu serrés.

J'ai rencontré cette jolie petite espèce sur les fleurs, à la fin de juillet, au camp des Faucheurs, près du lac Houbeira. Environs du cercle de Lacalle.

Pl. 25, fig. 8. *Hymenoplia cinctipennis*, grossie, 8[a] la grandeur naturelle, 8[b] une antenne, 8[d] une patte de la dernière paire.

### 774. *Hymenoplia aterrima*, Chevr. (Inédit.)

Long. 6 millim. $\frac{1}{2}$, larg. 4 millim.

H. atra, nigro-pilosa; capite thoraceque punctatis, elytris valdè punctatis, striatis, interstitiis elevatis; corpore pedibusque atris, punctatis, spinis unguiculisque ferrugineis.

Elle ressemble beaucoup à l'*H. morio* de Fabricius, près duquel elle vient se placer. Elle est entièrement noire. La tête est très-fortement rebordée, excavée de chaque côté, et large à son extrémité, qui est tronquée et très-légèrement sinueuse; elle est ponctuée, et cette ponctuation est assez forte, serrée, et profondément marquée. Les antennes, ainsi que les organes de la manducation, sont noires. Le thorax est bombé, peu sensiblement dilaté sur les parties latérales, qui sont arrondies; il est ponctué, et les points qu'il présente sont fins et très-peu serrés. L'écusson est finement ponctué. Les élytres présentent une ponctuation assez forte, peu serrée et assez profondément marquée; de plus, elles sont striées, avec les intervalles assez saillants. Des poils noirs, courts et très-peu serrés, revêtent la tête, le thorax et les élytres de cette espèce. Tout le corps, en dessous, est ponctué et de même couleur qu'en dessus. Les pattes sont noires, ponctuées, avec les épines des tibias, les tarses et les crochets de ces derniers, ferrugineux.

J'ai rencontré cette espèce dans les premiers jours de juin, sur les fleurs, dans les bois du lac Tonga; environs du cercle de Lacalle.

# CINQUIÈME TRIBU.

## LES MÉLITOPHILIENS.

---

Genus *VALGUS*, Scrib. *Scarabæus* et *Trichius*, Auct. *Cetonia*, Oliv.

### 775. *Valgus hemipterus.*

LINN. *Syst. nat.* p. 555, n° 63.
MULST. *Hist. nat. des col. de France, Lamell.* p. 521, n° 1.
GORY et PERCH. *Monogr. des Cét.* p. 78, 1, pl. 8, fig. 4.

Trouvée une seule fois, errante, vers le milieu de mai, dans les environs d'Hippône. Cette espèce habite aussi l'Ouest de nos possessions, car j'en possède plusieurs individus, qui ont été pris, dans les environs d'Oran et de Tlemsên, par M. Durieu de Maisonneuve et le docteur Warnier.

---

Genus *TRICHIUS*, Fabr. *Scarabæus* et *Melolontha*, Auct.

### 776. *Trichius zonatus.*

GERM. *Faun. ins. Europ.* fasc. 14, n° 3.
*Trichius fasciolatus*, GÉNÉ, *De quibusd. ins. Sard. nov. aut min. cognit. in Mem. della reale Accad. delle scienze di Tor.* 1839, 2° série, tom. I, p. 66, pl. 1, fig. 16.

Cette espèce n'est pas très-commune; je n'en ai rencontré que quelques individus, que j'ai pris à la fin de juillet, sur les fleurs, dans les bois des lacs Tonga et Houbeira; environs du cercle de Lacalle.

---

Genus *CETONIA*, Fabr. *Scarabæus*, Auct.

### (*Æthiessa*, Burm.)

### 777. *Cetonia floralis.*

FABR. *Syst. Eleuth.* tom. II, p. 156, n° 109.

Elle est aussi commune que la *C. barbara*, avec laquelle je l'ai toujours rencontrée. Juin, juillet et août. Environs d'Alger, d'Hippône et du cercle de Lacalle. Je ferai remarquer que cette Cétoine est aussi très-abondamment répandue dans l'Ouest de l'Algérie, particulièrement aux environs d'Oran et de Tlemsên, où elle a été communément rencontrée par M. Durieu de Maisonneuve.

### 778. *Cetonia barbara.*

Gory et Perch. *Monogr. des Cét.* p. 231, n° 90, pl. 45, fig. 5.
*Cetonia Doguereau* (Var.), eorumd. *Monogr. des Cét.* p. 230, 89.
*Cetonia Aupick*, eorumd. *Monogr. des Cét.* p. 232, n° 91, pl. 43, fig. 6.

Cette espèce, qui se trouve avec le *C. refulgens*, est très-répandue pendant l'été dans l'Est et dans l'Ouest de nos possessions du Nord de l'Afrique; je l'ai rencontrée particulièrement dans les environs du cercle de Lacalle, d'Hippône et d'Alger.

### 779. *Cetonia refulgens.*

Schaum, *Cat. des esp. conn. qui rentrent dans la fam. des Lamell. Mélitophiles, Ann. de la soc. ent. de France,*
2° série, tom. III, p. 45.
*Cetonia squamosa*, Gory et Perch. *Monogr. des Cét.* p. 232, n° 92, pl. 44, fig. 1.
*Cetonia tenebrionis*, eorumd. *Monogr. des Cét.* p. 233, n° 93, pl. 44, fig. 2.
*Cetonia elongata*, eorumd. *Monogr. des Cét.* p. 228, n° 85, pl. 42, fig. 6.

Cette Cétoine n'est pas très-rare dans les environs du cercle de Lacalle et d'Hippône, pendant une grande partie de l'été.

### (*Oxythyrea*, Mulst.)

### 780. *Cetonia stictica.*

Linn. *Syst. nat.* p. 552, n° 54.
Gory et Perch. *Monogr. des Cét.* p. 291, n° 175, pl. 56, fig. 6.
*Oxythyrea stictica*, Mulst. *Hist. nat. des col. de France, Lamell.* p. 572, n° 1.
*Scarabæus alboguttatus*, Degér. *Mém. pour servir à l'hist. nat. des ins.* tom. IV, p. 301, n° 29, pl. 10, fig. 22.
*Cetonia funesta*, Fabr. *Syst. Eleuth.* tom. II, p. 155, n° 101.
*Cetonia pantherina* (Var.), Gory et Perch. *Monogr. des Cét.* p. 293, n° 177, pl. 57, fig. 1.

Cette Cétoine est très-répandue dans toute l'Algérie, pendant l'été; on la rencontre sur tous les chardons; l'hiver, elle se tient sous les pierres, et je l'ai surprise souvent enfoncée assez profondément dans la terre. Environs d'Oran, d'Alger, de Philippeville, de Constantine, d'Hippône et du cercle de Lacalle.

### 781. *Cetonia græca.*

Brull. *Expéd. sc. de Morée*, tom. III, 1ʳᵉ part. *Zool.* p. 185, n° 326.
*Cetonia quadrata*, Gory et Perch. *Monogr. des Cét.* p. 294, n° 178, pl. 57, fig. 2.

Rencontrée une seule fois, à la fin d'août, sur des carduacées, aux environs d'Hippône. Je ferai remarquer que, jusqu'à présent, cette espèce n'avait été signalée que comme habitant la Morée.

### 782. *Cetonia feralis.*

Erichs. *Reis. in der Regents. Algier, von Moritz Wagner,* tom. III, p. 174, n° 12, pl. 7.

Je n'ai pas trouvé cette Cétoine, qui habite particulièrement les environs de Mascara, où elle a été rencontrée par mon collègue, M. le docteur Warnier, sur les chardons, fin de juin.

### ( *Epicometis,* Burm. )

### 783. *Cetonia hirtella.*

Linn. *Syst. nat.* p. 555, n° 69.
Mulst. *Hist. nat. des col. de France, Lamell.* p. 577, n° 2.
*Cetonia hirta,* Fabr. *Syst. Eleuth.* tom. II, p. 155, n° 100.
Gory et Perch. *Monogr. des Cét.* p. 289, n° 173, pl. 56, fig. 4.

Très-commune dans toute l'Algérie, particulièrement pendant l'hiver ; j'ai rencontré souvent cette Cétoine sous les pierres, et quelquefois enfoncée en terre. Environs d'Alger, de Philippeville, de Constantine et d'Hippône.

### (*Cetonia,* Burm.)

### 784. *Cetonia morio.*

Fabr. *Syst. Eleuth.* tom. II, p. 138, n° 17.
Gory et Perch. *Monogr. des Cét.* p. 225, n° 82, pl. 42, fig. 3.
*Scarabæus fuliginosus,* Scop. *Delic. Faun. et Flor. Insub.* 1, tab. 21, D.

Cette espèce, répandue dans toutes les parties de l'Algérie, n'est pas très-rare pendant les mois de mai, de juin et de juillet ; comme les précédentes, je l'ai toujours rencontrée sur les chardons. Environs d'Oran, d'Alger, de Constantine, de Milah, d'Hippône et du cercle de Lacalle.

### 785. *Cetonia aurata.*

Linn. *Syst. nat.* tom. II, p. 557, n° 78.
Fabr. *Syst. Eleuth.* tom. II, p. 137, n° 9.
*Cetonia carthami* (Var.), Gory et Perch. *Monogr. des Cét.* p. 243, pl. 45, fig. 6.
Géné, *De quibusd. ins. Sard. nov. aut min. cognit. in Mem. della reale Accad. delle scienze di Tor.* 1839,
    2 série, tom. II, p. 65, pl. 1, fig. 17.
*Cetonia funeraria* (Var.), Gory et Perch. *Monogr. des Cét.* p. 243, pl. 46, fig. 1.

Cette espèce, que j'ai prise sur les carduacées, n'est pas très-rare pendant les mois de mai, juin et juillet, dans les environs d'Hippône et du cercle de Lacalle. Elle n'est pas rare non plus dans l'Ouest de nos possessions, particulièrement aux environs de Mostaganem, de Mascara, d'Oran et de Tlemsên, où elle a été rencontrée par M. Warnier.

### 786. *Cetonia opaca.*

Fabr. *Syst. Eleuth.* tom. II, p. 138, n° 16.
Gory et Perch. *Monogr. des Cét.* p. 193, n° 35, pl. 34, fig. 5.
*Cetonia cardui*, Schænh. *Syn. ins.* tom. III, *Suppl.* p. 47, n° 72.
De Casteln. *Hist. nat. des ins.* tom. II, p. 165, n° 17.

Cette espèce n'est pas très-commune; je n'en ai rencontré que quelques individus que j'ai pris sur les carduacées, pendant les mois de juin et de juillet, dans les environs du cercle de Lacalle. Elle habite aussi l'Ouest de nos possessions, car j'en possède plusieurs individus qui ont été pris, dans les environs de Tlemsên, par M. Durieu de Maisonneuve.

## SIXIÈME TRIBU.
### LES ANTHOBIENS.

## Genus *PSILODEMA*, Blanch. *Amphicoma*, Latr. *Melolontha*, Fabr. Oliv.

### 787. *Psilodema melis (Melolontha).*

Fabr. *Syst. Eleuth.* tom. II, p. 185, n° 147.

Cette espèce, pendant tout le mois de mai, est très-répandue dans l'Est et dans l'Ouest de nos possessions du Nord de l'Afrique; elle est très-agile, et se tient sur les fleurs du *Thapsia garganica* et du *Daucus carota*.

## Genus *AMPHICOMA*, Latr. *Melolontha*, Fabr. Oliv.

### 788. *Amphicoma bombylius (Melolontha).*

Fabr. *Syst. nat.* tom. II, p. 185, n° 148.

Cette espèce n'est pas très-rare; elle paraît dans les premiers jours du printemps, et on la rencontre ordinairement sur les fleurs, aux environs d'Alger, de Philippeville, de Constantine et du cercle de Lacalle.

## Genus *GLAPHYRUS*, Latr. *Melolontha*, Fabr. Oliv. *Scarabæus*, Auct.

### 789. *Glaphyrus serratulæ.*

Latr. *Hist. nat. des crust. et des ins.* tom. X, p. 206.
Ejusd. *Gener. crust. et ins.* tom. II, p. 118, n° 2, pl. 9, fig. 6.

Cette espèce, pendant les mois de mai, de juin et de juillet, est très-répandue dans nos provinces du Nord de l'Afrique, particulièrement dans les environs de Mostaganem; elle se plaît sur les chardons, sur lesquels on rencontre ordinairement la variété bleue et celle dont les élytres sont d'un vert cuivreux. Ce Glaphyre habite aussi les environs d'Alger et d'Oran.

### 790. *Glaphyrus viridicollis*, Luc. ( Pl. 25, fig. 11.)

Long. 13 millim. larg. 6 millim.

G. capite thoraceque punctatis, viridi-cupreo-nitidis; elytris ferrugineo-rufescentibus, costatis, intersti-tiis latis, subtilissimè granariis, flavescente-pilosis, posticè fortiter acuminatis; abdomine subtiliter punc-tulato, ferrugineo-rufescente, sterno granulato, viridi-cupreo; pedibus femoribusque fusco-viridibus, tibiis rufescentibus, tarsis in secundo tertioque paribus fusco maculatis.

Plus petit que le *G. serratulæ;* la tête est d'un vert cuivreux brillant, noire à son extrémité, ainsi que sur les parties latérales; elle est ponctuée, et cette ponctuation est forte, bien marquée et serrée; quelques poils jaunâtres, courts et peu serrés se font remarquer sur le sommet ainsi que sur les côtés. La lèvre supérieure, ainsi que les organes de la manducation, est noire. Les antennes sont ferrugineuses, avec les articles en feuillet d'un brun ferrugineux. Le thorax est étroit, convexe, d'un beau vert cuivreux brillant; il est ponctué, et les points qui forment cette ponctuation sont plus petits, plus serrés, surtout vers la partie antérieure, que ceux de la tête; il est assez fortement déprimé de chaque côté de la base, et, dans sa partie médiane, on aperçoit une petite saillie peu prononcée, entièrement lisse. L'écusson est assez fortement ponctué, d'un vert cuivreux, brillant, avec sa partie postérieure ferrugineuse. Les élytres, courtes, étroites, d'un ferrugi-neux roussâtre, présentent de chaque côté trois côtes fortement prononcées, et dont la troisième se bifurque postérieurement. Ces côtes sont lisses, avec les intervalles larges, très-finement chagrinés, revêtus de poils jaunâtres, courts, serrés, qui forment sur ces organes cinq bandes de chaque côté; postérieurement, les élytres sont terminées par une épine for-tement prononcée. Le corps, en dessous, est de même couleur que les élytres, finement ponctué et mêlé de poils jaunes, courts et serrés; le sternum est d'un beau vert cuivreux, très-finement granulé, et couvert de poils allongés, très-peu serrés, d'un blanc jaunâtre. Les fémurs sont d'un brun verdâtre, ponctués, avec leur extrémité d'un ferrugineux rous-sâtre; les tibias et les divers articles qui composent les tarses sont de cette couleur, à l'ex-ception cependant de ceux des seconde et troisième paires de pattes, qui sont tachés de brun foncé.

Cette espèce ressemble beaucoup au *G. vittatus* d'Olivier, et ne pourra être confondue avec ce dernier, à cause des élytres, qui ne sont pas d'un vert cuivreux métallique, qui présentent des côtes prononcées, et qui postérieurement sont fortement acuminées; enfin, il est aussi à noter que, dans l'espèce d'Olivier, les fémurs et les tibias sont d'un vert mé-tallique, tandis que, dans l'espèce du Nord de l'Afrique, les fémurs sont d'un brun foncé, avec l'extrémité de ces derniers et les tarses ferrugineux.

Cette espèce, qui m'a été communiquée par M. Doüé, a été prise dans les environs de Mostaganem; elle habite aussi la frontière du Maroc.

Pl. 25, fig. 11. *Glaphyrus viridicollis,* grossi, 11ᵃ la grandeur naturelle, 11ᵇ une mâchoire, 11ᶜ une mandibule, 11ᵈ une patte de la dernière paire.

### 791. *Glaphyrus maurus.*

Linn. *Syst. nat.* tom. II, p. 548, n° 304.
Oliv. *Ent.* tom. I, n° 5, p. 38, 45, fig. 90 *a, b.*
*Melolontha cardui,* Fabr. *Syst. Eleuth.* tom. II, p. 172, n° 71.

Ce joli Glaphyre n'habite que l'Est de l'Algérie; je l'ai rencontré pendant les mois de mai, de juin et de juillet, dans les environs de Constantine, particulièrement sur les chardons qui croissent sur les bords du Rummel; je l'ai pris aussi dans les environs de Milah, de Ma-Allah, de Djimmilah et de Sétif.

# TREIZIÈME FAMILLE.

## LES PECTINICORNES.

## PREMIÈRE TRIBU.

### LES LUCANIENS.

### Genus *Dorcus*, Mac-Leay. *Lucanus*, Fabr. Oliv.

### 792. *Dorcus musimon.*

Géné, *De quibusd. ins. Sard. nov. aut minùs cognit. in Mem. della reale Accad. delle scienz. di Tor.* 2° série, 1839, tom. I, p. 68, pl. 1, fig. 19 (mâle). *Op. cit.* tom. XXXIX, 1836, p. 192, n° 32, pl. 1, fig. 23 (femelle).

Cette jolie espèce, qui n'avait encore été signalée que comme habitant les îles de la Sardaigne, est fort remarquable, surtout à cause de la différence qui existe entre le mâle et la femelle. Chez le premier, la tête et le thorax sont d'un noir mat et à peine ponctués, tandis que, dans la femelle, la tête est très-fortement chagrinée, avec le thorax couvert de points assez forts, espacés et irrégulièrement placés; il est aussi à noter que ces organes, au lieu d'être d'un noir mat, sont au contraire, dans la femelle, d'un noir brillant. Mais ce qu'il y a de plus remarquable, c'est que, chez le mâle, les élytres sont lisses et seulement très-finement ponctuées, tandis que, dans la femelle, ces mêmes organes sont profondément striés, et ces stries sont formées par des points très-gros, arrondis, profondément marqués et très-rapprochés. Les intervalles sont assez saillants et présentent des points placés çà et là.

Tels sont les caractères différentiels du mâle et de la femelle, qui, tous deux, varient aussi beaucoup pour la taille, et que j'ai quelquefois surpris accouplés dans les premiers jours du printemps.

Pendant l'hiver et une grande partie du printemps, j'ai rencontré assez communément le mâle de ce *Dorcus :* il se tient sous les chênes-liéges renversés; quant à la femelle,

elle est beaucoup plus rare, je l'ai toujours trouvée sous les écorces des chênes-liéges, dans les bois des lacs Tonga et Houbeira, aux environs du cercle de Lacalle.

# DEUXIÈME SECTION.
## LES HÉTÉROMÈRES.

## PREMIÈRE FAMILLE.
### LES MÉLANOSÔMES.

## PREMIÈRE TRIBU.
### LES PIMÉLIENS.

### Genus *TRACHYDERMA*, Latr. *Pimelia*, Auct.

#### 793. *Trachyderma angustata.* (Pl. 26, fig. 1.)

SoL. *Ann. de la soc. ent. de France*, 1ʳᵉ série, tom. V, p. 37, n° 3.

Ce n'est que dans l'Est que j'ai trouvé cette espèce, qui se plaît dans les lieux obscurs. C'est particulièrement au milieu des ruines d'Hippône, sous les pierres, à la fin de novembre, que j'ai rencontré ce Trachyderme, dont la démarche est très-lente. M. le docteur Warnier, qui a fait un très-long séjour dans l'Ouest de nos possessions, m'a assuré que cette espèce n'était pas fort rare dans les environs d'Oran et de Tlemsên. Ce Trachyderme, suivant M. Bassi, habite aussi la Sicile.

Je ferai encore observer que les espèces qui composent ce genre singulier n'avaient été signalées, jusqu'à présent, que comme habitant l'Égypte et le Sénégal.

Pl. 26, fig. 1. *Trachyderma angustata*, de grandeur naturelle, 1ª une mâchoire, 1ᵇ une mandibule, 1ᶜ une antenne, 1ᵈ le présternum vu en dessous.

### Genus *PACHYSCELIS*, Sol. *Pimelia*, Brull.

#### 794. *Pachyscelis crinita.* (Pl. 26, fig. 2.)

SoL. *Ann. de la soc. ent. de France*, 1ʳᵉ série, tom. V, p. 61, n° 6.

Cette espèce, que je n'ai pas rencontrée, a été prise par M. le colonel Levaillant, sur les dunes de sable de Torre-Chica, aux environs d'Alger.

Pl. 26, fig. 2. *Pachyscelis crinita*, de grandeur naturelle, 2ª une antenne grossie.

## Genus *PIMELIA*, Fabr.

### 795. *Pimelia angulosa.*

Oliv. *Ent.* tom. III, n° 1, 59, 3, p. 11, pl. 2, fig. 23.
Sol. *Ann. de la soc. ent. de France,* 1<sup>re</sup> série, tom. V, p. 91, n° 2.

Je n'ai pas trouvé cette espèce, qui a été prise dans les environs de Mazagran par M. Wagner. Cette Pimélie m'a été communiquée par M. Aug. Chevrolat.

### 796. *Pimelia Latreillœi.* (Pl. 26, fig. 3.)

Sol. *Ann. de la soc. ent. de France,* 1<sup>re</sup> série, tom. V, p. 93, n° 3.

Elle a été rencontrée dans les environs d'Alger par M. Bravais. (Collection du Muséum.)
Pl. 26, fig. 3. *Pimelia Latreillœi,* de grandeur naturelle.

### 797. *Pimelia barbara.* (Pl. 26, fig. 4.)

Sol. *Ann. de la soc. ent. de France,* 1<sup>re</sup> série, tom. V, p. 106, n° 14.
*Pimelia grossa?* Fabr. *Syst. Eleuth.* tom. I, p. 130, n° 16.

Cette espèce, pendant tout le mois de mars, n'est pas rare aux environs du cercle de Lacalle ; elle est très-agile et se plaît dans les lieux sablonneux, voisins de la mer et exposés au soleil. C'est pendant les plus grandes chaleurs du jour que j'ai toujours rencontré cette Pimélie.

Pl. 26, fig. 4. *Pimelia barbara,* de grandeur naturelle, 4ª une mâchoire, 4ᵇ une mandibule, 4ᶜ la lèvre inférieure, 4ᵈ une patte antérieure, 4ᵉ une patte postérieure.

### 798. *Pimelia Servillœi.*

Sol. *Ann. de la soc. ent. de France,* 1<sup>re</sup> série, tom. V, p. 112, n° 18.

Ce n'est que dans l'Ouest de l'Algérie, aux environs d'Oran, pendant les mois de février et de mars, que j'ai rencontré cette espèce, qui n'est pas très-rare ; comme la précédente, elle se plaît dans les lieux sablonneux, voisins de la mer, et exposés au soleil.

### 799. *Pimelia subquadrata.*

Sol. *Ann. de la soc. ent. de France,* 1<sup>re</sup> série, tom. V, p. 112, n° 19.

Rencontré dans les mêmes lieux et pendant les mêmes mois que l'espèce précédente. Cette Pimélie n'est pas très-commune.

### 800. *Pimelia arenacea*.

Sol.. *Ann. de la soc. ent. de France*, 1ʳᵉ série, tom. V, p. 114, n° 20.

Commune aux environs d'Oran, pendant tout le printemps; j'ai toujours rencontré cette espèce errant sur les dunes de sable, en compagnie des *Pimelia Servillæi* et *subquadrata*.

### 801. *Pimelia depressa*.

Sol. *Ann. de la soc. ent. de France*, 1ʳᵉ série, tom. V, p. 116, n° 21.

Je n'ai pas rencontré cette espèce, qui a été prise dans les environs d'Alger par M. Milne Edwards. (Coll. du Muséum.)

### 802. *Pimelia cribripennis*. (Pl. 26, fig. 6.)

Sol. *Ann. de la soc. ent. de France*, 1ʳᵉ série, tom. V, p. 117, n° 22.

Elle n'est pas rare aux environs de Bône et du cercle de Lacalle, pendant tout le printemps, dans les lieux sablonneux et très-voisins de la mer.

Pl. 26, fig. 6. *Pimelia cribripennis*, de grandeur naturelle.

### 803. *Pimelia simplex*. (Pl. 26, fig. 7.)

Sol. *Ann. de la soc. ent. de France*, 1ʳᵉ série, tom. V, p. 123, n° 26.

L'Est et l'Ouest de l'Algérie sont habités par cette Pimélie, qui, pendant le printemps, n'est pas très-rare aux environs d'Oran, d'Alger et de Constantine.

Pl. 26, fig. 7. *Pimelia simplex*, de grandeur naturelle, 7ᵃ une antenne grossie.

### 804. *Pimelia claudia*.

Buq. *Rev. zool. par la soc. Cuv.* 1840, p. 242.

Cette espèce, qui habite les environs d'Alger, m'a été communiquée par M. Doüé; M. Buquet possède aussi cette Pimélie intéressante, qui a été prise dans la même localité.

### 805. *Pimelia Dejeanii*. (Pl. 26, fig. 5.)

Sol. *Ann. de la soc. ent. de France*, 1ʳᵉ série, tom. V, p. 132, n° 34.

Cette jolie petite espèce, dont je n'ai rencontré que deux individus, habite les environs de Constantine; je l'ai prise en mai, sous les pierres, sur le versant Est du Djebel Mansourah.

Pl. 26, fig. 5. *Pimelia Dejeanii*, de grandeur naturelle.

### 806. *Pimelia maura.* (Pl. 26, fig. 10.)

Sol. *Ann. de la soc. ent. de France,* 1ʳᵉ série, tom. V, p. 137, n° 38.

Cette espèce a été trouvée, dans les environs d'Oran, par M. Bravais. (Coll. du Muséum.)

Pl. 26, fig. 10. *Pimelia maura,* de grandeur naturelle.

### 807. *Pimelia Boyeri.* (Pl. 26, fig. 8.)

Sol. *Ann. de la soc. ent. de France,* 1ʳᵉ série, tom. V, p. 143, n° 43.

Cette Pimélie, pendant le printemps et une grande partie de l'été, est très-abondamment répandue dans l'Est et dans l'Ouest de l'Algérie, particulièrement aux environs d'Oran, d'Alger, de Bône et du cercle de Lacalle.

Pl. 26, fig. 8. *Pimelia Boyeri,* de grandeur naturelle, 8ᵃ une antenne, 8ᵇ une élytre grossie.

### 808. *Pimelia Duponti.* (Pl. 26, fig. 9.)

Sol. *Ann. de la soc. ent. de France,* 1ʳᵉ série, tom. V, p. 146, n° 44.

Ce n'est qu'aux environs d'Oran, pendant l'hiver, que j'ai pris cette espèce, que j'ai trouvée sous les pierres, et qui n'est pas très-rare.

Pl. 26, fig. 9. *Pimelia Duponti,* de grandeur naturelle, 9ᵃ une antenne, 9ᵇ une élytre grossie.

### 809. *Pimelia granifera.*

Sol. *Ann. de la soc. ent. de France,* 1ʳᵉ série, tom. V, p. 147, n° 45.

Je n'ai pas rencontré cette espèce, qui est indiquée par M. Solier, dans son Essai sur les Collaptérides, comme ayant été prise par M. Friol dans les environs de Bône.

### 810. *Pimelia scabrosa.*

Sol. *Ann. de la soc. ent. de France,* 1ʳᵉ série, tom. V, p. 188, n° 80.

Cette Pimélie, dont je n'ai trouvé que quelques individus, habite les environs de Constantine; je l'ai prise en mai, sous les pierres, sur le versant du Koudiat-Ati.

### 811. *Pimelia valida.*

Erichs. *Reis. in der Regents. Algier, von M. Wagner,* tom. III, p. 176, n° 16, pl. 7.

Rencontrée seulement aux environs d'Oran, pendant l'hiver, sur le bord du grand lac salé; cette espèce n'est pas très-rare.

## Genus *MEGAGENIUS*, Sol.

### 812. *Megagenius Friolii*. (Pl. 27, fig. 1.)

SOL. *Ann. de la soc. ent. de France*, 1ᵉ série, tom. IV, p. 514, n° 1.

Cette espèce, à démarche très-lente, est d'un noir obscur, tant en dessus qu'en dessous, à ponctuation très-fine et très-serrée sur le dos, avec quelques points plus marqués et plus rapprochés à la partie antérieure des trois lobes de la tête et sur les mandibules; sur le milieu du dos du prothorax, on aperçoit un sillon longitudinal peu marqué. Les élytres sont courtes et ovales. Les pattes sont ponctuées. Le corps, en dessous, est légèrement ponctué, à l'exception cependant du présternum, où les points sont sensiblement plus gros.

Ce *Megagenius* me paraît assez rare, je n'en ai rencontré que deux individus que j'ai pris dans les premiers jours de mai, sous des pierres, à la Kasbah de Constantine, lorsque l'on construisait l'hôpital. Je ne sais si cette espèce habite l'Ouest de nos possessions, mais je ne l'y ai jamais rencontrée.

Pl. 27, fig. 1. *Megagenius Friolii*, de grandeur naturelle, 1ᵃ une mâchoire, 1ᵇ une mandibule, 1ᶜ une antenne.

---

## Genus *ADESMIA*, Fisch. *Pimelia*, Sol.

### 813. *Adesmia microcephala*. (Pl. 27, fig. 2.)

SOL. *Ann. de la soc. ent. de France*, 1ᵉ série, tom. IV, p. 533, n° 6.

Très-commune pendant tout l'hiver et le printemps, dans les environs d'Oran. Cette espèce se plaît sous les pierres, et il n'est pas rare d'en rencontrer une famille de cinq ou six individus cachés sous la même pierre, et souvent même un peu enfoncés en terre.

Pl. 27, fig. 2. *Adesmia microcephala*, de grandeur naturelle, 2ᵃ une mâchoire, 2ᵇ une mandibule, 2ᶜ la lèvre inférieure, 2ᵈ une antenne.

### 814. *Adesmia Douei*. (Pl. 27, fig. 3.)

LUC. *Rev. zool. par la soc. Cuv.* 1844, p. 265.

D'un noir mat; la tête, d'un noir un peu moins mat que les élytres, présente une ponctuation fine, très-peu serrée, et, de chaque côté des antennes, on aperçoit une dépression assez profonde. La lèvre supérieure, assez profondément échancrée, est parsemée de points beaucoup plus serrés que ceux de la tête. Les antennes, d'un noir mat, sont comprimées, avec l'extrémité du dernier article roussâtre. Le thorax, d'un noir moins brillant que la tête, avec les côtés fortement chagrinés, est couvert de points beaucoup plus forts et surtout plus serrés que dans ce dernier organe; son bord antérieur est hérissé de poils très-courts, serrés, d'une belle couleur blanche. Les élytres, larges, sont d'un noir mat, et présentent, de chaque côté, trois saillies longitudinales fortement prononcées, et la naissance d'une quatrième, près de la suture, mais obscurément indiquée chez les quelques individus qui ont été à ma disposition; ces saillies ou côtes sont fortement granulées, et dans les intervalles, qui sont larges, on aperçoit des rangées longitudinales de tubercules peu serrés et assez saillants; les parties latérales sont ponctuées et très-finement tuberculées. Le corps, en dessous, est d'un noir brillant, strié, et ces stries se présentent jusque sur le troisième segment abdominal. Les pattes sont d'un noir mat, chagrinées et assez finement tuberculées.

C'est près de l'*A. crenata*, Klug. que vient se placer cette espèce, avec laquelle elle ne pourra être confondue, à cause des côtes ou saillies, qui sont fortement granulées, et des intervalles, qui sont assez fortement tuberculés.

Environs de Biskra, sous les pierres. (Collection de M. Doüé.) Cette espèce a été prise par M. de Farémont.

Pl. 27, fig. 3. *Adesmia Douei*, de grandeur naturelle, 3ᵃ une des élytres grossie pour montrer les côtes et les tubercules.

### 815. *Adesmia Solieri.*

Luc. *Rev. zool. par la soc. Cuv.* 1844, p. 266.

D'un noir un peu moins mat que la précédente. La tête est ponctuée, et les points qui forment cette ponctuation sont plus serrés et plus prononcés que dans l'*A. Douei;* de plus, elle présente quelques dépressions placées entre les yeux, et dont celles qui sont situées près des antennes sont beaucoup plus prononcées. La lèvre supérieure est lisse, et l'échancrure qu'elle présente, dans sa partie médiane, paraît moins profonde que dans l'espèce précédente. Les antennes sont d'un noir mat, comprimées, avec l'extrémité du dernier article blanchâtre. Le thorax, chagriné sur les côtés, un peu moins large que dans l'espèce précédente, présente une ponctuation assez forte, bien marquée et un peu plus serrée que dans l'*A. Douei*. Les élytres sont aussi moins larges, moins allongées, et les côtes, dont la première n'atteint pas la partie antérieure des élytres et que ces organes présentent, sont beaucoup plus saillantes, plus granuleuses et beaucoup plus fortement crénelées; les intervalles sont plus enfoncés et les tubercules dont ils sont hérissés sont un peu plus forts et moins serrés; les côtés sont aussi très-fortement chagrinés et à peine tuberculés. Tout le corps, en dessous, est d'un noir brillant, profondément strié, surtout sur le sternum, et ces stries se continuent, mais faiblement, jusque sur le troisième segment abdominal; les suivants, c'est-à-dire les quatrième et cinquième, sont très-finement chagrinés. Les pattes sont un peu plus grêles, fortement chagrinées, avec les fémurs très-légèrement épineux.

Cette espèce, quoique bien voisine de la précédente et habitant la même localité, s'en distingue, au premier aspect, par sa taille plus ramassée et moins large; mais ce qui empêchera de la confondre avec l'*A. Douei*, c'est la ponctuation de la tête et du thorax, qui est plus serrée et surtout plus fortement accusée; il est aussi à noter que les côtes des élytres, dont la première n'atteint pas la partie antérieure de ces organes, sont beaucoup plus saillantes, plus granuleuses et plus fortement crénelées.

Habite la même localité que l'espèce précédente. (Collection de M. Doüé.)

### 816. *Adesmia biskrensis.* (Pl. 27, fig. 4.)

Luc. *Rev. zool. par la soc. Cuv.* 1844, p. 264.

D'un noir brillant; la tête, parsemée de points assez forts et très-espacés, est déprimée entre les yeux et près des antennes, où elle présente une impression profonde et longitudinale. Les organes de la manducation, ainsi que les antennes, sont d'un noir brillant, avec l'extrémité du dernier article de ces organes blanchâtre. Le thorax est ponctué, et cette ponctuation, qui est un peu plus forte et un peu moins serrée que celle de la tête, est surtout très-sensible sur les côtés. Les élytres, étroites, d'un noir un peu plus brillant que la tête et le thorax, sont entièrement hérissées de tubercules saillants, serrés, à extrémité très-légèrement épineuse et dont la direction est tout à fait postérieure. Le corps, en dessous, d'un noir moins brillant que les élytres, est profondément strié, et ces stries se voient jusque sur les premier et second segments abdominaux. Les pattes sont d'un noir brillant et assez profondément chagrinées.

C'est près de l'*A. excavata,* Klug. que vient se placer cette espèce, avec laquelle elle ne pourra être confondue, à cause des tubercules qui hérissent les élytres, et qui sont plus fins, plus épineux et beaucoup plus serrés.

Cette espèce, qui a été découverte par M. de Farémont, habite les environs de Biskra. (Collection de M. Doüé.)

Pl. 27, fig. 4. *Adesmia biskrensis,* de grandeur naturelle, 4ᵃ une des élytres grossie pour montrer les tubercules épineux dont ces organes sont parsemés.

### 817. *Adesmia Faremontii.* (Pl. 27, fig. 5.)

Luc. *Rev. zool. par la soc. Cuv.* 1844, p. 264.

Noire, tachée de blanc. La tête, d'un noir moins brillant que les élytres, présente une ponctuation très-fine et assez peu serrée, et, entre les yeux, on aperçoit trois dépressions, dont la médiane est arrondie, tandis que celles qui occupent les côtés sont longitudinales. Les organes de la manducation, ainsi que les antennes, sont d'un noir mat, et les divers articles qui les composent sont légèrement comprimés. Le thorax, d'un noir mat, est ponctué, et les points qui forment cette ponctuation sont plus forts et un peu plus serrés que ceux de la tête; son bord antérieur est hérissé de poils courts, serrés, d'une belle couleur blanche. Les élytres, étroites d'un noir brillant, présentent, de chaque côté, trois, saillies, dont celle qui est située près de la suture est très-peu saillante; les suivantes sont très-prononcées et ont leurs bords crénelés et granuleux; les intervalles sont larges et offrent des rangées longitudinales de tubercules arrondis; et entre ces derniers, qui sont espacés, on aperçoit des dépressions arrondies, assez profondes, revêtues d'une tomentosité courte, très-serrée et d'une belle couleur blanche; postérieurement, cette tomentosité forme, de chaque côté des élytres, deux petites bandes blanches, dont celle qui est située près de la suture est plus petite et un peu plus finement marquée; les bords externes de ces mêmes organes sont aussi revêtus d'un duvet blanc qui forme, de chaque côté, une bande qui part de la partie antérieure et qui doit atteindre, chez les individus qui n'ont subi aucun frottement, la partie postérieure. Le corps, en dessous, est d'un noir mat, chagriné, avec les second et troisième segments abdominaux striés longitudinalement à leur bord antérieur. Les pattes, de même couleur que l'abdomen, sont très-légèrement épineuses.

Cette espèce se rapproche un peu, par la forme, de l'*A. ægrota*, dont elle diffère par la disposition des côtes, des élytres, et par les taches et bandes blanches que présentent ces organes.

Cette Adesmie, qui a été rencontrée sous les pierres, dans les environs de Biskra, par M. de Farémont, m'a été communiquée par M. Doüé.

Pl. 27, fig. 5. *Adesmia Faremontii*, grossie, 5ª la grandeur naturelle.

---

## Genus *Erodius*, Fabr.

### 818. *Erodius gibbus.*

Oliv. *Ent.* tom. III, 53, pl. 1, fig. 3.
Sol. *Ess. sur les col. hétér. Ann. de la soc. ent. de France*, 1ʳᵉ série, tom. III, p. 547, n° 14.

Cet *Erodius* n'est pas très-rare pendant le printemps et l'été, dans l'Est et l'Ouest de l'Algérie; je l'ai toujours surpris errant dans les lieux arides, sablonneux, et exposés au soleil.

### 819. *Erodius bicarinatus.*

Erichs. *Reis. in der Regents. Algier, von M. Wagner*, tom. III, p. 175, n° 13, pl. 7.

Rencontré aux environs d'Oran, par M. le colonel Levaillant. Je n'ai pas pris cette espèce, qui est assez rare.

### 820. *Erodius Wagneri.*

Erichs. *Reis. in der Regents. Algier, von M. Wagner*, tom. III, p. 175, n° 14, pl. 7.

Je n'ai trouvé que quelques individus de cette espèce, que j'ai pris en hiver, sous les pierres, aux environs d'Oran, dans les ravins du Djebel Santon.

### 821. *Erodius Boyeri.*

Sol. *Ess. sur les col. hétér. Ann. de la soc. ent. de France*, 1ʳᵉ série, tom. III, p. 553, n° 18.

Cet *Erodius*, que je n'ai pas rencontré, a été pris, aux environs d'Alger, par M. A. Montfort, capitaine du génie.

### 822. *Erodius longus.*

Sol. *Ess. sur les col. hétér. Ann. de la soc. ent. de France,* 1<sup>re</sup> série, tom. III, p. 553, n° 19.

Trouvé dans les mêmes lieux que la précédente. Cette espèce habite aussi la Morée.

### 823. *Erodius laticollis.*

Sol. *Ess. sur les ins. hétér. Ann. de la soc. ent. de France,* 1<sup>re</sup> série, tom. III, p. 558, n° 23.

Cette espèce n'est pas très-rare dans les environs d'Alger et de Bône, où elle a été prise par M. A. Montfort, capitaine du génie.

### 824. *Erodius subnitidus.*

Sol. *Ess. sur les col. hétér. Ann. de la soc. ent. de France,* tom. III, p. 579, n° 38.

L'Est et l'Ouest de l'Algérie nourrissent cette espèce, où elle a été prise par MM. le colonel Levaillant et le docteur Warnier.

### 825. *Erodius nitidicollis.* (Pl. 27, fig. 6.)

Sol. *Ess. sur les col. hétér. Ann. de la soc. ent. de France,* tom. III, p. 583, n° 42.

C'est l'espèce la plus abondamment répandue dans toute l'Algérie, particulièrement aux environs d'Oran, d'Alger, de Bône et du cercle de Lacalle. La fin de l'hiver, mais plus particulièrement le printemps et une grande partie de l'été, sont les saisons pendant lesquelles je trouvais toujours très-communément cet *Erodius.*

Pl. 27, fig. 6. *Erodius nitidicollis,* grossi, 6ᵃ la grandeur naturelle, 6ᵇ une antenne grossie.

### 826. *Erodius Edmondi.*

Sol. *Ess. sur les col. hétér. Ann. de la soc. ent. de France,* 1<sup>re</sup> série, tom. III, p. 585, n° 44.

Cette espèce a été prise aux environs d'Oran, par M. le colonel Levaillant. Je ne sais si cet *Erodius* habite l'Est de nos possessions, mais je ne l'y ai jamais rencontré.

### 827. *Erodius ambiguus.*

Sol. *Ess. sur les col. hétér. Ann. de la soc. ent. de France,* 1<sup>re</sup> série, tom. III, p. 586, n° 45.

Cette espèce est aussi commune que l'*E. nitidicollis,* et, comme celui-ci, elle se plaît dans les lieux sablonneux et exposés au soleil, mais moins voisins de la mer.

39.

### 828. *Erodius Mittræi.*

Sol. *Ess. sur les col. hétér. Ann. de la soc. ent. de France*, 1ʳᵉ série, tom. III, p. 591, n° 50.

Ce n'est qu'aux environs d'Oran, pendant l'hiver, que j'ai pris cette espèce. Je l'ai toujours rencontrée dans cette saison sous les pierres.

---

## Genus *Zophosis*, Latr. *Erodius*, Fabr.

### 829. *Zophosis personata.* (Pl. 27, fig. 7.)

Erichs. *Reis. in der Regents. Algier, von M. Wagner*, tom. III, p. 176, n° 15.

L'Ouest de l'Algérie nourrit cette espèce, que j'ai prise en hiver, sous les pierres, aux environs d'Oran.

Pl. 27, fig. 7. *Zophosis personata*, grossi, 7ᵃ la grandeur naturelle, 7ᵇ une mâchoire, 7ᶜ une mandibule, 7ᵈ ¹ la lèvre inférieure, 7ᵉ une antenne.

### 830. *Zophosis punctata.*

Brull. *Expéd. scient. de Morée*, tom. III, *Zool.* p. 191, n° 334.
Sol. *Ess. sur les col. hétér. Ann. de la soc. ent. de France*, 1ʳᵉ série, tom. III, p. 609, n° 7.

Ce Zophose est très-abondamment répandu dans toute l'Algérie, pendant l'hiver et le printemps; il se plaît sous les pierres, et n'est pas rare aux environs d'Oran, d'Alger, mais surtout du cercle de Lacalle.

---

## Genus *Morica*, Sol. *Akis*, Fabr. *Pimelia*, Oliv.

### 831. *Morica octo-costata.* (Pl. 27, fig. 8.)

Sol. *Ess. sur les col. hétér. Ann. de la soc. ent. de France*, 1ʳᵉ série, tom. V, p. 649, n° 3.

Je n'ai pas rencontré cette espèce, qui habite les environs de Miliâna et que je dois à l'extrême obligeance de M. le colonel Levaillant.

Dans les collections de MM. Guérin-Méneville et Aug. Chevrolat, j'ai remarqué plusieurs individus de cette espèce, qui ont été pris dans les environs de Bône, de Constantine et d'Alger. Elle habite l'Égypte, et elle est même signalée par M. Solier comme ayant été prise aussi dans les environs de Lisbonne,

Pl. 27, fig. 8. *Morica octo-costata*, de grandeur naturelle, 8ᵃ une antenne grossie.

¹ Sur la planche, au lieu de 7ᵃ, qui a été gravé par erreur, lisez : 7ᵈ.

## Genus *Akis,* Herbst. *Pimelia,* Oliv.

### 832. *Akis algeriana.* (Pl. 27, fig. 9.)

Sol. *Ess. sur les col. hétér. Ann. de la soc. ent. de France,* 1ʳᵉ série, tom. V, p. 663, n° 9.

Ce n'est qu'aux environs d'Oran, sous les pierres, pendant l'hiver, que j'ai pris cet *Akis,* qui n'est pas très-rare.

Pl. 27, fig. 9. *Akis algeriana,* de grandeur naturelle, 9ᵃ une mâchoire, 9ᵇ une mandibule.

### 833. *Akis planicollis.*

Sol. *Ess. sur les col. hétér. Ann. de la soc. ent. de France,* 1ʳᵉ série, tom. V, p. 664, n° 10.

Cette espèce, dont je n'ai trouvé que deux individus, habite les environs de Constantine et d'Hippône; je les ai pris en mai, cachés sous des pierres.

### 834. *Akis barbara.* (Pl. 27, fig. 10.)

Sol. *Ess. sur les col. hétér. Ann. de la soc. ent. de France,* 1ʳᵉ série, tom. V, p. 673, n° 20.

Les environs de Constantine, d'Hippône et du cercle de Lacalle, sont fréquentés par cette espèce, que j'ai quelquefois rencontrée aussi dans les maisons.

Pl. 27, fig. 10. *Akis barbara,* de grandeur naturelle, 10ᵃ une antenne grossie.

### 835. *Akis italica.*

Sol. *Ess. sur les col. hétér. Ann. de la soc. ent. de France,* 1ʳᵉ série, tom. V, p. 674, n° 21.

Ce n'est qu'aux environs de Constantine, pendant le printemps et l'été, que j'ai pris cette espèce; je l'ai quelquefois surprise errante, mais le plus souvent cachée dans les grottes du Mansourah et du Koudiat-Ati.

### 836. *Akis elegans.*

Charp. *Horæ ent.* p. 216.
*Akis carinata,* Sol. *Ess. sur les col. hétér. Ann. de la soc. ent. de France,* 1ʳᵉ série, tom. V, p. 674, n° 22.

Je n'ai pas rencontré cet *Akis,* qui habite les environs d'Alger, et qui m'a été communiqué par M. Aug. Chevrolat.

### 837. *Akys Goryi.*

Guén. *Iconogr. du règne anim. de Cuv. Ins.* pl. 28, fig. 8.
Sol. *Ess. sur les col. hétér. Ann. de la soc. ent. de France,* tom. V, p. 676, n° 24.

Cette espèce habite les environs d'Oran et de Bône, où je l'ai prise en mars, cachée sous les pierres.

## Genus *ELENOPHORUS*, Latr. *Akis*, Fabr. *Pimelia*, Oliv.

### 838. *Elenophorus collaris.*

FABR. *Syst. Eleuth.* tom. I, p. 135, n° 5.
LATR. *Gener. crust. et ins.* tom. II, p. 135.
OLIV. *Ent.* tom. III, p. 22, 59, pl. 1, fig. 8.
SOL. *Ess. sur les col. hétér. Ann. de la soc. ent. de France*, 1ʳᵉ série, tom. V, p. 645, n° 1.

J'ai rencontré cette curieuse espèce dans l'Est et l'Ouest de l'Algérie, particulièrement aux environs d'Oran, pendant l'hiver. Les quelques individus que je possède de l'Est, je les ai pris dans les ruines d'Hippône, cachés sous les pierres.

------

## Genus *SCAURUS*, Fabr.

### 839. *Scaurus tristis.*

OLIV. *Ent.* tom. III, p. 4, n° 1, pl. 1, fig. 1 *a, b.*
SOL. *Ess. sur les col. hétér. Ann. de la soc. ent. de France*, 1ʳᵉ série, tom. VII, p. 167, n° 2.
*Scaurus calcaratus*, FABR. *Suppl. in Schœn. syn. ins.* tom. I, 1, p. 126, n° 3.

Ce n'est qu'aux environs d'Oran, pendant le printemps, que j'ai pris cette espèce, qui se plaît sous les pierres et paraît assez rare.

### 840. *Scaurus dubius.* (Pl. 28, fig. 9.)

SOL. *Ess. sur les col. hétér. Ann. de la soc. ent. de France*, 1ʳᵉ série, tom. VII, p. 181, n° 13.

Il n'est pas rare aux environs d'Alger, pendant tout l'hiver et le printemps; comme la précédente, cette espèce se plaît sous les pierres.

Pl. 28, fig. 9. *Scaurus dubius*, grossi, 9ᵃ la grandeur naturelle, 9ᵇ une patte de la première paire.

### 841. *Scaurus punctatus.* (Pl. 28, fig. 10.)

SCHŒNH. *Syn. ins.* tom. I, 1, p. 126, n° 5.
SOL. *Ess. sur les col. hétér. Ann. de la soc. ent. de France*, 1ʳᵉ série, tom. VII, p. 182, n° 14.

J'ai pris cette espèce pendant le printemps, aux environs de Constantine et du cercle de Lacalle. Ce *Scaurus* paraît très-rare; je n'en ai trouvé que deux individus.

Dans la collection de M. le colonel Levaillant, j'ai remarqué un assez grand nombre d'individus de cette jolie espèce, qui ont été rencontrés dans les environs d'Oran et de Tlemsên.

Pl. 28, fig. 10. *Scaurus punctatus*, grossi, 10ᵃ la grandeur naturelle, 10ᵇ une patte de la première paire.

### 842. *Scaurus atratus.*

Fabr. *Syst. Eleuth.* tom. I, p. 122, n° 1.
Oliv. *Ent.* tom. III, 62, p. 5, n° 3, pl. 1, fig. 36.
Sol. *Ess. sur les col. hétér. Ann. de la soc. ent. de France*, 1ʳᵉ série, tom. VII, p. 183, n° 15.

Il n'est pas rare aux environs de Constantine, pendant tout le printemps; je l'ai quelquefois surpris errant, mais le plus souvent caché sous les pierres.

### 843. *Scaurus porcatus.*

Erichs. *Reis. in der Regents. Algier, von M. Wagner*, tom. III, p. 182, n° 27, pl. 7.

Cette espèce est très-commune, mais seulement dans l'Ouest; je l'ai prise pendant tout l'hiver et le printemps, aux environs d'Oran, cachée sous les pierres, et quelquefois même enfoncée dans le sable. Ce *Scaurus* habite aussi les îles Habibas, car j'en possède plusieurs individus qui ont été pris dans ces îles par MM. Deshayes et Vaillant.

Pl. 28, fig. 11. Une mâchoire, 11ᵃ une mandibule du *Scaurus porcatus.*

---

## Genus *Tentyria*, Latr. *Akis*, Fabr. *Pimelia*, Oliv.

### 844. *Tentyriä bipunctata.* (Pl. 28, fig. 1.)

Sol. *Ess. sur les col. hétér. Ann. de la soc. ent. de France*, 1ʳᵉ série, tom. IV, p. 336, n° 17.

Elle n'est pas rare en Algérie, mais seulement dans l'Ouest; c'est dans les lieux sablonneux, quelquefois aussi sous les pierres, que je rencontrais cette espèce, qui, pendant l'hiver et le printemps, n'est pas très-rare aux environs d'Oran.

Pl. 28, fig. 1. *Tentyria bipunctata*, grossie, 1ᵃ la grandeur naturelle, 1ᵇ une mâchoire, 1ᶜ une mandibule, 1ᵈ la lèvre inférieure, 1ᵉ une antenne, 1ᶠ une patte de la première paire.

### 845. *Tentyria affinis*, Luc. (Pl. 28, fig. 2.)

Long. 13 à 15 millim. larg. 7 à 8 millim.

T. nigra, suprà nitidula, subtùs nitidior, oblonga, cylindrica; capite vix punctato, subtùs transversìm minùs profundè sulcato punctisque duobus valdè impressis; thorace lævigato, lato, parùm convexo; elytris paululùm angustioribus, lævigatis, carinâ basali scutellum non attingente.

Cette espèce a une très-grande ressemblance avec le *T. bipunctata*, mais elle en diffère par son thorax, qui est beaucoup plus large, moins convexe, et par les élytres, qui sont moins larges et plus allongées. Elle est d'un noir très-légèrement brillant en dessus, mais beaucoup plus qu'en dessous. La tête est parsemée de points moins apparents et moins serrés;

elle est déprimée, avec les deux gros points plus profondément enfoncés, et le sillon transversal petit et moins profondément marqué. Le thorax est beaucoup plus large sur ses parties latérales, moins convexe et non ponctué. Les élytres sont un peu plus étroites, plus allongées et entièrement lisses, avec la carène de la base fine, assez bien prononcée, n'atteignant pas ou que très-peu l'écusson, qui est un peu plus grand que celui de la *T. bipunctata*. Tout le corps, en dessous, ainsi que les pattes, est très-finement ponctué.

Cette Tentyrie, que j'ai prise errante, et quelquefois aussi cachée sous les pierres, n'est pas très-rare aux environs de Constantine pendant les mois de mai et de juin.

Pl. 28, fig. 2. *Tentyria affinis*, grossie, 2ᵃ la grandeur naturelle, 2ᵇ une antenne, 2ᶜ une patte de la troisième paire.

### 846. *Tentyria grossa*.

Sol. *Ann. de la soc. ent. de France*, 1ʳᵉ série, tom. IV, p. 361, n° 41.

Je n'ai trouvé qu'une seule fois cette espèce, que j'ai prise à la fin de mars, dans les environs de Constantine.

### 847. *Tentyria Solieri*, Luc. (Pl. 28, fig. 3.)

Long. 17 à 19 millim. larg. 6 millim. ½ à 7 millim. ½.

T. nigra, obscura, nitidula; capite lato, subtiliter punctulato, subtùs sulco transverso profundè impresso, medio retrorsùm tuberculato; thorace convexo, lato, ad latera subtilissimè punctato; elytris latis, lævigatis, subdepressis, carinâ basali prope humeros maximè prominente, ante scutellum non obliteratâ ac emarginatâ; abdomine sternoque lævigatis.

Elle est d'un noir presque obscur, un peu plus brillant cependant que la *T. grossa*, près de laquelle cette espèce vient se placer. La tête est plus large que celle de la *T. grossa*, et parsemée de points plus fins et moins serrés, avec le sillon transversal qu'elle présente en dessous beaucoup plus profondément enfoncé, et tuberculé sur le bord postérieur. Le thorax est très-convexe, beaucoup plus large, et n'est pas subglobuliforme; il est très-finement ponctué, et cette ponctuation, qui n'est pas très-serrée, n'est réellement bien sensible que sur les parties latérales. En dessous, il est lisse, avec les côtés finement ridés. Les élytres, moins ovalaires, plus larges et beaucoup plus déprimées en dessus, sont entièrement lisses, avec la carène de leur base beaucoup plus saillante près des angles huméraux; cette carène, près de l'écusson, qui est beaucoup plus grand que dans la *T. grossa*, ne s'oblitère pas, comme dans cette dernière espèce, et, de plus, elle présente de chaque côté, dans son milieu, une échancrure assez profonde. Tout le corps, en dessous, ainsi que le sternum, est entièrement lisse.

Cette Tentyrie est assez rare; je n'en ai rencontré que quelques individus que j'ai pris en novembre, dans les parties sablonneuses du cercle de Lacalle; elle habite aussi l'île de la Galite, où je l'ai rencontrée pour la première fois dans les derniers jours d'octobre. J'ai dédié cette espèce à M. Solier, de Marseille.

Pl. 28, fig. 3. *Tentyria Solieri*, grossie, 3ᵃ la grandeur naturelle, 3ᵇ une antenne.

### 848. *Tentyria excavata.*

Sol. *Ann. de la soc. ent. de France*, 1ʳᵉ série, tom. IV, p. 364, n° 43.
Kust. *Die Käf. Europ.* fasc. 1, n° 45.

Cette espèce, qui se plaît dans des lieux arides et sablonneux, n'est pas très-rare pendant les mois de mars et d'avril, aux environs du cercle de Lacalle. Elle habite aussi les environs de Bône, où elle a été rencontrée très-abondamment par M. Basselet.

---

## Genus *Pachychila*, Esch. *Tentyria*, Stev.

### 849. *Pachychila Steveni.*

Sol. *Ann. de la soc. ent. de France*, 1ʳᵉ série, tom. IV, p. 296, n° 6.

Les environs du cercle de Lacalle, et surtout de Constantine, nourrissent cette espèce, qui n'est pas rare pendant tout le printemps et une grande partie de l'été; elle se plaît sous les pierres, mais je l'ai bien souvent rencontrée aussi errante dans des lieux arides, sablonneux, et exposés au soleil.

### 850. *Pachychila Kunzei.*

Sol. *Ann. de la soc. ent. de France*, 1ʳᵉ série, tom. IV, p. 298, n° 8.

Je l'ai prise en hiver, aux environs d'Alger, mais je n'en ai rencontré que quelques individus. Cette espèce habite aussi l'Ouest de nos possessions, car elle a été prise aux environs d'Oran et dans les îles Habibas, par MM. Deshayes et Vaillant.

### 851. *Pachychila impressifrons.*

Sol. *Ann. de la soc. ent. de France*, 1ʳᵉ série, tom. IV, p. 299, n° 9.

Ce n'est qu'aux environs d'Oran, pendant l'hiver, sous les pierres, que j'ai pris cette espèce, dont je n'ai rencontré que trois individus.

### 852. *Pachychila subcylindrica.*

Sol. *Ann. de la soc. ent. de France*, 1ʳᵉ série, tom. IV, p. 300, n° 10.

Elle est assez commune dans l'Est et dans l'Ouest de l'Algérie, particulièrement aux environs d'Alger, d'Oran et de Constantine; j'ai trouvé cette espèce errante, mais le plus souvent cachée sous les pierres.

### 853. *Pachychila Frioli.*

Sol. *Ann. de la soc. ent. de France*, 1ʳᵉ série, tom. IV, p. 3o1, n° 11.

J'ai rencontré assez communément cette espèce, qui se plaît dans les lieux sablonneux, et qui n'est pas rare pendant le printemps et l'été aux environs de Bône.

### 854. *Pachychila punctulata*, Luc. (Pl. 28, fig. 4.)

Long. 9 millim. ½ à 11 millim. larg. 4 à 5 millim.

P. nigra, subovata, subtiliter punctulata; thorace transverso, lateribus lato, rotundato, anticè angustato, infrà rugato, basi vix truncato, dentibus duabus sat magnis, maximè distantibus; elytris subtilissimè punctatis, humeris rotundatis, carinatis.

Cette espèce ressemble beaucoup à la *P. Frioli,* mais elle est plus large, avec la tête, le thorax et les élytres finement ponctués. D'un noir obscur; la tête est parsemée de points très-fins et serrés, avec l'impression qu'elle présente en dessous beaucoup plus profondément marquée que dans la *P. Frioli.* Le thorax est plus large, surtout sur les parties latéro-postérieures, qui sont arrondies, légèrement rétrécies antérieurement, moins tronquées à la base que dans la *P. Frioli,* avec les deux petites dents dont elle est armée plus prononcées et surtout plus écartées que dans cette dernière espèce; en dessus, il est assez convexe, parsemé de points très-fins et très-serrés, avec les parties latérales, en dessous, sensiblement ridées. Les élytres sont plus larges, et ne présentent pas de stries géminées comme dans la *P. Frioli;* elles sont ponctuées, mais les points qui forment cette ponctuation sont plus fins que ceux de la tête et du thorax, et surtout bien moins serrés. Les angles huméraux sont comme dans la *P. Frioli,* avec le bord carénal cependant plus saillant que dans cette dernière espèce. Le dessous du corps, ainsi que les pattes, sont d'un noir brillant et entièrement lisses.

Rencontré une seule fois en janvier, sous les pierres, dans les environs d'Oran; cette espèce habite aussi les îles Habibas, car j'en possède quelques individus qui ont été trouvés dans cette localité par MM. Deshayes et Vaillant.

Pl. 28, fig. 4. *Pachychila punctulata,* grossie, 4ᵃ la grandeur naturelle, 4ʰ une antenne, 4ᶜ une élytre.

### 855. *Pachychila sabulosa*, Luc. (Pl. 28, fig. 5.)

Long. 10 millim. ½ à 11 millim. larg. 4 à 1 millim. ⅓.

P. nigra, oblongo-ovata; capite subtiliter punctulato; thorace transverso, lævigato, lateribus rotundato basique prominente; elytris subtilissimè punctulatis, striis sensiter conspiscuis, vix geminatis; humeris rotundatis, vix carinatis.

Elle ressemble beaucoup à la précédente, avec laquelle elle ne pourra être confondue à cause de son thorax, qui est entièrement lisse, et qui, à sa base, n'est pas sensiblement bidenté. D'un noir obscur; la tête est parsemée de points très-petits, peu serrés et comme effacés, avec le sillon transversal de la partie inférieure très-peu marqué. Le thorax est entièrement lisse, large, et arrondi sur les parties latérales, légèrement rétréci antérieurement, avec le bourrelet de la base présentant, dans sa partie médiane, une saillie assez grande; sur les côtés latéro-inférieurs, il est entièrement lisse. Les élytres sont plus étroites que dans la *P. punctulata*, et ressemblent beaucoup plus à celles de la *P. Frioli*; elles sont très-finement ponctuées, et parcourues par des stries très-faiblement géminées, plus prononcées que dans la *P. Frioli*; les angles huméraux sont arrondis, avec le bord carénal très-peu saillant. Le dessous du corps, ainsi que les pattes, sont d'un noir brillant, et entièrement lisses.

Cette espèce, que je dois à l'obligeance de M. Guérin-Méneville, a été rencontrée très-abondamment dans les environs d'Alger[1] par M. le colonel Levaillant.

Pl. 28, fig. 5. *Pachychila sabulosa,* grossie, 5ª la grandeur naturelle, 5ᵇ une élytre.

## 856. *Pachychila Germari.* (Pl. 28, fig. 6.)

Sol. *Ann. de la soc. ent. de France,* 1ʳᵉ série, tom. IV, p. 302, n° 12.

Elle n'est pas rare, pendant l'hiver et le printemps, dans l'Est et l'Ouest de l'Algérie, particulièrement aux environs d'Oran, d'Alger, et surtout de Bône.

Pl. 28, fig. 6. *Pachychila Germari,* grossie, 6ª la grandeur naturelle, 6ᵇ la partie postérieure du thorax très-grossie, qui montre les deux petites dents dont sa base est armée.

## 857. *Pachychila tripoliana.*

Sol. *Ann. de la soc. ent. de France,* 1ʳᵉ série, tom. IV, p. 303, n° 13.

Les quelques individus que je possède de cette espèce habitent les environs d'Oran, où je les ai rencontrés en hiver, cachés sous les pierres. Cette Pachychile habite aussi les îles Habibas et Zaffarines, car j'en possède plusieurs individus qui ont été pris dans ces localités par M. Deshayes et Degenès. La Morée nourrit aussi cette Pachychile, car elle a été rencontrée, dans les environs de Navarin, par M. Varvas.

---

## Genus *SEPIDIUM*, Latr.

### 858. *Sepidium Wagneri.*

Erichs. *Reis. in der Regents. Algier, von M. Wagner,* tom. III, p. 179, n° 22, pl. 7.

Ce n'est qu'aux environs de Mostaganem et de Mazagran que ce *Sepidium* a été rencontré par M. le colonel Levaillant, qui a eu l'extrême obligeance de m'en donner quelques individus.

---

[1] C'est avec doute cependant que j'indique cette localité.

### 859. *Sepidium tomentosum.*

Erichs. *Reis. in der Regents. Algier, von M. Wagner,* tom. III, p. 178, n° 21, pl. 7.

Il habite les environs d'Oran, où il a été rencontré par M. le colonel Levaillant. Cette espèce se trouve aussi dans l'Ouest de l'Algérie, car j'en possède quelques individus, qui ont été pris aux environs de Guelma et de Constantine.

### 860. *Sepidium aliferum.*

Erichs. *Reis. in der Regents. Algier, von M. Wagner,* tom. III, p. 178, n° 19, pl. 7.
*Sepidium Mittræi,* Sol. *Ess. sur les collapt. de la tribu des Molurid. Extr. des mém. de l'Acad. des sc. de Turin,* tom. VI, 2° série, p. 16, n° 12.

Il n'est pas rare dans l'Ouest de l'Algérie, particulièrement aux environs d'Oran et de Tlemsên, où cette espèce a été trouvée assez abondamment par M. Deshayes et le colonel Levaillant.

### 861. *Sepidium uncinatum.*

Erichs. *Reis. in der Regents. Algier, von M. Wagner,* tom. III, p. 178, n° 20, pl. 7.

Cette espèce, qui paraît plus rare que la précédente, habite les environs de Bône, de Constantine et de Sétif, où je l'ai prise en juin, dans des lieux arides et sablonneux. Ce *Sepidium* se trouve aussi dans l'Ouest de nos possessions, car j'en possède plusieurs individus qui ont été pris aux environs d'Oran par M. Vaillant.

### 862. *Sepidium variegatum.*

Fabr. *Syst. Eleuth.* tom. I, p. 127, n° 2.

Je n'ai pas rencontré cette espèce, qui a été trouvée en juin dans les environs d'Oran par M. le colonel Levaillant.

Sur la route de Constantine à Milah, j'ai trouvé, vers la fin de juin, un *Sepidium* que je regarde comme une variété de cette espèce; il en diffère par la taille, qui est beaucoup plus grande, et par les élytres et les pattes, qui sont d'un gris légèrement teinté de fauve, au lieu d'être d'un brun foncé, couleur ordinaire du *S. variegatum.*

---

## Genus *Adelostoma,* Dup.

### 863. *Adelostoma sulcatum.*

Dup. *Mém. de la soc. Linn. de Paris,* tom. VI, p. 342, pl. 12.
Sol. *Ann. de la soc. ent. de France,* 1re série, tom. VI, p. 167, n° 1.

C'est sous les pierres légèrement humides, situées dans des lieux sablonneux, aux environs d'Alger, et pendant le mois de février, que j'ai trouvé cette espèce, dont la démarche est très-lente. Elle habite aussi les environs d'Oran, où je l'ai rencontrée dans les mêmes conditions, et plus communément que dans l'Est. Cette espèce, jusqu'à présent, n'avait encore été signalée que comme habitant le Midi de l'Espagne, où elle a été trouvée par MM. Duponchel et Rambur.

---

### Genus *TAGENIA*, Latr. *Akis*, Fabr. *Stenosis*, Herbst.

#### 864. *Tagenia sicula.*

Sol. *Ann. de la soc. ent. de France*, 1ʳᵉ série, tom. VII, p. 18, n° 3.

Cette Tagénie, dont je n'ai rencontré que deux individus, habite les environs du cercle de Lacalle; je l'ai prise à la fin de novembre, sous les pierres légèrement humides. Cette espèce n'avait encore été trouvée qu'en Sicile.

#### 865. *Tagenia lævicollis.*

Sol. *Ann. de la soc. ent. de France*, tom. VII, 1ʳᵉ série, p. 19, n° 4.

Prise dans les mêmes conditions que la précédente; je n'en ai rencontré que deux individus, que j'ai trouvés vers le milieu de décembre.

#### 866. *Tagenia Frioli.*

Sol. *Ann. de la soc. ent. de France*, 1ʳᵉ série, tom. VII, p. 19, n° 5.

Je n'ai pas rencontré cette espèce, que M. Solier a décrite dans son travail, et qu'il indique comme ayant été prise dans les environs de Bône.

#### 867. *Tagenia hispanica.*

Sol. *Ann. de la soc. ent. de France*, 1ʳᵉ série, tom. VII, p. 25, n° 11.

Rencontré une seule fois en janvier, sous les pierres humides, dans les ravins du Djebel Santon, aux environs d'Oran. Cette espèce, jusqu'à présent, n'avait encore été trouvée que dans les environs de Malaga.

#### 868. *Tagenia filiformis* (*Akis*).

Fabr. *Syst. Eleuth.* tom. I, p. 137, n° 14 ?
Sol. *Ann. de la soc. ent. de France*, 1ʳᵉ série, tom. VII, p. 27, n° 13.

Ce n'est qu'aux environs de Bône, dans les premiers jours de novembre, que j'ai pris cette espèce, qui se plaît sous les pierres, dans les lieux sablonneux.

### 869. *Tagenia Webbii*.[1] (Pl. 28, fig. 7.)

Guér. *Texte explic. des pl. de l'Iconogr. du règne anim. de Cuv. Ins.* p. 113.

Cette espèce, qui habite les environs d'Oran, est assez rare; je n'ai trouvé que quelques individus, que j'ai pris en janvier, sous les pierres; cette Tagénie habite aussi les îles Zaffarines, où elle a été rencontrée pour la première fois par MM. Webb et Berthelot.

Pl. 28, fig. 7. *Tagenia Webbii*, grossie, 7ᵃ la grandeur naturelle, 7ᵇ une mâchoire, 7ᶜ une mandibule, 7ᵈ la lèvre inférieure, 7ᵉ une antenne, 7ᶠ une élytre, 7ᵍ une patte de la dernière paire.

### 870. *Tagenia hesperica*.

Sol. *Ann. de la soc. ent. de France*, 1ʳᵉ série, tom. VII, p. 29, n° 15.

C'est l'espèce la plus abondamment répandue dans toute l'Algérie, particulièrement aux environs d'Oran, où je l'ai trouvée très-communément pendant les mois de janvier et de février. Les environs d'Alger, de Bône, de Constantine et du cercle de Lacalle nourrissent aussi cette Tagénie.

### 871. *Tagenia corsica*.

Sol. *Ann. de la soc. ent. de France*, 1ʳᵉ série, tom. VII, p. 53, n° 19.

C'est seulement dans l'Est de l'Algérie, aux environs de Bône, de Constantine et du cercle de Lacalle, pendant l'hiver et le printemps, que j'ai pris cette espèce, qui n'est pas très-rare.

### 872. *Tagenia algirica*, Luc. (Pl. 28, fig. 8.)

Long. 4 millim. $\frac{1}{2}$, larg. 1 millim. $\frac{1}{2}$.

T. fuscorufescens, elongata, angustata; capite convexo, laxè subtilissimèque punctulato; thorace anticè latiore, brevi, ad latera prominente, punctato, basi unifoveolato; elytris elongatis, ovatis, subtiliter striato-punctatis, utrinque unicostatis.

Elle a un peu d'analogie avec la *T. corsica*, avec laquelle elle ne pourra être confondue, à cause de ses élytres, qui sont à peine ponctuées, et qui, postérieurement, sont beaucoup plus étroites. D'un brun roussâtre; la tête est petite, un peu élargie postérieurement, assez fortement convexe dans sa partie médiane, et parsemée de points très-petits et très-peu serrés. Les antennes sont d'un brun roussâtre, avec les derniers articles ferrugineux. Le thorax, plus élargi antérieurement qu'à sa base, est court, et présente sur ses parties latérales, qui sont arrondies, de petits bords minces et saillants; il est assez convexe en dessus, couvert de points un peu plus forts et moins serrés que ceux de la tête, et marqué,

---

[1] Sur la planche, au lieu de *Tagenia Webbii*, Luc. lisez : *Tagenia Webbii*, Guér.

dans le milieu de son bord postérieur, d'une petite fossette assez profonde. Les élytres, d'un brun rougeâtre dans leur partie médiane, entourées de ferrugineux, sont beaucoup plus ovalaires et plus allongées que dans les *T. minuta* et *corsica;* elles sont striées, très-finement ponctuées, et présentent, de chaque côté, une côte assez saillante, qui n'atteint pas tout à fait la partie postérieure. Tout le corps, en dessous, est d'un brun roussâtre, avec les parties inférieures du thorax et tout le sternum parsemés de points très-gros, profondément enfoncés et peu serrés. L'abdomen est beaucoup plus finement ponctué, avec ses derniers segments roussâtres. Les pattes sont ferrugineuses.

Cette espèce présente plusieurs variétés; ainsi, il y a des individus chez lesquels les stries et les points des élytres sont à peine visibles; d'autres où ces stries et ces points sont très-visibles, avec les intervalles saillants et formant presque des côtes.

Elle n'est pas rare pendant l'hiver et le printemps, dans l'Est de l'Algérie, particulièrement aux environs d'Alger, de Bône et du cercle de Lacalle; c'est sous les pierres situées dans des lieux arides et sablonneux que je rencontrais ordinairement cette Tagénie.

Pl. 28, fig. 8. *Tagenia algirica*, grossie, 8ᵃ la grandeur naturelle, 8ᵇ une antenne, 8ᶜ une élytre, 8ᵈ une patte de la première paire.

## DEUXIÈME TRIBU.

### LES BLAPSIDIENS.

### Genus *BLAPS*, Latr. *Tenebrio* et *Pimelia*, Linn.

#### 873. *Blaps producta.*

Kust. *Die Käf. Europ.* fasc. 3, n° 42.

Ce *Blaps* n'est pas très-rare aux environs d'Oran, où je l'ai trouvé pendant l'hiver; il se plaît dans les lieux obscurs, particulièrement dans les trous de rochers et les carrières.

#### 874. *Blaps prodigiosa.*

Erichs. *Reis. in der Regents. Algier, von M. Wagner,* tom. III, p. 182, n° 28, pl. 7.
Kust. *Die Käf. Europ.* fasc. 3, n° 39.

J'ai trouvé cette espèce aux environs d'Oran, et dans la même condition que la précédente; elle habite aussi l'Est de l'Algérie, car j'en possède plusieurs individus que j'ai pris sous les pierres, en novembre, dans les ruines d'Hippône.

### 875. *Blaps stygia.*

Erichs. *Reis. in der Regents. Algier, von M. Wagner,* tom. III, p. 182, n° 29, pl. 7.

Ce n'est qu'aux environs de Bône, d'Alger et du cercle de Lacalle que j'ai pris cette espèce, qui aime les lieux obscurs, et qui, pendant l'hiver et le printemps, n'est pas très-rare.

### 876. *Blaps magica.*

Erichs. *Reis. in der Regents. Algier, von M. Wagner,* tom. III, p. 183, n° 30, pl. 7.
Kust. *Die Käf. Europ.* fasc. 3, n° 38.
*Blaps superstitiosa,* Erichs. *Reis. in der Regents. Algier, von M. Wagner,* tom. III, p. 183, n° 31, pl. 7.

Rencontrée dans les mêmes lieux que la précédente ; cette espèce, pendant tout l'hiver et le printemps, n'est pas très-rare, et se plaît dans les lieux sablonneux et non abrités.

### 877. *Blaps superstitiosa.*

Erichs. *Reis. in der Regents. Algier, von M. Wagner,* tom. III, p. 183, n° 31, pl. 7.
Kust. *Die Käf. Europ.* fasc. 3, n° 40.
*Blaps magica,* Erichs. *Reis. in der Regents. Algier, von M. Wagner,* tom. III, p. 183, n° 30, pl. 7.

Cette espèce est beaucoup plus rare que la *B. magica,* et les quelques individus que j'ai rencontrés, je les ai pris en hiver, aux environs d'Hippône et du cercle de Lacalle.

### 878. *Blaps gages* ( *Tenebrio*).

Linn. *Syst. nat.* tom. I, p. 106, n° 1.
Fabr. *Syst. Eleuth.* tom. I, p. 141, n° 1.
Kust. *Die Käf. Europ.* fasc. 3, n° 43.
*Blaps gigas,* Oliv. *Ent.* tom. III, n° 60, p. 5, 1, pl. 1, fig. 1.
*Blaps lusitanica,* Herbst, tom. VII, p. 197, n° 21, pl. 129, fig. 2.
*Blaps nitens,* De Casteln. *Hist. nat. des ins.* tom. II, p. 200, n° 6.

L'Est et l'Ouest de l'Algérie nourrissent cette espèce, que j'ai prise en hiver et pendant une grande partie du printemps ; c'est particulièrement aux environs d'Oran, d'Alger, de Constantine et de Bône, que je rencontrais ce *Blaps,* qui se plaît sous les grosses pierres et dans les anfractuosités des rochers.

### 879. *Blaps fatidica.*

Sturm, *Deutsch. Käf.* tom. II, p. 305, n° 3, pl. xlv, *a, b.*
Brull. *in Webb. et Berth. Hist. nat. des îles Canar. Ins.* p. 68, n° 125.
Kust. *Die Käf. Europ.* fasc. 3, n° 47.

Ce n'est qu'aux environs de Tlemsên, sous les pierres, que cette espèce a été rencontrée en mai, par M. Durieu de Maisonneuve.

### 880. *Blaps obtusa.*

FABR. *Syst. Eleuth.* tom. I, p. 141, n° 4.
STURM, *Deutsch. Ins.* tom. II, p. 206, n° 4, pl. XLIV, *a.*
KÜST. *Die Käf. Europ.* fasc. 3, n° 48.
*Blaps mortisaga* (femelle), HERBST, *Käf.* tom. VIII, p. 184, pl. 128, fig. 3. ,

Ce *Blaps,* dont je ne possède que quelques individus, habite les environs d'Oran et les îles Habibas, où il a été rencontré, en hiver et pendant le printemps, par MM. Deshayes et Vaillant.

---

## Genus *MISOLAMPUS*, Latr.

### 881. *Misolampus Goudotii.*

GUÉR. *Mag. de zool.* ann. 1834, tom. VI, p. 28, pl. 114, fig. 1 à 3.
ERICHS. *Reis. in der Regents. Algier, von M. Wagner,* tom. III, p. 184, n° 32, pl. 8.

Ce n'est que dans l'Ouest de l'Algérie, aux environs d'Oran, que j'ai trouvé cette jolie petite espèce, qui n'est pas très-commune; je l'ai rencontrée errante pendant l'hiver et une assez grande partie du printemps. Cette curieuse espèce habite aussi les environs de Tlemsên et de Mascara, où elle a été trouvée par M. le colonel Levaillant. Enfin les îles Habibas nourrissent aussi ce Mélanosôme, qui y a été pris par MM. Deshayes et Vaillant.

---

## Genus *ASIDA*, Latr. *Platynotus*, Fabr.

### 882. *Asida inæqualis.*

SOL. *Ann. de la soc. ent. de France,* tom. V, 1re série, p. 428, n° 12.

Cette espèce, quoique fort peu commune, habite indistinctement l'Est et l'Ouest de l'Algérie; je l'ai prise, pendant l'hiver et une assez grande partie du printemps, aux environs d'Oran, d'Alger, de Bône et du cercle de Lacalle. Elle se plaît sous les pierres légèrement humides, dans des lieux sablonneux.

### 883. *Asida sinuaticollis.* (Pl. 29, fig. 2.)

SOL. *Ann. de la soc. ent. de France,* tom. V, 1re série, p. 428, n° 16.

Ce n'est qu'aux environs d'Oran, pendant l'hiver et le printemps, que j'ai rencontré cette espèce. Elle est très-commune, et je l'ai toujours trouvée sous les pierres.

Pl. 29, fig. 2. *Asida sinuaticollis*, grossie, 2ª la grandeur naturelle, 2ᵇ une mâchoire, 2ᶜ une mandibule, 2ᵈ la lèvre inférieure, 2ᵉ[1] une patte de la première paire.

### 884. *Asida complanata*, Luc. (Pl. 29, fig. 1.)

Long. 10 à 12 millim. larg. 5 à 6 millim. ½.

A. fusco-nigra, vel fuscorufescens; capite subtiliter granulato; thorace vix convexo, subtilissimè granulato, parcè rufescente-piloso, lateribus maximè dilatatis (præsertim in fœminâ), suprà fortiter reflexis, basi vix sinuatâ, angulis posticis parùm productis; elytris dorso maximè complanatis, carinâ ad humeros posticèque fortiter dilatatâ, suprà fortiter reflexâ, tuberculis tomentosis, seriebus quatuor dispositis; corpore fuscorufescente, granulato, pedibus antennisque rufescentibus.

Elle ressemble un peu à l'*A. sinuaticollis*, mais elle est plus allongée, plus étroite, et surtout beaucoup plus aplatie en dessus. D'un brun obscur, presque noir, quelquefois d'un brun rougeâtre. Cette dernière couleur est due au terrain sur lequel on rencontre cette espèce. La tête est finement granulée, avec les antennes et les palpes maxillaires roussâtres. Le thorax, bien moins convexe que dans l'*A. sinuaticollis*, est très-finement granulé, et parmi cette granulation, on aperçoit des petits poils roussâtres très-courts et peu serrés; les bords latéraux sont roussâtres, très-dilatés, et beaucoup plus relevés en dessus que dans l'*A. sinuaticollis*; la base est peu sinueuse, avec le lobe intermédiaire dépassant à peine les angles postérieurs, qui sont moins prolongés en arrière que dans l'*A. sinuaticollis*. Les élytres sont très-planes en dessus, avec la carène qui les entoure beaucoup plus fortement dilatée et beaucoup plus relevée dans toute sa longueur, et surtout postérieurement, que dans l'*A. sinuaticollis*; en dessus, elles sont finement granulées, et présentent un assez grand nombre de petites saillies peu serrées, rangées en lignes longitudinales, et formées par des poils roussâtres, courts et très-serrés. Tout le corps, en dessous, est d'un brun roussâtre, et présente une granulation fine et peu serrée. Les pattes sont d'un roussâtre clair. La femelle diffère du mâle par une taille un peu plus grande, et surtout par la dilatation que présente son thorax.

Cette espèce paraît rare; je n'en ai rencontré que deux individus, que j'ai pris en hiver, sous les pierres, aux environs d'Oran. Elle se trouve aussi aux îles Habibas, car j'en possède deux autres individus qui y ont été trouvés par M. Vaillant, peintre de la commission.

Pl. 29, fig. 1. *Asida complanata*, grossie, 1ª la grandeur naturelle, 1ᵇ une antenne.

### 885. *Asida Chauveneti*.

Sol.. *Ann. de la soc. ent. de France*, tom. V, 1ʳᵉ série, p. 440, n° 21.

Je n'ai trouvé qu'un seul individu femelle de cette espèce, que j'ai pris en avril, sous les pierres, dans les bois qui se trouvent aux environs de Stora et de Philippeville. Cette Aside habite aussi l'Ouest de nos possessions, car j'ai vu plusieurs individus de cette espèce dans la collection de M. le colonel Levaillant, qui ont été rencontrés par cet officier supérieur dans les environs d'Oran et de Tlemsên.

[1] Sur la planche, au lieu de 2ᶜ, lisez : 2ᵉ.

### 886. *Asida lapidaria,* Luc. (Pl. 29, fig. 3.)

Long. 16 millim. larg. 8 millim. ⅟₇.

A. nigro-obscura; capite thoraceque oblongo-punctatis; elytris costatis, præsertim in mare, interstitiis profundis, confertìm granulatis; corpore pedibusque nigro-nitidis, punctatis.

Elle est voisine de l'*A. Chauveneti,* avec laquelle elle ne peut être confondue, à cause de la ponctuation de la tête et du thorax, qui est beaucoup plus forte et beaucoup plus profondément marquée, et des intervalles des élytres, qui sont plus finement tuberculés. D'un noir obscur; le corps est peu convexe dans le mâle, plus ventru et beaucoup plus convexe dans la femelle. La tête est ponctuée, avec deux fossettes assez profondes entre les antennes. Le thorax est assez convexe dans les deux sexes, parsemé de points de forme oblongue, très-forts et très-profondément marqués dans le mâle, un peu plus petits dans la femelle, et présente de chaque côté, chez le premier, deux impressions assez profondes; les bords latéraux sont très-peu relevés et assez profondément ponctués. L'écusson est entièrement lisse. Les élytres sont courtes, étroites, peu convexes dans le mâle, et présentant de chaque côté quatre côtes, dont deux très-saillantes, ponctuées; les intervalles sont larges, profondément carénés, et couverts, ainsi que les parties latérales des élytres, de granulosités saillantes, d'un noir brillant, et assez serrées. Le corps, en dessous, ainsi que les pattes, est d'un noir brillant et parsemé de points petits, arrondis, profondément marqués et peu serrés. La femelle diffère du mâle par le corps, qui est beaucoup plus renflé, par les côtes des élytres, qui sont moins saillantes, et par les intervalles, qui sont plus larges, moins profondément creusés, avec les granulosités qu'ils présentent beaucoup plus petites et moins serrées.

Cette espèce habite l'Est et l'Ouest de nos possessions d'Afrique; je l'ai prise en hiver et au printemps, dans les environs d'Oran, de Constantine et du cercle de Lacalle; cet *Asida* se tient sous les pierres.

Pl. 29, fig. 3. *Asida lapidaria,* grossie, 3ᵃ la grandeur naturelle.

### 887. *Asida Servillœi.*

Sol. *Ann. de la soc. ent. de France,* tom. V, 1ʳᵉ série, p. 443, n° 23.

Cette *Asida,* qui est assez rare, et dont je n'ai trouvé que quelques individus, habite les environs d'Oran, où je l'ai prise en février, cachée sous les pierres légèrement humides; elle a été aussi rencontrée dans les îles Habibas par MM. Deshayes et Vaillant.

### 888. *Asida affinis,* Luc.

Long. 14 à 15 millim. larg. 8 à 9 millim. ⅟₇.

*Asida Servillœi* (Var. B), Sol. *Ann. de la soc. ent. de France,* tom. V, 1ʳᵉ série, p. 444.

A. nigra, subnitidula, in utroque sexu depressa; thorace punctis oblongis confertìm impressis, angulis posticis sensiter elongatis; elytrorum costis angustioribus, interstitiis subtilissimè confertìmque punctulatis.

41.

Cette espèce, que M. Solier, dans son travail sur ce genre, considérait comme n'étant qu'une variété de l'*A. Servillæi*, est bien distincte par sa forme, qui est ovalaire, plus aplatie, et surtout par les élytres, qui sont plus allongées. Elle est d'un noir un peu moins luisant sur le thorax, sur les côtés des élytres et le dessous de l'abdomen. La ponctuation de la tête est semblable à celle de l'*A. Servillæi*, mais celle du thorax est formée par des points plus serrés et surtout plus allongés ; il est aussi à noter que le thorax est un peu plus large, avec les angles de chaque côté de la base plus sensiblement avancés. Dans les deux sexes, les élytres sont beaucoup plus planes que chez l'*A. Servillæi*, plus allongées et d'une forme plus ovalaire ; les côtes sont plus étroites, avec les intervalles couverts d'une granulation plus fine et beaucoup plus serrée que dans l'*A. Servillæi*. Tout le corps, en dessous, ainsi que les organes de la locomotion, sont comme dans l'*A. Servillæi*.

Cette espèce, que j'ai prise en hiver, dans les environs d'Oran, est beaucoup plus commune que l'*A. Servillæi* ; elle se plaît sous les pierres et dans les lieux sablonneux.

889. Asida silphoides (Pimelia).

Oliv. *Ent.* tom. III, n° 59, 29, pl. 3, fig. 33.
Sol. *Ann. de la soc. ent. de France*, 1<sup>re</sup> série, tom. V, p. 442, n° 22.
*Opatrum granulatum*, Fabr. *Syst. Eleuth.* tom. I, p. 8, n° 11.

Elle est très-commune dans toute l'Algérie pendant l'hiver et une assez grande partie du printemps. Les environs d'Oran, ainsi que ceux d'Alger, de Bône et de Constantine, nourrissent cette espèce, qui se plaît sous les pierres, et que j'ai quelquefois rencontrée errante dans les lieux arides et sablonneux.

890. Asida serpiginosa.

Erichs. *Reis. in der Regents. Algier, von M. Wagner*, tom. III, p. 180, n° 24, pl. 7.

Ce n'est qu'aux environs d'Oran et de Tlemsên que cette belle espèce a été rencontrée, et je la dois à l'extrême obligeance de M. le colonel Levaillant.

891. Asida lævigata (Platynotus).

Fabr. *Syst. Eleuth.* tom. I, p. 139, n° 6.
*Asida variolosa* (femelle), ejusd. *Op. cit.* tom. I, p. 139, n° 5.
*Asida miliaris* (femelle), Erichs. *Reis. in der Regents. Algier, von M. Wagner*, tom. III, p. 179, n° 23, pl. 7.

Elle est très-abondamment répandue dans l'Est et l'Ouest de l'Algérie, surtout aux environs d'Oran, d'Alger et de Bône. Comme l'*A. silphoides*, cette espèce se tient sous les pierres légèrement humides et situées dans les lieux sablonneux.

Ne faudrait-il pas considérer l'*A. (Platynotus) variolosa* de Fabricius comme n'étant que la femelle de l'*A. (Platynotus) lævigata* du même auteur ? Je crois qu'il faut rapporter aussi à cette espèce l'*A. miliaris*, décrite et figurée, par M. Erichson, dans le *Regentschaft Algier*.

### 892. *Asida cariosicollis.*

Sol. *Ann. de la soc. ent. de France*, 1<sup>re</sup> série, tom. V, p. 446, n° 25.

Cette Aside est assez rare; je n'en ai rencontré que deux individus, mâle et femelle, que j'ai pris, à la fin de novembre, dans les ravins situés entre Oran et Mers-el-Kebir; cette espèce se tenait enfoncée dans la terre.

---

## Genus *PACHYPTERUS*[1], Lucas.

La tête, plus large que longue, est peu profondément enfoncée dans le thorax. Les antennes, grêles, insérées près des yeux, sont composées de onze articles ainsi disposés : le premier est assez allongé et assez élargi vers son extrémité; le second est court ; le troisième est allongé et égale les deux suivants réunis; à partir du quatrième, ces divers articles, à leur partie antérieure, s'élargissent progressivement, à l'exception cependant du dernier, ou onzième, qui est rétréci à son extrémité et terminé en pointe. La lèvre inférieure est beaucoup plus longue que large, et présente dans son milieu un tubercule fortement prononcé, de chaque côté duquel on aperçoit une échancrure très-profonde ; les palpes labiaux sont courts : leur premier article est grêle et assez allongé, le second est très-court et très-élargi; enfin le troisième est allongé, assez élargi et terminé en pointe très-arrondie à son extrémité. Les palpes maxillaires sont courts et ont leur deuxième article très-grêle à la base ; le quatrième est assez allongé, très-élargi dans son milieu du côté interne, et légèrement sinueux à son extrémité. Les mandibules, courtes, assez robustes, présentent, à leur extrémité, une échancrure profonde, qui donne à ces organes un aspect bidenté. Le thorax est beaucoup plus large que long. Les pattes sont peu allongées, assez robustes, avec les fémurs élargis et arrondis, et les articles des tarses courts et très-rapprochés.

Insectes peu agiles, fuyant la lumière et se cachant sous les pierres.

Le *Pachypterus elongatus*, Dej. (inédit), qui a pour patrie le Sénégal, appartient à cette coupe générique, et doit en former le type.

### 893. *Pachypterus mauritanicus*, Luc. (Pl. 29, fig. 4.)

Long. 5 millim. larg. 1 millim. ¾.

P. fusco-ferrugineus, testaceo rufescente-pilosus ; capite thoraceque fortiter punctatis, hoc posticè rotundato, atque ad latera subtiliter denticulato; elytris elongatis, subangustis, striatis, striis pilosis atque profundè punctatis, interstitiis sat elevatis, lævigatis; corpore punctato, fuscorufescente, antennis pedibusque rufescentibus, his punctatis, rufescente-pilosis.

D'un brun roussâtre ; la tête, couverte de points très-gros et peu serrés, est parsemée

---

[1] *Pachypterus*, Sol. *in Cat.* Dej. p. 214. (Inédit.)

de poils assez allongés, d'un testacé roussâtre. Les palpes maxillaires et labiaux, ainsi que les antennes, sont roussâtres. Le thorax, plus large que long, finement rebordé, peu convexe et légèrement arrondi en dessus, est très-finement denticulé sur les parties latérales; il est légèrement rétréci et arrondi postérieurement, et entièrement couvert de points assez forts, profondément marqués et peu serrés; comme la tête, il est parsemé de poils assez allongés, d'un testacé roussâtre; l'écusson est petit et ponctué. Les élytres, presque aussi larges que le thorax, sont allongées, peu convexes et arrondies postérieurement; elles sont fortement striées, et ces stries présentent une ponctuation assez forte, profondément marquée et peu serrée. Il est aussi à noter que chacun de ces points donne naissance à un poil d'un testacé ferrugineux, et qui forme sur ces organes autant de rangées longitudinales qu'il y a de stries; les intervalles sont étroits, assez saillants et entièrement lisses. Tout le corps en dessous est ponctué et de même couleur qu'en dessus. Les pattes sont finement ponctuées, roussâtres, et parsemées, ainsi que tout le dessous du corps, de poils courts, peu serrés, d'un testacé roussâtre.

J'ai rencontré dans l'Est et dans l'Ouest cette espèce, qui se plaît sous les pierres; elle n'est pas très-rare dans les environs d'Alger, surtout pendant la saison d'hiver.

Pl. 29, fig. 4. *Pachypterus mauritanicus*, grossi, 4ᵉ la grandeur naturelle, 4ᵇ une mâchoire, 4ᶜ une mandibule, 4ᵈ la lèvre inférieure, 4ᵉ une antenne, 4ᶠ une patte de la première paire.

---

## Genus *PHILAX*, Brull. *Opatrum*, Auct.

### 894. *Philax plicatus*, Luc.

Long. 12 à 14 millim. larg. 6 ½ à 8 millim.

P. nigro-nitidus; capite punctato, thorace depresso, subtilissimè punctulato; elytris striatis, interstitiis subtilissimè granariis, sat fortiter tuberculatis; corpore subtiliter striato, pedibus fortiter punctatis.

D'un noir légèrement brillant; la tête est large, assez fortement rebordée, marquée de chaque côté, entre les antennes, d'une dépression assez forte, au milieu de laquelle on aperçoit une petite saillie longitudinale; elle est assez finement ponctuée, et les points qui forment cette ponctuation sont peu serrés; cependant, près de la naissance de la tête, ces points sont plus fins et plus serrés. Le thorax est large, arrondi sur les parties latérales, qui sont fortement relevées, avec les angles de chaque côté de la base assez saillants; il présente des dépressions assez fortes, dont une, située près des parties latérales, est petite, assez bien marquée, et dont l'autre, beaucoup plus grande, est placée sur le sommet et près de la partie postérieure; il est très-finement ponctué, et les points qui forment cette ponctuation sont bien moins serrés que ceux de la tête. L'écusson est large et entièrement lisse. Les élytres, un peu plus larges que le thorax à sa base, sont grandes, larges et assez fortement bombées vers la partie postérieure; elles sont assez fortement striées, avec les intervalles larges, très-finement chagrinés et assez fortement tuberculés.

Tout le corps en dessous est de même couleur qu'en dessus et très-finement strié. Les pattes sont noires et présentent une ponctuation assez forte et serrée.

C'est sous les pierres, aux environs de Constantine, pendant le mois de mai, que j'ai pris cette espèce, qui n'est pas très-commune et que j'ai quelquefois trouvée assez profondément enfoncée dans la terre.

### 895. *Philax barbarus* (*Opatrum*).

ERICHS. *Reis. in der Regents. Algier, von M. Wagner, tom. III, p. 181, n° 25, pl. 7.*

Cette espèce, pendant l'hiver, n'est pas rare aux environs d'Oran; elle se plaît sous les pierres légèrement humides, où je l'ai quelquefois surprise en famille très-nombreuse.

### 896. *Philax Moreletii*, Luc. (Pl. 29, fig. 5.)

Long. 9 millim. $\frac{1}{2}$, larg. 4 millim.

P. suprà niger, infràque nigro-nitidus; capite fortiter punctato, thorace angusto, plano, fortiter profundèque striato ac punctato; elytris elongatis, angustis, planis, striatis, interstitiis fortiter carinatis, his punctatis ac granariis; abdomine pedibusque punctatis.

Il est un peu plus petit, et surtout plus étroit que le *P. barbarus,* tout à côté duquel cette espèce vient se ranger. Noir; sa tête n'est point rebordée, et présente entre les antennes un sillon transversal fortement marqué; elle est ponctuée, et les points qui forment cette ponctuation sont profondément enfoncés, très-serrés et assez forts. Il est à noter que les points que l'on aperçoit dans la partie médiane, qui est déprimée, sont beaucoup plus gros que ceux des parties antérieure et postérieure. Le thorax, étroit, presque plan en dessus, avec les parties latérales assez fortement rebordées, est profondément strié et ponctué. Ces points et ces stries sont très-serrés. L'écusson est assez large et sensiblement ponctué. Les élytres sont allongées, étroites et très-peu convexes; à leur partie antérieure, elles présentent, de chaque côté, une petite saillie assez prononcée, creusée vers leur côté interne, et dans laquelle les angles de chaque côté de la base du thorax viennent s'engrener; elles sont assez fortement striées, avec les intervalles larges, fortement carénés, ponctués et chagrinés. Tout le corps en dessous est d'un noir brillant, avec le sternum et les segments abdominaux présentant une ponctuation assez forte et peu serrée. Les pattes sont de la même couleur que le dessous du corps et parsemées de points moins gros, mais plus serrés.

Cette espèce, qui est assez rare, habite les environs d'Oran et d'Alger, où je l'ai prise, pendant l'hiver et le printemps, cachée dans des anfractuosités de grosses pierres.

Pl. 29, fig. 5. *Philax Moreletii,* grossi, 5ᵃ la grandeur naturelle, 5ᵇ une antenne.

### 897. *Philax variolosus*, Luc.

Long. 9 millim. larg. 4 millim. $\frac{1}{2}$

P. suprà niger, infrà nigro-nitidus; capite thoraceque fortiter punctatis, elytris profundè striatis, striis fortiter punctatis, interstitiis tuberculatis subtilissimèque granariis; corpore fortiter striato, segmentis abdominis subtiliter posticè punctulatis; pedibus sat fortiter confertìmque punctatis.

Noir; la tête, très-faiblement rebordée, présente, de chaque côté des antennes, une dépression transversale assez profonde; elle est ponctuée, et les points qui forment cette ponctuation sont forts, arrondis, profondément marqués et peu serrés. Le thorax est assez large, rebordé sur les parties latérales, qui sont arrondies, avec les angles latéro-antérieurs et postérieurs peu prononcés; il présente quelques dépressions, mais généralement peu marquées, et il est parsemé de points assez profondément enfoncés, un peu plus petits et plus serrés que ceux de la tête. L'écusson est étroit et très-sensiblement ponctué. Les élytres, plus larges que le thorax à sa base, sont plus allongées et très-peu bombées; elles sont fortement striées, et, dans ces stries, on aperçoit des points très-forts, profondément enfoncés et très-peu serrés; les intervalles sont étroits, très-finement chagrinés et assez fortement tuberculés. Tout le corps en dessous est d'un noir brillant, avec les segments abdominaux fortement striés et présentant une ponctuation fine et très-peu serrée. Les pattes sont de même couleur que le dessous de l'abdomen, et parsemées de points beaucoup plus forts et plus serrés.

Cette espèce habite les environs d'Oran, d'Alger et de Constantine, où je l'ai prise, pendant l'hiver et le printemps, cachée sous des pierres légèrement humides.

### 898. *Philax costatipennis*, Luc.

Long. 10 millim. larg. 4 millim. $\frac{1}{3}$.

P. ater, infrà nitido-ater; càpite fortiter granario, thorace lato, posticè angusto, anticè biimpresso ac profundè oblongo-punctato; elytris fortiter costatis, his subtiliter punctulatis, interstitiis latis, 1, 2, 3 biseriatim profundè punctatis; corpore fortiter punctato, segmentis abdominis posticè subtiliter punctulatis.

Noir; la tête seulement, très-fortement chagrinée, rebordée antérieurement, présente, de chaque côté, une dépression profonde, et dans sa partie médiane, entre les antennes, un sillon transversal semi-circulaire. Le thorax est large, assez convexe, arrondi sur les parties latérales, qui sont rebordées, rétréci vers sa partie postérieure, avec les angles de chaque côté de la base assez saillants; il est profondément ponctué, et les points qui forment cette ponctuation sont grands, d'une forme oblongue, et assez serrés; vers la partie antérieure, on aperçoit, de chaque côté, une dépression arrondie assez profondément marquée. L'écusson est très-petit et distinctement ponctué. Les élytres, allongées, convexes, sont parcourues par des côtes très-saillantes, étroites et finement ponctuées; les intervalles en sont très-larges, surtout les premier, second et troisième, qui offrent chacun deux rangées longitudinales de points très-gros, peu serrés, arrondis et très-profondément enfoncés. Le corps, en dessous, est d'un noir brillant, profondément ponctué, particulièrement sur les parties latérales, avec la partie postérieure des segments abdominaux présentant une ponctuation fine et peu serrée. Les pattes sont de même couleur que le dessous du corps, et beaucoup plus finement ponctuées que ce dernier.

Cette espèce habite l'Est et l'Ouest de l'Algérie, et c'est particulièrement aux environs d'Oran et du cercle de Lacalle, pendant l'hiver et le printemps, que j'ai trouvé ce *Philax*, qui se plaît sous les pierres, et qui est assez rare.

## Genus *Dendarus*, Latr.

### 899. *Dendarus barbarus*, Luc.

Long. 10 à 12 millim. larg. 4 millim. $\frac{1}{2}$ à 5 millim.

D. nigro-obscurus; capite anticè profundè emarginato, confusè punctato; thorace nitido-atro, subtiliter punctato, ad angulos posticos parùm angusto; elytris ad humeros rotundatis, striato laxè punctatis, interstitiis sat sensiter punctulatis; corpore pedibusque nitido-nigris, valdè punctatis.

Il ressemble un peu au *D. hybridus*, mais il est plus petit, moins convexe, et surtout plus étroit. D'un noir obscur; la tête, beaucoup plus largement échancrée à sa partie antérieure, est parsemée de points plus grands et plus confus que dans le *D. hybridus*. Les antennes sont noires, avec les derniers articles ferrugineux. Le thorax est moins large, et proportionnellement plus long que dans le *D. hybridus*; il est d'un noir un peu plus brillant que la tête et les élytres, et couvert de points assez petits et moins serrés que dans le *D. hybridus*; il est arrondi sur les parties latérales, qui sont non rebordées, et moins rétrécies vers les angles latéro-postérieurs. Les élytres sont plus étroites et moins convexes, avec les angles huméraux arrondis et bien moins saillants que dans le *D. hybridus*; elles sont striées, et ces stries sont formées par des points peu profondément marqués et moins serrés que dans cette dernière espèce, avec les intervalles parsemés de points plus sensiblement marqués et moins serrés. Tout le corps, en dessous, ainsi que les pattes, est d'un noir brillant et couvert de points et de rides plus profondément marqués et beaucoup plus serrés que dans le *D. hybridus*.

Habite les environs d'Oran, et se tient sous les pierres, dans des lieux sablonneux. Je n'ai rencontré que dans l'Ouest cette espèce, qui est assez rare.

### 900. *Dendarus rotundicollis*, Luc. (Pl. 29, fig. 6.)

Long. 9 à 10 millim. larg. 4 millim. à 4 millim. $\frac{1}{2}$.

D. nigro-nitidulus; capite distinctè punctato, anticè emarginato; thorace brevi, subtiliter punctulato, lateribus ad angulos posticè non angustatis; elytris nigro-nitidis, brevibus, angustatis, striato punctatis, interstitiis subtilissimè punctulatis; corpore pedibusque nigro-nitidis, valdè punctatis.

Elle ressemble à l'espèce précédente, mais elle est plus étroite; son thorax, sur les parties latérales, est peu arrondi, et, de plus, ne présente pas d'étranglement près des angles latéro-postérieurs; il est aussi d'un noir un peu plus brillant. La tête est parsemée de points arrondis, moins serrés et plus distinctement marqués que dans le *D. barbarus*, avec l'échancrure de sa partie antérieure plus petite et moins profondément marquée. Les antennes sont noires, avec l'extrémité du dernier article ferrugineux. Le thorax est plus étroit, et surtout bien moins allongé que dans l'espèce précédente; il est très-arrondi sur ses parties latérales, qui sont plus fortement rebordées, un peu rétréci près des angles latéro-postérieurs, qui sont arrondis; quant à la ponctuation qu'il présente, elle est tout à fait semblable à celle du *D. barbarus*. Les élytres sont d'un noir un peu plus brillant que la tête et le thorax, moins allongées et plus étroites que chez l'espèce précédente; elles sont striées, et ces stries sont formées par des points assez profondément marqués, plus petits et plus serrés, avec la ponctuation que présentent les intervalles beaucoup plus fine que dans le *D. barbarus*. Tout le dessous du corps, ainsi que les pattes, est d'un noir brillant et ponctué comme dans l'espèce précédente.

Cette espèce, que j'ai rencontrée dans l'Ouest seulement, est assez répandue pendant l'hiver dans les environs d'Oran; elle se plaît sous les pierres, dans les lieux sablonneux; sa démarche est peu agile. Elle a été aussi rencontrée aux îles Habibas, par MM. Deshayes et Vaillant.

Pl. 29, fig. 6. *Dendarus rotundicollis*, grossi, 6ᵃ la grandeur naturelle, 6ᵇ une antenne, 6ᶜ la lèvre inférieure, 6ᵈ une patte de la première paire vue en dessus.

**901. *Dendarus subvariolosus*, Luc.**

Long. 12 millim. larg. 5 millim. $\frac{1}{2}$.

D. nigro-obscurus; capite punctato, anticè emarginato; thorace sat fortiter punctato, lato, angulis posticis rotundatis; elytris latis, nigro-nitidulis, striato oblongo-punctatis, interstitiis sat prominentibus, subtiliter punctatis ac variolosis; corpore pedibusque nigro-nitidis, valdè punctatis ac rugatis.

Il est plus grand que le *D. rotundicollis*, auquel il ressemble un peu, et dont il diffère par son thorax, qui est plus large, et par ses élytres, qui sont aussi plus larges et assez sensiblement variolées. D'un noir obscur; la tête est ponctuée, comme dans le *D. rotundicollis*, avec l'échancrure de sa partie antérieure un peu plus profondément marquée. Le thorax est plus large, arrondi sur ses parties latérales, et ne présente pas de rétrécissement près des angles latéro-postérieurs, qui sont arrondis comme dans le *D. rotundicollis*; il est ponctué comme dans cette dernière espèce, mais cette ponctuation paraît plus forte et moins serrée; il est aussi à noter que dans sa partie médiane, en dessus, on aperçoit une petite dépression longitudinale assez bien marquée. Les élytres sont beaucoup plus larges et plus arrondies, et d'un noir un peu plus brillant que la tête et le thorax; elles sont striées, et les stries sont formées par des points oblongs, très-peu serrés et assez profondément marqués; les intervalles sont saillants et forment presque des côtes, surtout le troisième, qui postérieurement devient assez proéminent; les intervalles présentent une ponctuation fine et peu serrée, et, de plus, des dépressions qui leur donnent un aspect variolé. Tout le corps, en dessous, ainsi que les pattes, est d'un noir brillant et parsemé de points et de rides assez profondément marqués.

Cette espèce, dont je n'ai rencontré qu'un seul individu, habite les environs de Bône; je l'ai prise en mars, dans des lieux sablonneux.

## Genus *ISOCERUS*, Latr. *Tenebrio*, Linn. *Blaps*, Fabr. *Helops*, Oliv.

### 902. *Isocerus ferrugineus* (*Tenebrio*).

FABR. *Syst. Eleuth.* tom. I, p. 148, n° 23.
SCHŒNH. *Syn. ins.* tom. I, p. 151, n° 28.
DE CASTELN. *Hist. nat. des ins.* tom. II, p. 210, n° 5.
KUST. *Die Käf. Europ.* fasc. 1, n° 46.
*Tenebrio purpurescens*, HERBST, *Käf.* tom. VIII, p. 20, pl. 119, fig. 1.

Cette espèce, que je n'ai trouvée que dans l'Est de l'Algérie, est très-commune aux environs de Bône pendant les mois de mars et d'avril; elle est peu agile, se tient sous les pierres situées dans les lieux sablonneux.

------

# TROISIÈME TRIBU.

### LES TÉNÉBRIONIENS.

------

## Genus *CRYPTICUS*, Latr. *Blaps*, Fabr. *Helops*, Oliv.

### 903. *Crypticus obesus*, Luc. (Pl. 29, fig. 7.)

Long. 7 à 9 millim. larg. 4 à 5 millim.

C. ater, sat elongatus, obesus; capite vix punctato, anticè fortiter punctato, thorace lato, convexo, subtiliter punctulato; elytris glabris, vix striatis, laxè punctulatis; corpore sternoque nigris, sat fortiter punctatis, pedibus nigrorufescentibus.

Noir; la tête présente une ponctuation serrée et comme effacée, avec son bord antérieur beaucoup plus fortement tronqué que dans le *C. gibbulus*. Les antennes sont d'un noir roussâtre. Le thorax est beaucoup plus grand, beaucoup plus convexe et plus large, et parsemé de points très-fins, peu serrés et un peu plus fortement marqués que ceux de la tête. Les élytres sont glabres, plus allongées, plus larges et beaucoup plus convexes que dans le *C. gibbulus;* elles ne sont pas striées, ou ne le sont que très-faiblement, et dans les individus chez lesquels ces stries sont apparentes, elles sont situées tout près de la suture, et au nombre de deux ou trois de chaque côté; elles sont finement ponctuées, et les points qui forment cette ponctuation sont un peu plus forts et bien moins serrés que ceux de la tête. Tout le corps, en dessous, est noir, parsemé de points assez forts et très-serrés. Les pattes sont d'un noir brillant et assez finement ponctuées.

Ce n'est que dans l'Ouest, à la fin de novembre, que j'ai rencontré cette espèce, qui se plaît sous les pierres situées dans des lieux sablonneux; environs d'Oran.

42.

Pl. 29, fig. 7. *Crypticus obesus*, grossi, 7ᵃ la grandeur naturelle, 7ᵇ une mâchoire, 7ᶜ une mandibule, 7ᵈ la lèvre inférieure, 7ᵉ [1] une antenne, 7ᶠ une patte de la première paire.

### 904. *Crypticus gibbulus* (*Pimelia*).

HERBST, *Col.* tom. VIII, p. 51, n° 7, pl. 120, fig. 7.

Cette espèce n'est pas rare dans l'Est et l'Ouest de l'Algérie, pendant une grande partie de l'année; les environs d'Oran, mais plus particulièrement ceux d'Alger, de Bône, de Constantine et du cercle de Lacalle, sont fréquentés par ce *Crypticus*, qui se plaît sous les pierres, dans les lieux sablonneux, et que j'ai très-souvent rencontré sous les bouses desséchées.

### 905. *Crypticus pruinosus* (*Pedinus*).

L. DUF. *Ann. génér. des sc. phys.* tom. VI, p. 310, n° 4, pl. XCVI, fig. 4 *a, b, c*.

Rencontré une seule fois aux environs d'Hippône, sous les pierres, dans les premiers jours de mai. Cette espèce se trouve aussi en Espagne.

---

### Genus OPATRUM, Fabr. *Silpha*, Linn. *Tenebrio*, Geoffr.

#### 906. *Opatrum granuliferum*, Luc.

Long. 12 millim. larg. 7 millim. ½.

O. atrum, vel atro-ferrugineum; capite subtiliter granulato, anticè profundè emarginato; antennis rufo-ferrugineis, ultimis articulis rufescentibus; thorace lato, ad latera dilatato, rotundato, sat fortiter granulato; elytris profundè striatis, striis fortiter tuberculatis, interstitiis subtilissimè granulatis; corpore sparsim granulato, pedibus subtiliter granulatis, tarsis fusco-ferrugineis.

Noir, quelquefois d'un noir ferrugineux. Cette dernière couleur est due au terrain sur lequel on rencontre cette jolie espèce. La tête, parsemée d'une granulation fine et peu serrée, très-profondément échancrée à sa partie antérieure, présente entre les antennes un sillon semi-transversal assez bien prononcé. Les antennes sont d'un roux ferrugineux, avec les derniers articles d'un roux très-clair. Le thorax, très-profondément échancré à sa partie antérieure pour recevoir la tête, est large, dilaté et arrondi sur les parties latérales, avec les angles de chaque côté de la tête très-prononcés; en dessous, il est assez convexe, couvert d'une granulation plus forte et moins serrée que celle de la tête. L'écusson est très-petit et très-finement granulé. Les élytres, moins larges que le thorax à sa base, très-allongées et assez convexes, sont profondément striées, et ces stries présentent des tubercules assez forts, oblongs, très-espacés, d'un noir brillant; les intervalles sont larges,

---

[1] Au lieu de 7ᵉ, sur la planche, lisez 7ᶠ.

convexes, et offrent une granulation beaucoup plus fine et plus serrée que celle du thorax et même celle de la tête. Tout le corps, en dessous, est de même couleur qu'en dessus, avec la granulation que cette partie du corps présente fine et très-peu serrée. Les pattes sont de même couleur que l'abdomen, plus faiblement ponctuées, avec les tarses d'un brun roussâtre.

Cette espèce n'est pas très-commune; je l'ai trouvée, pendant les mois de janvier et février, fixée sous les pierres qui sont à terre dans les ravins du Djebel Santon, ainsi que dans ceux qui sont situés entre le fort Santa-Crux et Mers-el-Kebir, aux environs d'Oran. Elle habite aussi les ravins de Boudjarea, dans les environs d'Alger.

**907.** *Opatrum emarginatum*, Luc. (Pl. 29, fig. 8.)

Long. 10 millim. $\frac{1}{2}$ à 13 millim. larg. 5 millim. $\frac{1}{2}$ à 7 millim.

O. atrum; capite fortiter punctato, posticè granulato; antennis fusco-ferrugineis, ultimo articulo ferrugineo; thorace lato, maximè dilatato, rotundato, in medio fortiter tuberculato, anticè, posticè ad lateraque granulato; elytris costatis, subtiliter granulatis, interstitiis latis, fortiter biseriatim tuberculatis; corpore pedibusque subtiliter granulatis.

Noir; la tête, antérieurement, est assez profondément échancrée, moins cependant que dans l'*O. granuliferum*, et offre, autour de cette échancrure, une ponctuation très-forte et peu serrée; postérieurement, elle est assez fortement granulée, et, dans sa partie médiane, on aperçoit un sillon semi-transversal assez bien marqué, partagé, dans son milieu, par une petite saillie longitudinale, qui part de la base et qui est entièrement lisse. Les antennes sont d'un brun ferrugineux, avec le dernier article d'un ferrugineux très-clair. Le thorax, assez convexe, un peu moins profondément échancré antérieurement que dans l'*O. granuliferum*, est large, très-dilaté et arrondi sur les parties latérales, avec les angles, de chaque côté de la base, très-saillants; il est fortement granulé et bombé en dessus et sur les côtés, ainsi que sur les parties antérieures et postérieures où on aperçoit une granulation fine et surtout très-peu serrée. L'écusson est très-petit et très-finement granulé. Les élytres, bien moins larges que le thorax à sa naissance, sont bien moins convexes que dans l'*O. granuliferum*; elles sont parcourues par des côtes saillantes parsemées d'une granulation fine et brillante; les intervalles sont larges, assez profonds, et présentent chacun deux rangées de forts tubercules espacés entre eux par des dépressions assez profondes; entre ces rangées tuberculiformes, on aperçoit une granulation fine et tout à fait semblable à celle que l'on remarque sur les côtes. Tout le corps, en dessous, est de même couleur qu'en dessus, et parsemé d'une granulation fine et peu serrée. Les pattes sont de même couleur que le dessous du corps et assez finement granulées.

Cette espèce habite l'Est et l'Ouest de nos possessions; je l'ai rencontrée en hiver, sous les pierres, dans les bois de chênes-liéges, aux environs de Philippeville; les individus que je possède, de l'Ouest, m'ont été donnés par M. le colonel Levaillant.

Pl. 29, fig. 8. *Opatrum emarginatum*, grossi, 8ª la grandeur naturelle, 8ʰ une patte de la première paire.

### 908. *Opatrum (Gonocephalum) rusticum.*

BRULL. *Expéd. scient. de Morée*, tom. III, *Zool.* p. 218, n° 376.

Cette espèce a été rencontrée, seulement dans l'Ouest de l'Algérie, par MM. Deshayes et Vaillant, qui l'ont prise aux environs d'Oran et dans les îles Habibas.

### 909. *Opatrum (Gonocephalum) perplexum,* Luc. (Pl. 29, fig. 9.)

Long. 8 millim. $\frac{1}{2}$, larg. 3 millim. $\frac{1}{2}$.

O. atrum; capite granario, parcè pilis rufescentibus vestito; thorace lato, subtiliter granulato, ad latera rotundato, angulis posticis acuminatis; elytris striatis, striis fortiter profundèque oblongo-punctatis, interstitiis latis, subtilissimè punctulatis; corpore pedibusque nigris, punctatis, tarsis antennisque fuscorufescentibus.

Noir; la tête est chagrinée, revêtue de poils roussâtres, très-courts, peu serrés, et présente, entre les yeux, un sillon transversal assez bien marqué; sur les bords latéraux, qui sont assez fortement dilatés, elle n'est point rebordée, avec sa partie antérieure peu profondément échancrée. Les antennes sont d'un brun roussâtre. Le thorax est assez large, rebordé sous les parties latérales, qui sont arrondies, légèrement rétrécies postérieurement, avec les angles, de chaque côté de la base, saillants et terminés en pointe; en dessus, il est très-peu convexe et parsemé de tubercules arrondis, très-petits, peu serrés et d'un noir brillant dans la partie médiane; près de la partie postérieure, on aperçoit un petit espace longitudinal, qui est presque lisse. Les élytres sont assez allongées, très-peu convexes; elles sont striées, et ces stries présentent des points très-forts, oblongs, peu serrés et très-profondément marqués; les intervalles sont assez larges, saillants et très-finement ponctués. Tout le corps, en dessous, est noir et présente une ponctuation fine et peu serrée. Les pattes sont de même couleur que le dessous du corps, ponctuées, avec les tarses d'un brun roussâtre clair.

Cette espèce, que je n'ai pas rencontrée pendant mon séjour dans l'Ouest, m'a été donnée par M. le colonel Levaillant, qui l'a prise pendant l'été, sous les pierres, aux environs d'Oran.

Pl. 29, fig. 9. *Opatrum perplexum,* grossi, 9ᵃ la grandeur naturelle, 9ᵇ une mâchoire, 9ᶜ une mandibule, 9ᵈ une antenne.

### 910. *Opatrum (Gonocephalum) parvulum,* Luc.

Long. 7 millim. larg. 3 millim.

O. nigrorufescens vel nigro-ferrugineum; capite subtiliter granario, parcè rufescente-piloso; thorace granario, rufescente-piloso, lateribus rotundatis non marginatis; elytris angustatis, subtiliter granariis, striatis, interstitiis latis, piloso-rufescentibus; corpore nigro-nitido, punctato, rufescente-piloso; pedibus nigrorufescentibus, tarsis antennisque rufescentibus.

D'un noir roussâtre, quelquefois d'un noir ferrugineux; mais cette dernière couleur est due au terrain sur lequel on rencontre cette espèce. Elle est un peu moins large et plus petite que l'*O. perplexum*, près duquel elle vient se placer. La tête, assez finement chagrinée, revêtue de poils roussâtres, courts et très-peu serrés, présente, entre les yeux, un sillon assez fortement prononcé; les bords latéraux sont assez fortement dilatés et non rebordés, et sa partie antérieure est plus profondément échancrée que dans l'espèce précédente. Les antennes sont d'un roussâtre clair. Le thorax est assez convexe, beaucoup plus fortement chagriné que la tête, revêtu, comme cette dernière, de poils roussâtres, très-courts et peu serrés, dilaté et arrondi sur les parties latérales, qui ne sont pas rebordées, avec les angles de la base assez saillants, moins cependant que dans l'espèce précédente. L'écusson est ponctué et d'un brun roussâtre brillant. Les élytres, assez allongées, étroites, avec les angles huméraux arrondis, sont chagrinées et striées, avec les intervalles assez larges, saillants et revêtus de poils roussâtres, courts et plus serrés que ceux que présentent la tête et le thorax. Tout le corps, en dessous, est d'un noir brillant, ponctué, et présente des points roussâtres très-courts, placés çà et là. Les pattes sont d'un brun roussâtre, parsemées de poils, comme le dessous du corps, avec les tarses d'un roussâtre clair.

J'ai rencontré cette espèce, dans l'Est et dans l'Ouest de l'Algérie, pendant toute l'année; elle se tient sous les pierres et n'est pas très-rare, particulièrement dans les environs du cercle de Lacalle, de Bône, d'Alger et d'Oran.

### 911. *Opatrum (Sclerum) algiricum*, Luc. (Pl. 29, fig. 10.)

Long. 7 millim. $\frac{1}{2}$, larg. 3 millim. $\frac{1}{4}$.

O. atrum; capite subtiliter granulato, transversìm profundè sulcato; thorace granulato, utrinque biimpresso; elytris angustis, striatis, interstitiis elevatis, confertìm granulatis; corpore pedibusque nigris, subtiliter granulatis, tibiis anticè primi paris, tarsis antennisque fuscorufescentibus.

Noir, souvent d'un gris cendré; mais cette dernière couleur est due au terrain sur lequel on rencontre cette espèce. La tête, finement granulée, peu élargie sur les parties latérales, qui sont rebordées, avec sa partie antérieure assez profondément échancrée, présente, entre les yeux, un sillon transversal très-profondément marqué. Les antennes sont d'un brun roussâtre clair. Le thorax est étroit, avec les parties latérales peu dilatées, arrondies, non rebordées et finement granulées; il offre deux dépressions assez bien marquées; il est finement granulé, et ces granules sont très-peu serrées et surmontées chacune d'un petit poil roussâtre clair, très-court. L'écusson est entièrement lisse. Les élytres sont étroites, assez allongées et striées; les intervalles sont très-saillants, finement granulés, et, dans l'espace qui existe entre eux, on aperçoit une rangée de tubercules très-petits, peu serrés et surmontés d'un poil roussâtre très-court. Tout le corps, en dessous, ainsi que les pattes, est noir et finement granulé, à l'exception cependant des tibias de la première paire et des tarses de toutes les pattes, qui sont d'un brun roussâtre clair.

Ce n'est qu'aux environs d'Alger et de Bougie, pendant l'hiver et le printemps, que j'ai rencontré cette espèce, dont les habitudes sont de se tenir sous les pierres.

Pl. 29, fig. 10. *Opatrum algiricum*, grossi, 10ᵃ la grandeur naturelle, 10ᵇ une antenne, 10ᶜ une patte de la première paire.

### 912. *Opatrum (Microzoum) lilliputanum*, Luc. (Pl. 30, fig. 2.)

Long. 2 millim. larg. 1 millim. ½.

O. testaceo-pilosum; capite parvo, fortiter punctato; thorace brevi, punctato, fortiter convexo, ad latera maximè dilatato subtiliterque denticulato; elytris rufescentibus, brevibus, convexis, longitudinaliter fortiterque punctatis; corpore fuscorufescente; antennis pedibusque rufescentibus.

La tête est très-petite, d'un gris roussâtre, arrondie à sa partie antérieure, finement rebordée, et parsemée de points forts, arrondis et peu serrés. Les palpes maxillaires et labiaux, ainsi que les antennes, sont d'un roussâtre clair. Le thorax, parsemé de points assez forts et peu serrés, de même couleur que la tête, est court, très-convexe, arrondi en dessus et fortement dilaté sur les parties latérales, qui sont très-finement denticulées; les angles latéro-antérieurs sont saillants et à peine arrondis, tandis que ceux de chaque côté de la base sont, au contraire, très-arrondis. Les élytres, plus étroites que le thorax, d'un roux clair, sont très-convexes, peu allongées et arrondies; elles sont parcourues longitudinalement par des lignes formées de points profondément enfoncés et peu serrés; de plus, elles sont hérissées de poils testacés, très-courts, peu serrés et formant aussi des lignes longitudinales; ces poils se font remarquer sur la tête, sur le thorax et surtout sur les bords latéraux de ce dernier. Tout le corps, en dessous, est d'un brun roussâtre, avec les organes de la locomotion d'un roussâtre clair et parsemés de poils testacés, très-courts et peu serrés.

Je n'ai trouvé que quelques individus de cette espèce, que j'ai pris, pendant l'hiver, aux environs de Philippeville et du cercle de Lacalle; c'est sous les pierres, dans les lieux sablonneux et boisés, que je trouvais cet *Opatrum* (*Microzoum*), dont la démarche est très-lente.

Pl. 30, fig. 2. *Opatrum lilliputanum*, grossi, 2ᵃ la grandeur naturelle, 2ᵇ une antenne.

### 913. *Opatrum (Leichenum) pulchellum* [1]. (Pl. 30, fig. 1.)

Long. 5 millim. larg. 2 millim. ¼.

O. atrum; capite in medio carinato, pilis squamosis griseo-cinerescentibus vestito; antennis fuscorufescentibus; thorace ad latera depresso, dilatato, pilis squamosis griseo-cinerescentibus hirsuto, his in medio ferrugineis, ad basim bifusco-maculatis; elytris nigro sparsìm maculatis, profundè striato-punctatis, pilis squamosis griseo-cinerescentibus vestitis, sed ferrugineis ad suturam; corpore nigro, testaceo-piloso; pedibus fusco-ferrugineis, tarsis rufescentibus, testaceo-pilosis.

La tête est noire, couverte de petites écailles d'un gris cendré, peu serrées, et présente, dans sa partie médiane, une petite carène longitudinale assez bien prononcée. Les antennes

---

[1] Dans les catalogues de MM. le comte Dejean et Sturm, cette espèce porte le nom de *Leichenum pulchellum*, Klug. Ce *Leichenum* a-t-il été réellement décrit par cet auteur?

sont d'un brun roussâtre. Le thorax est de même couleur que la tête, déprimé et très dilaté sur ses parties latérales, rétréci postérieurement, avec les angles, de chaque côté de la base, fortement prononcés; il est revêtu de poils écailleux qui sont d'un gris cendré très-clair sur les côtés, mais qui, dans la partie médiane, tournent au cendré ferrugineux; postérieurement, il est orné, de chaque côté, d'une petite tache d'un brun foncé, formée par des poils écailleux, très-serrés, de cette couleur. L'écusson est couvert de poils écailleux, d'un brun foncé. Les élytres, convexes et arrondies postérieurement, sont noires, parcourues longitudinalement par des stries larges, profondes et ponctuées, avec les intervalles élevés et étroits; elles sont entièrement recouvertes de poils écailleux d'un gris cendré clair, qui deviennent ferrugineux sur la suture, et parsemées de taches noires d'un brun foncé. Tout le corps, en dessous, est noir, couvert de poils courts, testacés, peu serrés. Les pattes sont d'un brun ferrugineux, avec les tarses roussâtres et hérissés de poils testacés, courts et très-peu serrés.

Rencontré en juin, sur les bords sablonneux du lac Houbeira, aux environs du cercle de Lacalle. Cette espèce est assez rare.

Pl. 30, fig. 1. *Opatrum pulchellum,* grossi, 1ª la grandeur naturelle, 1ᵇ une mâchoire, 1ᶜ une mandibule, 1ᵈ une patte de la première paire.

---

## Genus *Calcar,* Latr. *Trogosita,* Fabr.

### 914. *Calcar elongatus.*

HERBST, *Käfer,* tom. VII, p. 259, pl. 112, fig. 2.
GUÉR. *Iconogr. du règne anim. de Cuv. Ins.* pl. 30, fig. 8.
*Trogosita calcar,* FABR. *Syst. Eleuth.* tom. I, p. 153, n° 13.

Se tient ordinairement sous les pierres humides, et n'est pas rare, pendant tout l'hiver, dans les environs d'Oran, d'Alger, de Philippeville, de Constantine, de Bône et du cercle de Lacalle.

---

## Genus *Tenebrio,* Linn. *Upis,* Fabr. *Attelabus,* Linn. *Boros,* Herbst.

### 915. *Tenebrio obscurus.*

FABR. *Syst. Eleuth.* tom. I, p. 146, n° 9.
PANZ. *Faun. ins. Germ.* fasc. 43, n° 12.
LATR. *Gener. crust. et ins.* tom. II, p. 169, n° 1.

Se plaît dans les lieux obscurs, et n'est pas rare, pendant toute l'année, dans les environs de Bône, mais surtout dans les environs d'Oran, où on le rencontre dans les maisons.

## Genus *Boros*, Herbst.

### 916. *Boros tagenioides*, Luc. (Pl. 30, fig. 9.)

Long. 3 millim. larg. 1 millim. $\frac{1}{4}$.

B. capite rufescente subtiliter punctato; thorace elongato, angusto, convexo, profundè fortiterque punctato; elytris elongatis, angustis, fuscorufescentibus, striato punctatis; corpore punctulato, ferrugineo, antennis pedibusque rufescentibus.

La tête, arrondie antérieurement, est roussâtre, assez convexe, dilatée sur les parties latéro-antérieures, et parsemée de points très-fins et peu serrés. Les antennes sont d'un roussâtre clair; le thorax, de même couleur que la tête, est allongé, étroit, un peu plus large à sa partie antérieure que postérieurement, et assez fortement rebordé sur les côtés; il est assez convexe, couvert de points profondément marqués, beaucoup plus forts que ceux de la tête, arrondis et peu serrés. Des poils testacés, soyeux, courts et très-peu serrés, se font remarquer sur la tête et sur le thorax. L'écusson est très-petit et entièrement lisse. Les élytres sont étroites, allongées, d'un brun roussâtre, plus larges que le thorax à leur base; elles sont assez fortement rebordées, striées et couvertes de points moins forts que ceux du thorax. Le corps, en dessous, est ponctué, d'un ferrugineux clair. Les pattes sont lisses, d'un roussâtre clair.

Rencontré pendant l'hiver et le printemps, sous les pierres humides, dans les environs d'Alger et de Philippeville. Cette espèce est assez rare.

Pl. 30, fig. 9. *Boros tagenioides*, grossi, 9ª la grandeur naturelle, 9ᵇ une mâchoire, 9ᶜ une mandibule, 9ᵈ une antenne.

### 917. *Boros? rufipes*, Luc. (Pl. 30, fig. 10.)

Long. 4 millim. $\frac{1}{2}$, larg. 1 millim. $\frac{1}{4}$.

C. ater; capite brevi, anticè truncato, sat fortiter punctato; thorace sat lato, subtiliter marginato, fortiter laxèque punctato; elytris planis, elongatis, angustis, fortiterque striato punctatis, interstitiis sat latis, subtiliter laxèque punctulatis; corpore nigro-nitido, punctato, antennis pedibusque rufescentibus.

Noire; la tête est plus petite et moins allongée que dans l'espèce précédente, tronquée à sa partie antérieure, et couverte de poils assez forts et peu serrés. Les antennes sont plus allongées, plus grêles, d'un brun roussâtre clair et hérissées de poils testacés. Le thorax est un peu moins allongé et surtout beaucoup plus large que dans le *B. tagenioides;* il est finement rebordé sur ses parties latérales, légèrement rétréci à sa base, avec les angles latéro-postérieurs assez bien sentis, et parsemé de points un peu plus forts et surtout bien moins serrés que ceux de la tête. L'écusson est lisse, d'un brun roussâtre et plus grand que celui du *B. tagenioides*. Les élytres sont allongées, étroites, plus larges que le thorax à leur naissance et un peu moins convexe que dans l'espèce précédente; elles sont assez profondément striées, et ces stries présentent une ponctuation forte, peu serrée; les intervalles sont larges et parsemés de points plus fins, mais bien moins serrés que ceux des stries. Tout le corps, en dessous, est ponctué, d'un noir brillant. Les pattes sont roussâtres.

Ce n'est que dans l'Oust de l'Algérie que l'on trouve cette espèce, que je place avec doute dans le genre des *Boros*[1]; elle m'a été donnée par M. le colonel Levaillant, qui l'a prise en mars, sous les pierres, dans les environs d'Oran.

Pl. 30, fig. 10. *Boros rufipes*, grossi, 10ᵃ la grandeur naturelle, 10ᵇ une antenne, 10ᵉ une élytre.

# DEUXIÈME FAMILLE.

## LES TAXICORNES.

## PREMIÈRE TRIBU.

### LES DIAPÉRIENS.

## Genus *Trachyscelis*, Latr.

### 918. *Trachyscelis rufus*, Luc. (Pl. 30, fig. 3.)

Long. 3 millim. larg. 1 millim. ½.

T. rufus, pilis rufescentibus hirsutus; capite anticè profundè emarginato, subtiliter tuberculato; thorace fortiter punctato; elytris brevibus, striatis, fortiter granariis; corpore subtiliter punctato; pedibus rufescentibus.

Il est plus court que le *T. aphodioides,* avec lequel il ne pourra être confondu à cause de son labre, qui est caché sous le chaperon, de ses antennes, qui ne sont pas brusquement terminées en massue, et de ses tarses antérieurs, qui peuvent se cacher dans une cavité de l'extrémité de la jambe[2]. La tête, arrondie, très-peu convexe, profondément échancrée à son extrémité, est d'un brun roussâtre foncé, et parsemée de petits tubercules assez saillants et très-peu serrés. Les antennes ainsi que les palpes maxillaires et labiaux sont roussâtres. Le thorax, beaucoup plus allongé que dans le *T. aphodioides,* est d'un brun brillant et d'un roussâtre clair sur les parties latérales, qui présentent de longs poils de même couleur; il est arrondi, assez convexe en dessus, et parsemé de points assez forts, profondément marqués et peu serrés. L'écusson est roussâtre et entièrement lisse. Les élytres, courtes, convexes, arrondies en dessus, sont d'un brun brillant, avec leurs côtés d'un roussâtre clair; elles sont striées, fortement chagrinées et hérissées en dessus, ainsi que sur les

---

[1] Dans les collections il porte le nom inédit de *Lamus.*

[2] M. Guérin-Méneville, qui le premier a indiqué ces caractères différentiels dans l'explication des planches de son Iconographie du règne animal de Cuvier, p. 121, dit que l'on doit faire un genre de cette espèce, et il propose de désigner cette nouvelle coupe générique sous le nom d'*Ammobius.*

43.

parties latérales, de longs cils roussâtres. Tout le corps, en dessous, est très-finement ponctué et d'un brun roussâtre clair. Les pattes sont lisses, d'un roussâtre clair et hérissées de longs cils de même couleur.

Cette espèce n'est pas très-commune; je n'en ai rencontré que quelques individus que j'ai pris, en mars, aux environs d'Hippône et sur la route qui conduit de Bône au fort Génois. Ce Trachyscèle est très-peu agile et se tient sous les pierres placées sur le sable.

Pl. 30, fig. 3. *Trachyscelis rufus*, grossi, 3ª la grandeur naturelle, 3ᵇ une antenne, 3ᶜ une patte de la première paire.

---

### Genus *PHALERIA*, Latr. *Tenebrio*, Linn. Fabr.

#### 919. *Phaleria cadaverina.*

Fabr. *Syst. Eleuth.* tom. I, p. 149, n° 25.
De Casteln. *Hist. nat. des ins.* tom. II, p. 219, n° 1, pl. 19, fig. 2.
Blanch. *Atlas du règne anim. de Cuv. Ins.* pl. 50, fig. 1.

Cette espèce est très-répandue, pendant toute l'année, dans l'Est et dans l'Ouest de nos possessions du Nord de l'Afrique, et se tient particulièrement sous les pierres situées très-près des bords de la mer; environs d'Oran, d'Alger, de Bône et du cercle de Lacalle.

---

### Genus *ELEDONA*, Latr.

#### 920. *Eledona spinosula.*

Latr. *Gener. crust. et ins.* tom. II, p. 179, n° 2, pl. 16, fig. 3.

J'ai rencontré très-abondamment cette espèce pendant l'hiver; c'est particulièrement sous les écorces des chênes-liéges, abattus par l'administration des eaux et forêts et ensuite coupés et rangés en tas, que je trouvais ce joli petit insecte, à démarche lente et contrefaisant le mort, lorsque l'on s'en empare; bois du lac Tonga, environs du cercle de Lacalle.

---

### Genus *DIAPERIS*, Geoffr. Fabr. *Chrysomela*, Linn.

#### 921. *Diaperis bipustulata.*

Brull. et Lap. *Monogr. des Diap. Ann. des sc. nat.* tom. XXIII, 1ʳᵉ série, p. 337, n° 3, pl. 10, fig. 1.
Guér. *Iconogr. du règne anim. de Cuv. Ins.* pl. 31, fig. 1.

Cette espèce m'a été donnée par M. le colonel Levaillant, qui l'a prise dans les environs de Médéa.

## Genus *HETEROPHAGA*[1], Lucas. *Helops,* Panz. *Tenebrio,* Herbst.

La tête, plus large que longue, très-peu enfoncée dans le thorax, est arrondie et dilatée sur les côtés, avec sa partie antérieure fortement tronquée. Les antennes, plus longues que la tête, sont composées de onze articles, dont le premier et le dernier sont les plus allongés; ceux qui suivent sont à peu près d'égale longueur, à l'exception cependant du second, qui est très-court; des poils roides, courts, peu serrés, hérissent ces organes. Les mâchoires sont composées de deux lobes, dont l'interne est allongé, étroit; quant à l'externe, il est court, fortement bombé à son bord externe; tous deux sont terminés, à leur partie antérieure, par un angle aigu, et hérissés, à leur côté interne, de longs poils spiniformes. Les palpes maxillaires, assez allongés, sont composés de quatre articles, dont le premier est étroit, un peu plus allongé que le troisième, qui est beaucoup plus large; quant au second, il égale presque en longueur les premier et troisième articles réunis; il est étroit à sa base, tandis qu'à sa partie antérieure il est très-élargi, surtout du côté externe; le quatrième article, qui est le plus long de tous, est large et arrondi du côté interne, terminé en pointe également arrondie à son extrémité, et présente, sur sa face interne, quelques cils roides et assez allongés. Les mandibules, plus longues que larges, robustes, sont fortement bidentées à leur partie antérieure. La lèvre inférieure est beaucoup plus large que longue, assez fortement rétrécie dans le milieu de ses parties latérales, légèrement concave à sa partie antérieure, dans le milieu de laquelle on aperçoit une saillie très-légèrement indiquée. Les palpes labiaux sont très-courts, composés de trois articles, dont les deux premiers sont peu allongés, tandis que le troisième, plus grand que les deux précédents réunis, est fortement tronqué à sa partie antérieure; les divers articles qui composent ces organes sont assez larges; surtout les deux premiers. Les pattes ne présentent rien de remarquable. Le thorax est plus large que long; il en est de même de l'écusson. Quant aux élytres, elles sont plus larges que le thorax à sa base, peu convexes, terminées en pointe arrondie à leur partie antérieure, qui est étroite; à leur base, ces organes sont séparés.

Insectes assez agiles, fuyant la lumière, se cachant sous les pierres et dans les maisons. Les espèces qui composent cette nouvelle coupe générique semblent n'habiter que l'ancien monde.

### 922. *Heterophaga mauritanica* (*Tenebrio*).

FABR. *Syst. Eleuth.* tom. I, p. 149, n° 27.
PANZ. *Faun. ins. Germ.* fasc. 61, n° 3.
*Tenebrio oryzæ,* HERBST, *Käf.* tom. VIII, p. 18, tab. 118, fig. 10.

Cette espèce est beaucoup plus répandue dans l'Ouest que dans l'Est; elle se tient sous les pierres, et je l'ai prise en hiver, près du fort Génois, dans les environs de Bône. Les individus que je possède de la province de l'Ouest m'ont été donnés par M. Vaillant, qui

---

[1] Dej. *in Cat.* p. 220 (inédit).

a rencontré assez abondamment cet Hétérophage aux environs d'Oran et dans les îles Habibas.

______

### Genus *CATAPHRONETIS* [1], Lucas.

La tête, peu enfoncée dans le thorax, est un peu plus large que longue, et arrondie à sa partie antérieure. Les antennes, plus longues que la tête, insérées sous les expansions latérales de cette dernière, sont composées de onze articles, dont le premier est le plus long ; ceux qui suivent, c'est-à-dire les second, troisième, quatrième, cinquième et sixième sont courts et très-rapprochés; ces articles, jusqu'au sixième inclusivement, s'élargissent à leur partie antérieure; les septième, huitième, neuvième et dixième sont beaucoup plus larges que longs, concaves à leur partie antérieure, qui est très-élargie, et arrondis à leur base; ces articles, entre eux, sont très-peu serrés et séparés, sur les côtés, par un espace assez grand; le onzième ou dernier est assez allongé, arrondi et presque globuliforme. Les mâchoires sont composées de deux lobes, dont l'inférieur est très-petit; ces lobes, à leur côté interne, sont revêtus de cils courts et serrés. Les palpes maxillaires, assez allongés, sont composés de quatre articles, dont le premier est très-court, le second, au contraire, très-allongé et assez fortement élargi à sa partie antérieure, le troisième est court et assez large, le quatrième, au contraire, est allongé, plus grand même que le second et obliquement sécuriforme à son extrémité. Les mandibules sont assez robustes, armées, à leur partie antérieure, de deux dents très-fortes et assez espacées. La lèvre inférieure, plus large que longue, est très-élargie à sa partie antérieure, qui est légèrement concave, avec sa base, au contraire, assez fortement rétrécie. Les palpes labiaux paraissent composés de trois articles, dont le premier est allongé et très-grêle à la base, le second très-court, et le troisième, au contraire, très-allongé, presque aussi long que les précédents réunis, de forme ovalaire, et tronqué à son extrémité. Les pattes sont peu allongées, grêles, filiformes, à l'exception cependant des tibias des pattes antérieures, qui sont très-élargis à leur extrémité, finement denticulés, et arrondis à leur côté interne. Le thorax est plus large que long et assez fortement excavé à sa partie antérieure; il est rétréci très-légèrement à sa base, qui est arrondie et un peu plus étroite que les élytres. L'écusson est très-petit, plus large que long, et légèrement terminé en pointe à sa base. Les élytres, un peu plus larges que le thorax, sont assez allongées et très-légèrement convexes; à leur base, ces organes sont arrondis, sensiblement rétrécis et ne se touchent point.

Insectes peu agiles, fuyant la lumière et se cachant sous les pierres situées dans les lieux sablonneux et arides.

### 923. *Cataphronetis Levaillantii*, Luc. (Pl. 30, fig. 6.)

Long. 4 millim. $\frac{1}{2}$, larg. 2 millim.

C. capite fusco, anticè rufescente, sat fortiter punctato ; thorace latiore quàm longiore, fusco-rufescente, punctato, sat convexo, subtiliter marginato, angulis posticis prominentibus; elytris fuscis, posticè ad sutu-

______

[1] Dej. *in Cat.* p. 221 (inédit).

ramque fuscorufescentibus, striato punctatis, interstitiis subtiliter laxèque punctulatis; corpore fusco, punctato, pedibus antennisque rufescentibus.

La tête, d'un brun foncé à sa partie postérieure, d'un brun roussâtre antérieurement, est couverte de points assez forts, arrondis et peu serrés. Les organes de la manducation sont roussâtres, avec l'extrémité des palpes maxillaires et des mandibules tachée de brun foncé. Les antennes sont entièrement d'un roussâtre clair. Le thorax, plus large que long, est assez convexe, très-finement rebordé, rétréci postérieurement, avec les angles, de chaque côté de la base, assez saillants; il est d'un brun roussâtre et entièrement couvert de points profondément marqués, ovales, un peu plus forts et un peu moins serrés que ceux de la tête. L'écusson est ponctué, d'un brun foncé, bordé de roussâtre sur les côtés et postérieurement. Les élytres, un peu plus larges que le thorax, sont d'un brun foncé, avec la suture d'un brun roussâtre et la partie postérieure de cette couleur; elles sont assez profondément striées et ponctuées, avec les intervalles larges, peu saillants et parsemés de points plus fins et moins serrés que ceux des stries. Tout le corps, en dessous, est d'un brun foncé, ponctué; les pattes sont d'un roussâtre clair et assez profondément ponctuées.

Ce n'est que dans l'Ouest que l'on trouve cette espèce, qui a été découverte dans les environs d'Oran, par M. Levaillant, colonel du 36e de ligne, et auquel je me fais un plaisir de la dédier.

Pl. 30, fig. 6. *Cataphronetis Levaillantii*, grossi, 6ᵃ la grandeur naturelle, 6ᵇ une mâchoire, 6ᶜ une mandibule, 6ᵈ la lèvre inférieure, 6ᵉ une antenne, 6ᶠ une élytre, 6ᵍ une patte de la première paire.

---

## Genus *TRIBOLIUM*, Mac-Leay. *Stene*, Steph. *Colydium*, Herbst. *Trogosita*, *Ips* et *Lyctus*, Fabr.

### 924. *Tribolium castaneum (Colydium).*

HERBST, *Käfer*, tom. VII, p. 282, pl. 112, fig. 13 E.
MAC-LEAY, *Annal. Javan.* (Edit. Leq.), p. 92.
*Trogosita ferruginea*, FABR. *Syst. Eleuth.* tom. I, p. 255, n° 23.
*Ips testacea*, FABR. *Ent. syst. Suppl.* p. 179, n° 14.
*Stene ferruginea*, STEPH. *Illustr. Brit. Ent.* tom. V, p. 9, n° 1.

Trouvé en hiver, sous les pierres et les écorces des chênes-liéges, dans les environs d'Oran et de Philippeville.

Cette espèce cosmopolite, très-commune dans les collections, a été aussi rencontrée en Chine dans la racine de Squine (*Smilax Chinæ*). D'après deux notes publiées par M. Guérin-Méneville, dans les Annales de la société entomologique de France, *Bullet.* tom. III, 2ᵉ série, p. 16 (1845), et tom. III, p. 67 (1846), il résulte des observations synonymiques de cet entomologiste, que c'est sous le nom de *Tribolium castaneum* que doit être désigné cet insecte, qui, dans les catalogues, porte celui de *Margus ferrugineus*.

## Genus *Cerandria* [1], Lucas. *Phaleria,* Latr. *Trogosita,* Fabr.

La tête, beaucoup plus large que longue, présente sur les côtés et à sa partie antérieure, qui sont arrondis, des expansions relevées et assez fortement prononcées; elle est étroite à sa base et peu enfoncée dans le thorax; chez le mâle, elle offre, entre les yeux, deux petits tubercules spiniformes. Les antennes, beaucoup plus longues que la tête, sont composées de onze articles, dont le premier est le plus allongé; puis vient le dernier et ensuite le troisième; quant aux autres, ils sont à peu près de même longueur, augmentant de largeur progressivement, à l'exception cependant du second, qui paraît un peu plus court. Les mâchoires sont composées de deux lobes, dont l'interne est allongé, très-étroit, et arrondi à sa partie antérieure; quant à l'externe, il paraît formé de deux pièces, dont une basilaire très-petite; la terminale, au contraire, est allongée, étroite à sa base, et augmentant ensuite de largeur progressivement; ces lobes, à leur partie antérieure, sont hérissés de poils roides et assez serrés. Les palpes maxillaires, allongés, sont composés de quatre articles, dont le premier est très-court; le second est beaucoup plus allongé, grêle à sa base et très-élargi à son extrémité, surtout du côté externe; le troisième est aussi large que long; le quatrième est le plus long de tous, très-large, arrondi à son côté latéro-interne, tandis qu'à son côté latéro-externe il présente une petite saillie assez aiguë; quelques poils roides hérissent le côté interne de ce quatrième article. Les mandibules sont fort remarquables en ce qu'elles présentent, de chaque côté de leur bord externe, chez le mâle seulement, un prolongement très-allongé, spiniforme fortement recourbé, et qui dépasse de beaucoup les bords latéraux de la tête; à leur côté interne, elles offrent aussi un petit prolongement très-légèrement recourbé et bidenté à son extrémité. La lèvre inférieure, plus large que longue, légèrement creusée dans sa partie médiane, est finement ciliée; sur ses côtés latéro-anté-rieurs, elle est arrondie et assez sensiblement rétrécie à sa base. Les palpes labiaux sont courts, composés de trois articles, dont le premier, un peu plus allongé que le second, est grêle et étroit; le suivant est beaucoup plus large et même presque aussi long que large; quant au troisième, qui est le plus long de tous, il est arrondi à son côté externe, légère-ment tronqué à son extrémité et assez sensiblement rétréci à sa base. Les pattes ne présen-tent rien de remarquable. Le thorax est un peu plus large que long; il en est de même de l'écusson; quant aux élytres, elles sont assez allongées, très-peu convexes et un peu plus larges que le thorax à sa base.

Insectes très-peu agiles, fuyant la lumière, se tenant sous les écorces des arbres et quel-quefois aussi sous les pierres. Les espèces signalées dans cette coupe générique n'ont encore été trouvées que dans l'ancien monde.

---

[1] Dej. *in Cat.* p. 222 (inédit).

### 925. *Cerandria cornuta* (*Trogosita*).

Fabr. *Syst. Eleuth.* tom. I, p. 155, n° 24 p.
*Phaleria cornuta,* Latr. *Gener. crust. et ins.* tom. II, p. 175, n° 1, pl. 10, fig. 4.

Rencontré errant, dans les derniers jours de juillet, dans ma chambre, à Alger; j'ai trouvé aussi cette espèce sous les écorces des arbres.

---

## Genus *HYPOPHLŒUS*, Fabr. *Ips,* Rossi.

### 926. *Hypophlœus fasciatus.*

Panz. *Faun. Germ.* fasc. 6, pl. 7.
Fabr. *Syst. Eleuth.* tom. II, p. 559, n° 5.

Cette espèce n'est pas très-rare dans l'Est de l'Algérie, particulièrement où le chêne-liége commence à se montrer. J'ai rencontré cet *Hypophlœus,* pendant l'hiver, entre Stora et Philippeville, et dans les bois de chênes-liéges du cercle de Lacalle. Cette espèce se tient sous les écorces.

### 927. *Hypophlœus angustus,* Luc. (Pl. 30, fig. 7.)

Long. 4 millim. $\frac{1}{2}$, larg. 1 millim. $\frac{1}{2}$.

H. brevis, angustus, castaneus; capite thoraceque subtiliter confertìmque punctulatis; scutello lævigato; elytris obsoletissimè striatis, irregulariter confertìmque punctatis; corpore subtiliter punctulato; antennis pedibusque rufescentibus.

Il ressemble à l'*H. castaneus,* mais il est plus petit et surtout beaucoup plus étroit; il est châtain. La tête présente une ponctuation plus fine et surtout beaucoup plus serrée que celle de l'*H. castaneus.* Les antennes sont courtes et roussâtres. Le thorax est court, et les points dont il est parsemé sont plus fins et beaucoup plus serrés que dans l'*H. castaneus.* L'écusson est très-petit et entièrement lisse. Les élytres sont courtes, très-obsolètement striées, et les points dont elles sont couvertes sont très-serrés, irrégulièrement placés, et ne formant pas des lignes longitudinales bien distinctes, comme cela se voit chez l'*H. castaneus;* de plus, elles présentent des rides transversales très-peu serrées et assez profondément marquées. Le corps, en dessous, est de même couleur qu'en dessus et finement ponctué. Les pattes sont lisses et d'un châtain beaucoup plus clair que le corps.

Cette espèce, que je n'ai pas rencontrée pendant mon séjour en Algérie, m'a été donnée par M. le colonel Levaillant, qui l'a découverte dans les environs d'Oran.

Pl. 30, fig. 7 [1]. *Hypophlœus angustus,* grossi, 7ᵃ la grandeur naturelle, 7ᵇ une antenne, 7ᶜ une élytre, 7ᵈ une patte de la première paire.

### 928. *Hypophlœus suberis,* Luc. (Pl. 30, fig. 8.)

Long. 2 millim. $\frac{1}{2}$, larg. 1 millim.

H. brevis, angustus, fusco-rubescens, nitidus; capite sat fortiter punctato; thorace elongato, punctulato, anticè lato, posticè sensiter angusto; elytris brevibus, angustis, subtiliter punctulatis.

[1] Au lieu de 7ᵇ, sur la planche, lisez 7.

Il est beaucoup plus étroit et plus court que l'*H. pini;* il est d'un brun rougeâtre, brillant. La tête présente une ponctuation assez forte, avec les points qui forment cette ponctuation moins serrés que ceux de l'*H. pini.* Les antennes sont de la même couleur que le corps, mais beaucoup plus claires, avec les divers articles qui les composent beaucoup plus serrés. Le thorax est assez convexe, un peu plus allongé que celui de l'*H. pini,* avec sa partie antérieure plus large que la postérieure, qui est sensiblement rétrécie; il est assez fortement ponctué, moins cependant que dans l'*H. pini,* et ces points sont aussi moins serrés que chez cette dernière espèce. Les élytres sont courtes, beaucoup plus étroites que chez l'*H. pini,* avec la ponctuation plus fine et moins serrée. Le dessous du corps, ainsi que les pattes, sont de même couleur que le dessus.

Cet *Hypophlœus,* que j'ai pris dans les premiers jours d'avril, habite les environs de Philippeville, et se tient sous les écorces du *Quercus suber;* il est assez rare.

Pl. 30, fig. 8. *Hypophlœus suberis,* grossi, 8ª la grandeur naturelle, 8ᵇ une élytre.

---

## Genus CORTICUS, Latr. *Sarrotrium,* Germ.

### 929. *Corticus celtis.*

GERM. *Ins. spec. nov.* p. 146, n° 243.
BRANCH. *Atl. du règne anim. de Cuv. Ins.* pl. 49, fig. 3.

Rencontré en hiver, sous les écorces des chênes-liéges abattus dans les bois qui se trouvent entre Stora et Philippeville, ainsi que dans ceux des lacs Tonga et Houbeira, aux environs du cercle de Lacalle. Cette espèce n'est pas très-rare; on la trouve ordinairement en famille de cinq ou six individus, et, lorsqu'on la prend, elle rassemble ses pattes le long de son corps, et contrefait ainsi le mort pendant longtemps.

---

## DEUXIÈME TRIBU.

### LES COSSYPHIENS.

---

## Genus COSSYPHUS, Oliv.

### 930. *Cossyphus insularis.*

DE CASTELN. *Hist. nat. des ins.* tom. II, p. 229, n° 7.
DE BRÊME, *Ess. sur les Cossyph.* p. 16, n° 3, pl. 16, fig. 2.

Il habite seulement l'Est de l'Algérie, particulièrement les environs d'Alger, de Bône et du cercle de Lacalle; ce n'est que pendant les mois de janvier, février et mars que j'ai trouvé ce *Cossyphus,* dont les habitudes sont de se tenir sous les pierres, dans des lieux légèrement humides. Cette espèce vole quelquefois, car j'en ai pris un individu dans cette condition, aux environs de Kouba, après le coucher du Soleil.

Ce Cossyphe ressemble beaucoup au *C. tauricus*, mais il est toujours beaucoup plus petit. Cette espèce, outre l'Algérie, où elle n'est pas très-rare, habite encore la Sicile et l'Égypte.

### 931. *Cossyphus moniliferus.*

Guér. *Texte de l'Iconogr. du règne anim. de Cuv.* p. 122, pl. 31, fig. 7.
De Brême, *Ess. sur les Cossyph.* p. 18, n° 4, pl. 11, fig. 3.

Je n'ai pas rencontré cette espèce, que M. le marquis de Brême cite, dans son excellent travail, comme se trouvant aussi quelquefois en Algérie, quoique sa véritable patrie soit le Sénégal.

Cette espèce est très-voisine de la précédente, avec laquelle elle ne pourra être confondue, à cause de sa taille, qui est un peu plus forte, de sa forme moins parallèle, et de la présence d'une légère granulation, toujours accompagnée de nombreuses petites taches brunes.

### 932. *Cossyphus Hoffmanseggii.* (Pl. 30, fig. 4.)

Herbst, *Col.* tom. VII, p. 229, tab. 109, fig. 13.
Latr. *Gener. crust. et ins.* tom. II, p. 185, n° 2.
De Brême, *Ess. sur les Cossyph.* p. 19, n° 5, pl. 11, fig. 5.
*Cossyphus depressus,* Fabr. *Syst. Eleuth.* tom. II, p. 98, n° 1.

Il est commun, dans toute l'Algérie, pendant l'hiver et une grande partie du printemps. Cette espèce habite aussi le Portugal, le Midi de l'Espagne et l'Égypte.

Pl. 30, fig. 4. *Cossyphus Hoffmanseggii*, grossi, 4ª la grandeur naturelle, 4ᵇ une mâchoire, 4ᶜ une mandibule, 4ᵈ une antenne, 4ᵉ une patte de la dernière paire.

### 933. *Cossyphus ovatus.* (Pl. 30, fig. 5.)

De Brême, *Ess. sur les Cossyph.* p. 22, n° 7, pl. 11, fig. 6.

Ce Cossyphe est assez commun en Algérie, particulièrement aux environs d'Oran, d'Alger et de Bône; il se tient sous les pierres, où je l'ai quelquefois trouvé en famille assez nombreuse.

Pl. 30, fig. 5. *Cossyphus ovatus,* grossi, 5ª la grandeur naturelle.

### 934. *Cossyphus barbarus.*

De Brême, *Ess. sur les Cossyph.* p. 24, n° 9, pl. 11, fig. 4.
*Cossyphus substriatus,* De Casteln. *Hist. nat. des Ins.* tom. II, p. 229, n° 8.

Ce n'est qu'aux environs d'Oran, pendant l'hiver, que j'ai trouvé cette espèce, dont je n'ai rencontré que quelques individus.

Ce Cossyphe, jusqu'à présent, semble être propre à la Barbarie.

# TROISIÈME FAMILLE.

## LES STÉNÉLYTRES.

## PREMIÈRE TRIBU.

### LES HÉLOPIENS.

### Genus *HELOPS*, Fabr. Oliv. *Tenebrio*, Linn.

#### 935. *Helops afer.*

ERICHS. *Reis. in der Regents. Algier, von Moritz Wagner,* tom. III, p. 184, n° 33.

Rencontré à Oran, vers la fin de janvier, sous les pierres humides, dans les environs du Château-Neuf.

#### 936. *Helops insignis,* Luc. (Pl. 31, fig. 1.)

Long. 16 millim. larg. 6 millim.

H. ater; capite parvo, subtiliter punctulato; thorace cordiformi, fortiter punctato, depresso, angulis posticis sat prominentibus; elytris elongatis, angustis, profundè striato-punctatis, interstitiis subtiliter punctulatis, utrinque crenatis; corpore pedibusque nigro-nitidis, punctatis.

D'un noir mat; la tête est petite, très-peu convexe, arrondie postérieurement et fortement déprimée entre les antennes; elle est ponctuée, et les points qui forment cette ponctuation sont petits, peu profondément marqués et très-serrés. Les palpes maxillaires ainsi que les palpes labiaux sont d'un noir ferrugineux. Les antennes sont très-allongées, d'un brun ferrugineux, composées d'articles épais, hérissés de quelques poils roussâtres. Le thorax, cordiforme, déprimé, assez fortement rebordé, particulièrement sur les parties latérales et postérieurement, est arrondi et légèrement dilaté sur les côtés; les angles latéro-antérieurs sont très-peu sensibles, tandis que ceux qui sont situés de chaque côté de la base sont très-saillants et aigus; il est ponctué, et les points qui forment cette ponctuation sont beaucoup plus forts, plus profondément marqués et bien moins serrés que ceux de la tête. L'écusson est très-finement ponctué. Les élytres, allongées, étroites, déprimées, sont profondément striées, et ces stries sont parsemées de points assez forts et très-peu serrés; les intervalles sont larges, assez saillants, très-finement ponctués et assez profondément crénelés de chaque côté. Tout le corps, en dessous, est d'un noir beaucoup plus brillant qu'en dessus et parsemé de points petits, assez profondément marqués et serrés. Les pattes sont allongées, grêles, de même couleur que le dessous du corps et finement ponctuées.

Cette espèce, qui habite la province d'Oran, m'a été donnée par M. le colonel Levaillant.

Pl. 31, fig. 1. *Helops insignis,* grossi, 1ᵃ la grandeur naturelle, 1ᵇ une élytre grossie.

### 937. *Helops puncticollis*, Luc.

Long. 9 millim. larg. 4 millim.

H. ater; capite fortiter confertìmque punctato; thorace lato, creberrimè punctato, marginibus dilatatis, rotundatis; elytris brevibus, latis, profundè striatis, striis fortiter punctatis, interstitiis subtilissimè punctulatis; pedibus subtiliter punctatis, nigro-piceis.

Elle ressemble un peu à l'*H. tuberculipennis*, mais le thorax est plus arrondi sur les parties latérales et beaucoup plus étroit postérieurement. Elle est d'un noir mat. La tête, étroite, arrondie postérieurement, fortement déprimée entre les antennes, est parsemée de points assez forts et très-serrés. Les palpes maxillaires ainsi que les palpes labiaux sont d'un brun roussâtre clair. Les antennes sont allongées, épaisses, d'un brun roussâtre, parsemées de poils de cette dernière couleur, assez allongés, avec les derniers articles tomenteux. Le thorax, plus large que long, assez convexe en dessus, dilaté et très-arrondi sur les parties latérales, assez fortement rétréci postérieurement, avec les angles latéro-antérieurs beaucoup plus arrondis que les postérieurs, est parsemé de points plus profondément marqués et moins serrés que ceux de la tête. L'écusson est finement ponctué. Les élytres, courtes, larges, assez convexes et arrondies en dessus, sont profondément striées, et ces stries sont parsemées de points assez forts et peu serrés; les intervalles sont larges, peu saillants et très-finement ponctués. Le corps, en dessous, est ponctué et de même couleur qu'en dessus. Les pattes sont d'un noir brun, finement ponctuées.

Cette espèce, dont je n'ai rencontré que trois individus, habite les environs d'Alger; je l'ai prise, dans les premiers jours de janvier, cachée sous les feuilles d'un nopal mort.

### 938. *Helops tuberculipennis*, Luc. (Pl. 31, fig. 5.)

Long. 9 millim. ½, larg. 4 millim. ¼.

H. ater; capite punctato, posticè transversìm sulcato; thorace lato, subtiliter marginato, obsoletè punctulato; elytris brevibus, latis, profundè striatis, striis punctatis, interstitiis elevatis, crenatis, subtilissimè punctulatis, posticè tuberculatis; corpore pedibusque piceis, tarsis fuscorufescentibus.

Elle ressemble un peu à l'*H. rotundicollis*, mais le thorax est beaucoup plus large postérieurement et surtout bien moins convexe. Noir; la tête, assez étroite, arrondie postérieurement, assez fortement déprimée entre les antennes, présente, un peu avant les yeux, un petit sillon transversal, qui va d'un bord à l'autre; elle est ponctuée, et les points qui forment cette ponctuation sont petits, peu profondément marqués et peu serrés. Les organes de la manducation ainsi que les antennes sont d'un noir mat; celles-ci sont assez allongées, avec les derniers articles légèrement tomenteux. Le thorax, plus large que long, très-peu convexe, et arrondi en dessus, finement rebordé, avec ses angles latéro-antérieurs et postérieurs peu saillants et arrondis, est parsemé de points moins profondément marqués et moins serrés que ceux de la tête. L'écusson est entièrement lisse. Les élytres, d'un noir un peu moins brillant que le thorax, sont courtes, larges, convexes et arrondies en dessus, surtout à leur base; elles sont assez profondément striées, et ces stries sont parsemées de points petits, assez profondément marqués et peu serrés; les intervalles sont larges, très-finement ponctués, assez saillants, crénelés de chaque côté, et présentent postérieurement de petits tubercules saillants, très-peu serrés, d'un noir brillant. Le corps, en dessous, ainsi que les pattes sont bruns, finement ponctués, avec les tarses d'un brun roussâtre clair.

Je n'ai rencontré que quelques individus de cette curieuse espèce, que j'ai prise dans le même mois et dans les mêmes conditions que l'*H. heteromorpha*.

Pl. 31, fig. 5. *Helops tuberculipennis*, grossi, 5ᵃ la grandeur naturelle, 5ᵇ une élytre grossie.

### 939.  *Helops rotundicollis*, Luc.

Long. 8 à 9 millim. larg. 3 ½ à 4 millim.

H. nigro-nitidus; capite punctato, rotundato, posticè angusto, subtilissimè punctulato; elytris ovatis, nigro-piceis, fortiter punctatis, interstitiis lævigatis, subelevatis; corpore nigro, obsoletissimè punctulato; pedibus punctatis, fuscorufescentibus, tarsis ferrugineis.

Elle a un peu d'analogie avec l'*H. punctipennis*, mais elle est plus petite; son thorax est arrondi et plus étroit postérieurement, et ses antennes sont plus allongées. La tête est petite, fortement déprimée entre les yeux et les antennes, et parsemée de points assez fins, peu serrés, et bien marqués. Les palpes maxillaires ainsi que les palpes labiaux sont d'un brun ferrugineux. Les antennes sont allongées, d'un brun roussâtre et couvertes de poils d'un gris clair, allongés et peu serrés. Le thorax est petit, aussi long que large, très-convexe en dessus, arrondi sur ses parties latérales, et étroit postérieurement; il est déprimé de chaque côté de la base et parsemé de points très-fins, peu serrés, et qui, chez quelques individus, s'effacent presque lorsqu'ils atteignent la partie antérieure du thorax. L'écusson est entièrement lisse. Les élytres sont ovales, d'un noir brun, et présentent, de chaque côté, huit stries longitudinales, formées par des points profondément enfoncés et peu serrés; les intervalles sont étroits, saillants, surtout ceux qui avoisinent la suture. Tout le corps, en dessous, est noir et très-obsolètement ponctué. Les pattes sont ponctuées, d'un brun roussâtre, avec les tarses d'un brun ferrugineux.

Cette espèce est assez rare; je n'en ai rencontré que quelques individus, que j'ai pris en janvier, sous des écorces de bûches recueillies, dans les environs d'Oran, par les Arabes, et qui déjà avaient subi l'action du feu.

### 940.  *Helops villosipennis*, Luc. (Pl. 31, fig. 4.)

Long. 10 millim. larg. 4 millim.

H. ater, albido-pilosus; capite subtiliter confertìmque punctulato; thorace punctato, ad latera rotundato, utrinque ad basim depresso; elytris elongatis, anticè angustis, profundè striato-punctatis, interstitiis latis, subtilissimè granariis, albido-pilosis; corpore pedibusque punctatis.

Noir; la tête est petite, arrondie, assez convexe postérieurement, fortement déprimée entre les antennes; elle est ponctuée, et les points qui forment cette ponctuation sont fins et très-serrés. Les organes de la manducation sont d'un brun ferrugineux. Les antennes sont courtes, presque glabres et d'un brun roussâtre. Le thorax, plus large que long, assez convexe, très-arrondi sur les parties latérales, est très-finement rebordé, avec les angles latéro-antérieurs, ainsi que ceux qui sont situés de chaque côté de la base, très-peu arrondis; il est assez fortement déprimé de chaque côté; postérieurement et dans sa partie médiane, on aperçoit une petite dépression longitudinale qui part du bord antérieur, mais n'atteint pas tout à fait la partie postérieure; comme la tête, il est ponctué, mais cette ponctuation paraît un peu plus forte et moins serrée; des poils blanchâtres, très-courts, qui naissent des points dont la tête et le thorax sont criblés, donnent à ces organes une teinte d'un noir grisâtre. L'écusson est très-finement ponctué. Les élytres, très-allongées, étroites antérieurement, plus larges vers la partie postérieure, sont assez convexes, et arrondies en dessus; elles sont striées, et ces stries sont formées par des points oblongs très-profondément marqués et quelquefois interrompus; les intervalles sont larges, très-finement chagrinés et revêtus de poils blanchâtres très-fins, assez allongés et peu serrés. Tout le corps, en dessous, ainsi que les pattes sont noirs, parsemés de points peu serrés et donnant naissance à de petits poils blanchâtres très-courts.

Je n'ai trouvé qu'un seul individu de cette curieuse espèce, que j'ai pris, en mars, sous des détritus de végétaux rejetés par la Seïbouse; environs de Bône.

Pl. 31, fig. 4. *Helops villosipennis,* grossi, 4ª la grandeur naturelle, 4ᵇ une antenne, 4ᶜ une élytre grossie.

### 941. *Helops heteromorpha,* Luc. (Pl. 31, fig. 2.)

Long. 10 millim. larg. 4 millim. ¼.

H. tentyroiformis; capite atro, anticè depresso, subtiliter punctulato; thorace nigro-nitido, lævigato, marginibus tantùm subtiliter punctulatis; elytris atris, striato-punctatis, interstitiis transversìm subtiliter rugatis; abdomine nigro, longitudinaliter rugato, pedibus subtiliter punctulatis.

Elle a tout à fait la forme d'un Tentyrie. La tête, d'un noir légèrement brillant, étroite et arrondie postérieurement, est fortement déprimée entre les antennes; elle est ponctuée, et les points qui forment cette ponctuation sont petits, peu profondément marqués et peu serrés. Les palpes maxillaires ainsi que les palpes labiaux sont d'un brun roussâtre. Les antennes sont très-courtes, noires, avec les derniers articles revêtus d'une tomentosité grisâtre. Le thorax est d'un noir brillant, plus large que long, arrondi et très-convexe en dessus; il est lisse, avec les parties latérales arrondies, très-légèrement rebordées et parsemées de points fins, peu serrés et très-peu marqués. L'écusson est d'un noir brillant et entièrement lisse. Les élytres sont d'un noir mat, assez allongées, étroites antérieurement, arrondies et assez convexes en dessus; elles sont parcourues longitudinalement, de chaque côté, par huit stries formées de petits traits oblongs, assez profondément marqués et interrompus; antérieurement, on aperçoit la naissance d'une neuvième strie; les intervalles sont assez larges, finement ridés transversalement, et ces petites rides donnent aux traits qui forment les stries un aspect crénelé. Le corps, en dessous, est d'un noir un peu plus brillant que celui des élytres, finement ridé longitudinalement, avec le sternum entièrement lisse. Les pattes sont d'un noir brillant et parsemées de poils très-fins et peu serrés.

Je n'ai rencontré qu'un seul individu de cette espèce, remarquable par sa forme; il est sorti de fagots que j'avais achetés, en janvier, aux Arabes, pour me chauffer, et qui avaient été coupés dans les environs d'Oran.

Pl. 31, fig. 2. *Helops heteromorpha,* grossi, 2ª la grandeur naturelle, 2ᵇ une élytre grossie.

### 942. *Helops punctipennis,* Luc.

Long. 10 millim. larg. 4 millim. ½.

H. angustus, nigro-nitidus; capite fortiter punctato; thorace convexo, rotundato, subtilissimè confertis-simèque punctulato; elytris profundè punctatis, interstitiis lævigatis; corpore obsoletè punctulato; pedibus rugoso-punctatis.

Elle ressemble un peu à l'*H. afer,* mais elle est plus petite, plus étroite; son thorax est beaucoup plus sensiblement ponctué, et les points que présentent les élytres sont plus gros et plus profondément marqués. D'un noir brillant; la tête arrondie et assez convexe postérieurement, fortement déprimée entre les antennes, est parsemée de points assez forts, bien marqués et peu serrés. Les palpes maxillaires ainsi que les palpes labiaux sont d'un noir ferrugineux. Les antennes sont allongées, noires, d'un brun roussâtre à leur extrémité, avec les derniers articles revêtus d'une tomentosité roussâtre. Le thorax, plus étroit, et un peu plus allongé que dans l'*H. afer,* arrondi et assez convexe en dessus, est parsemé de points beaucoup plus petits et plus serrés que ceux de la tête. L'écusson est entièrement lisse. Les élytres, plus courtes et plus étroites que dans l'*H. afer,* sont arrondies et assez convexes en dessus; elles sont parcourues longitudinalement, de chaque côté, par huit rangées de points beaucoup plus profondément marqués et moins serrés que ceux que l'on voit dans l'*H. afer,* avec les intervalles qui existent entre les rangées, entièrement lisses. Tout le corps, en dessous, est de même couleur qu'en dessus et présente une ponctuation très-faiblement marquée et peu serrée. Les pattes sont d'un brun roussâtre, brillant, régulièrement ponctuées, avec les tarses d'un brun roussâtre clair et hérissées de poils d'un jaune roussâtre.

Cette espèce, pendant les mois de janvier et de février, n'est pas rare dans les environs d'Oran; je l'ai prise, sous les pierres, sur les versants des Djebel Santon et de Santa-Cruz.

Pl. 31, fig. 3. Une mâchoire, 3ª une mandibule de l'*Helops punctipennis.*

### 943. *Helops ophonoides,* Luc.

Long. 8 à 10 millim. larg. 3 millim. ½ à 4 millim. ½.

H. capite nigro, fortiter punctato, anticè impresso; thorace latiore quàm longiore, subtiliter punctulato, posticè utrinque ad basim angusto; elytris elongatis, profundè striatis, striis fortiter punctatis, interstitiis utrinque crenatis; corpore fusco, subtiliter punctulato; pedibus antennisque rufescentibus.

La tête est noire, assez fortement ponctuée, et présente, à sa partie antérieure, une dépression en demi-cercle, assez profondément marquée. Les mandibules sont noires; les autres parties de la bouche, ainsi que les antennes, sont roussâtres. Le thorax, de même couleur que la tête, est plus large que long, très-peu convexe, légèrement dilaté sur ses parties latérales, qui sont arrondies et rebordées; et très-légèrement rétréci un peu avant les angles de chaque côté de la base, qui sont assez saillants et terminés en pointe; en dessus, on aperçoit quelques dépressions; de plus il est ponctué, et les points que forme cette ponctuation sont plus fins et bien moins serrés que ceux de la tête. L'écusson est d'un roussâtre clair, large et à peine ponctué. Les élytres sont d'un brun roussâtre, assez allongées et très-peu convexes; en dessus, elles sont profondément striées, et, dans ces stries, on aperçoit des points assez forts, peu serrés et fortement accusés; les intervalles sont assez larges et assez sensiblement crénelés de chaque côté. Le corps, en dessous, est brun, avec le sternum d'un brun roussâtre et parsemé de points très-fins et peu serrés. Les pattes sont lisses, roussâtres.

J'ai rencontré cette espèce dans l'Est et dans l'Ouest, pendant l'hiver et une partie du printemps; elle n'est pas rare, et se tient sous les écorces des chênes-liéges; les individus que je me suis procurés, dans les environs d'Oran, je les ai pris sous les écorces de fagots qui avaient déjà subi l'action du feu, et que les Arabes viennent vendre à la ville pendant l'hiver.

944. *Helops cribripennis,* Luc.

Long. 10 millim. larg. 4 millim. $\frac{1}{2}$.

H. ater, angustus, elongatus; capite sat fortiter densèque punctato; thorace convexo, distinctè punctato, posticè tridepresso; elytris angustis, fortiter striatis, striis profundè punctatis, interstitiis obsoletissimè punctulatis; corpore pedibusque fuscorufescentibus, tarsis rufescentibus.

Étroit, allongé, entièrement noir. La tête, assez fortement déprimée entre les yeux et surtout entre les antennes, est parsemée de points assez forts, peu profondément marqués et très-serrés. Les antennes sont d'un brun roussâtre et revêtues de poils d'un gris clair, assez allongés et peu serrés. Les mandibules sont noires. Les palpes maxillaires ainsi que les palpes labiaux sont d'un brun roussâtre. Le thorax, presque aussi large que long, assez convexe, arrondi sur les bords latéraux, qui sont très-légèrement rebordés, avec les angles antérieurs arrondis et ceux de la base terminés en pointe, est parsemé de points plus forts que ceux de la tête, mais serrés et plus distinctement marqués; on aperçoit postérieurement trois dépressions, dont celles qui sont situées de chaque côté de la base sont plus marquées que celle qui est située vers le milieu du bord postérieur. L'écusson est assez large et offre une ponctuation peu marquée. Les élytres sont étroites, allongées, un peu plus larges à leur naissance qu'à leur sommet; elles sont assez profondément striées, et ces stries sont parsemées de points très-fins, profondément marqués et peu serrés; les intervalles sont assez larges, saillants, très-obsolètement ponctués, et présentent, vers la partie postérieure, de petites rides transversales. Tout le corps, en dessous, est d'un brun roussâtre, parsemé de points assez forts et espacés. Les pattes sont d'un brun roussâtre, ponctuées, avec les tarses d'un roux clair.

Cette espèce est assez rare; je n'en ai rencontré que deux individus, que j'ai pris, en janvier, sous les pierres, dans les environs d'Alger et d'Oran.

### 945. *Helops nitidicollis*, Luc. (Pl. 31, fig. 6.)

Long. 7 millim. ½, larg. 3 millim. ½.

H. brevis, ovalis; capite nigro-nitido, subpunctulato; thorace lævigato, nigro-nitido, convexo, rotundato, vix punctato; elytris fusco-æneis, striato-punctatis, interstitiis subtilissimè punctulatis; corpore nigro, subtiliter rugoso; pedibus nigro-nitidis, femoribus lævigatis, tibiisque subtiliter punctulatis.

Court, de forme ovalaire. La tête est d'un noir brillant, convexe et arrondie à sa base, peu déprimée entre les antennes, et parsemée de points petits, peu marqués et surtout très-peu serrés. Les mandibules, ainsi que les palpes maxillaires et labiaux, sont d'un brun roussâtre, et ces derniers organes sont hérissés de poils ferrugineux. Les antennes sont d'un brun roussâtre, courtes et revêtues de poils grisâtres. Le thorax est lisse, d'un noir brillant, très-convexe, arrondi en dessus, avec sa partie antérieure plus rétrécie qu'à sa base; il est très-faiblement ponctué, et cette ponctuation n'est sensible que vers la partie postérieure; les bords latéraux sont très-finement rebordés et arrondis. L'écusson est de même couleur que le thorax et entièrement lisse. Les élytres sont d'un brun bronzé, courtes, assez convexes et arrondies en dessus; elles sont striées, et ces stries sont formées par des points peu prononcés et surtout peu serrés; les intervalles sont larges et très-finement ponctués. Le corps, en dessous, est noir et finement ridé. Les pattes sont d'un noir brillant, avec les fémurs lisses et les tibias très-finement ponctués.

Rencontré deux fois, sous les pierres, en janvier, dans les environs d'Oran.

Pl. 31, fig. 6. *Helops nitidicollis,* grossi, 6ᵃ la grandeur naturelle, 6ᵇ une élytre grossie, 6ᶜ une patte de la première paire.

### 946. *Helops angustatus,* Luc.

Long. 4 à 8 millim. larg. 1 millim. ½ à 3 millim.

H. angustus, elongatus; capite atro, brevi, punctato; thorace nigro, convexo, punctato, angulis anticis posticisque rotundatis; elytris elongatis, nigro-æneis, striatis, striis vix punctatis, interstitiis omninò lævigatis; corpore nigro, subtiliter rugoso; sterno pedibusque lævigatis, ferrugineis.

Étroit, allongé. La tête est courte, large, peu déprimée entre les antennes et parsemée de points petits, assez profondément enfoncés et peu serrés. Les mandibules sont noires. Les palpes maxillaires ainsi que les labiaux sont d'un ferrugineux clair. Les antennes sont assez allongées, ferrugineuses. Le thorax, plus long que large, d'un noir brillant, est couvert de points très-fins et peu serrés; il est assez convexe, avec les angles latéro-antérieurs et postérieurs très-arrondis et les parties latérales très-finement rebordées. L'écusson est très-petit, large, d'un brun ferrugineux et entièrement lisse. Les élytres, allongées, étroites, convexes et arrondies en dessus, sont d'un brun bronzé; elles sont assez profondément striées, et ces stries présentent des points peu serrés et très-peu marqués; les intervalles sont larges, peu saillants et entièrement lisses. L'abdomen, en dessous, est d'un noir peu brillant et très-finement ridé. Le sternum, ainsi que les pattes, est lisse et d'une couleur ferrugineuse.

Cette espèce, pendant l'hiver et tout le printemps, est assez commune dans l'Est et dans l'Ouest; elle se tient sous les écorces des arbres, et je l'ai prise assez abondamment sous des chênes-liéges et des oliviers, dans les environs de Bône et du cercle de Lacalle.

### 947. *Helops parvulus*, Luc. (Pl. 31, fig. 7.)

Long. 4 millim. $\frac{1}{7}$ à 5 millim. larg. 2 millim. à 2 millim. $\frac{1}{7}$.

H. brevis, convexus, fuscorufescente-nitidus; capite brevi, lato, sat confertìm punctato; thorace punctato, angulis anticis posticisque subrotundatis; elytris sat elongatis, striatis, striis confertìm punctatis, interstitiis irregulariter punctulatis; corpore fuscorufescente, punctato, pedibus rufescentibus, subtiliter punctulatis.

Cette espèce ressemble à la précédente, mais elle est moins étroite, quoique beaucoup plus petite. Elle est d'un brun roussâtre brillant. La tête est courte, large, très-peu déprimée entre les antennes, et parsemée de points assez gros et peu serrés. La lèvre supérieure, ainsi que les palpes labiaux et maxillaires, est d'un ferrugineux clair. Les antennes sont courtes, d'un ferrugineux un peu plus foncé que les organes de la bouche. Le thorax, plus large que long, convexe et arrondi en dessus, présente une ponctuation formée par des points un peu plus forts et bien moins serrés que ceux de la tête; il est assez fortement rebordé sur les parties latérales, avec les angles latéro-antérieurs et postérieurs arrondis, moins cependant que dans l'*H. angustatus*. L'écusson est entièrement lisse. Les élytres, assez allongées, très-convexes en dessus et moins étroites que dans l'*H. angustatus*, sont striées, et ces stries présentent des points assez profondément marqués et assez serrés; les intervalles sont très-peu saillants et parsemés de points peu marqués et irrégulièrement placés. Tout le corps, en dessous, est ponctué et d'un brun roussâtre. Les pattes sont ponctuées, d'un roussâtre clair.

Cette espèce se tient sous les pierres et n'est pas très-commune; je l'ai prise, à la fin de novembre, dans les environs du cercle de Lacalle.

Pl. 31, fig. 7. *Helops parvulus*, grossi, 7ᵃ la grandeur naturelle, 7ᵇ une élytre grossie, 7ᶜ une antenne.

### 948. *Helops pallidus*.

Curt. *Brit. ent.* tom. II, n° 298.

Cet *Helops*, que je n'ai pas rencontré, habite les environs d'Oran, et c'est particulièrement sous les pierres qui sont situées sur les bords du grand lac Salé que cette espèce, qui n'est pas très-commune, a été trouvée, pendant le printemps, par M. le colonel Levaillant.

## DEUXIÈME TRIBU.

### LES CISTÉLIENS.

---

## Genus *CISTELA*, Fabr. Sol.

### 949. *Cistela melanophthalma*, Luc. (Pl. 31, fig. 8.)

Long. 6 millim. larg. 3 millim.

C. flavescente-pilosa; capite thoraceque punctatis, rufescentibus; elytris punctatis, flavis, anticè ad suturamque rufescentibus; thorace infrà sternoque fuscis, marginibus abdomineque rubescentibus; pedibus flavis, tarsis rufescentibus.

La tête, d'un jaune roussâtre, hérissée de quelques poils jaunes, est parsemée de points très-fins et très-serrés. Les yeux sont noirs. Les palpes maxillaires, ainsi que les palpes labiaux, sont roussâtres. Les antennes, grêles, allongées, filiformes, sont d'un jaune roussâtre, avec les premiers articles entièrement jaunes. Le thorax est jaune, roussâtre dans sa partie médiane, quelquefois entièrement de cette couleur, et parsemé de points plus gros et moins serrés que ceux de la tête; il est arrondi sur les parties latérales, avec les angles, de chaque côté de la base, assez saillants et presque terminés en pointe; des poils d'un jaune clair, courts, clairement semés, revêtent le thorax dans les individus qui n'ont subi aucun frottement. L'écusson est d'un jaune roussâtre et très-finement pointillé. Les élytres sont jaunes, roussâtres à leur partie antérieure et sur la suture, et entièrement revêtues de poils d'un jaune clair, courts et très-peu serrés; elles sont ponctuées, et les points qui forment cette ponctuation sont assez forts et bien moins serrés que ceux de la tête et du thorax. Le dessous du thorax, ainsi que le sternum, est d'un brun brillant, teinté de roussâtre sur les côtés, avec l'abdomen de cette dernière couleur. Les pattes sont d'un jaune clair, avec les tarses d'un jaune roussâtre.

Cette espèce, dont je n'ai rencontré que quelques individus, habite les environs du cercle de Lacalle; je l'ai prise, au mois de mai, dans les bois des lacs Tonga et Houbeira.

Pl. 31, fig. 8. *Cistela melanophthalma*, grossie, 8ª la grandeur naturelle, 8ᵇ une mâchoire, 8ᶜ une mandibule, 8ᵈ la lèvre inférieure, 8ᵉ une antenne, 8ᶠ une patte de la première paire.

---

## Genus *OMOPHLUS*, Sol. *Cistela*, Fabr.

### 950. *Omophlus ovalis*.

DE CASTELN. *Hist. nat. des ins.* tom. II, p. 247, n° 8.

Ce n'est que dans l'Ouest de l'Algérie que l'on trouve cette espèce, et les quelques individus que je possède m'ont été donnés par M. le colonel Levaillant, qui rencontrait assez communément cet *Omophlus* dans les environs d'Oran.

### 951. *Omophlus maroccanus*, Luc.

Long. 12 millim. larg. 5 millim. ¼.

O. capite thoraceque cyaneo-violaceo nitidis, punctatis, hoc utrinque ad basim fortiter unisulcato; elytris sat latis, planis, striatis, striis geminatis, interstitiis sat elevatis sparsimque subtiliter punctulatis; antennis, sterno femoribusque nigris, tibiis, tarsis abdomineque flavo-aurantiacis.

La tête, couverte de points assez forts et peu serrés, est d'un beau bleu violacé brillant, et présente trois dépressions, dont une de chaque côté des yeux et l'autre entre les antennes : celle-ci est profonde et en forme de croissant; la lèvre supérieure est ponctuée, noire, ainsi que les mandibules, les palpes maxillaires et labiaux. Les antennes sont noires et très-finement ponctuées. Le thorax est de même couleur que la tête et présente des points très-fins et peu serrés; il est assez fortement rebordé sur ses parties latérales, avec les angles de chaque côté de la base très-arrondis; à sa partie antérieure, on aperçoit deux petites dépressions obliquement placées, et, postérieurement, il présente, de chaque côté des angles de la base, un sillon semi-transversal très-profond. L'écusson, d'un noir verdâtre, est finement ponctué. Les élytres, beaucoup plus planes et plus larges que dans l'*O. ovalis*, sont d'un vert bleu brillant; elles sont assez profondément striées, avec les intervalles saillants, étroits et finement ponctués; les stries, beaucoup plus profondes et plus larges que dans l'*O. ovalis*, sont interrompues par les intervalles, qui sont très-sensiblement géminés. Le dessous du thorax et du sternum, ainsi que les fémurs, est finement ponctué, d'un noir bleu et clairement parsemé de poils blanchâtres. Les tibias, ainsi que les tarses et l'abdomen, sont d'un jaune orangé.

C'est dans le voisinage de l'*O. ovalis* que vient se ranger cette espèce, avec lequel elle ne pourra être confondue, à cause de la couleur de sa tête et de son thorax, qui sont d'un beau bleu violacé brillant, au lieu d'être noirs, et des élytres, qui, au lieu de présenter cette couleur, sont au contraire d'un vert bleu brillant; chez l'*O. ovalis*, tout le sternum, ainsi que les pattes, est noir, tandis que, dans l'*O. maroccanus*, les tibias et les tarses sont d'un jaune orangé. Quant à l'abdomen, il ressemble à celui de l'*O. ovalis*; cependant, chez cette espèce, la couleur de cet organe me paraît toujours plus foncée que dans l'*O. maroccanus*. Outre ces caractères, qui distinguent déjà parfaitement cette espèce de l'*O. ovalis*, je ferai encore remarquer que la ponctuation de la tête, ainsi que celle du thorax, est beaucoup plus forte et bien moins serrée, que les élytres sont beaucoup plus profondément striées, que les intervalles sont plus saillants, plus fortement ponctués et géminés.

Je n'ai pas rencontré cette espèce, qui habite la frontière du Maroc (Djâma'-R'zâouât), et qui m'a été donnée par M. P. Gervais.

### 952. *Omophlus cæruleus* (*Cistela*).

FABR. *Syst. Eleuth.* tom. II, p. 18, n° 8.

Cette espèce, pendant tout le printemps et une grande partie de l'été, est très-répandue dans l'Est et l'Ouest de nos possessions; c'est particulièrement aux environs d'Oran, d'Alger, de Philippeville, de Constantine, de Bône et du cercle de Lacalle, que je prenais cet *Omophlus,* qui se tient le long des tiges des grandes herbes.

Pl. 31, fig. 9. Une mâchoire, 9ᵃ une mandibule de l'*Omophlus cæruleus.*

### 953. *Omophlus distinctus* (*Cistela*).

De Casteln. *Hist. nat. des ins. Col.* tom. II, p. 246, n° 7.

Cet *Omophlus* est aussi commun que le précédent; je l'ai pris dans les mêmes lieux et dans les mêmes conditions.

### 954. *Omophlus erythrogaster,* Luc. (Pl. 31, fig. 10.)

Long. 12 millim. larg. 5 millim. ½

*Cistela testacea* [1], De Casteln. *Hist. nat. des ins.* tom. II, p. 246, n° 5.

O. capite nigro, anticè rufescente, sat fortiter laxèque punctato; thorace lato, rufo-nitido, fortiter punctato; elytris nigris, vel nigro-cyaneis, subtiliter striato-punctatis, interstitiis subtilissimè punctulatis; abdomine rufo, sterno pedibusque nigris.

Elle ressemble beaucoup à l'*O. distinctus,* avec lequel elle ne pourra être confondue, à cause de son abdomen, qui est rouge. La tête est noire, rougeâtre à sa partie antérieure, couverte de points arrondis, assez profondément marqués et bien moins serrés que dans l'*O. distinctus;* entre les yeux, qui sont roux, quelquefois noirs, on aperçoit un espace plus ou moins grand, qui est lisse et d'un noir brillant. Les antennes sont noires, avec le premier article roux. Les organes de la manducation sont noirs. Le thorax, plus large que dans l'*O. distinctus,* est d'un roux brillant et parsemé de points un peu plus forts que ceux de cette dernière espèce. Les élytres sont aussi plus grandes et plus larges, noires, le plus souvent d'un noir bleu; elles sont moins profondément striées que celles de l'*O. distinctus,* avec les points dont les stries et les intervalles sont parsemés beaucoup plus fins et beaucoup plus serrés. L'abdomen est roux, assez finement ponctué. Le sternum, ainsi que les pattes, est noir, finement ponctué, avec les griffes des tarses rouges.

Ce n'est que dans l'Ouest, aux environs d'Oran, que j'ai pris cette espèce; elle se plaît sur les chardons, et je l'ai rencontrée tout à fait à la fin de mars. Cependant, je ferai remarquer que cette espèce habite aussi les environs d'Alger, car dans la collection de M. le colonel Levaillant j'ai vu plusieurs individus de cet *Omophlus* qui proviennent de cette localité.

Pl. 31, fig. 10. *Omophlus erythrogaster,* grossi, 10ᵃ la grandeur naturelle, 10ᵇ une antenne.

[1] M. de Castelnau, dans son Histoire naturelle des insectes (tom. II, p. 246, n° 5), n'aurait pas dû considérer cette espèce comme étant la *Cistela testacea* de Fabricius, puisque cet auteur dit (*Ent. syst.* tom. II, p. 43, n° 6, et *Syst. Eleuth.* tom. II, p. 17, n° 3) : *C. nigra, thorace, elytris abdomineque testaceis,* tandis que la *Cistela* rapportée par M. de Castelnau à cette espèce a les élytres noires ou d'un noir bleu.

## Genus *CTENIOPUS*, Sol. *Chrysomela*, Linn. *Cistela*, Fabr.

### 955. *Cteniopus sulphureus* (*Chrysomela*).

LINN. *Syst. nat.* tom. II, p. 602, n° 114.
*Cistela sulphurea*, FABR. *Syst. Eleuth.* tom. II, p. 18, n° 6.
OLIV. *Ent.* tom. III, n° 54, p. 6, 5, pl. 1, fig. 6 *a*.

Cette espèce, qui jusqu'à présent n'avait encore été signalée que comme habitant l'Europe, m'a été donnée par M. le colonel Levaillant, qui l'a prise, en mai, dans les environs d'Oran.

## Genus *MEGISCHIA*, Sol. *Cistela*, Fabr.

### 956. *Megischia nigripennis* (*Cistela*). (Pl. 31, fig. 11.)

FABR. *Ent. syst.* tom. II, p. 44, n° 11.
Ejusd. *Syst. Eleuth.* tom. II, p. 18, n° 9.

Ce n'est que dans l'Ouest de l'Algérie, à Milah, pendant le mois de juin, que j'ai pris cette espèce, qui se plaît sur les chardons.

Pl. 31, fig. 11. *Megischia nigripennis*, grossi, 11[a] la grandeur naturelle, 11[b] une élytre grossie.

### 957. *Megischia erythrocephala*[1]. (Pl. 31, fig. 12.)

SOL. *Ann. de la soc. ent de France*, 1re série, tom. IV, p. 248.

Je n'ai rencontré qu'une seule fois cette *Megischia*, que j'ai prise à la fin de juin, sur les chardons, dans les environs du camp de Sétif. M. Guérin-Meneville en possède quelques individus, qui ont été rencontrés dans les environs d'Alger.

Pl. 31, fig. 12. *Megischia erythrocephala*, grossie, 12[a] la grandeur naturelle, 12[b] une élytre grossie, 12[c] une antenne, 12[d] une patte de la première paire.

[1] Je crois que cette espèce n'est qu'une variété de la *Megischia* (*Cistela*) *nigripennis*, Fabr.

## QUATRIÈME TRIBU[1].

### LES ŒDÉMÉRIENS.

---

Genus *ŒDEMERA*, Oliv. *Necydalis, Dryops, Leptura,* Fabr. *Necydalis, Cantharis,* Auct.

(*Nacerdes,* Stev.)

### 958. *Œdemera ruficollis.*

Oliv. *Ent.* tom. III, n° 5o, p. 11, 11, pl. 1, fig. 3 *a, b, c.*
Fabr. *Syst. Eleuth.* tom. II, p. 370, n° 11.

Très-commune dans les environs de Bône et d'Hippône, pendant le mois de mai, sous les fleurs de la carotte sauvage (*Daucus carota*).

### 959. *Œdemera viridana,* Luc. (Pl. 34, fig. 9.)

Long. 8 millim. ½, larg. 3 millim.

Œ. capite thoraceque punctatis, viridi-metallicis; elytris viridibus, subtilissimè granariis, pilis cinerescentibus vestitis; corpore viridi-albido, cinerescente-piloso; pedibus cinerescentibus, tarsis fuscescentibus.

La tête, d'un vert métallique, avec son extrémité roussâtre, est parsemée de points profondément marqués, peu serrés, entre lesquels on aperçoit quelques poils grisâtres clairement semés. La lèvre supérieure est lisse et entièrement noire. Les mandibules, ainsi que les palpes maxillaires et labiaux, sont roussâtres, avec leur extrémité tachée de brun. Les antennes sont brunes, légèrement tomenteuses, avec les premiers articles roussâtres. Le thorax, beaucoup plus long que large, arrondi sur les parties latérales, est de même couleur que la tête, avec les points qu'il présente plus serrés que ceux de cette dernière; près de la partie antérieure, on aperçoit, de chaque côté, une dépression arrondie, assez grande et bien marquée, et, de plus, il est parsemé de poils peu allongés, grisâtres. L'écusson, d'un brun verdâtre, est lisse. Les élytres, assez allongées, d'un vert moins brillant que la tête et le thorax, sont très-finement chagrinées et revêtues de poils grisâtres, courts et serrés. Tout le corps, en dessous, est vert et couvert de poils grisâtres, très-courts et très-serrés. Les pattes sont roussâtres, avec les tarses d'un brun clair.

Je n'ai trouvé qu'une seule fois cette espèce, que j'ai prise à la fin de mars, sur des chardons, dans les environs d'Oran.

Pl. 34, fig. 9. *Œdemera viridana,* grossie, 9ᵃ la grandeur naturelle, 9ᵇ une antenne, 9ᶜ une patte de la troisième paire.

---

[1] La troisième tribu est celle des *Serropalpiens,* dont il n'a pas encore été trouvé de représentants en Algérie.

(*OEdemera*, Oliv.)

### 960. *OEdemera marmorata.*

Erichs. *Reis. in der Regents. Algier, von M. Wagner*, tom. III, p. 185, n° 35, pl. 8.

Je n'ai pas rencontré cette espèce, qui habite les environs de Mascara et qui m'a été donnée par MM. le colonel Levaillant et le docteur Warnier.

### 961. *OEdemera barbara.* (Pl. 34, fig. 10.)

Fabr. *Syst. Eleuth.* tom. II, p. 370, n° 9.

On la rencontre dans l'Est et dans l'Ouest de l'Algérie; je l'ai prise, pendant les mois de mai et de juin, sur les fleurs et sur les chardons, dans les environs de Milah et du cercle de Lacalle; les individus que je possède de l'Ouest m'ont été donnés par M. le colonel Levaillant. Cette espèce n'est pas très-commune.

Les environs d'Oran nourrissent une variété qui diffère de l'espèce type par l'extrémité de ses élytres, qui n'est pas tachée de jaune; cette variété a été découverte par M. le colonel Levaillant, qui m'en a communiqué plusieurs individus.

Pl. 34, fig. 10. *OEdemera barbara,* grossie, 10ᵃ la grandeur naturelle, 10ᵇ une mâchoire, 10ᶜ une mandibule, 10ᵈ une antenne, 10ᵉ une patte de la première paire, 10ᶠ une patte de la troisième paire.

### 962. *OEdemera cœrulea.*

Linn. *Syst. nat.* tom. II, p. 624, n° 4.
Fabr. *Syst. Eleuth.* tom. II, p. 372, n° 25.
Oliv. *Ent.* tom. III, n° 50, p. 13, 16, pl. 2, fig. 16 *a, b.*
Latr. *Gener. crust. et ins.* tom. II, p. 228, n° 1.

Assez commune pendant les mois de mai et de juin, dans les environs de Constantine, de Milah, d'Hippône et du cercle de Lacalle; cette espèce se plaît sur les chardons et sur les fleurs de la carotte sauvage.

### 963. *OEdemera lurida.*

Gyllenh. *Ins. suec.* tom. II, p. 639, n° 10.

Cette OEdémère est assez répandue dans l'Est et dans l'Ouest de l'Algérie, surtout pendant les mois de mai et de juin; elle se plaît sur les chardons, et je l'ai prise assez abondamment, à Kouba, dans les environs d'Alger.

### 964. *Œdemera tibialis*, Luc. (Pl. 34, fig. 11.)

Long. 8 millim. larg. 2 millim. ½.

ŒE. capite, thorace scutelloque nigro-cupreis, punctatis; elytris flavis, costatis, subtiliter granariis; corpore nigro, subtiliter punctulato; pedibus flavis, femoribus nigris.

Elle ressemble un peu aux *ŒE. flavescens* et *marginata,* entre lesquelles elle vient se placer. La tête est d'un noir cuivreux, ponctuée, déprimée entre les yeux, et parsemée de longs poils grisâtres, peu serrés. Les palpes sont testacés. Les antennes sont roussâtres, avec les premiers articles testacés. Le thorax est de même couleur que la tête, plus fortement ponctué que celle-ci, très-rétréci postérieurement, et présente, en dessus, trois dépressions profondément marquées, dont deux antérieures et une située postérieurement; ces dépressions sont séparées entre elles par une petite carène assez saillante. L'écusson est d'un noir cuivreux et très-finement ponctué. Les élytres sont jaunes, finement chagrinées, et parcourues longitudinalement par des côtes assez saillantes. Le corps, en dessous, est d'un noir brillant, finement ponctué et parsemé de poils blanchâtres très-courts. Les pattes sont jaunes, à l'exception des fémurs, qui sont de même couleur que le dessous du corps.

La femelle ressemble au mâle, si ce n'est cependant que ses derniers segments abdominaux sont roussâtres.

Ce n'est que dans l'Est de l'Algérie que j'ai rencontré cette espèce, que j'ai prise pendant les mois de mai et de juin, sur les fleurs, dans les environs de Constantine et de Milah.

Pl. 34, fig. 11. *Œdemera tibialis,* grossi, 11ᵃ la grandeur naturelle, 11ᵇ une patte de la troisième paire.

---

### Genus *STENOSTOMA*, Latr. *Leptura,* Fabr. *Rhinomacer,* Illig.

### 965. *Stenostoma rostratum.*

FABR. *Syst. Eleuth.* tom. II, p. 361, n° 39.
LATR. *Gener. crust. et ins.* tom. II, p. 229, n° 3.
CHARP. *Hor. ent.* p. 222, pl. 9, fig. 2.

Rencontré une seule fois, à la fin de juin, près des marais du lac Tonga; environs du cercle de Lacalle.

Je ferai remarquer que cette espèce, dans les catalogues de MM. Dejean et Sturm, n'avait encore été signalée que comme habitant l'Europe méridionale.

## CINQUIÈME TRIBU.

LES RHYNCHOSTOMIENS.

---

## Genus *MYCTERUS*, Clairv. *Bruchus*, Fabr. *Rhinomacer*, Latr.

### 966. *Mycterus umbellatarum.*

FABR. *Syst. Eleuth.* tom. II, p. 396, n° 4.
OLIV. *Ent.* tom. V, p. 451, n° 85, 2, pl. 1, fig. 2 *a, b.*
*Mycterus pulverulentus* (femelle), CHEVR. *dans Guér. Iconogr. du règne anim. de Cuv. Ins.* pl. 33, fig. 9.

Pendant le printemps et une grande partie de l'été, cette espèce est très-répandue dans l'Est et dans l'Ouest de l'Algérie; elle n'est pas rare, surtout dans les environs d'Alger et d'Hippône, et se plaît sur toutes les fleurs en ombelle.

C'est avec raison que M. Guérin-Méneville, dans le texte explicatif de son Iconographie du règne animal de Cuvier (2ᵉ part. p. 128), rapporte au *M. umbellatarum*, Fabr. le *M. pulverulentus*, Chevr. ce dernier n'étant que la femelle du précédent.

---

## Genus *SALPINGUS*, Gyllenh. *Sphœriestes*, Curt.

### 967. *Salpingus ater.*

GYLLENH. *Ins. succ.* tom. II, p. 642, n° 3.

Cette espèce habite les environs d'Oran et m'a été donnée par M. le colonel Levaillant.

---

# QUATRIÈME FAMILLE.

LES TRACHÉLIDES.

---

## PREMIÈRE TRIBU.

LES PYROCHROÏDIENS.

---

## Genus *EUTRAPELA*, Blanch.

### 968. *Eutrapela suturalis*, Luc. (Pl. 32, fig. 1.)

Long. 8 millim. larg. 3 millim.

E. capite punctato, rubro-ferrugineo, nigro maculato; thorace subtiliter confertimque punctulato, lato, convexo, utrinque nigro longitudinaliter maculato; elytris testaceis, suturâ marginibusque nigris, striatis fortiter punctatis, interstitiis subtilissimè punctulatis; corpore nigro, punctato, pedibus antennisque rubro-ferrugineis, harum articulis femoribusque nigro maculatis.

La tête, d'un rouge ferrugineux, teintée de noir près des antennes et des yeux, présente, de chaque côté de ces derniers, une petite tache noire qui se prolonge vers la partie postérieure; elle est finement ponctuée et assez profondément déprimée transversalement entre les antennes. Les palpes labiaux ainsi que les palpes maxillaires sont d'un rouge testacé, avec l'article terminal de ces derniers organes brun. Les antennes, allongées, grêles, légèrement renflées vers leur extrémité, sont d'un rouge ferrugineux, avec tous les articles tachés de brun foncé. Le thorax, de même couleur que la tête, plus large que long, assez convexe, arrondi sur les parties latérales, est ponctué, et les points qui forment cette ponctuation sont plus fins et plus serrés que ceux de la tête; de chaque côté, près des bords latéraux, on aperçoit une petite tache longitudinale d'un brun foncé. L'écusson est finement ponctué, d'un testacé ferrugineux, avec la partie postérieure tachée de brun foncé. Les élytres, allongées, plus larges que le thorax, sont testacées, avec la suture et les bords latéraux d'un noir foncé; elles sont striées, et ces stries présentent une ponctuation assez forte et peu serrée; les intervalles sont larges, assez saillants et très-finement ponctués. Les pattes sont ponctuées, d'un rouge ferrugineux, avec les fémurs tachés de brun foncé.

Je n'ai rencontré qu'une seule fois cette espèce [1], que j'ai prise à la fin de juin, sous les pierres, dans les environs du camp de Sétif (province de Constantine).

Pl. 32, fig. 1. *Eutrapela suturalis,* grossie, 1ᵃ la grandeur naturelle, 1ᵇ une antenne, 1ᶜ une mâchoire, 1ᵈ une mandibule, 1ᵉ une patte de la première paire.

---

## Genus *LAGRIA,* Fabr. *Chrysomela,* Linn. *Cantharis,* Geoffr.

### 969. *Lagria viridipennis.* (Var.) (Pl. 32, fig. 2.)

FABR. *Syst. Eleuth.* tom. II, p. 69, n° 2.

Très-répandue dans l'Est et dans l'Ouest de l'Algérie; j'ai rencontré surtout abondamment cette Lagrie dans les environs de Philippeville et du cercle de Lacalle, pendant les mois de mars, d'avril et de mai; elle se tient sur les *Cytisus spinosus,* où je l'ai souvent trouvée. Cette espèce varie par la couleur; j'ai rencontré des individus chez lesquels les élytres sont d'un vert cuivreux rougeâtre; d'autres où ces mêmes organes sont d'un vert bleuâtre.

Pl. 32, fig. 2. *Lagria viridipennis,* grossie, 2ᵃ la grandeur naturelle, 2ᵇ une antenne, 2ᶜ une mâchoire, 2ᵈ une mandibule, 2ᵉ une patte de la troisième paire.

[1] Je ferai remarquer que toutes les espèces qui composent cette coupe générique n'avaient encore été signalées, jusqu'à présent, que comme habitant le cap de Bonne-Espérance.

### 970. *Lagria pubescens.*

LINN. *Syst. nat.* tom. II, p. 6o3, n° 122.
FABR. *Syst. Eleuth.* tom. II, p. 70, n° 6.

Je n'ai rencontré que très-rarement cette espèce, que j'ai prise vers les premiers jours de mai, dans les bois du lac Tonga, aux environs du cercle de Lacalle.

---

Genus *NOTOXUS*, Geoffr. *Cantharis*, ejusd. *Ceratoderus*, Blanch. *Monocerus*, Meg. *Attelabus* et *Meloe*, Linn.

### 971. *Notoxus major.*

SCHM. *Stettin. ent. Zeitung*, 1842, p. 83.

Cette espèce habite les environs d'Oran, où elle a été rencontrée à la fin d'avril, sous les pierres humides, par M. le colonel Levaillant.

### 972. *Notoxus mauritanicus*, Laferté [1]. (Pl. 32, fig. 3.)

Long. 4 à 5 millim. larg. 1 à 2 millim.

N. pallidè rufo-testaceus, piloso-pubescens; capite nigro; thorace rufo, breviusculo, basi parùm coarctato; elytris distinctè punctulatis, maculis scutellari, laterali fasciâque posticâ sinuatâ, juxta suturam non ultra medium recurvâ, nigris; abdomine pedibusque minimè infuscatis.

Cette espèce est voisine du *N. major* et du *N. monocoros*, mais parfaitement distincte.

La tête, noire, brillante, finement ponctuée, hérissée de poils grisâtres, est plus large que longue, régulièrement arrondie sur les côtés, et échancrée circulairement à sa partie postérieure. Les yeux sont noirs, médiocrement saillants. Les palpes sont ferrugineux. Les antennes, également ferrugineuses, de la longueur de la moitié du corps, ont tous les articles peu dilatés, fortement triangulaires, avec le dernier régulièrement fusiforme et subcaréné aux deux bouts. Le thorax, d'un rouge ferrugineux pâle, finement ponctué, est ombragé d'une pubescence roussâtre, longue et abondante; il est à peine plus large que la tête, fortement transversal, arrondi latéralement, peu rétréci à la base et détaché des élytres; la corne est courte, régulièrement dentelée sur les bords, avec la crête supérieure crénelée et se prolongeant presque jusqu'à l'extrémité; la gouttière basilaire est garnie d'un

---

[1] M. le marquis de Laferté-Sénectère, faisant un travail monographique sur la tribu des Anthicides, a eu l'extrême obligeance de me communiquer les descriptions des espèces nouvelles qui habitent le Nord de l'Afrique; je le prie donc de vouloir bien accepter ici mes bien sincères remercîments pour cette intéressante communication, car toutes les espèces nouvelles des genres *Notoxus, Antichus* et *Ochthenomus*, qui se trouvent décrites dans cet ouvrage, lui appartiennent.

collier de duvet blanchâtre interrompu en dessus vis-à-vis de l'écusson. L'écusson est rougeâtre, triangulaire, avec les côtés légèrement arrondis. Les élytres, d'une teinte saumonée, plus pâles que le thorax, entièrement couvertes d'une ponctuation fine, mais distincte et non confluente, sont revêtues d'une pubescence roussâtre, non soyeuse, en partie couchée, en partie hérissée; elles ont chacune les trois taches normales particulières au groupe de ce genre, noires et nettement arrêtées; la scutellaire ovale, couvrant exactement l'omoplate [1], qui est légèrement saillante, la latérale également ovale, la postérieure en bande étroite sinuée et remontant le long de la suture, mais non pas au delà de la moitié; elles sont subcylindriques, parallèles, sans dilatation sensible sur les côtés, moins de deux fois aussi larges que le thorax, et presque deux fois aussi longues que larges; elles sont coupées carrément à la base, médiocrement arrondies aux épaules et diversement terminées à l'extrémité, suivant les sexes. Le dessous du corps et les pattes sont entièrement d'un ferrugineux pâle, de même teinte que les antennes.

Différences sexuelles. — *Mâle*. La corne du thorax plus étroite, les élytres légèrement tronquées obliquement et subacuminées à l'extrémité, le dernier segment de l'abdomen légèrement échancré.

*Femelle*. La corne du thorax sensiblement plus large, les élytres conjointement arrondies à l'extrémité, le dernier segment de l'abdomen sans échancrure.

Recueilli, aux environs d'Oran, par M. le colonel Levaillant et par M. H. Lucas, qui a rencontré ce *Notoxus* à la fin d'avril, sous les pierres humides, dans les ravins du Boudjaréa; environs d'Alger.

Parmi les espèces décrites, le *N. mauritanicus* étant très-voisin du *N. major* et du *N. monoceros*, il importe de faire ressortir les différences qui ne permettent pas de le confondre avec ces espèces.

La ponctuation distincte des élytres, la forme courte et large du thorax et la couleur rouge de l'abdomen du *N. mauritanicus*, empêchent toute confusion avec le *N. major*. Il ne s'isole pas moins du *N. monoceros* par une coloration plus pâle, par des taches constamment plus étroites et non confluentes, et plus encore par la forme toute différente du thorax et par celle des antennes, qui sont plus courtes et plus épaisses dans l'espèce africaine que dans le *N. monoceros*.

Elle habite l'Est et l'Ouest de nos possessions, particulièrement cependant les environs d'Oran, où je l'ai prise, sous les pierres humides, dans les premiers jours de mars; cette espèce n'est pas très-commune.

Pl. 32, fig. 3. *Notoxus mauritanicus*, grossi, 3ᵃ la grandeur naturelle, 3ᵇ la tête vue de profil.

[1] Par omoplate, j'entends cette partie de la base des élytres située entre la suture et l'épaule, qui est quelquefois légèrement tuméfiée ou même tuberculée, à cause des ailes inférieures, qui ont en cet endroit un de leurs points d'attache.

### 973. *Notoxus cornutus.*

FABR. *Ent. syst.* tom. I, p. 211, n° 7.
PANZ. *Faun. Germ.* fasc. 74, fig. 7.
SCHM. *Stettin. ent. Zeit.* 1842, p. 84, n° 3.
*Notoxus monoceros*, ROSSI (var. β), *Faun. etrusc. ed. Hellw.* tom. I, p. 149, n° 354, pl. 2, fig. 14.
*Notoxus trifasciatus*, ROSSI, *Mantiss. ins. ed. Hellw.* p. 384, n° 113.
*Anthicus cornutus*, FABR. *Syst. Eleuth.* tom. I, p. 289, n° 2.
GYLLENH. *Ins. suec.* tom. II, p. 491, n° 2.

Rencontré à Kouba, aux environs d'Alger, en fauchant les grandes herbes, dans la propriété de mon ami M. de Nivoy.

### 974. *Notoxus numidicus*, Luc. (Pl. 32, fig. 4.)

Long. 3 millim. larg. 1 millim.

LUC. *Rev. zool. par la soc. Cuv.* 1843, p. 145.

N. nigro-piceus, parcè pubescens ; thorace concolore breviusculo, cornu utrinque sexu incrassato ; elytris oblongo-parallelis, concoloribus fasciis duabus flavis minimè sinuatis ; antennis, tibiis tarsisque obscurè ferrugineis.

Espèce essentiellement africaine, autant par son facies que par sa patrie, et n'ayant d'analogie que parmi les espèces du cap de Bonne-Espérance.

La tête est noire, brillante, hérissée de longs poils, pas plus longue que large, arrondie postérieurement, sans échancrure au sommet. Les yeux sont noirs, assez saillants ; on remarque sur le front, derrière l'épistome, une légère dépression. Les palpes et les autres parties de la bouche sont roussâtres. Les antennes sont également roussâtres dans toute leur étendue, légèrement pubescentes, à peine aussi longues que la moitié du corps, augmentant peu de grosseur vers l'extrémité ; le dernier article est obconique, peu acuminé. Le thorax, de même couleur que la tête, tant soit peu plus large, brillant, finement ponctué, hérissé de poils roussâtres, est transversal, arrondi sur les côtés, surtout antérieurement, peu rétréci à la base, avec la corne peu allongée, faiblement denticulée et assez large dans les deux sexes ; la gouttière basilaire est profonde, garnie d'un collier de duvet argenté, à peine interrompu en dessus vis-à-vis de l'écusson. Ce dernier est concolore, en triangle obtus au sommet. Les élytres, d'un brun plus ou moins foncé, quelquefois presque noires, assez brillantes, assez grossièrement ponctuées, sont parsemées d'une pubescence roussâtre, courte et peu abondante ; elles sont ornées de deux bandes transversales jaunes, non sinuées, la première au premier tiers, la seconde vers le second tiers des élytres, atteignant le bord latéral et réunies sur la suture ; elles sont une fois et un tiers aussi larges que le thorax, une fois et trois quarts au moins aussi longues que larges, coupées carrément à la base, légèrement dilatées et arrondies sur les côtés, au delà du milieu, conjointement arrondies à l'extrémité, légèrement déprimées derrière les omoplates, qui présentent une très-légère saillie. Le dessous du corps est entièrement noirâtre ; les pattes sont roussâtres, à l'exception cependant de la massue des cuisses, qui tourne au brun plus ou moins foncé.

DIFFÉRENCES SEXUELLES. — *Mâle*. L'extrémité des élytres légèrement tuméfiée et luisante, une légère dépression sur le dernier segment de l'abdomen.

*Femelle*. L'extrémité des élytres pas plus brillante que le reste, et le dernier segment de l'abdomen nullement déprimé.

Cette espèce, par sa petite taille et la disposition de ses taches en bandes non sinuées, s'éloigne de toutes les espèces européennes. Elle n'a d'analogie qu'avec les espèces du cap de Bonne-Espérance; elle est même assez voisine des *N. litigiosus* et *pilosus,* qui s'en distinguent l'une et l'autre par la forme plus courte et moins parallèle des élytres.

Recueilli par M. H. Lucas, près du lac Houbeira, environs du cercle de Lacalle, en fauchant les grandes herbes, pendant les mois de juin et de juillet, dans le camp des Faucheurs.

Pl. 32, fig. 4. *Notoxus numidicus,* grossi, 4ª la grandeur naturelle, 4ᵇ la tête vue de profil, 4ᶜ une mâchoire, 4ᵈ une mandibule, 4ᵉ la lèvre inférieure, 4ᶠ une antenne.

---

## Genus *ANTHICUS*, Fabr.

### 975. *Anthicus scabricollis,* Laferté.

Long. 2,5 millim. larg. 0,9 millim.

A. rufo-ferrugineus; capite transverso, posticè quadrato; thorace oblongo, subparallelo, scabro, anticè truncato et denticulato; elytris oblongo-subovatis, nigris, humeris apiceque rufescentibus; antennis pedibusque totis flavo-ferrugineis.

Espèce tout à fait excentrique, sans analogue parmi toutes celles connues jusqu'à ce jour, si on en excepte une petite espèce égyptienne, qui existe au musée de Berlin, et avec laquelle elle devra former un sous-genre sous le nom d'*Aneblyderes,* dans le travail monographique que je prépare.

La tête est rouge, assez brillante, et offre, au lieu de points enfoncés, de petites aspérités aiguës d'où s'échappent quelques poils roussâtres; elle est transversale, très-carrée et même un peu échancrée postérieurement; les angles sont peu arrondis et garnis d'une rangée d'aspérités analogues à celle du disque. Les yeux sont noirs, petits, ovales et peu saillants. Les palpes, d'un jaune ferrugineux, ne diffèrent en rien, pour la conformation, de celles des *Anthicus* les plus ordinaires. Les antennes, ferrugineuses, médiocrement longues, peu dilatées à l'extrémité, sont remarquables seulement par la longueur de l'article basilaire. Le thorax, d'un rouge ferrugineux comme la tête, assez brillant, est entièrement couvert, comme cette dernière, d'aspérités ou scabrosités épineuses entremêlées de quelques poils; il est plus large que la tête, d'un tiers plus long que large, très-légèrement arrondi, et tronqué brusquement antérieurement, avec le bord antérieur à vive arête, faisant saillie au-dessus du goulot, comme dans les *Notoxus*, et portant, au lieu d'une corne, une rangée de petites dents qui donnent à l'arête antérieure une apparence crénelée; il est subcylindrique, fortement convexe, faiblement rétréci postérieurement, nullement arrondi sur les côtés, avec la base déclive, et fortement marginée. Le goulot est étroit d'ouverture, mais assez long et bien détaché de la face antérieure du thorax[1]. L'écusson est noir, trapézoïdal, transverse. Les élytres, assez brillantes, couvertes d'une ponctuation grossière, espacée, sont revêtues d'une très-courte pubescence grisâtre, couchée à la surface, et parsemées, en outre, de quelques poils longs et roides; elles sont noires, avec une tache de forme arrondie derrière chaque épaule, et une autre grande tache rougeâtre qui couvre toute l'extrémité; elles sont deux fois aussi larges que le thorax, une fois et trois quarts au moins aussi longues que larges, coupées carrément et parallèles antérieurement, subovalaires postérieurement, et conjointement arrondies à l'extrémité; elles sont assez convexes et bombées sur le disque. Le dessous du thorax est rouge, avec la poitrine et l'abdomen noirâtres; les pattes sont entièrement ferrugineuses.

Cette jolie espèce a été rencontrée, dans les environs d'Oran, par M. le colonel Levaillant.

### 976. *Anthicus cœruleipennis*, Laferté[2].

Long. 4 à 5 millim. larg. 1 millim. ¾ à 2 millim.

A. capite nigro; thorace rubro; elytris viridi-cyaneis, elongato-ovatis, apice conjunctim subacuminatis; pedibus obscuro-ferrugineis; femoribus clavatim dilatatis, apice nigrescentibus.

La tête, noire, luisante, vaguement et distinctement ponctuée, semée de poils longs et roides, est arrondie postérieurement, un peu rétro-saillante, et pas plus longue que large. Les yeux sont gros et saillants. Les antennes, de la longueur de la moitié du corps, d'un brun rouge plus ou moins foncé à l'extrémité, sont finement ciliées, robustes, avec les articles augmentant progressivement de grosseur, surtout à partir du septième; le dernier est moins gros que le pénultième, et sensiblement acuminé. Le cou est rougeâtre, bien détaché de la tête et très-évasé postérieurement. Le thorax, rouge, luisant, ponctué distinctement sur le disque et très-peu vers les bords, est semé de poils grisâtres assez rares; il est arrondi antérieurement, légèrement bombé sur le disque, davantage sur les côtés, qui présentent des pommettes assez saillantes; il est une fois et demie aussi long que large, la plus grande largeur se trouvant au tiers de la longueur et n'excédant pas la largeur de la tête; il est très-rétréci près de la base, et offre, de chaque côté, un sillon latéral dont le fond est lisse et brillant et qui aboutit à l'insertion des pattes antérieures; le renflement basilaire est sensible, surtout en dessous, avec la base peu déclive et distinctement margi-

---

[1] Une forme de thorax tout à fait analogue s'étant rencontrée dans une petite espèce recueillie en Égypte par Ehrenberg, j'ai cru devoir reconnaître dans ces deux insectes une coupe naturelle, et en former une division du genre *Anthicus*, sous le nom d'*Aneblyderes* (insecte à thorax tronqué ou émoussé). M. Erichson, qui ne connaissait pas l'espèce algérienne, avait cru devoir rattacher celle d'Égypte au genre *Notoxus*; mais, si l'on remarque que tous les *Notoxus* ont le thorax globuleux, arrondi sur les côtés, tandis que les *Aneblyderes* ont les côtés aussi rectilignes que possible, on reconnaîtra que leur place est plutôt parmi les *Anthicus* que parmi les *Notoxus*.

[2] Dufour (inédit).

née; le goulot est court, mais bien détachée du thorax. L'écusson est peu apparent, triangulaire, rougeâtre. Les élytres, d'un bleu verdâtre brillant, luisantes, vaguement ponctuées, sont couvertes d'une double pubescence, l'une résultant de poils blancs couchés à la surface, l'autre de poils plus longs, roides et noirâtres; elles sont de forme ovale, très-allongées, plus de deux fois aussi larges que le thorax, une fois et quatre cinquièmes aussi longues que larges, assez arrondies sur les côtés, et légèrement convexes en dessus; les angles huméraux sont obtus, mais néanmoins sensibles; il n'y a pas d'apparence de dépression posthumérale; elles sont peu arrondies postérieurement, mais plutôt terminées en fuseau médiocrement acuminé. Le dessous du thorax et de la poitrine est rouge, avec l'abdomen noirâtre. Les pattes sont généralement d'un ferrugineux obscur, avec la base des cuisses rouge et leur extrémité plus ou moins noire.

Cet *Anthicus* a été rencontré une seule fois par M. H. Lucas, sous les pierres humides, dans le commencement d'avril, aux environs de Philippeville. Cette espèce, assez commune en Andalousie, se trouve aussi en Égypte, mais les individus de cette contrée ont les fémurs entièrement rouges, ce qui avait sans doute déterminé M. Klug et M. Dejean à les considérer comme une espèce distincte, sous le nom d'*A. cyanopterus.*

L'*Anthicus* ici décrit appartient au groupe nombreux dont l'*A. pedestris,* Fabr. est le type, et dont le caractère principal consiste dans la dilatation claviforme des fémurs et la forme constamment ovalaire des élytres. Ce groupe formera le second sous-genre des *Anthicus,* sous le nom d'*Anthelephilus,* dénomination qui lui a déjà été assignée par M. Hope, dans un ouvrage intitulé : *Characters and descriptions of new genera and species of coleopterous insects,* p. 100.

### 977. *Anthicus pedestris.*

Fabr. *Syst. Eleuth.* tom. I, p. 291, n° 12.
Illig. *Mag.* tom. V, p. 225.
Schm. *Stettin. ent. Zeit.* 1842, p. 193, n° 29.
*Notoxus pedestris,* Rossi, *Mant. ins. edit. Hellw.* p. 384, n° 114.
Fabr. *Suppl. ent. syst.* p. 66, n°ˢ 9, 10.
Panz. *Faun. Germ.* fasc. 23, n° 7 (mâle).
*Notoxus equestris,* Panz. *Faun. Germ.* fasc. 74, n° 8 (femelle).

Cette espèce, que j'ai prise pendant l'hiver, se plaît dans les lieux humides; c'est particulièrement aux environs de Philippeville et du cercle de Lacalle que je rencontrais cet *Anthicus,* qui se plaît sous les pierres humides et sous les détritus de végétaux amoncelés sur les bords des rivières et des lacs.

### 978. *Anthicus vittatus.* (Pl. 32, fig. 6.)

Long. 2 millim. $\frac{1}{4}$, larg. $\frac{1}{2}$ millim.

Luc. *Rev. zool. par la soc. Cuv.* 1843, p. 145.

A. angustissimus, totus opaco-nigricans; antennis subelevatis; thorace anticè globoso, basi valdè coarctato; elytris oblongo-ovalibus, complanatis, fasciis quatuor piloso-griseis, in centro disci radiorum instar obliquantibus; pedibus pallidè ferrugineis, tarsis posticis attenuatis insolitèque elongatis.

Entièrement d'une teinte brune très-foncée, presque noire, uniformément répandue sur la tête, le thorax et le fond des élytres.

La tête, opaque, très-finement pointillée, très-finement pubescente, est plus large que longue, très-carrée postérieurement, avec les angles postérieurs faiblement arrondis. Les yeux sont petits et peu saillants. Les palpes sont obscurs. Les antennes sont ferrugineuses, avec les derniers articles plus ou moins obscurs; tous les articles assez robustes, grossissant sensiblement à partir du septième, le dernier double du précédent en longueur et très-faiblement acuminé. Le thorax, très-finement rugueux, très-finement pubescent et d'un noir mat, avec la base légèrement ferrugineuse, est au moins aussi large que la tête, un quart environ plus long que large, plutôt lagéniforme [1] que cordiforme, globuleux et fortement dilaté sur les côtés antérieurement, rétréci postérieurement, non brusquement, mais insensiblement jusqu'à la base, qui n'offre pas apparence de renflement. L'écusson est trapézoïdal, plus long que large, et arrondi au sommet. Les élytres, noirâtres, entièrement couvertes d'une pubescence fine et serrée, qui ne laisse apercevoir aucune ponctuation, sont ornées chacune de deux bandes obliques d'un ferrugineux pâle, couleur de chair, mais paraissant grises, à cause de la pubescence argentée qui les recouvre; le plus ordinairement, les deux antérieures sont réunies sur la suture et forment un chevron ouvert, à angle droit, vers la base; les postérieures, isolées, séparées l'une de l'autre par la suture, sont placées toutes les quatre de manière que le centre vers lequel elles convergent se trouve un peu en avant du centre des élytres; celles-ci sont très-étroites et très-allongées, une fois et demie seulement plus larges que le thorax et presque deux fois aussi longues que larges; elles sont très-peu convexes en dessus, très-peu arrondies latéralement, avec les côtés presque parallèles; elles sont coupées carrément à la base et à l'extrémité, avec les angles huméraux et postérieurs très-arrondis. L'extrémité de l'abdomen est plus ou moins saillante et quel-quefois entièrement recouverte. Le dessous du corps est obscur, avec la base de l'abdomen quelquefois un peu roussâtre. Les pattes sont plus ou moins ferrugineuses, avec l'extrémité des fémurs noirâtre; ceux-ci légèrement renflés vers le milieu. Les tarses postérieurs sont très-grêles et très-allongés; le premier article est plus long que les deux suivants réunis et presque aussi long que la moitié du tibia.

Cet *Anthicus* vit en famille nombreuse, sous les pierres humides, près les marais du lac Tonga, aux environs du cercle de Lacalle, où il a été recueilli en assez grand nombre par M. H. Lucas, pendant les mois de janvier et de février.

Cette espèce, tout à fait singulière par la forme étroite et ovale des élytres, et plus encore par la longueur et la ténuité des tarses postérieurs, réunie à deux autres espèces nouvelles, l'une de la Syrie, l'autre de l'Inde, forme une coupe parfaitement naturelle, dont je me propose de faire un sous-genre sous le nom de *Stenidius*.

Pl. 32, fig. 6. *Anthicus vittatus*, grossi, 6ᵃ la grandeur naturelle, 6ᵇ la tête vue de profil, 6ᶜ une mâ-choire, 6ᵈ une mandibule, 6ᵉ la lèvre inférieure, 6ᶠ une antenne, 6ᵍ une patte de la première paire.

[1] En forme de bouteille antique, c'est-à-dire d'un globe qui vient se fondre peu à peu en un cylindre étroit.

### 979. *Anthicus Rodriguæi.*

Latr. *Hist. nat. des crust. et des ins.* tom. X, p. 357.
*Anthicus pulchellus,* Schm. *Stettin. ent. Zeit.* 1842, p. 195.
Laferté, *Ann. de la soc. ent. de France,* tom. II, p. 256, n° 14.

Recueilli par M. H. Lucas, dans les environs d'Alger et du cercle de Lacalle, pendant l'hiver, le printemps et une grande partie de l'été. Cette espèce, qui vit en famille peu nombreuse, sous les pierres, se plaît dans les lieux humides, particulièrement près des marais du lac Tonga, aux environs du cercle de Lacalle.

### 980. *Anthicus humilis.*

Germ. *Faun. ins. Europ.* tom. X, n° 6.
Schm. *Stettin. ent. Zeit.* 1842, p. 188, n° 28.
*Anthicus Bremei,* Laferté, *Ann. de la soc. ent. de France,* 1<sup>re</sup> série, tom. II, p. 252, n° 10.
*Anthicus mauritanicus,* Luc. *Rev. zool. par la soc. Cuv.* 1843, p. 146.

Ce n'est qu'aux environs d'Alger et du cercle de Lacalle, pendant l'hiver et une grande partie du printemps, que j'ai pris cette espèce, qui se tient sous les pierres humides et quelquefois aussi sous des détritus de végétaux qui se trouvent amassés sur les bords des rivières et des lacs.

### 981. *Anthicus minutus.*

Long. 2 millim. ½, larg. ⅗ de millim.

Laferté, *Ann. de la soc. ent. de France,* 1<sup>re</sup> série, 1842, p. 255.
*Anthicus sardous,* Schm. *Stettin. ent. Zeit.* 1842, p. 175, n° 15.

A. rufo-ferrugineus, nitidus, rufulo-pubescens; thorace anticè transversìm globoso, posticè paulò ante basin coärctato, basi subtilissimè tuberculato; elytris piceis basi rufescentibus, subovatis; antennis pedibusque totis ferrugineis.

La tête, ferrugineuse, assez brillante, finement ponctuée et parsemée de quelques poils roussâtres peu hérissés, n'est pas plus large que longue, transversalement arrondie postérieurement et assez bombée sur le disque. Les yeux sont noirs, petits, ovales, placés très en avant. Les antennes, médiocrement longues, atteignant à peine la base du thorax, à articles courts et sensiblement moniliformes, sont peu dilatées vers l'extrémité. Le thorax, de même couleur que la tête, finement ponctué sur le disque, est rugueux postérieurement et semé de poils roussâtres; il est de même largeur que la tête, à peine plus long que large, transversalement arrondi et globuleux antérieurement, avec les pommettes latérales saillantes, les côtés rétrécis obliquement derrière les pommettes jusqu'au sillon latéral qui précède la base, étranglé en cet endroit, puis légèrement renflé au delà, seulement sur les côtés; il présente aussi, le plus souvent en dessus, près du bord postérieur, deux petites élévations tuberculaires, visibles seulement sous une forte loupe, quelquefois aussi n'en offrant aucun vestige; il est distinctement marginé à la base. Le goulot antérieur est assez court, mais très-nettement détaché du thorax. L'écusson est très-petit, presque imperceptible, probablement triangulaire. Les élytres, assez brillantes, sont couvertes d'une ponctuation oblongue peu serrée et donnant naissance à une pubescence roussâtre, longue et inclinée; elles sont d'un brun de poix plus ou moins foncé, qui tourne insensiblement en rouge ferrugineux vers la base et sur la suture; elles sont presque deux fois aussi larges que le thorax, une fois et trois cinquièmes environ aussi longues que larges, par conséquent un peu écourtées, assez régulièrement ovalaires et convexes, avec les épaules nullement saillantes, formant cependant un angle peu obtus, légèrement arrondi et la suture un peu saillante. Le dessous du thorax est ferrugineux comme le dessus, avec la poitrine plus foncée et l'abdomen noirâtre; les pattes, comme les antennes, sont entièrement d'un rouge ferrugineux vif, avec les fémurs assez fortement renflés.

Aucune différence sexuelle extérieure, à moins qu'on ne considère les individus un peu plus étroits comme des mâles, et ceux un peu plus larges, plus courts et plus ovalaires comme les femelles.

Trouvé une seule fois par M. H. Lucas, dans les premiers jours de mars, sous des débris de végétaux rejetés par l'Ouad-Safsaf, aux environs de Philippeville.

Espèce européenne depuis peu, et néanmoins connue en Dalmatie, en Sicile, en Sardaigne, sur les côtes de la France méridionale et même sur celles de l'Océan, vis-à-vis l'île de Noirmoutier.

### 982. *Anthicus floralis.*

FABR. *Syst. Eleuth.* tom. I, p. 291, n° 15.
SCHM. *Stettin. ent. Zeit.* 1842, p. 131, n° 7.
*Notoxus floralis,* FABR. *Ent. syst.* tom. I, p. 212, n° 10.
PANZ. *Faun. Germ.* fasc. 23, n° 1, 5.
*Lagria floralis,* ROSSI, *Ent. etr. ed. Hellw.* p. 159, n° 279.
*Meloe floralis,* LINN. *Syst. nat.* tom. II, n° 681.

Rapporté d'Afrique (environs d'Alger) par M. le colonel Levaillant.

Cette espèce habite aussi les environs d'Oran, où je l'ai prise en février, sous les pierres humides, dans les ravins du Djebel Santon et dans ceux qui sont situés entre Oran et Mers-el-Kebir.

### 983. *Anthicus instabilis.*

SCHM. *Stettin. ent. Zeit.* 1842, p. 184.
LAFERTÉ, *Ann. de la soc. ent. de France,* 1<sup>re</sup> série, tom. II, p. 259.

Cette espèce, commune dans toutes les contrées méridionales de l'Europe, a été rencontrée aussi, en Algérie, par M. le colonel Levaillant. M. H. Lucas a pris cet *Anthicus,* pendant l'hiver et le printemps, dans les environs de Philippeville, de Bône, du cercle de Lacalle et d'Oran; comme le précédent, cet *Anthicus* se tient sous les pierres et dans les lieux humides.

**984.** *Anthicus quadrimaculatus*, Luc. (Pl. 32, fig. 7.)

Long. 2,3 millim. larg. 0,8 millim.

Luc. *Rev. zool. par la soc. Cuv.* 1843, p. 146.

A. nigro-piceus, parùm nitidus, glabriusculus; capite transverso, posticè quadrato; thorace subelongato, subtrapezoïdali; elytris oblongo-parallelis, maculâ humerali, alterâque pone medium rufis; antennis pedibusque ferrugineis.

Espèce nouvelle assez voisine, pour les taches, de l'*A. bifasciatus*, Rossi, et se rapprochant beaucoup aussi, pour les formes, de l'*A. brunneus*, Laferté.

La tête est noire, peu brillante, finement mais distinctement ponctuée, presque glabre, sensiblement plus large que longue, fortement carrée postérieurement, fortement rétrosaillante, avec une légère fossette occipitale. Les yeux sont relativement petits, ovales, placés très-avant et très-peu saillants. Les palpes et les antennes sont d'un rouge ferrugineux foncé : celles-ci, à articles allongés, grossissant peu vers l'extrémité, paraissent atteindre la moitié du corps. Le thorax, noirâtre, un peu ferrugineux à l'extrême base, est ponctué comme la tête et sans pubescence appréciable; il est de même largeur que la tête, d'un quart plus long que large, transversalement arrondi antérieurement, trapézoïdal postérieurement, médiocrement bombé, peu rétréci à sa base, avec les côtés se dirigeant obliquement et sans sinuosité vers la base, qui est visiblement marginée; le goulot est excessivement court, à peine distinct. L'écusson est noir, brillant, triangulaire et arrondi au sommet. Les élytres, d'un brun foncé, peu brillantes, couvertes d'une ponctuation fine, oblongue, espacée, donnant naissance à une pubescence roussâtre, courte et très-fugitive, sont ornées chacune de deux taches arrondies, d'un rouge ferrugineux foncé, à contours peu arrêtés, placées l'une derrière l'épaule, l'autre presque latérale et un peu au delà de la moitié; elles sont oblongues, subparallèles, presque deux fois aussi larges que le thorax, presque deux fois aussi longues que larges, coupées carrément à la base, avec les épaules médiocrement arrondies et largement détachées des omoplates, par un sillon longitudinal, et conjointement arrondies à l'extrémité. Le dessous du corps est noir. Les pattes, comme les antennes, sont d'un rouge ferrugineux foncé.

Recueillie par M. H. Lucas, sous les pierres humides, aux environs d'Oran, commencement de mars.

Cette espèce, au premier aspect, ne diffère de l'*A. brunneus* que par les taches, qui n'ont, chez les *Anthicus,* qu'une importance très-secondaire; il est utile de signaler des différences essentielles qui distinguent ces deux espèces. La première consiste dans la ponctuation de la tête et des élytres, qui est plus fine dans l'*A. quadrimaculatus* que dans l'*A. brunneus*; la seconde est dans la largeur du goulot, qui, presque inappréciable dans l'espèce africaine, se détache très-visiblement dans l'autre espèce.

Pl. 32, fig. 7. *Anthicus quadrimaculatus,* grossi, 7ª la grandeur naturelle.

### 985. *Anthicus tristis.*

Schm. *Stettin. ent. Zeit.* 1842, p. 172, 11.

Rencontré une seule fois, par M. H. Lucas, à la fin de mars, sous des débris de végétaux en décomposition, rejetés par l'Ouad-Safsaf; environs de Philippeville.

(Nota. L'*A. fenestratus*, Dej. n'est pas autre chose qu'une variété très-foncée de l'*A. sericeus*, dont les taches ont entièrement disparu et ne sont plus indiquées que par un duvet cendré très-fugitif.)

### 986. *Anthicus antherinus (Meloe).*

Linn. *Faun. suec.* 829.
Ejusd. *Syst. nat.* 11, 681, 16.
Fabr. *Syst. Eleuth.* tom. I, p. 191, n° 12.
Payk. *Faun. suec.* tom. II, p. 255, n° 2.
*Notoxus antherinus,* Fabr. *Syst. Ent.* tom. I, p. 212, n° 9.
Panz. *Faun. Germ.* fasc. 11, n° 14.
Illig. *Kœf. Preuss.* tom. I, p. 288, n° 3.

Ce n'est qu'aux environs d'Alger, sous les pierres situées sur les bords de l'Ouad, que je rencontrais cette espèce, qui, pendant l'hiver et une grande partie du printemps, n'est pas très-rare.

### 987. *Anthicus quadriguttatus.*

Gyllenh. *Ins. suec.* tom. II, p. 498, n° 8.
Sch. *Stettin. ent. Zeit.* 1842, p. 134, n° 9.
*Notoxus quadriguttatus,* Rossi, *Ent. etrusc.* ed. Hellw. tom. I, p. 388, n° 121.

Rapporté d'Afrique (environs d'Alger) par M. le colonel Levaillant.

Dans les individus africains, la coloration des antennes et des pattes est moins foncée, plus jaune que rouge; les taches des élytres sont aussi plus vives, plus grandes, et les bandes antérieures se réunissent tout à fait sur la suture, ce qui arrive très-rarement dans les individus de l'Europe méridionale.

### 988. *Anthicus fumosus.* (Pl. 32, fig. 8.)

Long. 2 millim. larg. 0,7 millim.

Luc. *Rev. zool. par la soc. Cuv.* ann. 1842, p. 146.

A. niger, griseo-pubescens; thorace abbreviato, basi vix attenuato; elytris incrassatis, subovatis, maculâ utrinque humerali oblongâ, flavo-ferrugineâ; antennis pedibusque ferrugineis.

Var. *A. anthicus bicolor,* Luc. *op. cit.* 1843, p. 146.

Elytris testaceis, maculâ scutellari alterâque apicali, rotundatâ communitùs, nigricantibus.

Voisin, pour la forme, de l'*A. rufipes*, Gyllenh. taille et facies semblables.

La tête est noire, peu brillante, fortement ponctuée, semée de poils grisâtres courts et inclinés; elle est plus large que longue, très-carrée postérieurement, et légèrement bombée sur le disque. Les yeux sont ovales, peu proéminents. Les palpes sont d'un jaune ferrugineux. Les antennes, de même couleur que les pattes, sont moins longues que la moitié du corps, à articles courts et serrés, transverses et moniliformes à l'extrémité, le dernier ovoïde et nullement acuminé. Le thorax est noir, nullement brillant, fortement ponctué, abondamment couvert d'une pubescence argentine, courte, inclinée, qui le fait paraître gris; il est un peu moins large que la tête, à peine plus long que large, transversalement arrondi postérieurement, convexe en dessus, peu rétréci postérieurement, avec les côtés nullement sinués, se dirigeant obliquement vers la base. Le goulot est très-court et peu distinct. L'écusson est très-petit et triangulaire. Les élytres, noires, brillantes, sont couvertes d'une ponctuation profonde, arrondie, non confluente et qui donne naissance à une pubescence argentée comme celle du thorax, mais un peu plus longue et couchée très à plat; elles sont ornées chacune d'une grande tache oblongue d'un jaune ferrugineux qui s'étend de la base jusqu'au milieu des élytres, sans atteindre ni la suture, ni le bord latéral; elles sont près de deux fois aussi larges que le thorax, une fois et demie aussi longues que larges, légèrement échancrées à la base, de manière à envelopper un peu le thorax, avec les angles huméraux arrondis, peu marqués; elles sont sensiblement arrondies sur les côtés, ce qui leur donne une forme légèrement ovale, conjointement arrondies à l'extrémité, avec l'élévation de la suture non sensible. Le dessous du corps est entièrement noir, avec les pattes d'un jaune entièrement ferrugineux, comme les antennes.

Variété A. *Anthicus bicolor*, Luc. Individu à coloration imparfaite, sans doute récemment éclos, dont les élytres sont entièrement jaunes, avec une tache scutellaire triangulaire et une grande tache apicale arrondie, d'un brun noirâtre; identique, du reste, avec le type de l'espèce, pour tout ce qui est forme, pubescence et ponctuation.

Le type de l'espèce a été pris une seule fois, par M. H. Lucas, sous les galets des bords du Rummel, environs de Constantine, vers le milieu d'avril. La variété n'a été rencontrée aussi qu'une seule fois, par le même naturaliste, sous les végétaux en décomposition, près de l'Ouad-Safsaf, environs de Philippeville, au commencement de mars.

Cette espèce n'est pas particulière au Nord de l'Afrique; elle a été prise assez abondamment, en Sardaigne, par M. Géné.

Pl. 32, fig. 8. *Anthicus fumosus*, grossi, 8ᵃ la grandeur naturelle, 8ᵇ la tête vue de profil, 8ᶜ une antenne, 8ᵈ une patte de la dernière paire.


### 989. *Anthicus insignis*, Luc. (Pl. 32, fig. 5.)

Long. 3 à 4 millim. larg. 1 millim. ½.

Luc. *Rev. zool. par la soc. Cuv.* 1843, p. 145.


A. totus opaco-nigricans, oblongo-parallelus; capite validissimo, quadrato; thorace globoso, latitudine vix longiore, basi vix attenuato; elytris latitudinem capitis vix superantibus, fasciis duabus argenteo-pilosis; antennis pedibusque fusco-ferrugineis, femoribus valdè incrassatis, tibiis maris introrsùm emarginatis.

Une des plus grandes espèces de ce genre.

La tête est noire, peu brillante, parsemée de points peu visibles, qui donnent naissance à une pubescence grise très-fugitive; elle est très-grande, très-robuste, très-concave, fortement carrée postérieurement, avec les angles légèrement arrondis. Les yeux, le plus ordinairement vitrés, sont petits, ovales, placés latéralement assez loin derrière les antennes. Les palpes sont obscurs, avec le dernier article peu sécuriforme. Les antennes, brunes, très-pubescentes, sont aussi longues que la moitié du corps, surtout dans le mâle; le premier article est très-atténué à la base, avec tous les autres à peu près égaux en longueur, augmentant à peine de grosseur vers l'extrémité, le dernier obconique, deux fois aussi long que le précédent. Le thorax est noirâtre, opaque, un peu rougeâtre à l'extrême base, finement ponctué, couvert d'une pubescence fuligineuse, entremêlée de poils argentés disposés symétriquement dans les individus bien frais, et offrant une ligne médiane blanche, un point blanc de chaque côté, un peu en avant, et une pubescence blanche tout autour de la base; il est presque aussi large que la tête, tant soit peu plus long que large, régulièrement globuleux, avec les côtés arrondis jusqu'aux deux tiers, puis tombant perpendiculairement sur la base; l'extrême base est ferrugineuse et abondamment tapissée de poils roussâtres; le goulot est à large ouverture, très-court et peu dilaté. L'écusson est triangulaire, avec les côtés légèrement arrondis. Les élytres, noirâtres, ternes, très-finement pointillées, ou même finement rugueuses vers la base, entièrement couvertes d'une pubescence fuligineuse très-courte et collée à la surface, sont ornées chacune de deux bandes transversales blanches, formées par un duvet soyeux, argenté; l'antérieure commençant au bord latéral, derrière l'épaule, et s'étendant obliquement jusqu'au tiers de la longueur, en atteignant plus ou moins la suture; l'autre située aux deux tiers de l'élytre, ayant la forme d'un croissant à longues pointes tournées vers l'extrémité; la pointe interne se prolongeant même quelquefois jusqu'au bout, le long de la suture; elles sont oblongues, subparallèles, pas plus larges que le thorax à la base, d'un tiers à peine plus larges dans leur plus grande largeur, et deux fois aussi longues que larges, avec les angles antérieurs et postérieurs doucement arrondis. Le dessous du corps est entièrement noirâtre; les cuisses, très-fortes, très-renflées, sans être claviformes, sont d'un brun légèrement rougeâtre, avec les tibias et les tarses ferrugineux.

Différences sexuelles. *Mâle :* plus grand, antennes plus longues, thorax plus globuleux; les tibias postérieurs échancrés circulairement à leur côté interne, dans presque toute leur longueur.

*Femelle :* plus petite, thorax moins convexe, tibias postérieurs simples.

Cette belle et curieuse espèce a été trouvée aux environs d'Oran, par M. Levaillant, colonel au 36e de ligne. Elle n'est cependant pas nouvelle dans les collections; elle existait depuis longtemps dans celle de M. Dejean, qui en possédait, sous le nom de *venator,* plusieurs individus recueillis, par M. L. Dufour, dans l'Andalousie. Le musée de Berlin en possédait aussi deux exemplaires provenant de l'Algérie, sous le nom d'*argentatus.*

Cette espèce, tout à fait exceptionnelle par la largeur de la tête et du thorax, et par le caractère sexuel des tibias postérieurs, ne peut se grouper avec aucune des espèces aujourd'hui connues, et formera, à elle seule, une division dans la monographie de ce genre.

Pl. 32, fig. 5. *Anthicus insignis,* grossi, 5ª la grandeur naturelle.

### 990. *Anthicus pauperculus,* Laferté.

Long. 1,9 millim. larg. 0,7 millim.

A. totus nigricans; capite nitido, transverso; thorace latitudine paulò longiore, anticè rotundatim sub-globoso, elytris oblongo-parallelis, valdè complanatis; antennis femoribusque concoloribus; tibiis tarsisque fuliginosis.

Très-petite espèce, ayant quelque analogie de forme avec celle qui suit, mais les élytres sont beaucoup plus aplaties. La tête est noire, lisse et brillante, sans ponctuation ni pubescence saisissables, même avec une forte loupe; elle est plus large que longue, assez convexe sur le disque, légèrement arrondie postérieurement et sur les côtés. Les yeux sont petits, ovales, très-peu saillants. Les antennes, entièrement noirâtres, peu allongées, atteignant à peine la base du thorax, ont tous leurs articles à peu près égaux en longueur et grossissant peu vers l'extrémité. Le thorax, d'un brun noirâtre, imperceptiblement pointillé et ombragé d'un duvet argenté, excessivement court et fin, est aussi large que la tête, un peu plus long que large, régulièrement arrondi et presque globuleux antérieurement; il est un peu rétréci postérieurement, avec les côtés très-légèrement sinués; la base est déclive et distinctement marquée, avec la fossette inférieure[1] se présentant sous la forme d'un sillon oblique tapissé d'une pubescence jaunâtre. L'écusson est transversal, très-court, et paraît trapézoïdal. Les élytres, d'un brun noirâtre, assez peu brillantes, sont très-finement pointillées, et revêtues, comme le thorax, d'une pubescence argentée, très-fine, très-courte et couchée à plat; elles sont oblongues, subparallèles, larges environ comme deux fois le thorax, et une fois et trois cinquièmes aussi longues que larges, coupées carrément à la base, avec les angles huméraux peu arrondis, conjointement arrondies à l'extrémité, remarquables surtout par leur peu de convexité, l'élévation de la base et les longues dépressions longitudinales que présente le disque sous certain jour. Le dessous du corps et les fémurs sont noirâtres, avec les tibias et les tarses d'un brun fuligineux.

Description faite sur un individu unique trouvé par M. H. Lucas, à la fin de mai, sous les galets des bords du Rummel, environs de Constantine.

Cette espèce, par l'aplatissement des élytres et l'ensemble du facies, se rapproche beaucoup d'une espèce de l'Andalousie récoltée par M. Ghiliani, et qui sera publiée sous le nom d'*A. subœneus;* mais ce dernier, deux fois plus grand, a les tibias, les tarses et la base des antennes jaunâtres.

---

[1] Cet *Anthicus* et le suivant appartiennent à un groupe dont le caractère commun est d'avoir, à la partie inférieure du thorax, sur le côté, une fossette plus ou moins marginée.

### 991. *Anthicus ocreatus*, Laferté.

Long. 3 millim. larg. 0,9 millim.

A. totus opaco-nigricans; capite transverso; antennarum articulis secundo tertio et quarto ferrugineis, cæteris nigris; thorace subquadrato, latitudine non longiori, lateribus non sinuato; elytris oblongo-parallelis, modicè convexis; pedibus ferrugineis; femoribus nigris.

Espèce voisine de plusieurs *Anthicus*, encore inédits, de la Sicile et de l'Espagne, dont un des caractères communs est d'être entièrement noirâtres, avec la base des antennes, les tibias et les tarses ferrugineux.

La tête est noire, brillante, finement, mais distinctement pointillée, et semée d'une très-courte pubescence argentée; elle est fortement transversale, carrée postérieurement, même un peu rétrosaillante; les yeux sont médiocrement grands, ovales et peu saillants; le dernier article des palpes maxillaires est noir, avec les précédents ferrugineux. Les antennes sont noires, à l'exception cependant des deuxième, troisième et quatrième articles, qui sont ferrugineux (l'article basilaire noir), médiocrement longues, dépassant peu la base du thorax, assez grêles à la base, et dilatées en massue à partir du sixième article. Le thorax est noirâtre, assez brillant, ponctué plus finement que la tête, et finement pubescent; il est de même largeur que la tête et presque aussi long que large, légèrement arrondi antérieurement et très-peu sur les côtés, très-faiblement rétréci à la base, qui est elle-même un peu arrondie et très-finement marginée; la fossette inférieure est peu profonde, luisante, avec le goulot inappréciable et nullement détaché. L'écusson est très-apparent, transversal, trapézoïdal ou en triangle tronqué au sommet. Les élytres sont d'un noir un peu verdâtre, très-finement pointillées, ombragées d'un duvet argenté, très-fin, très-court et collé à la surface, qui les fait paraître un peu grisâtres; elles sont oblongues, parallèles, moins de deux fois aussi larges que le thorax, et environ une fois et quatre cinquièmes aussi longues que larges; elles sont coupées très-carrément à la base, avec les épaules légèrement saillantes et peu arrondies, nullement dilatées sur les côtés, très-légèrement convexes, et diversement terminées à l'extrémité suivant les sexes. Le dessous du corps est noir. Les cuisses sont noires, avec les tibias et les tarses d'un jaune ferrugineux vif, qui tranche d'une manière remarquable avec la teinte sombre de l'insecte.

Différences sexuelles. *Mâle :* plus étroit, tête moins fortement transversale; élytres séparément arrondies, légèrement tuméfiées et luisantes à l'extrémité, avec la suture terminale un peu déprimée.

*Femelle :* plus large, tête plus fortement transversale, les élytres conjointement arrondies à l'extrémité, sans aucune dépression de la suture.

Cette espèce a été rapportée d'Afrique (environs d'Alger) par M. le colonel Levaillant. Je l'avais confondue, au premier aspect, avec l'*A. subæneus*, dont il a été fait mention dans la description qui précède; il y a en effet, entre ces deux espèces, une grande ressemblance de taille, de coloration et de forme; mais le thorax de l'*A. ocreatus* est plus carré et moins rétréci à la base, et les élytres sont loin de présenter l'aplatissement remarquable de l'espèce espagnole.

## Genus *OCHTHENOMUS*, Schm. [1]

### 992. *Ochthenomus punctatus*, Laferté.

Long. 3 millim. larg. 0,8 millim.

O. lineari-elongatus, obscurè ferrugineus, opacus, punctatissimus, squamulosus; capite inter oculos non excavato, thoraceque nigricantibus; antennis parùm claviformibus; pedibus elytrisque ferrugineis, his fasciâ obliquâ, paulò pone medium nigrâ.

La tête, noirâtre, nullement brillante, paraissant grise, à cause de la multitude de petites écailles qui la recouvrent, est très-allongée, peu arrondie postérieurement, un peu bilobée au sommet, par l'effet d'un léger sillon occipital; elle est assez convexe et non creusée antérieurement entre les yeux; ceux-ci sont noirs, ovales, assez saillants. Les palpes sont ferrugineux, avec les antennes de cette couleur, très-déliées, de la longueur de la moitié du corps, très-faiblement claviformes. Le thorax, noirâtre comme la tête, écailleux comme elle, est un peu moins large et presque aussi long, subcylindrique, légèrement arrondi sur les côtés, coupé carrément au sommet, et terminé par un goulot à large ouverture, excessivement court, mais distinct; à la base, il n'est nullement marginé. L'écusson est invisible. Les élytres, tant soit peu moins ternes que les parties antérieures, couvertes de petites écailles blanches, oblongues, moins serrées, ce qui permet de distinguer, en dessous, une ponctuation fine, mais distincte et non confluente, sont oblongues, mais d'une teinte obscure et que les écailles font paraître grisâtre; elles sont traversées un peu au delà du milieu

[1] Les caractères de ce genre, indiqué par M. Dejean dans son catalogue, ont été présentés, pour la première fois, dans le travail de M. le docteur Schmidt, sur les Anthicites d'Europe, et publiés dans la Gazette entomologique de Stettin, année 1842, p. 196. Cet ouvrage étant écrit en allemand et peu répandu en France, je crois utile de joindre ici les caractères externes les plus saillants qui ont déterminé M. Dejean à séparer les *Ochthenomus* des *Anthicus*, avec lesquels ils avaient d'abord été confondus.

Tête oblongue, rectangulaire, plus longue et plus large que le thorax, creusée antérieurement entre les yeux, puis se relevant de chaque côté, en avant des yeux, en forme de chaperons ou d'oreillettes sous lesquelles est cachée l'insertion des antennes; palpes maxillaires un peu différents de ceux des *Anthicus*; ce dernier article sécuriforme, mais le précédent subcylindrique, nullement triangulaire, transversal, comme chez les *Anthicus*; antennes égales en longueur à la moitié du corps, plus ou moins claviformes, différentes de celles des *Anthicus*, pour la forme des articles : le premier, obconique, très-allongé, les deuxième et troisième courts, guère plus longs à eux deux que le premier; les quatrième et cinquième étroits, cylindriques, allongés; puis vient la massue, composée de six articles qui augmentent insensiblement de grosseur; les deux premiers, qui sont les sixième et septième, oblongs et obconiques; les trois suivants, huitième, neuvième et dixième, subtriangulaires, transverses; le dernier, oviforme, à peine plus long que le précédent. Le thorax, plus court et plus étroit que la tête, subcylindrique, peu convexe, très-légèrement arrondi et dilaté antérieurement, terminé par un goulot, cylindrique, bien détaché. Écusson imperceptible. Élytres constamment oblongues, parallèles, médiocrement convexes, plus de deux fois aussi larges que le thorax et au moins deux fois aussi longues que larges, coupées carrément à la base et conjointement arrondies à l'extrémité. Le dessous du corps, comme dans les *Anthicus*. Les pattes, grêles, sans dilatation des cuisses; les tibias, plus courts que les cuisses, terminés brusquement, sans épanouissement cilié ni épineux. Ce qui achève de distinguer ce genre des *Anthicus*, c'est le tissu même des téguments, qui sont essentiellement coriaces, comparables à ceux des *Monotoma*, et qui, au lieu d'une pubescence velue, ne laissent apercevoir, à la loupe, que les papilles ou petites écailles étroites, plus ou moins chatoyantes, répandues sur toutes les parties du corps.

par une bande noire oblique, plus ou moins large, qui s'étend depuis le bord latéral jusqu'à la suture, de manière à former, avec celle de l'élytre opposée, un chevron ouvert du
côté de la base et très-pointu postérieurement; elles sont oblongues, subparallèles, plus
de deux fois aussi larges que le thorax, deux fois au moins aussi longues que larges,
coupées carrément à la base, avec les épaules légèrement saillantes et conjointement arrondies. Dans les individus plus fortement coloriés, la bande s'élargit considérablement, la base
et l'extrémité prennent une teinte noirâtre, et les élytres paraissent noires, avec deux
taches ferrugineuses sur chacune, l'une antérieure posthumérale, l'autre postérieure anti-
apicale. Le dessous du corps est d'un brun obscur, avec les pattes entièrement ferrugineuses.

Cette espèce, la plus grande du genre, a été prise par M. H. Lucas, dans les premiers
jours de mai, sous les galets des bords du Rummel, aux environs de Constantine; cet
*Ochthenomus* est assez rare, et n'a été rencontré qu'en très-petit nombre par ce naturaliste.
Quoiqu'elle existât depuis longtemps dans la collection de M. Dejean, qui l'avait reçue
d'Espagne, elle n'a pas été connue de M. Schmidt, ou elle a été confondue par lui avec
l'*A. sinuatus,* Kunze (*A. elongatus,* Dej.). Ces deux espèces ont, en effet, la plus grande analogie, et ont besoin d'être distinguées par la comparaison suivante :

| | |
|---|---|
| *Ochthenomus punctatus,* Dej. Taille atteignant 3 millimètres; tête non creusée entre les yeux; antennes faiblement claviformes; la bande noire des élytres oblique et située peu au delà du milieu. | *Ochthenomus sinuatus,* Kunz. Sch. Taille au-des-sous de 3 millimètres; tête creusée entre les yeux; antennes sensiblement claviformes; la bande noire transversale et située aux deux tiers des élytres. |

### 993. *Ochthenomus angustatus,* Laferté.

*Ochthenomus tenuicollis,* Schm. (non Rossi), *Stettin. ent. Zeit.* 1842, p. 198.

Recueilli par M. H. Lucas, pendant l'hiver et une partie du printemps, dans les environs
d'Alger, de Philippeville et du cercle de Lacalle. Cet *Ochthenomus* se plaît sous les pierres
humides, et vit en famille peu nombreuse. Cette espèce est très-variable pour la couleur
des élytres, dont la teinte normale me paraît être le brun rougeâtre, mais qui souvent
sont presque noires, ou d'autres fois testacées, auquel cas le thorax est ordinairement rougeâtre. Je ne comprends pas pourquoi feu le docteur Schmidt a maintenu à cette espèce
le nom d'*A. tenuicollis,* Rossi, après s'être convaincu, comme il le dit dans une observation
jointe à la description, que l'espèce décrite par lui était entièrement différente du *Notoxus
tenuicollis* de Rossi. Je n'ai pas cru devoir consacrer cette erreur, et j'ai rendu à cette espèce
le nom qu'elle porte dans la collection de M. Dejean et dans toutes celles qui m'ont été
communiquées.

## DEUXIÈME TRIBU.

### LES MORDELLIENS.

---

### Genus EMENADIA, de Casteln. *Rhipiphorus*, Fabr.

#### 994. *Emenadia bimaculata* (*Rhipiphorus*).

FABR. *Syst. Eleuth.* tom. II, p. 120, n° 15.
OLIV. *Ent.* tom, III, n° 65, p. 5, 4, pl. 1, fig. 4 *a*, *b*.
DE CASTELN. *Hist. nat. des ins.* tom. II, p. 261, n° 1.

Cette espèce, qui m'a été communiquée par M. Guérin-Méneville, a été rencontrée dans les environs de Misserghin, par M. Blanchard, capitaine aux spahis d'Oran.

---

### Genus EVANIOCERA, Guér. *Pelecotoma*, Fisch. *Rhipiphorus*, Payk.

#### 995. *Evaniocera Boryi*, Luc. (Pl. 32, fig. 9.)

Long. 9 millim. larg. 3 millim.

E. omninò griseo-cinerescente-pilosus; capite thoraceque nigris, granariis; elytris rufescentibus, granariis, fortiter costatis; abdomine sternoque nigris, subtiliter granariis, pedibus rufescentibus.

Il ressemble beaucoup à l'*E. Dufourii*, avec lequel il ne pourra être confondu à cause de sa taille, qui est beaucoup plus grande, et des poils dont tout le corps est couvert, qui sont en plus grande quantité et beaucoup plus serrés. La tête est noire, assez fortement chagrinée, et couverte de poils d'un gris cendré clair, longs et serrés. Les mandibules sont noires, avec les palpes maxillaires et labiaux ferrugineux et revêtus de poils d'un gris cendré clair. Les antennes sont noires, allongées, avec les huit derniers articles plus grands que dans l'*E. Dufourii*. Le thorax est noir, plus finement chagriné que la tête, plus large et surtout plus convexe que dans l'*E. Dufourii*; il est entièrement revêtu de poils allongés, serrés, d'un gris cendré clair, et, dans sa partie médiane, on aperçoit un sillon longitudinal assez bien marqué, que ne présente pas, ou que très-faiblement, l'*E. Dufourii*. L'écusson est noir, finement strié, et couvert de poils de même couleur que ceux du thorax. Les élytres sont allongées et plus larges que dans l'*E. Dufourii*; elles sont roussâtres, finement chagrinées, avec les côtes saillantes et revêtues de poils beaucoup plus allongés que ceux qui garnissent les intervalles. L'abdomen ainsi que le sternum sont noirs, finement chagrinés et couverts de poils d'un gris cendré clair, beaucoup plus courts, plus serrés et plus brillants que ceux que l'on voit sur les autres parties du corps. Les pattes sont d'un brun roussâtre et revêtues de poils semblables à ceux que présente le dessous du corps.

La femelle ressemble beaucoup au mâle, et n'en diffère que par les antennes, qui ne sont pas pectinées; il est aussi à remarquer que le premier article de ces organes est noir, tandis que les suivants sont d'un brun roussâtre.

Cette espèce habite l'Est et l'Ouest de l'Algérie; je l'ai prise à la fin d'avril, sur les fleurs de l'*Asphodelus ramosus*, dans les environs du cercle de Lacalle. Le seul individu que je possède de l'Ouest, et qui est une femelle, m'a été donné par M. le colonel Levaillant; cette femelle a été rencontrée, par cet officier supérieur, dans les environs d'Oran.

Pl. 32, fig. 9. *Evaniocera Boryi*, grossi, 9ᵃ la grandeur naturelle, 9ᵇ une mâchoire, 9ᶜ une mandíbule, 9ᵈ une antenne du mâle, 9ᵉ une antenne de la femelle, 9ᶠ une patte de la première paire.

---

## Genus *MORDELLA*, Linn.

### 996. *Mordella fasciata*.

Fabr. *Syst. Eleuth.* tom. II, p. 122, n° 3.

Rencontré une seule fois, dans les environs d'Oran, en mai, par M. le colonel Levaillant.

### 997. *Mordella testacea*.

Fabr. *Syst. Eleuth.* tom. II, p. 123, n° 9.

J'ai rencontré assez communément cette espèce, dans les environs du cercle de Lacalle, pendant les mois de mai et de juin; elle se tient sur les fleurs.

### 998. *Mordella decora*. (Pl. 32, fig. 10.)

Long. 4 millim. ½, larg. 1 millim. ¾.

Chevr. *Rev. zool. par la soc. Cuv.* 1840, p. 16, n° 16.

M. nigra vel nigrorufescens; capite subtilissimè punctulato; thorace elytrisque fortiter longitudinaliter striatis, his utrinque transversìm flavovirescente bivittatis; corpore infrà sternoque nigris, flavovirescente pilosis; antennis pedibusque nigris, his subflavo-pilosis.

Elle est beaucoup plus petite que la *M. fasciata*, dans le voisinage de laquelle cette espèce vient se ranger. La tête est d'un noir légèrement roussâtre, très-finement ponctuée et parsemée, sur les parties latéro-postérieures, chez les individus qui n'ont subi aucun frottement, de poils très-courts, d'un jaune fauve. Les mandibules ainsi que la lèvre supérieure, les palpes labiaux et maxillaires, sont noires. Les antennes sont noires. Le thorax, d'un noir légèrement roussâtre, est profondément strié longitudinalement; il est bombé, beaucoup plus large que long, et couvert sur les parties latérales ainsi qu'à sa base, chez les individus qui viennent de se transformer en insecte parfait, de poils courts, assez serrés, d'un jaune légèrement verdâtre. L'écusson est noir et entièrement revêtu de poils d'un jaune verdâtre, quelquefois entièrement fauves. Les élytres, noires, souvent d'un noir roussâtre, sont striées longitudinalement; elles sont ornées, de chaque côté, de deux bandes transversales d'un jaune verdâtre, dont la première, située à la partie antérieure, couvre la partie humérale et est fortement échancrée postérieurement près de la suture; quant à la seconde bande, elle est plus transversale que la précédente, et surtout beaucoup plus régulièrement indiquée; je ferai aussi remarquer que, chez les individus nouvellement transformés, la suture est finement revêtue de poils d'un jaune verdâtre. Le corps, en dessous, est noir, avec les parties latérales du sternum, ainsi que les segments abdominaux, couverts de poils d'un jaune verdâtre, quelquefois entièrement fauves. Les pattes sont noires et très-clairement parsemées de poils d'un jaune verdâtre.

Ce n'est que dans les environs d'Oran, en mai, que cette jolie espèce a été prise par mon collègue, M. Durieu de Maisonneuve. M. Guérin-Méneville possède plusieurs individus de cette curieuse Mordelle qui ont été rencontrés, dans les environs de Misserghin, par M. le capitaine Blanchard.

Je ferai remarquer que cette espèce habite la Galice.

Pl. 32, fig. 10. *Mordella decora* [1], grossie, 10$^a$ la grandeur naturelle, 10$^b$ la tête grossie vue de profil, 10$^c$ une antenne, 10$^d$ une patte de la troisième paire.

### 999. *Mordella insidiosa*, Luc.

Long. 4 millim. larg. 1 millim. ½.

M. nigra, rufo-tomentosa pilosaque; capite thoraceque nigro-nitidis, hoc sat convexo anticèque angusto; elytris subtilissimè punctulatis, angustis ad basimque sat fortiter acuminatis; corpore infrà sternoque nigro-nitidis, subferrugineo-tomentosis; pedibus antennisque omninò nigris.

Elle a beaucoup d'analogie avec la *M. aculeata*, avec laquelle elle ne pourra être confondue à cause de sa couleur, qui est d'un noir mat, et des poils qui revêtent cette espèce, qui sont noirs au lieu d'être roussâtres, comme cela a lieu chez la *M. aculeata*. Entièrement noire; la tête est lisse, d'un noir brillant et très-légèrement revêtue d'une tomentosité roussâtre. Les antennes ainsi que les mandibules, les palpes maxillaires et labiaux, sont d'un noir mat. Le thorax, comme la tête, est d'un noir brillant et paraît plus convexe et surtout plus étroit que dans la *M. aculeata*; il est aussi à remarquer que la tomentosité d'un noir légèrement roussâtre qui revêt le thorax de cette espèce est plus serrée que celle présentée par la tête. L'écusson est noir, revêtu de poils roussâtres, et plus petit que dans la *M. aculeata*. Les élytres, très-finement ponctuées, sont couvertes de poils courts et peu serrés; elles sont plus étroites que dans la *M. aculeata*, avec leur base beaucoup plus fortement acuminée que dans cette dernière espèce. Le sternum, ainsi que le corps, est d'un noir brillant et revêtu d'une tomentosité d'un noir légèrement ferrugineux. Quant aux pattes, elles sont d'un noir mat.

Ce n'est que dans l'Est de l'Algérie, aux environs de Constantine, de Bône et du cercle de

---

[1] Sur la planche, au lieu de *Mordella decora*, Luc. lisez : *Mordella decora*, Chevr.

Lacalle, que je prenais cette espèce, qui, pendant le printemps, n'est pas très-rare, particulièrement sur les chardons et sur les *Thapsia garganica* en fleurs.


### 1000. *Mordella aculeata.*

Linn. *Syst. nat.* tom. II, p. 682, n° 2.
Fabr. *Syst. Eleuth.* tom. II, p. 121, n° 1.
Oliv. *Ent.* tom. III, n° 64, p. 4, 1, pl. 1, fig. 1 *a, b, c.*


Elle est aussi commune que la précédente, avec laquelle on la rencontre sur les fleurs; environs de Constantine et du cercle de Lacalle.

Je ferai remarquer, au sujet de cette espèce, que tous les individus que j'ai pris sont beaucoup plus gros que ceux qui habitent l'Europe, et que la tomentosité, d'un fauve chatoyant, que présentent la tête, le thorax, les élytres ainsi que le sternum et l'abdomen, est beaucoup plus apparente.


### Genus *Anaspis,* Geoffr. *Mordella,* Linn. Oliv.

### 1001. *Anaspis frontalis* (*Mordella*).

Linn. *Syst. nat.* tom. II, p. 682, n° 4.
Fabr. *Syst. Eleuth.* tom. II, p. 125, n° 24.
Oliv. *Ent.* tom. III, n° 64, p. 5, 6, pl. 1, fig. 6 *a, b, c.*


Trouvé à la fin de juillet, sur les fleurs, dans les environs du cercle de Lacalle. Cette espèce n'est pas très-commune.

### 1002. *Anaspis bicolor* (*Mordella*).

Linn. *Syst. nat.* tom. I, p. 2024, n° 25.
Oliv. *Encycl. méth.* tom. VII, p. 740, n° 25.


Cette espèce, dont je n'ai rencontré que deux individus, habite les environs du cercle de Lacalle; je l'ai prise en mai, en fauchant les grandes herbes, dans les bois des lacs Tonga et Houbeira.

## TROISIÈME TRIBU.

### LES CANTHARIDIENS.

---

## Genus *Cerocoma*, Geoffr. *Meloe*, Linn.

### 1003. *Cerocoma Vahlii.* (Pl. 33, fig. 6.)

Fabr. *Syst. Eleuth.* tom. II, p. 74, n° 2.
Ejusd. *Ent. syst.* tom. II, p. 82, n° 2.
Chevr. *Mylabr. de Barb. Rev. ent. de Silberm.* ann. 1837, p. 268, n° 1.
*Cerocoma chalybæiventris,* ejusd. *Mylabr. de Barb. Rev. ent. de Silberm.* ann. 1837, p. 268, var. β.

Ce Cérocome est très-répandu, pendant les mois de mai, de juin et de juillet, dans l'Est et dans l'Ouest de l'Algérie; on le rencontre sur toutes les fleurs, et il n'est pas rare, surtout dans les environs d'Oran, d'Alger, de Bougie, de Constantine, de Bône et du cercle de Lacalle. Cette espèce varie beaucoup pour la taille: ainsi j'ai rencontré des individus qui ont depuis 7 millimètres jusqu'à 15 millimètres de longueur; elle présente aussi plusieurs variétés, entre autres une dont les élytres sont d'un beau bleu; quelquefois même tout l'insecte est de cette couleur.

Pl. 33, fig. 6. *Cerocoma Vahlii,* grossi, 6ª la grandeur naturelle, 6ᵇ une mâchoire, 6ᶜ une mandibule, 6ᵈ la lèvre inférieure, 6ᵉ la tête vue de face, 6ᶠ une antenne.

### 1004. *Cerocoma Wagneri*[1].

Kusten, *Die Käf. Europ.* fasc. 2, n° 32.

Je n'ai pas rencontré cette espèce, décrite par M. Küster, et qui, suivant cet entomologiste, a été rencontrée, dans la régence d'Alger, par M. Wagner.

---

## Genus *Hycleus*, Latr. *Mylabris*, Fabr. Oliv.

### 1005. *Hycleus distinctus.*

Chevr. *Descript. des Mylabr. de Barb. Rev. ent. de Silberm.* ann. 1837, tom. V, p. 269, n° 1.

Cet *Hycleus* est très-commun dans l'Est et dans l'Ouest de l'Algérie, particulièrement pendant les mois de mai, de juin et de juillet; on le rencontre, sur toutes les fleurs, aux environs d'Oran, d'Alger, de Constantine, de Bône et du cercle de Lacalle.

[1] Ne serait-ce pas une variété du *C. chalybæiventris* de M. Auguste Chevrolat, ou plutôt cette variété elle-même?

## Genus *MYLABRIS*, Fabr. *Meloe*, Linn. *Cantharis*, Degéer.

### 1006. *Mylabris oleæ.*

De Casteln. *Hist. nat. des ins.* tom. II, p. 269, n° 5.
Ericiis. *in Reis. in der Regents. Algier,* tom. III, p. 185, n° 34, pl. 8.
Chevr. *Descript. des Mylabr. de Barb. Rev. ent. de Silberm.* tom. V, ann. 1837, p. 269, n° 1.

Ce Mylabre est très-répandu dans l'Est et dans l'Ouest de nos possessions du Nord de l'Afrique, et c'est surtout pendant les mois de mai, de juin et de juillet qu'on le rencontre abondamment dans les environs d'Oran, d'Alger, de Constantine, d'Hippône et du cercle de Lacalle. Plusieurs voyageurs disent avoir trouvé souvent cette espèce sur les oliviers, et que même elle est très-nuisible à ces arbres, dont elle ronge les feuilles avec avidité. Je n'ai jamais rencontré ce Mylabre dans cette condition, et tous les individus que j'ai pris, soit aux environs d'Alger, soit aux environs d'Hippône, où les oliviers sauvages sont en assez grand nombre, ce n'est jamais sur ces arbres que je les capturais, mais bien le long des tiges des grandes herbes.

### 1007. *Mylabris interrupta.* (Pl. 33, fig. 7.)

Oliv. *Encycl. méth.* tom. VIII, p. 93, n° 7.

Cette belle espèce m'a été communiquée par M. Levaillant, qui l'a prise, en été, dans les environs de Boghar. Le capitaine Magagnosc l'a rencontrée aux environs de Tâza. Ce Mylabre semblerait habiter aussi les environs d'Oran, car M. Doüé m'en a communiqué plusieurs individus, qui ont été pris dans le voisinage de cette ville.

Pl. 33, fig. 7. *Mylabris interrupta,* grossi, 7ᵃ la grandeur naturelle, 7ᵇ une antenne.

### 1008. *Mylabris rubripennis.* (Pl. 33, fig. 9.)

Chevr. *Descript des Mylabr. de Burb. Rev. ent. de Silberm.* ann. 1837, tom. V, p. 270, n° 3.
*Mylabris Guerinii,* ejusd. *op. cit.* p. 271, n° 5.
*Mylabris tricincta* (var.), Chevr. *op. cit.* tom. V, p. 270, n° 2.
*Mylabris litigiosa* [1], ejusd. *op. cit.* tom. V, p. 271, n° 4.

Ce Mylabre, pendant le printemps et une grande partie de l'été, est très-répandu dans toutes les parties de l'Algérie, et il n'est pas rare surtout dans les environs d'Alger, de Constantine, d'Hippône et du cercle de Lacalle. M. Chevrolat, dans son travail ayant pour titre, *Description des Mylabres de Barbarie,* fait connaître trois variétés de cette espèce; à ces variétés, j'en ajouterai une quatrième fort remarquable en ce que la première et la seconde bande des élytres se réunissent entièrement et ne présentent, dans leur partie médiane, qu'une

---

[1] Je crois que cette espèce n'est encore qu'une variété du *Mylabris rubripennis,* Chevr. dont elle ne diffère que par les bandes noires, qui sont beaucoup plus larges et un peu plus dentelées.

très-petite tache jaunâtre. J'ai cru devoir aussi réunir à cette espèce le *M. tricincta*, Chevr. qui n'est réellement qu'une variété de son *M. rubripennis*, et qui ne diffère de ce dernier que par sa taille, qui est plus petite, et par les bandes, qui sont un peu plus larges. Quant à la couleur plus ou moins rouge qu'offre cette variété, je crois que l'on ne doit pas considérer cette variation comme un caractère spécifique, d'autant plus qu'une même espèce, même pendant la vie, présente des couleurs tantôt rouges, tantôt jaunes.

Pl. 33, fig. 9. *Mylabris rubripennis*, grossi, 9ᵈ la grandeur naturelle.

### 1009. *Mylabris mutans.*

Guér. *Dict. pitt. d'hist. nat.* tom. V, p. 551, pl. 379, fig. 5 à 9.
*Mylabris melanura*, Pall. *Ic.* p. 86, n° 12.
Linn. *Syst. nat.* éd. Gmel. 1, p. 20, 28, 30.
Chevr. *Descript. des Mylabr. de Barb. Rev. ent. de Silberm.* tom. V, ann. 1837, p. 272, n° 6.
*Mylabris quadripunctata*, Linn. *Syst. nat.* édit. 12, p. 680, n° 16.
Fisch. *Mém. de la soc. imp. des nat. de Moscou*, tom. X, p. 183, n° 2.
*Mylabris cichorei*, Oliv. *Ent.* tom. III, n° 47, p. 7, 7, pl. 1, fig. 1 *a, b, c, d, e*, pl. 3, fig. 13.

Cette espèce n'est pas très-rare; elle m'a été donnée par M. le colonel Levaillant, qui l'a prise assez abondamment, en mai et juin, dans les environs d'Oran. Je ne sais si ce Mylabre habite l'Est de nos possessions du Nord de l'Afrique, mais je ne l'y ai pas rencontré.

### 1010. *Mylabris maura.* (Pl. 33, fig. 10.)

Long. 12,15 à 20 millim. larg. 4,5 à 7 millim.

Chevr. *Descript. des Mylabr. de Barb. Rev. ent. de Silberm.* tom. V, ann. 1837, p. 273, n° 10.

M. capite thoraceque nigro-nitidis, subtiliter confertìmque punctatis, hoc in medio biimpresso; elytris subtilissimè granariis, rubro-testaceis, utrinque nigro bipunctatis atque bifasciatis, fascia secunda posticè non attingente; corpore infrà pedibusque nigro-nitidis, subtilissimè granariis.

Il ressemble beaucoup au *M. bipunctata* d'Olivier, mais il en diffère par la ponctuation de la tête et du thorax, qui est plus serrée, et surtout par la disposition des points et bandes noirs que présentent les élytres. La tête est d'un noir brillant, parsemée de points peu profondément enfoncés, fins et serrés. Les organes de la manducation ainsi que la lèvre supérieure sont de même couleur que la tête. Les antennes sont noires, tomenteuses, avec les premiers articles d'un noir brillant. Le thorax est un peu plus large et un peu plus allongé que dans le *M. bipunctata;* il est d'un noir brillant et parsemé de points fins et serrés; il présente une impression transversale près de la base, et dans son milieu on aperçoit une autre impression assez profondément marquée, et de chaque côté de laquelle on remarque antérieurement une petite saillie lisse, d'un noir très-brillant. L'écusson est noir, petit et très-finement ponctué. Les élytres, très-finement chagrinées, sont d'un rouge testacé et ne sont pas tachées de noir à leur partie postérieure, près de l'écusson, comme cela se remarque chez le *M. bipunctata;* de chaque côté, elles sont ornées de deux points noirs et de deux larges bandes également noires; les points que ces organes présentent antérieurement ne sont pas placés au-dessus l'un de l'autre, comme cela a lieu dans le *M. bipunctata*, le point supérieur étant situé plus postérieurement; la bande médiane est large et moins dentelée que dans le *M. bipunctata*, et ne couvre pas le bord de la suture, comme cela se voit dans cette dernière espèce; enfin, la seconde bande n'atteint jamais la partie postérieure des élytres, comme cela a ordinairement lieu dans le *M. bipunctata*, et, de même que la première bande, elle n'envahit pas la suture. Le corps, en dessous, ainsi que les pattes, est d'un noir brillant, très-finement chagriné.

Cette espèce n'est pas très-commune; je n'en ai rencontré que quelques individus, que j'ai pris le long des tiges des grandes herbes, vers le milieu de juin, dans les environs du camp de Sétif.

Pl. 33, fig. 10. *Mylabris maura*, grossi, 10ᵃ la grandeur naturelle.

### 1011. *Mylabris circumflexa*. (Pl. 33, fig. 8.)

CHEVR. *Descript. des Mylabr. de Barb. Rev. ent. de Silberm.* tom. V, ann. 1837, p. 273, nᵒ 11.

Commune dans toutes les parties de l'Algérie, pendant le printemps et une grande partie de l'été. Environs d'Oran, d'Alger, de Constantine, d'Hippône et du cercle de Lacalle.

Ce Mylabre, quoique offrant un très-grand nombre de variétés, se distingue facilement du *M. Goudotii* par sa première bande transversale, qui, dans toutes les variétés que j'ai prises, affecte toujours la forme d'un accent circonflexe; cependant il y a certaines variétés où ce dernier disparaît entièrement, et d'autres où il est entièrement envahi par les taches noires médianes, lesquelles se joignent quelquefois aux taches postérieures, de manière que cette variété est complétement noire, à l'exception cependant des parties humérale, suturale et postérieure, qui sont rouges ou jaunâtres.

Pl. 33, fig. 8. *Mylabris circumflexa*, grossi, 8ᵃ la grandeur naturelle, 8ᵇ la lèvre inférieure.

### 1012. *Mylabris vicina*[1], Luc. (Pl. 34, fig. 2.)

Long. 11 millim. larg. 3 ½ à 4 millim.

M. capite thoraceque nigris, confertìm subtiliterque punctatis; elytris subtiliter punctatis, flavo-testaceis, utrinque posticèque nigro bipunctatis ac bifasciatis; corpore infrà pedibusque nigro-nitidis, subtilissimè granariis.

Il ressemble beaucoup au *M. cyanescens*, avec lequel cependant il ne pourra être confondu à cause de la ponctuation de la tête et du thorax, qui est plus fine et surtout beaucoup plus serrée, et des élytres, qui, postérieurement, sont plus ou moins bordées de noir. La tête est noire, finement ponctuée, et offre dans sa partie médiane, entre les yeux, une petite saillie, lisse, d'un noir brillant. Les antennes sont d'un noir brillant, avec les derniers articles tomenteux. Le thorax, de même couleur que la tête, moins finement ponctué que cette dernière, est très-finement sillonné dans sa partie médiane. L'écusson est noir et très-finement ponctué;

---

[1] Pl. 34, fig. 2, au lieu de *Mylabris affinis*, Luc. lisez : *Mylabris vicina*, Luc.

des poils noirs, très-courts, parmi lesquels on en aperçoit de blanchâtres, se font remarquer sur les divers organes que je viens de signaler. Les élytres sont rougeâtres, mais le plus souvent d'un jaune testacé; elles sont finement ponctuées, et présentent, de chaque côté, trois points et deux bandes noirs, ainsi disposés : un point sur la partie humérale, deux autres placés un peu après cette dernière et presque situés au-dessus l'un de l'autre, une bande dans la partie médiane, le plus souvent continue, quelquefois cependant séparée et formant deux taches, une autre bande située près de la partie postérieure et éprouvant les mêmes variations que la bande médiane; enfin, la partie postérieure est toujours plus ou moins bordée de noir. Tout le corps, en dessous, ainsi que les pattes, est d'un noir brillant et très-finement chagriné.

Cette espèce, pendant les mois de mai, juin, juillet et août, est assez répandue dans l'Est de l'Algérie, et n'est pas rare, surtout dans les environs de Sétif, de Milah, de Constantine et du cercle de Lacalle; je l'ai toujours rencontrée posée le long des tiges des grandes herbes.

Pl. 34, fig. 2. *Mylabris vicina*, grossi, 2ª la grandeur naturelle, 2ᵇ une patte de la première paire.

### 1013. *Mylabris Wagneri.*

Chevr. *Descript. des Mylabr. de Barb. Rev. ent. de Silberm.* tom. V, ann. 1837, p. 274, nᵒ 13.

Je n'ai pas trouvé cette espèce, qui a été rencontrée, dans les environs d'Oran, par M. Wagner, et qui m'a été communiquée par M. Aug. Chevrolat.

### 1014. *Mylabris decem-punctata.*

Fabr. *Syst. Eleuth.* tom. II, p. 84, nᵒ 14.
Billb. *Monogr. Mylabr.* p. 65, pl. 6, fig. 17.
Chevr. *Descript. des Mylabr. de Barb. Rev. ent. de Silberm.* tom. V, ann. 1837, p. 276, nᵒ 17.

Je n'ai pas rencontré cette espèce, qui m'a été communiquée par M. Chevrolat, et qui a été prise, dans les environs de Bône, par M. Wagner.

### 1015. *Mylabris impressa* [1].

Chevr. *Descript. des Mylabr. de Barb. Rev. ent. de Silberm.* tom. V, ann. 1837, p. 275, nᵒ 14.

C'est dans l'Ouest seulement que j'ai rencontré cette espèce, qui n'est pas très-rare pendant le printemps et une grande partie de l'été dans les environs d'Oran et de Misserghin; on la rencontre sur toutes les fleurs.

Dans la description que M. Aug. Chevrolat a faite de cette espèce, il lui donne aussi pour patrie les environs de Bône : n'y aurait-il pas erreur pour cette localité? Pendant un séjour de onze mois que je fis tant à Bône que dans le cercle de Lacalle, je n'ai jamais rencontré ce Mylabre dans cette partie de nos possessions.

---

[1] Cette espèce ne serait-elle pas une variété de la précédente?

### 1016. *Mylabris Paykullii.*

Billb. *Monogr. Mylabr.* p. 63, pl. 7, fig. 1.
Chevr. *Descript. des Mylabr. de Barb.* Rev. ent. de Silberm. tom. V, ann. 1837, p. 275, n° 15.
*Mylabris trifasciata,* Voet. *Col.* édit. p. 4, p. 120, pl. xlviii, fig. 53.

Je n'ai pas pris cette espèce; je ne la connais que d'après une description. Environs d'Alger.

### 1017. *Mylabris Silbermannii.*

Chevr. *Descript. des Mylabr. de Barb.* Rev. ent. de Silberm. tom. V, ann. 1837, p. 277, n° 19 [1].

Je ne connais cette espèce que par la description qu'en a faite M. Chevrolat, l'individu qui lui avait servi pour la décrire ayant été perdu.

Rencontré, aux environs de Bône, par M. Wagner.

### 1018. *Mylabris præusta.* (Pl. 34, fig. 1.)

Fabr. *Syst. Eleuth.* tom. II, p. 82, n° 5.
*Mylabris apicalis* (Var.), Chevr. Rev. ent. de Silberm. tom. V, ann. 1837, p. 278, n° 22.
*Mylabris contexta* (Var.), ejusd. Rev. ent. de Silberm. tom. V, ann. 1837, p. 278, n° 23.

J'ai rencontré, pendant les mois de juin, juillet et août, assez communément cette espèce dans l'Est, particulièrement dans les environs d'Hippône, et surtout au camp des Faucheurs, près du lac Houbeira, dans les environs du cercle de Lacalle. Cette espèce habite aussi les environs d'Oran.

Ce Mylabre varie beaucoup; je possède des individus des deux sexes qui sont entièrement noirs, d'autres où la partie antérieure des élytres est rouge, avec deux points noirs de chaque côté de ces organes, et toute la partie postérieure de ces derniers de cette couleur; il y a des individus chez lesquels les points antérieurs des élytres manquent complétement et d'autres où ils se réunissent et forment une bande assez fortement étranglée dans sa partie médiane; enfin, je considère comme de simples variétés de ce *Mylabris* les espèces suivantes :

Var. A. *Mylabris apicalis,* Chevr.

Atra, obesa; elytris maculâ apicali parvâ et rotundatâ testaceâ.

Var. B. *Mylabris contexta,* Chevr.

Atra, valida; elytris tribus maculis sanguineo-testaceis, primâ infra basin, obliquè et triangulatìm elongatâ, duabusque ultra, marginali parvâ, et alterâ bidentatâ in parte inferiore; his tribus notis sejunctis; apice ut in M. præustâ.

---

[1] Le *M. curta,* Chevr. *op. cit.* p. 277, n° 20, indiqué, par cet entomologiste, comme ayant été rencontré à Tunis et à Bône, a-t-il été réellement pris dans les environs de cette dernière ville? Je crois qu'il y a erreur pour cette localité. Je doute beaucoup aussi que le *M. scapularis* du même auteur (*op. cit.* p. 278, n° 124) soit une espèce qui ait été prise dans nos possessions du Nord de l'Afrique.

Pl. 34, fig. 1. *Mylabris præusta* (variété noire), grossi, 1ᵃ la grandeur naturelle, 1ᵇ une mâchoire, 1ᶜ une mandibule, 1ᵈ la lèvre inférieure, 1ᵉ une antenne, 1ᶠ une patte de la troisième paire.

---

## Genus *Lydus*, Meg. *Mylabris*, Fabr. *Meloe*, Linn. *Lytta*, Herbst.

### 1019. *Lydus algiricus* (*Mylabris*).

Fabr. *Syst. Eleuth.* tom. II, p. 82, n° 7.
Oliv. *Ent.* tom. III, n° 47, p. 9, 10, pl. 1, fig. 5.
Chevr. *Descript. des Mylabr. de Barb. Rev. ent. de Silberm.* p. 278, n° 1.

Très-répandu, pendant les mois de mai et de juin, aux environs de Constantine; il se tient le long des tiges des grandes herbes, et je l'ai rencontré aussi quelquefois sur les fleurs. Je ne pense pas que ce *Lydus* habite l'Ouest de nos possessions du Nord de l'Afrique, comme M. Chevrolat l'a indiqué dans son travail sur les Mylabres de la Barbarie.

Pl. 33, fig. 11. Une mâchoire, 11ᵃ une mandibule, 11ᵇ la lèvre inférieure, 11ᶜ une antenne du *Lydus algiricus*.

### 1020. *Lydus marginatus* (*Mylabris*).

Fabr. *Ent. syst.* tom. II, p. 88, n° 4.
Ejusd. *Syst. Eleuth.* tom. II, p. 82, n° 6.

Ce n'est que dans l'Ouest de l'Algérie, aux environs de la ville d'Oran, pendant l'été, que l'on trouve cette espèce, qui m'a été donnée par M. le colonel Levaillant.

---

## Genus *Ænas*, Latr. *Meloe*, Linn. *Lytta*, Fabr. *Cantharis*, Oliv.

### 1021. *Ænas afer* (*Lytta*).

Fabr. *Syst. Eleuth.* tom. II, p. 80, n° 24.
Oliv. *Ent.* tom. III, n° 46, p. 17, 19, pl. 1, fig. 4 *a*, *b*.
*Ænas unicolor*, De Casteln. *Hist. nat. des ins.* tom. II, p. 27, n° 4.

Cette espèce, pendant le printemps et une grande partie de l'été, est très-répandue dans l'Est et dans l'Ouest de l'Algérie, particulièrement aux environs d'Oran, d'Alger, de Constantine et d'Hippône. On rencontre quelquefois accouplée avec cette espèce une variété à thorax noir, et que M. de Castelnau a désignée sous le nom d'*Ænas unicolor*; cette espèce ne doit être considérée que comme une variété de l'*Ænas afer*.

Pl. 33, fig. 12. Une mâchoire, 12ᵃ une mandibule, 12ᵇ la lèvre inférieure, 12ᶜ une antenne, 12ᵈ une patte de la troisième paire de l'*Ænas afer*.

## Genus *Cantharis*, Geoffr. *Meloe*, Linn. *Lytta*, Fabr.

### 1022. *Cantharis segetum.* (Pl. 34, fig. 3.)

Fabr. *Syst. Eleuth.* tom. II, p. 76, n° 2.
De Casteln. *Hist. nat. des ins.* tom. II, p. 272, n° 7.

Assez commune dans l'Est et dans l'Ouest de nos possessions de l'Algérie, particulièrement dans les environs d'Oran, d'Alger, de Constantine, d'Hippône et du cercle de Lacalle; cette espèce se tient sur les fleurs, et on la trouve ordinairement depuis le mois de mai jusqu'en juillet.

Pl. 34, fig. 3. *Cantharis segetum*, grossie, 3ª la grandeur naturelle.

### 1023. *Cantharis viridissima*, Luc. (Pl. 34, fig. 4.)

Long. 9 à 13 millim. larg. 3 $\frac{1}{2}$ à 4 millim. $\frac{1}{2}$.

C. capite thoraceque viridi-metallicis, fortiter punctatis; elytris subtilissimè granariis, viridibus, utrinque subbicostatis; corpore infrà sternoque granariis, viridi-cupreis, pedibus tomentosis, viridibus.

Elle est très-voisine de la *C. scutellata,* et vient se placer entre cette dernière et la *C. segetum.* La tête, d'un beau vert métallique, est parsemée de points assez profondément marqués, plus gros et bien moins serrés que ceux de la *C. scutellata.* La lèvre est finement ponctuée. Les palpes labiaux et maxillaires sont d'un noir bleuâtre, ainsi que les mandibules. Les antennes sont noires, légèrement tomenteuses, avec le premier article ponctué, d'un vert métallique. Le thorax est de même couleur que la tête, avec les points qu'il présente plus fortement prononcés et surtout bien moins serrés que dans les *C. scutellata* et *segetum;* de plus, on n'aperçoit pas, comme dans cette dernière espèce, de dépression arrondie à la partie postérieure; seulement, chez quelques individus, on remarque un sillon longitudinal très-peu profondément marqué. L'écusson est de même couleur que la tête et très-finement ponctué. Les élytres, très-finement chagrinées, sont d'un vert plus foncé que la tête et le thorax et bien moins métallique, et, de chaque côté, elles présentent deux côtes longitudinales, ordinairement peu marquées. Le corps, en dessous, est chagriné, d'un vert cuivreux, avec les pattes tomenteuses et de même couleur que les élytres.

Cette espèce présente une variété assez remarquable par la tête, le thorax, les élytres ainsi que l'abdomen, qui sont bleus, avec les pattes et le sternum verdâtres.

Cette Cantharide habite l'Est et l'Ouest de l'Algérie et n'est pas très-rare pendant les mois d'avril, de mai et de juin. Environs d'Oran, d'Alger, de Bougie, de Constantine, d'Hippône et du cercle de Lacalle.

Pl. 34, fig. 4. *Cantharis viridissima*, grossie, 4ª la grandeur naturelle.

## 1024. *Cantharis scutellata*. (Pl. 34, fig. 5.)

De Casteln. *Hist. nat. des ins.* tom. II, p. 273, n° 9.

Cette espèce est plus commune dans l'Ouest que dans l'Est, et les quelques individus que j'ai pris dans cette partie de nos possessions ont été rencontrés le long des tiges des grandes herbes, sur le versant Est du Djebel Mansourah, dans les environs de Constantine.

Pl. 34, fig. 5. *Cantharis scutellata*, grossie, 5ᵃ la grandeur naturelle, 5ᵇ une mâchoire, 5ᶜ une mandibule, 5ᵈ la lèvre inférieure, 5ᵉ une antenne, 5ᶠ une patte de la troisième paire.

## 1025. *Cantharis cirtana*, Luc. (Pl. 34, fig. 6.)

Long. 11 à 15 millim. larg. 3 ½ à 4 millim.

C. nigro-pilosa; capite atro-nitido, punctato, maculâ rubescente in medio ornato; thorace nitido-atro, sparsìm punctato, longitudinaliter profundè sulcato; elytris nigro-cyanescentibus, nitidis, sat fortiter granariis; corpore infrà sternoque nigro-cyaneis, subtiliter punctatis; pedibus nigro-nitidis, subtilìssimè granariis.

Elle ressemble beaucoup à la *C. chalybœa*, près de laquelle elle vient se placer; mais elle ne pourra être confondue avec cette espèce, à cause de la ponctuation de la tête et du thorax, qui est plus fortement marquée et bien moins serrée. La tête est d'un noir brillant, ornée dans son milieu, entre les yeux, d'une petite tache oblongue, rougeâtre; elle est ponctuée, et les points qui forment cette ponctuation sont assez fortement marqués et très-peu serrés. Les antennes sont noires, tomenteuses, avec les premiers articles d'un noir brillant, ponctués. Les organes de la manducation sont de même couleur que les antennes. Le thorax est de même couleur que la tête, fortement creusé longitudinalement dans les deux sexes, avec la ponctuation qu'il présente plus fine et bien moins serrée que celle de la tête. Les élytres sont d'un noir bleuâtre brillant, assez fortement chagrinées et plus larges que celles de la *C. chalybœa*. Le corps, en dessous, ainsi que le sternum, est d'un noir bleuâtre très-finement et peu profondément ponctué. Les pattes sont d'un noir brillant et très-finement chagrinées. Des poils noirs, très-serrés, assez allongés sur la tête et sur le thorax, mais beaucoup plus courts sur les élytres, ainsi que sur l'abdomen et sur les organes de la locomotion, revêtent cette espèce.

Cette Cantharide est assez rare; je n'en ai rencontré que quelques individus, que j'ai pris vers le milieu de mai, sur les fleurs, auprès du marabout de Sidi-Mabrouk, dans les environs de Constantine.

Pl. 34, fig. 6. *Cantharis cirtana*, grossie, 6ᵃ la grandeur naturelle.

## Genus *LEPTOPALPUS*, Guér. *Zonitis*, Fabr.

### 1026. *Leptopalpus rostratus.* (Pl. 34, fig. 17.)

FABR. *Syst. Eleuth.* tom. II, p. 24, n° 10.
*Leptopalpus Chevrolatii*, GUÉR. *Iconogr. du règne anim. de Cuv. Ins.* pl. 35, fig. 13 *a, b, c.*
*Leptopalpus rostratus*, ejusd. *Texte descript. de l'Iconogr. du règne anim. Ins.* p. 136.

Rencontré, pendant les mois de mars et d'avril, dans les environs d'Alger, de Bougie et de Constantine. Cette espèce se plaît sur la *Centaurea pullata;* je l'ai trouvée aussi sur les chardons.

Pl. 34, fig. 7. Une mâchoire, 7ᵃ une mandibule, 7ᵇ la lèvre inférieure, 7ᶜ une patte de la troisième paire du *Leptopalpus rostratus.*

---

## Genus *ZONITIS*, Fabr. *Apalus*, Oliv. *Meloe*, Linn.

### 1027. *Zonitis quadripunctata.*

FABR. *Syst. Eleuth.* tom. II, p. 84, n° 15.
DE CASTELN. *Hist. nat. des ins.* tom. II, p. 275, n° 1.

Je n'ai pas rencontré cette espèce, qui a été prise dans les environs d'Alger et qui m'a été communiquée par M. Guérin-Méneville.

### 1028. *Zonitis nigripennis.*

FABR. *Syst. Eleuth.* tom. II, p. 23, n° 3.
DE CASTELN. *Hist. nat. des ins.* tom. II, p. 276, n° 7.

Ce *Zonitis* habite l'Est et l'Ouest de l'Algérie et paraît assez rare; je n'en ai rencontré qu'un seul individu, que j'ai pris vers le milieu de juin, sur les chardons, dans les environs de Milah. Les individus que je possède de l'Ouest de l'Algérie m'ont été donnés par M. le colonel Levaillant, et ont été trouvés dans les environs d'Oran.

### 1029. *Zonitis mutica.*

FABR. *Syst. Eleuth.* tom. II, p. 23, n° 5.

Cette espèce n'est pas très-commune; je n'en ai rencontré que trois individus, que j'ai pris, en juillet, sur les fleurs de la carotte sauvage, dans les environs de Constantine et du cercle de Lacalle.

Les individus que j'ai trouvés dans le Nord de l'Afrique m'ont offert une variété assez remarquable. La tête, au lieu d'être entièrement noire, comme cela a lieu dans les individus à l'état normal, est rouge postérieurement, avec l'extrémité des fémurs, la naissance des tibias et les derniers segments abdominaux de cette couleur. M. Gaubil m'a communiqué deux autres variétés où la tête, le thorax et l'écusson sont entièrement noirs, et chez l'une desquelles les élytres présentent de chaque côté, à peu près vers le milieu, une tache arrondie, de couleur brunâtre : ces deux variétés ont été rencontrées dans les environs de Constantine.

## Genus *NEMOGNATHA*, Latr. *Zonitis*, Fabr.

### 1030. *Nemognatha chrysomelina* [1] (*Zonitis*). (Pl. 34, fig. 8.)

FABR. *Ent. syst.* tom. II, p. 49, n° 5.
Ejusd. *Syst. Eleuth.* tom. II, p. 24, n° 7.

Je n'ai pas rencontré cette espèce, qui habite les environs d'Oran et qui m'a été communiquée par M. Doüé.

Pl. 34, fig. 8. *Nemognatha chrysomelina,* grossi, 8ª la grandeur naturelle, 8ᵇ une mâchoire, 8ᶜ une mandibule.

## Genus *MELOE*, Linn. Fabr.

### 1031. *Melo eautumnalis.*

OLIV. *Ent.* tom. III, 45, n° 4, pl. 1, fig. 2 (mâle).
BRANDT et ERICHS. *Monogr. Mel. act. Acad. nat. curios.* tom. XVI, p. 120, n° 2, pl. 7, fig. 1 (mâle).
*Meloe glabratus,* LEACH, *Linn. Trans.* tom. II, p. 43, pl. 7, fig. 1 à 2.

Cette espèce, qui habite les environs d'Alger, m'a été communiquée par M. L. Buquet.

### 1032. *Meloe tuccia.*

ROSSI, *Faun. etrusc.* tom. I, p. 238, n° 591.
BRANDT et RATZEB. *Darst. d. offic.* th. 11, p. 109, pl. 16, fig. 3.
BRANDT et ERICHS. *Monogr. gener. Mel. act. Acad. nat. cur.* tom. XVI, p. 121, n° 6.
*Meloe punctata,* FABR. *Syst. Eleuth.* tom. II, p. 588, n° 6.

Cette espèce, que j'ai toujours rencontrée errante, est assez commune; on la trouve pendant les mois de mars, d'avril et de mai, dans les environs d'Oran, d'Alger, de Philippeville, de Constantine et du cercle de Lacalle.

---

[1] Pl. 34, fig. 8, au lieu de *Nemognathus chrysomelinus,* lisez : *Nemognatha chrysomelina,* Fabr.

### 1033. *Meloe foveolata.*

Guér. *Rev. zool. par la soc. Cuv.* 1842, p. 133.

C'est entre les *M. cicatricosus* et *coriarius* de MM. Brandt et Erichson, que doit venir se ranger cette espèce; elle ne pourra être confondue avec le premier, à cause de sa couleur, qui est entièrement noire, de ses élytres, qui n'ont pas de points élevés, luisants, mais qui, au contraire, sont couvertes de fossettes larges, confluentes, surtout sur la tête et le thorax; je ferai aussi observer que les fossettes présentées par ces organes sont plus fortement accusées que sur les élytres, où elles sont espacées. Elle diffère du *M. coriarius* par le disque inférieur des segments de son abdomen, qui n'est pas d'un rouge ferrugineux.

On la rencontre dans l'Est et dans l'Ouest de l'Algérie, particulièrement aux environs de Bône, d'Alger et d'Oran. M. le colonel Levaillant a pris aussi cette espèce dans les environs de Tlemsên.

### 1034. *Meloe lævigata.*

Oliv. *Ent.* tom. III, n° 45, 3, pl. 1, fig. 51 *a, b.*
Fabr. *Syst. Eleuth.* tom. II, p. 587, n° 2.
Brandt et Erichs. *Monogr. gener. Mel. act. Acad. nat. cur.* tom. XVI, p. 140 (non var.).
*Meloe majalis,* Linn. *Syst. nat.* tom. II, p. 679, n° 2.
Linn. *Syst. nat.* tom. II, p. 679, n° 2.

Cette espèce est aussi commune que la précédente, et je l'ai rencontrée dans les mêmes lieux.

### 1035. *Meloe majalis.*

Brandt et Ratzeb. *Darst. d. offic.* th. 11, p. 106, pl. 16, fig. 1.
Brandt et Erichs. *Monogr. gener. Mel. act. Acad. nat. cur.* tom. XVI, p. 139, n° 24, pl. 8, fig. 8.
Fabr. *Syst. Eleuth.* tom. II, p. 588, n° 3.
Oliv. *Ent.* tom. III, n° 45, p. 6, 2, pl. 1, fig. 4 *a, b, d.*

Rencontré errant, dans les premiers jours de mai, aux environs de Constantine, de Sétif et du cercle de Lacalle; cette espèce habite aussi l'Ouest de l'Algérie, où elle est très-répandue.

### 1036. *Meloe ænea.* (Pl. 33, fig. 1.)

De Casteln. *Hist. nat. des ins.* tom. II, p. 278, n° 4.

Cette espèce, que je n'ai trouvée que dans l'Ouest de l'Algérie, est assez rare; c'est particulièrement aux environs d'Oran, dans les ravins des Djebel Santon et Santa-Cruz, ainsi que dans ceux qui sont situés entre cette ville et Mers-el-Kebir, pendant les mois de janvier, février et mars, que j'ai rencontré ce Méloé.

Pl. 33, fig. 1. *Meloe ænea,* de grandeur naturelle, 1ª mâchoire, 1ᵇ une mandibule, 1ᶜ la lèvre inférieure, 1ᵈ une antenne, 1ᵉ une patte de la première paire.

### 1037. *Meloe rugosa.*

Marsh. *Col. Brit.* tom. II, p. 483, n° 4.
Brandt et Erichs. *Monógr. gener. Mel. act. Acad. nat. cur.* tom. XVI, p. 126, n° 11.
*Meloe autumnalis,* Leach, *Linn. Trans.* tom. II, p. 40, pl. 6, fig. 7 à 8.

C'est particulièrement dans les environs de Bougie, sur les bords de la route qui conduit de cette ville au Gouraïa, que j'ai rencontré ce Méloé errant; je l'ai pris aussi dans les environs du cercle de Lacalle. Cette espèce habite les environs d'Oran; janvier, février et mars.

### 1038. *Meloe affinis,* Luc. (Pl. 33, fig. 2.)

Long. 21 millim. larg. 10 millim.

M. atra, subnitida; capite punctato; thorace lato, sparsìm punctato, elytris granariis, subcicatricosis; corpore pedibusque subtiliter punctatis.

Cette espèce est très-voisine du *M. rugosa,* et cependant s'en distingue par des caractères assez tranchés. Elle est entièrement noire; la tête, comme dans le *M. rugosa,* est petite, mais peu rugueuse et non sillonnée longitudinalement; elle est seulement ponctuée, et les points qui forment cette ponctuation sont petits, très-peu serrés, arrondis; de plus, elle présente quelques petites saillies qui sont entièrement lisses, et, de chaque côté des yeux, on remarque une dépression profonde, également lisse. La lèvre est ponctuée, profondément échancrée et hérissée de poils jaunâtres, allongés et serrés. Les organes de la manducation ainsi que les antennes sont noirs, revêtus de poils courts, noirs, à l'exception cependant de ceux que présentent les derniers articles des antennes, qui sont roussâtres. Le thorax est presque aussi large que la tête, non rugueux, seulement ponctué çà et là, avec les angles latéro-antérieurs plus saillants que dans le *M. rugosa.* Les élytres sont assez allongées et ne présentent pas cette rugosité que l'on voit, sur ces mêmes organes, dans le *M. rugosa;* elles sont seulement finement chagrinées et très-légèrement cicatrisées. L'abdomen, en dessus et en dessous, est très-finement ponctué et revêtu de poils noirs, très-courts et peu serrés. Les pattes sont noires, finement ponctuées.

Rencontré une seule fois, sous les pierres, à la fin du mois de juin, dans les environs du camp de Sétif.

Pl. 33, fig. 2. *Meloe affinis,* de grandeur naturelle.

### 1039. *Meloe murina.*

Brandt et Erichs. *Monogr. Mel. act. Acad. nat. curios.* tom. XVI, pars 1, p. 127, n° 12, pl. 8, n° 4.

Cette espèce, que je n'ai pas rencontrée pendant mon séjour en Algérie, m'a été communiquée par M. Guérin-Méneville, qui a reçu ce joli Méloé des environs de Bône. MM. Brandt et Erichson, qui, les premiers, ont fait connaître cette jolie espèce, lui donnent pour patrie la Sicile.

### 1040. *Meloe maculifrons*, Luc. (Pl. 33, fig. 3.)

Long. 13 à 21 millim. larg. 6 à 10 millim.

M. capite nigro-nitido, lato, posticè rotundato, subtiliter punctulato, in medio maculâ rubescente ornato; thorace ferè quadrato, nigro-nitido, ad latera depresso, subtiliter punctato; elytris atris, elongatis, subtilissimè striatis; corpore infrà pedibusque punctatis, nigro-nitidis.

La tête, d'un noir brillant, est très-grosse, plus large que le thorax, très-arrondie postérieurement et ornée dans sa partie médiane, entre les yeux, d'une tache rougeâtre ordinairement plus longue que large; elle est ponctuée, et les points qui forment cette ponctuation sont petits et très-peu serrés; cependant, parmi cette ponctuation, on aperçoit d'autres points qui sont beaucoup plus gros et plus profondément marqués; postérieurement, elle présente un sillon très-fin, qui part de la base et n'atteint que la partie postérieure de la tache rougeâtre. La lèvre est grande, très-peu profondément échancrée et parsemée de points petits, peu serrés, desquels partent des poils noirs, peu allongés. Les organes de la manducation, ainsi que les antennes, sont d'un noir mat. Le thorax, de même couleur que la tête, presque carré, arrondi antérieurement et échancré à sa partie postérieure, présente en dessus, près des bords latéraux et postérieurement, des dépressions profondes; il est ponctué, et cette ponctuation est fine et très-peu serrée; dans son milieu, il présente un sillon longitudinal très-fin, qui part de la base et n'atteint pas tout à fait la partie antérieure. Les élytres sont d'un noir mat, très-finement striées, allongées et terminées en pointe arrondie postérieurement. Le dessous du corps ainsi que les pattes sont ponctués, d'un noir brillant.

J'ai rencontré cette espèce, qui est voisine du *M. proscarabœus*, dans les environs de Bougie et d'Oran, pendant les mois de mars et d'avril.

Pl. 33, fig. 3. *Meloe maculifrons*, de grandeur naturelle, 3° une patte de la dernière paire.

### 1041. *Meloe proscarabœus*.

Linn. *Faun. succ.* p. 227, n° 826.
Brandt et Erichs. *Monogr. Mel. act. Acad. nat. curios.* tom. XVI, p. 113, n° 1.
*Meloe tectus*, Leach, *Linn. Trans.* tom. II, p. 48, tab. 7, fig. 8 à 9, et p. 250, n° 13.

Je n'ai pas rencontré cette espèce, qui habite les environs de Djîdjel, et qui m'a été communiquée par M. Leprieur, chirurgien aide-major.

### 1042. *Meloe violacea*.

Marsh. *Ent. Brit.* tom. I, p. 482, n° 2.
Leach, *Linn. Trans.* tom. II, p. 45, pl. 7, fig. 3 à 5.
Brandt et Erichs. *Monogr. Mel. act. Acad. nat. curios.* tom. XVI, p. 116, n° 2.
*Meloe proscarabœus*, Panz. *Faun. ins. Germ.* fasc. 10, n° 12.

Elle habite les environs de Djîdjel, où elle a été prise par M. Leprieur.

### 1043. *Meloe plicatipennis,* Luc. (Pl. 33, fig. 4.)

Long. 22 millim. larg. 9 millim.

M. glabra; capite thoraceque nigris, subtiliter sparsìmque punctatis, ad latera nigro-violaceis, elytris nitido-atris, ad latera subtilissimè granariis, posticè fortiter plicatis; abdomine sternoque nitido-atris, subtilissimè granariis, antennis pedibusque nigro-violaceis.

Glabre; la tête, d'un noir mat en dessus, d'un noir violacé sur les parties latérales, est petite et présente des points fins, assez profondément marqués et placés çà et là. La lèvre est d'un noir violacé, ponctuée et très-peu échancrée à son extrémité. Les antennes sont allongées, épaisses, d'un noir violacé et hérissées de poils noirs, courts et très-peu serrés. Le thorax est noir en dessus, d'un noir violacé sur les parties latérales; il est arrondi et large sur les côtés, et diminue progressivement jusqu'à sa partie postérieure, qui est très-peu échancrée; il présente, en dessus, trois dépressions et des points profondément marqués, placés çà et là. Les élytres sont assez allongées, d'un noir brillant, chagrinées sur les côtés et fortement plissées postérieurement. L'abdomen, de même couleur que les élytres, est très-finement chagriné et revêtu, en dessous, de poils noirs très-courts et très-peu serrés. Les pattes sont épaisses, allongées, d'un noir violacé, finement chagrinées et couvertes de poils noirs très-courts et très-serrés.

Cette espèce est assez rare; je n'en ai rencontré que deux individus, que j'ai pris en février, sur le chemin du lac Houbeira, dans les environs du cercle de Lacalle.

Pl. 33, fig. 4. *Meloe plicatipennis,* de grandeur naturelle, 4ª une antenne.

### 1044. *Meloe nana,* Luc. (Pl. 33, fig. 5.)

Long. 8 millim. larg. 3 millim. ¹⁄₂.

M. atra, flavescente-pilosa; capite thoraceque punctatis, longitudinaliter profundè sulcatis; elytris subtilissimè granariis, punctatis; abdomine pedibusque subtiliter granariis, horum unguiculis fusco-ferrugineis.

Il est voisin du *M. rugosa,* mais il est beaucoup plus petit. Entièrement noir; la tête, plus large que le thorax, présente, dans son milieu, un sillon profond, qui part de la partie postérieure et atteint la partie antérieure; elle est fortement ponctuée, et les points qui forment cette ponctuation sont profondément marqués et peu serrés. La lèvre est ponctuée et profondément échancrée. Les antennes sont assez allongées, d'un brun roussâtre. Le thorax, presque aussi long que large, arrondi sur les côtés, présente, dans son milieu, un sillon profond, qui part de la base et atteint à peine la partie antérieure; il est fortement ponctué, et, sur les parties latérales, on aperçoit une dépression fortement marquée. Les élytres, petites, arrondies postérieurement, sont très-finement chagrinées et très-grossièrement ponctuées. L'abdomen est très-finement granulé. Les pattes sont assez allongées, granulées, avec les griffes des tarses roussâtres. Des poils très-courts, peu serrés, jaunâtres, revêtent la tête, le thorax, les antennes, les élytres, l'abdomen et les organes de la locomotion de cette espèce.

Trouvé une seule fois, errant, dans le mois de février, aux environs d'Oran.

Pl. 33, fig. 5. *Meloe nana,* grossie, 5ᵃ la grandeur naturelle.

---

## Genus *SITARIS*, Latr. *Necydalis*, Fabr. *Cantharis*, Auct.

### 1045. *Sitaris humeralis.*

FABR. *Syst. Eleuth.* tom. II, p. 371, n° 15.
OLIV. *Ent.* tom. III, n° 46, p. 19, 22, pl. 2, fig. 20.
GUÉR. *Iconogr. du règne anim. de Cuv. Ins.* p. 137, pl. 35, fig. 15.

Rencontré en juin, aux environs de Constantine, sur le Djebel Chataba; ce *Sitaris* se plaît sur les chardons.

### 1046. *Sitaris rufipes.*

GORY, *Magas. de zool.* 1841, p. 7, pl. 73.

Je n'ai pas trouvé cette espèce; elle m'a été donnée par M. Dégenès, capitaine de corvette, qui l'a prise, à la fin de mai, dans les environs d'Arzew.

---

# TROISIÈME SECTION.
## LES TÉTRAMÈRES.

---

# PREMIÈRE FAMILLE.
## LES RHYNCOPHORES.

---

# PREMIÈRE TRIBU.
## LES ORTHOCÉRIENS.

---

## Genus *BRUCHUS*, Linn.

### 1047. *Bruchus pisi.*

LINN. *Syst. nat.* 1, 11, p. 604, n° 1.
FABR. *Syst. Eleuth.* tom. II, p. 396, n° 5.
OLIV. *Ent.* tom. IV, 79, p. 8, n° 6, pl. 1, fig. 6 *a, d.*
SCH. *Gener. et spec. Curcul.* tom. I, pars 1ᵃ, p. 57, n° 52.
Ejusd. *op. cit.* tom. I, pars 1ᵃ, p. 73, n° 118.

Cette espèce est assez commune, dans l'Est et dans l'Ouest, pendant le printemps et une grande partie de l'été; je l'ai rencontrée particulièrement dans les environs d'Oran, d'Alger, de Philippeville et du cercle de Lacalle; elle se tient sur les fleurs.

Pl. 35, fig. 3. Une mâchoire, 3ᵃ une mandibule du *Bruchus pisi.*

### 1048. *Bruchus bimaculatus.*

Oliv. *Ent.* tom. IV, 79, p. 18, n° 22, pl. 23, fig. 22 *a, b.*
Sch. *Gener. et spec. Curcul.* tom. I, pars 1ª, p. 44, n° 24.

Pris en fauchant, pendant les mois de mai et de juin, dans les environs d'Alger, de Philippeville et du cercle de Lacalle.

### 1049. *Bruchus tristiculus.*

Sch. *Gener. et spec. Curcul.* tom. I, pars 1ª, p. 81, n° 132.

Communiqué par M. L. Buquet, qui a reçu cette espèce des environs d'Alger.

### 1050. *Bruchus rufimanus.*

Sch. *Gener. et spec. Curcul.* tom. I, pars 1ª, p. 58, n° 53.

Cette espèce est beaucoup plus rare que la précédente ; je n'en ai rencontré que quelques individus, que j'ai pris en mai, sur les fleurs, dans les bois du lac Tonga, aux environs du cercle de Lacalle.

### 1051. *Bruchus lividimanus.*

Sch. *Gener. et spec. Curcul.* tom. I, pars 1ª, p. 68, n° 67.

Rencontré en fauchant les grandes herbes, pendant les mois de mars, avril, mai et juin, dans les environs d'Alger, de Bône et du cercle de Lacalle. Cette espèce est assez commune.

### 1052. *Bruchus plumbeus,* Luc. (Pl. 35, fig. 2.)

Long. 4 millim. larg. 1 millim. $\frac{1}{2}$.

Niger, pubescente-plumbeus ; capite fortiter granario ; antennis testaceo-ferrugineis ; pubescente-cinereis ; thorace subtiliter granario ; angulis posticis acuminatis, pubescente-plumbeo-nitidis ; elytris pubescente-plumbeis, striatis, striis subtiliter punctatis, interstitiis subtilissimè granariis ; corpore fortiter pubescente, pedibus rubescentibus, femoribus posticis ad basim fuscis.

Il est plus court et surtout beaucoup plus large que le *B. lividimanus,* dans le voisinage duquel cette espèce vient se ranger. Noir ; couvert d'une pubescence couleur de plomb. La tête est fortement chagrinée, non pubescente, et présente, dans sa partie médiane, une petite saillie longitudinale, brillante, entièrement lisse. Les antennes sont d'un testacé ferrugineux, avec les trois ou quatre derniers articles de même couleur, mais plus foncés et couverts d'une pubescence d'un gris cendré clair. Le thorax, plus finement chagriné que la tête, avec les angles latéro-postérieurs terminés en pointe assez aiguë, est revêtu d'une pubescence courte, assez serrée, d'une couleur de plomb brillant. Les élytres, plus larges à leur partie antérieure que le thorax, avec les épaules très-saillantes et entièrement dénudées, sont couvertes d'une pubescence semblable à celle du thorax; elles sont assez fortement striées, et ces stries présentent une ponctuation fine et peu serrée; les intervalles sont assez larges et très-finement chagrinés. Tout le corps, en dessous, est brun et couvert d'une pubescence plus courte, beaucoup plus serrée et moins brillante que celle de la tête et du thorax. Les pattes sont rougeâtres, très-légèrement pubescentes, avec la naissance des fémurs de la troisième paire de pattes seulement, d'un brun foncé.

J'ai pris cette espèce en juin, en fauchant dans les bois du lac Tonga, aux environs du cercle de Lacalle.

Pl. 35, fig. 2. *Bruchus plumbeus*, grossi, 2ᵃ la grandeur naturelle, 2ᵇ la tête vue de profil, 2ᶜ une patte de la première paire.

### 1053. *Bruchus histrio*.

Sch. *Gener. et spec. Curcul.* tom. I, pars 1ᵃ, p. 73, n° 74.
Ejusd. *op. cit.* tom. V, pars 1ᵃ, p. 94, n° 156.

Pris sur les fleurs, en été, dans les bois du lac Houbeira; ce *Bruchus* n'est pas très-commun. Environs du cercle de Lacalle. Cette espèce a aussi été trouvée dans l'Ouest de l'Algérie, par mon collègue M. Durieu de Maisonneuve, qui l'a prise dans les environs de Sidi-Daho.

Je ferai aussi remarquer que ce *Bruchus* n'est pas rare en Sicile, où il a été trouvé assez communément par M. E. Blanchard, qui a même rencontré fréquemment les deux sexes.

### 1054. *Bruchus meleagrinus*.

Géné, *Mem. della reale Accad. delle scienz. di Tor.* 2ᵉ série, tom. I, p. 75, pl. 2, fig. 14.

Pris en juin, sur les chardons, dans les bois du lac Tonga, aux environs du cercle de Lacalle. Cette espèce habite aussi les environs d'Oran, où elle a été trouvée par M. le colonel Levaillant.

Ce *Bruchus*, d'abord trouvé en Sardaigne par M. Géné, et décrit par ce zoologiste, a été aussi rencontré en Sicile par M. E. Blanchard.

### 1055. *Bruchus flavescens*, Luc. (Pl. 35, fig. 1.)

Long. 5 millim. larg. 2 millim.

Niger; omninò pubescente-flavus; capite subtilissimè granario; primis articulis antennarum testaceo-ferrugineis, subsequentibus rufescentibus; thorace granario, fortiter pubescente-flavo; elytris fusco-ferrugineis, subtiliter granariis, pubescentibus, profundè striatis, striis lævigatis; corpore fuscopubescente; pedibus testaceo-ferrugineis.

Il ressemble beaucoup au *B. albo lineatus* de M. Blanchard, avec lequel cependant il ne pourra être confondu, à cause de ses antennes, qui sont d'un testacé ferrugineux, au lieu d'être noires, comme dans l'espèce de M. Blanchard. Je ferai aussi remarquer que, chez l'espèce du Nord de l'Afrique, le thorax ne présente pas de ligne blanche, comme cela se voit chez le *B. albo lineatus,* Blanch. Noir, entièrement couvert d'une pubescence jaunâtre. La tête est très-finement chagrinée, d'un brun roussâtre, revêtue d'une pubescence jaunâtre, courte et très-peu serrée. Les trois ou quatre premiers articles des antennes sont d'un testacé ferrugineux, avec les suivants d'un brun roussâtre : tous sont revêtus d'une pubescence d'un gris cendré clair. Le thorax, plus fortement chagriné que la tête, avec les angles latéro-antérieurs moins arrondis que les postérieurs, est revêtu d'une pubescence beaucoup plus forte, plus allongée et surtout plus serrée que celle de la tête, particulièremet dans la partie médiane, où elle forme une petite saillie longitudinale. L'écusson est très-petit et entièrement pubescent. Les élytres, antérieurement, sont un peu plus larges que le thorax, avec les épaules saillantes et non pubescentes ; elles sont finement chagrinées, d'un brun ferrugineux et couvertes d'une pubescence aussi serrée, mais plus jaune que celle du thorax ; elles sont assez profondément striées, et ces stries sont entièrement lisses. Tout le corps, en dessous, est très-finement chagriné et entièrement couvert d'une pubescence d'un jaune plus clair que celle que présentent le thorax et les élytres. Les pattes sont d'un testacé ferrugineux, couvertes d'une pubescence clairement semée.

Rencontré une seule fois, en mai, en fauchant les grandes herbes, à Kouba ; environs d'Alger.

Pl. 35, fig. 1. *Bruchus flavescens,* grossi, 1ª la grandeur naturelle, 1ᵇ une patte de la dernière paire.


### 1056. *Bruchus cinerescens.*

Sch. *Gener. et spec. Curcul.* tom. I, pars 1ª, p. 55, n° 48.


Habite les environs de Philippeville et du cercle de Lacalle, où je l'ai rencontrée pendant le printemps et une grande partie de l'été ; cette espèce est assez rare ; je n'en ai trouvé que trois individus.

M. E. Blanchard, pendant un séjour qu'il fit en Sicile, a trouvé aussi ce *Bruchus,* et il en a pris un assez grand nombre d'individus.


### 1057. *Bruchus murinus.*

Bohem. *in Act. Mosq.* tom. VI, p. 13, n° 12.
Sch. *Gener. et spec. Curcul.* tom. I, pars 1ª, p. 79, n° 86.
Ejusd. *op. cit.* tom. V, pars 1ª, p. 110, n° 182.


Cette espèce, que je n'ai pas rencontrée pendant mon séjour en Algérie, m'a été communiquée par MM. Aug. Chevrolat et L. Buquet ; ce *Bruchus* a été rencontré dans les environs d'Alger.

## Genus *SPERMOPHAGUS*, Stev. *Bruchus*, Auct.

### 1058. *Spermophagus cardui.*

Sch. *Gener. et spec. Curcul.* tom. I, pars 1ᵃ, p. 108, n° 8.
Ejusd. *op. cit.* tom. V, pars 1ᵃ, p. 136, n° 11.
*Bruchus cisti,* Oliv. *Ent.* tom. IV, 79, p. 22, n° 30, pl. 3, fig. 30 *a, b.*

Rencontré en fauchant, en mai, à Tixeraïn, dans les environs d'Alger; je n'ai trouvé que deux individus de cette espèce.

---

## Genus *TROPIDERES*, Sch. *Anthribus*, Fabr. *Macrocephalus*, Oliv. *Platyrhinus*, Clairv. *Amblycerus*, Thunb.

### 1059. *Tropideres dorsalis.*

Gyllenh. *Ins. Suec.* tom. III, p. 5, n° 4. -
Sch. *Gener. et spec. Curcul.* tom. I, pars 1ᵃ, p. 147, n° 2.
*Attalabus albirostris* (var. β), Payk, *Faun. suec.* tom. III, p. 162, n° 3.

Cette espèce, qui a été prise dans les environs d'Alger, m'a été communiquée par M. Aug. Chevrolat.

---

## Genus *PLATYRHINUS*, Clairv. *Macrocephalus*, Oliv. *Anthribus*, Fabr. *Curculio*, Linn.

### 1060. *Platyrhinus latirostris.*

Fabr. *Syst. Eleuth.* tom. II, p. 408, n° 16.
Herbst, *Col.* tom. VII, p. 160, n° 2, pl. 106, fig. 3.
Latr. *Hist. nat. des ins.* tom. II, p. 34, pl. 91, fig. 3.
Sch. *Gener. et spec. Curcul.* tom. I, pars 1ᵃ, p. 166, n° 1.
*Macrocephalus latirostris,* Oliv. *Ent.* tom. I, 80, p. 7, n° 6, pl. 1, fig. 6.

J'ai rencontré cette espèce en mars, sous les écorces des chênes-liéges, dans les bois du lac Houbeira, aux environs du cercle de Lacalle.

Genus *Brachytarsus*, ch. S*Curculio*, Degéer. *Anthribus* et *Bruchus*, Auct.

### 1061. *Brachytarsus varius.*

Fabr. *Syst. Eleuth.* tom. II, p. 411, n° 27.
Herbst, *Col.* tom. VII, p. 164, n° 5, pl. 106, fig. 5, n° 6.
Sch. *Gener. et spec. Curcul.* tom. I, pars 1ª, p. 171, n° 1.
*Anthribus macrocephalus*, Oliv. *Ent.* tom. IV, 80, p. 14, n° 20, pl. 2, fig. 20 *a, b.*

Je n'ai trouvé qu'une seule fois cette espèce, que j'ai prise en mai, à Kouba, dans les environs d'Alger.

### 1062. *Brachytarsus pantherinus*, Luc. (Pl. 35, fig. 4.)

Long. 4 millim. ½, larg. 2 millim.

B. elongatus, angustus, fulvo-ferrugineo-tomentosus, nigro maculatus; capite thoraceque elongatis, angustis; elytris striatis; striis subtiliter punctatis; corpore nigro; pedibus fusco-ferrugineis, nigro maculatis; antennis nigris, primis articulis rubro-ferrugineis.

La tête, allongée, étroite, couverte d'une tomentosité courte, serrée, d'un fauve ferrugineux, est tachée de noir de chaque côté des yeux. Les mandibules sont d'un noir brillant. Les premiers articles des palpes maxillaires et labiaux sont d'un rouge ferrugineux, avec les articles terminaux noirs, tachés cependant de rouge ferrugineux à leur extrémité. Les antennes sont d'un rouge ferrugineux, avec les trois derniers articles d'un rouge foncé. Le thorax, beaucoup plus allongé et plus étroit que dans le *B. varius,* arrondi sur les parties latérales, avec les angles de chaque côté de la base très-peu saillants, est convexe, arrondi en dessus, et revêtu, comme la tête, d'une tomentosité d'un rouge ferrugineux; il est orné de taches noires, arrondies, dont la médiane est beaucoup plus grande. Les élytres, courtes, beaucoup plus étroites que dans le *B. varius,* sont assez convexes, arrondies et couvertes d'une tomentosité semblable à celle du thorax; elles sont bien striées, et ces stries présentent une ponctuation fine et assez serrée; elles sont ornées de taches noires, dont une très-grande située de chaque côté, dans la partie médiane, près de la suture. Tout le corps, en dessous, est noir. Les pattes sont d'un fauve ferrugineux et tachées de noir.

Cette espèce, qui vient se placer tout près du *B. varius,* ne pourra être confondue avec ce dernier à cause de sa forme, beaucoup plus étroite, de sa couleur, qui est d'un fauve ferrugineux, de son thorax, qui est beaucoup plus allongé, des taches noires que présentent cet organe et les élytres, des stries, qui sont plus profondément marquées, et des intervalles, qui sont à peine saillants; il est aussi à noter que les premiers articles des antennes sont d'un rouge ferrugineux, tandis que ces mêmes organes sont entièrement noirs dans le *B. varius.* Enfin chez ce dernier l'abdomen est rouge, tandis que dans l'espèce du Nord de l'Afrique ce même organe est entièrement noir.

Je n'ai rencontré qu'une seule fois cette espèce, que j'ai prise dans les derniers jours de mai, sur le Djebel Mansourah, aux environs de Constantine. Elle habite aussi les environs d'Alger, où elle a été prise assez communément, par M. Roussel, sur le *Scolymus hispanicus*.

Pl. 35, fig. 4. *Brachytarsus pantherinus*, grossi, 4ᵃ la grandeur naturelle, 4ᵇ la tête vue de profil, 4ᶜ une antenne, 4ᵈ une patte de la première paire.

---

## Genus *ATTELABUS*, Linn. *Curculio*, Auct.

### 1063. *Attelabus variolosus.*

FABR. *Syst. Eleuth.* tom. II, p. 420, n° 23.
OLIV. *Ent.* tom. V, 81, p. 6, n° 2, pl. 1, fig. 2.
SCH. *Gener. et spec. Curcul.* tom. I, pars 1ᵃ, p. 200, n° 5.

Ce n'est que dans l'Ouest de l'Algérie, aux environs d'Oran, que l'on rencontre cette espèce, qui n'est pas très-rare pendant le printemps et une partie de l'été.

---

## Genus *APION*, Herbst. *Attelabus*, Fabr. *Curculio*, Auct.

### 1064. *Apion fuscirostre.*

GERM. *Mag.* tom. II, *Monogr.* p. 125, n° 2, pl. 2, fig. 8ᵃ.
SCH. *Gener. et spec. Curcul.* tom. I, pars 1ᵃ, p. 270, n° 44.
*Attelabus fuscirostris*, FABR. *Syst. Eleuth.* tom. II, p. 424, n° 40.
OLIV. *Ent.* tom. V, 81, p. 35, n° 50, pl. 3, fig. 50.

Rencontré en fauchant, pendant le mois de février, dans les montagnes du Boudjaréa, aux environs d'Alger; cette espèce est assez commune.

### 1065. *Apion æneum.*

FABR. *Syst. Eleuth.* tom. II, p. 405, n° 46.
GERM. *Mag.* tom. II, *Monogr.* p. 249, n° 103, pl. 3, fig. 8.
SCH. *Gener. et spec. Curcul.* tom. I, pars 1ᵃ, p. 262, n° 27.

Habite les environs de Philippeville et du cercle de Lacalle, où je l'ai rencontré en hiver; cette espèce, comme la précédente, se tient sur les tiges des grandes herbes.

### 1066. *Apion vernale.*

FABR. *Syst. Eleuth.* tom. II, p. 427, n° 60.
GERM. *Mag.* tom. II, *Monogr.* p. 131, n° 7, pl. 2, fig. 7.
SCH. *Gener. et spec. Ins.* tom. I, pars 1ᵃ, p. 273, n° 50.

Habite les environs de Philippeville, où je l'ai rencontré, vers le milieu de mars, sous les pierres humides, près de l'Ouad-Zeramna.

### 1067. *Alpion albo-pilosum*, Luc. (Pl. 35, fig. 5.)

Long. 2 millim. ½, larg. ⅓ de millim.

A. fusco-nitidum, albo-pilosum; capite rostroque granariis; thorace punctato; elytris sat profundè striatis, interstitiis granariis, fasciâ transversali denudatâ; capite infrà fusco, granario, albo-piloso; pedibus testaceis.

Il ressemble beaucoup à l'*A. vernale*, avec lequel il ne pourra être confondu à cause de sa couleur, qui est d'un brun brillant, et des stries des élytres, qui sont plus profondément marquées. La tête est finement chagrinée, ainsi que le rostre, qui est allongé, épais, plus fortement courbé que dans l'*A. vernale;* il est couvert, ainsi que la tête, de poils bruns, courts et très-peu serrés. Les antennes sont d'un brun roussâtre. Le thorax est court et arrondi sur les côtés; il est ponctué, et les points qui forment cette ponctuation sont petits, peu serrés, et portent chacun un poil blanchâtre, ce qui donne un aspect plus ou moins poilu à cet organe. Les élytres sont allongées, très-convexes en dessus, avec leur partie humérale assez saillante; elles sont striées, et ces stries sont profondes et lisses; les intervalles sont larges, finement chagrinés et couverts de poils blanchâtres, très-courts et peu serrés; dans la partie médiane, on aperçoit un espace transversal, qui est entièrement dénudé. Le corps, en dessous, est d'un brun bien moins brillant qu'en dessus, chagriné et hérissé de poils blancs, très-courts. Les pattes sont testacées et parsemées de poils blancs.

J'ai rencontré cette espèce vers le milieu de janvier, sous les pierres humides, dans les montagnes du Boudjaréa, aux environs d'Alger.

Pl. 35, fig. 5. *Apion albo-pilosum*, grossi, 5ᵃ la grandeur naturelle, 5ᵇ la tête vue de profil, 5ᶜ une antenne, 5ᵈ une patte de la première paire.

### 1068. *Apion onopordi.*

GERM. *Mag.* tom. II, *Monogr.* p. 240, n° 95, pl. 2, fig. 14.
SCH. *Gener. et spec. Curcul.* tom. I, pars 1ᵃ, p. 264, n° 32.

Trouvé une seule fois, sous les pierres, dans les premiers jours de mars; environs d'Alger.

### 1069. *Apion rufirostre.*

GYLLENH. *Ins. Suec.* tom. IV, p. 536, n° 15.
OLIV. *Ent.* tom. V, 81, p. 33, n° 48, pl. 3, fig. 48.
SCH. *Gener. et spec. Curcul.* tom. I, pars 1ᵃ, p. 274, n° 52.

Rencontré en hiver, sous les pierres, pendant les mois de février et de mars, aux environs d'Alger et sur les bords de l'Ouad-Safsaf, dans les environs de Philippeville.

### 1070. *Apion lævicolle.*

Kirby, *in Trans. Linn. soc.* tom. X, p. 348, n° 63.
Sch. *Gener. et spec. Curcul.* tom. I, pars 1ᵃ, p. 280, n° 68.

Je n'ai pas trouvé cette espèce, qui a été prise aux environs d'Alger, et qui m'a été communiquée par M. L. Buquet.

### 1071. *Apion æstivum.*

Gyllenh. *Ins. Suec.* tom. IV, p. 541, n° 22.
Germ. *Mag.* tom. II, *Monogr.* p. 189, n° 31, pl. 4, fig. 16.
Sch. *Gener. et spec. Curcul.* tom. I, pars 1ᵃ, p. 281, n° 70.
*Apion ruficras*, Germ. *Mag.* tom. II, *Monogr.* p. 171, n° 32, pl. 4, fig. 17, et tom. III, *Append.* p. 39.

Rencontré une seule fois, en fauchant les grandes herbes, en mai, à Kouba, dans les environs d'Alger.

### 1072. *Apion nigritarse.*

Germ. *Mag.* tom. II, *Monogr.* p. 156, n° 24, pl. 4, fig. 12.
Sch. *Gener. et spec. Ins.* tom. I, pars 1ᵃ, p. 282, n° 73.

Habite les environs d'Alger et du cercle de Lacalle, où je l'ai rencontré, en hiver, sous les pierres humides et sous les écorces des chênes-liéges.

### 1073. *Apion frumentarium.*

Gyllenh. *Ins. Suec.* tom. III, p. 32, n° 1, et tom. IV, p. 542, n° 24.
Oliv. *Ent.* tom. V, 81, p. 33, n° 47, pl. 3, fig. 47.
Sch. *Gener. et spec. Curcul.* tom. I, pars 1ᵃ, p. 283, n° 75.

Je n'ai trouvé qu'un seul individu femelle de cette espèce, que j'ai pris dans les premiers jours de janvier, sous les pierres humides, près les marais du lac Tonga, aux environs du cercle de Lacalle.

### 1074. *Apion tubiferum.*

Sch. *Gener. et spec. Ins.* tom. I, pars 1ᵃ, p. 284, n° 79.

Rencontré sous les pierres humides, dans les premiers jours de mars, aux environs d'Alger.

### 1075. *Apion elegantulum.*

Germ. *Mag.* tom. III, *Append.* p. 48, n° 109.
Sch. *Gener. et spec. Curcul.* tom. I, pars 1ᵃ, p. 296, n° 109.

Trouvé une seule fois, en mars, sous les pierres humides, près du bord de l'Ouad-Safsaf, dans les environs de Philippeville.

### 1076. *Apion vorax.*

Germ. *Mag.* tom. II, *Monogr.* p. 141, n° 14, pl. 3, fig. 3.
Sch. *Gener. et spec. Ins.* tom. I, pars 1ª, p. 302, n° 123.

Rencontré sous les pierres humides, aux environs d'Alger, dans les premiers jours de mars; je n'ai trouvé qu'un seul individu de cette espèce.

### 1077. *Apion pisi.*

Fabr. *Syst. Eleuth.* tom. II, p. 425, n° 25.
Sch. *Gener. et spec. Curcul.* tom. I, pars 1ª, p. 304, n° 131.
*Apion gravidum,* Oliv. *Ent.* tom. V, 81, p. 31, n° 44; pl. 3, fig. 44.
*Apion punctifrons,* Germ. *Mag.* tom. II, *Monogr.* p. 186, n° 46, tom. III, fig. 6 (mâle), et tom. III, *Append.* p. 39.

Rencontré à la fin de mars, en fauchant les grandes herbes, sur les bords de l'Ouad-Safsaf, dans les environs de Philippeville; j'ai trouvé un second individu de cette espèce dans les mêmes conditions, sur les bords de l'Ouad-Rummel, aux environs de Constantine.

### 1078. *Apion brunnipes.*

Sch. *Gener. et spec. Curcul.* tom. V, pars 1ª, p. 386, n° 41.

Habite les environs de Lacalle, où je l'ai rencontré en février, sous les pierres humides, près les marais du lac Tonga.

### 1079. *Apion femorale.*

Fabr. *Syst. Eleuth.* tom. II, p. 423, n° 33.
Sch. *Gener. et spec. Curcul.* tom. V, pars 1ª, p. 410, n° 106.

Cette espèce se trouve dans les environs d'Alger, où je l'ai rencontrée en mars, sous les pierres humides, près du fort des Anglais.

---

## Genus *Brachycerus,* Fabr. *Curculio,* Auct.

### 1080. *Brachycerus riguus.*

Erichs. *Reis. in der Regents. Algier,* tom. III, p. 185, n° 36, pl. 8.
Kust. *Die Käf. Europ.* fasc. 2, p. 37.

Cette espèce habite particulièrement l'Ouest de l'Algérie; je l'ai rencontrée, mais peu communément, en hiver, sur la route qui conduit d'Oran à Mers-el-Kebir.

### 1081. *Brachycerus pterygomalis.*

Sch. *Gener. et spec. Curcul.* tom. II, pars 2ᵉ, p. 406, n° 37.
*Brachycerus serratus,* Oliv. *Ent.* tom. V, 82, p. 52, n° 14, pl. 3, fig. 30?
*Brachycerus algirus,* Herbst, *Col.* tom. VII, p. 91, n° 16, pl. 101, fig. 3.

On le rencontre dans l'Est et dans l'Ouest de l'Algérie; je l'ai pris en hiver, sous les pierres, aux environs d'Alger dans le Boudjaréa, sur le Djebel Mansourah, dans les environs de Constantine, sur la route qui conduit d'Oran à Mers-el-Kebir et dans les fossés des blockhaus qui défendent l'approche de la ville d'Oran.

### 1082. *Brachycerus lateralis.*

Sch. *Gener. et spec. Curcul.* tom. II, pars 2ᵉ, p. 407, n° 38.

J'ai rencontré ce Brachycère dans l'Est et dans l'Ouest de l'Algérie, où il est très-commun pendant toute l'année; il se plaît dans les lieux sablonneux, et je l'ai trouvé dans les sentiers qui mènent aux lacs Tonga et Houbeira, aux environs du cercle de Lacalle; il n'est pas rare non plus sur la route qui conduit d'Oran à Mers-el-Kebir; on le trouve aussi sous les pierres, mais le plus ordinairement sur les routes et les sentiers sablonneux. L'hiver et particulièrement le printemps sont les saisons pendant lesquelles je trouvai assez abondamment cette espèce.

### 1083. *Brachycerus latro.*

Sch. *Gener. et spec. Curcul.* tom. II, pars 2ᵉ, p. 412, n° 44.

Cette espèce est très-commune, particulièrement dans les environs d'Alger, de Constantine et du cercle de Lacalle; on la rencontre sous les pierres et souvent aussi sur les routes et les sentiers sablonneux. L'hiver et tout le printemps sont les saisons pendant lesquelles je l'ai trouvée assez communément.

Pl. 35, fig. 7. Une mâchoire, 7ᵃ une mandibule du *Brachycerus latro.*

### 1084. *Brachycerus semituberculatus,* Chevr. (Inédit.) (Pl. 35, fig. 6.)

Long. 10 à 15 millim. larg. 5 millim. ½.

B. fuscus; capite posticè subtiliter granario, sparsìm punctato, superciliis parùm elevatis rostroque in medio impresso, fortiter varioloso; thorace angulato, varioloso, anticè profundè trifoveolato; elytris utrinque bicostatis, subtuberculatis, ad latera variolosis ac tuberculatis; corpore infrà pedibusque fortiter variolosis, sterno subtiliter tuberculato.

Il est d'un brun foncé, quelquefois rougeâtre et quelquefois aussi d'un gris cendré : ces deux dernières couleurs sont dues aux terrains sur lesquels on la rencontre. La tête, finement chagrinée postérieurement, est ponctuée, plus ou moins carénée entre les yeux, et offre au-dessus de ces derniers, de chaque côté, une saillie peu prononcée; le rostre, déprimé dans sa partie médiane, rebordé de chaque côté, est fortement variolé. Les antennes sont noires. Le thorax, fortement anguleux sur les parties latérales, très-variolé, présente, à sa partie antérieure, trois dépressions profondément marquées, et, sur les côtés, on aperçoit quelques tubercules peu prononcés. Les élytres, courtes, larges, offrent, de chaque côté, deux côtes saillantes, tuberculées; les intervalles sont aussi tuberculés, mais ces tubercules sont bien moins prononcés que ceux que l'on voit sur les côtes; la suture est saillante et assez fortement tuberculée; enfin, sur les parties latérales, on remarque, de chaque côté, trois lignes longitudinales formées par des tubercules petits, serrés, avec les intervalles que laissent ces lignes assez fortement variolés. Le corps, en dessous, est brun, ainsi que les pattes, fortement variolées, avec le sternum assez finement tuberculé.

Il ressemble au *B. Chevrolatii,* mais il ne pourra être confondu avec cette espèce, à cause des côtes des élytres, qui sont ordinairement plus saillantes. Il est aussi à noter qu'entre les deux saillies, que présente le thorax à sa base, on n'aperçoit pas la petite carène longitudinale qui est toujours assez saillante chez le *B. Chevrolatii.*

Ce Brachycère est beaucoup plus répandu dans l'Ouest que dans l'Est; il se plaît dans les lieux arides et sablonneux, et présente quelquefois la couleur des terrains sur lesquels on le rencontre. Environs d'Oran et du cercle de Lacalle, pendant tout l'hiver et une grande partie du printemps.

Pl. 35, fig. 6. *Brachycerus semituberculatus,* grossi, 6ª la grandeur naturelle, 6ᵇ la tête vue de profil.


### 1085. *Brachycerus Chevrolatii.*

Helf. *in Sch. Gener. et spec. Curcul.* tom. V, pars 2ª, p. 657, n° 76.
*Brachycerus callosus,* Sch. *Gener. et spec. Curcul.* tom. I, p. 427, n° 73.
*Brachycerus variolosus,* Thunb. *Nov. Act. Ups.* tom. VI, p. 30, n° 24.


Ce n'est qu'aux environs d'Oran, dans les ravins du Djebel Santon, ainsi que dans ceux qui sont situés entre cette ville et Mers-el-Kebir, que j'ai pris cette espèce; elle se plaît sous les pierres situées dans des lieux arides; fin de janvier.


### 1086. *Brachycerus barbarus ?*

Fabr. *Syst. Eleuth.* tom. II, p. 414, n° 11.
Oliv. *Ent.* tom. V, 82, p. 49, n° 10, pl. 2, fig. 15 *a, b.*


Cette espèce, qui est très-répandue dans l'Est et dans l'Ouest de nos possessions du Nord de l'Afrique, ne serait-elle pas le vrai *B. barbarus* de Linné et de Fabricius? Environs d'Alger, d'Oran, d'Hippône et du cercle de Lacalle; sur toutes les routes et particulièrement dans les endroits sablonneux, pendant tout l'hiver et une grande partie du printemps.

### 1087. *Brachycerus mauritanicus.*

OLIV. *Ent.* tom. V, 82, p. 51, n° 13, pl. 3, fig. 22.
SCH. *Gener. et spec. Curcul.* tom. II, pars 2ª, p. 414, n° 48.

Plus rare que les précédents; je n'en ai rencontré que quelques individus, que j'ai pris en hiver, dans les sentiers sablonneux qui conduisent aux lacs Tonga et Houbeira, dans les environs du cercle de Lacalle.

### 1088. *Brachycerus transversus.*

OLIV. *Ent.* tom. V, n° 82, 57, 22, pl. 3, fig. 23.
SCH. *Gener. et spec. Ins.* tom. I, pars 2ª, p. 415, n° 50.

Je n'ai trouvé que quelques individus de cette espèce, que j'ai pris en hiver, sur la route d'Oran à Mers-el-Kebir et dans le sentier qui conduit au fort Saint-Grégoire.

M. Gaubil, capitaine au 17e léger, a surpris cette espèce accouplée avec le *B. riguus*, Erichs. Cette dernière ne serait-elle pas la femelle du *B. transversus*, Oliv.?

### 1089. *Brachycerus scutellaris*, Chevr. (Inédit.) (Pl. 35, fig. 9.)

Long. 10 millim. larg. 5 millim.

B. brevis, obesus, griseo-cinereus; capite subtilissimè granario, superciliis sat elevatis, rostroque in medio fortiter canaliculato; thorace utrinque bicostato, tuberculoso anticè biimpresso; elytris longitudinaliter costatis, costis fortiter tuberculatis, pilosis; corpore infrà pedibusque fusco-griseis, fortiter variolosis.

Court, épais, d'un gris cendré. La tête, très-finement chagrinée, légèrement caréné longitudinalement entre les yeux, présente au-dessus de ces derniers, de chaque côté, une saillie assez prononcée, d'un brun foncé au côté externe; le rostre est d'un brun foncé, fortement chagriné et profondément canaliculé dans sa partie médiane. Les antennes sont brunes. Le thorax, ridé, assez fortement anguleux de chaque côté, présente, en dessus, quatre côtes très-prononcées, longitudinales et dont celles qui sont situées près des angles latéraux, sont petites et plus fortement tuberculées que les autres; antérieurement, on aperçoit trois dépressions profondes, avec l'espace médian offrant quelques tubercules surmontés de poils roides, courts. Les élytres sont courtes, larges, parcourues longitudinalement, de chaque côté, par deux rangées de tubercules fortement prononcés, tomenteux et surmontés chacun d'un faisceau de poils courts, d'un blanc jaunâtre; chaque intervalle présente aussi une rangée longitudinale de tubercules, mais ces derniers sont beaucoup plus petits et plus serrés; enfin, de chaque côté de la suture, on aperçoit deux autres rangées de gros tubercules très-rapprochés, peu saillants, revêtus de poils bruns, courts et serrés, les parties latérales des élytres sont fortement ridées, et postérieurement, près de la base, on aperçoit encore quelques tubercules petits, serrés et formant des rangées longitudinales. Le corps, en dessous, est brun. Les pattes sont d'un brun grisâtre, avec les fémurs fortement variolés et hérissés de poils noirs, courts, roides et très-peu serrés.

Cette espèce diffère du *B. algirus*, près duquel elle vient se placer, par les saillies de son thorax et les rangées fortement prononcées de tubercules surmontés de poils que présentent les élytres.

Je n'ai rencontré qu'une seule fois cette espèce, que j'ai prise en hiver sur la route d'Oran à Mers-el-Kebir.

Pl. 35, fig. 9. *Brachycerus scutellaris*, grossi, 9ª la grandeur naturelle, 9ᵇ la tête vue de profil, 9ᶜ une antenne, 9ᵈ une élytre grossie, 9ᵉ une patte de la première paire.

### 1090. *Brachycerus algirus*.

Fabr. *Syst. Eleuth.* tom. II, p. 415, n° 16.
Oliv. *Ent.* tom. V, p. 54, n° 18, pl. 2, fig. 19 *a, b*.
Sch. *Gener. et spec. Curcul.* tom. II, pars 2ª, p. 416, n° 51.

Il se trouve dans l'Est et dans l'Ouest, et n'est pas très-rare pendant l'hiver et tout le printemps, sous les pierres et dans les lieux sablonneux. Environs d'Oran, d'Alger, de Constantine, d'Hippône et du cercle de Lacalle.

### 1091. *Brachycerus tetanicus*, Chevr. (Inédit.)

Long. 11 à 16 millim. larg. 6 à 10 millim.

B. nigro-nitidus; rostro fortiter sparsìmque punctato, superciliis rotundatis, maximè prominentibus; thorace lato, punctato, prominentiis elevatis sulcoque in medio longitudinaliter carinato; elytris sat latis, utrinque bicostatis, costâ laterali ad basim fortiter denticulatâ, interstitiisque transversìm undulatis; corpore pedibusque fortiter punctatis, rufescente pilosis.

Cette espèce varie beaucoup pour la taille; elle est d'un noir brillant, mais le plus souvent rougeâtre ou d'un gris cendré : ces deux dernières couleurs sont dues aux terrains sur lesquels on rencontre ce Brachycère. Elle a la forme du *B. algirus*, mais les élytres, dans les deux sexes, sont toujours plus élargies. Le rostre, parsemé de points arrondis, profondément marqués et placés çà et là, est fortement caréné sur les parties latérales, avec l'arcade sourcillaire très-saillante, arrondie, d'un noir brillant, et présentant des points arrondis placés çà et là. Les antennes sont noires. Le thorax, un peu plus allongé et surtout plus large que dans le *B. algirus*, présente des gros points arrondis, profondément enfoncés, mais très-peu serrés; ses parties latérales sont dilatées et arrondies, et, en dessus, il est parcouru longitudinalement par deux saillies, qui, près de la partie antérieure, sont beaucoup plus prononcées que dans le *B. algirus;* l'espace qui existe entre ces deux saillies est aussi plus large que dans ce dernier espace, et on aperçoit dans le milieu, qui est fortement ponctué et non creusé, une petite carène longitudinale assez bien marquée; sur les parties latérales et en dessous, il est assez fortement ponctué, et cette ponctuation est très-peu serrée. Les élytres, couvertes de saillies transversales ondulées, sont très-finement chagrinées; elles présentent, de chaque côté, deux côtes, dont celles situées sur les bords externes sont fortement dentelées, surtout à leur base; quant à celles placées près de la suture, elles sont

moins saillantes, et formées par la réunion de petits tubercules placés semi-transversale-
ment; ceux-ci sont creusés, et chacune de ces concavités est remplie de poils assez gros, serrés, roussâtres; près de la suture, qui est assez saillante, on aperçoit, de chaque côté, six
à sept tubercules très-éloignés les uns des autres, semi-transversaux, et remplis de poils
d'un roux foncé; sur les parties latérales, ces organes sont parcourus par de petites saillies
transversales, interrompues et quelquefois séparées par deux ou trois petites côtes longitudinales. Les pattes, hérissées de poils roussâtres, sont noires, parsemées de gros points
arrondis, peu serrés. Tout le corps, en dessous, est noir, avec les segments abdominaux
couverts de gros points arrondis, peu serrés.

Le mâle est plus petit et plus étroit que la femelle, avec les côtes de ses élytres beaucoup
plus saillantes.

Ce n'est que dans l'Ouest que j'ai rencontré ce *Brachycerus*, qui, pendant l'hiver et le
printemps, n'est pas très-rare; je l'ai trouvé dans les fossés des blockhaus, ainsi que dans
ceux qui bordent le territoire de la ville d'Oran; cette espèce habite aussi les îles Habibas, où elle a été prise par MM. Deshayes et Vaillant.

### 1092. *Brachycerus cirrosus*[1]. (Pl. 35, fig. 8.)

Scii. *Gener. et spec. Curcul.* tom. V, pars 2ª, p. 66o, n° 33.

Ce n'est que dans l'Ouest, particulièrement sur la route qui conduit d'Oran à Mers-el-
Kebir, que j'ai rencontré ce Brachycère. Janvier et février.

Pl. 35, fig. 8. *Brachycerus cirrosus*, grossi, 8ª la grandeur naturelle, 8ᵇ la tête vue de profil, 8ᶜ une
élytre grossie, 8ᵈ une patte de la dernière paire.

## DEUXIÈME TRIBU.

### LES GONATOCÉRIENS.

## Genus *THYLACITES*, Germ. Sch. *Curculio*, Auct.

### 1093. *Thylacites fullo.*

Erichs. *Reis. in der Regents. Algier, von M. Wagner,* tom. III, p. 186, n° 37.

Cette espèce, que je n'ai pas rencontrée, n'habite que l'Ouest de l'Algérie; elle m'a été
donnée par M. le colonel Levaillant, qui l'a prise, en été, dans les environs d'Oran et de
Misserghin.

[1] Sur la planche, au lieu de *Brachycerus corrosus*, lisez : *Brachycerus cirrosus.*

### 1094. *Thylacites comatus.*

Erichs. *Reis. in der Regents. Algier, von M. Wagner,* tom. III, p. 186, n° 38.

Cette espèce est assez rare; elle m'a été donnée par M. le colonel Levaillant, qui l'a prise dans les mêmes lieux que le *T. fullo.*

### 1095. *Thylacites variegatus,* Luc. (Pl. 35, fig. 10.)

Long. 8 millim. larg. 3 millim. ½.

Capite thoraceque fortiter granariis, hoc fuscescente, vittis aurantiacis ornato; elytris longitudinaliter punctatis, fuscescente aurantiacoque variegatis, ad suturam nigro maculatis; corpore infrà albido-cinerescente, punctato; pedibus aurantiacis, femoribus fuscescente maculatis.

Il ressemble au *T. fritillum,* avec lequel il ne pourra être confondu à cause de son thorax, qui est beaucoup plus large, et de ses élytres, qui sont plus courtes, moins étroites et beaucoup plus convexes. La tête, hérissée de poils courts et peu serrés, est fortement chagrinée, brunâtre, avec la partie qui avoisine les yeux orangée. Les antennes sont brunâtres. Le thorax est fortement chagriné, brunâtre, et présente, de chaque côté, deux bandes de couleur orangée. Les élytres, parcourues par des lignes longitudinales brunes et orangées, présentent des rangées longitudinales de points petits, peu serrés, assez profondément enfoncés et desquels sortent des poils bruns, très-courts; près de la suture, dans les individus bien frais, on aperçoit, de chaque côté de cette dernière, une rangée longitudinale de taches d'un noir foncé. L'abdomen, en dessous, est d'un blanc grisâtre et parsemé de points petits, peu enfoncés et peu serrés. Les pattes sont assez fortement chagrinées, de couleur orangée, avec les fémurs tachés de brunâtre.

Cette espèce habite les environs d'Oran et de Tlemsên, et m'a été donnée par M. le colonel Levaillant et le docteur Warnier.

Pl. 35, fig. 10. *Thylacites variegatus,* grossi, 10ᵃ la grandeur naturelle, 10ᵇ la tête vue de profil, 10ᶜ une antenne, 10ᵈ une patte de la dernière paire.

---

### Genus BRACHYDERES, Sch. *Thylacites,* Germ. *Curculio,* Auct.

### 1096. *Brachyderes pubescens.*

Sch. *Gener. et spec. Curcul.* tom. I, pars 2ᵉ, p. 561, n° 7.

Rencontré une seule fois, en hiver, sous les pierres, près des marais du lac Tonga. Environs du cercle de Lacalle.

## Genus *Eusomus*, Germ. Sch. *Thylacites,* ejusd. olìm.

### 1097. *Eusomus affinis,* Luc. (Pl. 35, fig. 11.)

Long. 5 millim. $\frac{1}{4}$, larg. 2 millim. $\frac{1}{2}$.

E. angustus, niger, viridi-squamosus; capite anticè profundè impresso; antennis ferrugineis; thorace angusto scutelloque magno, posticè rotundato; elytris angustis, striatis, striis confertìm punctatis; corpore pedibusque nigris, viridi-squamosis.

Il ressemble beaucoup à l'*E. ovulum,* avec lequel cependant il ne pourra être confondu, à cause de son thorax, qui est beaucoup plus étroit, et surtout de l'écusson, qui est très-apparent. Noir, revêtu de petites écailles arrondies, serrées, d'une belle couleur verte. La tête est étroite, allongée, très-finement ponctuée, et présente, entre les yeux, une dépression très-profondément marquée; le rostre est court et beaucoup moins épais que dans l'*E. ovulum.* Les antennes sont ferrugineuses, revêtues de poils roussâtres, très-courts, avec les articles formant la massue d'un brun ferrugineux foncé. Le thorax est très-finement chagriné, un peu plus allongé que dans l'*E. ovulum,* et surtout beaucoup plus étroit. L'écusson est grand et très-arrondi à sa partie postérieure. Les élytres, un peu plus allongées et surtout beaucoup plus étroites que dans l'*E. ovulum,* sont très-finement chagrinées, striées, avec les points que présentent ces stries un peu plus forts, plus profondément marqués et surtout beaucoup plus serrés que ceux que l'on remarque dans l'*E. ovulum.* Tout le corps, en dessous, est entièrement revêtu de petites écailles d'une belle couleur verte. Les pattes sont de même couleur que le dessous du corps, et diffèrent de celles de l'*E. ovulum* en ce qu'elles sont entièrement recouvertes de petites écailles, tandis que, dans l'*E. ovulum,* ces mêmes organes sont plutôt revêtus de poils verts que d'écailles.

Cette espèce, que je n'ai pas rencontrée pendant mon séjour en Algérie, m'a été communiquée par M. L. Buquet; elle a été prise dans les environs d'Alger.

Pl. 35, fig. 11. *Eusomus affinis,* grossi, 11ᵃ la grandeur naturelle, 11ᵇ la tête vue de profil, 10ᶜ une antenne.

---

## Genus *Sitones,* Sch. *Sitona,* Germ. *Curculio,* Auct.

### 1098. *Sitones gressorius.*

Fabr. *Ent. syst.* tom. II, p. 523, n° 93.
Germ. *Ins. spec.* tom. I, p. 416, n° 1.
Oliv. *Ent.* tom. V, 83, p. 346, n° 399, pl. 19, fig. 251.
Sch. *Gener. et spec. Curcul.* tom. II, pars 1ᵃ, p. 96, n° 1.

Rencontré une seule fois, errant, dans les premiers jours de novembre, sur la route de Bône à Hippône.

### 1099. *Sitones griseus.*

Fabr. *Syst. Eleuth.* tom. II, p. 520, n° 80.
Sch. *Gener. et spec. Curcul.* tom. II, pars 1ª, p. 98, n° 2.
Ejusd. *op. cit.* tom. VI, pars 1ª, p. 255, n° 3 [1].
*Curculio palliatus,* Oliv. *Ent.* tom. V, 83, p. 345, n° 398, pl. 19, fig. 247.

Cette espèce, pendant l'hiver et une grande partie du printemps, est très-répandue dans les environs d'Alger, de Constantine et du cercle de Lacalle; je l'ai toujours rencontrée sous les pierres.

### 1100. *Sitones ambulans.*

Sch. *Gener. et spec. Curcul.* tom. II, pars 1ª, p. 99, n° 3.
Ejusd. *op. cit.* tom. VI, pars 1ª, p. 253, n° 1.

Rencontré une seule fois, sous les pierres, à la fin de février, à Mustapha-Supérieur, aux environs d'Alger.

### 1101. *Sitones lineatus.*

Linn. *Faun. suec.* p. 630, n° 379.
Oliv. *Ent.* tom. V, 83, p. 381, n° 457, pl. 35, fig. 549.
Sch. *Gener. et spec. Curcul.* tom. II, pars 1ª, p. 109, n° 18.
Ejusd. *op. cit.* tom. VI, pars 1ª, p. 272, n° 41.

J'ai rencontré cette espèce pendant toute l'année, dans les environs d'Alger, de Bône et du cercle de Lacalle; je l'ai trouvée errante, mais le plus souvent cachée sous les pierres; elle habite aussi les environs d'Oran.

### 1102. *Sitones lineellus.*

Gyllenh. *Ins. Suec.* tom. III, p. 281, n° 15, et tom. IV, p. 610, n° 15.
Bonsd. *Curcul. Suec.* tom. II, p. 30, n° 17, fig. 18.
Sch. *Gener. et spec. Curcul.* tom. II, pars 1ª, p. 111, n° 20.
Ejusd. *op. cit.* tom. VI, pars 1ª, p. 262, n° 17.

Habite les environs d'Alger et d'Oran; je l'ai rencontré en hiver et en été, quelquefois errant, mais le plus souvent sous les pierres.

### 1103. *Sitones tibialis.*

Germ. *Ins. spec.* tom. I, p. 416, n° 6.
Herbst, *Col.* tom. VI, p. 217, n° 179, pl. 75, fig. 5.
Sch. *Gener. et spec. Curcul.* tom. II, pars 1ª, p. 214, n° 23.

Trouvé sous les pierres, en mars, dans le Boudjaréa, aux environs d'Alger.

[1] Cette espèce, dans le tome VI, pars 2ª, de M. Schœnherr, est considérée comme une variété du *S. gressorius,* Fabr.

#### 1104. *Sitones sulcifrons.*

GERM. *Ins. spec.* tom. I, p. 416, n° 5.
SCH. *Gener. et spec. Curcul.* tom. II, pars 1ª, p. 117, n° 28.
*Ejusd. op. cit.* tom. VI, pars 1ª, p. 264, n° 22.
*Curculio campestris*, OLIV. *Ent.* tom. V, 83, p. 380, n° 454, pl. 25, fig. 366.

Rencontré une seule fois, errant, dans les premiers jours de février, dans des lieux sablonneux et arides; environs du cercle de Lacalle.

#### 1105. *Sitones pisi.*

STEPH. *Brit. Ent.* tom. IV, p. 139, n° 19.
SCH. *Gener. et spec. Curcul.* tom. VI, pars 1ª, p. 280, n° 66.

Trouvé errant, dans les premiers jours de mars, aux environs de Kouba, petit village situé à quelques kilomètres d'Alger.

---

## Genus *POLYDROSUS*, Germ. Sch. *Dascillus* et *Muranus*, Meg. *Curculio*, Auct.

#### 1106. *Polydrosus pallipes*, Luc. (Pl. 35, fig. 12.)

Long. 6 millim. larg. 2 millim.

P. angustus, elongatus; capite thoraceque suprà flavo-ferrugineis, infrà viridibus; elytris suprà flavovirescentibus, viridi marginatis, profundè striatis, striis fortiter punctatis; corpore infrà viridi; pedibus testaceo-pallidis.

Il est voisin du *P. armipes*, Sch. La tête, en dessus, est d'un jaune ferrugineux, verte en dessous, avec une dépression longitudinale assez profonde entre les yeux; ces derniers sont d'un brun foncé. Les antennes sont d'un testacé ferrugineux. Le thorax, en dessus, est d'un jaune ferrugineux, vert sur les parties latérales et en dessous; antérieurement, il est assez fortement étranglé, et, dans sa partie médiane, on aperçoit une petite saillie longitudinale assez faiblement prononcée, qui part de la base et atteint la partie antérieure. L'écusson est d'un jaune très-légèrement verdâtre. Les élytres, étroites, allongées, sont d'un jaune verdâtre en dessus, d'une belle couleur verte sur les parties latérales, et d'un jaune trèslégèrement ferrugineux postérieurement; elles sont assez profondément striées, et ces stries présentent une ponctuation forte et très-peu serrée. Le corps, en dessous, est entièrement vert. Les pattes, dont les fémurs sont assez fortement renflés, sont d'un testacé très-pâle.

Cette espèce est assez rare; je n'en ai rencontré que quelques individus, que j'ai pris en fauchant les grandes herbes, sur les bords de l'Ouad-Safsaf, dans les premiers jours de mars, aux environs de Philippeville.

Pl. 35, fig. 12. *Polydrosus pallipes*, grossi, 12ª la grandeur naturelle, 12ᵇ la tête vue de profil, 12ᶜ une antenne, 12ᵈ une patte de la première paire.

---

## Genus CLEONUS, Sch. *Cleonis*, Meg. *Lixus*, Illig. Latr. *Epimeces*, Bilb. *Curculio*, Auct.

### 1107. *Cleonus obliquus.*

Fabr. *Syst. Eleuth.* tom. II, p. 516, n° 58.
Oliv. *Ent.* tom. V, 83, p. 263, n° 274, pl. 30, fig. 445 *a, b.*
Sch. *Gener. et spec. Curcul.* tom. II, pars 1ᵉ, p. 192, n° 32.

Espèce assez rare, que je n'ai pas rencontrée, et qui m'a été donnée par M. le colonel Levaillant, qui l'a prise au printemps et en été, sous les pierres, aux environs d'Oran.

### 1108. *Cleonus ocularis.*

Fabr. *Syst. Eleuth.* tom. II, p. 441, n° 13.
Sch. *Gener. et spec. Curcul.* tom. II, pars 1ᵉ, p. 183, n° 20.
*Lixus barbarus,* Oliv. *Ent.* tom. V, 83, p. 262, n° 273, pl. 17, fig. 210.

Cette espèce n'est pas très-rare dans l'Est de l'Algérie; on la rencontre ordinairement, pendant l'hiver et tout le printemps, dans les environs d'Alger, de Constantine, d'Hippône et du cercle de Lacalle; je l'ai presque toujours trouvée cachée sous les pierres; cependant je l'ai prise quelquefois errante. Elle habite aussi l'Ouest de l'Algérie, et, suivant M. le colonel Levaillant, elle n'est pas très-rare dans les environs d'Oran.

### 1109. *Cleonus ophthalmicus.*

Rossi, *Faun. etrusc.* tom. I, p. 128, n° 326, pl. 1, fig. 12, et pl. 5, fig. 12.
Oliv. *Ent.* tom. IV, 83, p. 269, n° 283, pl. 18, fig. 220.
Sch. *Gener. et spec. Curcul.* tom. II, pars 1ᵉ, p. 184, n° 22.

Rencontré une seule fois, errant, en janvier, sur le petit sentier qui conduit d'Oran au fort Saint-Grégoire.

### 1110. *Cleonus excoriatus.*

Sch. *Gener. et spec. Curcul.* tom. II, pars 1ᵉ, p. 194, n° 35.

J'ai rencontré cette espèce dans l'Est et dans l'Ouest de l'Algérie, pendant l'hiver, tout le printemps et une partie de l'été; je l'ai prise sous les pierres, quelquefois errante, dans les lieux arides et sablonneux. Environs d'Oran, d'Alger, de Constantine et du cercle de Lacalle.

### 1111. *Cleonus fastigiatus.*

Erichs. *Reis. in der Regents. Algier, von M. Wagner,* tom. III, p. 187, n° 39, pl. 8.

Ce n'est que dans l'Ouest que l'on trouve cette jolie espèce, qui m'a été donnée par M. le colonel Levaillant et le docteur Warnier; on la rencontre ordinairement pendant le printemps et une grande partie de l'été, dans les environs d'Aïn-Beïda, de Tlemsên et de Mascara.

### 1112. *Cleonus plicatus.*

Oliv. *Ent.* tom. V, p. 322, n° 361, pl. 6, fig. 65.
Sch. *Gener. et spec. Curcul.* tom. II, pars 1ª, p. 203, n° 46.

Cette espèce n'est pas très-rare, dans l'Est et dans l'Ouest de l'Algérie, pendant le printemps et tout l'été; je l'ai toujours rencontrée errante, le long des murailles qui entourent les jardins, aux environs d'Alger; je l'ai prise aussi dans les mêmes conditions aux environs de Constantine.

### 1113. *Cleonus morbillosus.*

Sch. *Gener. et spec. Curcul.* tom. II, pars 1ª, p. 208, n° 54.
*Lixus tigrinus,* Oliv. *Ent.* tom. V, 83, p. 260, n° 270, pl. 17, fig. 212.

Elle habite l'Est et l'Ouest de l'Algérie, et je l'ai particulièrement rencontrée au printemps et en été, sous les pierres, quelquefois errante, dans les lieux sablonneux; environs d'Alger et du cercle de Lacalle.

### 1114. *Cleonus alternans.*

Oliv. *Ent.* tom. V, 83, p. 251, n° 527, pl. 24, fig. 332.
Sch. *Gener. et spec. Curcul.* tom. II, pars 1ª, p. 215, n° 63.

Cette espèce est assez rare; je n'en ai rencontré que quelques individus, que j'ai pris en juillet, dans les environs de Constantine et du cercle de Lacalle; ce *Cleonus* habite aussi les environs d'Oran.

### 1115. *Cleonus cinereus.*

Fabr. *Syst. Eleuth.* tom. II, p. 514, n° 48.
Oliv. *Ent.* tom. V, 83, p. 252, n° 258, pl. 30, fig. 452.
Sch. *Gener. et spec. Curcul.* tom. II, pars 1ª, p. 219, n° 69.

Cette espèce est beaucoup plus commune dans l'Ouest que dans l'Est, où je n'en ai rencontré qu'un seul individu, que j'ai pris en mars, sous les pierres, dans les environs du cercle de Lacalle. Les individus que je possède de la province de l'Ouest m'ont été donnés par M. le colonel Levaillant, qui les a rencontrés en hiver et au printemps, dans les environs d'Oran et de Misserghin.

### 1116. *Cleonus leucomelas*[1]. (Pl. 36, fig. 1.)

Sch. *Gener. et spec. Curcul.* tom. VI, pars 1°, p. 52, n° 89.

Ce *Cleonus* est très-répandu dans l'Ouest de l'Algérie, où il a été rencontré, au printemps et en été, par M. le colonel Levaillant. N'ayant été envoyé pour explorer la province d'Oran qu'en hiver, et ayant même été rappelé en France avant le printemps, je n'ai pas rencontré cette espèce, et les quelques individus que je possède m'ont été donnés par M. le colonel Levaillant.

Pl. 36, fig. 1. *Cleonus leucomelas*, grossi, 1ᵃ la grandeur naturelle, 1ᵇ une mâchoire, 1ᶜ une mandibule, 1ᵈ une antenne.

### 1117. *Cleonus surdus*.

Sch. *Gener. et spec. Curcul.* tom. VI, pars 2°, p. 105, n° 163.

Cette espèce, dont je n'ai rencontré que trois individus, a été prise en hiver, sous les pierres, dans la plaine de Kergantah, aux environs d'Oran.

### 1118. *Cleonus brevirostris*.

Sch. *Gener. et spec. Ins.* tom. VI, pars 2ª, p. 105, n° 165.

Rencontré une seule fois, à la fin de juillet, sous les pierres, sur le versant du Djebel-Mansourah, dans les environs de Constantine.

### 1119. *Cleonus margaritiferus*. (Pl. 36, fig. 2.)

Luc. *Rev. zool. par la soc. Cuv.* ann. 1846, p. 267.

Je n'ai pas trouvé cette belle espèce, que m'a communiquée M. Doüé, et qui a été rencontrée, dans les environs de Biskra, par M. le capitaine de Farémont.

Pl. 36, fig. 2. *Cleonus margaritiferus*[2], grossi, 2ᵃ la grandeur naturelle, 2ᵇ une antenne.

[1] Pl. 36, fig. 1, au lieu de *Cleonus leucomelas*, Luc, lisez : *Cleonus leucomelas*, Sch.
[2] Pl. 36, fig. 2, au lieu de *Cleonus margaratiferus*, lisez : *Cleonus margaritiferus*.

Genus *PACHYCERUS*, Gyllenh. Sch. *Cleonus*, ejusd. *Lixus*, Fabr. Oliv.
*Curculio*, Herbst.

### 1120. *Pachycerus mixtus.*

FABR. *Syst. Eleuth.* tom. II, p. 5o1, n° 13.
OLIV. *Ent.* tom. V, p. 25o, n° 83, 255, pl. 21, fig. 285.
*Pachycerus Menetriesii*, SCH. *Gener. et spec. Curcul.* tom. VI, pars 2ᵉ, p. 118, n° 1.
*Pachycerus atomarius*, ejusd. *Op. cit.* tom. VI, pars 2ᵉ, p. 122, n° 6.

Il habite l'Est et l'Ouest de l'Algérie; je l'ai rencontré en mai, errant, sur le Koudiat-
Ati, aux environs de Constantine. L'individu que je possède de l'Ouest m'a été donné par
M. le colonel Levaillant, qui l'a trouvé en été, dans les environs d'Oran.

### 1121. *Pachycerus rugosus*, Luc. (Pl. 36, fig. 3.)

Long. 16 millim. larg. 6 millim.

P. oblongus, niger, fulvo-flavescente-pilosus; capite brevi; rostro crasso, carinato, utrinque sulcato; thorace suprà infràque subtiliter tuberculato, in medio carinato; elytris striato punctatis, anticè subtiliter
tuberculatis; corpore subtiliter granario, segmentis abdominis fortiter nigro punctatis.

Noir, recouvert de poils fauves, courts et assez serrés. La tête est courte, ponctuée et
revêtue, seulement dans la région des yeux, de poils fauves, allongés et peu serrés; le rostre
est court, épais, caréné dans sa partie médiane, assez fortement sillonné de chaque côté, et
profondément ponctué. Les antennes sont noires et présentent quelques poils fauves très-
courts. Le thorax est peu allongé, étroit antérieurement, et arrondi sur les parties latérales;
il est entièrement couvert, en dessus et en dessous, de petits tubercules arrondis, peu serrés, d'un noir brillant, entre lesquels sont des poils d'un fauve jaunâtre, peu allongés et
serrés; dans sa partie médiane, on aperçoit une carène assez prononcée, et qui est presque
entièrement cachée par des poils d'un fauve jaunâtre. L'écusson est assez apparent et lisse.
Les élytres, légèrement sinueuses à leur partie antérieure, aussi larges que le thorax à sa
base, avec les épaules assez saillantes et arrondies, sont allongées, assez convexes en dessus;
elles sont striées, et ces stries peu marquées présentent une ponctuation serrée et assez profondément enfoncée; antérieurement, elles sont parsemées de petits tubercules arrondis,
d'un noir brillant, peu serrés, et sur les intervalles, qui sont très-peu saillants, on voit
poindre çà et là quelques petits tubercules, qui sont situés particulièrement près de la suture;
les poils fauves qui revêtent les élytres sont plus courts et plus serrés que ceux que présente
le thorax. Tout le corps, en dessous, est noir, fortement chagriné, revêtu de poils d'un
fauve jaunâtre, courts, serrés, avec les segments abdominaux fortement ponctués. Les pattes
sont noires, revêtues de poils d'un fauve jaunâtre.

Cette espèce, qui a été prise dans les environs d'Alger, m'a été communiquée par
M. L. Buquet.

Pl. 36, fig. 3. *Pachycerus rugosus*, grossi, 3[a] la grandeur naturelle, 3[b] la tête vue de profil, 3[c] une antenne, 3[d] une patte de la dernière paire.

---

## Genus GRONOPS, Sch. *Bagous,* Germ. *Aulacus,* Meg. *Rhynchœnus,* Gyllenh. *Curculio,* Auct.

### 1122.   *Gronops lunatus.*

FABR. *Syst. Eleuth.* tom. II, p. 524, n° 100.
SCH. *Gener. et spec. Curcul.* tom. II, pars 1ᵃ, p. 253, n° 1.
*Curculio amputatus,* OLIV. *Ent.* tom. V, 83, p. 364, n° 426, pl. 31, fig. 479.

Je n'ai pas rencontré cette espèce; elle m'a été donnée par M. le colonel Levaillant, qui l'a prise en été, dans les environs d'Oran.

---

## Genus GEONEMUS, Sch. *Geophilus,* ejusd. *Barynotus,* Germ. *Merionus,* Sturm. *Curculio,* Auct.

### 1123.   *Geonemus flabellipes.*

OLIV. *Ent.* tom. V, p. 374, n° 443, pl. 21, fig. 291.
SCH. *Gener. et spec. Curcul.* tom. II, pars 1ᵃ, p. 296, n° 7.

Cette espèce habite l'Est et l'Ouest de nos possessions d'Algérie; elle n'est pas très-commune; je n'en ai rencontré qu'un seul individu, que j'ai pris errant, dans les premiers jours de mai, à Kouba, aux environs d'Alger; les individus que je possède de la province de l'Ouest m'ont été donnés par M. le colonel Levaillant.

---

## Genus LEPYRUS, Germ. Sch. *Liparus,* Oliv. *Rhynchœnus,* Fabr. *Curculio,* Auct.

### 1124.   *Lepyrus colon.*

FABR. *Syst. Eleuth.* tom. II, p. 441, n° 15.
OLIV. *Ent.* tom. V, 83, p. 291, n° 317, pl. 7, fig. 76.
SCH. *Gener. et spec. Curcul.* tom. II, pars 2ᵃ, p. 330, n° 1.

Je n'ai pas trouvé cette espèce; elle m'a été donnée par M. le docteur Warnier, qui l'a prise, dans les environs de Tlemsên, à la fin de juin.

Genus *ANISORHYNCHUS*, Sch. *Molytes*, ejusd. *Liparus*, Oliv. *Rhynchœnus*, Fabr. *Curculio*, Auct.

### 1125. *Anisorhynchus Sturmii*.

Sch. *Gener. et spec. Curcul.* tom. VI, pars 2ᵉ, p. 3io, n° 2.
*Lixus bajulus*, OLIV. *Ent.* tom. V, 83, pl. 18, fig. 103, 6.

Rencontré en été, aux environs d'Oran, par M. le colonel Levaillant. Je crois que cet *Anisorhynchus* n'habite que l'Ouest de l'Algérie.

### 1126. *Anisorhynchus costatus*.

Sch. *Gener. et spec. Curcul.* tom. VI, pars 2ᵉ, p. 3ıı, n° 3.

Trouvé errant, vers le milieu de mars, dans des lieux sablonneux. Cette espèce, dont je n'ai rencontré que deux individus, a été prise dans les environs du cercle de Lacalle, sur la route qui conduit aux marais d'Aïn-Dréan.

### 1127. *Anisorhynchus barbarus*.

Sch. *Gener. et spec. Curcul.* tom. VI, pars 2ᵉ, p. 3ı2, n° 4.

Je n'ai pas trouvé cette espèce; elle m'a été donnée par M. Aug. Chevrolat, qui l'a reçue, des environs d'Oran, de M. Wagner.

### 1128. *Anisorhynchus ferus*.

ERICHS. *Reis. in der Regents. Algier, von M. Wagner,* tom. III, p. 187, n° 4o.

Cette espèce est beaucoup plus commune que toutes les précédentes, et se trouve dans l'Est et dans l'Ouest de l'Algérie; je l'ai rencontrée en hiver, particulièrement dans les environs d'Oran, d'Alger, de Constantine et du cercle de Lacalle; je l'ai toujours trouvée errante dans des lieux sablonneux et arides.

---

Genus *PHYTONOMUS*, Sch. *Hypera*, Germ. *Plinthus*, Latr. *Rhynchœnus*, Fabr. *Curculio*, Auct.

### 1129. *Phytonomus circumvagus*.

Sch. *Gener. et spec. Curcul.* tom. VI, pars 2ᵉ, p. 367, n° 4o.

C'est toujours sous des pierres humides, en janvier, que j'ai rencontré cette espèce, qui n'est pas très-commune. Environs d'Alger.

### 1130. *Phytonomus tigrinus.*

Sch. *Gener. et spec. Curcul.* tom. II, pars 2ª, p. 377, n° 16.

Cette espèce habite l'Est et l'Ouest de l'Algérie; je l'ai rencontrée, en mars et en avril, sous les pierres humides, dans les environs d'Oran et de Philippeville.

### 1131. *Phytonomus murinus.*

Fabr. *Syst. Eleuth.* tom. II, p. 520, n° 76.
Sch. *Gener. et spec. Curcul.* tom. II, pars 2ª, p. 383, n° 24.

Rencontré sous les pierres, à Kouba, dans les environs d'Alger; je l'ai trouvée aussi dans les mêmes conditions aux environs du cercle de Lacalle. Cette espèce est assez rare; je n'en ai rencontré que quelques individus.

### 1132. *Phytonomus variabilis.*

Gyllenh. *Ins. Suec.* tom. III, p. 104, n° 35.
Herbst, *Col.* tom. VI, p. 203, 232, pl. 80, fig. 1.
Sch. *Gener. et spec. Curcul.* tom. II, pars 2ª, p. 384, n° 25.

Trouvé sur les chardons, en juin, aux environs de Milah, et en février, sous les pierres humides, près des marais du lac Tonga, dans les environs du cercle de Lacalle.

### 1133. *Phytonomus nigrirostris.*

Fabr. *Syst. Eleuth.* tom. II, p. 428, n° 53.
Oliv. *Ent.* tom. V, 83, p. 140, n° 98, pl. 33, fig. 508.
Sch. *Gener. et spec. Curcul.* tom. II, pars 2ª, p. 337, n° 93.
Ejusd. *op. cit.* tom. VI, pars 2ª, p. 384, n° 86.

Je n'ai trouvé que deux individus de cette espèce : le premier a été rencontré, en janvier, sous les pierres, dans les environs d'Alger; quant au second, je l'ai pris en juin, en fauchant les grandes herbes, dans les environs de Milah.

### 1134. *Phytonomus fuscatus.*

Sch. *Gener. et spec. Curcul.* tom. VI, pars 2ª, p. 368, n° 41.

Cette espèce est assez répandue dans l'Est et dans l'Ouest de l'Algérie, particulièrement aux environs d'Oran, d'Alger, d'Hippône et du cercle de Lacalle, où on la rencontre pendant tout l'hiver et le printemps. Comme les précédentes, elle se tient sous les pierres humides.

### 1135. *Phytonomus fasciculatus.*

Herbst, *Col.* tom. VI, p. 289, n° 260, pl. 82, fig. 6.
Sch. *Gener. et spec. Curcul.* tom. II, pars 2°, p. 401, n° 50.
*Rhynchœnus dauci,* Oliv. *Ent.* tom. V, 83, p. 127, n° 74, pl. 35, fig. 542.

Donné par M. le colonel Levaillant, qui l'a rencontré en été dans les environs d'Oran.

### 1136. *Phytonomus hispidulus.*

Sch. *Gener. et spec. Curcul.* tom. II, pars 2°, p. 404, n° 54.

Ce n'est que dans l'Est, aux environs de Philippeville, de Constantine et du cercle de Lacalle, que j'ai rencontré cette espèce, sous les pierres humides, pendant les mois de janvier, février et mars.

### 1137. *Phytonomus lilliputanus,* Luc.

Long. 2 millim. $\frac{1}{4}$ à 3 millim. larg. 1 millim. $\frac{1}{4}$ à 1 millim. $\frac{3}{4}$.

P. capite rostroque nigrorufescentibus, subtiliter punctulatis, nigro-tomentoso-squamosis, illo ad basim flavo-testaceo; antennis rufescentibus; thorace sat fortiter punctato, nigrescente-tomentoso, ad latera flavo; elytris nigrorufescentibus, striatis, flavo-subrufescente-squamosis, in medio ad lateraque nigro-squamoso marginatis; corpore flavescente-squamoso, pedibus nigricantibus tarsisque subrufis.

Comme son nom l'indique, cette espèce est d'une taille très-petite. La tête et le rostre, d'un noir roussâtre, finement ponctués, sont revêtus d'une tomentosité squamiforme noirâtre, qui, à la base de la tête, devient d'un jaune testacé. Les yeux sont d'un noir foncé. Les antennes sont d'un roussâtre clair. Le thorax, de même couleur que la tête, est parsemé de points plus gros et moins serrés; il est couvert d'une tomentosité squamiforme noirâtre, qui devient jaune sur les côtés, et qui, dans sa partie médiane, présente une bande longitudinale très-fine, de cette couleur. Les élytres, assez allongées, planes à leur partie antérieure, convexes et assez arrondies à leur base, sont d'un noir roussâtre; elles sont parcourues longitudinalement par des stries assez profondes et revêtues d'une tomentosité squamiforme d'un jaune légèrement roussâtre; dans leur partie médiane, ces mêmes organes sont tachés longitudinalement et sur les côtés de brun foncé. Tout le corps est d'un noir roussâtre, revêtu de poils écailleux jaunâtres. Les pattes sont noirâtres, avec les tarses d'un roux clair.

Cette espèce, qui habite les environs d'Oran, m'a été donnée par M. Durieu de Maisonneuve, botaniste de la commission.

## Genus *CONIATUS*, Germ. *Hypera*, ejusd. *Curculio*, Auct.

### 1138. *Coniatus tamarisci* (*Curculio*).

FABR. *Syst. Eleuth.* tom. II, p. 513, n° 42.
OLIV. *Ent.* tom. V, 83, p. 366, n° 429, pl. 6, fig. 71 *a*, *b*, et pl. 34, fig. 532.
SCH. *Gener. et spec. Curcul.* tom. II, pars 2ª, p. 406, n° 1.

Cette espèce ne se trouve que dans la province d'Oran, où elle est assez commune pendant le printemps et une grande partie de l'été. M. le colonel Levaillant, de qui je tiens cette espèce, l'a toujours rencontrée sur le *Tamarix gallica* et *africana*.

---

## Genus *RHYTIRHINUS*, Sch. *Curculio*, Auct.

### 1139. *Rhytirhinus crispatus*.

SCH. *Gener. et spec. Curcul.* tom. VI, pars 2ª, p. 436, n° 18.

Rencontré une seule fois sous les pierres, en janvier, dans les environs d'Oran.

### 1140. *Rhytirhinus variegatus*, Luc. (Pl. 36, fig. 4.)

Long. 6 millim. larg. 3 millim.

R. capite subtilissimè punctato, albidoflavescente, rostro profundè latèque sulcato, fuscorufescente; thorace fuscorufescente, anticè albido, suprà bicostato, lateribus rotundatis, utrinque anticè productis; elytris fuscis, vittâ transversali albidoflavescente ornatis, costatis, costâ secundâ posticè tuberculo tomentoso terminatâ; corpore infrà pedibusque albidis, subtilissimè punctulatis.

Il ressemble un peu au *R. clitellarius*, près duquel il vient se placer. La tête est très-finement ponctuée, d'un blanc légèrement jaunâtre, avec le rostre d'un brun roussâtre, profondément et largement sillonné dans son milieu. Les yeux sont d'un brun foncé et presque entièrement cachés par les bords latéro-antérieurs du thorax. Les antennes sont roussâtres. Le thorax est d'un brun roussâtre, avec la partie antérieure bordée de blanc, et présentant, de chaque côté, une dépression profonde; il est déprimé et offre, en dessus, deux côtes assez saillantes, fortement ponctuées, avec les intervalles que laissent ces deux côtes très-finement ponctués; les côtés sont arrondis, assez fortement ponctués, et deviennent très-saillants, surtout vers les angles latéraux antérieurs; sur les parties latérales et près de la base, il est blanchâtre et assez fortement ponctué. Les élytres sont brunes, ornées, dans leur milieu, d'une bande transversale d'un blanc jaunâtre; de chaque côté, elles présentent trois côtes très-saillantes, légèrement sinueuses, hérissées de poils blanchâtres, courts, peu serrés; la seconde côte, postérieurement, est terminée par un tubercule très-saillant, tomenteux, d'une belle couleur blanche; les intervalles que laissent ces côtes sont larges, profondément marqués, tomenteux et finement ponctués. Le corps, en dessous, est blanc, très-finement ponctué et parsemé de points très-gros, profondément marqués, desquels sortent des poils très-courts, blanchâtres; les pattes sont blanches, très-finement ponctuées.

Rencontré dans les premiers jours de décembre, sous les pierres, aux environs d'Oran.

Pl. 36, fig. 4. *Rhytirhinus variegatus,* grossi, 4ᵃ la grandeur naturelle, 4ᵇ la tête vue de profil, 4ᶜ une patte de la dernière paire.

### 1141. *Rhytirhinus humilis,* Luc. (Pl. 36, fig. 5.)

Long. 6 millim. larg. 3 millim.

R. fuscoflavescens; capite obsoletissimè granario, rostro latè sulcato; thorace subbicostato, punctato, marginibus dilatatis, angulis anticis fortiter productis; elytris costatis, interstitiis latis, biseriatìm punctatis, posticè utrinque unituberculatis; corpore infrà fortiter punctato.

D'un brun jaunâtre, quelquefois rougeâtre; mais cette dernière couleur est due au terrain sur lequel on rencontre cette espèce. Elle ressemble un peu au *R. variegatus,* mais elle s'en distingue par les intervalles des élytres, qui tous présentent deux rangées longitudinales de gros points. La tête est très-obsolètement chagrinée, avec le rostre peu allongé, épais et présentant un sillon large, mais peu profondément marqué. Les yeux sont d'un brun foncé, et presque entièrement cachés par les angles latéro-antérieurs du thorax. Les antennes sont roussâtres. Le thorax, antérieurement, présente, de chaque côté, une dépression assez profonde; et, dans sa partie médiane, deux saillies longitudinales peu marquées, sinueuses et assez fortement ponctuées, surtout postérieurement, avec les intervalles que laissent ces saillies assez finement ponctués; sur les parties latérales, il est fortement dilaté, arrondi, avec les angles latéro-antérieurs très-avancés; sur les côtés, il est parsemé de points assez gros, peu serrés et profondément marqués. Les élytres, légèrement rétrécies dans leur partie médiane, présentent, de chaque côté, trois côtes moins saillantes que dans le *R. variegatus* et non sinueuses; les intervalles sont très-larges, peu profonds, et présentent chacun deux rangées longitudinales de gros points, assez enfoncés et peu serrés; postérieurement, près de la troisième côte, on aperçoit, de chaque côté, un tubercule assez prononcé; enfin, sur les parties latérales, on voit, de chaque côté, quatre rangées longitudinales de points peu serrés, assez profondément marqués, et dont la troisième rangée, vers le milieu du bord de l'élytre, est interrompue et se confond avec la quatrième rangée. Le corps, en dessous, est d'un brun jaunâtre, parsemé de points très-forts, profondément enfoncés et très-peu serrés. Les pattes sont de même couleur que le dessous du corps, et présentent une ponctuation formée par des points peu marqués et desquels sortent des poils roussâtres, très-courts.

J'ai rencontré cette espèce en janvier, sur le versant Est du Djebel-Santa-Cruz, aux environs d'Oran; les trois individus que j'ai pris s'étaient cachés dans les anfractuosités d'une grosse pierre assez profondément enfoncée dans la terre.

Pl. 36, fig. 5. *Rhytirhinus humilis,* grossi, 5ᵃ la grandeur naturelle, 5ᵇ la tête vue de profil, 5ᶜ une antenne.

1142. *Rhytirhinus annulipes,* Luc. (Pl. 36, fig. 6.)

Long. 6 millim. larg. 4 millim.

R. capite rostroque cinereoflavescentibus, punctatis; thorace cinereoflavescente, anticè posticèque fusco maculato, marginibus dilatatis, fortiter punctatis; elytris griseocinerescentibus, nigro maculatis, striato punctatis; costis subelevatis; corpore fortiter punctato; pedibus albidoflavescentibus, femoribus nigro maculatis.

Il est voisin du *R. humilis,* et il ne pourra être confondu avec cette espèce à cause des intervalles des élytres, dont les points sont bien moins sensiblement marqués; il s'en distingue encore par les taches d'un brun foncé qui ornent ces mêmes organes, et par les fémurs des première et seconde paires de pattes, qui sont annelés de noir. La tête est d'un gris jaunâtre, finement ponctuée, avec le rostre assez profondément sillonné, et plus fortement ponctué que la tête. Les antennes sont roussâtres. Le thorax, d'un gris jaunâtre, un peu plus foncé que la tête, taché de noir à ses parties antérieure et postérieure, est fortement déprimé, de chaque côté, près des angles latéro-antérieurs, où il présente des points très-gros, peu serrés et profondément marqués; il est plus profondément sillonné dans sa partie médiane, assez fortement dilaté sur les bords latéraux, qui sont arrondis, et dont les angles latéro-antérieurs sont très-avancés; les côtés sont fortement ponctués et tachés de brunâtre. Les élytres, d'un gris cendré clair, sont tachées de noir, et ces taches forment sur ces organes des bandes transversales; elles sont striées et ponctuées, avec les côtes qui séparent ces stries très-peu saillantes, et le tubercule que présente, de chaque côté, la troisième côte, peu prononcé. Le corps, en dessous, très-fortement ponctué, est brun, mélangé de gris clair, avec les deuxième, troisième et quatrième segments abdominaux bordés de blanc jaunâtre. Les pattes sont d'un blanc jaunâtre, ponctuées, avec les fémurs des seconde et troisième paires annelés de noir et tachés de cette couleur à leur extrémité; les articles des tarses sont roussâtres.

Rencontré à la fin de novembre, sous les pierres, dans les environs d'Oran.

Pl. 36, fig. 6. *Rhytirhinus annulipes,* grossi, 6ᵃ la grandeur naturelle, 6ᵇ la tête vue de profil, 6ᶜ une antenne, 6ᵈ une patte de la première paire.

1142. *Rhytirhinus impressicollis,* Luc. (Pl. 36, fig. 7.)

Long. 6 millim. larg. 3 millim.

R. capite subtilissimè punctato, albidoflavescente, rostro fuscorufescente, fortiter punctato; thorace flavorufescente, angusto, punctato, anticè posticèque fortiter impresso; elytris fuscis, maculâ vittâque transversali ornatis, costatis, interstitiisque latis biseriatim punctatis; corpore infrà albidoflavescente, fortiter punctato; pedibus albidoflavescentibus, nigro maculatis.

Il ressemble au *R. annulipes,* avec lequel il ne pourra être confondu à cause de son thorax, qui est plus étroit et bien moins dilaté sur les bords latéraux, des élytres, des côtes plus saillantes, des intervalles plus larges et offrant chacun deux rangées longitudinales de points très-gros, peu enfoncés et peu serrés. La tête est d'un blanc jaunâtre, très-finement ponctuée, avec le rostre court, épais, d'un brun roussâtre, assez profondément sillonné dans son milieu et fortement ponctué sur les bords latéraux. Les yeux, d'un brun foncé, sont à peine cachés par les angles latéro-antérieurs du thorax, qui sont très-peu avancés. Les antennes sont roussâtres. Le thorax est d'un jaune roussâtre, ponctué, très-peu dilaté et arrondi sur les bords latéraux; dans la partie médiane, on aperçoit un sillon dont les deux extrémités sont profondément marquées, et, de chaque côté de ce sillon, on remarque, aux parties antérieure et postérieure, deux impressions très-profondes, et dont celle qui est située à la partie antérieure est beaucoup plus marquée. Les élytres sont d'un brun foncé, tachées de jaune roussâtre sur les bords antérieurs, et ornées postérieurement d'une bande transversale de cette couleur; les côtes que présentent ces organes sont étroites, saillantes et hérissées de poils roussâtres très-courts et très-peu serrés; les intervalles sont peu profonds, larges et offrent chacun deux rangées longitudinales de gros points peu profondément marqués; entre ces rangées, on aperçoit des poils très-courts; la suture est assez saillante et présente deux rangées longitudinales de poils roussâtres semblables à ceux que l'on voit sur les côtés. Le corps, en dessous, est d'un blanc jaunâtre, très-fortement ponctué. Les pattes sont de même couleur que le dessous du corps, et annelées de noir.

Rencontré une seule fois en janvier, errant, dans les fossés qui défendent le territoire de la ville d'Oran.

Pl. 36, fig. 7. *Rhytirhinus impressicollis*, grossi, 7ª la grandeur naturelle, 7ᵇ la tête vue de profil, 7ᶜ une antenne, 7ᵈ une patte de la dernière paire.

### 1144. *Rhytirhinus horridus*, Luc. (Pl. 36, fig. 8.)

Long. 5 centim. larg. 2 millim. ¼.

R. fusco-griseus; capite parvo, tomentoso griseoalbicante, superciliis utrinque fortiter tuberculatis; rostro brevi, crasso; thorace lato, marginibus dilatatis, rotundatis, angulisque anticis productis; elytris fortiter, præsertìm posticè, tuberculatis; corpore pedibusque griseo-tomentosis, his brevibus, crassis.

Il ressemble un peu au *R. tuberculatus*, avec lequel il ne pourra être confondu à cause de sa taille, qui est plus courte, plus ramassée; des tubercules des élytres, qui sont plus petits, moins serrés, et surtout des bords latéraux du thorax, qui ne sont pas profondément fissurés, comme cela se voit dans le *R. tuberculatus*. Il est d'un brun grisâtre. La tête est petite, revêtue d'une tomentosité d'un gris blanchâtre, et présente de chaque côté, au-dessus des yeux, un petit tubercule fortement prononcé; le rostre est court, épais, peu profondément sillonné, et revêtu d'une tomentosité courte, très-serrée, d'un gris foncé. Les antennes sont roussâtres. Le thorax, de même couleur que le rostre, est large, dilaté sur les bords latéraux, qui sont arrondis, avec les angles latéro-antérieurs avancés et cachant presque en partie les organes de la vue; il est déprimé, et présente, dans sa partie médiane, deux saillies longitudinales formées par des tubercules assez rapprochés. Les élytres sont courtes, de même couleur que le thorax, et présentent plusieurs rangées de tubercules, dont ceux situés postérieurement sont beaucoup plus prononcés que ceux qui occupent la partie antérieure. Le corps, en dessous, est revêtu d'une tomentosité d'un gris foncé, courte et très-serrée. Les pattes sont courtes, épaisses et de même couleur que le dessous du corps.

Je ne possède qu'un seul individu de cette espèce, que j'ai pris, à la fin de novembre, dans les environs d'Oran; je l'ai rencontré sous les pierres.

Pl. 36 , fig. 8. *Rhytirhinus horridus,* grossi, 3ᵃ de grandeur naturelle, 8ᵇ la tête vue de profil.

---

## Genus TRACHYPHLŒUS, Germ. Sch. *Curculio,* Auct.

### 1145.  *Trachyphlœus scabriculus.*

FABR. *Syst. Eleuth.* tom. II, p. 527, n° 14.
SCH. *Gener. et spec. Curcul.* tom. II, pars 2ᵃ, p. 490, n° 2.
*Curculio bifoveolatus,* BECK. *Beytr.* p. 22 , n° 36, pl. 7, fig. 36.

Je n'ai trouvé qu'une seule fois cette espèce, que j'ai prise sous les pierres, à Tixeraïn, dans les premiers jours de mai; environs d'Alger.

### 1146.  *Trachyphlœus spinimanus.*

GERM. *Ins. Suec.* tom. I, p. 405, n° 550.
*Curculio scabriculus,* OLIV. *Ent.* tom. V, 83, p. 362, n° 423, pl. 31, fig. 476.
SCH. *Gener. et spec. Curcul.* tom. II, pars 2ᵃ, p. 493, nᵇ 7.

Rencontré une seule fois, aux environs d'Oran, sous les pierres que l'on trouve çà et là le long du sentier qui conduit au fort Santa-Cruz; fin de janvier.

---

## Genus OTIORHYNCHUS, Germ. *Brachyrhinus,* Latr. *Pachygaster,* Stev. *Curculio,* Auct.

### 1147.  *Otiorhynchus corticalis,* inédit. (Pl. 36, fig. 9.)

Long. 11 millim. larg. 5 millim.

O. oblongus, niger, sparsìm albido-pilosus; thorace elongato, lævigato, crasso, carinato, marginibus ele-vatis; thorace elongato, lato, convexo, tuberculoso; elytris profundè striatis, striis fortiter punctatis, inters-titiis transversìm rugosè punctatis; pedibus nigris, albido-pilosis.

Il est voisin de l'*O. meridionalis,* avec lequel il ne pourra être confondu à cause de sa taille, qui est toujours plus grande, de ses élytres, qui sont plus larges, et de sa tête, qui n'est pas ruguleusement ponctuée. La tête est courte, large, lisse, et présente, sur les parties laté-rales, quelques poils blanchâtres. Le rostre, plus allongé que dans l'*O. meridionalis,* est épais, lisse, caréné, avec les côtés très-élevés; il est parsemé, comme la tête, de quelques poils blanchâtres. Le premier article des antennes est noir, avec ceux qui suivent, d'un brun ferrugineux; tous sont hérissés de poils blanchâtres, assez allongés et très-peu serrés. Le thorax est plus allongé et plus large que dans l'*O. meridionalis*, arrondi et renflé sur les parties latérales; il est assez convexe et parsemé de tubercules d'un noir brillant, et dans les intervalles desquels on voit poindre çà et là quelques poils blanchâtres. Les élytres sont larges, allongées, plus que dans l'*O. meridionalis,* et ont la forme d'un ovale bien moins prononcé que chez cette dernière espèce; elles sont assez profondément striées, et, dans ces stries, on aperçoit des points peu serrés, forts et profondément marqués; les intervalles sont larges, peu saillants et ruguleusement ponctués transversalement; des poils blanchâtres, très-courts, peu serrés, se font remarquer sur les côtes externe et interne des intervalles. Le corps, en dessous, est de même couleur qu'en dessus, et présente une ponctuation assez fine et serrée. Les pattes sont noires et hérissées de poils blanchâtres très-courts.

Cette espèce est beaucoup plus répandue dans l'Ouest que dans l'Est; je ne l'ai rencontrée qu'une seule fois en janvier, errant, dans le Boudjaréa, aux environs d'Alger. Les individus que je possède de la province de l'Ouest m'ont été donnés par M. le colonel Levaillant, qui a trouvé cette espèce assez communément dans les environs d'Oran.

Pl. 36, fig. 9. *Otiorhynchus corticalis*, grossi, 9ᵃ la grandeur naturelle, 9ᵇ une antenne, 9ᶜ une patte de la première paire.

### 1148. *Otiorhynchus cribricollis.*

Sch. *Gener. et spec. Curcul.* tom. II, pars 2ᵃ, p. 582, n° 54.

Comme la précédente, cette espèce est beaucoup plus répandue dans l'Ouest que dans l'Est, et je ne l'ai rencontrée que très-rarement, en hiver, dans les environs d'Alger. Suivant M. le colonel Levaillant, cet *Otiorhynchus* n'est pas très-rare dans les environs d'Oran.

### 1149. *Otiorhynchus affaber.*

Sch. *Gener. et spec. Curcul.* tom. VII, pars 1ᵃ, p. 315, n° 111.

Ce n'est que dans l'Ouest, aux environs d'Oran, que j'ai rencontré cette espèce, qui n'est pas très-rare pendant les mois de janvier et de février, et que l'on trouve toujours cachée sous les pierres à cette époque de l'année.

### 1150. *Otiorhynchus squamifer.*

Sch. *Gener. et spec. Curcul.* tom. VII, pars 1ᵃ, p. 314, n° 110.

Rencontré dans les mêmes lieux et dans les mêmes conditions que l'*O. affaber,* mais moins abondamment.

### 1151. *Otiorhynchus planithorax.*

Sch. *Gener. et spec. Curcul.* tom. VII, pars 1ᵉ, p. 364, n° 204.

Rencontré une seule fois, en mai, sous les pierres, sur le versant du Djebel-Mansourah, dans les environs de Constantine; je n'ai trouvé qu'un seul individu de cette espèce.

### 1152. *Otiorhynchus ? metallescens,* Luc. (Pl. 36, fig. 10.)

Long. 5 millim. larg. 3 millim. ½.

O. viridi-cupreus, nitidus, cinerescente-pilosus; capite confertìm punctato; rostro brevi, crasso, carinato; thorace brevi, lato, rotundato, punctato; elytris brevibus, posticè rotundatis, striato punctatis, interstitiis latis, lævigatis; corpore infrà pedibùsque viridi-cupreis, nitidis; antennis rufescentibus.

D'un vert cuivreux brillant, revêtu de poils d'un cendré clair. La tête est courte, large, parsemée de points assez forts, serrés, et présente à son extrémité, près de la naissance du rostre, un sillon transversal dans le milieu duquel on aperçoit une impression très-profondément marquée; le rostre est court, très-épais, caréné dans son milieu et parsemé de points moins serrés et bien moins marqués que ceux de la tête; des poils revêtent ces divers organes. Les antennes sont roussâtres. Le thorax, plus large que long, très-arrondi, présente une ponctuation beaucoup plus forte et bien moins serrée que celle de la tête, avec les poils dont il est parsemé en plus grand nombre, plus courts et plus serrés. Les élytres sont courtes, larges, bombées et très-arrondies à leur base; elles sont striées, et ces stries sont formées par des points assez forts, profondément enfoncés et peu serrés. Le corps, en dessous, est de même couleur qu'en dessus, et revêtu de poils d'un gris cendré clair. Les pattes sont courtes, lisses, poilues, d'un vert cuivreux brillant, quelquefois cependant de même couleur que les antennes.

Je n'ai pas trouvé cette espèce, que je rapporte avec doute au genre des *Otiorhynchus;* elle a été rencontrée, aux environs d'Oran, par M. le colonel Levaillant, qui a eu l'extrême obligeance de m'en donner deux individus.

Pl. 36, fig. 10. *Otiorhynchus? metallescens,* grossi, 10ᵃ la grandeur naturelle, 10ᵇ la tête vue de profil, 10ᶜ une antenne, 10ᵈ une patte de la première paire.

---

## Genus *Nastus,* Sch.

### 1153. *Nastus albo punctatus,* Luc. (Pl. 37, fig. 1.)

Long. 9 millim. larg. 4 millim.

N. ater, cinerescente-squamosus; capite subtiliter confertìmque punctato, rostro crasso, punctato; thorace brevi, subtiliter punctato; elytris striato punctatis, posticè utrinque albido maculatis; corpore nigro, griseo-squamoso; pedibus subtiliter granariis, cinerescente-pilosis.

Noir. La tête est courte, petite, finement ponctuée, et présente à son extrémité, près de la naissance du rostre, un sillon transversal profondément enfoncé, et, dans son milieu, une petite impression longitudinale assez bien marquée. Le rostre est assez allongé, épais, assez fortement caréné, et parsemé de points beaucoup plus gros et bien moins serrés que ceux de la tête. Chez les individus bien frais, la tête, ainsi que le rostre, est revêtue de petites écailles peu serrées, d'un gris cendré clair. Les antennes sont allongées, ferrugineuses, à l'exception cependant du premier article, qui est d'un brun foncé. Tous sont hérissés de poils d'un gris cendré clair, assez courts et très-peu serrés. Le thorax, un peu plus large que long, assez convexe, arrondi sur les parties latérales, est parsemé de points très-fins et très-serrés, et revêtu, comme la tête, de petites écailles d'un gris cendré clair. Les élytres sont assez allongées, étroites chez le mâle, larges et très-arrondies chez la femelle, et ornées postérieurement d'une petite tache oblongue blanchâtre; elles sont striées, et ces stries présentent des points petits, assez profondément marqués et serrés; elles sont revêtues de petites écailles d'un gris cendré clair et beaucoup plus serrées que celles que présentent la tête et le thorax; la couleur de ces écailles varie : il y a des individus chez lesquels ces écailles sont entièrement d'un gris cendré clair, les taches blanches postérieures sont alors peu visibles; il y en a d'autres où elles sont d'un brun grisâtre et d'un gris cendré clair sur les parties latérales; dans cette seconde variété, les taches blanches sont alors très-apparentes; du reste, je ferai observer que, chez tous les individus que j'ai rencontrés, les taches blanches sont toujours apparentes, quelle que soit la couleur des écailles. Le corps, en dessous, est noir et revêtu d'écailles d'un gris plus ou moins foncé. Les pattes sont de même couleur que le dessous du corps, finement chagrinées et hérissées de poils d'un gris cendré clair, courts et peu serrés.

Ce n'est que dans l'Ouest que j'ai rencontré cette espèce, que j'ai prise, en hiver, sous les pierres; environs d'Oran.

Pl. 37, fig. 1. *Nastus albo punctatus*, grossi, 1ª la grandeur naturelle, 1ᵇ une antenne, 1ᶜ une patte de la première paire.

## 1154. *Nastus albo marginatus*, Luc. (Pl. 37, fig. 2.)

Long. 5 millim. larg. 2 millim. ½.

N. testaceo-rufescens; capite, rostro thoraceque punctatis, albido-squamosis; elytris elongatis, angustis, striato punctatis, interstitiis latis, rufescente albidoque squamosis; pedibus antennisque testaceo-rufescentibus, albido-pilosis.

D'un testacé rougeâtre. La tête est petite, ponctuée, et présente, à son extrémité antérieure, une dépression profondément marquée. Le rostre est court, large, plus fortement ponctué que la tête, très-légèrement caréné dans sa partie médiane, et marqué à sa naissance par un sillon transversal profondément enfoncé; de petites écailles blanchâtres, peu serrées, se font remarquer sur la tête et sur le rostre. Les antennes sont allongées, grêles, d'un testacé ferrugineux. Le thorax est court, ponctué, arrondi sur ses parties latérales, et couvert, sur les côtés et dans sa partie médiane, de petites écailles blanchâtres. Les élytres, allongées, étroites, assez convexes, sont striées, et ces stries présentent des points assez bien marqués et peu serrés; elles sont entièrement revêtues de petites écailles d'un testacé roussâtre, qui, sur les côtés, deviennent blanchâtres, et forment, sur les parties latérales de ces organes, une bande large, bien prononcée; un peu au delà de leur milieu, on aperçoit, de chaque côté, une petite tache blanchâtre arrondie; des poils courts et très-peu serrés se font remarquer sur les intervalles, qui sont assez longs et peu saillants. Le corps, en dessous, ainsi que les pattes, est d'un testacé roussâtre et parsemé de poils blanchâtres très-courts et peu serrés.

Rencontré une seule fois, en février, sous des pierres, dans les montagnes du Boudjaréa; environs d'Alger.

Pl. 37, fig. 2. *Nastus albo marginatus,* grossi, 2ª la grandeur naturelle, 2ᵇ la tête et le thorax vus de profil, 2ᶜ une antenne, 2ᵈ une patte de la troisième paire.

## TROISIÈME TRIBU.
### LES RHYNCHÉNIENS.

## Genus *Lixus*, Fabr. *Curculio*, Auct.

### 1155. *Lixus anguinus.*

Fabr. *Syst. Eleuth.* tom. II, p. 499, n° 4.
Oliv. *Ent.* tom. V, 83, p. 239, pl. 14, fig. 168.
Sch. *Gener. et spec. Curcul.* tom. III, pars 1ᵃ, p. 11, n° 10.
Ejusd. *op. cit.* tom. VII, pars 1ᵃ, *Suppl.* p. 422, n° 13.

Habite l'Est et l'Ouest, où elle est assez commune; on la rencontre sur les chardons, pendant les mois de mai et de juin, dans les environs d'Oran, d'Alger, de Bône et du cercle de Lacalle.

### 1156. *Lixus Wagneri,* Luc. (Pl. 37, fig. 3.)

Long. 12 millim. larg. 3 millim. ½.

L. ater; capite rostroque fortiter granariis, hoc utrinque punctato; thorace fortiter punctato, viridi-tomentoso, utrinque albido-piloso; elytris punctatis, posticè acutis, viridi-tomentosis, utrinque albido-pilosis; corpore albido-piloso, nigro-maculoso; pedibus albido-pilosis.

Il a la forme du *L. anguinus,* mais cependant il est plus court et un peu plus large. Noir; la tête est finement chagrinée, revêtue d'une tomentosité verdâtre, qui devient d'un blanc jaunâtre autour des yeux. Le rostre est court, épais, légèrement caréné, plus fortement cha-griné que la tête, et fortement ponctué sur les parties latérales; des poils très-courts, peu serrés, d'un gris cendré clair, revêtent le rostre, qui est très-peu courbé. Les antennes sont noires et parsemées de poils serrés, d'un gris cendré clair. Le thorax est allongé, et présente une ponctuation assez forte et très-peu serrée; en dessous, il est revêtu d'une tomentosité d'un vert foncé, qui n'envahit pas toute la partie inférieure du thorax, et laisse dans la partie médiane un espace qui forme une ligne d'un noir foncé; les côtés présentent des poils blanchâtres, courts, très-serrés, et qui représentent de chaque côté une bande longitudinale assez large. Les élytres, allongées, terminées en pointe postérieurement, offrent des rangées longitudinales de points peu enfoncés, serrés, avec les intervalles très-étroits et très-obsolètement chagrinés; la ligne de points qui est située, de chaque côté, près de la suture, est beaucoup plus profondément marquée que toutes les autres; elles sont couvertes d'une tomentosité d'un vert foncé, assez courte, et les parties latérales sont bordées de poils blanchâtres, courts, très-serrés et qui forment, de chaque côté de ces organes, une bande assez large. Tout le corps, en dessous, est noir, revêtu de poils blancs, courts et serrés, parmi lesquels on aperçoit çà et là des taches arrondies, d'un noir foncé. Les pattes sont de même couleur que le dessous du corps, et revêtues de poils blancs.

Je n'ai pas trouvé cette espèce, qui m'a été communiquée par M. Aug. Chevrolat; elle a été rencontrée dans les environs d'Alger.

Pl. 37, fig. 3. *Lixus Wagneri*, grossi, 3ᵃ la grandeur naturelle, 3ᵇ le thorax et la tête vus de profil, 3ᶜ une antenne.

## 1157. *Lixus striatellus*.

Fabr. *Ent. syst.* tom. I, pars 1ᵃ, p. 415, n° 93.

Communiqué par M. Aug. Chevrolat, qui a reçu cette espèce des environs d'Alger, où elle a été rencontrée par M. Wagner.

## 1158. *Lixus augurius*.

Sch. *Gener. et spec. Curcul.* tom. III, pars 1ᵃ, p. 19, n° 23.

Habite les environs d'Oran et de Constantine, pendant les mois de mai, de juin et de juillet. Cette espèce, que j'ai rencontrée sur les chardons, est assez rare. M. L. Buquet a reçu plusieurs individus de ce *Lixus*, qui ont été pris, dans les premiers jours du printemps, dans les environs d'Alger.

## 1159. *Lixus mucronatus*.

Oliv. *Ent.* tom. V, 63, p. 247, n° 250, pl. 16, fig. 199 *a, b*.
*Lixus venustulus*, Sch. *Gener. et spec. Curcul.* tom. III, pars 1ᵃ, p. 20, n° 24.

Rencontrée à Kouba, où je l'ai prise, en mai, sur les chardons; cette espèce n'est pas très-commune; environs d'Alger.

### 1160. *Lixus nanus.*

Sch. *Gener. et spec. Curcul.* tom. III, pars 1ª, p. 22, n° 26 (mâle).
*Lixus brevirostris,* ejusd. *Op. cit.* tom. III, pars 1ª, p. 21, n° 25 (femelle).

Trouvé une seule fois, en mai, sur les chardons, dans les environs d'Alger.

### 1161. *Lixus inops.*

Sch. *Gener. et spec. Curcul.* tom. VII, pars 1ª, p. 429, n° 27.
Falderm. *Faun. ent. transcaucas.* tom. II, p. 218, n° 441, pl. 6, fig. 12, et tom. III, p. 195.

Trouvé à la fin de mai, sur les chardons, dans les environs de Constantine.

### 1162. *Lixus Ascanii.*

Fabr. *Syst. Eleuth.* tom. II, p. 503, n° 26.
Oliv. *Ent.* tom. V, 83, p. 244, pl. 16, fig. 83 *c,* et pl. 7, fig. 83 *a, b.*
Sch. *Gener. et spec. Curcul.* tom. III, pars 1ª, p. 25, n° 30.

Communiquée par M. L. Buquet, qui a reçu cette espèce comme ayant été prise dans les environs d'Alger.

### 1163. *Lixus palpebratus.*

Sch. *Gener. et spec. Curcul.* tom. III, pars 1ª, p. 25, n° 31.

Je n'ai rencontré que très-rarement cette espèce, que j'ai prise pendant le printemps et l'été, sur les chardons, dans les environs de Philippeville, de Constantine et d'Hippône.

### 1164. *Lixus barbarus.*

Sch. *Gener. et spec. Curcul.* tom. VII, pars 1ª, p. 432, n° 33.

Je ne connais cette espèce que par la description de M. Schœnher, qui l'indique comme ayant été rencontrée dans les environs d'Alger.

### 1165. *Lixus angustatus.*

Fabr. *Syst. Eleuth.* tom. II, p. 502, n° 20.
Oliv. *Ent.* tom. V, 83, p. 238, n° 237, pl. 16, fig. 200.
Sch. *Gener. et spec. Curcul.* tom. III, pars 1ª, p. 43, n° 56.

Assez répandu, pendant les mois de mai, de juin et de juillet, dans les environs d'Oran, d'Alger, de Constantine, d'Hippône et du cercle de Lacalle; cette espèce se plaît sur les chardons.

Pl. 37, fig. 8. Une mâchoire, 8ª une mandibule du *Lixus angustatus.*

### 1166. *Lixus affinis*, Luc. (Pl. 37, fig. 4.)

Long. 13 à 17 millim. larg. 3 à 4 millim. ½.

L. niger, viridi-tomentosus; capite rostroque granariis, hoc carinato; thorace subtiliter granulato ad latera, in medioque fortiter viridi-tomentoso; elytris viridi-tomentoso maculatis, striato punctatis, interstitiis subtilissimè granariis; corpore pedibusque subtiliter granariis, virescente-pilosis.

Il ressemble au *L. angustatus,* avec lequel il ne pourra être confondu, à cause de ses élytres, qui offrent des stries formées par des points profondément enfoncés. La tête est noire, petite, assez fortement chagrinée, avec le rostre allongé, moins cependant que dans le *L. angustatus;* il est de même couleur que la tête, plus finement chagriné que cette dernière, et présente, dans son milieu, une carène assez saillante, qui ne dépasse pas le point où les antennes prennent naissance; il est revêtu ainsi que la tête d'une tomentosité courte, peu serrée, d'une couleur verdâtre, quelquefois cependant rougeâtre. Les antennes sont brunes et parsemées de poils blanchâtres courts et peu serrés. Le thorax, de même couleur que la tête, est très-finement granulé, légèrement rétréci dans sa partie antérieure, et arrondi sur les parties latérales; il est revêtu d'une tomentosité de même couleur que celle de la tête, mais elle est beaucoup plus abondante, et forme, sur les côtés, une large bande longitudinale, et, dans la partie médiane, une raie étroite qui est très-visible, surtout chez les individus qui n'ont subi aucun frottement. Les élytres sont noires, plus allongées et plus étroites que dans le *L. angustatus;* elles sont parcourues longitudinalement par des stries formées de points profondément enfoncés, avec les intervalles qui existent entre ces stries très-finement chagrinés; elles sont revêtues d'une tomentosité semblable, pour la couleur, à celle de la tête et du thorax; mais, sur ces organes, elle est excessivement abondante, disposée par petites taches, ce qui donne aux élytres un aspect moucheté. Tout le corps, en dessous, est noir, finement chagriné, revêtu de poils verdâtres, courts, peu serrés, mais qui deviennent plus foncés et surtout plus serrés sur le sternum et sur le dessous du thorax. Les pattes sont de même couleur que le dessous du corps, très-finement chagrinées et revêtues de poils verdâtres, courts et peu serrés.

Cette espèce habite les environs de Constantine et du cercle de Lacalle, où je l'ai rencontrée pendant les mois de mai et de juin; elle se tient sur les chardons.

Pl. 37, fig. 4. *Lixus affinis,* grossi, 4ª la grandeur naturelle, 4ᵇ le thorax et la tête vus de profil, 4ᶜ une antenne.

### 1167. *Lixus guttiventris.*

Sch. *Gener. et spec. Curcul.* tom. VII, pars 1ª, p. 469, n° 130.

Cette espèce, qui m'a été communiquée par M. Aug. Chevrolat, a été rencontrée dans les environs d'Alger par M. Wagner.

### 1168. *Lixus brevicaudatus,* Luc. (Pl. 37, fig. 6.)

Long. 12 millim. larg. 3 millim. ½.

L. ater; capite subtiliter punctato, rostro subcarinato, longitudinaliter striato; thorace brevi, subtiliter granario, utrinque viridi-tomentoso; elytris elongatis, posticè obtusè acuminatis, viridi-tomentoso sparsis, profundè striato punctatis, interstitiis subtilissimè granariis; corpore sat fortiter granario, viridi-tomentoso; pedibus subtiliter granariis, cinerescente-pilosis.

Il a un peu d'analogie avec le *L. guttiventris.* Il est noir; la tête est finement ponctuée, avec le rostre court, épais, très-légèrement caréné à sa naissance et strié longitudinalement; il est couvert d'une tomentosité jaunâtre, qui est surtout sensible autour des yeux. Les antennes sont d'un brun ferrugineux et parsemées de poils d'un gris cendré clair, courts et serrés. Le thorax est court, épais, arrondi sur les côtés et assez finement chagriné; il est couvert d'une tomentosité jaunâtre, qui, de chaque côté, est très-abondante et forme une bande longitudinale assez large. Les élytres sont allongées, assez larges, terminées en pointe obtuse postérieurement; elles sont striées, et ces stries sont formées par des points très-gros, profondément enfoncés et peu serrés; les intervalles sont étroits et très-obsolètement chagrinés; elles sont couvertes d'une tomentosité jaunâtre placée çà et là, et qui donne à ces organes un aspect moucheté. Tout le corps, en dessous, est noir, assez fortement chagriné et revêtu d'une tomentosité jaunâtre assez abondante. Les pattes sont noires, finement chagrinées et revêtues de poils d'un gris cendré clair, courts et peu serrés.

Cette espèce, qui a été rencontrée dans les environs d'Alger, m'a été communiquée par M. Aug. Chevrolat.

Pl. 37, fig. 6. *Lixus brevicaudatus,* grossi, 6ª la grandeur naturelle, 6ᵇ le thorax et la tête vus de profil, 6ᶜ une antenne, 6ᵈ une patte de la première paire.

### 1169. *Lixus cribricollis.*

Sch. *Gener. et spec. Curcul.* tom. III, pars 1ª, p. 44, n° 58.
*Lixus ferrugatus,* Oliv. *Ent.* tom. V, 83, p. 245, n° 247, pl. 7, fig. 79 *a, b.*

Je n'ai trouvé que deux individus de cette espèce, que j'ai pris en hiver, sous les écorces des chênes-liéges, dans les environs de Philippeville et du cercle de Lacalle.

### 1170. *Lixus bicolor.*

Oliv. *Ent.* tom. V, 83, p. 244, n° 245, pl. 30, fig. 460 *a, b, c.*
Sch. *Gener. et spec. Curcul.* tom. III, pars 1ª, p. 66, n° 86.

Cette espèce habite les environs d'Oran, où elle a été rencontrée par M. le colonel Levaillant.

### 1171. *Lixus pollinosus.*

GERM. *Ins. spec.* tom. I, p. 394, n° 532.
SCH. *Gener. et spec. Curcul.* tom. III, pars 1ᵃ, p. 75, n° 98.
*Lixus cardui,* OLIV. *Ent.* tom. V, 83, p. 250, n° 254, pl. 30, fig. 454?

Rencontré une seule fois, en mai, sur les chardons, à Birkhadem, dans les environs d'Alger.

### 1172. *Lixus bimaculatus,* Luc. (Pl. 37, fig. 5.)

Long. 15 millim. larg. 4 millim. ½.

L. ater, cinerescente vel flavorubescente-tomentosus; capite rostroque subtiliter granariis; thorace fortiter punctato, anticè subtiliter granario, ac carinato; elytris anticè albo bimaculatis, fortiter striato punctatis; corpore cinerescente-piloso atroque maculato; pedibus cinerescente-pilosis.

Il a beaucoup d'analogie avec le *L. pollinosus,* mais il est plus étroit; son thorax, au
lieu d'être finement granulé, est très-fortement ponctué, et les points qui forment les stries
des élytres sont plus profondément marqués et moins serrés; il est aussi à noter que le
thorax, antérieurement, est caréné, et que les élytres, à leur partie antérieure, près de
la suture, présentent, de chaque côté, une petite tache blanchâtre. Noir; la tête et le rostre
sont finement chagrinés, et ce dernier est assez fortement caréné; tous deux sont revêtus
d'une tomentosité rougeâtre, quelquefois d'un gris cendré, courte et très-serrée. Les antennes
sont noires et parsemées de poils d'un gris cendré clair, quelquefois rougeâtre. Le thorax, un peu plus étroit que dans le *L. pollinosus,* arrondi sur les parties latérales, présente
des points très-gros, profondément enfoncés et peu serrés; à sa partie antérieure, il est
très-finement chagriné, et, dans son milieu, on aperçoit une petite carène qui, chez les
individus qui n'ont subi aucun frottement, est revêtue d'une tomentosité beaucoup plus serrée et plus abondante que celles que présentent les autres parties du thorax; sur les côtés,
cette tomentosité est aussi très-abondante et varie de la couleur rougeâtre au gris cendré
clair. Les élytres sont plus allongées et plus étroites que dans le *L. pollinosus,* avec les points
qu'elles présentent beaucoup plus profondément enfoncés et bien moins serrés; les intervalles sont très-finement chagrinés; ces organes, chez les individus bien frais, sont revêtus
d'une tomentosité courte, très-serrée, rougeâtre, quelquefois d'un gris cendré clair, et antérieurement, près de la suture, on aperçoit, de chaque côté de cette dernière, une petite tache
oblongue, blanchâtre. Le corps, en dessous, est noir, finement chagriné, revêtu de poils d'un
gris cendré clair, quelquefois rougeâtres, allongés, peu serrés, et parmi lesquels on voit
un très-grand nombre de petites taches arrondies, lisses, d'un noir brillant. Les pattes sont
de même couleur que le dessous du corps et parsemées de poils d'un gris cendré clair,
courts et peu serrés.

Je n'ai trouvé qu'un seul individu de cette espèce, en mai, sur les chardons, dans les
environs de Constantine. M. L. Buquet m'a communiqué un second individu qui diffère
de celui que j'ai rencontré par la tomentosité, qui, au lieu d'être d'un gris cendré clair,
est d'un jaune rougeâtre. Ce second individu a été pris dans les environs d'Alger.

Pl. 37, fig. 5. *Lixus bimaculatus,* grossi, 5ᵉ la grandeur naturelle.

### 1173. *Lixus filiformis.*

Fabr. *Syst. Eleuth.* tom. II, p. 5o1, n° 15.
Oliv. *Ent.* tom. V, 83, p. 246, n° 248, pl. 16, fig. 198 *a, b.*
Sch. *Gener. et spec. Curcul.* tom. III, pars 1ª, p. 76, n° 99.

Assez commune pendant le printemps et tout l'été, dans les environs d'Alger, de Constantine, d'Hippône et du cercle de Lacalle; cette espèce se rencontre sur presque toutes les carduacées.

### 1174. *Lixus coarctatus,* Luc. (Pl. 37, fig. 7.)

Long. 6 à 8 millim. larg. 1 ½ à 2 millim.

L. nitido-ater, cinerescente-pilosus; capite rostroque fortiter granariis; elytris elongatis, coarctatis, profundè striato punctatis interstitiisque obsoletissimè granariis; corpore punctato; pedibus granariis.

Il ressemble un peu au *L. filiformis,* mais il est plus allongé et surtout beaucoup plus étroit; il est d'un noir brillant. La tête, ainsi que le rostre, est fortement chagrinée, et ce dernier est court et très-épais; de chaque côté de la tête, on aperçoit un petit bouquet de poils d'un blanc jaunâtre. Les antennes sont d'un noir brillant, parsemées de poils d'un gris cendré clair, très-courts et très-peu serrés. Le rostre, ponctué et profondément chagriné, est allongé, épais et assez fortement rétréci à sa partie antérieure. Les élytres sont très-allongées, étroites, parcourues longitudinalement de stries formées par des points très-gros et peu serrés, avec les intervalles étroits et obsolètement chagrinés. Le corps, en dessous, est de même couleur qu'en dessus, ponctué, et les points qui forment cette ponctuation sont gros, assez profondément marqués et peu serrés. Les pattes sont noires et assez fortement chagrinées. Des poils d'un gris cendré clair, courts et peu serrés, revêtent la tête, le thorax, les élytres, le dessous du corps et les organes de la locomotion de cette espèce.

Je n'ai rencontré que deux individus de cette espèce, que j'ai pris en juin, sur les chardons, près des marais du lac Tonga, dans les environs du cercle de Lacalle.

Pl. 37, fig. 7. *Lixus coarctatus,* grossi, 7ª la grandeur naturelle, 7ᵇ une antenne, 7ᶜ une patte de la troisième paire.

---

## Genus LARINUS, Schupp. Sch. *Rhinobatus,* Germ. *Lixus,* Oliv.
## *Rhynchœnus,* Fabr. *Curculio,* Auct.

### 1175. *Larinus cynarœ.*

Fabr. *Syst. Eleuth.* tom. II, p. 441, n° 14.
Sch. *Gener. et spec. Curcul.* tom. III, pars 1ª, p. 105, n° 1.

Cette espèce, qui habite l'Est et l'Ouest de l'Algérie, n'est pas très-rare; on la trouve pendant les mois de mai et de juin; elle se tient sur les chardons; environs d'Alger, de

Constantine, d'Hippône et du cercle de Lacalle. Les individus que je possède de la province de l'Ouest m'ont été donnés par M. le colonel Levaillant.

### 1176. *Larinus buccinator.*

Oliv. *Ent.* tom. V, 83, p. 274, n° 291, pl. 21, fig. 273.
Sch. *Gener. et spec. Curcul.* tom. III, pars 1°, p. 110, n° 7.

Cette espèce est beaucoup plus répandue dans l'Ouest que dans l'Est, et les quelques individus que j'ai pris dans cette dernière partie de nos possessions ont été rencontrés en mai et en juin, aux environs de Constantine, sur le versant du Mansourah et du Koudiat-Ati; comme la précédente, cette espèce se plaît sur les chardons.

### 1177. *Larinus onopordinis.*

Fabr. *Syst. Eleuth.* tom. II, p. 440, n° 8.
Sch. *Gener. et spec. Curcul.* tom. III, pars 1°, p. 111, n° 11.
*Larinus onopordi*, Oliv. *Ent.* tom. V, 83, p. 272, n° 289, pl. 21, fig. 275.

Abondamment répandue sur tous les points de l'Algérie, pendant les mois de mai et de juin. Cette espèce se plaît sur les chardons, particulièrement sur l'*Echinops spinosus*, Linn. environs d'Oran, d'Alger, de Constantine et d'Hippône.

### 1178. *Larinus scolymi.*

Oliv. *Ent.* tom. V, 83, p. 275, n° 292, pl. 21, fig. 274.
Sch. *Gener. et spec. Curcul.* tom. III, pars 1°, p. 113, n° 15.

Aussi commune que l'espèce précédente; se plaisant sur les chardons; habitant les mêmes lieux et se trouvant dans les mêmes mois.

### 1179. *Larinus flavescens.*

Germ. *Ins. spec.* tom. 1, p. 386, n° 530.
Sch. *Gener. et spec. Curcul.* tom. III, pars 1°, p. 116, n° 20.

Assez commune pendant les mois de mai, de juin et de juillet, sur l'*Echinops spinosus;* environs d'Oran, d'Alger, de Constantine, d'Hippône et du cercle de Lacalle.

### 1180. *Larinus sturnus.*

Germ. *Ins. spec.* tom. I, p. 384, n° 528.
Sch. *Gener. et spec. Curcul.* tom. III, pars 1°, p. 118, n° 23.
*Curculio jaceæ*, Herbst, *Col.* tom. VI, p. 122, n° 82, pl. 62, fig. 2.

Je n'ai pas trouvé ce *Larinus*; il m'a été donné par mon collègue, M. le docteur Warnier, qui l'a pris, dans les premiers jours de mai, aux environs de Tâza.

### 1181. *Larinus maurus.*

Oliv. *Ent.* tom. V, 83, p. 281, n° 302, pl. 21, fig. 283.
Sch. *Gener. et spec. Curcul.* tom. III, pars 1ʳᵉ, p. 119, n° 25.

Je n'ai rencontré que deux individus de cette espèce, que j'ai pris accouplés, dans les premiers jours de mai, à Kouba, dans les environs d'Alger. Ce *Larinus* habite aussi l'Ouest de l'Algérie.

### 1182. *Larinus rusticanus.*

Sch. *Gener. et spec. Curcul.* tom. III, pars 1ʳᵉ, p. 123, n° 31.

Rencontré en mai, aux environs de Tlemsên, par M. le docteur Warnier.

### 1183. *Larinus canescens.*

Sturm, *Cat. ins.* p. 160, 1826.
Sch. *Gener. et spec. Curcul.* tom. III, pars 1ʳᵉ, p. 126, n° 35.

Assez répandue pendant les mois de mai et de juin, dans les environs d'Alger et de Constantine; on trouve ordinairement cette espèce sur toutes les carduacées, particulièrement sur le *Carduus macrocephalus,* Desf. elle habite aussi les environs d'Oran.

### 1184. *Larinus ferrugatus.*

Sch. *Gener. et spec. Curcul.* tom. III, pars 1ʳᵉ, p. 132, n° 43.

Cette espèce est aussi commune que la précédente; on la rencontre dans les mêmes lieux et sur les mêmes plantes.

### 1185. *Larinus bombycinus,* Buq. (Inédit.)

Long. 15 millim. larg. 8 millim.

L. niger, virescente-tomentosus; capite sat fortiter punctato, ad basim subunisulcato; thorace subtiliter granario, sparsim punctato; elytris brevibus, gibbosis, subtiliter granariis, sat subtiliter striatis, striis sparsim fortiter punctatis; corpore pedibusque nigro-nitidis, punctatis, subvirescente-tomentosis.

Il se rapproche, par la forme, du *L. ferrugatus,* mais il est beaucoup plus gros et surtout plus ramassé. La tête est noire, finement ponctuée, et revêtue, lorsqu'elle n'a subi aucun frottement, d'une tomentosité verdâtre; le sillon médian qu'elle présente à sa base est peu sensible, avec les saillies qu'elle offre près de son extrémité assez fortement accusées. Les antennes sont de même couleur que la tête et très-légèrement parsemées de poils d'un gris cendré. Le thorax est noir, finement chagriné et parsemé de points assez forts et placés çà et là; il est revêtu d'une tomentosité verdâtre, qui paraît moins abondante que sur les autres parties du corps, et, de plus, on aperçoit à sa base, qui est terminée en pointe arrondie, un sillon longitudinal assez bien marqué. Les élytres sont courtes, convexes et de même couleur que le thorax; elles sont finement chagrinées et parcourues longitudinalement par des sillons peu profonds, qui eux-mêmes présentent des points assez fortement prononcés et placés çà et là; la tomentosité dont ces organes sont revêtus est de la même couleur que celle que présentent la tête et le thorax, mais elle y est beaucoup plus abondante. Le corps, en dessous, est d'un noir brillant, parsemé de points assez forts et serrés, et revêtu d'une tomentosité d'un jaune verdâtre; celle-ci est peu abondante, à l'exception cependant des segments abdominaux, où elle est abondamment répandue, et où elle se présente sous la forme de poils courts et très-serrés. Les pattes sont de même couleur que le dessous du corps, irrégulièrement ponctuées et clairement parsemées de poils d'un jaune verdâtre.

J'ai conservé le nom que M. L. Buquet a imposé à ce curieux *Larinus*, qui, suivant cet entomologiste, a été rencontré dans les environs d'Alger.


## 1186. *Larinus carlinæ.*

Oliv. *Ent.* tom. V, 83, p. 280, n° 301, pl. 21, fig. 282.
Sch. *Gener. et spec. Curcul.* tom. III, pars 1ᵉ, p. 133, n° 45.


Habite les environs de Constantine et du cercle de Lacalle; je l'ai prise en mai et en juin, sur les chardons, mais bien moins communément que les espèces précédentes.


## 1187. *Larinus rugicollis.*

Sch. *Gener. et spec. Curcul.* tom. VII, pars 2ᵉ (*Suppl.*), p. 18, n° 60.


C'est dans l'Ouest seulement que l'on rencontre cette espèce, qui n'est pas rare aux environs d'Oran, pendant les mois de mai, de juin et une partie de juillet.


## 1188. *Larinus albicans,* Luc. (Pl. 37, fig. 9.)

Long. 11 à 12 millim. larg. 5 millim.


L. ovatus, niger; capite parvo, rostro longiore, sulcato fortiterque carinato; thorace rugoso, suprà albido-trivittato, marginibus tuberculatis, albido-tomentosis; elytris albido-tomentosis, obsoletè striato punctatis; interstitiis subtilissimè granariis; corpore pedibusque nigris, albido-pilosis.

Cette espèce est très-voisine du *L. rugicollis,* Sch. mais elle est plus petite, avec le rostre plus allongé, plus étroit, plus profondément sillonné et plus fortement caréné; elle en diffère encore par le thorax, qui est fortement rugueux, par les points des stries des élytres, qui sont moins profondément marqués, moins serrés, avec les intervalles plus étroits et très-finement chagrinés. La tête est petite, chagrinée, avec le rostre étroit, allongé, fortement caréné et assez profondément sillonné; la tête, ainsi que le rostre, est noire, revêtue d'un duvet blanchâtre, très-court et peu serré. Les antennes sont noires, avec les articles formant la massue, ferrugineux. Le thorax est de même couleur que la tête, fortement rugueux, revêtu d'un duvet blanchâtre, qui forme en dessus trois bandes longitudinales; les bords latéraux sont très-tomenteux, et à travers cette tomentosité, qui est blanche, courte et très-serrée, on voit poindre çà et là quelques tubercules d'un noir brillant. Les élytres sont noires, parcourues longitudinalement par des rangées de points petits, peu profondément enfoncés et peu serrés, avec les intervalles que laissent ces rangées longitudinales étroits et très-finement chagrinés; elles sont recouvertes d'une tomentosité blanche, courte, très-serrée, et qui forme, de chaque côté des élytres, deux larges bandes longitudinales, dont les côtés sont mal arrêtés et se confondent souvent, dans les individus bien frais, avec les intervalles de ces bandes, qui sont quelquefois jaunâtres, mais le plus souvent d'un gris blanchâtre. Tout le corps, en dessous, ainsi que les pattes, est noir, très-finement chagriné et revêtu de poils blancs très-courts et très-serrés.

Je n'ai rencontré cette espèce que dans l'Ouest de l'Algérie, je l'ai prise en février, dans des capitules de chardons, aux environs d'Oran.

Pl. 37, fig. 9. *Larinus albicans,* grossi, 9ᵃ la grandeur naturelle, 9ᵇ le thorax et la tête vus de profil, 9ᶜ une patte de la première paire.

<h3 align="center">1189. Larinus Chevrolatii.</h3>

Sch. *Gener. et spec. Curcul.* tom. VII, pars 2ᵉ (*Suppl.*), p. 22, nº 67.

Je n'ai rencontré qu'une seule fois cette espèce, que j'ai prise à la fin de juillet, le long des tiges de chardons, à Kouba; environs d'Alger.

<h3 align="center">1190. Larinus cardopatii, Luc.</h3>

Long. 6 millim. $\frac{1}{2}$, larg. 2 millim. $\frac{2}{4}$.

L. elongatus angustusque; capite subtiliter granario, griseo-cinerescente tomentoso; antennis nigris, tomentoso-ferrugineis, attamen articulo terminali griseo-cinerescente; thorace nigro-nitido, irregulariter punctulato, griseo-cinerescente-piloso, præsertìm lateralibus, posticè anticèque subtomentoso-ferrugineo; elytris nigris, subtiliter granariis, striato punctatis, tomentoso-rubro-ferrugineis, marginibus tomentoso-griseo-cinereo-flavescente circumcinctis; corpore pedibusque nigris, punctulatis, omninò griseo-cinereo-flavescente-pilosis.

Il vient se placer dans le voisinage des *L. Chevrolatii* et *carinirostris.* Il est allongé et étroit; la tête est finement chagrinée et entièrement revêtue d'un duvet d'un gris cendré clair, assez allongé et peu serré; le bord supérieur de la rainure dans laquelle vient se placer le premier article forme, de chaque côté du rostre, une saillie assez sensible. Les antennes sont noires, revêtues d'une tomentosité ferrugineuse, à l'exception cependant du dernier article, sur lequel cette tomentosité est d'un gris cendré clair. Le thorax est d'un noir brillant, couvert de points très-irrégulièrement placés; chez les individus qui n'ont subi aucun frottement, il est revêtu de poils d'un gris cendré clair, qui, sur les parties latérales, sont abondants et forment, de chaque côté du thorax, une bande large assez fortement accusée; quelques poils ferrugineux bordent les bords antérieur et postérieur des individus nouvellement transformés. L'écusson est noir et entièrement revêtu d'une tomentosité ferrugineuse. Les élytres, finement chagrinées, sont noires; elles sont fortement striées, mais ces stries, assez rapprochées, sont formées par des points profondément enfoncés et peu serrés; en dessus, elles sont revêtues d'une tomentosité d'un rouge ferrugineux, qui devient plus abondante et surtout plus vive sur les bords latéraux externes; ceux-ci sont couverts d'une tomentosité d'un gris cendré jaunâtre, qui forme une bande, entoure les élytres, et se joint à celle du thorax. Le corps est noir, ainsi que les pattes, finement ponctué et entièrement revêtu de poils assez serrés, d'un gris cendré jaunâtre.

Cette espèce, qui m'a été communiquée par mon collègue, M. Durieu de Maisonneuve, habite les environs de Cherchêl; suivant M. le docteur Mialhes, médecin en chef de l'hôpital de cette ville, la larve de ce *Larinus* se nourrit de la graine du *Cardopatium amethystinum*, Sp. dans laquelle elle subit ensuite toutes ses métamorphoses.

1191. *Larinus nanus*, Luc. (Pl. 37, fig. 10.)

Long. 5 millim. larg. 2 millim. ¼

L. fuscorufescens, albo-pilosus; capite subtiliter rugato, rostro brevi, fortiter punctato; thorace punctato, anticè utrinque fortiter depresso; elytris profundè striato punctatis, interstitiis subtilissimè granariis; corpore pedibusque subtiliter granariis.

Il ressemble un peu à l'espèce précédente, mais il est plus petit, moins large et son rostre est plus allongé. D'un brun roussâtre. La tête est finement ridée, avec le rostre court, épais et présentant une ponctuation très-forte, profondément marquée et peu serrée. Les antennes sont d'un brun roussâtre et hérissées de poils blanchâtres, très-courts et peu serrés. Le thorax, parsemé de points assez forts et peu serrés, et assez convexe dans sa partie médiane, est fortement déprimé de chaque côté antérieurement. Les élytres sont courtes, profondément striées, et ces stries offrent une ponctuation très-forte et peu serrée; les intervalles sont larges et très-finement chagrinés. Le corps, en dessous, ainsi que les pattes, est finement chagriné et de même couleur qu'en dessus; des poils blanchâtres, courts et peu serrés se font remarquer sur les parties supérieure et inférieure de cette espèce, ainsi que sur les organes de la locomotion.

Je n'ai rencontré que deux individus de ce *Larinus*, que j'ai pris en janvier, sous les pierres, dans les montagnes du Boudjaréa, aux environs d'Alger.

Pl. 37, fig. 10. *Larinus nanus*, grossi, 10ᵃ la grandeur naturelle, 10ᵇ une antenne.

---

# Genus *Rhinocyllus*, Germ. Sch. *Larinus*, Sturm. *Lixus*, Illig. *Curculio*, Auct.

1192. *Rhinocyllus latirostris*.

Latr. *Hist. nat. des crust. et des ins.* tom. II, p. 125.
Sch. *Gener. et spec. Curcul.* tom. III, pars 1ᵃ, p. 143, n° 2.

J'ai pris cette espèce, dont je n'ai rencontré que trois individus, dans les premiers jours de mai, sur le Mansourah; environs de Constantine.

## Genus *ERIRHINUS*, Sch. *Rhynchœnus*, Fabr. *Curculio*, Auct.

### 1193. *Erirhinus tremulæ.*

Gyllenh. *Ins. Suec.* tom. III, p. 171, n° 90.
Oliv. *Ent.* tom. V, p. 221, n° 214, pl. 34, fig. 520.
Sch. *Gener. et spec. Curcul.* tom. III, pars 1ᵃ, p. 291, n° 12.
Ejusd. *op. cit.* tom. VII, pars 1ᵃ, p. 169, n° 23.

Je n'ai trouvé que deux individus de cette espèce, que j'ai pris en mai, sur les arbres,
dans la propriété de mon ami, M. de Nivoy, à Kouba, dans les environs d'Alger.

## Genus *LIGNYODES*, Sch. *Rhynchœnus*, Panz.

### 1194. *Lignyodes enucleator* (*Rhynchœnus*).

Panz. *Faun. ins. Germ.* fasc. 58, n° 14.
Sch. *Gener. et spec. Curcul.* tom. III, pars 1ᵃ, p. 324, n° 1, et tom. VII, pars 2ᵃ, p. 189, n° 2.
Kust. *Die Käf. Europ. etc. etc.* fasc. 3, n° 70.
*Lignyodes bicolor,* Germ. *Faun. ins. Europ.* p. 17, n° 14.

Rencontré une seule fois, en mai, en fauchant les grandes herbes, dans le Boudjaréa;
environs d'Alger.

## Genus *MICRONYX*, Sch.

### 1195. *Micronyx cyaneus.*

Sch. *Gener. et spec. Curcul.* tom. III, pars 1ᵃ, p. 424, n° 1.

J'ai toujours rencontré cette espèce sous les pierres, pendant les mois de janvier, février,
mars et avril; je l'ai trouvée près du fort l'Empereur et dans les montagnes du Boudjaréa,
aux environs d'Alger; je l'ai prise, dans les mêmes conditions, aux environs de Philippeville. Ce *Micronyx* habite aussi les environs d'Oran.

## Genus *TYCHIUS*, Germ. Sch.

### 1196. *Tychius fusco lineatus,* Luc. (Pl. 37, fig. 11.)

Long. 4 millim. $\frac{1}{2}$, larg. 2 millim. $\frac{1}{2}$.

T. ater; capite, rostro thoraceque albo-pilosis, hoc suprà fuscorufescente bilineato; elytris albo-pilosis,
striatis, utrinque fuscorubescente quadrilineatis; corpore fusco, pedibus antennisque rubescentibus, albo-
pilosis.

Il est voisin du *T. venustus*. La tête est noire, revêtue d'une pubescence blanchâtre entre les yeux, jaunâtre postérieurement. Le rostre, assez allongé, très-légèrement courbé, est de même couleur que la tête, et, comme cette dernière, couverte de poils blanchâtres. Les antennes sont rougeâtres et parsemées de poils blancs. Le thorax, très-peu convexe, arrondi sur les parties latérales, entièrement revêtu de poils blanchâtres, est orné, en dessus, de deux lignes longitudinales d'un brun roussâtre qui se joignent antérieurement. Les élytres, striées, allongées, plus larges que le thorax à la base, sont revêtues de poils blancs et ornées, de chaque côté, de quatre lignes longitudinales d'un brun roussâtre, assez espacées et ainsi situées : deux près de la suture et deux autres, assez rapprochées, placées près du bord marginal. Tout le corps, en dessous, est brun et entièrement couvert de poils blancs, serrés. Les pattes sont rougeâtres et sont revêtues de poils blancs peu serrés.

Rencontré un seule fois, en janvier, sous les pierres, près du Château-Neuf; environs d'Oran.

Pl. 37, fig. 11. *Tychius lineatus*, grossi, 11[a] la grandeur naturelle, 11[b] le thorax et la tête vus de profil, 11[c] une antenne, 11[d] une patte de la première paire.

<h3 style="text-align:center">1197. Tychius carinicollis, Luc. (Pl. 38, fig. 1.)</h3>

Long. 5 millim. larg. 2 millim. ½.

T. fuscus; capite subtilissimè punctato; rostro elongato, carinato, utrinque sulcato; thorace fuscescente maculato, in medio carinato, marginibus gibbosis, rotundatis; elytris fusco-ferrugineis, flavescente-pilosis, striato punctatis, interstitiis subtilissimè granariis; corpore pedibusque fusco-ferrugineis, flavescente-pilosis.

Il est voisin du *T. sparsutus*. La tête, d'un brun foncé, est petite, arrondie, assez convexe, très-finement ponctuée, déprimée à son extrémité entre les yeux, et parsemée de poils jaunâtres, très-courts et serrés. Le rostre, d'un brun ferrugineux, est allongé, assez fortement courbé et caréné dans sa partie médiane, et assez profondément sillonné de chaque côté de cette carène; il est finement ponctué, et parsemé de quelques poils jaunâtres à sa naissance. Les antennes sont ferrugineuses et hérissées de poils jaunâtres, courts et peu serrés. Le thorax, d'un brun foncé, aussi large que long, arrondi et gibbeux sur les parties latérales, présente une ponctuation très-fine et très-serrée; il est orné, de chaque côté, de petites taches grisâtres, et, dans la partie médiane, on aperçoit une carène assez saillante, lisse. Les élytres, d'un brun ferrugineux clair, plus larges que le thorax à sa base, arrondies sur les parties latérales, et très-légèrement convexes en dessus, sont parsemées de poils jaunâtres, très-courts et très-serrés; elles sont striées, et ces stries sont pourvues de points assez forts, peu profondément enfoncés et peu serrés; les intervalles sont assez larges, peu saillants et très-finement chagrinées. Le corps, en dessous, ainsi que les pattes, sont d'un brun ferrugineux clair et entièrement hérissées de poils jaunâtres, très-courts et très-serrés.

Les quelques individus que je possède de cette espèce ont été pris en février, sous les pierres, dans les ravins du Djebel-Santon, ainsi que dans ceux situés à Oran et Mers-el-Kebir.

Pl. 38, fig. 1. *Tychius carinicollis*, grossi, 1ª la grandeur naturelle, 1ᵇ la tête vue de profil, 1ᶜ une antenne; 1ᵈ une patte de la première paire.

## 1198. *Tychius elongatus.*

Sch. *Gener. et spec. Curcul.* tom. III, pars 1ᵃ, p. 414, nᵒ 23.

Cette espèce m'a été donnée par M. le colonel Levaillant, qui l'a rencontrée dans les environs d'Oran.

## Genus *Sybines*, Sch. *Sibinia*, Germ. *Rhynchœnus*, Fabr.

### 1199. *Sybines sellatus*, Luc. (Pl. 38, fig. 2.)

Long. 4 millim. ½, larg. 2 millim.

S. nigro-violaceus; capite subtiliter punctato; rostro fortiter sulcato, carinato, punctato; thorace sub-tiliter granulato, in medio flavescente longitudinaliter maculato; elytris granulatis, anticè maculâ flavescente ornatis; corpore pedibusque nigro-violaceis, flavescente-squamosis; tarsis rufescentibus.

D'un noir violacé. La tête est petite, arrondie et présente une ponctuation fine et serrée. Le rostre est d'un brun roussâtre, très-allongé, fortement sillonné longitudinalement, de chaque côté, caréné dans sa partie médiane, et assez fortement ponctué de chaque côté de cette carène. Les antennes sont d'un brun rougeâtre et hérissées de poils jaunâtres, assez allongés et peu serrés. Le thorax, plus large que long, assez convexe, arrondi sur les parties latérales, est finement granulé; dans sa partie médiane, on aperçoit une ligne longitudinale, assez bien marquée, formée de petites écailles jaunâtres, qui part de la base et doit atteindre la partie antérieure, dans les individus qui n'ont subi aucun frottement. Les élytres, peu allongées, finement granulées, sont ornées à leur partie antérieure, de chaque côté, d'une grande tache formée par des écailles jaunâtres. Tout le dessous du corps, ainsi que les pattes, est d'un noir violacé et couvert de petites écailles jaunâtres. Les tarses sont roussâtres.

Cette espèce, dont je n'ai rencontré que quelques individus, habite les environs d'Oran, où je l'ai trouvée en janvier, cachée sous les pierres et blottie dans les interstices.

Pl. 38, fig. 2. *Sybines sellatus*, grossi, 2ª la grandeur naturelle, 2ᵇ la tête vue de profil, 2ᶜ une antenne, 2ᵈ une patte de la première paire.

## Genus *DERELOMUS*, Sch. *Rhynchœnus,* Fabr. *Curculio,* ejusd.

### 1200. *Derelomus chamæropis.*

FABR. *Syst. Eleuth.* tom. II, p. 448, n° 51.
SCH. *Gener. et spec. Curcul.* tom. III, pars 1ª, p. 629, n° 1.

Cette espèce, qui m'a été donnée par M. Durieu de Maisonneuve, a été trouvée par ce savant botaniste dans les fruits du *Chamærops humilis;* environs de Mascara, fin de juin.

---

## Genus *BARIDIUS*, Sch. *Baris*, Germ. *Rhynchœnus,* Fabr. *Calandra,* ejusd.

### 1201. *Baridius nitens.*

FABR. *Syst. Eleuth.* tom. II, p. 436, n° 35.
SCH. *Gener. et spec. Curcul.* tom. III, pars 2ª, p. 674, n° 35.
*Rhynchœnus timidus*, OLIV. *Ent.* tom. V, 83, p. 146, n° 107, pl. 27, fig. 401.

Rencontré sous les pierres, en juin, près des lacs Tonga et Houbeira, dans les environs du cercle de Lacalle.

### 1202. *Baridius spoliatus.*

SCH. *Gener. et spec. Curcul.* tom. III, pars 2ª, p. 692, n° 57.

Trouvé sous les pierres humides, en hiver, dans les environs d'Alger et du cercle de Lacalle; cette espèce habite aussi l'Ouest de nos possessions, car elle a été prise dans les environs d'Oran par M. le colonel Levaillant.

### 1203. *Baridius cuprirostris.*

FABR. *Syst. Eleuth.* tom. II, p. 424, n° 41.
OLIV. *Ent.* tom. V, 83, p. 149, n° 111, pl. 27, fig. 408.
SCH. *Gener. et spec. Curcul.* tom. III, pars 2ª, p. 706, n° 75.

Cette espèce habite les environs d'Oran, et c'est sous les pierres humides que j'ai pris les quelques individus que j'y ai rencontrés.

### 1204. *Baridius prasinus.*

SCH. *Gener. et spec. Curcul.* tom. III, pars 2ª, p. 107, n° 76.

Cette espèce est assez rare; je n'en ai rencontré que quelques individus, que j'ai pris en mars, sous les pierres humides, près des bords de l'Ouad-Safsaf, dans les environs de Philippeville.

### 1205. *Baridius pulchellus,* Luc. (Pl. 38, fig. 3.)

Long. 4 millim. larg. 1 ½.

B. nigro-cyanescens; capite nigro, lævigato, rostro utrinque sulcato ac punctato; thorace punctato; elytris profundè striatis, striis lævigatis, interstitiisque subtilissimè punctulatis; corpore pedibusque punctatis.

Il est voisin du *B. violaceus,* près duquel il vient se placer. D'un noir bleuâtre. La tête
est noire et entièrement lisse, avec le rostre de même couleur, court, épais, assez fortement courbé, lisse en dessus, ponctué et sillonné de chaque côté. Les antennes sont d'un
brun roussâtre et hérissées de quelques poils de même couleur. Le thorax, allongé, assez
convexe, déprimé de chaque côté antérieurement, et arrondi sur les parties latérales, présente une ponctuation assez forte, profondément marquée et très-peu serrée; dans sa partie
médiane, on aperçoit un espace longitudinal qui est entièrement lisse. Les élytres sont
allongées, étroites, parcourues longitudinalement par des stries profondes, et entièrement
lisses, dont les intervalles sont larges et très-finement ponctués. Le corps, en dessous, est
de même couleur qu'en dessus; il présente une ponctuation fine et très-peu serrée; cependant, sur le sternum et les trois derniers segments abdominaux, les points qui forment
cette ponctuation sont en plus grand nombre et plus serrés. Les pattes sont de même couleur que le dessous du corps, et revêtues de points assez forts, serrés, assez profondément
enfoncés, et hérissés de poils très-courts, d'un gris cendré.

Cette espèce, dont je n'ai rencontré que quelques individus, habite les environs de
Constantine et du cercle de Lacalle; je l'ai trouvée en hiver, sous les pierres, près les marais du lac Tonga.

Pl. 38, fig. 3. *Baridius pulchellus,* grossi, 3ᵃ la grandeur naturelle, 3ᵇ la tête vue de profil, 3ᶜ une
antenne, 3ᵈ une patte de la première paire.

### 1206. *Baridius sellatus.*

Sch. *Gener. et spec. Curcul.* tom. VIII, pars 1ᵃ (*Suppl. cont.*), p. 124, n° 27.

Ce n'est que dans l'Ouest que l'on rencontre cette espèce, qui a été trouvée assez abondamment, aux environs d'Oran, par M. le colonel Levaillant.

---

## Genus *ACALLES,* Steph. *Rhynchœnus,* Fabr. *Cryptorhynchus,* Sturm.

### 1207. *Acalles diocletianus.*

Germ. *It. Dalmat. et Ragus.* p. 227, 253, pl. 8, fig. 5, 6.
Sch. *Gener. et spec. Curcul.* tom. VIII, pars 1ᵃ, p. 415, n° 16.

Rencontré une seule fois, sous les écorces des arbres, à la fin de juillet; Kouba, environs d'Alger.

### 1208. *Acalles barbarus*, Luc. (Pl. 38, fig. 4.)

Long. 4,5 à 6 millim. larg. 2,2 millim. $\frac{1}{2}$ à 3 millim.

A. oblongus, niger, cinereo-flavescente-squamosus; rostro elongato, punctato, sat convexo, vix arcuato; thorace rugulosè punctato, dorso rotundato, ad latera dilatato, anticè nigro bimaculato; elytris profundè striatis, striis fortiter punctatis, interstitiis elevatis, anticè in medio posticèque nigro maculatis; pedibus cinereo-flavescente-squamosis, femoribus posticis externè nigro bimaculatis.

Il ressemble un peu à l'*A. diocletianus,* mais il est ordinairement plus grand et surtout moins étroit. La tête est arrondie, assez convexe, régulièrement ponctuée, et couverte de petites écailles arrondies d'un cendré jaunâtre; il y a des individus chez lesquels la tête est d'un brun roussâtre, quelquefois d'un gris cendré clair, et seulement tachée de brun roussâtre antérieurement. Le rostre, un peu peu plus allongé que dans l'*A. diocletianus,* est noir, robuste, assez convexe, à peine arqué, et parsemé de points profondément marqués et peu serrés. Les antennes sont roussâtres et hérissées de poils d'un gris jaunâtre. Le thorax est large, très-peu convexe, arrondi en dessus, étroit à sa partie antérieure, qui est ornée de deux taches très-rapprochées, d'un brun foncé, et arrondies sur les parties latérales, qui sont un peu dilatées. Il est ruguleusement ponctué, et couvert de petites écailles arrondies d'un cendré jaunâtre. Les élytres, tronquées antérieurement, un peu plus larges que la base du thorax, assez convexes et arrondies en dessus, sont profondément striées, et ces stries présentent des points très-gros et très-peu serrés; les intervalles sont larges et assez saillants; ils sont entièrement couverts d'écailles d'un cendré jaunâtre, arrondies, serrées, tachées de brun foncé antérieurement, couleur qui forme, de chaque côté des élytres, dans le milieu et postérieurement, de petites bandes transversales. Le corps, en dessous, est noir, et présente, de chaque côté et postérieurement, une tache formée d'écailles d'un cendré jaunâtre. Les pattes sont entièrement couvertes d'écailles, avec les fémurs de la troisième paire seulement bimaculés de noir extérieurement.

J'ai rencontré cette espèce en hiver; elle se tenait cachée sous les pierres, dans leurs interstices, au pied du fort Santa-Cruz, aux environs d'Oran.

Pl. 38, fig. 4. *Acalles barbarus,* grossi, 4ª la grandeur naturelle, 4ᵇ la tête vue de profil, 4ᶜ une antenne.

### 1209. *Acalles punctaticollis,* Luc. (Pl. 38, fig. 5.)

Long. 2 millim. larg. 2 millim. $\frac{1}{2}$.

A. oblongus, niger; capite rotundato, confertìm subtiliterque punctulato; rostro brevi, punctato; thorace fortiter profundèque punctato; dorso rotundato ac marginibus dilatatis; elytris anticè fortiter truncatis, striatis, striis profundissimè punctatis, interstitiis elevatis subtiliter punctulatis; pedibus fusco-ferrugineis, fortiter punctatis, sparsìm flavescente-squamosis.

Il a la forme de l'*A. barbarus;* il est noir et presque entièrement dépourvu d'écailles. La tête est assez convexe, arrondie, d'un noir ferrugineux et parsemé de points très-petits et serrés. Le rostre, plus court que dans l'*A. barbarus,* est noir, robuste, peu convexe et par-

semé de poils peu forts et bien moins serrés que ceux de la tête. Les antennes sont ferrugineuses, hérissées de poils jaunâtres, assez allongés et peu serrés. Le thorax, très-légèrement convexe en dessus, étroit antérieurement, avec les parties latérales dilatées et
arrondies, présente une ponctuation formée de points très-gros, très-profondément marqués et peu serrés. Les élytres, fortement tronquées antérieurement, plus larges que le thorax à la base, convexes et arrondies en dessus, sont assez fortement striées, et ces stries
présentent des points très-gros et surtout très-profondément marqués; les intervalles sont
assez longs, saillants et couverts de points assez fins, peu serrés et assez profondément enfoncés. Tout le corps est noir et fortement ponctué. Les pattes sont d'un brun ferrugineux,
fortement ponctuées, et présentent de petites écailles jaunâtres, placées çà et là.

Rencontré une seule fois, sous les pierres, en mai, dans les bois du lac Tonga; environs
du cercle de Lacalle.

Pl. 38, fig. 5. *Acalles punctaticollis*, grossi, 5ᵃ la grandeur naturelle, 5ᵇ une patte de la première paire.


### 1210. *Acalles impressicollis*, Luc. (Pl. 38, fig. 6.)

Long. 4 millim. ½, larg. 2 millim.

A. ovatus, omninò albido-flavescente-squamosus; capite rotundato, parùm convexo; rostro elongato,
fusco-ferrugineo subtiliterque punctulato; thorace brevi, longitudinaliter impresso, quinque-carinato; elytris brevibus, angustis, striato-punctatis, interstitiis elevatis, tuberculosis.

Il est un peu plus court et surtout plus étroit que l'*A. punctaticollis*. La tête est arrondie,
peu convexe, parsemée de petites écailles arrondies, serrées, d'un gris blanchâtre; le rostre,
assez allongé, d'un brun ferrugineux, peu courbé, présente une ponctuation fine et peu
serrée. Les antennes sont ferrugineuses et hérissées de poils blanchâtres, assez allongés et
peu serrés. Le thorax, entièrement couvert de petites écailles arrondies, serrées, d'un gris
blanchâtre, est court, étroit antérieurement, très-peu dilaté sur les parties latérales, qui
sont arrondies; il présente, en dessus, quatre impressions longitudinales, séparées entre
elles par cinq carènes, dont la médiane est la moins prononcée. Les élytres, entièrement
couvertes d'écailles semblables à celles du thorax, à peine plus larges que ce dernier à sa
base, sont courtes, étroites, très-convexes et arrondies en dessus; elles sont peu profondément striées, et ces stries offrent une ponctuation assez forte et peu serrée; les intervalles sont étroits, assez saillants, et présentent de petites saillies arrondies, formées par de
petites écailles blanchâtres. Tout le corps, en dessous, ainsi que les pattes, est entièrement revêtu de petites écailles très-serrées et tout à fait semblables à celles que présentent le thorax et les élytres.

Je n'ai rencontré qu'une seule fois cette espèce, que j'ai prise en février, cachée dans les
interstices des pierres que l'on trouve çà et là, près du fort Santa-Cruz, aux environs
d'Oran.

Pl. 38, fig. 6. *Acalles impressicollis*, grossi, 6ᵃ la grandeur naturelle, 6ᵇ la tête vue de profil, 6ᶜ une
antenne, 6ᵈ une patte de la dernière paire.

Genus *Cœliodes*, Sch. *Ceuthorhynchus*, Schupp. *Rhynchœnus*, Fabr.

### 1211. *Cœliodes guttula.*

Fabr. *Syst. Eleuth.* tom. II, p. 482, n° 205.
Oliv. *Ent.* tom. V, 83, p. 213, 204, pl. 23, fig. 235.
Sch. *Gener. et spec. Curcul.* tom. IV, pars 1°, p. 290, n° 11.

Rencontré une seule fois sous les pierres, en mars, à Déli-Ibrahim, aux environs d'Alger.

### 1212. *Cœliodes quercûs.*

Fabr. *Syst. Eleuth.* tom. II, p. 455, n° 84.
Herbst, *Col.* tom. VI, 412, 394, pl. 92, fig. 7.
Sch. *Gener. et spec. Curcul.* tom. IV, pars 1°, p. 283, n° 1.

J'ai pris cette espèce, dont je n'ai rencontré que quelques individus, à la fin de mars, sous les pierres, dans les environs de Philippeville.

Genus *Ceuthorhynchus*, Schupp. *Nedyus*, Steph. *Falciger*, Sturm. *Rhynchœnus*, Fabr.

### 1213. *Ceuthorhynchus peregrinus.*

Sch. *Gener. et spec. Curcul.* tom. IV, pars 1°, p. 514, n° 63.

Trouvé aux environs d'Oran par M. le colonel Levaillant.

### 1214. *Ceuthorhynchus melanostigma.*

Marsh. *Ent. Brit.* p. 256, n° 53.

Rencontré en mars, dans les environs de Philippeville, au pied des arbres qui se trouvent sur les bords de l'Ouad-Safsaf; cette espèce est assez rare; je n'en ai trouvé que deux individus.

### 1215. *Ceuthorhynchus litura.*

Fabr. *Syst. Eleuth.* tom. II, p. 484, n° 217.
Sch. *Gener. et spec. Curcul.* tom. IV, pars 1°, p. 515, n° 64.

Cette jolie espèce, qui a été rencontrée dans les environs d'Alger, m'a été communiquée par M. L. Buquet.

### 1216. *Ceuthorhynchus campestris.*

Sch. *Gener. et spec. Curcul.* tom. IV, pars 1ª, p. 523, n° 73.

Rencontré, vers le milieu de mars, à la base des feuilles de l'*Asphodelus ramosus,* aux environs de Philippeville. Je n'ai trouvé que deux individus de cette espèce.

### 1217. *Ceuthorhynchus pollinarius.*

Gyllenh. *Ins. Suec.* tom. III, p. 226, n° 132.
Sch. *Gener. et spec. Curcul.* tom. IV, pars 1ª, p. 543, n° 99.

Je n'ai trouvé qu'une seule fois cette espèce, que j'ai prise en mai, en fauchant les grandes herbes, à Kouba, aux environs d'Alger.

### 1218. *Ceuthorhynchus napi.*

Germ. *Ins. spec.* tom. I, p. 220, n° 17.
Sch. *Gener. et spec. Curcul.* tom. IV, pars 1ª, p. 549, n° 107.
*Ceuthorhynchus rapæ,* ejusd. *Op. cit.* tom. IV, pars 1ª, p. 547, n° 105.
*Rhynchœnus assimilis,* Oliv. *Ent.* tom. V, 83, p. 136, 92, pl. 29, fig. 442.

Je n'ai pas trouvé cette espèce, qui a été prise dans les environs d'Alger, et qui m'a été communiquée par M. Aug. Chevrolat.

### 1219. *Ceuthorhynchus cyanipennis.*

Germ. *Ins. spec.* tom. I, p. 235, n° 363.
Sch. *Gener. et spec. Curcul.* tom. IV, pars 1ª, p. 558, n° 118.

Rencontré une seule fois, en mars, en fauchant les grandes herbes, dans les bois du lac Tonga, aux environs du cercle de Lacalle.

### 1220. *Ceuthorhynchus flavo marginatus,* Luc. (Pl. 38, fig. 7.)

Long. 3 millim. larg. 1 millim. ½.

C. nigro-nitidus; capite carinato, thorace granuloso, in medio fortiter sulcato, pilis squamulisque albido-flavescentibus hirsuto; elytris striatis, striis lævigatis, suturâ marginibusque squamulis albido-flavescentibus vestitis; corpore pedibusque nigris, squamulis pilisque albido-flavescentibus hirsutis.

La tête est noire, assez fortement carénée dans sa partie médiane, hérissée de poils blancs, courts, peu serrés, et présentant postérieurement, de chaque côté des yeux, de petites écailles d'un blanc très-légèrement jaunâtre. Le rostre est allongé, d'un brun foncé, assez fortement courbé et ponctué çà et là. Les antennes sont de même couleur que le rostre et hérissées de quelques poils jaunâtres. Le thorax, d'un brun foncé brillant, plus large que long, très-saillant et arrondi sur les côtés, qui sont revêtus de poils et de petites écailles d'un blanc très-légèrement jaunâtre, est fortement granulé; dans sa partie médiane, on aperçoit un sillon profond, longitudinal, revêtu de petites écailles d'un blanc très-légèrement jaunâtre. Les élytres, de même couleur que le thorax, présentent des stries profondes et serrées, avec les intervalles saillants, étroits, guillochés, et hérissés de poils très-courts, peu serrés, blanchâtres; sur la suture, ainsi que sur les bords latéraux, elles sont recouvertes de petites écailles d'un blanc très-légèrement jaunâtre. Le corps, en dessous, est d'un brun foncé brillant, et entièrement revêtu de petites écailles semblables, pour la couleur, à celles que présentent les élytres. Les pattes sont de même couleur que le dessous du corps, cependant d'un brun moins brillant, et hérissées de poils et d'écailles d'un blanc jaunâtre.

Je n'ai rencontré qu'un seul individu de cette jolie petite espèce, que j'ai prise en février, sous les pierres, dans les montagnes du Boudjaréa, aux environs d'Alger.

Pl. 38, fig. 7. *Ceuthorhynchus flavo marginatus*, grossi, 7ª la grandeur naturelle, 7ᵇ la tête vue de profil, 7ᶜ une antenne, 7ᵈ une patte de la dernière paire.

---

### Genus MONONYCHUS, Schupp. *Rhynchœnus*, Fabr.

#### 1221. *Mononychus pseudacori.*

FABR. *Syst. Eleuth.* tom. II, p. 450, n° 62.
OLIV. *Ent.* tom. V, 83, p. 130, 82, pl. 33, fig. 496.
SCH. *Gener. et spec. Curcul.* tom. IV, pars 1ᵉ, p. 309, n° 3.

Rencontré en février, sous les pierres humides, dans les montagnes du Boudjaréa, aux environs d'Alger.

---

### Genus CIONUS, Clairv. *Cleopus*, Steph. *Rhynchœnus*, Fabr.

#### 1222. *Cionus Olivieri.*

SCH. *Gener. et spec. Curcul.* tom. IV, pars 2ᵉ, p. 725, n° 3.
*Cionus thapsus*, OLIV. *Ent.* tom. V, 83, p. 108, 50, pl. 2, fig. 21 *a, b.*

Je n'ai pas trouvé cette espèce, qui a été rencontrée en avril par mon collègue, M. Enfantin, dans le pays des Harakta, lors de l'expédition du lieutenant général Galbois contre cette tribu.

## Genus *Gymnetron*, Sch. *Cionus*, Germ. *Miarus*, Steph. *Cleopus*, Sturm. *Rhynchœnus* et *Curculio*, Auct.

### 1223. *Gymnetron teter.*

Fabr. *Syst. Eleuth.* tom. II, p. 448, n° 50.
Sch. *Gener. et spec. Curcul.* tom. IV, pars 2ª, p. 755, n° 17.

Rencontré en famille, dans les premiers jours de mai, sur le *Verbascum thapsus*, aux environs de Constantine.

### 1224. *Gymnetron crassirostris*, inédit. (Pl. 38, fig. 8.)

Long. 5 millim. larg. 2 millim. ½.

G. angustus, fuscus, virescente-flavo-pilosus; capite rostroque granariis, hoc brevissimo, fortiter curvato; thorace lato, subtiliter punctulato; elytris anticè fuscis, posticè rufescentibus, sat profundè striatis, interstitiisque punctatis; corpore pedibusque fuscis, densè virescente flavo-pilosis.

Il est un peu plus petit que le *G. teter,* et surtout plus étroit. La tête et le rostre sont bruns, très-finement chagrinés, et ce dernier est très-court, épais et assez fortement courbé; des poils d'un vert jaunâtre, très-courts et serrés, revêtent le dessus de la tête, ainsi que le dessus du rostre. Les antennes sont brunes et hérissées de poils jaunâtres, assez courts. Le thorax est brun, finement ponctué, large, légèrement convexe et arrondi sur les parties latérales; il est entièrement couvert de poils d'un vert jaunâtre, courts et assez serrés. Les élytres, d'un brun foncé antérieurement, roussâtres postérieurement, sont assez fortement striées, avec les intervalles larges et très-finement ponctués; elles sont couvertes de poils d'un vert jaunâtre, courts et bien moins serrés que ceux que présente le thorax. Tout le corps, en dessous, ainsi que les pattes, est d'un brun foncé et entièrement couvert de poils d'un vert jaunâtre, plus allongés et plus serrés que ceux que l'on voit sur le thorax et sur les élytres.

Cette espèce ressemble beaucoup au *C. teter*; mais, comme je l'ai déjà dit, elle est un peu plus petite, plus étroite, et un caractère qui empêchera de la confondre avec ce dernier, c'est la brièveté de son rostre et surtout la forme très-courbée qu'affecte cet organe.

Cette espèce, qui a été rencontrée dans les environs d'Alger, m'a été communiquée par M. Aug. Chevrolat.

Pl. 38, fig. 8. *Gymnetron crassirostris*, grossi, 8ª la grandeur naturelle, 8ᵇ la tête vue de profil, 8ᶜ une antenne, 8ᵈ une patte de la première paire.

### 1225. *Gymnetron noctis.*

Herbst, *Col.* tom. VI, p. 269, 240, pl. 80, fig. 9.
Sch. *Gener. et spec. Curcul.* tom. II, pars 2ª, p. 761, n° 26.

J'ai pris cette espèce en fauchant, vers le milieu de mars, dans les bois du lac Houbeira, aux environs du cercle de Lacalle.

Je ferai remarquer que tous les individus que j'ai pris dans le Nord de l'Afrique diffèrent de ceux qui habitent l'Europe par les poils du thorax et surtout des élytres, qui sont plus allongés et plus abondants.

### 1226. *Gymnetron vulpes*, Luc. (Pl. 38, fig. 9.)

Long. 3 millim. $\frac{1}{9}$, larg. 1 millim. $\frac{1}{7}$.

G. elongatus, angustus, fuscus; capite rostroque granariis, rufescente-pilosis; thorace granario, rufescente-piloso, marginibus albo-pilosis; elytris sat profundè striatis, densè rufescente-pilosis, sparsìm albo-pilosis; corpore nigro, sat fortiter granario pedibusque ferrugineis, albo-pilosis.

Il est un peu plus grand que le *G. noctis*, et surtout plus étroit. La tête est d'un brun foncé, finement chagrinée, avec le rostre court, d'un brun ferrugineux à son extrémité; des poils roussâtres, assez serrés, parmi lesquels on en aperçoit d'autres qui sont longs, noirs, placés çà et là, se font remarquer sur la tête et sur le rostre. Les antennes sont ferrugineuses et hérissées de quelques poils roussâtres. Le thorax est assez convexe, de même couleur que la tête, et un peu plus fortement chagriné que cette dernière; il est revêtu de poils roussâtres, assez courts et rapprochés, et ses côtés sont bordés par des poils blancs, courts, serrés, qui forment, de chaque côté de cet organe, une bande blanche assez prononcée; je ferai remarquer aussi que, parmi ces poils roussâtres et blancs, on en aperçoit d'autres de même couleur, mais beaucoup plus allongés et placés çà et là. Les élytres, de même couleur que le thorax, sont revêtues de poils roussâtres, courts et serrés, parmi lesquels on voit d'autres poils très-allongés, roussâtres et blancs, et ceux qui sont de cette dernière couleur se font surtout remarquer sur les parties latérales des élytres; elles sont assez profondément striées, avec les intervalles assez saillants. Tout le corps, en dessous, est noir, assez fortement chagriné, et hérissé de poils blancs, courts, placés çà et là. Les pattes sont ferrugineuses et couvertes de poils blancs très-courts.

Rencontré une seule fois, à Milah, sur les chardons, dans les premiers jours de juin (province de Constantine). Cette espèce habite aussi les environs d'Alger, et sa larve, suivant M. Roussel, qui l'a rencontrée assez communément, vit dans les capsules du *Celsia arctica*.

Pl. 38, fig. 9. *Gymnetron vulpes*, grossi, 9ᵃ la grandeur naturelle, 9ᵇ la tête vue de profil, 9ᶜ une antenne, 9ᵈ une patte de la première paire, 9ᵉ une patte de la dernière paire.

---

## Genus *MECINUS*, Germ.

### 1227. *Mecinus longiusculus*.

Scu. *Gener. et spec. Curcul.* tom. VIII, pars 2ᵃ, *Suppl.* p. 188, n° 3.

Rencontré une seule fois, à la fin de juin, en fauchant les grandes herbes, sur les bords de la route qui conduit de Lacalle à Bône.

Genus *Nanophyes*, Sch. *Nanodes*, ejusd. *Sphærula*, Steph. *Oxobitis*, Sturm.
*Rhynchœnus*, Fabr.

### 1228. *Nanophyes Duriœi*, Luc. (Pl. 38, fig. 10.)

Long. 3 millim. larg. 1 millim. ¼.

N. flavescente-pilosus; capite lævigato, fusco-ferrugineo, rostro nigro ad basim tantùm ferrugineo; thorace subtilissimè punctulato, testaceo-ferrugineo, posticè fuscescente; elytris testaceo-ferrugineis, utrinque testaceo maculatis, nigro punctatis; corpore fusco-ferrugineo, antennis pedibusque testaceo-ferrugineis, femoribus posticè nigro maculatis.

La tête, lisse, d'un brun ferrugineux en dessus, ferrugineuse en dessous, est parsemée de poils d'un testacé pâle, placés çà et là. Les yeux sont d'un noir brillant. Le rostre, allongé, assez fortement courbé, lisse, est noir, avec la base ferrugineuse. Les antennes sont d'un testacé ferrugineux. Le thorax, de même couleur que les antennes, taché de brunâtre de chaque côté de la base, est très-finement ponctué et parsemé de poils courts, d'un testacé pâle. Les élytres, courtes, très-convexes, d'un testacé ferrugineux, ornées, de chaque côté, d'une tache d'un testacé pâle, sont profondément striées, avec les intervalles larges, saillants, très-finement ponctués et couverts de poils d'un jaune clair; elles sont tachées de noir, et cette couleur se montre particulièrement sur les premier, second, quatrième, sixième et huitième intervalles; dans les premier et second intervalles, la couleur noire forme deux taches longitudinales, dont la seconde est interrompue par des poils d'un jaune clair; sur les autres intervalles, ainsi que sur la partie postérieure du premier et du second, cette même couleur noire ne forme simplement que des points. Le corps, en dessous, est d'un brun ferrugineux. Les pattes sont d'un testacé ferrugineux, parsemées de poils jaunâtres, avec les fémurs tachés de noir près de leur extrémité.

Cette espèce forme, sur les tiges de l'*Umbilicus horizontalis*, des œdèmes dans lesquels elle subit ses diverses métamorphoses. J'ai dédié cette espèce à mon collègue et ami, M. Durieu de Maisonneuve, qui a remarqué, sur cette plante, cette singulière particularité; environs d'Oran.

Pl. 38, fig. 10. *Nanophyes Duriœi*, grossi, 10ᵃ la grandeur naturelle, 10ᵇ la tête vue de profil, 10ᶜ une antenne, 10ᵈ une patte de la première paire, 10ᵉ une patte de la dernière paire.

---

Genus *Sphenophorus*, Sch. *Rhynchophorus*, Herbst. *Calandra* et *Curculio*, Auct.

### 1229. *Sphenophorus piceus.*

Pall. *Iter.* tom. I, p. 464, 34, *Iconogr.* p. 23, pl. B, fig. 3.
Herbst, *Col.* tom. VI, p. 20, 12, pl. 60, fig. 11.
Sch. *Gener. et spec. Curcul.* tom. IV, pars 2ᵉ, p. 928, n° 56.

Cette espèce, dont je n'ai rencontré que quelques individus, habite les environs d'Alger et de Constantine; je l'ai trouvée en hiver; elle se tenait cachée sous les pierres.

### 1230. *Sphenophorus abbreviatus.*

Fabr. *Syst. Eleuth.* tom. II, p. 436, n° 31.
Sch. *Gener. et spec. Curcul.* tom. IV, pars 2°, p. 929, n° 57.

Elle est plus commune que la précédente, et je l'ai trouvée dans les mêmes lieux et dans les mêmes conditions.

Genus *SITOPHILUS*, Sch. *Rhynchophorus*, Herbst. *Calandra* et *Curculio*, Auct.

### 1231. *Sitophilus granarius.*

Linn. *Faun. suec.* p. 587.
Oliv. *Ent.* tom. V, 83, p. 95, 33, pl. 16, fig. 196 *a, b.*
Sch. *Gener. et spec. Curcul.* tom. IV, pars 2°, p. 977, n° 10.

Cette espèce, pendant le printemps et tout l'été, est très-répandue dans les silos, aux environs de Constantine, de Milah et de Sétif.

### 1232. *Sitophilus orizæ.*

Fabr. *Ent. syst.* tom. 1, pars 2°, p. 414, n° 89.
Oliv. *Ent.* tom. V, 83, p. 97, 34, pl. 7, fig. 81 *a, b.*
Sch. *Gener. et spec. Curcul.* tom. IV, pars 2°, p. 981, n° 13.

Elle est aussi commune que la précédente, et je l'ai rencontrée dans les mêmes lieux et dans les mêmes conditions.

Genus *PHLŒOPHAGUS*, Sch. *Cossonus*, Oliv. *Rhyncolus*, Steph. *Curculio*, Auct.

### 1233. *Phlœophagus lignarius.*

Marsh. *Ent. Brit.* p. 275, n° 113.
Sch. *Gener. et spec. Curcul.* tom. IV, pars 2°, p. 1052, n° 5.

Je n'ai trouvé qu'une seule fois cette espèce, que j'ai prise en janvier, sous les pierres, dans le Boudjaréa, aux environs d'Alger.

### 1234. *Phlœophagus spadix.*

Herbst, *Col.* tom. VI, p. 252, 222, pl. 78, fig. 11.
Sch. *Gener. et spec. Curcul.* tom. IV, pars 2°, p. 1080, n° 8.

Je n'ai pas rencontré cette espèce, qui a été trouvée dans les environs d'Oran, et qui m'a été donnée par M. le colonel Levaillant.

## DEUXIÈME FAMILLE.

### LES XYLOPHAGES.

---

### Genus *HYPOBORUS*, Erichs.

#### 1235. *Hypoborus ficus*. (Pl. 39, fig. 2.)

ERICHS. *Archiv. für Naturg.* 1836, tom. III, p. 62.

Ce n'est qu'aux environs d'Alger, à la fin de juillet, que j'ai pris cette espèce, qui se plaît sous les écorces des figuiers (*Ficus carica*, Linn.), où elle se creuse des galeries longitudinales et assez profondes.

Pl, 39, fig. 2. *Hypoborus ficus*, grossi, 2ª la grandeur naturelle, 2ᵇ une mâchoire, 2ᶜ une mandibule, 2ᵈ une antenne, 2ᵉ une élytre, 2ᶠ une patte de la première paire.

---

### Genus *APATE*, Fabr. *Bostrichus*, Oliv.

#### 1236. *Apate francisca* (mâle).

FABR. *Syst. Eleuth.* tom. II, p. 379, n° 2.
*Apate carmelita* femelle, ejusd. *Op. cit.* tom. II, p. 379, n° 4.
*Apate monacha*, ejusd. *Op. cit.* tom. II, p. 379, n° 2.
*Bostrichus monachus*, OLIV. *Ent.* tom. IV, 7, n° 77, 5, pl. 2, fig. 9.
*Apate rufiventris*, LUC. *Ann. de la soc. ent. de France*, 2ᵉ série, tom. I, *Bullet.* p. 25 (1843).

L'Est et l'Ouest de l'Algérie nourrissent cette espèce, dont la larve ronge le *Cytisus spinosus*. Pendant mon séjour dans le Nord de l'Afrique, je n'avais pas rencontré cet *Apate*, et c'est en rapportant en France des tiges de *Cytisus spinosus* que je me suis procuré cette espèce, dont les éclosions eurent lieu pendant l'été, dans les années 1843, 1844 et 1845.

Pl. 39, fig. 5. Une mâchoire, 5ª une mandibule, 5ᵇ la lèvre inférieure de l'*Apate francisca*.

La larve, pl. 39, fig. 5ᵈ, est longue de 20 millimètres et n'a pas moins de 5 millimètres $\frac{1}{2}$ de largeur. Elle est d'un jaune très-légèrement taché de brun. La tête est très-petite et presque entièrement cachée par le prothorax; elle est glabre, de même couleur que le corps. Les antennes sont très-petites, et composées de trois articles, dont le premier est très-gros, jaunâtre, tandis que les suivants sont très-petits, d'un brun ferrugineux : ces organes sont situés de chaque côté de la tête et tout près du bord près duquel les mandibules viennent s'articuler. Les mâchoires sont allongées, avec le lobe maxillaire assez grand, et revêtu, à sa partie antérieure, de poils assez allongés et serrés; les palpes maxillaires sont assez allongés, composés de trois articles, dont le premier est plus large que long; le suivant est assez allongé, avec le terminal moins long que le précédent, plus étroit et légèrement terminé en pointe à sa partie antérieure. Les mandibules sont très-fortes, d'un noir foncé, avec leur extrémité terminée en pointe arrondie et légèrement bidentée au côté interne. La lèvre supérieure, très-petite, de forme triangulaire, parsemée de poils roussâtres sur les parties latérales, ne présente rien de remarquable. La lèvre inférieure, plus large que longue, légèrement creusée dans sa partie médiane, supporte des palpes labiaux composés de trois articles, dont les premier et second sont plus larges que longs, avec le dernier ou terminal assez allongé et terminé en pointe arrondie à son extrémité : des poils roussâtres, assez allongés, hérissent çà et là ces divers organes. Le corps ne présente rien de remarquable, seulement il est toujours très-sensiblement courbé, avec le prothorax très-grand, et présentant çà et là des dépressions, dont les plus remarquables sont celles qui existent de chaque côté des parties latérales. Le mésothorax et le métathorax, ainsi que l'abdomen, n'offrent rien de remarquable, si ce n'est qu'ils sont fortement sillonnés transversalement, à l'exception cependant des derniers segments abdominaux, qui sont lisses et très-clairement parsemés de poils jaunâtres; ses parties latérales sont fortement tuberculées, et, dans l'espace qui existe entre les segments et les tubercules latéraux, se trouvent les stigmates, qui sont d'un brun roux foncé; le dessous est glabre et entièrement de même couleur que le dessus. Les pattes sont assez allongées, de même couleur que le corps et parsemées de longs poils testacés.

Ces larves sont très-lentes et se tiennent courbées commes celles des Lamellicornes; je les ai rencontrées dans des tiges de *Cytisus spinosus*, où elles sont assez communes, et les insectes parfaits que j'en ai obtenus proviennent de tiges qui avaient déjà subi l'action du feu et que j'avais achetées, en hiver, à Oran; ces tiges avaient été coupées dans les environs de cette ville. Les ayant apportées en France, j'ai eu des éclosions pendant trois années consécutives, de manière que j'ai pu me procurer un assez bon nombre d'individus de cette espèce, que je n'avais pas rencontrée pendant mon séjour en Algérie.

Pl. 39, fig. 5ᶜ. larve de l'*Apate francisca* grossie, 5ᵈ la grandeur naturelle, 5ᵉ une mâchoire, 5ᶠ une mandibule.

---

## Genus *BOSTRICHUS*, Fabr. *Apate*, ejusd. *Dermestes*, Linn.

### 1237. *Bostrichus luctuosus.*

Oliv. *Ent.* tom. IV, n° 77, 6, pl. 1, fig. 6.

Je n'ai trouvé qu'une seule fois cette espèce, que j'ai prise en mars, dans les environs d'Oran, sous les écorces d'un olivier.

### 1238. *Bostrichus Dufourii.*

Latr. *Gener. crust. et ins.* tom. III, p. 7, n° 3.
*Apate Dufourii,* De Casteln. *Hist. nat. des ins.* tom. II, p. 376, n° 3.
*Apate gallicus,* Panz. *Faun. Germ.* fasc. 101, fig. 17.

Cette jolie espèce, que j'ai prise en juin, habite les environs du cercle de Lacalle; c'est sous les écorces du *Quercus suber* que j'ai rencontré deux individus de ce curieux *Bostrichus.*

### 1239. *Bostrichus nigriventris.* (Pl. 39, fig. 4.)

Luc. *Ann. de la soc. ent. de France,* 2ᵉ série, tom. I, *Bullet.* p. 25 (1843).
*Apate nigriventris,* Kust. *Die Käf. Europ. etc.* fasc. 2, n° 18 (1845).

Cette espèce, que j'ai décrite dans les Annales de la société entomologique de France, a la plus grande analogie avec le *Bostrichus capucinus,* et ne pourra être confondue avec ce dernier, à cause de son abdomen, qui est entièrement noir. Il est aussi à noter que la ponctuation de ses élytres est beaucoup plus profondément marquée que celle du *B. capucinus.*

J'ai rencontré cette espèce dans l'Est et dans l'Ouest de nos possessions; elle se plaît dans le lentisque, le cytise et le chêne-liége. Pendant mon séjour à Oran, ayant acheté quelques fagots pour me chauffer, et ayant remarqué que les tiges qui composaient ces fagots étaient perforés par des larves d'insectes, j'en rapportai quelques-unes en France, et j'obtins de ces tiges, qui étaient du *Cytisus spinosus,* plusieurs individus de ce *Bostrichus.*

Pl. 39, fig. 4. *Bostrichus nigriventris,* grossi, 4ᵃ la grandeur naturelle, 4ᵇ la tête vue de profil, 4ᶜ une antenne, 4ᵈ une élytre grossie.

### 1240. *Bostrichus dactyliperda.* (Pl. 39, fig. 1.)

Fabr. *Syst. Eleuth.* tom. II, p. 387, n° 14.

Ce n'est que dans le cercle de Lacalle que j'ai trouvé cette espèce, dont la larve vit dans le noyau du *Chamærops humilis,* et où elle subit toutes ses métamorphoses. Cette larve se nourrit aussi du noyau du *Phœnix dactyliperda.*

Pl. 39, fig. 1. *Bostrichus dactyliperda,* grossi, 1ᵃ la grandeur naturelle, 1ᵇ une mâchoire, 1ᶜ une mandibule, 1ᵈ la lèvre inférieure, 1ᵉ une antenne, 1ᶠ une élytre grossie, 1ᵍ une patte de la première paire.

On ne connaissait pas encore les métamorphoses de cette espèce, décrite par Fabricius; ayant été à même de pouvoir les observer, je fais connaître ici la larve, la nymphe de ce Xylophage, de quelle manière les œufs sont pondus par les femelles, et les dégâts que les larves causent aux noyaux du *Chamærops humilis.*

La larve, pl. 39, fig. 1ʰ, est longue de 2 millimètres $\frac{1}{2}$ et a à peu près $\frac{1}{4}$ de millimètre en largeur. Elle est d'un jaune pâle, et à travers le derme, qui est transparent, on distingue facilement la circulation et la respiration : celle-ci s'opère par contraction, et on aperçoit parfaitement le mécanisme des trachées. Les stigmates, d'un jaune légèrement rougeâtre, sont difficiles à distinguer; cependant ils sont de forme ovalaire, et placés dans les plis formés par les segments; on distingue aussi parfaitement le vaisseau dorsal, qui est d'un gris noir. La tête, plus large que longue, d'un jaune d'ocre assez foncé, est plus étroite que le prothorax; elle présente, dans son milieu, un petit sillon longitudinal qui se bifurque à sa partie antérieure, et qui semble diviser la tête en trois parties; à sa partie inférieure, on aperçoit, de chaque côté, deux petits tubercules spiniformes, et, sur les côtés, elle est hérissée de quelques soies très-allongées, d'un jaune d'ocre foncé. Les mâchoires ($1^k$), plus longues, sont de même couleur que le corps; elles sont assez robustes, avec le palpe maxillaire court, composé de trois articles, dont le médian est le plus grand, et dont le terminal, plus étroit que le précédent et un peu plus court, est terminé en pointe arrondie à son extrémité; le lobe maxillaire est assez allongé, avec son côté interne armé de fortes épines, allongées et très-acérées à leur extrémité. Les mandibules ($1^1$), presque aussi larges que longues, d'un brun légèrement roussâtre, sont armées, à leur extrémité et du côté interne, de deux fortes dents très-acérées, et dont l'inférieure est plus allongée que l'extérieure; à partir de celle-ci, tout le bord interne de la mandibule est très-finement denticulé. La lèvre supérieure est petite, arrondie à sa base, et armée, de chaque côté, d'une soie assez allongée; la lèvre inférieure ($1^m$) est très-grande, presque de même forme que la supérieure, avec les palpes labiaux très-courts et entièrement glabres. Le corps est assez allongé, et diminue de longueur progressivement; les trois segments qui forment le thorax, c'est-à-dire le prothorax, le mésothorax et le métathorax, sont assez grands, surtout le premier, qui est beaucoup plus saillant que les précédents; les segments abdominaux ne présentent rien de remarquable, et sont distincts entre eux par des plis profonds, transversaux, qui les circonscrivent; les parties latérales sont fortement tuberculées, et chaque tubercule donne naissance à un petit bouquet de poils très-allongés, d'un jaune d'ocre foncé. Le dessous du corps est de même couleur que le dessus, glabre comme celui-ci et armé de forts tubercules, qui semblent représenter les organes de la locomotion.

Cette larve est très-peu agile, et ne peut progresser que par les contractions de son corps.

Nymphe, pl. 39, fig. N. Elle est longue de 3 millimètres $\frac{1}{4}$ et large de 1 millimètre $\frac{1}{2}$ environ. Elle est d'un jaune pâle, à l'exception cependant de la tête et du thorax, qui sont d'un jaune d'ocre foncé. Les antennes, ainsi que les tarses, sont d'un blanc très-légèrement teinté de gris. Les yeux sont d'un brun foncé, avec les organes de la bouche d'un jaune d'ocre foncé. Les élytres, d'un jaune un peu plus foncé que le corps, commencent à représenter déjà les points que l'on remarque sur ces organes à l'état parfait. L'abdomen n'offre rien de remarquable; seulement les parties latérales paraissent être fortement tuberculées, et, sur chacun de ces tubercules, on aperçoit une touffe de poils allongés, d'un jaune d'ocre foncé.

C'est ordinairement pendant les mois de janvier et de février que l'on rencontre les fruits du *Chamærops humilis*, parmi les excréments des chacals, qui, à cette époque, sont très-recherchés par ces animaux. Ces fruits ($1^r$), qui servent aux indigènes pour faire des chapelets, et que j'avais recueillis pour ce même usage, avaient été placés dans un flacon que j'avais toujours laissé ouvert pendant ma longue station dans le cercle de Lacalle. En emballant, dans les premiers jours de septembre, mes flacons et mes boîtes pour me rendre à Alger, je fus très-surpris, en plaçant mes fruits de *Chamærops humilis* dans des cornets de papier, de voir au fond du vase qui les contenait une poussière excessivement fine formant de petits tas placés çà et là, et qui excita vivement ma curiosité. Aussitôt de retour à Alger, j'examinai mes fruits de *Chamærops*, et remarquai que plusieurs d'entre eux étaient percés de quatre ou cinq trous ($1^{s}$), de forme arrondie, et desquels je retirai un petit coléoptère appartenant au genre des *Bostrichus*. En visitant d'autres fruits, je m'aperçus aussi que quelques-uns, à l'extérieur, présentaient cinq ou six œufs qui probablement avaient déjà été pondus par des femelles nouvellement développées. Ces œufs sont d'un blanc jaunâtre, presque transparents, de forme ovalaire, avec leurs deux extrémités très-légèrement aplaties. Cinq ou six semaines après la ponte, les œufs éclosent et les petites larves qui en sortent percent l'épiderme du fruit, et se nourrissent de l'amende, sans qu'à l'extérieur on aperçoive d'autres trous que ceux probablement formés par la jeune larve à la sortie de l'œuf. Je partageai en deux plusieurs de ces fruits ($1^{t}$), et, dans le plus grand nombre, j'ai compté jusqu'à douze et quinze larves qui avaient creusé des galeries en tous sens. Après un séjour de quelques mois dans le fruit du *Chamærops humilis*, ces petites larves se changèrent en nymphes, et ensuite en insectes parfaits un mois ou six semaines après cette dernière métamorphose. C'est ordinairement à la fin de décembre et dans le commencement de janvier que je voyais sortir des insectes parfaits des fruits du *Chamærops humilis*, qu'ils sont alors obligés de percer pour pouvoir sortir des lieux qui les ont vus naître, et dans lesquels ils ont été nourris.

Pl. 39, fig. $1^{h}$, la larve grossie du *Bostrichus dactyliperda* vue en dessus; $1^{i}$ la grandeur naturelle, $1^{j}$ la même, grossie, vue de profil, $1^{k}$ une mâchoire, $1^{l}$ une mandibule, $1^{m}$ la tête, ainsi que la lèvre inférieure vues en dessous, $1^{n}$ la nymphe, grossie, vue en dessus, $1^{o}$ la grandeur naturelle, $1^{p}$ la même, grossie, vue en dessous, $1^{q}$ la grandeur naturelle, $1^{r}$ un noyau entier du *Chamærops humilis*, $1^{s}$ le même, perforé, $1^{t}$ coupe longitudinale du même, pour montrer les galeries creusées par les larves.

---

## Genus *Xylopertha*, Guér. *Bostrichus*, Oliv.

### 1241. *Xylopertha appendiculata*, Luc. (Pl. 39, fig. 3.)

Long. 7 millim. larg. 2 millim. $\frac{1}{2}$.

X. capite nigro, anticè punctato, posticè subtiliter rugato; thorace nigro, lateribus anticè fortiter tuberculatis, in medio punctato, posticè lævigato; elytris rubro-fuscis, longitudinaliter punctatis, interstitiis sat elevatis, posticè depressis, utrinque unituberculatis, fortiter emarginatis appendiculatisque; corpore nigro, subtiliter punctulato; pedibus fusco-ferrugineis, femoribus antennisque flavo-testaceis.

La tête est noire, parsemée antérieurement de points fins et peu serrés, avec une dépression assez fortement prononcée et finement ridée postérieurement. Les mandibules sont de même couleur que la tête. Les palpes labiaux et maxillaires, ainsi que les antennes, sont d'un jaune testacé. Le thorax est d'un noir brillant, hérissé, sur les bords latéro-antérieurs, de tubercules épineux, peu serrés, avec la partie antérieure déprimée et ponctuée; postérieurement, il est entièrement lisse. L'écusson est d'un noir brillant. Les élytres sont d'un rouge légèrement teinté de brun, de cette dernière couleur postérieurement; elles sont parsemées de points arrondis, assez profondément marqués et peu serrés, et parcourues par des côtes longitudinales, lisses, dont quelques-unes sont assez saillantes; à leur base, elles présentent une saillie assez bien prononcée et lisse, avec leur partie postérieure profondément échancrée, et terminée par deux appendices assez prolongés; un peu au-dessous de l'échancrure et du côté externe, on aperçoit, de chaque côté, un tubercule épineux assez fortement prononcé. Tout le corps, en dessous, est noir et parsemé de points fins et peu serrés. Les pattes sont d'un brun ferrugineux, à l'exception cependant des fémurs, qui sont d'un jaune testacé.

Cette espèce, dont je n'ai rencontré qu'un seul individu mâle, a été prise en janvier, en fendant des bûches de chêne-liége, qui déjà avaient subi l'action du feu, dans les bois du lac Tonga, aux environs du cercle de Lacalle.

Pl. 39, fig. 3. *Xylopertha appendiculata,* grossi, 3ᵃ la grandeur naturelle, 3ᵇ la tête vue de profil, 3ᶜ une mâchoire, 3ᵈ une mandibule, 3ᵉ une antenne, 3ᶠ une élytre.

### 1242. *Xylopertha picea (Bostrichus).*

Oliv. *Ent.* tom. IV, n° 77, 15, pl. 2, fig. 10 *a, b.*

Je n'ai pris qu'une seule fois cette espèce, que j'ai rencontrée en novembre, sous les écorces d'un *Quercus Mirbeckii;* environs du cercle de Lacalle, près du douar de Djab-Allah.

### 1243. *Xylopertha humeralis.* (Pl. 40, fig. 1.)

Luc. *Ann. de la soc. ent. de France,* 2ᵉ série, tom. I, *Bullet.* p. 25.

C'est sous les écorces d'un figuier (*Ficus carica,* Linn.), près de l'hôpital du Dey, en mai, dans les environs d'Alger, que j'ai pris cette espèce, dont je n'ai rencontré que quelques individus.

Pl. 40, fig. 1. *Xylopertha humeralis,* grossi, 1ᵃ la grandeur naturelle, 1ᵇ une mâchoire, 1ᶜ une mandibule, 1ᵈ une antenne.

---

## Genus *TRYPOCLADIUS,* Guér. *Bostrichus,* Oliv.

### 1244. *Trypocladius sexdentatus (Bostrichus).*

Oliv. *Ent.* tom. IV, n° 77, 12, pl. 1, fig. 3 *a, b.*

Cette espèce, pendant l'hiver et le printemps, n'est pas rare dans l'Est et dans l'Ouest de l'Algérie; elle semble habiter diverses essences d'arbres, car je l'ai rencontrée sous les écorces des Caroubiers (*Ceratonia silica*, Linn.), des chênes-liéges (*Quercus suber*), des figuiers (*Ficus carica*, Linn.) et des Cytises (*Cytisus spinosus*).

---

Genus *TOMICUS*, Latr. *Dermestes*, Linn. *Bostrichus*, Fabr. *Scolytus*, Fabr.

### 1245.  *Tomicus monographus* (*Bostrichus*).

Fabr. *Syst. Eleuth.* tom. II, p. 387, n° 13.
Payk. *Faun. suec.* tom. III, p. 149, n° 6.
Ratzeb. *Die Forst Ins.* pl. 12, fig. 5, 6.

Les environs de Philippeville, et surtout ceux du cercle de Lacalle, nourrissent cette espèce, que j'ai prise, pendant l'hiver et le printemps, sous les écorces des chênes-liéges (*Quercus suber*).

---

Genus *RHYZOPERTHA*, Steph. *Sinodendron*, Fabr.

### 1246.  *Rhyzopertha pusilla* (*Sinodendron*).

Fabr. *Syst. Eleuth.* tom. II, p. 378, n° 9.
Steph. *Illust. Brit. Ent.* tom. III, p. 354.

Je l'ai rencontré dans les environs d'Oran et du cercle de Lacalle, pendant tout l'hiver et une assez grande partie du printemps; je l'ai trouvé sous les écorces des chênes-liéges, ainsi que sous celles des *Cytisus spinosus*.

---

Genus *HYLESINUS*, Fabr. *Bostrichus*, Panz. *Anthribus*, Fabr. *Scolytus*, Oliv.

### 1247.  *Hylesinus varius*.

*Hylesinus fraxini*, Fabr. *Syst. Eleuth.* tom. II, p. 390, n° 3.
Erichs. *Archiv. für Naturg.* 1836, p. 56.
Ratzeb. *Die Forst Ins.* pl. 7, fig. 15.
*Bostrichus fraxini*, Panz. *Faun. Germ.* fasc. 66, n° 15.
*Hylesinus varius*, Fabr. *Syst. Eleuth.* tom. II, p. 390, n° 4.
*Hylesinus melanocephalus*, Fabr. *Syst. Eleuth.* tom. II, p. 394, n° 21.
*Anthribus pubescens*, Ejusd. *Syst. Eleuth.* tom. II, p. 411, n° 30.

Rencontré au pied des arbres, à la fin d'avril, sur les bords de l'Ouad-Safsaf, aux environs de Philippeville.

## Genus *Platypus*, Herbst. Latr. *Bostrichus*, Fabr. *Scolytus*, Panz.

### 1248. *Platypus cylindrus.*

Herbst, *Col.* 5, pl. 49, fig. 5.
Latr. *Gener. crust. et ins.* tom. II, p. 277, n° 1.
*Bostrichus cylindrus*, Fabr. *Syst. Eleuth.* tom. II, p. 384.
*Scolytus cylindricus*, Oliv. *Ent.* tom. IV, n° 78, pl. 1, fig. 2 *a, b.*
Panz. *Faun. Germ.* fasc. 15, fig. 2.

Je n'ai trouvé qu'une seule fois cette espèce, que j'ai prise en hiver, sous les écorces d'un chêne-liége (*Quercus suber*).

---

## Genus *Cis*, Latr. *Anobium* et *Hylesinus*, Fabr. *Dermestes*, Scop.

### 1249. *Cis boleti.*

Latr. *Gener. crust. et ins.* tom. III, p. 12, n° 1.
*Dermestes boleti*, Scop. *Ent. Carn.* p. 17, n° 44.
*Anobium boleti*, Fabr. *Syst. Eleuth.* tom. I, p. 332.
*Dermestes picipes*, Herbst, *Col.* 4, pl. 41, fig. 3.

Rencontré sous les écorces des chênes-liéges, en mai, dans les environs du cercle de La-calle; je n'ai trouvé que deux individus de cette espèce.

### 1250. *Cis cribratus*, Luc. (Pl. 40, fig. 2.)

Long. 2 millim. $\frac{1}{2}$, larg. 1 millim.

C. brevis, fuscorufescens, pilis flavo-testaceis laxè hirsutus; capite fuscorufescente-nitido, lævigato, thorace elongato, sat fortiter punctato; elytris brevibus, fortiter punctatis, posticè rufescentibus; corpore fusco-nitido, subtiliter punctulato, pedibus, primis articulis antennarum rufescentibus, hisque fuscoru-fescentibus.

D'un brun roussâtre; revêtu de poils d'un jaune testacé, courts et très-peu serrés. La tête est lisse, d'un brun roussâtre brillant. Les premiers articles des antennes sont d'un testacé ferrugineux, avec les trois derniers d'un brun roussâtre. Le thorax est très-grand, convexe, arrondi sur ses bords latéraux, qui ne sont que très-faiblement rebordés; il est ponctué, et les points qui forment cette ponctuation sont assez forts, arrondis et peu serrés. Les élytres sont courtes, convexes et très-arrondies postérieurement, avec les points dont elles sont parsemées beaucoup plus forts, moins serrés et plus profondément marqués que ceux du thorax; postérieurement, ces mêmes organes sont d'un brun roussâtre clair. Tout le corps en dessous est d'un brun brillant et assez finement ponctué. Les pattes sont d'un roussâtre clair.

Cette espèce ressemble un peu au *Cis boleti*, mais elle en diffère par sa taille, beaucoup plus raccourcie; par la longueur de son thorax, la brièveté de ses élytres, et surtout les points gros et peu serrés dont ces organes sont parsemés.

Je n'ai rencontré qu'une seule fois cette espèce, que j'ai prise à la fin de l'hiver, sous les pierres, près de l'hôpital du Dey, aux environs d'Alger.

Pl. 40, fig. 2. *Cis cribratus*, grossi, 2ᵃ la grandeur naturelle, 2ᵇ une antenne.

### 1251. *Cis flavipes*, Luc. (Pl. 40, fig. 3.)

Long. 2 millim. larg. ½ millim.

C. fuscus, pilis flavescentibus hirsutus; capite fortiter punctato, transversìm sat profundè impresso; thorace anticè rufescente, punctato, sat fortiter marginato; elytris elongatis, striatis, confertìmque punctatis; corpore fusco, antennis pedibusque flavo-testaceis.

Cette espèce, qui est très-voisine du *Cis affinis* de Gyllenhal, est d'un brun foncé, parsemé de poils jaunâtres, très-courts et peu serrés. La tête est couverte de points assez forts, et présente entre les yeux une dépression transversale assez fortement prononcée. Les antennes sont d'un jaune testacé. Le thorax, roussâtre à sa partie antérieure, est court, arrondi et assez fortement rebordé sur les parties latérales; il est parsemé de points assez forts, arrondis et un peu plus serrés que ceux de la tête. Les élytres sont assez allongées, striées et couvertes de points plus petits et plus serrés que ceux du thorax. Sur les intervalles, qui paraissent assez élevés, les poils jaunâtres dont cette espèce est revêtue sont placés par rangées longitudinales. Tout le corps, en dessous, est d'un brun foncé, avec les organes de la locomotion d'un jaune testacé.

Cette espèce n'est pas rare à Alger, où je l'ai toujours rencontrée dans les maisons pendant l'hiver et tout le printemps.

Pl. 40, fig. 3. *Cis flavipes*, grossi, 3ⁿ la grandeur naturelle, 3ʰ une antenne.

### 1252. *Cis punctulatus*, Luc. (Pl. 40, fig. 4.)

Long. 2 millim. ½, larg. 1 millim.

C. suprà testaceo-pilosus; capite fuscorufescente, laxè punctulato; thorace fortiter marginato, fuscorufescente, oblongo-punctulato; elytris oblongo-punctulatis, fuscorufescentibus, ad humeros posticèque rufescente tinctis; corpore fusco, antennis pedibusque ferrugineis.

Il est beaucoup plus petit que le *Cis boleti*, avec lequel il a un peu d'analogie. La tête est d'un brun roussâtre, parsemée de points assez forts et peu serrés. Les antennes sont ferrugineuses. Le thorax est assez convexe, peu allongé, assez fortement rebordé sur ses parties latérales, qui sont arrondies; il est d'un brun roussâtre, un peu foncé, couvert de points oblongs, assez profondément marqués, et un peu moins serrés que ceux de la tête. Les élytres sont assez allongées, étroites, d'un brun ferrugineux et tachées de roux clair vers les épaules et postérieurement; elles sont ponctuées, et cette ponctuation, pour la forme et la disposition, est tout à fait semblable à celle du thorax : des poils très-courts, peu serrés, d'un testacé très-clair, revêtent la tête, le thorax et les élytres de cette espèce ; tout le corps en dessous est d'un brun foncé, avec les organes de la locomotion ferrugineux.

Cette espèce varie pour la couleur ; quelquefois elle est entièrement d'un brun foncé, avec les bords du thorax légèrement teints de roussâtre ; d'autres fois elle est tout à fait de cette dernière couleur. Je crois que ces variations sont dues à l'éclosion plus ou moins récente des individus. Ayant été à même de pouvoir observer les métamorphoses de cette espèce, voici la description de la larve de la nymphe et des dégâts que ce petit *Cis* cause pendant son second état, c'est-à-dire celui de larve.

*Larve.* Pl. 40, fig. 4ᵉ, 4ᶠ. Elle est longue de 3 millimètres $\frac{1}{4}$ et a environ un $\frac{1}{2}$ millimètre de largeur. Ce corps est d'un blanc tirant un peu sur le jaune, avec la tête et le dernier segment abdominal d'un jaune roussâtre. La tête lisse, plus longue que large, est assez bombée, et présente un sillon profond qui part de la base et se partage ensuite en deux branches en se dirigeant à droite, et à gauche et aboutissant chacune à la partie latérale du bord où les antennes viennent s'insérer : quelques poils testacés, allongés, peu serrés, hérissent les parties latérales de la tête. Les antennes, courtes, roussâtres, composées de trois articles, dont le dernier, terminé en pointe, présente à son extrémité une longue soie d'une couleur testacée. Les yeux, situés sur les parties latérales de la tête et derrière les antennes, sont d'un roux beaucoup plus foncé que la tête. La lèvre supérieure, beaucoup plus large que longue, tronquée à sa partie antérieure, est de même couleur que la tête. La lèvre inférieure, testacée et très-allongée, est étroite et donne naissance, à sa partie antérieure, à un petit tubercule rétractile sur lequel sont placés les palpes labiaux : ces derniers sont très-courts, composés de deux articles, dont le terminal est beaucoup plus allongé. Les mâchoires, beaucoup plus longues que larges, présentent à leur extrémité, du côté interne, un petit mamelon hérissé de longues soies, assez allongé, terminé en pointe antérieurement, et qui semble être articulé avec la mâchoire ; le palpe maxillaire, situé en arrière de ce mamelon, est assez allongé, composé de trois articles, dont le terminal est plus long que les précédents réunis. Les mandibules sont courtes, robustes, bionguiculées à leur extrémité, et profondément creusées à leur partie interne ; elles sont très-larges un peu au delà de leur naissance, et se terminent du côté interne par un petit mamelon charnu sur lequel sont implantées des soies allongées. Les trois premiers segments, c'est-à-dire le prothorax, le mésothorax et le métathorax, sont à peu près de même longueur, avec leurs parties latérales légèrement tuberculées ; cependant je ferai observer que le premier segment ou le prothorax est ordinairement un peu plus allongé. Ces organes donnent insertion aux pattes, qui sont courtes, robustes et toutes terminées par un ongle assez fort et très-court. Les segments suivants ou abdominaux ne présentent rien de remarquable, à l'exception cependant du dernier, qui est profondément échancré, armé de chaque côté de la partie postérieure, et, en dessus, de deux épines allongées, fortement recourbées en avant ; un peu avant ces épines, on aperçoit de chaque côté un tubercule très-saillant duquel part une soie très-allongée ; ces segments, qui diminuent tous de longueur et de largeur progressivement, présentent chacun, sur leurs parties latérales, qui sont tuberculées, un petit bouquet de poils roides, allongés et entièrement testacés; les stigmates sont d'un brun roussâtre. Le corps, en dessous, ne présente rien de remarquable et est tout à fait de même couleur qu'en dessus.

*Nymphe.* (Pl. 40, 4$^k$, 4$^l$ et k$^m$.) Elle est longue de 2 millimètres $\frac{1}{2}$ et large de $\frac{3}{4}$ de millimètre; elle est d'un blanc légèrement teinté de jaune, et hérissée sur les côtés et en dessus de petits poils allongés, testacés. On distingue les yeux, qui sont roussâtres, ainsi que les organes de la manducation, dont les mandibules sont de même couleur que les yeux. Les antennes, les organes du vol ainsi que les pattes, sont de même couleur que le corps, et deviennent plus foncés au moment où la nymphe est sur le point de se changer en insecte parfait; postérieurement, le dernier segment abdominal est terminé par deux épines assez longues et assez fortement recourbées.

Cette larve est excessivement vive : je l'ai rencontrée rongeant le *Schyzophillum commune*, plante dans laquelle elle creuse çà et là des galeries en tous sens, et où elle chemine facilement au moyen de crochets recourbés en avant, que présente son dernier segment abdominal. C'est dans ces galeries que cette larve subit ses métamorphoses, et que l'insecte parfait éclot; cette dernière période a lieu à la fin de mai et dans tout le commencement de juin.

Pl. 40, fig. 4. *Cis punctulatus,* grossi, 4$^a$ la grandeur naturelle, 4$^b$ une mâchoire, 4$^c$ une mandibule, 4$^d$ la lèvre inférieure, 4$^e$ la larve grossie vue en dessus, 4$^f$ la même vue de profil, 4$^g$ une mâchoire, 4$^h$ une mandibule, 4$^i$ la lèvre inférieure, 4$^j$ dernier segment abdominal vu de profil, 4$^k$ la nymphe grossie vue en dessus, 4$^l$ la même vue de profil, 4$^m$ la même vue en dessous.

---

### Genus CORTICARIA, Marsh. *Latridius,* Herbst.

#### 1253. *Corticaria fuscula.*

Gyllenh. *Ins. Suec.* tom. IV, p. 133, n° 12.
Mann. *Monogr. Cortic. und Lathrid.* p. 55, n° 48.
*Corticaria pallida* (Var. β), Marsh. *Ent. Brit.* tom. I, p. 112, n° 22.

Cette espèce, que je n'ai trouvée qu'une seule fois, habite les environs du cercle de Lacalle, où je l'ai prise à la fin de l'hiver, sous des pierres humides.

#### 1254. *Corticaria serrata.*

Gyllenh. *Ins. Suec.* tom. IV, p. 126, n° 4.
Mann. *Monogr. Cortic. und Lathrid.* p. 28, n° 14.
*Dermestes serratus,* Payk. *Faun. suec.* tom. I, p. 300, n° 31.

Ce n'est qu'aux environs de Philippeville, en mars, que j'ai pris cette espèce, qui se plaît sous les détritus de végétaux rejetés par l'Ouad-Safsaf.

## Genus *LATRIDIUS*, Herbst.

### 1255. *Latridius lilliputanus.*

MANN. *Cortic. und Lathrid.* p. 85, n° 21.

Je n'ai trouvé que deux individus de ce *Latridius*, que j'ai pris en hiver, sous des pierres situées sur les bords d'une petite mare, en face le fort des Anglais, aux environs d'Alger.

---

## Genus *PSAMMÆCIUS*, Latr. *Psammæchus*, Boud. *Anthicus*, Fabr.

### 1256. *Psammæcius Boudieri.* (Pl. 40, fig. 5.)

LUC. *Rev. zool. par la soc. Cuv.* ann. 1845, p. 147.

P. capite sat fortiter ovato-punctato, flavorufescente; antennis omninò flavo-testaceis; thorace flavoru-fescente, breviusculo, lateribus flavo-pilosis; scutello elytrisque flavorufescentibus, his subrufescente-pilo-sis, striato punctatis ad basimque nigro bimaculatis; pedibus abdomineque testaceis, sterno tantùm flavo-rufescente.

La tête, d'un jaune roussâtre, est glabre, entièrement couverte de points, gros, ova-laires et assez rapprochés entre eux. Les mandibules, ainsi que les palpes maxillaires et labiaux, sont d'un jaune testacé, et quelquefois cependant légèrement teint de roussâtre. Les yeux sont très-gros, saillants et entièrement noirs. Les antennes sont d'un jaune tes-tacé, quelquefois d'un jaune roussâtre, clairement parsemées de longs poils jaunes. Le thorax est lisse, de même couleur que la tête; il est un peu moins allongé que dans le *P. bipunc-tatus*, et surtout paraît plus rétréci à sa base; il n'est ni ponctué ni pubescent, comme dans cette dernière espèce, et présente, sur les parties latérales, des poils jaunes, roides et peu serrés. L'écusson est d'un jaune roussâtre, quelquefois testacé, et paraît à peine ponctué. Les élytres, clairement parsemées de poils roussâtres, sont de même couleur que l'écusson; elles sont striées, et ces stries sont formées par de gros points, arrondis, assez profondément enfoncés et peu serrés; comme chez le *P. bipunctatus*, ces organes sont ornés de chaque côté de deux taches irrégulières, dont une est située au côté externe, et l'autre est placée le long de la suture : ces taches sont situées vers la partie postérieure de ces organes, surtout celles qui occupent la suture. Les pattes, ainsi que l'abdomen, sont testacées; quant au sternum et à la partie inférieure du thorax, ils sont d'un jaune rous-sâtre.

Cette espèce a beaucoup d'analogie avec le *P. bipunctatus* de M. Boudier; mais elle en diffère par la tête, qui, au lieu d'être noire, est d'un jaune roussâtre. Chez l'espèce du Nord de l'Afrique, les antennes sont entièrement d'un jaune testacé, tandis que ces mêmes organes, dans le *P. bipunctatus*, ont toujours les deux avant-derniers articles noirs. Il est aussi à noter que l'écusson, au lieu d'être noir, comme cela a lieu chez l'espèce d'Europe, est au contraire entièrement d'un jaune noirâtre. Enfin, dans notre *P. Boudieri*, l'abdomen est testacé, tandis que ce même organe est noir chez le *P. bipunctatus*. Notre espèce, comme il est facile de le voir par les caractères comparatifs que nous venons d'indiquer, est bien distincte du *P. bipunctatus*, et vient augmenter cette coupe générique dont on ne connaissait encore qu'une seule espèce.

Je n'ai pas rencontré communément cette jolie petite espèce, que j'ai prise vers le milieu de novembre, sous des roseaux en décomposition, dans les marais du lac Tonga, aux environs du cercle de Lacalle.

Pl. 4, fig. 5. *Psammæcius Boudieri*, grossi, 5ᵃ la grandeur naturelle, 5ᵇ la lèvre inférieure, 5ᶜ une antenne.

---

## Genus TRIPHYLLUS, Latr. *Ips,* Fabr. Latr. *Cryptophagus,* Herbst.

### 1257. *Triphyllus bifasciatus (Ips).*

FABR. *Ent. syst.* tom. II, p. 579, n° 14.
*Mycetophagus signatus,* PANZ. *Faun. Germ.* fasc. 57, tab. 20.
*Ips marginalis,* PANZ. *Faun. Germ.* fasc. 2, pl. 24.

C'est sous les écorces des chênes-liéges, en juillet, dans les environs du cercle de Lacalle, que j'ai pris cette espèce, qui est assez rare, et dont je n'ai trouvé que quelques individus.

---

## Genus MYCETÆA, Steph. *Mycetophagus,* Gyllenh. *Triphyllus,* Latr.

### 1258. *Mycetæa fumata (Mycetophagus).*

GYLLENH. *Ins. Suec.* tom. III, p. 399, n° 9.
STEPH. *Brit. ent.* tom. III, p. 81, n° 1, pl. 17, fig. 1.
*Cryptophagus variabilis,* PAYK. *Faun. suec.* tom. III, p. 354, n° 3.

Cette espèce est assez abondamment répandue; je l'ai prise en janvier, aux environs d'Alger, sous les écorces des caroubiers (*Ceratonia siliqua,* Linn.).

Genus *SYNCHITA*, Hellw. *Lyctus* et *Elophorus*, Fabr. *Monotoma*, Herbst.

### 1259. *Synchita juglandis* (*Lyctus*).

FABR. *Syst. Eleuth.* tom. II, p. 561, n° 8.
DE CASTELN. *Hist. nat. des ins.* tom. II, pl. 377.
*Monotoma striata*, HERBST, *Col.* 5, pl. 46, fig. 1.
PAYK. *Faun. suec.* tom. III, p. 330, n° 6.
PANZ. *Faun. Germ.* fasc. 5, n° 17.

Elle habite les environs d'Alger, où elle a été rencontrée par M. Durieu de Maisonneuve.

---

Genus *CERYLON*, Latr. *Rhyzophagus, Monotoma*, Herbst. *Ips,* Oliv.
*Lyctus,* Fabr.

### 1260. *Cerylon histeroïdes.*

LATR. *Gener. crust. et ins.* tom. III, p. 14, n° 1.
*Lyctus histeroïdes,* FABR. *Syst. Eleuth.* tom. II, p. 561.
PAYK. *Faun. suec.* tom. III, p. 329.
PANZ. *Faun. Germ.* fasc. 5, fig. 16.
*Rhyzophagus histeroïdes,* HERBST, *Col.* 5, pl. 45, fig. 11.

Se tient sous les écorces des chênes-liéges, où j'ai pris cette espèce en juin, dans les environs du cercle de Lacalle.

---

### Genus *MONOTOMA*, Herbst. Latr.

### 1261. *Monotoma quadrifoveolata.*

AUBÉ, *Ann. de la soc. ent. de France,* 1ʳᵉ série (1837), tom. VI, p. 468, n° 9, pl. 17, fig. 9.

C'est dans du fumier, en avril, que j'ai pris cette espèce, dont je n'ai rencontré qu'un seul individu. Environs du cercle de Lacalle.

---

### Genus *RHYZOPHAGUS*, Herbst. *Lyctus,* Fabr. *Ips,* Oliv.

### 1262. *Rhyzophagus unicolor,* Luc. (Pl. 40, fig. 6.)

Long. 3 millim. larg. 1 millim.

R. omninò ferrugineus; capite sat laxè fortiterque oblongo-punctato; thorace confertìm oblongo-punctato, ad latera posticè subtilìter marginato; elytris elongatis, angustis, striatis, striis oblongo-punctatis, interstitiisque lævigatis; corpore punctato, pedibus lævigatis.

60.

Il ressemble un peu au *R. grandis* de Gyllenhal; il est entièrement ferrugineux, brillant. La tête est grande, couverte de points oblongs, peu serrés et assez forts. Les antennes sont d'un ferrugineux clair, et revêtues de points d'un jaune testacé, assez allongés et peu serrés. Le thorax, un peu plus large à sa partie antérieure que postérieurement, est très-peu convexe et presque plat en dessus; il est très-finement rebordé sur les parties latérales et postérieurement, où il est entièrement arrondi, tandis qu'antérieurement il est tronqué, avec les angles latéro-antérieurs assez aigus; il est ponctué, mais les points qui forment cette ponctuation, quoique oblongs, sont un peu plus petits et plus serrés que ceux de la tête. Les élytres, un peu plus larges que le thorax, sont étroites, allongées, assez profondément striées, et ces stries présentent une ponctuation assez forte, peu serrée et oblongue; les intervalles sont assez larges et entièrement lisses. Le corps, en dessous, est de même couleur qu'en dessus, et parsemé de points assez fins et serrés. Les pattes sont entièrement lisses.

C'est à Kouba, aux environs d'Alger, en juin, dans la propriété de mon ami, M. de Nivoy, que j'ai pris cette espèce, qui se plaît sous les écorces des arbres.

Pl. 40, fig. 6. *Rhyzophagus unicolor,* grossi, 6ª la grandeur naturelle, 6ᵇ une antenne, 6ᶜ une élytre grossie.

---

## Genus *BITOMA,* Herbst. Latr. *Lyctus,* Fabr. *Ips,* Oliv.

### 1263. *Bitoma crenata.*

HERBST, *Col.* 5, pl. 45, fig. 6.
LATR. *Gener. crust. et ins.* tom. III, p. 16, n° 1.
*Lyctus crenatus,* FABR. *Syst. Eleuth.* tom. II, p. 561, n° 10.
PAYK. *Faun. suec.* tom. III, p. 334, n° 11.
*Ips crenata,* OLIV. *Ent.* tom. II, n° 18, pl. 2, fig. 9 *a, b.*

Cette jolie petite espèce, dont je n'ai trouvé que quelques individus, habite les environs du cercle de Lacalle; c'est en avril, sous les écorces d'un chêne-liége mort et à moitié pourri.

---

## Genus *COLYDIUM,* Fabr. Latr. *Ips,* Oliv. Rossi, *Tritoma,* Thumb.

### 1264. *Colydium elongatum.*

FABR. *Syst. Eleuth.* tom. II, p. 556, n° 3.
PAYK. *Faun. suec.* tom. III, p. 302.
HERBST, *Col.* 7, pl. 112, fig. 11.
LATR. *Gener. crust. et ins.* tom. III, p. 21, n° 1.
*Ips elongata,* OLIV. *Ent.* tom. II, n° 28, pl. 2, fig. 17 *a, b.*
*Ips linearis,* ROSSI, *Faun. etrusc.* tom. I, p. 50, pl. 2, fig. 4 à 5.

Les environs de Philippeville, mais surtout ceux du cercle de Lacalle, nourrissent cette espèce, que j'ai toujours trouvée sous les écorces des chênes-liéges.

## Genus *SYLVANUS*, Latr. *Dermestes*, Linn. *Lyctus*, Fabr. *Colydium*, Payk.

### 1265. *Sylvanus sexdentatus (Lyctus)*.

Fabr. *Ent. syst.* tom. I, pars 2ª, p. 5o3, n° 4.

C'est dans les raisins secs et dans les pâtés de figues que vendent les Maures que j'ai trouvé cette espèce, qui n'est pas très-rare. Environs d'Alger, d'Oran, de Bône, de Constantine, pendant tout l'hiver et une grande partie du printemps.

### 1266. *Sylvanus frumentarius (Colydium)*.

Fabr. *Syst. Eleuth.* tom. II, p. 557, n° 2.
Payk. *Faun. suec.* tom. III, p. 3i3, n° 2.
*Dermestes surinamensis*, Linn. *Syst. nat.* tom. II, p. 562, n° 29.
*Tenebrio surinamensis*, Degéer, *Ins.* tom. V, p. 54, n° 5, pl. 13, fig. 12.

J'ai rencontré cette espèce, qui est assez commune, dans les mêmes conditions que la précédente.

------

## Genus *TROGOSITA*, Fabr. *Tenebrio*, Linn. *Platycerus*, Geoffr.

### 1267. *Trogosita cœrulea*.

Oliv. *Ent.* tom. II, n° 19, 6, 1, pl. I, fig. 1.
Fabr. *Syst. Eleuth.* tom. I, p. 15i, n° 3.

Rencontré une seule fois, en mai, sous les écorces des chênes-liéges, dans les bois du lac Tonga, aux environs du cercle de Lacalle.

### 1268. *Trogosita caraboïdes*.

Fabr. *Syst. Eleuth.* tom. I, p. 15i, n° 6.
Herbst, *Col.* 7, pl. 112, fig. 8.
Latr. *Gener. crust. et ins.* tom. III, p. 23, n° 1.
*Trogosita mauritanica*, Oliv. *Ent.* tom. II, n° 19, 6, 2, pl. 1, fig. 2 *a, b*.
*Tenebrio mauritanicus*, Linn. *Syst. nat.* édit. 13ª, tom. I, pars 2ª, p. 674.
Rossi, *Faun. etrusc.* tom. I, p. 232, pl. 7, fig. 15, et pl. 3, fig. 12.

Espèce très-commune dans toute l'Algérie, et que l'on trouve sous les écorces des arbres nouvellement coupés, particulièrement sous celles du chêne-liége; je l'ai rencontrée très-abondamment pendant l'hiver et le printemps dans les bois de chênes-liéges du cercle de Lacalle.

## Genus *LÆMOPHLÆUS*, de Casteln. *Cucujus*, Fabr. Latr.

### 1269. *Læmophlæus nigricollis*, Luc. (Pl. 40, fig. 7.)

Long. 4 millim. larg. 2 millim.

L. capite, thorace, abdomine elytrisque nigris, his in medio fortiter rufescente maculatis; antennis pedibusque fuscorufescentibus.

La tête est noire, avec le sillon longitudinal du milieu plus fortement prononcé que dans le *L. monilis*. Il y a des individus chez lesquels le milieu de la tête est légèrement roussâtre avec la partie antérieure de cette couleur; mais le plus ordinairement la tête est complétement noire. De plus, elle est parsemée de points plus forts et beaucoup plus sensibles que dans le *L. monilis*. Les mandibules sont roussâtres, avec leur extrémité d'un noir foncé. Les antennes sont d'un roux plus foncé que celles du *L. monilis*. Le thorax est entièrement noir, non sinueux sur les côtés, et ne présente pas, sur les bords latéraux ainsi que sur sa partie postérieure, la couleur d'un roux vif que l'on voit chez le *L. monilis*. Il est aussi à noter que les points dont il est parsemé sont un peu plus forts et un peu moins serrés que dans cette dernière espèce. L'écusson est d'un noir roussâtre. Les élytres sont semblables à celles du *L. monilis*; seulement la tache d'un roux vif que présente le milieu de ces organes est beaucoup plus grande que celle de cette dernière espèce. Le dessous du corps est d'un noir brillant, avec les pattes d'un brun roussâtre.

La femelle est un peu plus petite que le mâle, et présente les mêmes couleurs que ce dernier.

Cette espèce est très-voisine du *L. monilis*, et vient se placer tout à côté; elle ne pourra être confondue avec cette dernière, à cause de son thorax ainsi que le dessous du corps, qui sont entièrement noirs, et de la tache d'un roux vif que présentent les élytres, qui est beaucoup plus grande.

Cette espèce, que j'ai rencontrée en hiver, se tient sous les écorces des chênes-liéges coupés depuis quelque temps. Elle n'est pas très-commune. Bois des lacs Tonga et Houbeira, dans les environs du cercle de Lacalle.

Pl. 40, fig. 7. *Læmophlæus nigricollis*, grossi, 7ᵃ la grandeur naturelle, 7ᵇ une mâchoire, 7ᶜ une mandibule, 7ᵈ une antenne, 7ᵉ une élytre grossie.

### 1270. *Læmophlæus rufipes*, Luc. (Pl. 40, fig. 8.)

Long. 2 millim. larg. ½ millim.

L. angustus, ater; capite thoraceque subtiliter punctulatis; elytris sat elongatis, striatis; antennis pedibusque rufescentibus.

Il ressemble un peu au *L. ater,* mais il est beaucoup plus étroit. La tête est noire, parsemée de points peu serrés, assez forts, et de chacun desquels naît un petit poil roussâtre. Les antennes sont roussâtres et légèrement poilues. Le thorax, court, de même couleur que la tête, est beaucoup plus large antérieurement qu'à sa partie postérieure, qui est très-étroite; il est parsemé de points plus serrés que ceux de la tête, avec les poils auxquels ces derniers donnent naissance beaucoup plus courts; il est mutique sur ses parties latérales, et de chaque côté on aperçoit une petite strie longitudinale très-faiblement marquée. Les élytres sont noires, assez allongées et un peu plus étroites que le thorax, avec les petites stries longitudinales qu'elles présentent assez bien marquées. Tout le dessous du corps est noir, avec les pattes roussâtres.

La femelle est de même grandeur que le mâle; sa tête est plus petite, et son thorax antérieurement est beaucoup moins large; du reste, à part les différences sexuelles, elle lui ressemble entièrement.

Rencontré en hiver, sous les écorces des chênes-liéges, dans les bois des lacs Tonga et Houbeira; environs du cercle de Lacalle. Cette espèce est assez rare; je n'en ai trouvé que quelques individus.

Pl. 40, fig. 8. *Læmophlæus rufipes,* grossi, 8ᵃ la grandeur naturelle, 8ᵇ une antenne, 8ᶜ une patte de la première paire.

### 1271. *Læmophlæus suberis,* Luc. (Pl. 40, fig. 9.)

Long. 2 millim. larg. ½ millim.

L. testaceo-ferrugineus; capite fortiter punctato; thorace angusto, punctato, utrinque unistriato, angulis anticè posticèque sat acutis; elytris ad suturam lateraque striatis, interstitiis subtilissimè punctulatis, rufescenteque subpilosis; abdomine pedibusque testaceo-ferrugineis.

Elle est voisine du *L. testaceus,* et vient se placer après cette espèce; d'un testacé ferrugineux. La tête est parsemée de points assez gros et peu serrés; les antennes sont testacées et hérissées de poils allongés, d'un jaune clair. Le thorax est un peu plus long que large, étroit, presque coupé droit sur les bords latéraux, avec les angles antérieurs et postérieurs assez aigus; il est parsemé de points assez forts et peu serrés, avec les stries qu'il présente de chaque côté bien distinctes et profondément marquées. Les élytres sont étroites, un peu plus larges que le thorax à leur base, striées seulement près de la suture et près des bords latéraux; elles sont très-finement ponctuées dans les intervalles, et ceux-ci sont clairement parsemés de poils roussâtres. Les pattes, ainsi que le dessous du corps, sont d'un testacé ferrugineux.

La femelle ressemble au mâle; elle n'en diffère que par la taille, qui est un peu plus petite.

Cette espèce est très-commune, pendant toute l'année, sous les écorces du chêne-liége. Bois des lacs Tonga et Houbeira, dans les environs du cercle de Lacalle.

Pl. 40, fig. 9. *Læmophlæus suberis,* grossi, 9ᵃ la grandeur naturelle, 9ᵇ une élytre grossie.

### 1272. *Læmophlæus elongatulus,* Luc. (Pl. 40, fig. 10.)

Long. 2 millim. ½, larg. ¼ millim.

L. fusco-ferrugineus, flavescente-pilosus; capite punctato, angusto; thorace marginato, posticèque angustiore; elytris elongatis, profundè striatis; corpore, pedibus antennisque fusco-ferrugineis.

Il a un peu d'analogie avec le *L. suberis*, mais il ne pourra être confondu avec cette espèce à cause de sa forme plus allongée, des angles antérieurs et postérieurs de son thorax, qui sont arrondis, et enfin des élytres, qui sont plus distinctement striées. Il est d'un brun ferrugineux. La tête est petite, étroite, parsemée de points peu serrés, desquels sortent des poils jaunâtres assez allongés. Les antennes sont de même couleur que la tête, et hérissées de poils jaunâtres assez allongés et peu serrés. Le thorax est étroit, plus allongé que dans le *L. suberis*, avec sa partie postérieure plus étroite que sa partie antérieure; il est lisse en dessus, revêtu de poils jaunâtres, avec les angles antérieurs et postérieurs moins saillants que dans l'espèce précédente, et arrondis; il est aussi à noter que les bords latéraux sont assez fortement rebordés, et que le sillon que l'on aperçoit de chaque côté est moins profondément marqué que dans le *L. suberis*. Les élytres, étroites et allongées, et un peu plus larges que le thorax, sont parcourues par des stries plus sensibles et bien plus fortement accusées que dans le *L. suberis*; de plus, elles sont revêtues de poils jaunâtres assez courts, très-peu serrés. Je ferai aussi remarquer que les côtés externe et interne des stries présentent des points assez forts mais peu profondément marqués. Tout le corps en dessous, ainsi que les pattes, est d'un brun ferrugineux.

Plus rare que l'espèce précédente, avec laquelle on la rencontre sous les écorces des chênes-liéges; environs du cercle de Lacalle.

Pl. 40, fig. 10. *Lœmophlœus elongatulus*, grossi, 10ª la grandeur naturelle, 10ᵇ une élytre grossie, 10ᶜ une antenne, 10ᵈ une patte de la première paire.

---

### Genus *BRONTES*, Fabr. *Cucujus*, Herbst. *Uleiota*, Latr.

#### 1273. *Brontes flavipes.*

FABR. *Syst. Eleuth.* tom. II, p. 97.
*Cerambyx planatus*, LINN. *Syst. nat.* edit. 13, tom. II, pars 2, p. 624.
*Cucujus planatus*, HERBST, *Fuesl. Archiv. Ins.* p. 24, pl. 7, fig. 7, 8.
OLIV. *Ent.* tom. IV, n° 74 *bis*, pl. 1, fig. 6 *a, b.*
*Uleiota flavipes*, LATR. *Gener. crust. et ins.* tom. III, p. 26, n° 1.

J'ai rencontré très-abondamment cette espèce, qui se plaît sous les écorces des chênes-liéges nouvellement abattus, pendant toute l'année, dans les bois des lacs Tonga et Houbeira, aux environs du cercle de Lacalle.

# TROISIÈME FAMILLE.
## LES LONGICORNES.

---

## PREMIÈRE TRIBU.
### LES PRIONIENS.

---

### Genus *MACROTOMA* [1], Serv. *Prinobius*, Mulst.

#### 1274. *Macrotoma scutellaris* [2] (*Prionus*). (Pl. 41, fig. 1.)

GERM. *Reis. in. Dalmat.* p. 219, n° 207, pl. XI, fig. 1 (femelle).
*Prinobius Germari*, MULST. *Hist. nat. des col. de France, Sulc. et Sécur. Long. suppl.*
*Prinobius Myardi*, MULST. *Ann. des sc. phys. et nat. de Lyon*, tom. V, p. 207, pl. 11 (mâle).

Je n'ai pas rencontré cette remarquable espèce, qui a été prise dans les environs de Blidah, et qui m'a été communiquée par M. Guérin-Méneville. Ce Macrotome, jusqu'à présent, n'avait encore été signalé que comme habitant la Dalmatie et l'île de Corse.

Pl. 41, fig. 1. *Macrotoma scutellaris*, de grandeur naturelle, 1[a] la lèvre inférieure, 1[b] un tarse d'une patte de la troisième paire.

---

### Genus *ERGATES*, Serv. *Prionus*, Fabr. Oliv.

#### 1275. *Ergates faber* (*Cerambyx*).

LINN. *Syst. nat.* tom. II, p. 622, n° 6.
*Prionus faber*, OLIV. *Ent.* tom. IV, 66, p. 18, n° 15, pl. 9, fig. 55 (femelle).
*Prionus obscurus*, ejusd. *Ent.* tom. IV, p. 26, n° 27, pl. 1, fig. 7 (mâle).
*Prionus faber*, FABR. *Syst. Ent.* tom. II, p. 258, n° 5.
*Prionus serrarius*, PANZ. *Faun. Germ.* fasc. 3, fig. 6 (mâle), fig. 5 (femelle).
*Ergates faber*, SERV. *Ann. de la soc. ent. de France*, 1re série, tom. I, p. 143.
MULST. *Hist. nat. des col. de France, Longic.* p. 22, n° 1.
LUC. (larve et nymphe), *Ann. de la soc. ent. de France*, 2e série, tom. II, p. 169.

Cette espèce, que je n'ai pas rencontrée, m'a été donnée par M. Levaillant, colonel au 17e léger, qui a obtenu ce Longicorne de larves qu'il a prises dans des troncs d'arbres, aux environs de Miliana, et dont les transformations eurent lieu à Alger.

[1] Le nom de *Prinobius* étant postérieur à celui de *Macrotoma*, établi par M. Serville, *Ann. de la soc. ent. de France*, 1re série, tom. I, p. 143, j'ai cru devoir adopter cette dernière dénomination.
[2] Sur la planche, au lieu de *Macrotoma Myardi*, Mulst. lisez : *Macrotoma scutellaris*, Germ.

Dans un Mémoire que j'ai inséré dans les Annales de la société entomologique de France, j'ai fait connaître, d'après M. Levaillant, colonel au 36ᵉ de ligne, les transformations de ce curieux Longicorne, que je crois devoir reproduire ici.

Lorsque la larve (pl. 41, fig. 2) de l'*Ergates faber* a atteint la grosseur voulue pour se métamorphoser en nymphe, elle égale 60 à 65 millimètres, et sa plus grande largeur est de 15 à 16 millimètres. Elle est d'un blanc jaunâtre, beaucoup plus grosse antérieurement qu'à sa partie postérieure. La tête, rétractile, est en grande partie enchâssée dans le premier anneau du corps ou prothorax, et, dans les mouvements de contraction, on n'aperçoit souvent que les lèvres supérieure et inférieure, et les mandibules; c'est ce qui arrive, surtout lorsqu'on touche ces divers organes. Du reste, elle est petite, large, à bord supérieur tuberculé, formée d'un anneau corné, jaunâtre, qui supporte les lèvres, les mandibules, les mâchoires et les antennes. La lèvre supérieure, rétractile, d'un jaune roussâtre, est grande, plus large que longue, à face supérieure légèrement convexe, à parties latérales et à extrémité antérieure arrondies; cette dernière partie est hérissée de poils très-courts, serrés, roussâtres. La lèvre inférieure (fig. 2ᵈ) est petite, arrondie antérieurement, et hérissée, sur cette partie, de poils roussâtres, courts et très-serrés; de chaque côté, cette lèvre présente un petit palpe composé de deux articles. On voit, de chaque côté de la tête, à leur naissance, deux petites antennes formées d'un tubercule surmonté de deux petits articles coniques. Les mâchoires (fig. 2ᵇ), protégées par les mandibules, qui les recouvrent, sont terminées par un tubercule saillant, arrondi, hérissé de poils roussâtres, très-courts, serrés, et portant, de chaque côté, un petit palpe d'un roux foncé, formé de trois articles, dont le dernier est terminé en pointe. Toutes les parties de la bouche que je viens de décrire sont rétractiles (les mandibules exceptées), et il est curieux de voir la mobilité de ces divers organes, que cette larve fait sortir et rentrer à volonté. Les mandibules (fig. 2ᵉ) sont robustes et ne présentent rien de remarquable. Le corps est formé de douze segments, la tête non comprise : le premier, ou le prothorax, est très-grand, armé en dessus d'une plaque ovalaire de consistance semi-coriacée et très-finement chagrinée; en dessous, il est muni d'une paire de pattes très-petites, composées de trois articles; les deux segments suivants, ou le mésothorax et le métathorax, sont beaucoup plus petits que celui que je viens de décrire, et, comme ce dernier, ils portent chacun, en dessous, une paire de pattes entièrement semblables à celles du premier anneau; entre le premier segment et le suivant, il existe, de chaque côté, un stigmate très-grand, dont la couleur est roussâtre; le troisième segment est dépourvu de stigmates. Les anneaux qui suivent, c'est-à-dire les 4ᵉ, 5ᵉ, 6ᵉ, 7ᵉ, 8ᵉ, 9ᵉ et 10ᵉ, en dessus et en dessous, sont munis de gros tubercules charnus ou mamelons rétractiles, qui sont divisés en deux parties égales par une impression longitudinale, qui règne tout le long du dos et du ventre de la larve. Ces mamelons remplissent probablement les fonctions de pattes qui aident cette larve à ramper dans les galeries qu'elle se construit dans les souches de pin, en remplacement des six très-petites pattes dont elle est pourvue, et qui paraissent tout à fait impropres à la marche. Le onzième et le douzième segment sont lisses; seulement, de chaque côté, ils présentent une saillie longitudinale très-prononcée, rétractile, et qu'offre déjà, au reste, le segment précédent ou le dixième. Le dernier segment, à son extrémité, est terminé par une saillie composée de trois lobes au milieu desquels est située la partie anale. Les stigmates sont au nombre de neuf paires, dont la première, beaucoup plus grande que les autres, est située entre le prothorax et le mésothorax, ou premier et second anneau membraneux (fig. 2ᵃ); les autres paires sont consécutives et commencent au quatrième anneau ou premier segment abdominal; il n'y a donc que le dernier segment abdominal et le quatrième ou métathorax qui soient dépourvus réellement de stigmates; quant aux deux premiers segments, ils n'en sont pas précisément dépourvus, puisque la première paire est située entre eux, et dépend aussi bien du prothorax que du mésothorax.

La nymphe (fig. 2ᵃ) est longue de 92 millimètres, et n'a pas moins de 38 millimètres en largeur. Elle est d'un jaune clair, couleur qui tourne au jaune brun lorsque cette nymphe est sur le point de se changer en insecte parfait. La tête est entièrement lisse, et on distingue parfaitement les organes de la manducation, qui sont d'un brun assez foncé. Les antennes sont d'un jaune clair, couleur qui est très-sensible, surtout sur les derniers articles; la position qu'elles occupent ne diffère nullement de ce que présentent les autres nymphes de longicornes, c'est-à-dire que ces organes, à leur base, s'appuient sur les bords du prothorax, puis passent ensuite entre les deux premières paires de pattes et la première paire d'ailes, sur lesquelles ils semblent trouver un point d'appui. Le prothorax, en dessus, est finement strié et très-rugueux, et cette rugosité, qui se présente aussi sur les parties latérales, est due à de petits tubercules épineux; entre le prothorax et le mésothorax, il existe un intervalle assez grand, qui, dans l'insecte parfait, est représenté par une membrane très-fine; c'est par cet intervalle, qui est légèrement membraneux, que se trouve située, dans la nymphe, la première paire de stigmates. Le mésothorax est légèrement strié, et la première paire d'ailes à laquelle il donne naissance est d'un jaune clair et entièrement lisse. Le métathorax, de même couleur que le mésothorax, est légèrement strié, et, dans sa partie médiane, il présente un sillon longitudinal assez profondément marqué, qui part du bord antérieur, mais qui ne se continue pas jusqu'au bord postérieur; ces organes supportent la seconde paire d'ailes, qui se trouve entièrement cachée par les élytres. Les pattes sont d'un jaune clair. L'abdomen, de même couleur que les divers organes que je viens de décrire, est ridé, surtout en dessus, et les segments qui le composent sont hérissés, particulièrement dans leur partie médiane, d'un très-grand nombre de petits tubercules épineux; en dessous, il est lisse; cependant on aperçoit çà et là quelques petits tubercules épineux, mais très-peu prononcés. Le tubercule anal (fig. 2ᵍ) est rugueux, ridé, et, à sa partie supérieure, il est armé de deux tubercules épineux très-prononcés (fig. 2ʰ).

Lorsqu'une larve d'*Ergates faber* est sur le point de se changer en nymphe, elle forme, dans les souches de pin, une cavité ellipsoïde, dont la longueur est de 120 à 124 millimètres, et dont la hauteur, dans la partie médiane, est à peu près de 35 millimètres. La nymphe, au moyen des aspérités dont son abdomen est armé, monte ordinairement à la partie antérieure, où elle se tient sur le dos. Pour se transformer en insecte parfait, elle se place sur le ventre, et met environ vingt minutes à se dépouiller. Les élytres prennent leur dimension à mesure qu'elles sont débarrassées de la peau qui les couvre, de manière que,

484        HISTOIRE NATURELLE DES ANIMAUX ARTICULÉS.

quand la peau de la nymphe est descendue jusqu'à la moitié de l'insecte, la partie supérieure des élytres a acquis tout son développement, quand la partie inférieure, encore en-
gagée dans l'enveloppe, n'a que les dimensions assignées à ces organes dans l'état de
nymphe. L'insecte parfait a besoin d'une douzaine de jours pour que ses organes prennent
de la consistance, avant de percer la mince cloison qui le sépare du monde extérieur.

Pl. 41, fig. 2. Larve de l'*Ergates faber* vue de profil, 2ᵃ la nymphe du même vue en dessous, 2ᵇ une
mâchoire, 2ᶜ une mandibule, 2ᵈ la lèvre inférieure, 2ᵉ prothorax et mésothorax vus de profil, pour montrer la position occupée par la première paire de stigmates (2ᶠ), 2ᵍ derniers segments abdominaux de la
nymphe vus en dessus, 2ʰ les mêmes vus de profil, 2ⁱ une mâchoire de l'insecte parfait, 2ʲ une mandibule du même.

## DEUXIÈME TRIBU.

### LES CÉRAMBYCIENS.

## Genus CERAMBYX, Linn. Serv. *Hammaticherus*, Serv.

### 1276. *Cerambyx Mirbeckii (Hammaticherus).* (Pl. 41, fig. 3.)

Luc. *Ann. des sc. nat.* 2ᵉ série, tom. XVIII, p. 184 (1842).

Cette espèce ressemble aussi un peu aux *C. velutinus* et *miles*, avec lesquels elle ne
pourra être confondue, à cause de la forme de ses élytres, qui, dans les deux sexes, sont
bien moins parallèles et beaucoup plus graduellement rétrécies vers l'extrémité; il est aussi
à noter que les côtes longitudinales que présentent ces mêmes organes sont beaucoup plus
sensiblement marquées que dans les deux espèces ci-dessus citées. Ce joli Cerambyx varie
beaucoup pour la taille : je possède des individus qui ont depuis 48 jusqu'à 52 millimètres
de longueur, tandis que d'autres égalent tout au plus 29 millimètres.

C'est particulièrement dans l'Est de nos possessions, c'est-à-dire dans les bois des lacs
Tonga et Houbeira (environs du cercle de Lacalle), presque entièrement composés de
chênes-liéges, que j'ai rencontré ce joli coléoptère, qui paraît à la fin de mai, et vole pendant les mois de juin, juillet et août. Sa larve, que j'ai souvent trouvée, mais que je n'ai
pu élever, se plaît dans les souches du *Quercus suber,* et se tient plus particulièrement sous
l'écorce que dans l'aubier. Cette espèce a été aussi rencontrée par mon collègue, M. Levaillant, dans les bois de chênes-liéges qui se trouvent entre Stora et Philippeville.

J'ai dédié cette espèce à M. le colonel de Mirbeck, qui, pendant mon séjour en Algérie,
commandait les Spahis de Bône; je le prie de recevoir ici mes sincères remercîments pour
la généreuse hospitalité qu'il m'a donnée pendant la longue station que j'ai faite dans le
cercle de Lacalle.

Pl. 41, fig. 3. *Cerambyx Mirbeckii,* de grandeur naturelle, 3ᵃ une mâchoire, 3ᵇ une mandibule.

## 1277. *Cerambyx cerdo.*

LINN. *Syst. nat.* tom. II, p. 629, n° 39.
FABR. *Syst. Eleuth.* tom. II, p. 270, n° 20.
OLIV. *Ent.* tom. IV, p. 13, n° 10, pl. 10, fig. 65.
PANZ. *Faun. Germ.* fasc. 82, fig. 2.
MULST. *Hist. nat. des col. de France, Longic.* p. 31, n° 4.
*Hammaticherus paludivagus,* LUC. *Ann. des sc. nat.* 2ᵉ série, tom. XVIII, p. 185.

Cette espèce, qui se plaît sur les fleurs d'aubépine, est assez rare; je n'en ai rencontré que deux individus, que j'ai pris en juin, dans les bois marécageux du lac Tonga (environs du cercle de Lacalle).

Ayant eu à ma disposition d'autres individus, qui ont été pris dans les environs de Bône, je me suis assuré que le *Cerambyx (Hammaticherus) paludivagus,* que j'ai décrit dans les Annales des sciences naturelles, n'est qu'une variété du *C. cerdo,* et qu'elle n'en diffère que par les plis de son thorax, qui sont plus serrés et en moins grand nombre, et par ses élytres, qui sont plus finement chagrinées.

## 1278. *Cerambyx nerii (Hammaticherus).* (Pl. 41, fig. 4.)

ERICHS. *Reis. in der Regents. Algier, von M. Wagner,* tom. III, p. 188, n° 41, pl. 8.
KUST. *Die Käf. Europ.* fasc. 2, n° 49.
*Hammaticherus mauritanicus,* BUQ.[1] *Ann. de la soc. ent. de France,* 1ʳᵉ série, tom. IX, p. 395.

Ce joli Longicorne m'a été donné par M. le colonel Levaillant, qui l'a rencontré pendant l'été, sur des lauriers-roses (*Nerium Oleander,* Linn.), dans la province d'Oran.

Pl. 41, fig. 4. *Cerambyx nerii* (femelle), grossi, 4ᵃ la grandeur naturelle, 4ᵇ une antenne.

## 1279. *Cerambyx? Levaillantii,* Luc. (Pl. 41, fig. 5.)

Long. 8 millim. larg. 2 millim. ¼.

C. angustus, nigro-castaneus, testaceo-pilosus; capite sat fortiter punctato; antennis fuscorufescentibus, subtiliter punctulatis; thorace elongato, angusto, punctato, ad latera gibboso; elytris angustis, suprà sat convexis, punctatis; corpore subtilissimè punctulato, pedibus elongatis, exilibus.

Très-étroit, entièrement d'un noir marron. La tête est assez fortement ponctuée et très-sensiblement déprimée entre les antennes, où elle présente un sillon longitudinal peu prononcé. Les yeux sont très-gros, noirs et échancrés, comme dans les Cérambyx. Le thorax est un peu moins allongé et plus étroit que dans les Cérambyx; il est fortement ponctué, gibbeux sur les parties latérales, et présente, en dessus, trois saillies lisses, dont une, la médiane, est un peu plus grande que les autres. Les antennes sont d'un brun roussâtre,

---

[1] M. Buquet, dans un mémoire inséré dans le tome IX des Annales de la société entomologique de France, avait désigné cette espèce sous le nom de *H. mauritanicus,* mais le travail de M. Erichson étant antérieur à celui de M. Buquet, j'ai cru devoir adopter la dénomination de l'entomologiste allemand.

finement ponctuées et parsemées de poils testacés, soyeux et très-allongés. L'écusson est roussâtre, bordé de noir marron foncé. Les élytres sont beaucoup plus étroites que dans le genre des *Callidium*, et moins déprimées; elles sont plus larges que le thorax, assez convexes, avec les angles huméraux saillants et arrondis; elles sont ponctuées, avec les points qui forment cette ponctuation assez forts et peu serrés. Tout le corps, en dessous, est de même couleur qu'en dessus et très-obsolètement ponctué. Les pattes, de même couleur que le dessous du corps, sont comme dans le genre des *Callidium*, seulement elles sont proportionnellement plus longues et plus grêles. Il est aussi à noter que tout le corps de cette espèce, ainsi que les antennes et les organes de la locomotion, est revêtu de poils testacés, assez allongés et très-peu serrés.

C'est avec le plus grand doute que je place cette espèce dans le genre des *Cerambyx*, avec lequel elle a cependant une assez grande ressemblance; elle a aussi un peu d'analogie avec le genre des *Callidium*, mais elle en diffère sur plusieurs points. Ainsi les yeux sont beaucoup plus gros que dans ce dernier genre, avec le thorax beaucoup plus convexe et surtout plus étroit. Le corps est aussi beaucoup plus étroit et surtout bien moins déprimé.

Cette curieuse espèce, dont je ne possède qu'un seul exemplaire, que j'ai obtenu de M. Levaillant, colonel au 36e de ligne, a été trouvée, par cet officier supérieur, dans les environs d'Oran.

Pl. 41, fig. 5. *Cerambyx? Levaillantii*, grossi, 5ª la grandeur naturelle, 5ᵇ une antenne.

---

## Genus *PURPURICENUS*, Serv. *Cerambyx*, Fabr. Oliv.

### 1280. *Purpuricenus Desfontainii* (*Cerambyx*).

Fabr. *Syst. Eleuth.* tom. II, p. 274, n° 37.
Oliv. *Ent.* tom. IV, 67, p. 128, n° 174, pl. 23, fig. 183.

Cette espèce est très-commune dans le cercle de Lacalle; je l'ai rencontrée particulièrement sur les fleurs de l'*Echinops spinosus*, près des marais du lac Tonga, où cette espèce de chardon couvre des espaces de terrain assez considérables. Fin de juin et commencement de juillet.

Pl. 41, fig. 6. Une mâchoire, 6ª une mandibule, 6ᵇ la lèvre inférieure du *Purpuricenus Desfontainii*.

### 1281. *Purpuricenus affinis*.

Brull. *Expéd. sc. de Morée*, tom. III, *Zool.* p. 251, n° 474.

Rencontré une seule fois, en mai, près des marais du lac Tonga, dans le cercle de Lacalle; cette espèce se tenait sur les fleurs de l'*Echinops spinosus*, en compagnie du *Purpuricenus Desfontainii*, Fabr.

### 1282. *PurpuricenusDumerilii*, Luc. (Pl. 41, fig. 7.)

Long. 12 à 15 millim. larg. 3 millim. ½ à 5 millim.

P. capite nigro, fortiter granario; thorace tuberculato, punctato, spinâ laterali vix prominente, suprà rubro anticè, posticè infràque nigro; elytris sat subtiliter punctatis, rubris, ad basin posticèque nigris; maculâ nigrâ posteriori maximè abbreviatâ; corpore, antennis pedibusque nigris, punctatis.

Il est plus petit que le *P. affinis*, près duquel il vient se placer, et dont il diffère par les élytres, qui, à leur base, sont toujours plus ou moins largement bordées de noir, et par la tache noire postérieure, qui est moins prononcée et surtout bien moins prolongée. La tête, entièrement noire, est beaucoup plus fortement chagrinée que celle du *P. affinis*; les mandibules sont de même couleur que la tête, ainsi que les palpes labiaux et maxillaires, à l'exception cependant de l'extrémité de ces derniers, qui est d'un jaune ferrugineux. Les antennes sont noires et beaucoup plus grêles que dans le *P. affinis*. Le thorax, plus large que long, est inégal, assez fortement ponctué, avec l'épine dont il est armé de chaque côté généralement peu prononcée; il est rouge en dessus, avec les bords antérieur et postérieur finement bordés de noir, et tout le dessous de cette couleur. L'écusson est noir et finement ponctué. Les élytres, plus larges que le thorax, sont plus finement ponctuées que le *P. affinis*; elles sont rouges, fortement bordées de noir à leur base, et ornées d'une tache de cette couleur postérieurement. Il est à noter que cette tache est beaucoup plus petite que dans le *P. affinis*, et surtout qu'elle se prolonge bien moins que dans cette dernière espèce. Tout le corps en dessous, ainsi que les pattes, est ponctué et entièrement noir.

Trouvé en mai, dans les environs d'Hippône. Cette espèce se plaît sur les chardons et n'est pas très-commune.

Pl. 41, fig. 7. *Purpuricenus Dumerilii*, grossi, 7ᵃ la grandeur naturelle.

### 1283. *Purpuricenus barbarus*. (Pl. 41, fig. 8.)

Luc. *Ann. des sc. nat.* 2ᵉ série, tom. XVIII, p. 185.

Cette espèce varie beaucoup pour la couleur. Je possède des individus qui sont entièrement noirs, à l'exception cependant du bord externe des élytres, qui est rouge : cette couleur sur ces organes s'étend quelquefois beaucoup, atteint la suture, et j'ai même rencontré un individu chez lequel cette couleur rouge devient commune de chaque côté des élytres, et forme une large bande transversale. Je ferai remarquer aussi que, dans les individus chez lesquels cette couleur rouge est très-prononcée, le thorax offre de chaque côté une tache arrondie de cette couleur.

Ce Purpuricène n'est pas très-commun : ce n'est que tout à fait dans l'Est de nos possessions, aux environs du cercle de Lacalle, que je l'ai rencontré; cette espèce se plaît sur les carduacées qui sont situées près des marais du lac Tonga.

Pl. 41, fig. 8. *Purpuricenus barbarus*, grossi, 8ᵃ la grandeur naturelle.

## Genus *Aromia*, Serv. *Cerambyx*, Fabr.

### 1284. *Aromia rosarum*, Luc. (Pl. 41, fig. 9.)

Long. 25 à 30 millim. larg. 6 millim. $\frac{1}{2}$ à 9 millim.

A. capite cyaneo-viridi metallico vel omninò viridi; thorace suprà rubro, anticè posticè infràque viridi-cyaneo metallico; elytris viridi-æneis, vel cyaneis, sat fortiter granariis, duabus costis sensiter elevatis; corpore pedibusque viridi-metallicis, vel cyaneo-virescentibus.

La tête est d'un beau bleu verdâtre métallique, quelquefois entièrement verte, ponctuée comme dans l'*A. ambroisaca*, avec le sillon longitudinal plus profondément marqué que dans l'*A. moschata*. Les mandibules sont fortement ponctuées, de même couleur que la tête. Les palpes maxillaires, ainsi que les palpes labiaux, sont noirs, avec l'extrémité de chaque article testacée. Les antennes sont d'un bleu obscur, et ne présentent rien de remarquable. Dans les femelles, ces organes sont à peine aussi longs que le corps. Le thorax est rouge en dessus, bordé de bleu ou de vert métallique sur ses bords antérieur et postérieur, et de l'une de ces deux couleurs en dessous; il est assez fortement ridé transversalement, et ne présente, dans sa partie médiane, que quelques points oblongs, peu serrés et assez profondément marqués; en dessous il est parsemé de points profondément marqués, plus forts et moins serrés que dans l'*A. moschata*. L'écusson est d'un bleu verdâtre métallique, et ne présente rien de remarquable. Les élytres sont d'un beau vert bronzé, quelquefois entièrement bleues; elles sont beaucoup plus larges que le thorax à la base, plus finement chagrinées que dans les *A. moschata* et *ambroisaca*, avec les deux côtes longitudinales plus sensiblement marquées. Le corps en dessous est d'un vert métallique quelquefois d'un beau bleu verdâtre, revêtu d'un duvet court, serré, d'un jaune testacé. Les pattes sont verdâtres, quelquefois d'un bleu obscur, avec les tarses revêtues en dessous d'une tomentosité grisâtre, courte et très-serrée.

Cette espèce ressemble beaucoup aux *A. moschata* et *ambroisaca*, mais elle en diffère par son thorax, qui, en dessous, est toujours entièrement rouge, par les élytres, qui sont plus finement chagrinées, et par les deux côtes longitudinales que présentent ces organes, qui sont aussi plus fortement accusées.

Cette espèce se plaît sur les frênes, et particulièrement sur les saules qui se trouvent dans les marais du lac Tonga; c'est ordinairement à la sommité de ces arbres que cette Aromie se tient; elle est assez facile à rencontrer par une odeur d'essence de rose fort prononcée qu'elle exhale. Commencement de juin; environs du cercle de Lacalle.

Pl. 41, fig. 9. *Aromia rosarum*, de grandeur naturelle, 9ᵃ une mâchoire, 9ᵇ une mandibule, 9ᶜ la lèvre inférieure.

## Genus *CALLIDIUM*, Fabr.

### 1285. *Callidium alni* (*Leptura*).

Linn. *Syst. nat.* tom. II, p. 689, n° 19.
Fabr. *Ent. syst.* tom. II, p. 338, n° 86.
Oliv. *Ent.* tom. IV, n° 70, pl. 3, fig. 37 *a, b*.
Herbst, *Arch.* pl. 26, fig. 21.
Panz. *Faun. Germ.* fasc. 70, pl. 20.
Mulst. *Hist. nat. des col. de France, Longic.* pl. 45, fig. 5.

Il a été rencontré dans les environs d'Alger par M. Levaillant, colonel au 17ᵉ léger.

---

## Genus *PHYMATODES*, Mulst. *Cerambyx*, Linn. *Callidium*, Fabr.

### 1286. *Phymatodes brevicollis* (*Callidium*).

Sch. *Append. ad syn. Ins.* p. 198 et 268.
*Phymathodes thoracicus*, Mulst. *Hist. nat. des col. de France, Longic.* p. 51, n° 2.
*Callidium thoracicum*, Luc. *Ann. des sc. nat.* 2ᵉ série, tom. XVIII, p. 186.

Trouvé une seule fois en hiver, à Oran, dans du bois qui avait déjà subi l'action du feu, et que j'avais acheté pour me chauffer. Fin de janvier.

### 1287. *Phymatodes variabilis* (*Callidium*).

Sch. *Syn. ins.* tom. III, p. 442.
Payk. *Faun. suec.* p. 87, n° 9.
*Phymatodes nigricollis* (var. C), Mulst. *Hist. nat. des col. de France, Longic.* p. 49.
*Cerambyx fennicus*, Linn. *Faun. suec.* n° 674.

Je n'ai pas rencontré cette espèce, que je dois à l'obligeance de M. Dégenès, qui, pendant mon séjour à Oran, commandait la station du port de cette ville; ce *Phymatodes* a été pris en hiver, dans des bûches de bois qui avaient été coupées aux environs d'Arzew.

---

## Genus *HYLOTRUPES*, Serv. *Callidium*, Fabr.

### 1288. *Hylotrupes bajulus* (*Callidium*).

Fabr. *Syst. Eleuth.* tom. II, p. 333, n° 2.
Oliv. *Ent.* tom. IV, p. 7, n° 5, pl. 3, fig. 30 *a, b*.
Panz. *Faun. Germ.* fasc. 70, pl. 1.
Mulst. *Hist. nat. des col. de France, Longic.* p. 55, n° 1.

Assez répandu, pendant les mois de juin et de juillet, dans le cercle de Lacalle; je prenais ordinairement cette espèce après le coucher du soleil.

### Genus CRIOCEPHALUS, Mulst. Cerambyx, Linn. Callidium, Fabr.

#### 1289. Criocephalus rusticus (Cerambyx).

LINN. *Syst. nat.* tom. II, p. 634, n° 67.
MULST. *Hist. nat. des col. de France, Longic.* p. 63 et 64 (var. A).
*Callidium rusticum,* PANZ. *Faun. Germ.* fasc. 70, pl. 8.
SCH. *Syn. ins.* tom. III, p. 449, n° 33.

J'ai pris cette espèce, qui n'est pas très-commune, sur les troncs des chênes-liéges des bois du lac Tonga. Premiers jours de mai; environs du cercle de Lacalle.

Cette espèce varie beaucoup pour la taille; j'ai rencontré des individus qui ont jusqu'à 26 millimètres de long, tandis que d'autres atteignent tout au plus 18 millimètres.

---

### Genus STROMATIUM, Mulst. Solenophorus, ejusd. Callidium, Fabr.

#### 1290. Stromatium strepens (Callidium).

FABR. *Syst. Eleuth.* tom. II, p. 343, n° 59.
MULST. *Rect. et add. à la monogr. des Longic.* p. 65.
Ejusd. *Hist. nat. des col. de France, Longic.* p. 65.
*Callidium unicolor,* OLIV. *Ent.* tom. IV, p. 70, pl. 7, fig. 84.

Rencontré, dans des bûches de bois de cytise (*Cytisus spinosus*) et de lentisque (*Pistacia lentiscus*), à Kouba; fin de juillet; environs d'Alger.

---

### Genus HESPEROPHANES, Mulst. Callidium, Fabr.

#### 1291. Hesperophanes sericeus (Callidium).

FABR. *Syst. Eleuth.* tom. II, p. 337, n° 20.
ROSSI, *Faun. etrusc.* tom. I, p. 153 et 382, pl. 1, fig. 6.
MULST. *Hist. nat. des col. de France, Longic.* p. 66, n° 1.
OLIV. *Ent.* tom. IV, 70, pl. 3, fig. 38.
*Callidium Latreillæi,* BRULL. *Expéd. sc. de Morée,* tom. III, 1ʳᵉ partie, *Zool.* p. 256, n° 491.
*Callidium sericeum,* ejusd. *op. cit. Atlas,* pl. 43, fig. 8.
*Hesperophanes rotundicollis,* LUC. *Ann. des sc. nat.* 2ᵉ série, tom. XVIII, p. 185.

Se trouve dans l'Est et dans l'Ouest de nos possessions; elle n'est pas très-commune, et les quelques individus que j'ai rencontrés ont été pris à Kouba, dans les premiers jours de mai; environs d'Alger. J'ai trouvé aussi cette espèce dans les bois de chênes-liéges des lacs Tonga et Houbeira, aux environs du cercle de Lacalle.

### 1292. *Hesperophanes griseus* (*Callidium*).

Fabr. *Syst. Eleuth.* tom. II, p. 340, n° 37.
*Hesperophanes tomentosus*, Luc. *Ann. des sc. nat.* 2° série, tom. XVIII, p. 186.

Cette espèce est beaucoup plus commune que la précédente; elle habite l'Est et l'Ouest, et je m'en suis procuré un assez grand nombre d'individus en rapportant en France des bûches de bois de cytise et de lentisque qui avaient été coupées dans les environs d'Oran, et que j'avais achetées en janvier pour me chauffer.

### 1293. *Hesperophanes affinis.* (Pl. 41, fig. 10.)

Luc. *Ann. des sc. nat.* 2° série, tom. XVIII, p. 186.

Cette espèce est beaucoup plus rare que la précédente, et je l'ai prise dans les mêmes conditions.

Elle ne pourra être confondue avec l'*H. griseus,* à cause de sa taille, qui est ordinairement plus petite, et de son thorax, qui est plus large que long; je ferai aussi remarquer que les taches que présentent les élytres sont plus distinctement accusées que dans cette dernière espèce.

Pl. 41, fig. 10. *Hesperophanes affinis,* grossi, 10ᵃ la grandeur naturelle.

### 1294. *Hesperophanes pulverulentus* (*Callidium*).

Erichs. *Reis. in der Regents. Algier, von M. Wagner,* tom. III, p. 188, n° 4.

Je ne connais pas cette espèce, qui a été décrite par M. Erichson, et qui a été trouvée en Algérie par M. Wagner.

---

## Genus CLYTUS, Fabr. *Leptura* et *Cerambyx,* Linn. *Callidium,* Oliv. *Arhopalus,* Serv. *Platynotus,* Mulst.

### 1295. *Clytus arcuatus* (*Leptura*).

Linn. *Faun. suec.* n° 696.
Fabr. *Syst. Eleuth.* tom. II, p. 347, n° 8.
De Casteln. et Gory, *Monogr. des Clyt.* p. 42, pl. 9, fig. 52.
*Platynotus arcuatus,* Mulst. *Hist. nat. des col. de France, Longic.* p. 73, n° 2.
*Callidium arcuatum,* Fabr. *Ent. syst.* tom. II, p. 333, n° 64.
Oliv. *Ent.* tom. IV, 70, p. 35, n° 48, pl. 2, fig. 16.
Panz. *Faun. Germ.* fasc. 4, pl. 14.

Rencontré une seule fois, en mai, sur les chardons qui bordent la route qui conduit au Gouraïa; environs de Bougie.

### 1296. *Clytus Boblayei.*

Brull. *Expéd. sc. de Morée,* tom. III, *Zool.* p. 253, n° 480, pl. 43, fig. 12.
De Casteln. et Gory, *Monogr. des Clyt.* p. 45, pl. 9, fig. 53.

Trouvé en mai, dans les environs de Constantine et du cercle de Lacalle. Cette espèce, qui n'est pas très-commune, se tient sur les chardons; elle habite aussi les environs de Bône, car j'en possède plusieurs individus qui ont été pris près de cette ville par M. Wampers, capitaine au 4e des chasseurs d'Afrique.

### 1297. *Clytus scalaris.*

Brull. *Expéd. sc. de Morée,* tom. III, *Zool.* p. 254, n° 483, pl. 43, fig. 10.
De Casteln. et Gory, *Monogr. des Clyt.* p. 47, pl. 9, fig. 55.

Habite les environs de Constantine, où je l'ai trouvée peu communément; elle se tient sur les chardons qui sont situés sur les bords du Rummel; fin de mai et commencement de juin.

### 1298. *Clytus ornatus.*

Fabr. *Syst. Eleuth.* tom. II, p. 351, n° 26.
De Casteln. et Gory, *Monogr. des Clyt.* p. 76, pl. 14, fig. 88.
Mulst. *Hist. nat. des col. de France, Longic.* p. 89, n° 13.
*Callidium ornatum,* Fabr. *Ent. syst.* tom. II, p. 336, n° 77.
Oliv. *Ent.* tom. IV, 70, p. 40, n° 53, pl. 6, fig. *a, b.*
Panz. *Faun. Germ.* fasc. 70, pl. 18.
*Leptura verbasci,* Linn. *Syst. nat.* tom. I, 2e partie, p. 640, n° 22.

Rencontré une seule fois, en mai, sur les chardons, dans les environs de Milah (province de Constantine).

### 1299. *Clytus Pelleteri.*

De Casteln. et Gory, *Monogr. des Clyt.* p. 93, pl. 17, fig. 109.

J'ai trouvé très-communément cette espèce, qui est très-agile, sur les fleurs de la carotte sauvage; commencement de mai; environs d'Hippône.

### 1300. *Clytus arvicola (Callidium).*

Oliv. *Ent.* tom. IV, 70, p. 64, n° 88, pl. 8, fig. 93.
Sch. *Synon. ins.* tom. I, pars 3e, p. 465, n° 16.
De Casteln et Gory, *Monogr. des Clyt.* p. 54, pl. 11, fig. 63.
Mulst. *Hist. nat des col. de France, Longic.* p. 77, n° 3.

Trouvé une seule fois vers le milieu de juin, sur les fleurs de l'*Echynops spinosus;* environs du cercle de Lacalle.

## 1301. *Clytus plebejus* (*Callidium*).

Fabr. *Ent. syst.* tom. II, p. 334, n° 7.
Ejusd. *Syst. Eleuth.* tom. II, p. 349, n° 15.
Oliv. *Ent.* tom. IV, 70, p. 49, n° 67, pl. 6, fig. 72.
De Casteln. et Gory, *Monogr. des Clyt.* p. 99, pl. 19, fig. 119.
Mulst. *Hist. nat. des col. de France, Longic.* p. 85, n° 10.
*Leptura rustica*, Razoum. *Hist. nat.* tom. I, p. 155, n° 60.
*Cerambyx figuratus*, Scop. *Ent. carn.* p. 55, n° 176.

Cette espèce, que je n'ai rencontrée qu'une seule fois, a été prise à la fin de mai, sur les fleurs de la carotte sauvage, aux environs de Bougie.

## 1302. *Clytus glaucus*[1]. (Pl. 42, fig. 1.)

Fabr. *Syst. Eleuth.* tom. II, p. 351, n° 22.
*Callidium glaucum*, ejusd. *Ent. syst.* tom. II, p. 336, n° 73.
Oliv. *Ent.* tom. IV, 70, n° 56, pl. 6, fig. 68.
*Clytus griseus*, De Casteln. et Gory, *Monogr. des Clyt.* p. 80, n° 177, pl. 15, fig. 92 *bis.*

Je n'ai trouvé qu'une seule fois cette espèce, que j'ai prise dans les premiers jours de juin, sur les chardons, près de Tixeraïn, aux environs d'Alger.

Pl. 42, fig. 1. *Clytus glaucus*, grossi, 1ª la grandeur naturelle, 1ᵇ une antenne.

## 1303. *Clytus trifasciatus.*

Fabr. *Syst. Eleuth.* tom. II, p. 351, n° 24.
De Casteln. et Gory, *Monogr. des Clyt.* p. 63, pl. 12, fig. 63.
Mulst. *Hist. nat. des col. de France, Longic.* p. 87, n° 12.
*Callidium trifasciatum*, Fabr. *Ent.* tom. II, p. 336, n° 75.
Panz. *Faun. Germ.* fasc. 112, pl. 2.

Habite les environs de Constantine; je n'ai rencontré que très-rarement cette espèce, que j'ai prise tout à fait à la fin de mai; elle se tient le long des tiges des chardons.

## 1304. *Clytus sexguttatus.* (Pl. 42, fig. 2.)

Long. 9 à 12 millim. ½, larg. 2 millim. ½ à 4 millim.

C. capite rufo, subtilissimè granario; thorace fuscorufescente, sat subtiliter granario, anticè posticèque flavo-piloso; elytris sat fortiter granariis, nigro subrubescentibus, utrinque flavo trivittatis; abdomine sternoque nigris, albido-subflavescente maculatis marginatisque; pedibus fuscorufescentibus, flavescente-pilosis.

Il ressemble un peu au *C. trifasciatus* de Fabricius, et vient se placer après cette espèce.

[1] Il y a probablement erreur pour la localité assignée à cette espèce par Fabricius et Olivier.

La tête est brune, très-finement chagrinée, revêtue de poils d'un blanc jaunâtre, avec le sillon longitudinal placé entre les antennes, très-profondément marqué. Les antennes sont d'un ferrugineux assez foncé, couvertes d'une tomentosité jaunâtre. Le thorax est d'un brun ferrugineux, assez finement chagriné, et parsemé, à ses parties antérieure et postérieure, de poils jaunâtres, courts, serrés, qui forment deux bandes transversales assez bien prononcées. L'écusson est entièrement caché par des poils d'une belle couleur jaune. Les élytres, plus fortement chagrinées que le thorax, sont d'un noir très-légèrement teinté de rougeâtre, et ornées de chaque côté de trois bandes transversales d'une belle couleur jaune, dont la postérieure terminale est beaucoup plus petite. Tout le corps en dessous est d'un noir foncé assez brillant avec le sternum bordé, sur ses parties latérale et postérieure, de blanc très-légèrement jaunâtre; un peu au-dessus du trochanter de la seconde paire de pattes, on aperçoit une tache arrondie de même couleur; enfin, tous les segments abdominaux sont largement bordés postérieurement de blanc très-légèrement jaunâtre. Les pattes sont d'un blanc roussâtre, revêtues de poils jaunâtres.

Se trouve dans l'Est et dans l'Ouest de nos possessions; je l'ai pris en mai dans les environs d'Alger, et les individus que je possède de la province d'Oran m'ont été donnés par M. Warnier, qui a rencontré ce joli *Clytus* dans les environs de Tlemsên.

Pl. 42, fig. 2. *Clytus sexguttatus*, grossi, 2ª la grandeur naturelle, 2ᵇ une mâchoire, 2ᶜ une mandibule, 2ᵈ une patte de la dernière paire.

---

### Genus CARTHALLUM, Mulst. *Callidium*, Fabr.

#### 1305. *Cartallum ruficolle* (*Callidium*).

FABR. *Ent. syst.* tom. II, p. 319, n° 4.
Ejusd. *Syst. Eleuth.* tom. II, p. 334, n° 4.
OLIV. *Ent.* tom. IV, 70, p. 19, n° 22, pl. 22, fig. 27.
MULST. *Hist. nat. des col. d'Europe, Longic.* p. 96, n° 1.

Très-commun dans l'Est et dans l'Ouest sur les Carduacées, pendant les mois de mai et de juin; cette espèce varie excessivement pour la taille. Environs d'Oran, d'Alger, de Constantine, de Bône et du cercle de Lacalle.

Je possède une variété que j'ai trouvée dans les environs de Milah (province de Constantine), et chez laquelle le thorax est entièrement noir; cette variété n'est pas très-rare.

## Genus *DEILUS*, Serv. *Callidium*, Fabr. Oliv.

### 1306. *Deilus fugax* (*Callidium*).

FABR. *Syst. Eleuth.* tom. II, p. 339, n° 29.
OLIV. *Ent.* tom. IV, 70, p. 30, n° 40, pl. 6, fig. 69.
ROSSI, *Faun. etrusc. mantiss. Append.* p. 99, 57, pl. 5, fig. 3.
MULST. *Hist. nat. des col. de France, Longic.* p. 100, n° 1.
KUST. *Die Käf. Europ.* fasc. 2, n° 56.

Cette espèce, qui est assez rare, et que j'ai prise dans les derniers jours de mai, se tient
sur les fleurs, particulièrement sur les *Asphodelus ramosus*. Il n'est pas très-facile de prendre
ce petit Longicorne, qui s'envole avec rapidité au moindre mouvement que l'on fait pour
s'en emparer. Bois du lac Tonga, aux environs du cercle de Lacalle.

---

## Genus *GRACILIA*, Serv. *Callidium*, Fabr.

### 1307. *Gracilia timida*.

MENEST. *Voy. au Cauc.* p. 228, 1040.
MULST. *Hist. nat. des col. de France, Longic.* p. 102, n° 1, pl. 1, fig. 2, et pl. 2, fig. 2.

Cette espèce n'est pas très-commune : le premier individu que j'ai rencontré a été pris
dans les environs des ruines d'Hippône, tout à fait à la fin de mai. Pendant le séjour que
je fis à Oran, l'hiver ayant été très-froid, j'achetai du bois, et ayant rapporté en France
quelques bûches fortement perforées, j'obtins de ces dernières, pendant le mois d'août,
quelques individus de ce Longicorne, qui est excessivement vif, et qui, à l'état de repos,
tient les antennes placées le long de son corps.

Cette espèce varie excessivement pour la taille : je possède des individus qui ont jusqu'à
14 millimètres de long, tandis que d'autres atteignent tout au plus 8 millimètres.

---

## Genus *STENOPTERUS*, Illig. *Necydalis*, Fabr. *Molorchus*, Sch.

### 1308. *Stenopterus præustus* (*Necydalis*).

FABR. *Syst. Eleuth.* tom. II, p. 372, n° 23.
ILLIG. *Mag.* tom. V, p. 241, n° 23.
*Stenopterus ater* (*Necydalis*), var. FABR. *Syst. Eleuth.* tom. II, p. 371, n° 14.
ILLIG. *Mag.* tom. IV, p. 127, n° 14.
MULST. *Hist. nat. des col. de France, Longic.* p. 114, n° 2.

Il est très-répandu dans les environs d'Hippône et du cercle de Lacalle, où on le trouve
ordinairement sur toutes les fleurs en ombelle. Il varie beaucoup pour la couleur : il y a

des individus qui sont entièrement noirs; d'autres qui sont de cette couleur, avec les élytres ferrugineuses, quelquefois même d'un châtain clair.

### 1309. *Stenopterus mauritanicus*, Luc. (Pl. 42, fig. 3.)

Long. 10 millim. ¦, larg. 3 millim.

S. capite nigro, granario; thorace nigro, anticè posticèque vittâ transversali flavescente-aureo marginato; elytris ferrugineis, posticè fucescentibus, ad suturam tomentoso-flavescente-aureo vestitis, lineâ longitudinali sat fortiter punctatâ, atque elevatâ; corpore nigro-nitido, sterno abdomineque tomentoso-flavescente-aureo maculatis; pedibus antennisque ferrugineis.

Il ressemble beaucoup aux *S. rufus* et *præustus*, avec lesquels il ne pourra être confondu à cause de son thorax, qui, antérieurement et postérieurement, et seulement en dessus, est bordé par une tomentosité d'une belle couleur d'un jaunâtre doré. La tête est noire, chagrinée comme dans le *S. præustus*, mais d'une manière moins serrée cependant. Les organes de la manducation sont de même couleur que la tête. Les antennes sont entièrement ferrugineuses. Le thorax est de même forme que celui du *S. præustus*, chagriné et tuberculé comme dans cette dernière espèce, et largement bordé, à ses parties antérieure et postérieure, par une tomentosité courte, serrée, d'une belle couleur d'un jaunâtre doré. L'écusson est revêtu d'une tomentosité semblable à celle que présente le thorax. Les élytres, pour la forme, sont semblables à celles du *S. præustus;* elles sont entièrement ferrugineuses, à l'exception cependant de leur extrémité, qui est légèrement teintée de brunâtre. La côte longitudinale que ces organes présentent est un peu plus saillante et ponctuée d'une manière plus forte et moins serrée que celle du *S. præustus;* enfin il est aussi à noter que, de chaque côté de cette saillie et surtout près de la suture, les élytres présentent un duvet d'un jaunâtre doré, moins serré que celui que l'on voit sur le thorax. Tout le corps en dessous est d'un noir brillant, ruguleusement ponctué, surtout sur la partie sternale, qui présente de chaque côté deux taches d'un beau jaune doré. L'abdomen, sur les parties latérales, est orné de quatre taches transversales de même couleur que celles du sternum, et dont la quatrième ou la postérieure est beaucoup plus petite. Les pattes sont de même couleur que les élytres.

J'ai rencontré cette espèce pendant les mois de mai et de juin, dans l'Est (environs de Bougie) et dans l'Ouest, mais plus particulièrement dans cette partie de nos possessions. Ayant rapporté en France quelques bûches de lentisque et de cytise qui avaient été coupées dans les environs d'Oran, j'ai obtenu de ces diverses espèces de bois, pendant les années 1843 et 1844, une douzaine d'individus de cette jolie espèce.

Pl. 42, fig. 3. *Stenopterus mauritanicus,* grossi, 3ᵃ la grandeur naturelle, 3ᵇ une mâchoire, 3ᶜ une mandibule, 3ᵈ la lèvre inférieure, 3ᵉ une antenne.

## TROISIÈME TRIBU.

### LES LAMIENS.

---

### Genus *PARMENA*, Serv.

#### 1310. *Parmena algirica.* (Pl. 42, fig. 4.)

De Casteln. *Hist. nat. des ins.* tom. II, p. 485, n° 1.

Cette petite Parmène est assez commune pendant l'hiver et une grande partie du printemps; elle se plaît sous les pierres humides, et je l'ai particulièrement rencontrée dans
les environs d'Oran, d'Alger, de Philippeville et de Constantine.

Pl. 42, fig. 4. *Parmena algirica,* grossie, 4ª la grandeur naturelle, 4ᵇ une mâchoire, 4ᶜ une mandibule,
4ᵈ la lèvre inférieure, 4ᵉ une antenne, 4ᶠ une patte de la première paire.

---

### Genus *DORCADION*, Mulst.

#### 1311. *Dorcadion lineola.*

Illig. *Magas.* tom. V, p. 238, n° 115.
Mulst. *Hist. nat. des col. de France, Longic.* p. 127, n° 5.

Je n'ai trouvé qu'une seule fois cette espèce, que j'ai prise en mai, sur la route qui
conduit au Gouraïa, environs de Bougie.

#### 1312. *Dorcadion meridionale?*

Mulst. *Hist. nat. des col. de France, Longic.* p. 125, n° 3.

Rencontré errant dans les mêmes lieux que l'espèce précédente. N'ayant trouvé qu'un
exemplaire de cette espèce, c'est avec doute que je rapporte ce *Dorcadion* au *meridionale*
de M. Mulsant.

---

### Genus *MONOHAMMUS*, Mulst. *Cerambyx*, Linn. *Lamia*, Fabr. *Monochamus*, Serv.

#### 1313. *Monohammus galloprovincialis* (*Cerambyx*).

Oliv. *Ent.* tom. IV, n° 67, pl. 3, fig. 17.
Mulst. *Hist. nat. des col. de France, Longic.* p. 140, n° 3.
*Lamia pellio*, Germ. *Mag.* tom. III, p. 244.

Cette espèce, qui habite les environs de Kolè'a, m'a été donnée par M. Guyon, l'un des
médecins de la commission scientifique et chirurgien en chef de l'armée d'Afrique.

## Genus *STENEIDA*, Mulst. *Stenosoma*, ejusd.

### 1314. *Steneidea Troberti*. (Pl. 42, fig. 5.)

Mulst. *Ann. des sc. phys. et nat. d'agric. et d'industr. de Lyon*, tom. VI, p. 283.

Cette espèce, qui habite les environs d'Arzew, m'a été donnée par M. Vaillant, peintre de la commission scientifique de l'Algérie, qui l'a prise, en mai, dans les environs de cette ville.

Cette *Steneidea*, dont je ne connais que le mâle, varie beaucoup pour la taille; sur les deux individus que je possède, il y en a un qui a 12 millimètres de long sur 5 millimètres de large, tandis que l'autre n'est long que de 7 millimètres sur 1 millimètre $\frac{1}{2}$ au plus de largeur.

Pl. 42., fig. 5. *Steneidea Troberti*, grossie, 5ᵃ la grandeur naturelle, 5ᵇ la lèvre inférieure, 5ᵉ une patte de la première paire.

---

## Genus *MESOSA*, Mulst. *Cerambyx*, Oliv. *Lamia*, Fabr.

### 1315. *Mesosa nubila* (*Cerambyx*).

Oliv. *Ent.* tom. IV, n° 67, pl 3, fig. 15.
Sch. *Syn. ins.* tom. III, p. 384, 106.
Mulst. *Hist. nat. des col. de France, Longic.* p. 168, n° 2.
*Lamia nebulosa*, Fabr. *Syst. Eleuth.* tom. II, p. 293, n° 64.
Serv. *Ann. de la soc. ent. de France*, 1ʳᵉ série, tom. IV, p. 44.

Sur les chênes-liéges, dans les bois du lac Tonga; environs du cercle de Lacalle; fin de décembre. Je n'ai rencontré qu'une seule fois cette espèce.

---

## Genus *NIPHONA*, Mulst.

### 1316. *Niphona picticornis*.

Mulst. *Hist. nat. des col. de France, Longic.* p. 169, n° 1, pl. 3, fig. 6.

J'ai toujours rencontré cette espèce, qui n'est pas très-rare, métamorphosée dans des tiges de lentisque; environs d'Alger et d'Oran, pendant l'hiver et une partie du printemps.

La larve de cette espèce se plaît aussi dans le figuier, le grenadier et le pin.

## Genus *AGAPANTHIA*, Serv. *Cerambyx*, Linn. *Saperda*, Fabr.

### 1317. *Agapanthia irrorata* (*Saperda*).

Fabr. *Syst. Eleuth.* tom. II, p. 3o8, n° 5.
Oliv. *Ent.* tom. IV, 68, p. 12, n° 9, pl. 4, fig. 38.
Mulst. *Hist. nat. des col. de France, Longic.* p. 173, n° 1.

Cette espèce varie beaucoup pour la taille; je l'ai rencontrée assez communément dans l'Est et dans l'Ouest de l'Algérie, particulièrement aux environs de Constantine, sur les versants des Djebel-Mansoura et Koudiat-Ati; je l'ai prise aussi près du marabout de Sidi-Mabrouk. C'est ordinairement le long des tiges des *Thapsia garganica*, et surtout des *Asphodelus ramosus*, que l'on trouve cette Agapanthie au nombre de cinq ou six individus sur la même tige. Les femelles, après avoir été accouplées, perdent ordinairement ces belles taches blanches formées par une poussière excessivement fine, et qui s'effacent au moindre contact. Mai et commencement de juin.

Pl. 42, fig. 8. Une mâchoire, 8ª une mandibule, 8ᵇ la lèvre inférieure de l'*Agapanthia irrorata*.

### 1318. *Agapanthia cynaræ*. (Pl. 42, fig. 6.)

Germ. *Reis. nach Dalmat.* p. 222, n° 218.

Cette Agapanthie n'est pas très-rare aux environs du cercle de Lacalle, surtout dans les lieux qui avoisinent les lacs Tonga et Houbeira, et où les *Asphodelus ramosus* sont excessivement communs. Milieu de mars. M. Degenès, qui, pendant mon séjour à Oran, commandait la station du port de cette ville, a rencontré cette Agapanthie en mai, dans les environs d'Arzew.

Pl. 42, fig. 6. *Agapanthia cynaræ*, grossie, 6ª la grandeur naturelle.

### 1319. *Agapanthia annularis* (*Saperda*).

Oliv. *Ent.* tom. IV, n° 68, p. 11, 8, pl. 4, fig. 36.

Je n'ai trouvé qu'une seule fois cette espèce, que j'ai prise en juin, aux environs de Milah, dans la province de Constantine.

### 1320. *Agapanthia lixoides*, Luc. (Pl. 42, fig. 7.)

Long. 15 millim. larg. 3 millim. ½.

A. capite thoraceque æneis, hoc tribus vittis ornato; elytris æneo-nigris, punctatis, posticè fortiter acuminatis, pilis fulvovirescentibus vestitis, ad suturam cinereis, utrinque quatuor lineis punctorum profundè impressis; corpore pedibusque æneis, punctatis, fulvovirescente-pilosis; antennarum primis articulis ferrugineis, subsequentibus ferrugineo-rufescentibus, cinereo-pilosis, nigro annulatis.

63.

La tête est bronzée, ponctuée, revêtue de poils d'un fauve verdâtre, courts, serrés, parmi lesquels sont d'autres poils, assez allongés, d'un brun foncé. Les organes de la manducation sont noirs. Les premiers articles des antennes sont ferrugineux, tachés de noir à leur extrémité et revêtus de poils roussâtres assez allongés, clairement semés; les suivants sont d'un ferrugineux roussâtre, couverts de poils courts, serrés, d'un gris cendré clair, et annelés de noir à leur extrémité Il n'y a que le dernier article qui ne soit pas taché de noir à son extrémité. Le thorax est de même couleur que la tête, parsemé de points arrondis, serrés, et orné de trois lignes longitudinales, dont deux latérales formées par des poils d'un fauve verdâtre, la troisième médiane plus large et plus distinctement marquée que les latérales : cette troisième est formée par des poils courts, serrés, d'un gris cendré clair. Les élytres, beaucoup plus larges que le thorax, d'un bronzé noirâtre, sont allongées et fortement acuminées comme dans le genre des *Lyxus*; elles sont revêtues de poils d'un fauve verdâtre, courts, très-serrés, avec la suture bordée de poils d'un gris cendré clair; elles sont assez finement ponctuées, mais, outre cette ponctuation, qui est entièrement cachée par les poils, elles présentent quatre rangées de très-gros points, dont la troisième rangée est interrompue. Tout le corps en dessous, ainsi que les pattes, sont bronzés, ponctués et entièrement couverts de poils d'un fauve verdâtre, assez allongés et moins serrés que ceux que présentent les élytres.

Cette espèce, qui habite l'Ouest de nos possessions, m'a été donnée par M. le colonel Levaillant, qui l'a rencontrée en mai dans les environs d'Oran.

Pl. 42, fig. 7. *Agapanthia lixoides*, grossie, 7ᵃ la grandeur naturelle.

### 1321. *Agapanthia suturalis (Saperda)*.

Fabr. *Syst. Eleuth.* tom. II, p. 326, n° 48.
Oliv. *Ent.* tom. IV, 68, p. 9, n° 5, pl. 2, fig. 16.
Panz. *Faun. Germ.* fasc. 23, pl. 17.
Rossi, *Faun. etrusc.* tom. I, p. 152, n° 379.
Mulst. *Hist. nat. des col. de France, Longic.* p. 178, n° 6.
*Saperda annulata*, Fabr. *Ent. Syst.* tom. I, pars 2ᵉ, p. 314, n° 33.

Pendant le printemps et l'été, cette espèce, qui varie beaucoup pour la taille, est très-commune dans l'Est et dans l'Ouest de l'Algérie; elle se tient ordinairement le long des tiges des *Asphodelus ramosus*. Environs d'Oran, d'Alger, de Philippeville, de Constantine, de Bône et du cercle de Lacalle.

---

## Genus CALAMOBIUS, Guér. *Saperda,* Fabr. *Agapanthia,* Serv.

M. Guérin-Méneville, au sujet de cette nouvelle coupe générique, nous a communiqué la note suivante, extraite d'un travail qu'il doit publier incessamment sur les insectes qui nuisent au blé dans le département de la Charente, particulièrement aux environs de Barbezieux.

Fabricius, dans son *Systema eleutheratorum* (1801), en décrivant les diverses espèces de son genre *Saperda*, ne connaissant pas le travail de Creutzer, publié en 1799, a donné à une espèce d'Amérique le nom de *gracilis*, déjà employé deux ans avant par Creutzer pour une petite espèce d'Europe.

Pour rendre à chacun ce qui lui est dû, d'après les règles de la priorité, il convient de donner le nom de *gracilis* à l'espèce que Creutzer a très-bien fait connaître sous cette dénomination; et si celle à laquelle Fabricius l'a imposé plus tard avait fait partie du même sous-genre, on aurait dû lui en donner un autre. Mais cela n'est pas nécessaire, parce que cette *Saperda gracilis* de Fabricius va dans un autre sous-genre que celui que M. Mulsant a caractérisé et publié pour la première fois sous le nom d'*Oberea* (*Hist. nat. des coléopt. de France*, 1re livraison, 1839). Il y aura donc sans inconvénient une *Oberea gracilis* Fabr. (Amér. Bor.) et une *Agapanthia gracilis*, Creutz. (France, Algérie).

Cette petite espèce, à laquelle nous restituons le nom de *gracilis*, ne peut même rester dans le sous-genre *Agapanthia*, car elle a le thorax plus allongé, les antennes beaucoup plus grêles, fines comme des cheveux, insérées beaucoup plus près l'une de l'autre, sur le sommet de la tête, comme dans les *Hypopsis*, sous-genre américain; mais leurs yeux sont beaucoup plus petits que ceux des espèces de ce genre, et leurs antennes n'ont point de poils en dessous, comme dans les *Hypopsis* et les *Agapanthia*. Ce genre diffère donc à la fois des *Hypopsis* par les yeux plus petits, comme ceux des *Agapanthia*, et de ce dernier sous-genre par sa forme plus linéaire, ses antennes excessivement grêles, sans renflement à l'extrémité des articles, plus rapprochées à leur insertion, par son thorax plus long que large, et par les pattes plus courtes. Il y a donc lieu de séparer cette espèce de celles qui offriront les mêmes caractères et qu'on pourra découvrir un jour, et d'en faire le type d'un nouveau genre, intermédiaire entre les *Hypopsis* et les *Agapanthia*.

### 1322. *Calamobius gracilis (Saperda)*.

Creutz. *Ent. vers.* pl. 3, fig. 7.
*Saperda marginella*, Fabr. *Syst. Eleuth.* tom. II, p. 332, n° 82.
*Agapanthia marginella*, Mulst. *Hist. nat. des col. de France*, *Longic.* p. 180, n° 7.

Cette espèce est assez rare, et habite l'Est et l'Ouest de l'Algérie. Les quelques individus que je possède m'ont été donnés par M. le colonel Levaillant. M. Degenès, capitaine de corvette, et qui a commandé pendant quelque temps la station du port de Mers-el-Kebir, a eu l'obligeance de me communiquer un individu de ce Calamobie qu'il avait pris lui-même au commencement de juin dans les environs d'Arzew. Cette espèce semble varier beaucoup pour la taille; car, sur les quatre individus que j'ai en ma possession, il y en a un qui a à peu près 12 millimètres de long, tandis que l'autre égale tout au plus 8 milli-mètres.

Dans l'Est de l'Algérie, aux environs du cercle de Lacalle, j'ai rencontré quelques indi-vidus de cette espèce que j'ai pris dans des tiges d'orge.

## Genus *CAMPSIDIA*, Mulst. *Cerambyx*, Linn. *Saperda*, Fabr.

### 1323. *Campsidia populnea* (*Cerambyx*).

Linn. *Syst. nat.* tom. II, p. 632.
Ejusd. *Faun. suec.* n° 661.
*Saperda populnea*, Fabr. *Syst. Eleuth.* tom. II, p. 327, n° 55.
Oliv. *Ent.* tom. IV, 83, p. 16, pl. 1, fig. 1.
Panz. *Faun. Germ.* fasc. 67, fig. 7.
Ratzb. *Die forst ins.* tom. I, p. 192, n° 2, pl. 16, fig. 5, 5 b, 5 c.
*Compsidia populnea*, Mulst. *Hist. nat. des col. de France, Longic.* p. 183, n° 1.

Rencontré en mai, sur les chardons, dans les environs de Bougie et de Bône. Je n'ai trouvé qu'un seul individu de cette espèce.

---

## Genus *SAPERDA*, Fabr.

### 1324. *Saperda punctata.*

Fabr. *Syst. Eleuth.* tom. II, p. 328, n° 57.
Panz. *Faun. Germ.* fasc. 45, pl. 7.
Sch. *Syn. ins.* tom. III, p. 434, n° 94.
Oliv. *Ent.* tom. IV, n° 68, pl. 1, fig. 9.
Mulst. *Hist. nat. des col. de France, Longic.* p. 187, n° 2.

Je n'ai trouvé que très-rarement cette espèce, et, parmi les quelques individus que j'ai pris, il en est un qui, au lieu d'être d'un vert tendre, comme cela a lieu le plus ordinairement, est au contraire d'un bleu cobalt clair.

Sur les chardons, au camp des Faucheurs, près du lac Houbeira, dans les environs du cercle de Lacalle. Fin de mai et commencement de juin.

---

## Genus *OBEREA*, Mulst. *Cerambyx*, Linn. *Saperda*, Fabr.

### 1325. *Oberea maculicollis.* (Pl. 42, fig. 9.)

Luc. *Ann. des sc. nat.* 2ᵉ série, tom. XVIII, p. 187.

Cette espèce ressemble beaucoup à l'O. *oculata*, près de laquelle elle vient se placer, mais elle s'en distingue par les taches noires de son thorax, qui sont en plus grand nombre. Il est aussi à noter que, dans l'espèce du Nord de l'Afrique, le sternum, les premier, second et troisième segments abdominaux, ainsi que l'extrémité du cinquième, sont largement tachés de brun, caractère que ne présente pas l'O. *oculata*. Les organes de la locomotion diffèrent aussi; ainsi, au lieu d'être entièrement d'un jaune ferrugineux, comme dans l'*O. oculata*, l'extrémité des tibias, ainsi que tous les articles des tarses, sont d'un brun foncé.

Cette jolie espèce est assez rare; je n'en ai rencontré que deux individus, que j'ai pris vers le milieu de mai sur des fleurs d'aubépine, près les marais du lac Tonga, aux environs du cercle de Lacalle.

Pl. 42, fig. 9 [1]. *Oberea maculicollis*, grossie, 9[a] la grandeur naturelle, 9[b] la lèvre inférieure, 9[c] une patte de la dernière paire.

### 1326. *Oberea mauritanica*. (Pl. 42, fig. 10.)

Luc. *Ann. des sc. nat.* 2[e] série, tom. XVIII, p. 188.

Elle est voisine de l'*O. pupillata*, près de laquelle cette espèce vient se placer.

Cette *Oberea*, que je n'ai pas rencontrée, m'a été communiquée par M. L. Buquet; elle a été prise dans les environs d'Alger, par M. Gérard.

Pl. 42, fig. 10 [2]. *Oberea mauritanica*, grossie, 10[a] la grandeur naturelle, 10[b] une antenne.

---

## Genus *PHYTÆCIA*, Mulst. *Saperda*, Fabr. *Cerambyx*, Sch.

### 1327. *Phytæcia Guerinii* (*Saperda*). (Pl. 42, fig. 11.)

De Brême, *Rev. zool. par la soc. Cuv.* 1840, p. 278.
*Saperda glauca* (femelle), Erichs. *Reis. in der Regents. Algier, von M. Wagner*, tom. III, p. 189, n° 43, pl. 7.
*Saperda cinerea*, Gory, *Mag. de zool.* 1841, p. 9, pl. 74.

Ce n'est que dans l'Ouest, aux environs d'Oran, pendant les mois de mars et avril, que j'ai rencontré cette espèce, remarquable par la différence qui existe entre les deux sexes; elle est assez rare, et je l'ai prise quelquefois dans les tiges des chardons, les deux sexes réunis.

Pl. 42, fig. 11 [3]. *Phytæcia Guerinii*, grossie, 11[a] la grandeur naturelle, 11[b] une antenne, 11[c] une patte de la première paire.

### 1328. *Phytæcia Warnieri*, Luc. (Pl. 43, fig. 1.)

Long. 20 millim. larg. 6 millim.

P. atra; capite thoraceque punctatis, albido-pilosis, hoc utrinque vittâ griseo-virescente ornato; elytris punctatis, cinerescente-pilosis, marginibus griseo-virescentibus; corpore pedibusque punctatis, griseo-virescente-pilosis.

---

[1] A la légende de la planche 42, au lieu de 8, lisez : 9.
[2] A la légende de la planche 42, au lieu de 9, lisez : 10.
[3] A la légende de la planche 42, au lieu de 10, lisez : 11.

Noire. La tête, assez forte, large, parsemée de points assez gros, placés çà et là, est revêtue de points blancs, courts et très-serrés. Les antennes sont peu allongées, épaisses et entièrement couvertes d'une tomentosité courte, très-serrée, d'un gris verdâtre. Le thorax est court, assez fortement ponctué, parsemé de poils d'une belle couleur blanche, et orné en dessus, de chaque côté, d'une large bande longitudinale formée par des poils d'un gris verdâtre. L'écusson est entièrement couvert de poils blancs. Les élytres, beaucoup plus larges que le thorax, avec les angles huméraux saillants, arrondis et fortement ponctués, sont entièrement couvertes de poils d'un gris cendré clair, et bordées, de chaque côté, par des poils d'un gris verdâtre; parmi ces poils, qui sont très-serrés, on aperçoit, sur le bord externe des élytres, des points noirs bien marqués et disposés en ligne longitudinale. Tout le corps, en dessous, ainsi que les pattes, est noir, ponctué et entièrement couvert de poils d'un gris cendré verdâtre.

Cette espèce, qui vient se placer entre les *Phytæcia Guerinii* et *vittigera*, ne pourra être confondue avec ces dernières, à cause de sa forme, qui est beaucoup plus large, des bandes d'un gris verdâtre qui ornent le thorax, et de ses élytres, qui sont beaucoup plus larges et moins rétrécies postérieurement.

Cette espèce, que j'ai dédiée à M. Warnier, a été rencontrée par ce chirurgien dans les environs de Tlemsên; elle habite aussi l'Est de nos possessions, car j'ai trouvé en mai, aux environs de Constantine, sous les pierres, une vieille femelle de cette Phytécie, qui probablement avait passé l'hiver, puisqu'elle était presque entièrement dépourvue de poils.

Pl. 43, fig. 1. *Phytæcia Warnieri*, grossie, 1ª la grandeur naturelle, 1ᵇ une patte de la seconde paire.

### 1329. *Phytæcia vittigera (Saperda)*. (Pl. 43, fig. 9.)

Fabr. *Syst. Eleuth.* tom. II, p. 318, n° 3.
Sch. *Syn. ins.* tom. III, p. 400, n° 212.
Mulst. *Hist. nat. des col. de France, Longic.* p. 200, n° 1.
*Phytæcia maculosa* (var. A), ejusd. *op. cit.* p. 200.

Se trouve assez communément pendant les mois de mai, aux environs d'Oran, d'Alger, de Bône et de Constantine; je l'ai rencontrée aussi dans l'oasis de Milah et aux environs de Sétif; cette espèce se plaît sur les chardons.

M. Mulsant, dans son Histoire naturelle des coléoptères de France, indique cette espèce comme ayant été prise en France; mais n'y aurait-il pas par hasard erreur dans la localité assignée par cet auteur à cette *Phytæcia?*

Pl. 43, fig. 9. Une mâchoire, 9ᵇ une mandibule, 9ᶜ la lèvre inférieure de la *Phytæcia vittigera*.

### 1330. *Phytæcia punctum.*

Menestr. *Voy. au Cauc.* p. 227, n° 1033.
Mulst. *Hist. nat. des col. de France, Longic.* p. 203, n° 4, pl. 2, fig. 7.

Elle a été prise, dans les environs de Tlemsên, par M. le docteur Warnier, qui n'a rencontré que quelques individus de cette espèce.

### 1331. *Phytæcia rubricollis*, Luc. (Pl. 43, fig. 3.)

Long. 9 millim. larg. 2 millim. ½.

P. capite nigro, punctato; antennis nigris, crassis; thorace laxè punctato, suprà rubro anticè, posticè infràque nigro; elytris nigris, albicante-pilosis, fortiter profundèque punctatis; sterno abdomineque nigris, subtiliter punctatis, attamen primis segmentis abdominis rubris; pedibus rubris; tarsis fuscis.

Elle ressemble un peu à la *P. punctum*, Menestr. près de laquelle cette Phytécie vient se placer. La tête est noire, parsemée de points peu profondément marqués, peu serrés, et revêtue de poils d'un gris cendré clair, courts et assez serrés. Les palpes sont noirs, avec l'extrémité de chaque article roussâtre. Les antennes sont très-allongées, épaisses et entièrement noires. Le thorax est court, rouge en dessus, avec les parties antérieure et postérieure, ainsi que tout le dessous, noirs; il est parsemé de points assez bien marqués, clairement semés, et revêtu de poils d'un gris cendré très-clair, qui, chez les individus bien frais, doivent former une petite bande longitudinale sur le milieu du thorax. L'écusson est noir et entièrement couvert de poils blancs assez allongés. Les élytres, beaucoup plus larges que le thorax, avec leur angle huméral très-saillant et arrondi, sont peu allongées, légèrement rétrécies dans leur partie médiane, et arrondies postérieurement; elles sont d'un brun noirâtre, couvertes de poils blanchâtres clairement semés, et criblées de points assez forts, profondément enfoncés, peu serrés, régulièrement disposés, et formant, sur ces organes, des lignes longitudinales. Le sternum, ainsi que l'abdomen, est noir, à l'exception cependant des deux derniers, et même quelquefois des trois premiers segments abdominaux, qui sont rouges; ces divers organes sont finement ponctués et parsemés de poils blanchâtres. Les pattes sont rouges, ainsi que la moitié du premier article des tarses, tandis que l'autre moitié, avec les articles qui suivent, sont d'un brun assez foncé.

Cette espèce, dont je n'ai rencontré que deux individus mâles, habite les environs du cercle de Lacalle, et se plaît dans les bois marécageux du lac Tonga; milieu de juin.

Pl. 43, fig. 3. *Phytæcia rubricollis*, grossie, 3ª la grandeur naturelle, 3ᵇ la tête vue de profil, 3ᶜ une élytre grossie.

### 1332. *Phytæcia molybdæna (Saperda)*. (Pl. 43, fig. 8.)

Dalm. *in Sch. Syn. ins.* tom. III, p. 427, 54, et *Append.* p. 186, n° 260.
Mulst. *Hist. nat des col. de France, Longic.* p. 211, n° 10.

Cette jolie petite espèce, que je n'ai pas rencontrée, habite les environs d'Oran, et m'a été donnée par M. Levaillant, colonel au 36ᵉ de ligne.

Pl. 43, fig. 8. *Phytæcia molybdæna*, grossie, 8ª la grandeur naturelle, 8ᵇ une élytre.

### 1333. *Phytæcia virescens* (*Saperda*).

FABR. *Ent. syst.* tom. II, p. 315, n° 40.
Ejusd. *Syst. Eleuth.* tom. II, p. 328, n° 59.
PANZ. *Naturf.* tom. XXIV, p. 28, 37, pl. 1, fig. 37.
SCH. *Syn. ins.* tom. III, p. 435, n° 97.
OLIV. *Ent.* tom. IV, 68, p. 10, n° 6, pl. 2, fig. 11.
MULST. *Hist. nat. des col. de France, Longic.* p. 209, n° 9.

Elle est très-commune pendant les mois de mai, de juin et de juillet, dans l'Est et dans l'Ouest de nos possessions; elle se plaît sur les chardons, et je l'ai particulièrement rencontrée dans les environs de Constantine, d'Hippône et d'Alger.

### 1334. *Phytæcia cyrtana.* (Pl. 43, fig. 2.)

LUC. *Ann. des sc. nat.* 2ᵉ série, tom. XVIII, p. 187.

Cette espèce, qui habite les environs de Constantine, m'a été communiquée par M. L. Buquet.

Dans les collections du Muséum, j'ai rencontré une variété de cette Phytécie, chez laquelle les poils dont elle est revêtue, au lieu d'être d'un gris cendré clair, sont, au contraire, d'un gris verdâtre. Cette variété a été rencontrée dans les environs de Bône par M. Gérard.

Pl. 43, fig. 2. *Phytæcia cyrtana,* grossie, 2ᵃ la grandeur naturelle, 2ᵇ une patte de la première paire.

### 1335. *Phytæcia flavipes* (*Saperda*). (Pl. 43, fig. 4.)

FABR. *Syst. Eleuth.* tom. II, p. 329, n° 63.

Rencontré une seule fois, en mai, sur les chardons, près des marais du lac Tonga, aux environs du cercle de Lacalle.

Pl. 43, fig. 4. *Phytæcia flavipes,* grossie, 4ᵃ la grandeur naturelle, 4ᵇ une élytre grossie.

### 1336. *Phytæcia azurea* (*Saperda*). (Pl. 43, fig. 5.)

SCH. *Append. ad syn.* tom. II, p. 190, n° 267.

Je n'ai pas trouvé cette espèce, qui a été prise en mai, dans les environs d'Arzew, par M. le capitaine de corvette Degenès.

Pl. 43, fig. 5. *Phytæcia azurea,* grossie, 5ᵃ la grandeur naturelle, 5ᵇ la tête vue de profil.

### 1337. *Phytæcia erythrocnema,* Luc. (Pl. 43, fig. 6.)

Long. 10 millim. larg. 2 millim. $\frac{1}{2}$.

P. nigra; capite thoraceque punctatis; elytris fortiter punctatis, in medio angustatis, ad suturam depressis; corpore antennisque nigris, subtiliter punctulatis; pedibus rubris, tibiis ad basim, femoribus secundi, tertii paris tarsisque fuscis.

Elle ressemble un peu à la *P. punctum*, dans le voisinage de laquelle elle vient se placer. Noire ; la tête, dans les individus qui n'ont subi aucun frottement, est revêtue de poils blancs, assez allongés, et parsemée de points arrondis, assez forts, peu profondément marqués et serrés. Les antennes sont noires, allongées, filiformes et finement ponctuées. L'écusson est entièrement lisse. Le thorax est allongé, légèrement rétréci à sa partie postérieure et parsemé de points semblables à ceux de la tête. Les élytres sont assez allongées, rétrécies dans leur partie médiane, avec leur angle huméral assez saillant : dans leur partie médiane, elles présentent une côte longitudinale assez prononcée, et sont fortement déprimées de chaque côté de la suture ; elles sont ponctuées, mais les points qui forment cette ponctuation sont plus forts, plus profondément marqués et moins serrés que ceux de la tête. Tout le corps, en dessous, est de même couleur qu'en dessus, finement ponctué et parsemé de poils d'un gris cendré-clair. Les pattes sont rouges, avec la naissance des tibias, l'extrémité des fémurs dans les seconde et troisième paires de pattes seulement, et tous les tarses d'un brun assez foncé.

J'ai rencontré cette espèce, pendant les mois de mai et de juin, dans les environs d'Alger et de Philippeville ; elle habite aussi les environs de Tlemsên, car j'en possède plusieurs individus qui ont été pris autour de cette ville par M. Warnier. Cette Phytécie n'est pas très-commune.

Pl. 43, fig. 6. *Phytæcia erythrocnema*, grossie, 6ᵃ la grandeur naturelle, 6ᵇ une antenne.

### 1338. *Phytæcia malachitica*, Luc. (Pl. 43, fig. 7.)

Long. 8 millim. larg. 2 millim. ½.

P. fuscorufescens, omninò virescente-tomentosa ; capite laxè subtiliterque punctulato ; thorace subtilissimè granario, in medio levissimè carinato ; elytris elongatis, angustis, subtilissimè punctulatis ; corpore pedibusque fuscorufescentibus, virescente-tomentosis.

D'un brun roussâtre et entièrement recouvert par un duvet serré, assez court, d'un beau vert clair. La tête, parsemée de points fins et très-peu serrés, présente, outre le duvet dont elle est revêtue, des poils testacés, très-allongés et peu serrés. Les yeux sont noirs ; les organes de la manducation sont d'un brun roussâtre et hérissés de poils verdâtres, assez courts et peu serrés. Les antennes sont d'un brun roussâtre, avec le duvet verdâtre dont elles sont recouvertes plus fin et plus serré que celui de la tête. Il est aussi à noter qu'à l'extrémité de chaque article on aperçoit quelques poils d'un jaune testacé, à l'exception cependant du premier article, où ces poils sont en plus grand nombre. Le thorax, très-finement chagriné, revêtu de longs poils testacés, présente dans sa partie médiane une petite saillie longitudinale très-légèrement marquée. L'écusson est de même couleur que la tête et le thorax. Les élytres, beaucoup plus larges que le thorax à la base, sont allongées, étroites et parcourues longitudinalement par des points fins, serrés, qui forment sur ces organes des lignes longitudinales assez rapprochées, et que l'on voit un peu à travers le duvet verdâtre, qui paraît un peu moins serré que celui de la tête et du thorax. Tout le corps en dessous est de même couleur qu'en dessus ; il en est de même des organes de la locomo-

64.

tion, qui, outre le duvet verdâtre dont ils sont revêtus, ainsi que le dessous de l'abdomen, sont hérissés de poils soyeux, assez allongés, peu serrés, testacés; il est aussi à noter que, dans ces derniers organes, les griffes des tarses sont d'un ferrugineux clair.

Cette jolie petite espèce, qui n'avait encore été signalée que comme se trouvant en Sicile, habite les environs d'Arzew, où elle a été rencontrée en mai par M. Degenès, capitaine de corvette.

Pl. 43, fig. 7. *Phytœcia malachitica*[1], grossie, 7ª la grandeur naturelle, 7ᵇ une antenne.

## QUATRIÈME TRIBU.

### LES LEPTURIENS.

---

### Genus *VESPERUS*, Serv. *Stenocorus*, Fabr. Oliv.

#### 1339. *Vesperus luridus* (*Stenocorus*).

Rossi, *Faun. etrusc. Mantiss.* tom. II, *Append.* p. 96, pl. 3, fig. 1.
Mulst. *Hist. nat. des col. de France, Longic.* p. 216, n° 2 (mâle), 218 (femelle), pl. 1, fig. K (femelle).
*Vesperus Solieri*, Germ. *Faun. Europ.* fasc. 18, pl. 20 (femelle).
De Casteln. *Hist. nat. des ins.* tom. II, p. 409, n° 1 (mâle et femelle).

Je n'ai rencontré qu'une seule fois cette espèce, que j'ai prise le soir près le feu d'un bivac, dans le douair de Djab-Allah. Milieu de novembre. Environs du cercle de Lacalle. La femelle, qui m'a été communiquée par M. L. Buquet, a été prise dans les environs d'Alger.

---

### Genus *STRANGALIA*, Serv. *Leptura*, Fabr.

#### 1340. *Strangalia aurulenta* (*Leptura*).

Fabr. *Syst. Eleuth.* tom. II, p. 364, n° 57.
Panz. *Faun. Germ.* fasc. 90, pl. 5 (mâle).
Oliv. *Ent.* tom. IV, n° 73, p. 18, 21, pl. 3, fig. 31 (femelle).
Sch. *Syn. ins.* tom. III, p. 495, n° 64.
Mulst. *Hist. nat. des col. de France, Longic.* p. 251, n° 1.
*Leptura 4-fasciata*, Rossi, *Faun. etrusc.* tom. I, p. 161, n° 401.

Cette espèce est assez rare en Afrique; elle a été trouvée par mon collègue M. Durieu de Maisonneuve sur les fleurs de l'*Echinops spinosus*, dans une excursion que nous fîmes, vers le milieu de juin, sur les bords des marais du lac Tonga, aux environs du cercle de Lacalle.

---

[1] Dahl, *in Cat. Sturm.* p. 263 (inédit).

### 1341. *Strangalia distigma (Leptura).*

CHARP. *Hor. ent.* p. 277, pl. 9, fig. 1 (mâle), fig. 4 (femelle).
MULST. *Hist. nat. des col. de France, Longic. Rect. et addend.* n°' 8 et 9.

Je n'ai pas rencontré cette espèce, qui m'a été communiquée par M. Levaillant, colonel du 17ᵉ léger, et que cet officier supérieur a prise dans les environs d'Alger.

---

## Genus *LEPTURA*, Linn.

### 1342. *Leptura hastata.*

FABR. *Syst. Eleuth.* tom. II, p. 354, n° 2.
PANZ. *Faun. Germ.* fasc. 22 , pl. 12.
SCH. *Syn. ins.* tom. III, p. 473, n° 3.
OLIV. *Encycl. méth.* tom. VII, p. 515, n° 15.
Ejusd. *Ent.* tom. IV, 73, p. 5, n° 2, pl. 1, fig. 5 *a, b, c.*
MULST. *Hist. nat. des col. de France, Longic.* p. 274, n° 7.

Je n'ai trouvé qu'une seule fois cette espèce, que j'ai prise en juin, sur les fleurs de la carotte sauvage, dans les environs de Milah (province de Constantine).

### 1343. *Leptura unipunctata.*

OLIV. *Ent.* tom. IV, n° 73, p. 13, 14, pl. 1, fig. 9.
PANZ. *Faun. Germ.* fasc. 45, pl. 19.
SCH. *Syn. ins.* tom. III, p. 473, n° 1.
MULST. *Hist. nat. des col. de France, Longic.* p. 283, n° 13.

Rencontré une seule fois, en mai, sur les chardons qui bordent la route qui conduit de Bougie au Gouraïa.

### 1344. *Leptura oblongo-maculata.* (Pl. 43, fig. 10.)

BUQ. *Ann. de la soc. ent. de France,* 1ʳᵉ série, tom. IX, p. 396 (femelle).

M. L. Buquet, en décrivant cette espèce, n'a connu que la femelle, qui est entièrement rouge, et ornée sur chaque élytre d'une belle tache noire de forme oblongue.

Le mâle est entièrement de la même couleur que la femelle, mais il est plus petit, beaucoup plus étroit, et ne présente pas de tache noire oblongue sur le milieu de ses élytres; il est aussi à noter que les antennes sont noires, à l'exception cependant des quatre premiers articles et de l'extrémité du dernier, qui sont roussâtres. Les pattes diffèrent aussi de celles de la femelle; ainsi au lieu d'être entièrement roussâtres, comme chez cette dernière, les tibias dans le mâle sont d'un noir foncé à leur naissance.

Cette espèce n'est pas très-commune, surtout la femelle; elle habite les environs de Philippeville et du cercle de Lacalle, où je l'ai rencontrée pendant les mois de mai et de juin;
cette Lepture se plaît dans les lieux boisés et humides.

Pl. 43, fig. 10. *Leptura oblongo-maculata* (femelle), grossie, 10$^a$ la grandeur naturelle, 10$^b$ une mâchoire, 10$^c$ une mandibule, 10$^d$ la lèvre inférieure.

### 1345. *Leptura Fontenayi.*

MULST. *Hist. nat. des col. de France, Longic.* p. 271, n° 4, pl. 3, fig. 8.

M. Mulsant, en décrivant cette espèce, n'en a connu que le mâle; quant à la femelle,
elle est tout à fait semblable à ce dernier, seulement elle est plus grande et surtout beaucoup plus épaisse.

Cette Lepture varie pour la couleur de son thorax, car j'ai rencontré des individus des
deux sexes chez lesquels cet organe est de la même couleur que les élytres.

Cette espèce, que j'ai prise pendant les mois de mai et de juin, habite les environs du
cercle de Lacalle, et se plaît dans les bois marécageux du lac Tonga; on la rencontre aussi
dans les environs de Constantine et de Bougie.

### 1346. *Leptura melas*, LUC. (Pl. 43, fig. 11.)

Long. 12 à 14 millim. larg. 5 millim. à 5 millim. $\frac{1}{2}$.

L. atro-nitida; capite, thorace fortiter punctatis, scutello glabro, nigro-nitido, vix punctulato, elytrisque
sat fortiter punctatis; corpore pedibusque subtiliter punctulatis, albido-pilosis.

D'un noir brillant; la tête est plus profondément chagrinée que dans la *L. scutellata*, et
présente de petits poils soyeux, assez allongés, blanchâtres et placés çà et là. Les palpes
maxillaires et labiaux sont noirs, avec la naissance de chaque article ferrugineuse. Les antennes
sont noires, finement ponctuées, avec les trois premiers articles, et la naissance du quatrième d'un noir brillant, et ceux qui suivent tomenteux. Le thorax est parsemé de points
plus forts et plus profondément marqués que dans la *L. scutellata*, et chez les quatre individus que j'ai rencontrés, cet organe présente une petite saillie longitudinale lisse et assez
bien marquée. L'écusson est très-petit, à peine ponctué, et n'est point garni par un duvet
épais d'un jaune doré ou d'un blanc d'argent, comme cela se voit chez la *L. scutellata*. Les
élytres paraissent un peu plus étroites que celles de la *L. scutellata*; elles sont d'un noir
brillant, avec les points que ces organes présentent un peu plus forts, plus profondément
marqués, et un peu moins serrés que dans la *L. scutellata*; il est aussi à noter que tous ces
points ne présentent pas de poils, comme cela se voit chez notre espèce française. Le dessous
du corps, ainsi que les pattes, est d'un noir brillant, finement ponctué, et revêtu de poils
blancs, courts et peu serrés.

La femelle ressemble au mâle; seulement elle est un peu plus courte et surtout beaucoup plus épaisse.

Cette espèce a la plus grande analogie avec la *L. scutellata;* mais elle en diffère par la couleur, qui est d'un noir plus brillant; par les points de son thorax et de ses élytres, qui sont un peu plus forts et plus profondément marqués, et enfin par l'écusson, qui est dépourvu de poils d'un jaune doré ou d'un blanc d'argent, comme cela se voit dans la *L. scutellata.*

J'ai rencontré cette Lepture, vers le milieu de juin, sur les fleurs de la carotte sauvage, dans les bois du lac Houbeira; environs du cercle de Lacalle.

Pl. 43, fig. 11. *Leptura melas,* grossie, 11ª la grandeur naturelle, 11ᵇ une antenne, 11ᶜ une patte de la troisième paire, 11ᵈ une élytre grossie.

# QUATRIÈME FAMILLE.

## LES CHRYSOMÉLIENS.

## PREMIÈRE TRIBU.

### LES EUPODES.

## Genus *DONACIA,* Fabr. *Leptura,* Linn. *Stenocorus,* Geoffr.

### 1347. *Donacia polita.*

Kunz. *Nov. act. Halens.* 11, 4, p. 29.
Lacord. *Monogr. des col. subpent. de la fam. des Phytoph.* p. 127, n° 18.

C'est dans les premiers jours de février, aux environs du cercle de Lacalle, sur les roseaux qui se trouvent sur les rives du lac Houbeira, que j'ai pris cette espèce, dont je n'ai rencontré qu'un seul individu.

### 1348. *Donacia typhæ.*

Brahm. *in Ahrens. nov. act. Halens.* 1, 3, p. 37, 19.
Kunz. *ibid.* 11, 4, p. 47, 19.
Gyllenh. *Ins. Suec.* tom. IV, p. 680, 13-14.
Steph. *Illustr. of Brit. ent.* tom. IV, p. 276, 20.
Lacord. *Monogr. des col. subpent. de la fam. des Phytoph.* p. 162, n° 40.

Trouvé à la fin de mars sur des plantes aquatiques qui se trouvent aux bords d'une petite mare située sur la route de Lacalle à Bône.

### Genus *CRIOCERIS*, Geoffr. *Lema*, Fabr. *Chrysomela*, Linn.

#### 1349. *Crioceris stercoraria (Chrysomela)*.

Linn. *Syst. nat.* tom. II, p. 600, n° 98.
Oliv. *Encycl. méth. Ins.* tom. VI, p. 198, n° 6.
Guér. *Iconogr. du règne anim. de Cuv. Ins.* texte, p. 274.
Lacord. *Monogr. des col. subpent. de la fam. des Phytoph.* tom. I, 2ᵉ part. p. 574, n° 30.

Cette espèce habite les environs d'Alger; je l'ai prise en mai, dans les jardins potagers qui bordent la route qui conduit de cette ville au village de Kouba.

#### 1350. *Crioceris campestris (Chrysomela)*.

Linn. *Syst. nat.* p. 602, n° 113.
Fabr. *Mant. ins.* tom. I, p. 90, n° 47.
Panz. *Faun. Germ.* fasc. 111, n° 12.
Lacord. *Monogr. des col. subpent. de la fam. des Phytoph.* tom. I, 2ᵉ part. p. 594, n° 47.

Elle habite les environs d'Alger et du cercle de Lacalle, où je l'ai prise, pendant les mois de mars et d'avril.

---

### Genus *LEMA*, Fabr. *Crioceris*, Geoffr.

#### 1351. *Lema melanopa (Crioceris)*.

Linn. *Syst. nat.* tom. II, p. 601, n° 105.
Fabr. *Syst. Eleuth.* tom. I, p. 476, n° 27.
Panz. *Faun. ins. Germ.* fasc. 91, n° 12.
Lacord. *Monogr. des col. subpent. de la fam. des Phytoph.* tom. I, 3ᵉ part. p. 393, n° 95.
*Crioceris hordei*, Fourc. *Ent. Paris.* tom. I, p. 95, n° 4.
*Lema cyanipennis*, Duft. *Faun. Austr.* tom. III, p. 243, n° 8.

L'Est et l'Ouest de l'Algérie nourrissent cette espèce, que j'ai prise aux environs d'Alger. Quant aux individus que je possède de la province de l'Ouest, je les dois à l'extrême obligeance de M. le colonel Levaillant.

#### 1352. *Lema cyanella (Crioceris)*.

Linn. *Faun. suec.* édit. 2, n° 572.
Fabr. *Syst. Eleuth.* tom. I, p. 475, n° 23.
Panz. *Faun. ins. Germ.* fasc. 7, n° 1.
Lacord. *Monogr. des col. subpent. de la fam. des Phytoph.* tom. I, 2ᵉ part. p. 363, n° 62.

Je n'ai pris qu'une seule fois cette espèce, que j'ai rencontrée en mai, à Kouba, aux environs d'Alger, dans la propriété de M. le docteur Trolliet.

# DEUXIÈME TRIBU.

## LES CYCLIQUES.

## Genus *CASSIDA*, Linn.

### 1353. *Cassida herbea*, Bohém[1]. (Pl. 44, fig. 5.)

Long. 3 millim. ½ à 9 millim. larg; 5 millim. à 5 millim. ½.

Elle est assez abondamment répandue dans l'Est de l'Algérie, particulièrement aux environs de Philippeville, de Constantine et de Milah; je l'ai prise en mai. Elle n'est pas rare non plus dans les environs d'Alger.

Pl. 44, fig. 5. *Cassida herbea*, grossie, 5ª la grandeur naturelle, 5ᵇ une mâchoire, 5ᵉ une mandibule vue du côté interne, 5ᵈ la lèvre inférieure.

### 1354. *Cassida algirica*, Bohém[2]. (Pl. 44, fig. 4.)

Long. 5 millim. ½ à 6 millim. larg. 4 millim.

Les environs d'Alger, de Constantine et du cercle de Lacalle nourrissent cette espèce, que j'ai prise pendant les mois de mars et d'avril; cette Casside n'est pas très-commune.

Pl. 44, fig. 4. *Cassida algirica*, grossie, 4ª la grandeur naturelle, 4ᵇ une antenne.

### 1355. *Cassida nobilis*.

Linn. *Syst. nat.* tom. II, p. 294, n° 24.
Fabr. *Syst. Eleuth.* tom. I, p. 396, n° 47.
Oliv. *Ent.* tom. V, n° 97, p. 983, 104, pl. 2, fig. 4.
*Cassida pulchella*, Panz. *Faun. Germ.* fasc. 39, pl. 15.

Ce n'est qu'aux environs d'Alger, en fauchant les grandes herbes à Kouba, que j'ai pris cette espèce, dont je n'ai trouvé que quelques individus.

[1] C. oblongo-ovata, paulò convexa, suprà dilectè virescens; corpore subtùs femoribusque basi nigris; abdomine tenuiter flavo marginato; thorace sat crebrè mediocriter punctato, angulis posticis acutis; elytris mediocriter minùs regulariter punctato-striatis, cingulo obsoletè tricostato.

Affinis certè C. viridis, sed magis oblonga, elytris costatis, margine exteriore minùs explanato. (*Cassida herbea*, Latr.)

[2] C. oblongo-ovata, paulò convexa, sub-nitida, suprà viridis; corpore femoribusque basi nigris, thorace confertissimè mediocriter ruguloso-punctato, elytris confertìm dorso ad suturam et anticè regulariter dein irregulariter punctato-striatis.

*Observ.* Variat interdùm: pallidè flava, pedibus similiter coloratis, abdomine extùs tenuiter flavo marginato, nuper extuso. (*Cassida algirica*, Dej.)

### 1356. *Cassida ferruginea.*

Fabr. *Syst. Eleuth.* tom. I, p. 391, n° 16.
Herbst, *Käf.* tom. VIII, p. 227, n° 9, pl. 130, fig. 14.
Oliv. *Ent.* tom. V, p. 981, n° 97, 101, pl. 1, fig. 2.

Je n'ai pris qu'une seule fois cette espèce, que j'ai rencontrée dans les premiers jours de mai, dans les bois du lac Tonga, aux environs du cercle de Lacalle.

### 1357. *Cassida murræa.*

Linn. *Syst. nat.* p. 575, n° 2.
Herbst, *Käf.* tom. VIII, p. 240, n° 17, tab. 130, fig. 12 à 13.
Fabr. *Syst. Eleuth.* tom. I, p. 390, n° 14.
Oliv. *Ent.* tom. V, n° 97, p. 977, 95, pl. 1, fig. 7.
*Cassida maculata,* Linn. *Syst. nat.* tom. II, p. 575, n° 6.

Je n'ai pas rencontré cette espèce, qui habite les environs de Bône, et qui m'a été communiquée par M. Aug. Chevrolat.

### 1358. *Cassida hemisphærica.*

Herbst, *Käf.* tom. VIII, p. 226, tab. 129, fig. 9 g.

Cette petite espèce, dont je n'ai trouvé que deux individus, habite les environs de Constantine. Je l'ai prise en mai, en fauchant de grandes herbes, sur le Djebel-Mansourah.

----

### Genus *HISPA*, Linn.

### 1359. *Hispa testacea.*

Linn. *Syst. nat.* tom. II, p. 603, n° 2.
Fabr. *Syst. Eleuth.* tom. II, p. 59, n° 5.

Cette espèce, que je n'ai pas rencontrée, habite les environs d'Oran, où elle a été prise par M. le colonel Levaillant.

### 1360. *Hispa numida.* (Pl. 44, fig. 1.)

Guér. *Rev. zool.* ann. 1841, p. 14, n° 13.

Elle diffère de l'*H. testacea* par sa taille, ordinairement plus petite, par le premier article des antennes, qui est distinctement ferrugineux, tandis que dans l'*H. testacea* tous les articles de ces mêmes organes sont noirâtres. Il est aussi à noter que les épines ont la base ferrugineuse, tandis que dans l'*H. testacea* ces mêmes épines sont entièrement noires, couleur qui s'étend jusque sur l'élytre.

Cette espèce ne serait-elle, par hasard, qu'une variété climatérique de la précédente?

Ce n'est que dans l'Est, vers les premiers jours de mars, que j'ai pris cette espèce, qui se plaît à voler au soleil, sur les bords de la route qui conduit de Lacalle au lac Tonga.

Pl. 44, fig. 1. *Hispa numida*, grossie, 1ᵃ la grandeur naturelle, 1ᵇ la tête et le thorax vus en dessus, 1ᶜ une mâchoire, 1ᵈ une mandibule, 1ᵉ la lèvre inférieure, 1ᶠ une antenne, 1ᵍ une élytre.

### 1361. *Hispa algeriana*. (Pl. 44, fig. 2.)

Guér. *Rev. zool.* 1841, p. 12, n° 10.

Cette espèce a été prise dans les environs d'Alger. (Collection de M. Guérin-Méneville.)

Pl. 44, fig. 2. *Hispa algeriana*, grossie, 2ᵃ la grandeur naturelle, 2ᵇ la tête et le thorax vus en dessus, 2ᶜ une antenne, 2ᵈ une élytre.

### 1362. *Hispa atra*. (Pl. 44, fig. 3.)

Fabr. *Syst. Eleuth.* tom. II, p. 59, n° 5.
*Hispa erinacea*, Illig. *Mag. ins.* tom. III, p. 169.

Cette petite espèce habite les environs du cercle de Lacalle; je l'ai prise dans les premiers jours de mars, volant autour de buissons formés particulièrement de *Cytisus spinosus*.

Pl. 44, fig. 3. *Hispa atra*, grossie, 3ᵃ la grandeur naturelle, 3ᵇ la tête et le thorax vus en dessus, 3ᶜ une antenne, 3ᵈ une élytre.

---

## Genus *COLASPIDEA*, de Casteln.

### 1363. *Colaspidea nitida*. (Pl. 46, fig. 3.)

Long. 1 millim. ¼ à 2 millim. larg. ¾ de millim. à 1 millim.

C. cupreo-nitida; capite laxè punctato, in medio depresso, antennis rufescentibus, ultimis articulis fusco-rufescentibus; thorace punctato, latiore quàm longiore, rotundato, anticè truncato; elytris brevibus, convexis, rotundatis, fortiter ac confertìm punctatis, albido-pilosis; corpore subtilissimè punctulato, pedibus rufescentibus, femoribus fuscorufescentibus, attamen ad basim rufescentibus.

D'un cuivreux brillant; la tête, parsemée de points fins et très-peu serrés, est déprimée dans sa partie médiane; les organes de la manducation sont d'un roussâtre clair; les antennes sont de même couleur que les organes de la manducation, à l'exception cependant des derniers articles, qui sont d'un brun roussâtre et revêtus de poils testacés. Le thorax, plus large que long, est convexe en dessus et arrondi; il est parsemé de points fins, peu serrés, arrondis et revêtus de quelques poils testacés. L'écusson, terminé en pointe, arrondi postérieurement, présente, à sa partie antérieure, de chaque côté, un point très-petit et peu

65.

marqué. Les élytres, courtes, convexes, très-arrondies, sont couvertes de points un peu plus grands et plus serrés que ceux de la tête, et de plus, hérissées de poils blanchâtres, assez allongés, peu serrés et couchés en arrière. Tout le corps en dessous est de même couleur qu'en dessus, mais couvert de points beaucoup plus fins et beaucoup plus serrés. Les pattes sont d'un roussâtre clair, revêtues de poils testacés, avec les fémurs renflés, d'un brun roussâtre, à l'exception cependant de la naissance, qui est d'un roussâtre clair.

Elle ressemble un peu au *C. æruginea*, Fabr. près duquel elle vient se placer, mais elle en diffère par sa forme plus étroite; enfin elle ne pourra être confondue avec la *C. oblonga*, Blanch., à cause de sa forme, beaucoup plus courte et surtout plus sphérique.

Je l'ai rencontrée dans les environs de Constantine et du cercle de Lacalle pendant les mois de mai et de juin; cette espèce, qui n'est pas très-commune, se plaît sur les Carduacées en fleur.

Pl. 46, fig. 3. *Colaspidea nitida*, grossie, 3ª la grandeur naturelle, 3ᵇ la tête vue de profil, 3ᶜ une antenne, 3ᵈ une élytre.

---

## Genus *COLASPIDEMA*, de Casteln. *Chrysomela*, Fabr.

### 1364. *Colaspidema rumicis.*

Fabr. *Syst. Eleuth.* tom. I, p. 437, n° 92.

Elle est abondamment répandue dans l'Est et l'Ouest de l'Algérie pendant tout le mois de mars et d'avril, particulièrement aux environs d'Oran, d'Alger, de Constantine, de Bône et du cercle de Lacalle.

### 1365. *Colaspidema rufifrons* (*Chrysomela*).

Oliv. *Ent.* tom. V, p. 533, n° 91, 45, pl. 6, fig. 93.

Cette espèce est assez rare; je n'en ai rencontré que deux individus, que j'ai pris à la fin de mars, dans les ravins du Djebel-Santon; environs d'Oran. Elle habite aussi les environs de Tlemsên, où elle a été rencontrée en mai par MM. Durieu de Maisonneuve et le docteur Warnier.

### 1366. *Colaspidema barbara* (*Colaspis*).

Fabr. *Syst. Eleuth.* tom. I, p. 415, n° 15.
De Casteln. *Hist. nat. des ins.* tom. II, p. 514, n° 5.

C'est aux environs de Constantine, en mai, en fauchant les grandes herbes, que je prenais cette espèce, qui est assez commune.

### 1367. *Colaspidema pulchella*, Luc. (Pl. 46, fig. 4.)

Long. 5 millim. ½, larg. 3 millim. ½.

C. viridi-cyanescens, nitida; capite thoraceque punctatis; antennis fuscorufescentibus, sex primis articulis flavo-testaceis; elytris acuminatis, posticè rufescentibus, fortiter punctatis, rugatisque; corpore subtiliter punctulato, viridi-nigrescente; pedibus testaceis, punctatis, femoribus attamen viridi cupreo-nitidis.

Il ressemble beaucoup au *C. Sophiæ*, avec lequel il ne pourra être confondu à cause de la ponctuation du thorax et la granulation de ses élytres, qui sont beaucoup plus fortes et plus profondément marquées. Il est aussi à noter que la forme prolongée et acuminée des élytres est aussi beaucoup plus prononcée que dans le *C. Sophiæ*, auprès duquel cette espèce vient se placer. D'un vert bleuâtre brillant. La tête, d'un vert légèrement cuivreux, parsemée de points assez forts, profondément marqués et peu serrés, est chagrinée à sa partie antérieure, et présente dans sa partie médiane une dépression transversale assez profondément prononcée. Les six premiers articles des antennes sont entièrement d'un jaune testacé, à l'exception cependant du premier, qui, à sa naissance, est d'un vert cuivreux et ponctué; ceux qui suivent sont d'un brun roussâtre. Le thorax est d'un vert bleuâtre brillant, couvert de points arrondis, fortement marqués et peu serrés; sur ses parties latérales, il est très-finement rebordé, avec les angles de chaque côté de la base légèrement arrondis. L'écusson est de même couleur que le thorax et entièrement lisse. Les élytres, d'un beau vert bleuâtre brillant, assez convexes, avec les angles huméraux assez saillants, roussâtres et lisses, sont prolongées postérieurement et presque terminées en pointe; elles sont couvertes de points et de rides serrés et assez fortement prononcés. Tout le corps, en dessous, est d'un vert noirâtre et finement ponctué; les pattes sont ponctuées, testacées, à l'exception cependant des fémurs, qui sont d'un vert cuivreux brillant.

Je n'ai rencontré qu'une seule fois cette jolie petite espèce, que j'ai prise, en mai, sur les fleurs. Route de Bougie au Gouraïa.

Pl. 46, fig. 4. *Colaspidema pulchella*, grossie, 4ᵃ la grandeur naturelle, 4ᵇ une élytre.

### 1368. *Colaspidema signatipennis*, Luc.[1] (Pl. 46, fig. 5.)

Long. 8 millim. ½, larg. 4 millim. ½.

C. capite thoraceque nigris, punctatis, hoc utrinque sat fortiter biimpresso; elytris flavorufescentibus, subtiliter punctulatis, utrinque binigro-maculatis, suturâ ad lateraque atro marginatis; antennis, pedibus abdomineque nigris, his sat subtiliter punctulatis.

La tête, d'un noir brillant, est parsemée de points assez gros, très-peu rapprochés, mais qui, près des organes de la vue, sont plus grands et surtout beaucoup plus serrés. Les organes de la bouche ainsi que les antennes sont noirs, et sur celles-ci on aperçoit des poils courts, testacés, placés çà et là. Le thorax, de même couleur que la tête, très-finement rebordé sur

---

[1] Dej. *Catal.* p. 435 (inédit).

les parties latérales, avec les angles de la base légèrement terminés en pointe, présente, de chaque côté, deux dépressions, dont une transversale beaucoup plus fortement prononcée; il est ponctué, et ces points sont plus petits et surtout plus serrés que ceux de la tête. L'écusson est noir, lisse, et présente à sa base une impression transversale semi-circulaire. Les élytres, d'un jaune roussâtre, bordées de noir sur la suture et sur les parties latérales, sont ornées, de chaque côté, de deux taches noires, dont une ovalaire, semi-transversale, et l'autre, de forme oblongue; la couleur noire qui borde les côtés externes présente de chaque côté deux petites expansions assez fortement prononcées; à leur base, ces organes sont roussâtres et de plus parsemés de poils fins, très-peu serrés. Tout le corps en dessous, ainsi que les pattes, est noir, assez finement ponctué.

Cette espèce, qui habite les environs d'Alger, et que je n'ai pas trouvée pendant mon séjour dans cette partie de nos possessions, m'a été communiquée par M. Doüé.

Pl. 46, fig. 5. *Colaspidema signatipennis*, grossie, 5ª la grandeur naturelle, 5ᵇ une mandibule, 5ᶜ une mâchoire, 5ᵈ la tête vue de profil, 5ᵉ une antenne.

---

## Genus PSEUDOCOLASPIS, de Casteln.

### 1369. *Pseudocolaspis setosa*, Luc. (Pl. 46, fig. 6.)

Long. 4 millim. ½, larg. 2 millim. ¼ à 3 millim. ½.

P. viridi-ænea vel viridi-cuprea; capite thoraceque punctatis, hoc latiore quàm longiore, anteriùs cupreo, transversìm impresso, ad latera convexo, fortiter rotundato; elytris sat fortiter punctatis, ad suturam striatis, pilis testaceis longitudinaliter positis; corpore subtiliter punctato, pedibus fuscorufescentibus, robustis, fortiter punctatis.

D'un beau vert brillant, quelquefois d'un vert cuivreux; la tête, parsemée de points assez profondément marqués et serrés, est ordinairement revêtue, dans les individus qui n'ont subi aucun frottement, de poils courts, testacés. Les organes de la manducation sont d'un roussâtre foncé; les antennes sont d'un roussâtre clair, à l'exception cependant des quatre derniers articles, qui sont d'un roux foncé. Le thorax, plus large que long, peu convexe, très-arrondi sur ses parties latérales, est couvert de points assez forts, mais moins serrés que ceux de la tête; à sa partie antérieure, qui est toujours d'un cuivreux plus ou moins foncé, il présente une petite dépression transversale. Il y a des individus chez lesquels cet organe présente une saillie longitudinale entièrement lisse. L'écusson est ordinairement d'un vert cuivreux, presque tronqué postérieurement, et assez fortement ponctué. Les élytres, peu allongées, presque planes en dessus, arrondies postérieurement, sont plus larges que le thorax à la base avec les angles huméraux très-saillants et ordinairement d'un vert cuivreux foncé; elles sont striées près de la suture, et présentent une ponctuation assez forte, serrée, et dont les points sont irrégulièrement placés, à l'exception cependant de ceux qu'offrent les deux ou trois stries que l'on voit de chaque côté de la suture; de plus, on remarque sur ces organes des poils très-courts, testacés, peu serrés et disposés en rangées longitudinales. Tout le corps en dessous est assez finement ponctué et de même couleur qu'en dessus. Les pattes sont d'un brun roussâtre et assez fortement ponctuées; elles sont allongées, surtout la première paire; on remarque au côté antérieur du fémur de la première paire un tubercule spiniforme plus ou moins prononcé. Des poils très-courts, testacés, hérissent ces organes.

Cette espèce habite l'Est et l'Ouest de nos possessions; je l'ai prise, à la fin de mai, sur des fleurs dans les bois du lac Tonga et Houbeira, aux environs du cercle de Lacalle; les individus que je possède de l'Ouest m'ont été donnés par M. le colonel Levaillant; ce *Pseudocolaspis* habite aussi les environs de Tlemsên.

Pl. 46, fig. 6. *Pseudocolaspis setosa*, grossie, 6[a] la grandeur naturelle, 6[b] la tête vue de profil, 6[c] une mâchoire, 6[d] une mandibule, 6[e] une antenne, 6[f] une patte de la première paire.

---

## Genus *PACHNEPHORUS*, Chevr.

### 1370. *Pachnephorus cylindricus*, Luc. (Pl. 46, fig. 7.)

Long. 3 millim. ½ à 4 millim. ⅛, larg. 1 millim. ½ à 2 millim.

P. æneus; elytris cyaneo-nitidis, vel omninò æneis; antennis fuscis, primis articulis rufescentibus; capite subtiliter punctato; thorace punctato, convexo, anticè truncato, posticè angustato; elytris longitudinaliter fortiterque punctatis, interstitiis albido-pilosis; corpore pedibusque punctatis, albido-pilosis.

La tête, d'une couleur bronzée, très-finement striée, est parsemée de points fins, peu marqués, très-peu serrés, et entre lesquels on aperçoit quelques poils blanchâtres très-courts, placés çà et là. Les antennes sont brunes avec les trois premiers articles roussâtres. Le thorax, d'un bronzé brillant, couvert de points plus forts et moins serrés que ceux de la tête, est assez allongé, convexe et arrondi en dessus, tronqué à sa partie antérieure, et rétréci postérieurement. L'écusson, de même couleur que le thorax, est entièrement lisse. Les élytres, plus larges que le thorax, d'un bleu brillant, quelquefois entièrement bronzées, avec les angles huméraux très-saillants, présentent une ponctuation formée par des points beaucoup plus forts et plus profondément marqués que ceux du thorax, et qui forment sur ces organes des lignes longitudinales dont les intervalles assez larges offrent chacun une bande longitudinale de poils blanchâtres très-petits et peu serrés. Tout le corps en dessous ainsi que les pattes, de même couleur qu'en dessus, sont ponctués et couverts de poils blanchâtres assez allongés et peu serrés. On rencontre des individus qui sont entièrement bronzés.

On trouve cette espèce, qui se plaît sous les pierres humides, dans l'Est et dans l'Ouest de nos possessions; je l'ai particulièrement rencontrée dans les environs d'Alger et de Philippeville, pendant l'hiver et une grande partie du printemps. Le seul individu que je possède de la province d'Oran m'a été donné par M. le colonel Levaillant.

Pl. 46, fig. 7. *Pachnephorus cylindricus*, grossi, 7[a] la grandeur naturelle, 7[b] une antenne, 7[c] une élytre.

## Genus *CLYTHRA*, Laich. *Chrysomela*, Pall.

### 1371. *Clythra Atraphaxidis.*

FABR. *Syst. Eleuth.* tom. II, p. 32, n° 18.
OLIV. *Ent.* tom. V, n° 96, p. 851, 17, pl. 1, fig. 7.
*Chrysomela Atraphaxidis*, PALL. *It.* tom. II, p. 725, n° 68.

Cette espèce, qui habite les environs d'Alger, m'a été communiquée par M. Aug. Chevrolat.

### 1372. *Clythra quadripunctata (Chrysomela).*

LINN. *Syst. nat.* p. 596, n° 76.
FABR. *Syst. Eleuth.* tom. II, p. 31, n° 13.
PAYK. *Faun. suec.* tom. II, p. 128, n° 1.
SCHONH. *Syn. ins.* tom. I, n° 2, p. 344.
OLIV. *Ent.* tom. V, n° 96, p. 850, 15, pl. 1, fig. 1 *a, b.*

Elle n'est pas très-rare aux environs d'Alger, de Constantine et du cercle de Lacalle, pendant les mois de mars, d'avril et de mai.

### (*Labidostomis*, Chevr.)

### 1373. *Clythra taxicornis.*

FABR. *Syst. Eleuth.* tom. II, p. 34, n° 29.
PAYK. *Faun. suec.* tom. II, p. 130, n° 3.
OLIV. *Ent.* tom. V, n° 96, 843, 2, pl. 1, fig. 2, et pl. 1, fig. 2 *a, b.*

L'Est et l'Ouest de l'Algérie nourrissent cette espèce, qui n'est pas rare pendant tout le printemps et le commencement de l'été dans les environs d'Oran, d'Alger, de Constantine, de Bône et du cercle de Lacalle.

### 1374. *Clythra rubripennis.* (Pl. 46, fig. 8.)

Long. 10 millim. larg. 4 millim. ½ (mâle).
Long. 9 millim. larg. 4 millim. ½ (femelle).

LUC. *Rev. zool. par la soc. Cuv.* ann. 1845, p. 120, n° 1.

L. capite thoraceque cyaneo-virescentibus, sat fortiter laxèque punctatis; antennis cyaneo-nigricantibus, primis articulis infrà flavo-ferrugineis; elytris rubescentibus, punctatis; corpore pedibusque subtiliter rugatis, cyaneo-virescente-nitidis.

Il ressemble un peu au *C. taxicornis*, avec lequel il ne pourra être confondu à cause de son thorax, qui est plus profondément ponctué, de ses élytres, qui sont rouges, et de la ponctuation que présentent ces organes, qui est plus forte et moins serrée. La tête, d'un bleu verdâtre, est fortement ridée à sa partie antérieure, profondément déprimée entre les yeux, et parsemée, à son sommet, de points peu profondément marqués. Les mandibules sont très-fortes, comprimées et de même couleur que la tête. Les antennes sont d'un bleu noirâtre, avec la partie inférieure du premier article, tout le second et la partie inférieure du troisième d'un jaune ferrugineux. Le thorax, plus large que dans le *C. taxicornis*, est d'un bleu verdâtre, fortement chagriné à sa partie antérieure, et couvert de points profondément marqués, arrondis et très-peu serrés; il est plus élargi sur les parties latérales que chez le *C. taxicornis*, et son bord postérieur présente dans son milieu une saillie assez grande et arrondie. L'écusson, d'un bleu noirâtre, est à peine chagriné. Les élytres, plus longues et plus larges que dans le *C. taxicornis*, sont rougeâtres, parsemées de points plus forts et moins serrés que dans cette dernière espèce. Tout le corps en dessous, ainsi que les pattes, est d'un beau bleu verdâtre brillant et très-finement ridé.

Ce n'est que dans l'Ouest que j'ai trouvé cette espèce, qui habite les environs d'Oran, et que l'on rencontre ordinairement pendant les mois de mai et de juin. Je ne pense pas que ce Clythre habite l'Est de nos possessions; du moins je ne l'y ai jamais trouvé.

Pl. 46, fig. 8. *Clythra (Labidostomis) rubripennis*, grossi, 8ᵃ la grandeur naturelle, 8ᵇ la tête vue de profil, 8ᶜ une mâchoire, 8ᵈ une mandibule, 8ᵉ la lèvre supérieure, 8ᶠ une antenne.

### 1375. *Clythra hybrida.* (Pl. 46, fig. 9.)

Long. 9 millim. larg. 4 millim. (mâle).
Long. 8 millim. larg. 4 millim. ¼ (femelle).

Luc. *Rev. zool. par la soc. Cuv.* ann. 1845, p. 121, n° 2.

L. capite viridi-cyaneo, sat fortiter profundèque striato; thorace viridi-cyanescente, in medio depresso, laxè punctato, angulis posticis prominentibus; scutello posticè carinato; elytris rubris, subtiliter profundè punctatis, utrinque nigro-bimaculatis; corpore pedibus viridi-cyanescente-nitidis, subtilissimè punctulatis.

Il est un peu plus petit que le *C. rubripennis*, près duquel il vient se placer. La tête, d'un vert bleu, assez fortement déprimée entre les yeux, est couverte de stries petites et profondément marquées. Les mandibules, ainsi que les palpes maxillaires et labiaux, sont d'un noir bleuâtre. Les antennes sont d'un noir bleu, avec la partie inférieure du premier et du second article, et tout le troisième d'un jaune ferrugineux. Le thorax est de même couleur que la tête, mais plus clair; il est parsemé de points assez forts, déprimé dans sa partie médiane, convexe sur les parties latérales, qui sont assez finement rebordées, avec les angles de chaque côté de la base saillants et relevés. L'écusson, de même couleur que le thorax, est très-finement chagriné, et présente dans sa partie médiane et postérieurement une petite carène assez sensible. Chez les individus qui n'ont subi aucun frottement, les divers organes que je viens de décrire sont couverts d'une tomentosité blanchâtre, courte et peu serrée. Les élytres sont assez allongées, étroites dans le mâle, un peu plus larges dans la femelle; ces organes sont rouges, couverts de petits points assez profondément marqués, peu serrés, et ornés de chaque côté de deux taches noires, dont l'antérieure occupe la saillie humérale; quant à la seconde, elle est un peu plus grande, placée aux trois quarts de l'élytre, et assez près de la suture. Tout le corps en dessous, ainsi que les pattes dans les deux sexes, est très-finement ponctué, d'un vert bleuâtre brillant, et couvert de poils blanchâtres, courts et peu serrés.

La femelle diffère du mâle par son thorax, moins large, et les angles de chaque côté de la base, un peu moins relevés; les élytres sont aussi moins étroites.

Ce n'est que dans l'Ouest de l'Algérie, aux environs d'Oran, pendant les mois de mai et de juin, que j'ai pris cette espèce, qui se plaît le long des tiges des grandes herbes.

Pl. 46, fig. 9. *Clythra* (*Labidostomis*) *hybrida*, grossi, 9ª la grandeur naturelle, 9ᵇ une antenne, 9ᶜ une patte de la dernière paire.

### 1376. *Clythra forcipifera.* (Pl. 46, fig. 10.)

Long. 5 millim. larg. 2 millim. ½ (mâle).

Luc. *Rev. zool. par la soc. Cuv.* ann. 1845, p. 122, n° 3.

L. capite fortiter profundè rugato, thorace valdè punctato, hisque cyaneo-violaceis; mandibulis nigro-cyanescentibus, intùs bispinosis; elytris punctatis, flavis, posticè fuscis, utrinque cyaneo-violaceo bivittatis; corpore pedibusque subtilissimè punctulatis, cyaneo-violaceis.

La tête, d'un bleu violacé, fortement et profondément ridée, présente à son sommet une dépression de chaque côté de laquelle on aperçoit des points petits, assez bien marqués et placés çà et là. Les antennes sont d'un noir bleuâtre, avec la partie inférieure des premier, second, troisième et quatrième articles d'un jaune ferrugineux. Les mandibules sont courtes, d'un noir bleuâtre, roussâtres à leur extrémité, et armées, à leur côté interne, de deux fortes épines. Le thorax est de même couleur que la tête, inégal en dessus, et parsemé de points arrondis et assez forts. L'écusson est d'un noir bleuâtre, ponctué à sa naissance, et entièrement lisse postérieurement. Les élytres sont courtes, d'une belle couleur jaune, couvertes de points assez forts, peu serrés, et ornées de chaque côté de deux taches transversales d'un noir bleuâtre, dont la postérieure, plus grande, atteint le bord de la suture; il est aussi à noter que postérieurement ces organes sont assez fortement tachés de bleu foncé. Tout le corps en dessous, ainsi que les pattes, est très-finement ponctué, d'un bleu violacé, et parsemé de poils blanchâtres, assez courts.

Cette jolie petite espèce habite les environs d'Oran, où elle a été rencontrée tout à fait à la fin de juin, par M. Levaillant, colonel au 36ᶜ de ligne.

Pl. 46, fig. 10. *Clythra* (*Labidostomis*) *forcipifera*, grossi, 10ª la grandeur naturelle, 10ᵇ la tête vue de profil, 10ᶜ une patte de la première paire.

### 1377. *Clythra Guerinii.*

Bassi, *Ann. de la soc. ent. de France*, 1ʳᵉ série, tom. III, p. 472.

Ce n'est qu'aux environs de Constantine que j'ai pris cette jolie petite espèce, que j'ai rencontrée, en mai, en fauchant les grandes herbes sur le Djebel-Mansourah.

### 1378. *Clythra hordei.*

Fabr. *Syst. Eleuth.* tom. II, p. 41, n° 59.
Oliv. *Ent.* tom. V, n° 97, p. 871, 53, pl. 2, fig. 38.
*Cryptocephalus æneus,* Fabr. *Ent. syst.* tom. II, p. 69, n° 82.

Elle n'est pas rare dans l'Est et l'Ouest de l'Algérie, pendant une grande partie du printemps; c'est particulièrement aux environs d'Oran, d'Alger, de Constantine, de Bône et du cercle de Lacalle que j'ai pris cette espèce, qui se plaît le long des tiges des grandes herbes.

### (*Lachnaia,* Chevr.)

### 1379. *Clythra variolosa.* (Pl. 47, fig. 2.)

Linn. *Syst. nat.* p. 591, n° 33.
Fabr. *Mant. ins.* tom. I, p. 70, n° 50.
Oliv. *Ent.* tom. V, n° 96, p. 859, 29, pl. 2, fig. 19.
*Cryptocephalus lentisci,* Fabr. *Ent. syst.* tom. II, p. 57, n° 21.
*Clythra lentisci,* ejusd. *Syst. Eleuth.* tom. II, p. 36, n° 37.

Elle est commune dans l'Est et l'Ouest de l'Algérie, pendant tout le printemps; cette espèce se plaît sur le lentisque (*Pistacia lentiscus*), dont elle mange les feuilles.

Pl. 47, fig. 2. Une mâchoire, 2ª une mandibule du *Clythra variolosa.*

### 1380. *Clythra tripunctata.*

Fabr. *Syst. Eleuth.* tom. II, p. 28, n° 2.
Oliv. *Ent.* tom. V, n° 96, p. 851, 16, pl. 1, fig. 11.

C'est l'espèce la plus abondamment répandue dans nos possessions du Nord de l'Afrique, pendant tout le printemps et une grande partie de l'été.

### 1381. *Clythra puncticollis.* (Pl. 47, fig. 4.)

Chevr. *Rev. zool. par la soc. Cuv.* 1840, p. 17.

Cette espèce, qui m'a été communiquée par M. Aug. Chevrolat et que je n'ai pas rencontrée, habite les environs d'Alger, où elle a été prise par M. Wagner.

Pl. 47, fig. 4. *Clythra* (*Lachnaia*) *puncticollis,* grossi, 4ª la grandeur naturelle, 4ᵇ une antenne, 4ᶜ une patte de la première paire.

### 1382. *Clythra straminipennis*. (Pl. 47, fig. 3.)

Long. 9 millim. larg. 4 millim. ½.

Luc. *Rev. zool. par la soc. Cuv.* ann. 1845, p. 122, n° 4.

L. capite viridi, depresso, fortiter rugoso; thorace viridi-æneo, angulis posticis fortiter rotundatis; elytris flavo-rubescentibus, subtiliter punctulatis, utrinque nigro-trimaculatis; corpore pedibusque subtilissimè punctulatis, viridi-æneis, albido-pilosis.

Il est beaucoup plus grand que le *C. puncticollis*, avec lequel il ne pourra être confondu à cause de sa tête, de son thorax, de son abdomen, ainsi que de ses organes de la locomotion, qui sont d'un vert brillant. La tête, légèrement déprimée entre les yeux, est entièrement couverte d'une rugosité assez forte et serrée. Les mandibules sont robustes, d'un vert brillant, rugueuses comme la tête, avec leur extrémité d'un brun foncé. Les antennes sont brunes, à l'exception cependant du premier article, qui est d'une couleur verte et ponctué. Le thorax, un peu plus large que la tête, est assez fortement rebordé, avec les angles de chaque côté de la base très-arrondis; il est inégal en dessus, parsemé de points arrondis, assez forts, peu serrés, et marqué de chaque côté, près du bord postérieur, d'une dépression transversale assez fortement marquée. Chez les individus qui n'ont subi aucun frottement, les divers organes que je viens de décrire sont revêtus de poils blanchâtres assez longs, peu serrés, et qui forment sur le thorax une bande longitudinale. L'écusson est d'un vert brillant, finement ponctué sur ses parties latérales, relevé et fortement tronqué postérieurement. Les élytres, d'un jaune rougeâtre, sont peu allongées, et présentent, en dessous des angles huméraux, une dépression assez fortement prononcée; elles sont parsemées de points fins, serrés et ornés de chaque côté de trois taches arrondies d'un noir foncé, dont une située antérieurement et les deux autres, rapprochées, transversales, sont placées beaucoup plus postérieurement. Tout le corps, ainsi que les pattes, est finement ponctué et couvert de poils blanchâtres, assez allongés et peu serrés.

Cette espèce, qui est assez rare, habite les environs d'Oran; je n'en ai rencontré que deux individus, que j'ai pris dans les derniers jours de mars.

Pl. 47, fig. 3. *Clythra (Lachnaia) straminipennis*, grossi, 3ᵃ la grandeur naturelle, 3ᵇ une antenne.

## (*Macrolenes*, Chevr.)

### 1383. *Clythra dispar*. (Pl. 47, fig. 5.)

Long. 6 millim. ½ à 9 millim. larg. 3 à 5 millim.

Luc. *Rev. zool. par la soc. Cuv.* ann. 1845, p. 123, n° 5.

M. capite atro-nitido, posticè fortiter confertìmque punctato; thorace atro-nitido, lævigato, anticè subpunctato, angulis posticis fortiter marginatis, satque prominentibus; elytris nitido-rubris, subtiliter punctulatis, utrinque nigro-quadripunctatis; corpore pedibusque nigris, subtiliter rugosis punctatisque.

La tête, d'un noir brillant, présente, dans son milieu, entre les yeux, une dépression assez fortement marquée, et est parsemée, au sommet, de points fins et serrés. Les antennes sont noires, à l'exception cependant du second et du troisième article, qui sont rougeâtres. Le thorax, d'un noir brillant, avec les angles latéro-postérieurs très-arrondis et fortement relevés, est entièrement lisse, à l'exception cependant de la partie antérieure, qui présente quelques points assez bien prononcés. L'écusson est de même couleur que le thorax, légèrement tronqué postérieurement et entièrement lisse. Les élytres, assez allongées, légèrement rétrécies dans leur partie médiane, sont d'un rouge brillant, parsemées de points assez fins, peu serrés, et ornées, de chaque côté, de quatre taches d'un noir foncé, ainsi disposées : deux taches assez grandes, arrondies, placées longitudinalement près de la suture ; une troisième, beaucoup plus petite, placée entre le bord interne et la tache postérieure, et enfin une quatrième ou la dernière plus grande que la précédente, située vers la saillie humérale. Tout le corps en dessous, ainsi que les pattes, est noir, finement ridé et ponctué, et parsemé de poils blanchâtres, très-courts, peu serrés.

Cette espèce présente plusieurs variétés assez remarquables :

Var. A. Dessus ne présentant plus de chaque côté qu'une seule tache placée sur la saillie humérale.

Var. B. Thorax rouge, trimaculé de noir ; taches des élytres disposées comme chez les individus normaux.

Var. C. Thorax rouge, unimaculé de noir postérieurement, les trois taches postérieures des élytres réunies.

Var. D. Thorax rouge, immaculé de noir postérieurement ; taches des élytres n'étant plus qu'au nombre de trois de chaque côté.

J'ai rencontré cette espèce dans l'Est et l'Ouest de nos possessions du Nord de l'Afrique ; je l'ai prise particulièrement dans les environs du cercle de Lacalle, pendant les mois de mai, de juin et de juillet ; quant aux individus que je possède de la province d'Oran, ils m'ont été donnés par M. le colonel Levaillant.

Pl. 47, fig. 5. *Clythra (Macrolenes) dispar*, grossi, 5ᵃ la grandeur naturelle, 5ᵇ une mâchoire, 5ᶜ une mandibule, 5ᵈ une antenne, 5ᵉ une patte de la première paire.

<h3 style="text-align:center">1384. Clythra sexmaculata.</h3>

Faʙʀ. *Syst. Eleuth.* tom. II, p. 31, n° 10.
Oʟɪv. *Ent.* tom. V, n° 96, p. 850, 14, pl. 1, fig. 15.

Cette espèce, qui habite les environs d'Alger, m'a été communiquée par M. Aug. Chevrolat.

<h3 style="text-align:center">1385. Clythra ruficollis.</h3>

Faʙʀ. *Ent. syst.* tom. II, p. 61, n° 42.
Ejusd. *Syst. Eleuth.* tom. II, p. 38, n° 45.
*Clythra dentipes*, Oʟɪv. *Ent.* tom. V, n° 96, p. 857, 27, pl. 1, fig. 17.

Elle est abondamment répandue dans l'Est et l'Ouest de l'Algérie, où je l'ai prise fort communément, pendant le printemps et une grande partie de l'été, dans les environs d'Alger, de Constantine, de Bône et du cercle de Lacalle. Quant aux individus que je possède de la province d'Oran, ils m'ont été donnés par M. le colonel Levaillant.

### 1386. *Clythra octopunctata.*

Fabr. *Syst. Eleuth.* tom. II, p. 36, n° 34.
Oliv. *Ent.* tom. V, n° 96, p. 860, 32, pl. 2, fig. 22.

Ce n'est que dans l'Ouest de l'Algérie, aux environs d'Oran et de Tlemsen, que l'on trouve cette espèce, qui m'a été communiquée par M. le colonel Levaillant.

### (*Coptocephala*, Chevr.)

### 1387. *Clythra sexnotata.*

Fabr. *Syst. Eleuth.* tom. II, p. 35, n° 32.
*Clythra melanocephala,* Oliv. *Ent.* tom. V, n° 96, p. 854, 22, pl. 1, fig. 15.

L'Est et l'Ouest de l'Algérie nourrissent cette espèce, qui n'est pas rare pendant tout le printemps et l'été, dans les environs d'Oran, d'Alger, de Constantine, de Bône et du cercle de Lacalle.

### (*Cyaniris*, Chevr.)

### 1388. *Clythra unicolor.* (Pl. 47, fig. 1.)

Long. 4 millim. larg. 2 millim.

Luc. *Rev. zool. par la soc. Cuv.* ann. 1845, p. 125, n° 7.

C. viridi-æneo-nitida vel cyanea; capite in medio quadriimpresso; thorace omninò lævigato, sat fortiter marginato; elytris brevibus, longitudinaliter subtilissimè punctulatis; corpore pedibusque viridi-æneis, testaceo-pilosis.

Entièrement d'un vert bronzé brillant, quelquefois d'une belle couleur bleue. La tête, beaucoup plus large dans le mâle que dans la femelle, présente, dans les deux sexes, quatre petites dépressions longitudinales situées entre les yeux, et dont les médianes, assez rapprochées, sont plus prononcées que celles des côtés. Les antennes sont brunâtres, avec les quatre premiers articles d'un jaune testacé. Le thorax, entièrement lisse, est assez large, fortement rebordé sur les parties latérales, avec les angles latéro-postérieurs plus arrondis que les latéro-antérieurs. L'écusson est entièrement lisse et à peine tronqué postérieurement. Les élytres, courtes, assez fortement rebordées, sont parsemées de points très-fins qui forment des rangées longitudinales; mais chez quelques individus ces points sont à peine apparents. Tout le corps en dessous, ainsi que les pattes, est de même couleur qu'en dessus, et parsemé de poils testacés, courts et très-peu espacés.

J'ai rencontré cette espèce dans l'Est et l'Ouest de l'Algérie, particulièrement dans les environs de Constantine et du cercle de Lacalle, pendant les mois de mai et de juin.

Pl. 47, fig. 1. *Clythra (Cyaniris) unicolor,* grossi, 1ᵃ la grandeur naturelle, 1ᵇ une mâchoire, 1ᶜ une mandibule, 1ᵈ la lèvre inférieure, 1ᵉ une antenne.

## (*Smaragdina,* Chevr.)

### 1389. *Clythra gratiosa.* (Pl. 47, fig. 6.)

Long. 4 millim. larg. 2 millim. ¼.

Luc. *Rev. zool. par la soc. Cuv.* ann. 1845, p. 124, n° 6.

S. viridi-nitida; capite, thorace elytrisque punctatis, posticè flavo-aurantiacis; corpore viridi-cupreo, sub-tilissimè rugato, pedibus flavo-aurantiacis; antennis fuscescentibus, primis articulis flavo-aurantiacis.

D'un beau vert brillant. La tête déprimée entre les yeux, lisse à son sommet, qui est assez convexe, présente, dans sa partie médiane, des points profondément marqués, assez forts et peu rapprochés. Les antennes sont brunâtres, avec les quatre premiers articles d'un jaune orangé. Les palpes maxillaires et labiaux sont d'un jaune orangé, avec l'extrémité du dernier article légèrement tachée de brun. Le thorax assez large, finement rebordé, avec les angles latéro-postérieurs très-légèrement arrondis, est couvert de points un peu moins forts que ceux de la tête, et surtout bien moins serrés. L'écusson est très-finement ponctué et assez fortement tronqué postérieurement. Les élytres, assez allongées, très-finement bordées de bleu verdâtre, fortement tachées de jaune orangé postérieurement, sont couvertes de points plus forts et plus serrés que ceux du thorax; il est aussi à remarquer que ces points sont presque confluents, et que la saillie humérale des élytres est lisse. Le corps, en dessous, est très-finement ridé, d'un jaune cuivreux, avec les organes de la locomotion d'un jaune orangé.

Ce n'est que dans l'Ouest de l'Algérie, aux environs d'Oran, pendant les mois de mai et de juin, que l'on trouve cette jolie petite espèce, que je dois à l'extrême obligeance de M. le colonel Levaillant.

Pl. 47, fig. 6. *Clythra (Smaragdina) gratiosa,* grossi, 6ᵃ la grandeur naturelle, 6ᵇ la tête et le thorax vus de profil, 6ᶜ une antenne, 6ᵈ une patte de la première paire.

### 1390. *Clythra ferulæ.*

Géné, *De quib. ins. Sard. nov. aut min. cognit.* p. 42, pl. 2, fig. 19.

Cette espèce, qui jusqu'à présent n'avait été signalée que comme habitant la Sardaigne, est assez rare en Algérie; je n'en ai rencontré que quelques individus, pris en mai, en fauchant les grandes herbes dans les environs de Constantine.

## Genus CRYPTOCEPHALUS, Geoffr. *Chrysomela*, Linn.

### 1391. *Cryptocephalus cicatricosus.* (Pl. 47, fig. 7.)

Long. 5 millim. ½, larg. 3 millim. (mâle).
Long. 7 millim. ½, larg. 4 millim. ½ (femelle).

Luc. *Rev. zool. par la soc. Cuv.* ann. 1845, p. 125, n° 8.

C. capite nigro-nitido, punctato; thorace nigro-nitido vel nigro-cyanescente, subtilissimè laxèque punctulato; elytris rubris, fortiter cicatricoso-nigro-cyanescentibus; corpore pedibusque subtiliter punctulatis, nigro-cyanescentibus; antennis nigris, primis articulis infrà ferrugineo-rufescentibus.

La tête, d'un noir brillant, couverte de points fins, peu serrés, est revêtue de poils blanchâtres, courts et assez touffus, chez les individus qui n'ont subi aucun frottement. Les antennes sont entièrement noires, à l'exception cependant de la partie inférieure des premiers articles, qui sont d'un ferrugineux roussâtre; quelques poils blanchâtres, très-courts, hérissent ces organes. Le thorax est de même couleur que la tête, cependant quelquefois d'un noir bleuâtre, très-convexe, finement rebordé sur les parties latérales, parsemé de points beaucoup plus fins et bien moins serrés que ceux de la tête, et revêtu de poils blanchâtres, courts et ordinairement peu serrés. L'écusson, d'un noir brillant, quelquefois d'un noir bleuâtre, est entièrement lisse. Les élytres, peu allongées, avec les angles huméraux peu saillants, sont rouges, couvertes de points très-gros, assez profondément marqués, peu rapprochés, ordinairement d'un noir bleuâtre, et dont les uns sont arrondis et les autres ovales. Tout le corps en dessus, ainsi que les pattes, est noir, quelquefois d'un noir bleuâtre, très-finement ponctué, couvert de poils blanchâtres, courts et peu rapprochés.

La femelle ressemble tout à fait au mâle, seulement elle est ordinairement plus grande.

Cette jolie espèce habite les environs d'Oran et m'a été donnée par M. le colonel Levaillant, qui a rencontré ce *Cryptocephalus* pendant les mois de mai et de juin. Je ne pense pas que cette espèce habite l'Est de nos possessions.

Pl. 47, fig. 7. *Cryptocephalus cicatricosus*, grossi, 7ᵃ la grandeur naturelle, 7ᵇ la tête et le thorax vus de profil, 7ᶜ une antenne.

### 1392. *Cryptocephalus bipunctatus* (*Chrysomela*).

Linn. *Syst. nat.* tom. II, p. 597, n° 78.
Fabr. *Syst. Eleuth.* tom. II, p. 43, n° 16.
Oliv. *Ent.* tom. V, n° 96, p. 799, 25, pl. 1, fig. 11.
*Cryptocephalus dispar*, Payk. *Faun. suec.* tom. II, p. 142, n° 15 a.

Je n'ai pas trouvé cette espèce, qui habite les environs d'Alger et qui m'a été communiquée par M. Aug. Chevrolat.

## 1393. *Cryptocephalus tristigma.*

Charp. *Hor. ent.* p. 236, pl. 7, fig. 4.

Je n'ai rencontré qu'une seule fois cette espèce, que j'ai prise en mai, dans les environs d'Hippône.

## 1394. *Cryptocephalus Wagneri.*

Kust. *Die Käf. Europ.* fasc. 11, n° 95.

Je n'ai pas trouvé cette espèce, décrite par M. Küster, et que M. Wagner a rencontrée en Algérie.

## 1395. *Cryptocephalus Dahlii.*

Long. 5 à 6 millim. larg. 3 millim. à 3 millim. ½.

Luc. *Rev. zool. par la soc. Cuv.* ann. 1845, p. 126, n° 9.
*Cryptocephalus ornatus?* Panz. *Faun. Germ.* fasc. 135, pl. 21.

C. capite flavo-aurantiaco, anticè fortiter punctato, in medio posticèque rufescente; thorace subtiliter confertimque punctulato, rufescente, anticè ad latera flavo maculato, posticè subtiliter nigro marginato; elytris flavis, rubescente marginatis, striato punctatis, utrinque nigro maculatis; corpore pedibusque rufescentibus, ultimo segmento abdominis pygidioque flavo marginatis.

La tête, jaune, assez fortement ponctuée à sa partie antérieure, roussâtre dans sa partie médiane et postérieurement, est ornée, de chaque côté, près de la naissance des antennes, d'une tache d'un brun foncé, oblongue et placée un peu obliquement. Les antennes sont roussâtres. Le thorax, couvert de points un peu plus fins et surtout plus serrés que ceux de la tête, est roussâtre, bordé de jaune antérieurement et sur les parties latérales, et orné, en dessus, de chaque côté, d'une bande de la même couleur placée obliquement, qui part du bord postérieur et atteint à peu près le milieu du thorax; il est aussi à noter que du milieu de la bordure jaune de la partie antérieure de cet organe, naît une petite bande, d'abord étroite, mais qui s'élargit postérieurement et devient spatuliforme; cette petite bande, qui est jaune, atteint à peu près le milieu du thorax, lequel, à sa base, est finement bordé de noir foncé. L'écusson est roussâtre, ponctué et très-finement bordé de noir foncé. Les élytres, assez courtes, jaunes, très-finement bordées de roussâtre, sont ornées d'une bande longitudinale assez étroite, de même couleur, mais moins foncée; elles sont striées, et ces stries présentent une ponctuation assez forte et peu serrée; les intervalles sont larges et paraissent plus finement ponctués que les stries des élytres, lesquelles sont ornées, de chaque côté, de quatre points d'un noir foncé. Tout le corps, en dessous, ainsi que les pattes, est très-finement ponctué, rougeâtre, avec le bord supérieur du dernier segment abdominal bordé de jaune et le pygidium de cette couleur, mais cependant taché de roussâtre.

Cette espèce, qui habite l'Ouest de l'Algérie, est assez rare, et a été rencontrée dans les environs d'Oran par M. le colonel Levaillant.

### 1396. *Cryptocephalus sericeus* (*Chrysomela*).

Linn. *Syst. nat.* tom. II, p. 5g8, n° 86.
Fabr. *Syst. Eleuth.* tom. II, p. 49, n° 46.
Panz. *Faun. Germ.* fasc. 102, n° 13.

Je n'ai trouvé qu'une seule fois cette espèce, que j'ai prise en mars, dans les environs de Bougie.

### 1397. *Cryptocephalus rugicollis.* (Pl. 47, fig. 8.)

Oliv. *Encycl. méth.* tom. IV, p. 619, pl. 6.
Charp. *Hor. ent.* p. 238, pl. 7, fig. 7 à 8.
Latr. *Hist. nat. des crust. et des ins.* tom. II, p. 364.
Kust. *Die Käf. Europ.* fasc. 11, n° 96.
*Cryptocephalus sexguttatus*, Fabr. *Syst. Eleuth.* tom. II, p. 42, n° 8.
*Cryptocephalus humeralis*, ejusd. *op. cit.* p. 43, n° 14.

Elle est très-abondamment répandue dans toute l'Algérie, pendant tout le printemps et une grande partie de l'été.

Pl. 47, fig. 8. Une mâchoire, 8ᵃ une mandibule du *Cryptocephalus rugicollis.*

### 1398. *Cryptocephalus gravidus.* (Pl. 47, fig. 9.)

Long. 4 à 5 millim. larg. 2 millim. ⅟ à 3 millim. ⅟.

Lug. *Rev. zool. par la soc. Cuv.* ann. 1845, p. 126, n° 10.

C. capite flavo, subtilissimè confertìmque punctulato, in medio bifusco-maculato; thorace lævigato, nigro-nitido, anticè flavo marginato; elytris atro-nitidis, striato subtiliter punctulatis, utrinque flavo quadri-lineatis; corpore subtiliter punctato, nigro-nitido; pedibus flavis, femoribus paris tertii nigris.

La tête, jaune, très-finement ponctuée, tachée de brun foncé à la naissance du premier article des antennes, présente, à son sommet, un petit sillon longitudinal assez bien marqué. Les antennes sont roussâtres, avec les premiers articles jaunes. Le thorax, très-convexe et très-finement rebordé, est entièrement lisse; il est d'un noir brillant, avec les bords antérieurs et latéraux finement bordés de cette couleur, et le sommet offrant une large bande transversale jaune, qui atteint presque les angles de chaque côté de la base. L'écusson est d'un noir brillant et entièrement lisse. Les élytres sont courtes, de même couleur que l'écusson, parcourues par des stries longitudinales présentant une ponctuation fine et peu serrée; de chaque côté, elles sont ornées de quatre grandes taches jaunes, dont une transversale, située à la naissance des élytres, tout près de l'écusson, deux dans la partie médiane, dont celle placée sur le bord interne est beaucoup plus petite et atteint presque la partie antérieure; enfin la quatrième, terminale, occupe le bord postérieur de ces organes. Tout le corps, en dessous, est d'un noir brillant et finement ponctué. Les pattes sont entièrement jaunes, à l'exception des fémurs des postérieures, qui sont noirs.

Cette espèce présente plusieurs variétés assez remarquables :

Var. A. Noire, avec le sommet du thorax, la tête, l'extrémité des élytres et les fémurs des deux premières paires de pattes jaunes.

Var. B. Plus noire que la précédente, car il n'y a que la partie médiane de la tête, l'extrémité des élytres et les deux premières paires de pattes qui soient jaunes; encore est-il à noter que, dans ces derniers organes, l'extrémité des fémurs de la première paire et toute la partie inférieure des fémurs de la seconde paire sont teintées de noir.

C'est aux environs de Milah, en juin, que j'ai pris cette jolie petite espèce, qui se plaît sur les chardons.

Pl. 47, fig. 9. *Cryptocephalus gravidus*, grossi, 9ª la grandeur naturelle, 9ᵇ une antenne.

### 1399. *Cryptocephalus amœnus.*

Charp. *Hor. ent.* p. 242, pl. 8, fig. 3.

Cette espèce habite les environs d'Alger et de Miliâna; je l'ai prise, en mars, en fauchant les grandes herbes.

### (*Pachybrachis*, Chevr.)

### 1400. *Cryptocephalus hieroglyphicus.*

Fabr. *Syst. Eleuth.* tom. II, p. 53, nº 67.
Oliv. *Ent.* tom. V, nº 96, p. 809, 42, pl. 5, fig. 77.
*Cryptocephalus histrio*, Fabr. *Syst. Eleuth.* tom. II, p. 55, nº 77.
Oliv. *Ent.* tom. V, nº 96, 43, pl. 3, fig. 31 *a, b.*
*Cryptocephalus tessellatus*, ejusd. *Encycl. méth. Ins.* tom. VI, p. 618, nº 52.

Cette espèce habite les environs d'Oran, où elle a été rencontrée par M. le colonel Levaillant.

---

### Genus *TIMARCHA*, Latr. *Chrysomela*, Linn.

### 1401. *Timarcha generosa.*

Erichs. *Reis. in der Regents. Algier, von M. Wagner,* tom. III, p. 189, nº 45, pl. 8.
Kust. *Die Käf. Europ.* fasc. 1, nº 69.

Pendant tout le printemps, on rencontre fort communément cette espèce, qui n'est pas rare aux environs d'Oran, d'Alger, de Constantine, de Bône et du cercle de Lacalle. Cette espèce, dont la démarche est assez lente, se plaît dans les sentiers ombragés et couverts d'herbes.

Pl. 47, fig. 4. Une mâchoire, 4ª une mandibule, 4ᵇ la lèvre inférieure, 4ᶜ une antenne de la *Timarcha generosa.*

### 1402. *Timarcha turbida.*

ERICHS. *Reis. in der Regents. Algier, von M. Wagner*, tom. III, p. 189, n° 44, pl. 8.
KUST. *Die Käf. Europ. etc.* fasc. 1, n° 68.

Cette espèce est moins commune que la précédente; je l'ai rencontrée, pendant la même saison, dans les mêmes lieux et dans les mêmes conditions.

### 1403. *Timarcha latipes.*

OLIV. *Ent.* tom. V, p. 569, n° 91, 4, pl. 5, fig. 66.

Rencontré errant, une seule fois, en mai, sur la route qui conduit au lac Houbeira; environs du cercle de Lacalle.

### 1404. *Timarcha punica*, Luc. (Pl. 45, fig. 5.)

Long. 11 à 13 millim. larg. 7 à 8 millim.

T. obscurè atra; capite punctato; thorace vix punctato, angulis posticis sat prominentibus; elytris sat fortiter laxèque punctatis; corpore sat confertìm punctato, pedibus punctatis, rubris, femoribus posticè, tibiis ad basim tarsisque nigro-nitidis.

Elle ressemble un peu à la *T. latipes* d'Olivier; d'un noir mat; la tête, parsemée de points très-fins et peu serrés, est assez fortement déprimée entre les antennes, assez convexe au sommet, où on aperçoit un petit sillon longitudinal qui n'atteint pas la partie postérieure. Les antennes, finement ponctuées, sont d'un noir brillant. Le thorax, très-finement rebordé, légèrement rétréci postérieurement, avec les angles de chaque côté de la base assez saillants, est parsemé de points très-fins, presque effacés, peu serrés, et de plus présente dans sa partie médiane un petit sillon longitudinal. L'écusson est entièrement lisse. Les élytres, peu allongées, convexes, sont couvertes de points beaucoup plus forts que ceux de la tête et bien moins serrés. Le corps, en dessous, est d'un noir cendré, plus mat qu'en dessus, et couvert de points assez forts et plus serrés que ceux que présentent les élytres. Les pattes, assez finement ponctuées, sont d'un beau rouge corail à l'état de vie, avec l'extrémité des fémurs, la naissance des tibias et tous les articles des tarses d'un noir brillant.

Cette espèce, que j'ai prise en mai, habite les environs de Constantine; c'est sur le versant du Koudiat-Ati, sous les pierres, que j'ai trouvé cette Timarque, qui est assez rare.

M. Aug. Chevrolat possède aussi un individu de cette espèce, qui a été pris dans les environs d'Alger par M. Wagner.

Pl. 45, fig. 5. *Timarcha punica*, grossie, 5ᵃ la grandeur naturelle.

## 1405. *Timarcha endora*. (Pl. 45, fig. 6.)

Buq. *Rev. zool. par la soc. Cuv.* ann. 1840, p. 243.

Cette Timarque ressemble beaucoup à la *T. punica,* car, comme chez cette dernière, les organes de la locomotion sont d'un beau rouge corail; mais elle ne pourra être confondue avec cette espèce à cause de sa forme, qui est plus atténuée, de son thorax, dont la ponctuation est plus fortement prononcée, et des élytres, qui sont plissées inégalement et parsemées de points très-forts, profondément marqués et très-peu serrés.

M. L. Buquet indique cette espèce comme ayant été prise dans les environs de Bône.

Pl. 45, fig. 6. *Timarcha endora,* grossie, 6ᵃ la grandeur naturelle.

---

## Genus *CHRYSOMELA,* Linn.

### 1406. *Chrysomela afra*. (Pl. 45, fig. 7.)

Erichs. *Reis. in der Regents. Algier, von M. Wagner,* tom. III, p. 190, n° 46.

Je n'ai pas rencontré très-communément cette Chrysomèle, et c'est particulièrement dans les environs d'Oran et d'Alger que j'ai pris cette espèce.

Pl. 45, fig. 7. *Chrysomela afra,* grossie, 7ᵃ la grandeur naturelle, 7ᵇ une mâchoire, 7ᶜ une mandibule, 7ᵈ la lèvre inférieure, 7ᵉ une patte de la première paire.

### 1407. *Chrysomela caliginosa*.

Oliv. *Ent.* tom. V, p. 521, n° 91, 26, pl. 6, fig. 81.

Je n'ai trouvé qu'une seule fois cette espèce, que j'ai prise en mai, dans les bois du lac Tonga, aux environs du cercle de Lacalle.

### 1408. *Chrysomela crassipes,* Luc. (Pl. 45, fig. 8.)

Long. 8 à 11 millim. larg. 6 à 7 millim.

C. suprà nigra, infrà nitido-violacea; capite thoraceque subtilissimè punctulatis; scutello lævigato, nigro-virescente; elytris longitudinaliter punctatis; corpore lævigato, ad latera punctato; pedibus nitido-violaceis, punctatis.

Noire en dessus, d'un violet brillant en dessous; la tête est parsemée, à sa partie antérieure, de points assez fins et peu rapprochés. Les antennes sont d'une belle couleur violette. Le thorax est assez large, couvert de points peu serrés, très-fins et comme effacés, avec la saillie des angles de chaque côté de la base très-sensiblement marquée. L'écusson

est d'un noir verdâtre, entièrement lisse. Les élytres, très-convexes et arrondies postérieurement, sont parsemées de points assez fins, peu serrés et disposés en rangées longitudinales;
les intervalles qui laissent entre eux ces rangées de points sont étroits et ponctués. Tout
le corps, en dessous, est lisse, à l'exception des parties latérales du sternum, qui sont assez
fortement ponctuées. Les pattes sont de même couleur que le dessous du corps, épaisses
et couvertes de poils très-fins et peu serrés.

Cette espèce, qui vient se placer après la *C. caliginosa*, ne pourra être confondue avec
cette dernière, à cause de la ponctuation de ses élytres, qui est beaucoup plus fine.

Ce n'est qu'aux environs d'Alger, en mai, que j'ai pris cette espèce; elle habite aussi
l'Ouest de l'Algérie, car j'en ai vu plusieurs individus, dans la collection de M. le colonel
Levaillant, qui avaient été pris dans les environs d'Oran par cet officier supérieur.

Pl. 45, fig. 8. *Chrysomela crassipes*, grossie, 8ª la grandeur naturelle, 8ᵇ une antenne, 8ᶜ une patte de la
première paire.

### 1409. *Chrysomela affinis.*

Fabr. *Mantiss. ins.* p. 67, n° 6.

Elle n'est pas très-rare dans l'Est et l'Ouest de l'Algérie, où je l'ai prise en mai; les quelques individus que je possède de l'Ouest m'ont été donnés par M. le colonel Levaillant.

### 1410. *Chrysomela erythromera*[1], Luc. (Pl. 45, fig. 9.)

Long. 7 à 8 millim. larg. 4 millim. ½ à 5 millim. ¼.

C. cupreo-ænea, nitida; capite thoraceque subtilissimè ac laxè punctulatis; elytris elongatis, angustis,
profundè longitudinaliter punctatis; corpore subtilissimè punctato; pedibus, antennis, thorace infrà sternoque rubescentibus.

Elle ressemble un peu à la *C. affinis* de Fabricius; mais elle en diffère par la ponctuation de son thorax, la disposition de celle de ses élytres, par la couleur de ses antennes,
ainsi que des organes de la locomotion, qui sont rougeâtres. D'un cuivreux bronzé brillant.
La tête, parsemée de quelques points très-petits, placés çà et là, n'offre pas, dans sa partie
médiane, de sillon longitudinal, comme cela se voit dans la *C. affinis*. Le labre est ponctué,
rougeâtre; les mandibules, ainsi que les palpes maxillaires et labiaux, sont de même couleur
que le labre. Les antennes sont rougeâtres. Le thorax présente une ponctuation beaucoup plus fine et bien moins serrée que dans la *C. affinis*, et de plus les saillies qu'on
aperçoit de chaque côté du thorax sont beaucoup plus sensibles que dans cette dernière
espèce; il est aussi à noter que chez la *C. affinis*, les bords du thorax sont convexes et non
rebordés. L'écusson est entièrement lisse. Les élytres sont plus étroites et plus allongées que
dans la *C. affinis*, avec la partie inférieure de leur bord externe rougeâtre; je ferai aussi
remarquer que les points que ces organes présentent sont fins, arrondis, peu profondément

[1] Dej. *in Cat.* p. 425 (inédit).

marqués et disposés en rangées longitudinales. Tout le corps, en dessous, est finement ponctué et de même couleur qu'en dessus, à l'exception cependant des parties latérales du sternum et du thorax, qui sont rougeâtres. Les pattes sont assez fortement ponctuées, rougeâtres, avec la partie inférieure des fémurs légèrement teintée de cuivreux bronzé.

Cette espèce, qui est assez rare, habite l'Est et l'Ouest de nos possessions d'Algérie; je l'ai rencontrée en mai, dans les environs de Constantine, et les individus que je possède de la province de l'Ouest m'ont été donnés par M. le colonel Levaillant.

Pl. 45, fig. 9. *Chrysomela erythromera*, grossie, 9ª la grandeur naturelle, 9ᵇ une élytre.

## 1411. *Chrysomela grossa.*

Fabr. *Syst. Eleuth.* tom. I, p. 434, n° 70.
Oliv. *Ent.* tom. V, p. 551, n° 91, 76, pl. 3, fig. 33, *b.*

Elle est abondamment répandue, dans toute l'Algérie, pendant le printemps et une grande partie de l'été.

## 1412. *Chrysomela chloromaura.*

Oliv. *Ent.* tom. V, p. 553, n° 91, 79, pl. 8, fig. 113.
Charp. *Hor. ent.* p. 233.
Kust. *Die Käf. Europ.* fasc. 11, n° 78.

Cette espèce est bien moins commune que la précédente; elle habite les bois du lac Tonga, où je l'ai prise en juin, dans les environs du cercle de Lacalle.

## 1413. *Chrysomela sanguinolenta.*

Linn. *Faun. suec.* n° 529.
Fabr. *Syst. Eleuth.* tom. I, p. 441, n° 115.
Gyllenh. *Ins. suec.* tom. I, 3, p. 460, n° 10.
Oliv. *Ent.* tom. V, p. 561, n° 91, 92, pl. 1, fig. 8.
Kust. *Die Käf. Europ.* fasc. 11, n° 69.
*Chrysomela rubro marginata*, Degéer, *Ins.* tom. V, p. 298, n° 7, pl. 8, fig. 26.

Cette Chrysomèle, que j'ai prise vers le milieu de novembre, habite les environs du cercle de Lacalle; elle est assez rare et je n'en ai rencontré que quelques individus.

## 1414. *Chrysomela Gaubilii*, Luc. (Pl. 45, fig. 10.)

Long. 10 millim. ½, larg. 6 millim.

C. capite thoraceque nigris, subtiliter punctulatis, elytris nigris, flavo-aurantiaco maximè marginatis, sat fortiter laxèque punctatis; corpore nitido-violaceo, pedibus antennisque nigris, punctatis.

Elle ressemble beaucoup à la *C. sanguinea*, près de laquelle elle vient se placer, et dont elle diffère par son thorax, qui est ponctué, par les élytres, qui présentent une ponctua-

tion un peu plus fine et moins serrée, et surtout par la large bande jaune qui entoure ces
organes. La tête est noire et parsemée de points petits, placés çà et là. Les antennes, ainsi
que les organes de la manducation, sont de même couleur que la tête. Le thorax est d'un
noir brillant, couvert de points fins, peu serrés et légèrement marqués; il est fortement rebordé de chaque côté, et, sur les saillies, on aperçoit des gros points arrondis, profondément
enfoncés. L'écusson, entièrement lisse, est d'un noir brillant. Les élytres, plus allongées et
moins convexes que dans la *C. sanguinea*, sont parsemées de points assez fortement prononcés, plus petits cependant et bien moins serrés que dans cette dernière espèce; elles
sont noires et bordées par une large bande d'un jaune orangé. Tout le dessous du corps est
lisse, d'un violet brillant, à l'exception cependant des parties latérales du sternum, sur lesquelles on aperçoit quelques points peu prononcés, placés çà et là. Les pattes sont noires et
ponctuées.

Cette espèce a été prise en mai, dans les environs de Constantine, par M. Gaubil (Collection de M. Aug. Chevrolat).

Pl. 45, fig. 10. *Chrysomela Gaubilii*, grossie, 10ᵃ la grandeur naturelle.

### 1415. *Chrysomela consularis*.

Erichs. *Reis. in der Regents. Algier, von Moritz Wagner*, tom. III, p. 190, n° 47, pl. 8.
Kust. *Die Käf. Europ.* fasc. 1, n° 77.

Ce n'est que dans l'Ouest de l'Algérie, aux environs d'Oran, que l'on trouve cette jolie
espèce, que je dois à l'extrême obligeance de M. le colonel Levaillant.

### 1416. *Chrysomela chloris*[1], Luc. (Pl. 45, fig. 11.)

Long. 6 millim. à 8 millim. ½, larg. 4 millim. à 5 millim. ½.

C. viridi-cærulescens, nitida; capite vix punctato, thorace in medio subtilissimè laxèque punctulato;
elytris brevibus, fortiter profundèque punctatis, punctis regulariter dispositis; corpore pedibusque viridi-
cærulescente-nitidis.

Elle ressemble beaucoup à la *C. graminis*, et vient se placer à côté de cette espèce. Elle
est d'un beau vert bleuâtre brillant. La tête est bien moins ponctuée que dans la *C. graminis*,
et les quelques points qu'elle présente se voient surtout à la partie antérieure. Les antennes
sont d'un vert bleuâtre, avec les derniers articles noirâtres. Le thorax est tout à fait comme
dans la *C. graminis*; seulement la ponctuation qu'il présente dans sa partie médiane est
bien moins prononcée et moins serrée que dans cette dernière espèce, et les points que
l'on aperçoit sur les côtés paraissent plus forts, plus profondément marqués et en moins
grand nombre que dans la *C. graminis*. L'écusson est entièrement lisse. Les élytres, un
peu plus courtes que dans la *C. graminis*, sont parsemées de points plus forts, moins

---

[1] Dej. *in Cat.* p. 425 (inédit).

serrés, avec les rangées longitudinales que ces points forment plus régulièrement disposées. Tout le corps en dessous, ainsi que les pattes, est comme dans la *C. graminis*.

Cette espèce, comme il est facile de le voir, a une très-grande analogie ave la *C. graminis*, avec laquelle cependant elle ne pourra être confondue à cause de son thorax qui, dans sa partie médiane, offre une ponctuation beaucoup plus fine, moins serrée et à peine marquée, et de ses élytres, qui sont plus courtes, avec les points que ces organes présentent moins serrés et plus régulièrement disposés.

Elle n'est pas rare dans l'Est de l'Algérie, particulièrement aux environs d'Alger et de Constantine, où j'ai rencontré cette espèce pendant les mois de mars et d'avril.

Pl. 45, fig. 11. *Chrysomela chloris*, grossie, 11ᵃ la grandeur naturelle, 11ᵇ une élytre.

### 1417. *Chrysomela Banksii.*

Fabr. *Syst. Eleuth.* tom. I, p. 430, n° 43.
Oliv. *Encycl. meth.* tom. V, p. 691, n° 9.
Ejusd. *Ent.* tom. V, p. 513, n° 91, 12, pl. 1, fig. 5 *a, b.*
Rossi, *Faun. etrusc.* tom. I, p. 75, n° 188.
*Chrysomela rubro-cuprea*, Fourcr. *Ent. Paris.* pars 1, p. 108, n° 15.

Elle est très-commune dans toute l'Algérie, pendant le printemps et une grande partie de l'été.

### 1418. *Chrysomela americana.*

Linn. *Syst. nat.* p. 592, n° 46.
Fabr. *Syst. Eleuth.* tom. I, p. 449, n° 107.
Oliv. *Ent.* tom. V, p. 547, n° 91, 86, pl. 7, fig. 107.

Cette espèce est aussi commune que la précédente; je l'ai prise pendant la même saison et dans les mêmes lieux.

### 1419. *Chrysomela ægyptiaca.*

Oliv. *Ent.* tom. V, p. 528, n° 91, 38, pl. 6, fig. 88.

Cette espèce offre une variété assez remarquable, et chez laquelle les élytres sont entièrement rouges, avec la suture noire, comme dans la vraie *C. ægyptiaca*, Oliv.

Ce n'est qu'aux environs d'Oran que j'ai rencontré cette Chrysomèle; je l'ai prise sous les pierres, pendant l'hiver, sur le Djebel-Santa-Cruz.

## Genus *Spartophila*, Chevr. *Chrysomela*, Fabr.

### 1420. *Spartophila spartii* (*Chrysomela*).

Oliv. *Ent.* tom. V, p. 569, n° 91, 104, pl. 9, fig. 127 *a, b.*
*Chrysomela variabilis* (Var.), Oliv. *op. cit.* tom. V, p. 568, n° 91, 103, pl. 8, fig. 126 *a, b, c, d.*
*Chrysomela unipunctata,* ejusd. *Encycl. Ins.* tom. VI, p. 708, n° 80.
*Chrysomela sex-notata,* Fabr. *Syst. Eleuth.* tom. I, p. 436, n° 87.
*Chrysomela ægrota,* ejusd. *Syst. Eleuth.* tom. I, p. 487, n° 89.
*Chrysomela capreæ,* Illig. *Mag.* tom. I, p. 413.

Je n'ai trouvé qu'une seule fois cette espèce, que j'ai prise en hiver sous les pierres, aux environs d'Oran, sur le Djebel-Santa-Cruz.

---

## Genus *Plagiodera*, Chevr. *Chrysomela*, Auct.

### 1421. *Plagiodera armoraciæ* (*Chrysomela*).

Linn. *Syst. nat.* p. 588, n° 16.
Fabr. *Syst. Eleuth.* tom. I, p. 145, n° 136.
Panz. *Ins. Faun. Germ.* fasc. 44, pl. 14.
Oliv. *Ent.* tom. V, p. 578, n° 91, 118, pl. 4, fig. 55 *a, b.*

Elle habite les environs du cercle de Lacalle, où je l'ai prise, en mai, dans les bois du lac Tonga.

---

## Genus *Malacosoma*, Blanch. *Chrysomela*, Linn. *Cistela*, Fabr.

### 1422. *Malacosoma lusitanica* (*Chrysomela*).

Linn. *Syst. nat. add.* p. 1066.
Oliv. *Ent.* tom. V, p. 650, n° 93, 60, pl. 4, fig. 61.
*Galeruca nigripes,* ejusd. *Encycl. méth. Ins.* tom. VI, p. 588, n° 12.
*Cistela testacea,* Fabr. *Syst. Eleuth.* tom. II, p. 17, n° 3.

Cette espèce, pendant tout le mois de mai, est excessivement commune en Algérie, particulièrement aux environs de Constantine.

## Genus *HELODES*, Fabr.

### 1423. *Helodes distincta*, Luc. (Pl. 46, fig. 1.)

Long. 4 millim. ½, larg. 1 millim. ¼.

H. angusta, elongata; capite viridi-cupreo-nitido, fortiter punctato, antennis fuscis, primo articulo rufescente; thorace sat elongato, viridi-cupreo-nitido, subtiliter punctulato, fortiter flavo-aurantiaco marginato; elytris elongatis, angustis, viridi-cupreo-nitidis, flavo-aurantiaco marginatis, striatis, striis sat confertìm positis atque subtiliter punctulatis; corpore viridi, subtiliter confertìmque punctato, pedibus flavo-aurantiacis, femoribus fusco maculatis.

Elle a la forme de l'*H. fellandria,* et se rapproche plus, par la disposition des bandes que présentent le thorax et les élytres, de l'*H. marginella,* avec laquelle elle ne pourra être confondue à cause de sa forme, beaucoup plus étroite. La tête est d'un vert cuivreux brillant et couverte de points arrondis, gros, assez profondément enfoncés et peu serrés. Les antennes sont brunes, à l'exception cependant du premier article, qui est d'un roussâtre clair. Le thorax est de même couleur que la tête, plus allongé et bien moins large que dans l'*H. marginella,* et plus fortement bordé de jaune orangé que dans cette dernière espèce; il est ponctué, et les points qui forment cette ponctuation sont plus fins et un peu plus serrés que dans les *H. marginella* et *fellandria.* L'écusson est lisse et de même couleur que le thorax. Les élytres sont plus allongées et plus étroites que dans l'*H. marginella;* elles sont d'un beau vert cuivreux brillant et assez fortement bordées de jaune orangé; il est aussi à noter que les stries que présentent ces organes sont en plus grand nombre et bien plus serrées que dans l'*H. marginella,* et que les points de ces stries sont plus fins et surtout beaucoup plus serrés. Tout le corps est vert et marqué de points fins et assez serrés. Les pattes sont d'un jaune orangé, avec l'extrémité des fémurs tachée de brun.

Cette espèce présente une variété chez laquelle la bande jaune orangé qui borde les élytres est à peine visible, et même il y a des individus chez lesquels cette bordure est entièrement effacée.

J'ai rencontré cette espèce, qui n'est pas très-commune, pendant le printemps et une grande partie de l'été, en fauchant les grandes herbes sur les bords des lacs et des rivières; environs de Philippeville et du cercle de Lacalle.

Pl. 46, fig. 1. *Helodes distincta,* grossie, 1ᵃ la grandeur naturelle, 1ᵇ une antenne, 1ᶜ une élytre.

### 1424. *Helodes vicina,* Luc. (Pl. 46, fig. 2.)

Long. 5 millim. larg. 2 millim. ¼.

H. omninò viridis; capite thoraceque subtiliter punctulatis, hoc in medio ad basim leviter excavato; elytris elongatis, angustis, sat fortiter striatis, striis confertìm fortiterque punctatis; corpore subtilissimè punctulato, pedibus lævigatis, viridi-nitidis.

Cette espèce ressemble beaucoup à l'*H. violacea,* Fabr. avec laquelle cependant elle ne pourra être confondue à cause de son thorax, qui ne présente pas en dessus de petite saillie longitudinale, et de la base de ce dernier, qui, dans sa partie médiane, offre une petite concavité; enfin, il est aussi à noter que les points que présentent les stries des élytres sont plus forts et surtout bien moins serrés. Entièrement verte; la tête est parsemée de points beaucoup plus fins que ceux de l'*H. violacea*, avec les antennes brunes. Le thorax paraît un peu plus large que celui de l'*H. violacea*, avec les points dont il est couvert beaucoup plus fins; de plus, il ne présente pas, comme dans l'*H. violacea*, de petite saillie, mais on remarque à la base, et tout à fait dans la partie médiane, une petite concavité. L'écusson est entièrement lisse. Les élytres sont un peu plus allongées et surtout un peu plus larges que dans l'*H. violacea*, avec les stries que ces organes présentent plus fortement marquées, et les points dont ces stries sont couvertes plus forts et surtout bien moins serrés. Tout le corps, en dessous, est très-finement ponctué et de même couleur qu'en dessus, avec les pattes d'un vert brillant et entièrement lisses.

Cette espèce, qui habite les environs d'Oran, m'a été donnée par M. le colonel Levaillant; on l'a rencontrée aussi dans les environs de Tlemsên, car j'en possède un individu qui a été pris, aux alentours de cette ville, par M. le docteur Warnier.

Pl. 46, fig. 2. *Helodes vicina*, grossie, 2ᵃ la grandeur naturelle, 2ᵇ une mâchoire, 2ᶜ une mandibule, 2ᵈ une élytre, 2ᵉ une patte de la dernière paire.

------

## Genus *ADIMONIA*, Laich.

### 1425. *Adimonia barbara*.

ERICHS. *Reis. in der Regents. Algier, von M. Wagner*, tom. III, p. 191, n° 48, pl. 8.
KUST. *Die Käf. Europ.* fasc. 1, n° 63.

Elle est commune pendant le printemps dans l'Est et l'Ouest de l'Algérie, particulièrement aux environs d'Alger, d'Oran, de Constantine, de Bône et du cercle de Lacalle.

Pl. 44, fig. 6. Une mâchoire, 6ᵃ une mandibule, 6ᵇ la lèvre inférieure de l'*Adimonia barbara*.

### 1426. *Adimonia violacea*, Luc. (Pl. 44, fig. 7.)

Long. 5 millim. larg. 2 millim. ½.

A. capite thoraceque fortiter ac laxè punctatis, violaceis, antennis nigris, ad basim flavo-ferrugineo tinctis; scutello punctato, viridicyanescente; elytris omninò violaceis, confertìm punctatis, utrinque quadricostatis; corpore pedibusque punctatis, nigro-violaceis.

Elle ressemble un peu à l'*A. barbara*, mais elle est beaucoup plus petite. La tête, violette, parsemée de points profondément marqués et peu serrés, présente à sa partie antérieure une dépression assez forte. Les palpes maxillaires, ainsi que les labiaux, sont noirs. Les antennes sont de cette couleur, avec la naissance de leur premier article d'un jaune ferrugineux. Le thorax est d'une belle couleur violette, assez fortement rebordé sur ses parties latérales, et sensiblement rétréci près des angles latéro-postérieurs, qui sont arrondis. Il est couvert de points profondément marqués, peu serrés, et présente de chaque côté une dépression très-fortement prononcée; dans sa partie médiane, on aperçoit aussi deux autres petites dépressions, dont la postérieure est plus sensiblement marquée que celle située à la partie antérieure. L'écusson est d'un vert bleuâtre et assez fortement ponctué. Les élytres, d'un violet plus clair que le thorax, sont criblées de points assez profondément marqués, et beaucoup plus serrés que ceux que présentent la tête et le thorax; de plus, elles sont parcourues de chaque côté par quatre côtes longitudinales assez saillantes, souvent interrompues par les points des élytres, et dont l'externe est beaucoup plus sensiblement marquée. Tout le corps, en dessous, ainsi que les pattes, sont ponctués et d'un noir violacé brillant.

Je n'ai pris qu'une seule fois cette espèce, que j'ai rencontrée en mars dans les bois du lac Tonga, aux environs du cercle de Lacalle.

Pl. 44, fig. 7. *Adimonia violacea*, grossie, 7ª la grandeur naturelle, 7ᵇ une antenne, 7ᶜ une patte de la première paire.

<h3 style="text-align:center">1427. Adimonia interrupta.</h3>

Oliv. Ent. tom. V, p. 620, n° 93, 9, pl. 2, fig. 18.

Cette espèce, que je n'ai pas rencontrée, habite les environs d'Oran, où elle a été prise par M. le colonel Levaillant.

----

<h2 style="text-align:center">Genus Galleruca, Geoffr. Chrysomela, Linn.</h2>

<h3 style="text-align:center">1428. Galleruca calmariensis.</h3>

Linn. *Syst. nat.* p. 600, n° 101.
Fabr. *Syst. Eleuth.* tom. I, p. 488, n° 5.
Oliv. *Ent.* tom. V, p. 632, n° 93, 30, pl. 3, fig. 37.
Latr. *Gener. crust. et ins.* tom. III, p. 62.

Les individus du Nord de l'Afrique diffèrent de ceux d'Europe par une taille ordinairement plus petite et plus étroite, par la bande noire des élytres, qui n'atteint pas tout à fait l'extrémité postérieure de ces organes, et enfin par le dessous de l'abdomen, dans lequel la couleur jaune domine, tandis que chez les individus d'Europe c'est, au contraire, la couleur noire qui est dominante.

Je n'ai rencontré qu'une seule fois cette espèce, que j'ai prise, en janvier, sous les écorces d'un vieil olivier; environs d'Alger.

### 1429. *Galleruca sublineata*. (Pl. 44, fig. 8.)

Long. 6 millim. larg. 2 millim. $\frac{1}{2}$.

G. flavescente-virescens; capite anticè punctato atque nigro maculato, thorace punctato, utrinque depresso, posticè nigro bimaculato; elytris elongatis, acuminatis, costatis, utrinque fuscorufescente bivittatis, his posticè conjunctis; corpore sternoque flavescente-virescentibus, fusco marginatis; pedibus testaceis, femoribus tibiisque fusco maculatis, tarsis rufis.

Elle ressemble un peu à la *G. calmariensis*; d'un jaune verdâtre; la tête, à son sommet, est parsemée de quelques points assez fortement marqués et ornée d'une tache d'un brun foncé, arrondie; elle est légèrement déprimée entre les antennes, et parcourue dans son milieu par un sillon longitudinal sensiblement accusé, qui se continue jusqu'à sa partie postérieure. Les cinq premiers articles des antennes sont d'un jaune testacé, tachés de brun foncé en dessus, avec les six suivants entièrement de cette couleur. Le thorax, parsemé de points peu prononcés et peu serrés, est assez fortement rebordé, rétréci et très-arrondi sur les parties latéro-postérieures; il est assez sensiblement déprimé de chaque côté et orné de deux points noirs. L'écusson est entièrement lisse. Les élytres, assez allongées, prolongées et presque terminées en pointe postérieurement, avec les angles huméraux très-saillants et arrondis, sont fortement déprimées sur les côtés externes, lesquels sont très-sensiblement dilatés; elles sont parsemées de points très-fins et très-serrés, ornées de chaque côté de deux bandes longitudinales d'un brun roussâtre, qui naissent du milieu de ces organes et se réunissent postérieurement; de plus, elles sont parcourues longitudinalement par une côte très-saillante située du côté externe. Le corps en dessous est de même couleur qu'en dessus, avec les parties latérales du sternum et de l'abdomen cependant bordées de brun foncé. Les pattes sont d'un jaune testacé, avec la partie inférieure des fémurs, la naissance et l'extrémité des tibias et tous les articles des tarses d'un brun foncé.

Je n'ai trouvé que quelques individus de cette espèce, que j'ai pris en mai dans les environs d'Hippône.

Pl. 44, fig. 8. *Galleruca sublineata*, grossie, 8ª la grandeur naturelle, 8ᵇ une mâchoire, 8ᶜ une mandibule, 8ᵈ la lèvre inférieure, 8ᵉ une antenne, 8ᶠ une patte de la première paire.

### 1430. *Galleruca foveicollis*, Luc. (Pl. 44, fig. 9.)

Long. 6 millim. $\frac{1}{2}$, larg. 3 millim. $\frac{1}{2}$.

G. capite anteriùs flavo, posticè flavorufescente, antennis flavorufescentibus; thorace flavorufescentenitido, sat fortiter punctato, foveolâ transversali fortiter impressâ, posticè rotundatâ; elytris flavis, subtilissimè punctatis; corpore nigro, subtilissimè punctato, attamen thorace infrà, ultimo segmento abdominalique flavorufescentibus.

La tête, entièrement lisse, est d'un jaune roussâtre brillant à son sommet, jaune à son extrémité, qui est assez convexe et parsemée de poils d'un jaune testacé. Les antennes sont d'un jaune roussâtre. Le thorax, assez large, est entièrement d'un jaune roussâtre brillant et parsemé de points assez forts, arrondis et peu serrés; dans sa partie médiane, on aperçoit une fossette transversale, fortement prononcée, et qui postérieurement est arrondie; sur ses parties latérales, il est assez fortement rebordé, légèrement rétréci dans son milieu, avec les angles latéro-antérieurs et postérieurs saillants et à peine arrondis. L'écusson est complètement lisse et d'un jaune roussâtre brillant. Les élytres sont entièrement jaunes, légèrement rétrécies un peu après leur partie antérieure, larges et arrondies postérieurement. Les angles huméraux sont saillants et arrondis, et les points que ces organes présentent sont fins et assez serrés. Tout le corps, en dessous, est finement ponctué de noir, à l'exception cependant de la partie inférieure du thorax et de la partie postérieure du dernier segment abdominal, qui sont jaunes. Les pattes sont entièrement d'un jaune roussâtre.

Cette petite espèce, dont je n'ai rencontré que trois individus, a été prise en mai, en fauchant les grandes herbes sur les bords des lacs Tonga et Houbeira, aux environs du cercle de Lacalle.

Pl. 44, fig. 9. *Galleruca foveicollis*, grossie, 9ᵃ la grandeur naturelle.

---

## Genus *LUPERUS*, Geoffr.

### 1431. *Luperus flavipennis*, Luc. (Pl. 44, fig. 10.)

Long. 6 millim. larg. 2 millim. ½.

L. capite lævigato, anteriùs flavo, posticè ferrugineo, in medio foveolâ sat fortiter impressâ; thorace flavo-ferrugineo-nitido, omninò lævigato; elytris flavis, costatis, subtilissimè confertìmque punctulatis; corpore, pedibus, antennisque flavo-ferrugineis, punctatis.

La tête est lisse, ferrugineuse à son sommet, jaune à son extrémité, et marquée, entre la naissance des premiers articles des antennes, d'une petite fossette assez fortement pronon cée. Les antennes, très-grêles, sont d'un jaune ferrugineux. Le thorax est entièrement lisse, d'un jaune ferrugineux brillant, assez fortement rebordé, légèrement rétréci vers sa partie postérieure, avec les angles de chaque côté de la base à peine arrondis. L'écusson est entièrement lisse et d'un jaune ferrugineux brillant. Les élytres, entièrement jaunes, avec les angles huméraux assez saillants, arrondis et légèrement rétrécis dans leur partie médiane, sont assez fortement rebordées et arrondies postérieurement; elles sont très-finement ponctuées et parcourues longitudinalement par quelques côtes assez saillantes. Tout le corps en dessous, ainsi que les pattes, est finement ponctué et d'un jaune ferrugineux.

Trouvé aux environs de Milah, en fauchant les grandes herbes pendant le mois de juin.

Pl. 44, fig. 10. *Luperus flavipennis*, grossi, 10ᵃ la grandeur naturelle, 10ᵇ une mâchoire, 10ᶜ une mandibule, 10ᵈ la lèvre inférieure, 10ᵉ une antenne, 10ᶠ une patte de la première paire.

## Genus *ALTICA*, Linn.

### (*Graptodera*, Chevr.)

#### 1432. *Altica lythri*. (Pl. 44, fig. 11.)

Aubé, *Ann. de la soc. ent. de France*, 2ᵉ série, tom. I, p. 8.

Cette espèce, que j'ai prise aux environs d'Alger, est très-commune pendant les mois de juin et de juillet; elle se plaît dans les vignes, où elle ronge les feuilles et cause même des dégâts assez considérables par sa trop grande multiplicité.

Pl. 44, fig. 11. *Altica lythri*, grossie, 11ᵃ la grandeur naturelle.

### (*Podagrica*, Chevr.)

#### 1433. *Altica rufipes* (*Chrysomela*).

Linn. *Syst. nat.* p. 595, n° 65.
Fabr. *Ent. syst. Emend.* tom. II, p. 32, n° 94.
Degéer, *Mém. pour servir à l'hist. nat. des ins.* tom. V, p. 343, n° 47, pl. 10, fig. 11.
Panz. *Ins. Faun. Germ.* fasc. 21, pl. 10.
Oliv. *Ent.* tom. V, p. 703, n° 93 *bis*, 63, pl. 4, fig. 63.
*Crioceris fulvipes*, Fabr. *Syst. Eleuth.* tom. I, p. 463, n° 68.
*Altica malvæ*, Fourcr. *Ent. Paris.* tom. I, p. 97, n° 2.

Elle est aussi commune que la précédente, particulièrement aux environs d'Alger et de Constantine, où je l'ai prise, pendant les mois de juin et de juillet, en fauchant les grandes herbes.

#### 1434. *Altica malvæ*.

Illig. *Mag. ent.* tom. VI, p. 159, n° 113.

Elle n'est pas rare sur les fleurs, pendant tout le printemps, dans les environs d'Alger et de Philippeville.

### (*Crepidodera*, Chevr.)

#### 1435. *Altica impressa* (*Galleruca*). (Pl. 45, fig. 2.)

Fabr. *Syst. Eleuth.* tom. I, p. 496, n° 95.

Ce n'est qu'aux environs de Bône que j'ai pris cette espèce, qui n'est pas rare pendant le mois de novembre sur les tiges des grandes herbes.

Pl. 45, fig. 2. *Altica impressa*, grossie, 2ᵃ la grandeur naturelle, 2ᵇ une mâchoire, 2ᶜ une mandibule, 2ᵈ la lèvre inférieure, 2ᵉ une antenne, 2ᶠ une élytre, 2ᵍ une patte de la première paire, 2ʰ une patte de la troisième paire.

### 1436. *Altica exoleta* (*Chrysomela*).

Linn. *Syst. nat.* p. 594, n° 59.
Fabr. *Syst. Eleuth.* tom. I, p. 466, n° 80.
Payk. *Faun. suec.* tom. II, p. 108, n° 30.
Panz. *Ins. Faun. Germ.* fasc. 21, pl. 14.
Oliv. *Ent.* tom. V, p. 700, n° 93 *bis*, 57, pl. 3, fig. 57.
*Altica ferruginea*, Fourcr. *Ent. Paris.* tom. I, p. 101, n° 16.

Cette espèce, qui m'a été donnée par M. le colonel Levaillant, a été prise en mars, par
cet officier supérieur, aux environs d'Oran.

### 1437. *Altica aridella* (*Galleruca*).

Payk. *Faun. suec.* tom. II, p. 111, n° 34.
Sturm. *Ent. Heft.* tom. II, p. 41, n° 20, pl. 3, fig. 2.
Oliv. *Ent.* tom. V, p. 714, n° 93 *bis*, 81, pl. 5, fig. 81.
Gyllenh. *Ins. Suec.* tom. III, p. 575, n° 4.

Cette espèce, que je n'ai pas rencontrée, habite les environs d'Oran, où elle a été trouvée
par M. le colonel Levaillant.

### 1438. *Altica geminata* (*Galleruca*).

Fabr. *Syst. Eleuth.* tom. I, p. 498, n° 106.
*Altica lineata*, Oliv. *Ent.* tom. V, p. 706, n° 93 *bis*, 69, pl. 4, fig. 69.
*Chrysomela lineata*, Rossi, *Faun. etrusc.* tom. I, p. 88, n° 225.

Je n'ai pas trouvé cette espèce, qui habite les environs d'Alger et qui m'a été communiquée par M. Aug. Chevrolat.

### 1439. *Altica punctipennis*, Luc. (Pl. 45, fig. 1.)

Long. 2 millim. larg. 1 millim. ¼.

A. rufescente-nitida; capite in medio transversìm valdè impresso; thorace laevigato, ad latera submargi-
nato; elytris sat convexis, anticè tantùm striato punctulatis, posticè omninò laevigatis; corpore laevigato,
fuscorufescente, pedibus antennisque subtestaceis, his attamen rufescentibus.

D'un roussâtre brillant; la tête est lisse et présente dans sa partie médiane, entre les
antennes, une impression transversale assez fortement marquée. Les yeux sont d'un brun
foncé. Les antennes sont d'un roussâtre clair, et présentent çà et là quelques poils testacés.
Le thorax est entièrement lisse, finement rebordé sur ses parties latérales, avec les angles
de chaque côté de la base assez aigus. L'écusson est très-petit et lisse. Les élytres sont assez
convexes et parcourues par des stries formées de points assez fins et serrés; ces stries ne se
montrent qu'à la partie antérieure des élytres, car, postérieurement, ces mêmes organes

sont complétement lisses. Le corps, en dessous, est lisse et d'un brun légèrement teinté de roussâtre. Les pattes sont d'un testacé très-pâle.

Rencontrée une seule fois sous les pierres humides, dans les premiers jours de janvier, aux environs du cercle de Lacalle.

Pl. 45, fig. 1. *Altica punctipennis,* grossie, 1ª la grandeur naturelle, 1ᵇ une antenne, 1ᶜ une élytre pour montrer la disposition des points.

### 1440. *Altica ruficollis,* Luc. (Pl. 45, fig. 3.)

Long. 2 millim. ⅓, larg. 1 millim. ½.

A. capite thoraceque rufescente nitidis, illo in medio quadri-impresso, hoc posticè transversìm sat fortiter unisulcato; elytris flavo-subrufescentibus, subtiliter punctulatis, suturâ marginibusque flavo-subrufescentibus; corpore subtiliter punctulato, flavorufescente, pedibus antennisque flavo-ferrugineis, harum ultimis articulis fusco tinctis.

La tête, d'un jaune roussâtre brillant, présente dans sa partie médiane, entre les antennes, quatre petites impressions, dont trois longitudinales et une transversale. La lèvre est d'un brun foncé. Les yeux sont noirs. Les antennes sont d'un jaune ferrugineux, avec les derniers articles d'un brun foncé. Le thorax, lisse, d'un jaune roussâtre brillant, finement rebordé et arrondi sur ses parties latérales, présente, à sa base, une impression transversale fortement prononcée. L'écusson est d'un jaune faiblement teinté de brun. Les élytres, d'un jaune très-légèrement teinté de roussâtre, sont parsemées de points très-fins et très-peu rapprochés; sur la suture, ainsi que sur les bords externes, ces organes sont d'un jaune très-légèrement teinté de brun. Le corps, en dessous, est finement ponctué, d'un jaune roussâtre, à l'exception cependant de la partie inférieure du thorax, qui est jaune et qui présente dans son milieu un sillon transversal assez fortement prononcé. Les pattes sont d'un jaune ferrugineux brillant.

Rencontré à la fin de mars, en fauchant les grandes herbes, sur les bords de l'Ouad-Safsaf, dans les environs de Philippeville.

Pl. 45, fig. 3. *Altica ruficollis,* grossie, 3ª la grandeur naturelle.

## (*Phyllotreta,* Chevr.)

### 1441. *Altica antennata.*

Sturm, *Ent. Heft.* tom. II, p. 67, 40, pl. 3, fig. 4.
Panz. *Ins. Faun. Germ.* fasc. 99, n° 5.

Je l'ai prise aux environs d'Alger, en fauchant les grandes herbes, pendant les mois de mars et d'avril.

### (*Teinodactyla*, Chevr.)

#### 1442. *Altica echii.*

Sturm, *Ent. Heft.* tom. II, p. 52, n° 29, pl. 3, fig. 3.
Oliv. *Ent.* tom. V, p. 709, n° 93 *bis,* 74, pl. 4, fig. 74.

Je n'ai rencontré que quelques individus de cette espèce, que j'ai pris en mars, en fauchant les grandes herbes, à Kouba, aux environs d'Alger.

#### 1443. *Altica verbasci.*

Panz. *Ins. Faun. Germ.* fasc. 21, n° 17.
Sturm, *Ent. Heft.* tom. II, p. 84, pl. 3, fig. 8 *b.*

Trouvée une seule fois, en mars, aux environs d'Alger; cette espèce se tenait blottie sous les écorces d'un figuier.

#### 1444. *Altica ochroleuca* (*Chrysomela*).

Marsh. *Ent. Brit.* tom. I, p. 202, n° 83.

Rencontrée une seule fois, en mars, aux environs du cercle de Lacalle, sur des *Cytisus spinosus.*

#### 1445. *Altica lurida.*

Gyllenh. *Faun. Suec.* tom. III, p. 537, n° 14.
*Galleruca atricilla,* Payk. *Faun. suec.* tom. II, p. 104, n° 23 (Var. B).
Illig. *Mag. ent.* tom. VI, p. 165, n° 130.

Je n'ai trouvé qu'une seule fois cette espèce, que j'ai prise en mars, à Kouba, dans la propriété de M. le docteur Trolliet, aux environs d'Alger.

### (*Plectroscelis*, Chevr.)

#### 1446. *Altica dentipes.*

Sturm, *Ent. Heft.* tom. III, p. 38, n° 18.
Oliv. *Ent.* tom. V, p. 711, n° 93 *bis,* 78, pl. 4, fig. 78.

Cette espèce, qui habite les environs d'Alger, m'a été communiquée par M. Aug. Chevrolat.

(*Argopus*, Fisch.)

### 1447. *Altica cardui.*

Gÿllenh. *Ins. Suec.* tom. IV, p. 659.

J'ai trouvé cette espèce dans l'Est et l'Ouest de l'Algérie, pendant les mois de mars et d'avril, particulièrement aux environs de Bougie et d'Oran.

### 1448. *Altica dorsalis* (*Galleruca*).

Fabr. *Ent. syst. Em.* tom. II, p. 31, n° 91.
Oliv. *Ent.* tom. V, p. 718, n° 93 *bis,* 87, pl. 5, fig. 87.
Sturm, *Ent. Heft.* tom. II, p. 79, n° 46, pl. 3, fig. 7.

Je n'ai pris qu'une seule fois cette espèce, que j'ai rencontrée en fauchant, en mars, dans les environs de Philippeville.

---

## TROISIÈME  TRIBU.
### LES CLAVIPALPES.

---

## Genus *TRIPLAX*, Payk.

### 1449. *Triplax ruficollis.*

Steph. *Illustr.* tom. III, p. 90, n° 6.
Lacord. *Monogr. des Erotyl.* p. 211, n° 10.

Pendant une grande partie de l'hiver, cette espèce n'est pas rare aux environs d'Alger ; c'est particulièrement sous les pierres humides que je prenais ce *Triplax*, dont la démarche est assez lente.

### 1450. *Triplax nigriceps.*

Lacord. *Monogr. des Erotyl.* p. 213, n° 13.

Je n'ai trouvé qu'une seule fois cette petite espèce, qui habite les environs du cercle de Lacalle ; je l'ai rencontrée, à la fin d'avril, sur les fleurs de la carotte sauvage (*Daucus carota*).

## Genus *AGATHIDIUM*, Illig. *Anisotoma*, Fabr.

### 1451. *Agathidium mandibulare.*

Sturm, *Faun.* tom. II, p. 58, pl. 27, fig. c, c.

C'est aux environs du cercle de Lacalle, sous des pierres humides situées sur les bords des marais du lac Tonga que j'ai rencontré cette espèce, qui est assez rare et qui se roule en boule, comme les *Armadilles* ou les *Glomeris*, lorsqu'on s'en empare.

### 1452. *Agathidium atratum*

Sturm, *Faun.* tom. II, p. 63, pl. 38, fig. d, d.

Je n'ai trouvé qu'une seule fois cette espèce, que j'ai prise, en mai, dans les environs de Stora, sous des écorces de chênes-liéges en décomposition.

---

## Genus *PTENIDIUM*, Erichs. *Anisarthria*, Steph.

### 1453. *Ptenidium corpulentum*, Allib

Long. 1 millim. larg. $\frac{1}{4}$ de millim.

P. ovatum, convexum, nigerrimum, nitidum, subpubescens; thorace magno, lateribus punctulato, medio glabro et lævigato; elytris dilatatis, punctatis, apice concoloribus aut brunneis; antennis pedibusque ferrugineis.

Il est ovale, large, très-convexe, brillant et pubescent. La tête est médiocrement grande, brillante. Les yeux sont proéminents. Les antennes sont ferrugineuses. Le thorax est sub-transversal, convexe, lisse et glabre au centre, où il présente des points : ceux-ci sont grands et profonds sur les parties latérales, et chacun de ces points donne naissance à un long poil; sur les côtés il est arrondi; quant aux angles postérieurs, ils sont émoussés, et présentent une impression profonde. Les élytres, de la largeur du thorax à la base, sont très-renflées au tiers supérieur; à partir de ce point, elles diminuent graduellement de largeur jusqu'à l'extrémité, où elles vont en s'arrondissant; elles sont concolores, quelquefois très-légèrement brunes; elles sont ponctuées, mais les points qui forment cette ponctuation sont moins forts que ceux du thorax; du reste, ces points et ces poils sont disposés en séries longitudinales. Les pattes sont ferrugineuses.

La dilatation des élytres, les antennes et les pieds ferrugineux, la profonde ponctuation latérale du thorax avec le centre glabre et lisse, sont les caractères principaux qui le distinguent du *P. apicale* de Sturm. Je ferai encore remarquer que le *P. punctatum* (*Scaphidium*), Gyllenh., est plus étroit, plus allongé, avec une ponctuation plus profonde et plus serrée; sa taille est aussi beaucoup plus petite.

Cette espèce, qui a été prise par M. H. Lucas, au nombre de quatre exemplaires, habite les environs du cercle de Lacalle, où elle a été rencontrée, en hiver, sous les écorces des chênes abattus dans le bois du lac Houbeira. Je l'avais déjà découverte dans le département des Basses-Alpes.

---

Genus *Phalacrus*, Payk. *Anisotoma*, Illig. *Dermestres*, Marsh.

### 1454. *Phalacrus ulicis.*

GYLLENH. *Ins. Suec.* tom. III, p. 430, n° 4.
Ejusd. *Append.* tom. IV, p. 641, n° 4.

Se plaît sous les pierres humides situées près des marais du lac Tonga, aux environs du cercle de Lacalle; je n'ai rencontré qu'une seule fois cette espèce, que j'ai prise à la fin de mars.

### 1455. *Phalacrus æneus (Sphæridium).*

FABR. *Ent. syst.* tom. I, p. 83, n° 27.
Ejusd. *Syst. Eleuth.* tom. I, p. 98, n° 29.
PANZ. *Ins. Faun. Germ.* fasc. 103, n° 3.

Rencontré aux environs de Philippeville sous des herbes humides, sur les bords de l'Ouad-Safsaf, fin de mars.

### 1456. *Phalacrus bicolor (Anisotoma).*

FABR. *Ent. syst.* tom. I, p. 82, n° 24.
Ejusd. *Syst. Eleuth.* tom. I, p. 100, n° 3.
ILLIG. *Col. bor.* tom. I, p. 80, n° 13.

Trouvé, dans les premiers jours de mars, sous des pierres situées près des flaques d'eau, dans les environs d'Alger.

### 1457. *Phalacrus piceus.* (Pl. 47, fig. 11.)

KNOCH, *Neue Beytrag. zur Ins.* 1801.

Cette espèce, qui est plus commune que la précédente, a été rencontrée dans les mêmes lieux et dans les mêmes conditions.

Pl. 47, fig. 11. Une mâchoire, 11ª une mandibule du *Phalacrus piceus.*

1458. *Phalacrus striatipennis.* (Pl. 47, fig. 10.)

Long. 2 millim. ¼, larg. 1 millim. ½.

P. suprà viridi-æneus, infrà ater; capite thoraceque punctatis, scutello lævigato, elytris striatis, longi-tudinaliter confertìmque punctulatis; corpore pedibusque subtilissimè granariis, testaceo-pilosis.

Il est plus grand et surtout plus large que le *P. piceus*, auquel il ressemble un peu, et dont il diffère par son thorax, qui est ponctué, et surtout par ses élytres, qui sont striées et for-tement ponctuées. D'un vert bronzé foncé. La tête est couverte de points assez petits et serrés; les antennes sont d'un brun roussâtre. Le thorax, assez convexe, très-finement rebordé sur ses parties latérales, avec les angles de chaque côté de la base arrondis, est parsemé de points plus gros et bien moins serrés que ceux de la tête. L'écusson, arrondi postérieure-ment, est entièrement lisse. Les élytres, presque aussi larges que le thorax à leur base, sont parcourues longitudinalement par des stries profondes, au côté interne desquelles on aperçoit une rangée de points très-gros, serrés et assez profondément marqués. Les inter-valles sont assez larges et très-finement ponctués. Tout le corps en dessous, ainsi que les pattes, est d'un noir brillant, très-finement chagriné et hérissé de poils testacés, assez allon-gés et peu serrés.

Rencontré, à la fin de mars, sous des pierres humides; environs d'Alger.

Pl. 47, fig. 10. *Phalacrus striatipennis*, grossi, 10ᵃ la grandeur naturelle, 10ᵇ une antenne, 10ᶜ une patte de la première paire, 10ᵈ une élytre.

### 1459. *Phalacrus testaceus.*

Gyllenh. *Ins. Suec.* tom. III, p. 432, n° 7.
*Anisotoma testaceum*, Illig. *Col. bor.* tom. I, p. 30, 12.
Panz. *Ins. Faun. Germ.* fasc. 37, fig. 12.
*Phalacrus geminus*, Illig. *in Panz. Crit. Rev.* tom. I, p. 27.
*Dermestes consimilis*, Marsh. *Ent. Brit.* tom. I, p. 75, n° 46.

Cette espèce n'est pas rare aux environs d'Alger et surtout de Constantine; elle se plaît sur les bords des rivières, particulièrement sous les galets qui jonchent les rives du Roumel.

---

## Genus *Clypeaster*, And.

### 1460. *Clypeaster piceus.*

Comolli, *de Col. provinc. nov.* 1837, p. 50, n° 107.

Il n'est pas rare dans les environs d'Alger et surtout du cercle de Lacalle; je l'ai pris, pendant le mois de mars, sous les pierres humides, mais plus particulièrement sous les écorces des chênes-liéges en décomposition.

# QUATRIÈME SECTION.

## LES TRIMÈRES.

---

## PREMIÈRE TRIBU.

### LES FUNGICOLES[1].

---

## Genus LYCOPERDINA, Latr. *Endomychus*, Fabr.

### 1461. *Lycoperdina bovistæ (Endomychus).*

Fabr. *Syst. Eleuth.* tom. I, p. 5o5.
Payk. *Faun. suec.* tom. II, p. 115, n° 4.
Panz. *Faun. ins. Germ.* fasc. 8, fig. 4.
Mulst. *Hist. nat. des col. de France, Sulcic.* p. 20, n° 1.
*Endomychus lycoperdi,* Latr. *Hist. nat. des crust. et des ins.* tom. XII, p. 78.
*Lycoperdina immaculata,* ejusd. *Gener. crust et ins.* tom. III, p. 73, n° 1.

Cette espèce, qui habite les environs du cercle de Lacalle, a été prise par M. Durieu de Maisonneuve, en hiver, dans un *Lycoperdon bovista*, Linn.

---

## Genus DAPSA, Mulst.

### 1462. *Dapsa barbara,* Luc. (Pl. 47, fig. 13.)

Long. 4 millim. $\frac{1}{2}$, larg. 2 millim. $\frac{1}{4}$.

D. rufescente-pilosa; capite thoraceque rufescentibus, punctatis, hoc posticè tri-impresso; elytris rufescentibus, confertìm punctatis, utrinque maculâ fuscâ, oblongâ, ornatis; corpore sternoque subtilissimè punctulatis, fuscis, hoc ad latera rufescente; pedibus antennisque rufescentibus.

La tête est d'un brun roussâtre, couverte de points assez forts et peu serrés. Les antennes, ainsi que les palpes maxillaires et labiaux, sont d'un roussâtre très-clair. Le thorax, de même couleur que la tête, mais plus clair cependant, est étroit, légèrement dilaté sur les parties latéro-antérieures, qui sont finement rebordées, rétréci postérieurement, avec les angles de chaque côté de la base fortement terminés en pointe; il est assez convexe, couvert de points assez forts, peu serrés, et présente trois sillons longitudinaux, dont ceux situés près des bords latéraux sont plus petits et beaucoup plus fortement prononcés que le médian, qui est géné-

---

[1] *Sulcicolles,* Mulst. dans l'Histoire naturelle des coléoptères de France, p. 1.

ralement peu marqué. L'écusson est roussâtre, et offre quelques points placés çà et là. Les élytres sont convexes, ovalaires, d'un roussâtre clair, avec la suture beaucoup plus foncée ; elles sont couvertes de points assez forts et plus serrés que ceux du thorax, et présentent de chaque côté, un peu au delà de leur partie médiane, une tache oblongüe, d'un brun foncé. Il est aussi à noter que, un peu avant la partie postérieure, la suture est d'un brun foncé, et que les bords externes des élytres sont de cette couleur chez les individus bien frais et qui n'ont pas tourné au gras, ce qui est très-fréquent pour cette espèce. Tout le corps, en dessous, est finement ponctué, brun, avec les parties latérales du sternum roussâtres. Les pattes sont de cette couleur, avec la naissance des fémurs un peu plus foncée.

Cette espèce, à démarche peu agile, habite l'Est et l'Ouest de l'Algérie; et c'est particulièrement dans les environs d'Alger, de Philippeville et du cercle de Lacalle, pendant l'hiver et le printemps, que j'ai pris cette *Dapsa*, qui se plaît sous les pierres humides.

Pl. 47, fig. 13. *Dapsa barbara*, grossie, 13ᵃ la grandeur naturelle, 13ᵇ une mâchoire, 13ᶜ une mandibule, 13ᵈ la lèvre inférieure, 13ᵉ une antenne, 13ᶠ une patte de la première paire.

---

## Genus *CHOLOVOCERA*, Motsch.

### 1463. *Cholovocera formicaria*,

Motsch. *Bullet. de Mosc.* 1838, p. 177, pl. 3, fig. *b.*

C'est sous les pierres légèrement humides placées dans les bois des lacs Tonga et Houbeira, aux environs du cercle de Lacalle, pendant l'hiver, que j'ai rencontré cette petite espèce, qui est très-agile.

---

# DEUXIÈME TRIBU.

## LES APHIDIPHAGES [1].

---

## Genus *COCCINELLA*, Linn.

### 1464. *Coccinella 7-punctata.*

Linn. *Syst. nat.* p. 581, n° 15.
Fabr. *Syst. Eleuth.* tom. I, p. 364, n° 52.
Geoffr. *Hist. nat. des ins.* tom. I, p. 231, n° 3, pl. 6, fig. 1.
Oliv. *Ent.* tom. V, n° 98, p. 1008, 31, pl. 1, fig. 11 *a, b, c, d, e.*
Mulst. *Hist. nat. des col. de France*, *Sécur.* p. 79, n° 3.

Cette espèce, pendant l'hiver et tout le printemps, est commune dans toute l'Algérie, particulièrement aux environs d'Oran, d'Alger, de Bône, de Constantine et du cercle de Lacalle.

---

[1] *Sécuripalpes,* Mulst. dans l'Histoire naturelle des coléoptères de France, p. 1.

### 1465. *Coccinella 22-punctata.*

Linn. *Syst. nat.* p. 582, n° 26.
Fabr. *Ent. syst. Emend.* tom. I, p. 281, n° 69.
*Thea viginti-duo-punctata,* Mulst. *Hist. nat. des col. de France, Sécur.* p. 160.
*Coccinella viginti-punctata,* Fabr. *Ent. syst. Emend.* tom. I, p. 280, n° 68.
Ejusd. *Syst. Eleuth.* tom. I, p. 371, n° 86.
Oliv. *Ent.* tom. V, n° 98, p. 1031, 65, pl. 6, fig. 88.

Elle est aussi commune que la précédente; je l'ai rencontrée dans les mêmes lieux et dans les mêmes conditions.

---

### Genus *MICRASPIS,* Mulst. *Coccinella,* Auct.

### 1466. *Micraspis phalerata,* Luc. (Pl. 47, fig. 12.)

Long. 2 millim. $\frac{3}{5}$, larg. 2 millim. $\frac{1}{4}$.

M. ferè orbicularis; capite, antennis pedibusque flavis, femoribus paris tertii fuscescente tinctis; thorace flavo, utrinque tripunctato; elytris flavis utrinque nigro bilineatis, suturâ nigrâ; corpore sternoque nigris, flavo marginatis.

Presque orbiculaire; la tête, ainsi que les antennes, est entièrement jaune; les yeux sont bruns; le thorax est jaune, orné, de chaque côté, de trois taches noires arrondies et ainsi disposées: quatre taches formant une rangée transversale; les deux autres placées postérieurement entre la première et la seconde tache, et atteignant la base. Les élytres, de même couleur que le thorax, présentent, de chaque côté, des bandes noires, dont l'interne est plus courte que l'externe; il est aussi à noter que la suture est entièrement noire. Tout le corps, en dessous, est noir (la partie inférieure du thorax exceptée), bordé de jaune. Les pattes sont jaunes, avec la partie inférieure des fémurs des pattes postérieures tachée de brunâtre.

Habite les environs d'Alger, de Bougie, de Philippeville et du cercle de Lacalle; ce n'est que pendant l'hiver et le printemps que j'ai trouvé cette espèce, qui se plaît sous les pierres humides.

Pl. 47, fig. 12. *Micraspis phalerata,* grossi, 12ᵃ la grandeur naturelle, 12ᵇ une mâchoire, 12ᶜ une mandibule, 12ᵈ une antenne.

## Genus *Chilochorus*, Leach. *Coccinella*, Auct.

### 1467. *Chilocorus bipustulatus* (*Coccinella*).

Linn. *Syst. nat.* p. 585, n° 42.
Fabr. *Syst. Eleuth.* tom. 1, p. 379, n° 128.
Illig. *Ins. Pruss.* tom. I, p. 475, n° 43.
Mulst. *Hist. nat. des col. de France, Sécurip.* p. 170, n° 2.
*Coccinella fasciata,* Herbst, *Archiv.* p. 49, n° 3, pl. 22, fig. 25.

Elle n'est pas rare dans les bois des lacs Tonga et Houbeira, aux environs du cercle de Lacalle; cette espèce se plaît sous les pierres humides, et je l'ai prise pendant les mois de février, mars et avril.

---

## Genus *Hyperaspis*, Mulst. *Coccinella*, Auct.

### 1468. *Hyperaspis reppensis* (*Coccinella*).

Herbst, *Archiv.* p. 48, n° 28, pl. 22, fig. 25 (mâle).
Mulst. *Hist. nat. des col. de France, Sécur.* p. 182, n° 2.
*Coccinella marginella,* Fabr. *Syst. Eleuth.* tom. I, p. 378, n° 124.
*Coccinella stigma,* Oliv. *Ent.* tom. V, n° 98, p. 1043, 85, pl. 7, fig. 101.

Je l'ai prise dans les environs d'Hippône, à la fin de novembre, sous des pierres; je n'ai rencontré que quelques individus de cette espèce.

---

## Genus *Epilachna*, Mulst. *Coccinella*, Auct.

### 1469. *Epilachna chrysomelina* (*Coccinella*).

Fabr. *Syst. Eleuth.* tom. I, p. 368, n° 70.
Oliv. *Ent.* tom. V, n° 98, p. 1021, 50, pl. 3, fig. 22.
Mulst. *Hist. nat. des col. de France, Sécur.* p. 195, n° 2.
*Coccinella hieroglyphica,* Sultz. *Ab Gesch.* p. 31, pl. 3, fig. 4.
*Coccinella elaterii,* Rossi, *Mant.* tom. II, p. 85, n° 22, pl. 3, fig. D.

Elle a été rencontrée dans les environs d'Alger, où je l'ai prise, en mars, sous les pierres; cette espèce habite aussi les environs d'Oran, où elle a été trouvée par M. le colonel Levaillant.

### 1470. *Epilachna argus* (*Coccinella*).

Fourcr. *Ent. Paris.* tom. I, p. 145, n° 9.
Panz. *Faun. Germ.* p. 79, n° 4.
Mulst. *Hist. nat. des col. de France, Sécur.* p. 192, n° 1.
*Coccinella undecim-maculata*, Fabr. *Syst. Eleuth.* tom. I, p. 367, n° 67.
Oliv. *Ent.* tom. V, n° 98, p. 1018, 46, pl. 1, fig. 5 *a*, *b*.

Cette espèce n'est pas rare, aux environs d'Alger, pendant tout le printemps et l'hiver; c'est sous les pierres légèrement humides que je l'ai toujours rencontrée.

---

## Genus *Scymnus*, Kugel. *Coccinella*, Auct.

### 1471. *Scymnus nigrinus*.

Kugel. *in Schneid. Mag.* p. 548, n° 5.
Panz. *Faun. Germ.* p. 24, n° 12.
Mulst. *Hist. nat. des col. de France, Sécur.* p. 220, n° 1.
*Scymnus ater*, Westm. *in Thumb. dissert. Acad.* tom. IX, p. 105.
*Coccinella morio*, Payk. *Faun. suec.* tom. I, p. 8, n° 6.

Cette espèce n'est pas très-rare dans l'Est et l'Ouest de l'Algérie, où je l'ai rencontrée assez abondamment pendant tout l'hiver et une grande partie du printemps.

### 1472. *Scymnus marginalis* (*Coccinella*).

Rossi, *Mant.* tom. II, p. 87, n° 28 (mâle et femelle).
Mulst. *Hist. nat. des col. de France, Sécur.* p. 224, n° 3.
*Coccinella interrupta*, Fourcr. *Ent. Paris.* tom. I, p. 149, n° 23 (femelle).
*Coccinella morio*, Fabr. *Syst. Eleuth.* tom. I, p. 380, n° 132 (femelle).

Elle est aussi commune que la précédente; je l'ai prise dans les mêmes lieux et dans les mêmes conditions.

### 1473. *Scymnus frontalis* (*Coccinella*).

Fabr. *Mant.* tom. I, p. 60, n° 83 (var. femelle).
Mulst. *Hist. nat. des col. de France, Sécur.* p. 232, n° 1.
*Scymnus 4-pustulatus*, Herbst, *Nat.* tom. VII, p. 344, pl. 116, fig. 7 G.
*Scymnus didymus*, ejusd. *Nat.* tom. VII, p. 341, n° 2, pl. 116, fig. 2 B (mâle).

C'est sous les écorces des figuiers, pendant l'hiver, aux environs d'Alger et de Philippe-ville, que j'ai pris cette espèce, qui est assez rare, et dont je n'ai rencontré que quelques individus.

## Genus *Rhizobius*, Steph. *Coccinella*, Illig. *Nitidula*, Fabr.

### 1474. *Rhizobius litura (Coccinella)*.

Fabr. *Syst. Eleuth.* tom. I, p. 353, n° 27.
Illig. (*Coccinella*) *Col. bor.* tom. I, p. 419, n° 10.
Herbst, *Nat.* tom. V, p. 242, n° 14, pl. 54, fig. 2 B.
Mulst. *Hist. nat. des col. de France, Sécur.* p. 262, n° 1.
*Coccinella aurora*, Panz. *Faun. Germ.* fasc. 36, n° 5.

Cette espèce n'est pas rare, pendant l'hiver, aux environs d'Alger et de Philippeville ; elle
se plaît sous les écorces des arbres, mais plus particulièrement sous les détritus de végétaux
amassés sur les rives des lacs et des rivières.


### FIN DE LA DEUXIÈME PARTIE.

# ADDENDA.

---

Aux espèces déjà signalées et décrites, il faut ajouter les suivantes :

## Genus *Megacephala*, Latr. *Cicindela*, Fabr. Oliv. *Tetracha*, Lacord.

### 1. *Megacephala euphratica.*

Latr. et Dej. *Iconogr. des Coléopt.* tom. I, p. 37, tabl. 1, fig. 4.
Dej. *Spéc. génér. des Coléopt.* tom. I, p. 7, n° 1.
Guén. *Rev. zool. par la soc. Cuv.* ann. 1847, p. 111.
Ejusd. *op. cit.* ann. 1847, p. 382.

Cette espèce, jusqu'à présent, n'avait été signalée que comme habitant les bords de l'Euphrate; cependant elle se trouve aussi sur les bords du Nil, car cette Mégacéphale est citée par M. Klug comme ayant été rencontrée sur les rives de ce grand fleuve; enfin, suivant M. Graels, entomologiste espagnol, cette espèce habiterait les environs de Madrid, où elle aurait été trouvée sur les bords d'un lac salé.

---

## Genus *Anthia*, Fabr. *Carabus*, Oliv.

### 2. *Anthia sex-maculata.*

Fabr. *Syst. Eleuth.* tom. I, p. 221, n° 4.
Dej. *Spéc. génér. des Coléopt.* tom. I, p. 341, n° 3.

Cette Anthie, qui n'avait encore été signalée que comme habitant les environs de Tunis, se trouve aussi en Algérie. C'est dans les vallées du Djebel-Amour que cette espèce remarquable a été découverte par M. le colonel Levaillant.

### 3. *Cicindela Peletieri*, Luc. (Pl. 1, fig. 4.)

Long. 13 millim. ½, larg. 5 millim. ⅖.

C. nigra; thorace latiore quàm longiore, elytris brevibus, latis, fasciis duobus lunatis, clavatis, punctisque ut in C. Ritchii sed majoribus, albis.

Elle est plus petite que la *C. Ritchii*[1], de Vigors, dans le voisinage de laquelle elle vient
se ranger. La tête est noire, finement chagrinée à sa base, striée entre les yeux, et ces
stries, assez fines dans cette partie et sur le front, sont, au contraire, très-prononcées sur
la partie saillante, en dessus et en dessous des orbites; le labre est d'un jaune ferrugineux,
avec les épines dont il est armé noires. Les mandibules sont d'un noir brillant, avec la base
de leur côté externe d'un jaune ferrugineux. Les palpes maxillaires et labiaux sont noirs,
avec leurs premiers articles hérissés de poils blancs. Les quatre premiers articles des
antennes sont d'un noir violacé; les suivants sont d'un noir roussâtre et couverts d'une
légère tomentosité grise; il est aussi à remarquer que le premier article, dans ces organes,
ne présente pas, en dessus, une touffe blanche formée par des poils longs et peu serrés,
comme cela se remarque dans la *C. Ritchii*. Le thorax, bien moins allongé que dans cette
dernière espèce, est plus large que long; il est noir, chagriné, orné, de chaque côté, d'une
bande blanche, formée par des poils de cette couleur, avec les impressions qu'il présente à
sa partie antérieure et à sa base, fortement prononcées; sur ses parties latérales, il est d'un
noir violacé. Les élytres, plus courtes que dans la *C. Ritchii*, mais de même largeur, sont
fortement ponctuées à leur partie antérieure, tandis que postérieurement cette ponctuation
est à peine sensible; elles sont d'un noir légèrement teinté de violet, et ornées de taches et
de bandes blanches : la première tache, située près de la suture, est ordinairement petite
et plus longue que large; celle qui vient ensuite, et qui est aussi placée près de la suture,
est de forme arrondie et ordinairement plus grande que dans la *C. Ritchii*; quant à celle
qui occupe le bord externe, elle ne présente rien de remarquable; elle est ordinairement
plus longue que large, et par conséquent plus ou moins ovale; la bande semi-transversale
qui vient ensuite est moins allongée que dans la *C. Ritchii*, plus largement accusée et toujours échancrée d'une manière plus ou moins arrondie à son côté interne; il est aussi à noter
que la base de cette bande est bien plus éloignée de la suture que dans la *C. Ritchii*; quant
à la seconde bande qui borde la base des élytres, elle est assez large, en forme de croissant;
quelquefois il arrive que le sommet de cette bande, qui se termine en point arrondi, est
détaché et forme alors une tache isolée. Le corps est d'un noir brillant, tournant quelquefois au violet, avec les parties latérales des segments et les côtés du sternum couverts
de poils blancs. Les pattes sont noires et hérissées de poils blancs.

Cette espèce, qui n'a encore été trouvée que dans l'Ouest de nos possessions du Nord
de l'Afrique, m'a été donnée par M. Levaillant, colonel au 17ᵉ léger, et M. le docteur
Warnier.

---

[1] *Cicindela Audouinii*, Barth. *Ann. de la soc. ent. de France*, 1ʳᵉ série, tom. IV, p. 597, pl. 17, fig. 1, 1ᵃ, 1ᵇ.
*Laphyra Audouinii*, Dej. *Cat.* p. 6.

Pl. 1, fig. 4. Au lieu de *Cicindela Ritchii*, Vigors, lisez *Cicindela Peletieri*, Luc. grossie, 4ᵃ la grandeur naturelle, 4ᵇ la portion antérieure de la tête, 4ᶜ une mâchoire, 4ᵈ une mandibule, 4ᶠ la lèvre inférieure, 4ᶠ une antenne.

### 4. *Elaphocera rubripennis*.

Long. 12 à 13 millim. larg. 5 millim. ½ à 7 millim.

Luc. *Rev. zool. par la soc. Cuv. ann.* 1848, p. 219.

E. capite, thorace, scutello abdomineque nigro-nitidis, punctatis; elytris rubro-castaneis, punctatis utrinque suturæ unisulcatis; tarsis in primo secundoque paribus dilatatis, fuscorubescentibus.

*Mâle.* Cette espèce varie assez pour la taille. La tête est d'un noir brillant, couverte de points assez forts et serrés; quelques poils roussâtres se font remarquer sur l'épistome. Le premier article des antennes est d'un noir roussâtre; ceux qui suivent sont de cette dernière couleur. Le thorax est d'un noir brillant, couvert de points aussi forts, mais bien moins serrés que ceux de la tête; il est assez bombé, et présente, de chaque côté, deux petites dépressions. L'écusson est noir et assez fortement ponctué. Les élytres sont rougeâtres, couvertes de points assez forts, peu serrés, et présentent, de chaque côté de la suture, un sillon longitudinal assez profondément enfoncé. L'abdomen est d'un noir brillant, avec le sternum revêtu de poils roussâtres. Les pattes sont noires, hérissées de poils roussâtres, avec les articles des tarses des première et seconde paires d'un brun rougeâtre, et les second, troisième et quatrième articles dilatés.

Cette espèce, que je n'ai pas rencontrée pendant mon séjour en Algérie, a été découverte par M. le capitaine Blanchard, dans les environs de Misserghin.

### 5. *Tentyria maura*.

Erichs. *in der Regents. Algier, von M. Wagner,* tom. III, p. 177, n° 18.

Cette espèce, que je n'ai pas trouvée, est indiquée par M. Erichson comme habitant les environs d'Alger.

### 6. *Tentyria interrupta*.

Latr. *Gener. crust. et ins.* tom. II, p. 155.
Sol. *Ann. de la soc. ent. de France,* 1ʳᵉ série, tom. IV, p. 331, n° 12.

Je n'ai pas rencontré cette espèce, qui est assez abondante sur les dunes de sable qui sont dans le voisinage de la Maison-Carrée, où elle a été trouvée par M. le colonel Levaillant.

### 7. *Pachychila acuminata*.

Erichs. *in der Regents. Algier, von M. Wagner,* tom. III, p. 77, n° 17.

Je n'ai pas trouvé cette espèce, qui habite les environs d'Alger, où elle a été découverte par M. Wagner.

### 8. *Coniatus chrysochlora.*

Long. 3 millim. larg. 1 millim. ¼.

Luc. *Ann. de la soc. ent. de France,* 2ᵉ série, *Bullet.* tom. VI, p. 18.

C. viridi-metallicus, nitidus; capite ad basim, thorace in medio, suturâ elytrorumque flovo-metallico auratis, attamen elytrorum maculâ semi-transverslm subtiliter nigro interruptâ; corpore infrà pedibusque omninò viridi-metallicis.

Il est plus petit que le *C. tamarisci,* dans le voisinage duquel il vient se placer. La tête, ainsi que le rostre, est couverte d'écailles d'une belle couleur verte, à l'exception cependant du sommet de la tête, où ces écailles tournent au jaune doré; le rostre, à son extrémité, est d'un brun roussâtre, ainsi que les antennes. Le thorax est recouvert d'écailles d'un beau vert métallique, avec sa partie médiane dorée et représentant une tache formée par des écailles de cette couleur. Les élytres, parcourues par des stries longitudinales assez pro-fondes, sont d'un vert métallique, et présentent, de chaque côté, une bande d'un jaune doré métallique, qui se dirige obliquement, en n'atteignant cependant pas la partie humé-rale, et qui ensuite couvre largement les élytres jusqu'à leur extrémité, de manière que la suture de ces organes se trouve aux trois quarts bordée de cette couleur; cette tache dorée est interrompue, de chaque côté, par une ligne noire transversale. Les pattes, ainsi que le dessous du corps, sont d'un beau vert métallique.

Outre la taille plus petite que celle du *C. tamarisci,* cette espèce s'en distingue encore par le thorax, qui, dans son milieu, présente une tache dorée au lieu d'être entièrement vert, comme dans le *C. tamarisci,* et par les taches dorées des élytres, qui ne sont que faiblement interrompues par une ligne noire semi-transversale, au lieu que dans le *C. ta-marisci* ces taches sont très-distinctes entre elles et au nombre de deux de chaque côté de ces organes.

Cette espèce habite l'Est et l'Ouest de l'Algérie, où elle a été découverte par MM. les capitaines Blanchard et Durieu de Maisonneuve; le premier l'a rencontrée aux environs de Misserghin; quant au second, il l'a prise dans les bois entre Stora et Philippeville; et, suivant ce botaniste, la larve de cette espèce forme, à la base des racines de certaines mousses, des œdèmes dans lesquels elle subit ensuite toutes ses métamorphoses.

### 9. *Clytus quinque-punctatus.*

Long. 9 millim. larg. 3 millim.

Luc. *Rev. zool. par la soc. Cuv.* ann. 1848, p. 219.

C. quadri-punctati, Fabr. affinis, sed minor præsertimque angustior; capite testaceo-piloso, antennis rufescentibus, griseo-cinereo-pilosis; elytris brevibus, angustis, tomentoso cinereo-virescentibus, utrinque fusco-rufis quinque-punctatis; sterno, abdomine pedibusque rufescentibus piloso griseo-cinereis.

Il est plus étroit et surtout plus petit que le *C. quadri-punctatus,* tout à côté duquel il

vient se placer. La tête est d'un brun roussâtre, chagrinée comme dans le *C. quadri-punc-*
*tatus;* mais les poils qui la revêtent, au lieu d'être verdâtres comme dans cette dernière
espèce, sont entièrement testacés. Les mandibules et les autres organes de la bouche ne
présentent rien de remarquable. Les antennes sont roussâtres, couvertes d'une tomentosité
d'un gris cendré clair. Le thorax, un peu plus court que celui du *C. quadri-punctatus,* en
diffère en ce que les poils dont il est revêtu sont d'un cendré verdâtre, au lieu d'être de
cette dernière couleur; il en est de même pour l'écusson. Les élytres, proportionnellement,
sont plus courtes et plus étroites que dans le *C. quadri-punctatus;* elles sont d'un brun roussâtre, revêtues d'une tomentosité d'un cendré verdâtre, et ornées, de chaque côté, de cinq
points d'un brun roux foncé, au lieu de quatre, comme cela se remarque sur les mêmes
organes dans le *C. quadri-punctatus;* ces points sont ainsi disposés : deux occupent la partie
antérieure de l'élytre, dont un situé sur la partie humérale, et l'autre tout près de la suture;
le troisième est placé en arrière de ces deux taches; quant au quatrième et au cinquième,
ils sont assez grands et placés assez près de la suture. Le sternum, l'abdomen et les pattes,
au lieu d'être noirs ou d'un brun foncé, comme dans le *C. quadri-punctatus,* sont, au contraire roussâtres, avec la tomentosité des poils dont ces diverses parties sont revêtues d'un
gris cendré clair, au lieu d'être légèrement verdâtre, comme dans le *C. quadri-punctatus.*

Cette espèce est très-voisine du *C. quadri-punctatus,* avec lequel cependant elle ne pourra
être confondue, à cause de la tomentosité des poils qui revêtent son thorax, et ses élytres,
qui sont d'un cendré verdâtre, au lieu d'être de cette dernière couleur, et des points que
présentent ces organes, qui sont au nombre de cinq au lieu de quatre, comme on le voit
chez le *C. quadri-punctatus.*

Cette espèce, que je n'ai pas rencontrée, habite les environs de Djidjel, où elle a été
découverte par M. Leprieur.

# DELENDA ET CORRIGENDA.

Page 4, ligne 11, après *Cicindela Ritchii*, supprimez *pl. 1, fig. 4*.

Page 4, ligne 14, après *m'a été donnée par M. Levaillant*, supprimez ce qui suit, et ajoutez : *qui a découvert cette espèce dans les vallées du Djebel-Amour; cette Cicindèle n'avait encore été signalée que comme habitant les environs de Tunis et de Tripoli.*

Page 4, après la ligne 23, supprimez les lignes 24 et 25.

Page 8, ligne 10, au lieu de *Zuphium numidicum*, Luc. lisez *Zuphium Chevrolatii*, Lap. Rev. zool. de Silberm. 1833, tom. 1, p. 254, n° 2.

Page 8, ligne 30, après *environs d'Oran*, ajoutez : *ce Zuphium habite aussi la Sicile, et même les environs de Bordeaux, suivant M. L. Fairmaire.*

Page 8, ligne 31, au lieu de *Zuphium numidicum*, lisez *Zuphium Chevrolatii*.

Page 11, ligne 29, après *2° la grandeur naturelle*, ajoutez *2ᵇ une élytre grossie*.

Page 14, ligne 29, au lieu de *pl. 1*, lisez *pl. 11*.

Page 146, ligne 16, au lieu de *lawsoniæ*, lisez *lausoniæ*.

Page 155, ligne 27, après *De quibusd. Ins. Sard.* fasc. 2, ajoutez : *in Memor. della reale Accad. di Torino*, 2ᵉ série, 1839, tom. I, p. 52.

Page 156, ligne 15, au lieu de *Acad.* lisez *Accad.*; après *fasc.* 2, ajoutez *2ᵉ série, 1839, tom. I*; au lieu de p. *13*, lisez p. *53*.

Page 259, après la ligne 30, ajoutez : *Il ressemble beaucoup à l'Aphodius contractus, Klug et Ehrenb. Symb. phys. pl. XLII, fig. 3, avec lequel il ne pourra être confondu, à cause de son thorax, qui est lisse et un peu plus long que large, tandis que dans l'A. contractus ce même organe est ponctué et beaucoup plus large que long; il en diffère encore par la tache des élytres, qui est plus longue que large, tandis que dans l'A. contractus, cette même tache, au contraire, est plus large que longue; il est aussi à noter que les intervalles qui existent entre les stries des élytres sont lisses dans l'O. scolytoides, tandis que, dans l'A. contractus, ils présentent une fine ponctuation. Enfin, je ferai aussi remarquer que, proportionnellement, l'Otophorus scolytoides est plus étroit que l'A. contractus de MM. Klug et Ehrenberg, et que les organes de la locomotion sont plus allongés.*

Page 298, ligne 15, au lieu de *reg.* lisez *reale*.

Page 369, ligne 36, au lieu de *Aneblyderes*, lisez *Amblyderes*.

Page 378, ligne 36, au lieu de *marginde*, lisez *marquée*.

Page 469, ligne 18, au lieu de *Cis cribratus*, Luc. lisez *Cis bostrichoides*[1], L. Duf. *Excurs. ent. dans les montagnes de la vallée d'Ossau*, 1843, p. 93, n° 579.

Page 470, ligne 6, au lieu de *Cis cribratus*, lisez *Cis bostrichoides*.

Page 470, ligne 24, au lieu de *Cis punctulatus*, Luc. lisez *Cis alni*, Gyllenh. *Ins. Suec.* vol. III, p. 386 (1813).

---

[1] Cette espèce est le représentant du genre *Xylographus*, seulement indiqué dans le catalogue de Dejean, p. 355, mais caractérisé par M. Mellié dans sa Monographie du genre des *Cis*, qui a été déposée à la Société entomologique, dans sa séance du 12 avril 1848, et dont une première partie a paru dans le tome VI, p. 205, du recueil de cette Société.

Page 472, ligne 18, au lieu de *Cis punctulatus*, lisez *Cis alni*.

Page 498, ligne 1, au lieu de *Steneida*, lisez *Stenidea*.

Page 498, lignes 2, 7, 11, au lieu de *Steneidea*, lisez *Stenidea*.

Page 527, ligne 27, après *feralæ*, ajoutez (*Smaragdina*), et après *cognit.* ajoutez : *in Memor. della reale Accad. di Torino*, 2ᵉ série, 1839, tom I, p. 82.

Planche 1, figure 4, au lieu de *Cicindela Ritchii*, Vigors, lisez *Cicindela Peletieri*, Luc.

Planche 3, figure 2ᵃ, ajoutez *fig.* 2ᵇ à la figure qui est sans numéro.

Planche 3, figure 4, au lieu de *Zuphium numidicum*, Luc. lisez *Zuphium Chevrolatii*, Lap.

Planche 40, figure 2, au lieu de *Cis cribratus*, lisez *Cis bostrichoides*, Duf.

Planche 40, figure 4, au lieu de *Cis punctulatus*, Luc. lisez *Cis alni*, Gyllenh.

Planche 42, figure 5, au lieu de *Steneida*, lisez *Stenidea*.

# TABLE ALPHABÉTIQUE

## DES GENRES ET DES ESPÈCES

### DÉCRITS OU CITÉS DANS CETTE DEUXIÈME PARTIE.

Les noms imprimés en lettres italiques sont ceux des genres et des espèces cités, tandis que ceux imprimés en caractères romains indiquent les espèces et les genres nouveaux dont la description a été donnée dans le cours de cette deuxième partie.

73.

### N

FIN DE LA TABLE.

www.ingramcontent.com/pod-product-compliance
Lightning Source LLC
Chambersburg PA
CBHW051225050726
47594CB00001B/29